国家自然科学基金资助
教育部立项建设的高等学校特色专业西北师范大学数学与应用数学专业建设经费资助
甘肃省数学与应用数学专业代数课程教学团队建设经费资助
西北师范大学数学与应用数学专业代数课程教学团队建设经费资助

高等代数学习指导

刘仲奎 杨世洲 汪小琳 张文汇 王占平 编著

中国科学技术出版社
·北 京·

图书在版编目（CIP）数据

高等代数学习指导 / 刘仲奎等编著. ——北京：中国科学技术出版社, 2020.5

ISBN 978-7-5046-8569-8

Ⅰ. ①高… Ⅱ. ①刘… Ⅲ. ①高等代数—高等学校—教学参考资料 Ⅳ. ①O15

中国版本图书馆 CIP 数据核字（2019）第 297628 号

策划编辑　王晓义
责任编辑　浮双双
封面设计　孙雪骊
责任校对　焦　宁
责任印制　徐　飞

出　　版　中国科学技术出版社
发　　行　中国科学技术出版社有限公司发行部
地　　址　北京市海淀区中关村南大街 16 号
邮　　编　100081
发行电话　010-62173865
传　　真　010-62179148
网　　址　http://www.cspbooks.com.cn

开　　本　710mm×1000mm　1/16
字　　数　470 千字
印　　张　23
版　　次　2020 年 5 月第 1 版
印　　次　2020 年 5 月第 1 次印刷
印　　刷　北京荣泰印刷有限公司
书　　号　ISBN 978-7-5046-8569-8/O·200
定　　价　59. 00元

前　言

本书是刘仲奎等所编《高等代数》的配套学习指导和教学辅助教材。内容以章节为单位，每节分为“主要内容”“释疑解难”和“范例解析”三个部分。在每章的最后附“习题与补充题的解答”。可作为学习《高等代数》和《线性代数》学生的参考资料，也可作为教师的教学参考书。

本书以教与学为主线。“主要内容”部分按教学过程分类陈述该节的基本概念和基本结论，并适当做一些分析；“释疑解难”部分是课堂讲授内容的补充和深化，主要对该节的内容，特别是对基本概念和定理可能产生的误解和疑惑进行解析，对典型题目的解题思路、方法和技巧进行归纳总结，对受教材篇幅所限而没有展开论述的但与该节内容或习题有密切关联的一些概念和结论进行补充和发展；“范例解析”部分通过典型的例子对“释疑解难”部分做进一步的解释和说明，对教材中没有举例但习题中出现的重要类型题目给出解题思路、方法和技巧，或补充一些新的题型，从而强化并加深对教材内容的理解；“习题与补充题的解答”部分对较简单或与“范例解析”部分和教材中的例子同类型的部分习题只给出答案或解答概要。

本书的初稿在教学过程中已使用多年。我们吸取了学生和教师的许多学习体会和修改建议。感谢西北师范大学数学与统计学院、西北师范大学教务处对本书编写工作的鼓励与支持，感谢陈祥恩教授、乔虎生教授和马勤生副教授对本书编写所做的贡献。本书的编写与出版得到了国家自然科学基金、教育部立项建设的高等学校特色专业西北师范大学数学与应用数学专业建设经费、甘肃省数学与应用数学专业代数课程教学团队建设经费以及西北师范大学数学与应用数学专业代数课程教学团队建设经费的资助，在此一并表示感谢！

本书在编写过程中参考了许多文献资料，并列举在本书“参考文献”部分。在此对相关的作者致以诚挚的谢意！

由于水平有限，书中定有许多不足之处，敬请读者批评指正，以便再版时做进一步的完善。

目 录

第一章　行 列 式

如何求得 n 个方程 n 个未知量的线性方程组

$$\begin{cases} a_{11}x_1 + a_{12}x_2 + \cdots + a_{1n}x_n = b_1, \\ a_{21}x_1 + a_{22}x_2 + \cdots + a_{2n}x_n = b_2, \\ \qquad\cdots \\ a_{n1}x_1 + a_{n2}x_2 + \cdots + a_{nn}x_n = b_n \end{cases}$$

的解是人们要探讨的问题. 在这一问题的探究过程中便产生了行列式这一概念，从而给出了 n 个方程 n 个未知量的线性方程组（简称为 $n\times n$ 线性方程组）的公式解.

本章主要介绍行列式的概念、基本性质和计算方法，以及利用行列式解线性方程组的克莱姆法则.

§1.1　二阶与三阶行列式

本节通过讨论 2×2 与 3×3 线性方程组的解，引入二阶与三阶行列式，并给出这两种线性方程组解的行列式表示.

一、主要内容

1. 二阶行列式

考察 2×2 线性方程组

$$\begin{cases} a_{11}x_1 + a_{12}x_2 = b_1, \\ a_{21}x_1 + a_{22}x_2 = b_2. \end{cases}$$

如果 $a_{11}a_{22}-a_{12}a_{21}\neq0$，那么方程组有唯一解：

$$x_1 = \frac{b_1a_{22}-b_2a_{12}}{a_{11}a_{22}-a_{12}a_{21}},\ x_2 = \frac{b_2a_{11}-b_1a_{21}}{a_{11}a_{22}-a_{12}a_{21}}.$$

为了便于记忆，我们把 $a_{11}a_{22}-a_{12}a_{21}$ 记为

$$\begin{vmatrix} a_{11} & a_{12} \\ a_{21} & a_{22} \end{vmatrix},$$

并把它叫作二阶行列式（称其为该方程组的系数行列式）. 于是

$$\begin{vmatrix} b_1 & a_{12} \\ b_2 & a_{22} \end{vmatrix} = b_1a_{22}-b_2a_{12},\quad \begin{vmatrix} a_{11} & b_1 \\ a_{21} & b_2 \end{vmatrix} = b_2a_{11}-b_1a_{21}.$$

有了二阶行列式，该方程组的唯一解就可以很有规律地表示为

$$x_1=\frac{\begin{vmatrix} b_1 & a_{12} \\ b_2 & a_{22} \end{vmatrix}}{\begin{vmatrix} a_{11} & a_{12} \\ a_{21} & a_{22} \end{vmatrix}},\quad x_2=\frac{\begin{vmatrix} a_{11} & b_1 \\ a_{21} & b_2 \end{vmatrix}}{\begin{vmatrix} a_{11} & a_{12} \\ a_{21} & a_{22} \end{vmatrix}}.$$

2. 三阶行列式

考察 3×3 线性方程组

$$\begin{cases} a_{11}x_1+a_{12}x_2+a_{13}x_3=b_1, \\ a_{21}x_1+a_{22}x_2+a_{23}x_3=b_2, \\ a_{31}x_1+a_{32}x_2+a_{33}x_3=b_3. \end{cases}$$

如果

$$a_{11}a_{22}a_{33}+a_{12}a_{23}a_{31}+a_{13}a_{21}a_{32}-a_{13}a_{22}a_{31}-a_{11}a_{23}a_{32}-a_{12}a_{21}a_{33}\neq 0,$$

那么该方程组有唯一解. 我们把

$$a_{11}a_{22}a_{33}+a_{12}a_{23}a_{31}+a_{13}a_{21}a_{32}-a_{13}a_{22}a_{31}-a_{11}a_{23}a_{32}-a_{12}a_{21}a_{33}$$

记为

$$\begin{vmatrix} a_{11} & a_{12} & a_{13} \\ a_{21} & a_{22} & a_{23} \\ a_{31} & a_{32} & a_{33} \end{vmatrix},$$

并把它叫作三阶行列式（称其为该方程组的系数行列式）.

有了三阶行列式，该方程组的唯一解就可以很有规律地表示出来.

令

$$D=\begin{vmatrix} a_{11} & a_{12} & a_{13} \\ a_{21} & a_{22} & a_{23} \\ a_{31} & a_{32} & a_{33} \end{vmatrix},\quad D_1=\begin{vmatrix} b_1 & a_{12} & a_{13} \\ b_2 & a_{22} & a_{23} \\ b_3 & a_{32} & a_{33} \end{vmatrix},$$

$$D_2=\begin{vmatrix} a_{11} & b_1 & a_{13} \\ a_{21} & b_2 & a_{23} \\ a_{31} & b_3 & a_{33} \end{vmatrix},\quad D_3=\begin{vmatrix} a_{11} & a_{12} & b_1 \\ a_{21} & a_{22} & b_2 \\ a_{31} & a_{32} & b_3 \end{vmatrix}.$$

当 $D\neq 0$ 时，上述 3×3 线性方程组的唯一解为

$$x_1=\frac{D_1}{D},\quad x_2=\frac{D_2}{D},\quad x_3=\frac{D_3}{D}.$$

于是我们自然会想到，$n\times n\ (n>3)$ 线性方程组的解是否能用 n 阶行列式来表示？这就需要 n 阶行列式的概念.

二、释疑解难

1. 对角线法则

根据二阶行列式的定义，它的计算规则是：从左上角到右下角的主对角线的

两个元素的乘积构成的一项附以正号，从右上角到左下角的副对角线的两个元素的乘积构成的一项附以负号，再求这两项的代数和. 这个规则称为二阶行列式的对角线法则.

根据三阶行列式的定义，它的计算规则是：从左上角到右下角的平行于主对角线的三个元素的乘积构成的三项附以正号，从右上角到左下角的平行于副对角线的三个元素的乘积构成的三项附以负号，再求这六项的代数和. 这个规则称为三阶行列式的对角线法则.

2. 如何定义 n 阶行列式

当 n 较大时，在 $n\times n$ 线性方程组中，利用消元法从 n 个未知量中消去 $n-1$ 个未知量几乎是不可能的，因此无法用定义二阶与三阶行列式的方法来定义 n 阶行列式. 但是可以通过研究二阶与三阶行列式的结构，找出它们的共同规律，根据这些规律来定义 n 阶行列式，然后再从理论上证明所定义的 n 阶行列式可表示 $n\times n$ 线性方程组的解.

三、范例解析

例 1 设

$$f(x)=\begin{vmatrix}2 & 1 & 1\\ 4 & 3 & x\\ 8 & 9 & x^2\end{vmatrix}.$$

求 $f(x)=0$ 的根.

解 因为

$$f(x)=6x^2+8x+36-24-4x^2-18x=2(x^2-5x+6),$$

所以 $f(x)=0$ 的根为 $x_1=2$，$x_2=3$.

§1.2 排 列

为了给出 n 阶行列式的定义，必须弄清楚二阶、三阶行列式的结构规律，为此需要排列的概念. 本节就来讨论排列及其性质.

一、主要内容

1. 排列及其奇偶性

定义 1.1 由 n 个数码 1，2，$\cdots$，n 组成的一个有序数组 $i_1i_2\cdots i_n$ 称为一个 n 元排列.

显然 n 元排列共有 $n!$ 个. 排列 $12\cdots n$ 称为标准排列（或自然排列）.

定义 1.2 在一个排列 $i_1i_2\cdots i_n$ 中，如果较大的数码排在较小的数码前面，则称这两个数码构成一个反序（或逆序）. 一个排列 $i_1i_2\cdots i_n$ 中全部反序（或逆序）的个数称为这个排列的反序数（或逆序数），记作 $\pi(i_1i_2\cdots i_n)$.

反之，在一个排列中，如果一个较小的数码排在一个较大的数码之前，那么称这两个数码构成一个顺序.

定义 1.3 若 $\pi(i_1i_2\cdots i_n)$ 是偶数，则称 $i_1i_2\cdots i_n$ 是偶排列；若 $\pi(i_1i_2\cdots i_n)$ 是奇数，则称 $i_1i_2\cdots i_n$ 是奇排列.

2. 对换及其性质

定义 1.4 把一个排列中某两个数码的位置互换，而其余的数码保持不动，就得到一个新排列，这样的一个变换称为对换.

定理 1.1 一次对换改变排列的奇偶性.

推论 奇数次对换改变排列的奇偶性，偶数次对换不改变排列的奇偶性.

定理 1.2 在 $n!\,(n\geqslant 2)$ 个 n 元排列中，奇偶排列的个数相等，各为 $\dfrac{n!}{2}$ 个.

定理 1.3 由数码 1，2，$\cdots$，n 构成的任意一个 n 元排列 $i_1i_2\cdots i_n$ 都可以经过若干次对换变成标准排列 $12\cdots n$，并且所作对换的次数与 $\pi(i_1i_2\cdots i_n)$ 有相同的奇偶性.

二、释疑解难

1. 反序数 $\pi(i_1i_2\cdots i_n)$ 的求法

方法一 先看有多少个数码排在 1 的前面，设为 m_1 个，那么就有 m_1 个数码与 1 构成反序；然后把 1 划去，再看有多少个数码排在 2 的前面，设为 m_2 个，那么就有 m_2 个数码与 2 构成反序；再划去 2，计算有多少个数码排在 3 的前面；如此继续下去，最后设在 n 之前有 m_n 个数码（显然 $m_n=0$）. 那么

$$\pi(i_1i_2\cdots i_n)=m_1+m_2+\cdots+m_n.$$

方法二 依次算出排列 $i_1i_2\cdots i_n$ 中每个数码 $i_k\,(k=1,2,\cdots,n)$ 前面比它大的数码的个数，设为 m_k 个，那么就有 m_k 个数码与 i_k 构成反序（显然 $m_1=0$）. 因此

$$\pi(i_1i_2\cdots i_n)=m_1+m_2+\cdots+m_n.$$

2. 关于 n 元排列

(1) 在所有的 n 元排列中，反序数最小的排列是标准排列 $12\cdots n$，反序数最大的排列是 $n(n-1)\cdots 21$. 因此，对任意一个 n 元排列 $i_1i_2\cdots i_n$，有

$$0\leqslant \pi(i_1i_2\cdots i_n)\leqslant \frac{1}{2}n(n-1).$$

(2) 若 i_k 在排列 $i_1i_2\cdots i_k\cdots i_n$ 中引起的反序数为 m_k，则 i_k 在排列 $i_n\cdots i_k\cdots i_2i_1$ 中引起的反序数为 $n-1-m_k$.

事实上，在排列 $i_1i_2\cdots i_k\cdots i_n$ 中，设 i_k 前面比 i_k 大的数码有 x 个，后面比 i_k

小的数码有 y 个，则 $x+y=m_k$. 从而在排列 $i_n\cdots i_k\cdots i_2i_1$ 中，i_k 前面比 i_k 大的数码有 $n-k-y$ 个，后面比 i_k 小的数码有 $k-1-x$ 个. 因此 i_k 在排列 $i_n\cdots i_k\cdots i_2i_1$ 中引起的反序数为

$$(n-k-y)+(k-1-x)=n-1-m_k.$$

(3) 在任意一个 n 元排列 $i_1i_2\cdots i_n$ 中，反序数和顺序数的和是 $\dfrac{1}{2}n(n-1)$.

因为标准排列的反序数为 0，顺序数为 $\dfrac{1}{2}n(n-1)$，并且任意一个 n 元排列都可由标准排列经有限次对换得到，而每经一次对换，顺序数减少的个数恰好等于反序数增加的个数，所以反序数与顺序数的和始终保持不变.

三、范例解析

例 1 选择 i，k 使

(1) 6729 i 15 k 4 为偶排列； (2) 1 i 25 k 4897 为奇排列.

解 (1) 这时 i，k 的取值只有两种情形：$i=3$，$k=8$，或 $i=8$，$k=3$.

当 $i=3$，$k=8$ 时，$\pi(6729\,i\,15\,k\,4)=19$. 因此，当 $i=8$，$k=3$ 时，排列 6729 i 15 k 4 为偶排列.

(2) $i=3$，$k=6$.

例 2 计算下列排列的反序数.

(1) $(2k)1(2k-1)2(2k-2)3(2k-3)\cdots(k+1)k$；

(2) $135\cdots(2k-1)246\cdots(2k)$.

解 (1) 由求反序数的方法一知，该排列的反序数为

$$\sum_{i=1}^{2k}m_i=1+2+\cdots+k+(k-1)+(k-2)+\cdots+1+0=k^2.$$

(2) 由求反序数的方法二知，该排列的反序数为

$$\sum_{i=1}^{2k}m_i=0+0+\cdots+0+(k-1)+(k-2)+\cdots+2+1+0=\frac{1}{2}k(k-1).$$

例 3 设 n 元排列 $\cdots i\cdots j\cdots$ 的反序数为 k. 问对换 i，j 而其余数码不动所得的排列 $\cdots j\cdots i\cdots$ 的反序数是否一定为 $k+1$ 或 $k-1$?

解 n 元排列 $\cdots j\cdots i\cdots$ 的反序数不一定为 $k+1$ 或 $k-1$.

例如，排列 123 的反序数为 0，对换 1 与 3 后所得排列 321 的反序数为 3.

例 4 设 n 元排列 $i_1i_2\cdots i_n$ 的反序数为 m.

(1) 证明：可经过 m 次对换把 $i_1i_2\cdots i_n$ 变成 $12\cdots n$；

(2) 上述对换是不是次数最少的对换？

证明 (1) 设在排列 $i_1i_2\cdots i_n$ 中，1 前面有 m_1 个数码，2 前面大于 2 的有 m_2 个数码……，$n-1$ 前面大于 $n-1$ 的有 m_{n-1} 个数码，则 $m=m_1+m_2+\cdots+m_{n-1}$.

那么在 $i_1i_2\cdots i_n$ 中，将 1 与其前面的 m_1 个数码自右向左依次进行 m_1 次对换，便把 1 排在了首位；再将 2 与其前面的比 2 大的数码自右向左依次进行 m_2 次对换，便把 2 排在了第二位；如此继续下去，对 $i_1i_2\cdots i_n$ 共进行 $m_1+m_2+\cdots+m_{n-1}=m$ 次对换，可把 $i_1i_2\cdots i_n$ 变成 $12\cdots n$.

(2) 上述对换不一定是次数最少的对换.

例如，排列 4132 的反序数为 4，但是只做两次对换可将 4132 变成 1234.

§1.3 n 阶行列式

本节通过介绍二阶、三阶行列式的结构规律，给出 n 阶行列式的定义，并讨论 n 阶行列式的性质.

一、主要内容

1. n 阶行列式的定义

定义 1.5 n 阶行列式指的是数学记号

$$\begin{vmatrix} a_{11} & a_{12} & \cdots & a_{1n} \\ a_{21} & a_{22} & \cdots & a_{2n} \\ \vdots & \vdots & & \vdots \\ a_{n1} & a_{n2} & \cdots & a_{nn} \end{vmatrix}.$$

它表示 $n!$ 项的代数和，每一项是一切可能的取自不同行、不同列的 n 个元素的乘积 $a_{1j_1}a_{2j_2}\cdots a_{nj_n}$. 项 $a_{1j_1}a_{2j_2}\cdots a_{nj_n}$ 带有符号 $(-1)^{\pi(j_1j_2\cdots j_n)}$. 即

$$\begin{vmatrix} a_{11} & a_{12} & \cdots & a_{1n} \\ a_{21} & a_{22} & \cdots & a_{2n} \\ \vdots & \vdots & & \vdots \\ a_{n1} & a_{n2} & \cdots & a_{nn} \end{vmatrix} = \sum_{j_1j_2\cdots j_n} (-1)^{\pi(j_1j_2\cdots j_n)} a_{1j_1}a_{2j_2}\cdots a_{nj_n}.$$

这里 $\sum\limits_{j_1j_2\cdots j_n}$ 是对数码 1，2，$\cdots$，n 构成的所有排列 $j_1j_2\cdots j_n$ 求和.

注 有时用符号 $|a_{ij}|$ 或 $\det(a_{ij})$ 表示上述 n 阶行列式. 一阶行列式 $|a|$ 就是数 a. 当 $n=2$，3 时，上述定义就是 § 1.1 中的二阶、三阶行列式.

引理 1.1 在 n 阶行列式中取出 n 个元素作乘积

$$a_{i_1j_1}a_{i_2j_2}\cdots a_{i_nj_n},$$

这里 $i_1i_2\cdots i_n$ 和 $j_1j_2\cdots j_n$ 都是 1，2，$\cdots$，n 这 n 个数码的排列，则这一项在行列式中的符号是 $(-1)^{\pi(i_1i_2\cdots i_n)+\pi(j_1j_2\cdots j_n)}$.

2. n 阶行列式的性质

定义 1.6 设

$$D=\begin{vmatrix} a_{11} & a_{12} & \cdots & a_{1n} \\ a_{21} & a_{22} & \cdots & a_{2n} \\ \vdots & \vdots & & \vdots \\ a_{n1} & a_{n2} & \cdots & a_{nn} \end{vmatrix}.$$

如果把 D 的行变为相应的列，就得到一个新的行列式

$$D^{\mathrm{T}}=\begin{vmatrix} a_{11} & a_{21} & \cdots & a_{n1} \\ a_{12} & a_{22} & \cdots & a_{n2} \\ \vdots & \vdots & & \vdots \\ a_{1n} & a_{2n} & \cdots & a_{nn} \end{vmatrix},$$

D^{T} 叫作 D 的转置行列式.

性质 1.1 行列式与它的转置行列式相等.

性质 1.2 行列式中某一行元素的公因子可以提到行列式符号的外边来. 或者说，用一个数乘以行列式，可以把这个数乘到行列式的某一行上. 即

$$\begin{vmatrix} a_{11} & a_{12} & \cdots & a_{1n} \\ \vdots & \vdots & & \vdots \\ ka_{i1} & ka_{i2} & \cdots & ka_{in} \\ \vdots & \vdots & & \vdots \\ a_{n1} & a_{n2} & \cdots & a_{nn} \end{vmatrix}=k\begin{vmatrix} a_{11} & a_{12} & \cdots & a_{1n} \\ \vdots & \vdots & & \vdots \\ a_{i1} & a_{i2} & \cdots & a_{in} \\ \vdots & \vdots & & \vdots \\ a_{n1} & a_{n2} & \cdots & a_{nn} \end{vmatrix}.$$

推论 如果行列式中有一行元素全为 0，那么行列式的值为 0.

性质 1.3 如果行列式的某一行（例如第 i 行）的元素依次是 $b_{i1}+c_{i1}$，$b_{i2}+c_{i2}$，$\cdots$，$b_{in}+c_{in}$，那么这个行列式就等于两个行列式 D_1 与 D_2 之和，其中 D_1 的第 i 行依次是 b_{i1}，b_{i2}，$\cdots$，b_{in}，D_2 的第 i 行依次是 c_{i1}，c_{i2}，$\cdots$，c_{in}，而 D_1 与 D_2 的其他行与原行列式相应的行一样. 即

$$\begin{vmatrix} a_{11} & a_{12} & \cdots & a_{1n} \\ \vdots & \vdots & & \vdots \\ b_{i1}+c_{i1} & b_{i2}+c_{i2} & \cdots & b_{in}+c_{in} \\ \vdots & \vdots & & \vdots \\ a_{n1} & a_{n2} & \cdots & a_{nn} \end{vmatrix}$$

$$=\begin{vmatrix} a_{11} & a_{12} & \cdots & a_{1n} \\ \vdots & \vdots & & \vdots \\ b_{i1} & b_{i2} & \cdots & b_{in} \\ \vdots & \vdots & & \vdots \\ a_{n1} & a_{n2} & \cdots & a_{nn} \end{vmatrix}+\begin{vmatrix} a_{11} & a_{12} & \cdots & a_{1n} \\ \vdots & \vdots & & \vdots \\ c_{i1} & c_{i2} & \cdots & c_{in} \\ \vdots & \vdots & & \vdots \\ a_{n1} & a_{n2} & \cdots & a_{nn} \end{vmatrix}.$$

注 此性质可推广到某一行（或几行）元素为多个数之和的情形. 特别地，若

n 阶行列式 D 的每个元素都是两数之和，则 D 可表示成 2^n 个 n 阶行列式的和.

性质 1.4 交换行列式的两行，行列式改变符号. 即

$$\begin{vmatrix} a_{11} & \cdots & a_{1n} \\ \vdots & & \vdots \\ a_{i1} & \cdots & a_{in} \\ \vdots & & \vdots \\ a_{j1} & \cdots & a_{jn} \\ \vdots & & \vdots \\ a_{n1} & \cdots & a_{nn} \end{vmatrix} = -\begin{vmatrix} a_{11} & \cdots & a_{1n} \\ \vdots & & \vdots \\ a_{j1} & \cdots & a_{jn} \\ \vdots & & \vdots \\ a_{i1} & \cdots & a_{in} \\ \vdots & & \vdots \\ a_{n1} & \cdots & a_{nn} \end{vmatrix}.$$

推论 1 若行列式中有两行完全相同，则这个行列式的值为 0.

推论 2 若行列式有两行的对应元素成比例，则这个行列式的值为 0.

性质 1.5 把行列式某一行的元素乘以同一数后加到另一行的对应元素上，行列式不变. 即

$$\begin{vmatrix} a_{11} & a_{12} & \cdots & a_{1n} \\ \vdots & \vdots & & \vdots \\ a_{i1} & a_{i2} & \cdots & a_{in} \\ \vdots & \vdots & & \vdots \\ a_{j1} & a_{j2} & \cdots & a_{jn} \\ \vdots & \vdots & & \vdots \\ a_{n1} & a_{n2} & \cdots & a_{nn} \end{vmatrix} = \begin{vmatrix} a_{11} & a_{12} & \cdots & a_{1n} \\ \vdots & \vdots & & \vdots \\ a_{i1} & a_{i2} & \cdots & a_{in} \\ \vdots & \vdots & & \vdots \\ a_{j1}+ka_{i1} & a_{j2}+ka_{i2} & \cdots & a_{jn}+ka_{in} \\ \vdots & \vdots & & \vdots \\ a_{n1} & a_{n2} & \cdots & a_{nn} \end{vmatrix}.$$

上面的性质都是对行而言的，因行列式和它的转置相等，故对列同样成立.

注 为描述方便，引入下列记号：

(1) $r_i \leftrightarrow r_j$ ($c_i \leftrightarrow c_j$) 表示交换第 i 行（列）与第 j 行（列）的位置；

(2) kr_i (kc_i)表示第 i 行（列）乘以数 k；

(3) $r_i + lr_j$ ($c_i + lc_j$) 表示将第 j 行（列）的 l 倍加到第 i 行（列）.

二、释疑解难

1. 关于 n 阶行列式的定义

根据引理 1.1 及行列式的性质 1.1 可得行列式的等价定义：

(1) n 阶行列式也可定义为

$$\begin{vmatrix} a_{11} & a_{12} & \cdots & a_{1n} \\ a_{21} & a_{22} & \cdots & a_{2n} \\ \vdots & \vdots & & \vdots \\ a_{n1} & a_{n2} & \cdots & a_{nn} \end{vmatrix} = \sum_{i_1 i_2 \cdots i_n} (-1)^{\pi(i_1 i_2 \cdots i_n)} a_{i_1 1} a_{i_2 2} \cdots a_{i_n n},$$

这里 $\sum\limits_{i_1 i_2 \cdots i_n}$ 表示对所有 n 元排列 $i_1 i_2 \cdots i_n$ 求和.

(2) n 阶行列式还可定义为

$$\begin{vmatrix} a_{11} & a_{12} & \cdots & a_{1n} \\ a_{21} & a_{22} & \cdots & a_{2n} \\ \vdots & \vdots & & \vdots \\ a_{n1} & a_{n2} & \cdots & a_{nn} \end{vmatrix} = \sum (-1)^{\pi(i_1 i_2 \cdots i_n)+\pi(j_1 j_2 \cdots j_n)} a_{i_1 j_1} a_{i_2 j_2} \cdots a_{i_n j_n},$$

这里 $i_1 i_2 \cdots i_n$ 与 $j_1 j_2 \cdots j_n$ 都是 1，2，$\cdots$，n 的排列，$\sum$ 表示对这样一些排列求和：$i_1 i_2 \cdots i_n$ 为 1，2，$\cdots$，n 的某一个固定排列，而 $j_1 j_2 \cdots j_n$ 取 1，2，$\cdots$，n 的所有排列（共 $n!$ 个）；或者 $j_1 j_2 \cdots j_n$ 为 1，2，$\cdots$，n 的某一个固定排列，而 $i_1 i_2 \cdots i_n$ 取 1，2，$\cdots$，n 的所有排列（共 $n!$ 个）.

2. 关于 n 阶行列式的计算

(1) 利用定义.

第一步　写出数码 1，2，$\cdots$，n 的所有排列 $j_1 j_2 \cdots j_n$，并确定每个排列的奇偶性；

第二步　写出以每个排列 $j_1 j_2 \cdots j_n$ 为列指标对应的项 $a_{1j_1} a_{2j_2} \cdots a_{nj_n}$，并根据每个排列的奇偶性确定每项所带的符号；

第三步　求出 $n!$ 项的代数和即得行列式的值.

注　对角线法则只适用于二阶和三阶行列式，对于阶数大于 3 的行列式对角线法则不再适用. 显然，当行列式的阶数 n 较大时，利用定义计算行列式的计算量是很大的，有时候甚至是不可能的，因此利用定义只能计算一些有许多元素是 0 的特殊行列式.

(2) 利用性质.

利用行列式的性质可极大地简化行列式的计算. 通常是利用性质将行列式化成三角形行列式，从而得行列式的值. 称这种方法为化三角形法（或三角化法）.

三、范例解析

例 1　用行列式的定义证明：

(1) 设 n 阶行列式 D 中等于 0 的元素多于 $n^2 - n$ 个，则 $D = 0$；

(2) 设

$$D_1 = \begin{vmatrix} a_1 & a_2 & a_3 & a_4 & a_5 \\ b_1 & b_2 & b_3 & b_4 & b_5 \\ c_1 & c_2 & 0 & 0 & 0 \\ d_1 & d_2 & 0 & 0 & 0 \\ e_1 & e_2 & 0 & 0 & 0 \end{vmatrix},$$

则 $D_1 = 0$；

(3) 设 n 阶行列式

$$D_2 = \begin{vmatrix} a_{11} & a_{12} & \cdots & a_{1n} \\ a_{21} & a_{22} & \cdots & a_{2n} \\ \vdots & \vdots & & \vdots \\ a_{n1} & a_{n2} & \cdots & a_{nn} \end{vmatrix},\ D_3 = \begin{vmatrix} a_{11} & a_{12}b^{-1} & \cdots & a_{1n}b^{1-n} \\ a_{21}b & a_{22} & \cdots & a_{2n}b^{2-n} \\ \vdots & \vdots & & \vdots \\ a_{n1}b^{n-1} & a_{n2}b^{n-2} & \cdots & a_{nn} \end{vmatrix},$$

其中 $b \neq 0$，则 $D_2 = D_3$.

证明 (1) 因为 n 阶行列式 D 共有 n^2 个元素，所以由题设知，D 中不等于 0 的元素个数少于 $n^2 - (n^2 - n) = n$. 于是 D 的展开式的 $n!$ 项中每项至少有一个因子为 0. 因此由定义，得 $D = 0$.

(2) 除符号的差异外，行列式 D_1 的一般项可表示为 $a_i b_j c_k d_s e_t$，其中 $ijkst$ 为 1，2，3，4，5 的 5 元排列，c_r，d_r，e_r ($r = 3$，4，5) 都为 0. 因为 k，s，t 是 1，2，3，4，5 中的三个不同的数，所以至少要取到 3，4，5 中的某个数. 因此 D_1 的展开式的每一项中至少有一个因子是 0. 于是由定义，得 $D_1 = 0$.

(3) 由行列式的定义，得

$$\begin{aligned} D_3 &= \sum_{j_1 j_2 \cdots j_n} (-1)^{\pi(j_1 j_2 \cdots j_n)} (a_{1j_1} b^{1-j_1})(a_{2j_2} b^{2-j_2}) \cdots (a_{nj_n} b^{n-j_n}) \\ &= \sum_{j_1 j_2 \cdots j_n} (-1)^{\pi(j_1 j_2 \cdots j_n)} a_{1j_1} a_{2j_2} \cdots a_{nj_n} b^{(1+2+\cdots+n)-(j_1+j_2+\cdots+j_n)} \\ &= \sum_{j_1 j_2 \cdots j_n} (-1)^{\pi(j_1 j_2 \cdots j_n)} a_{1j_1} a_{2j_2} \cdots a_{nj_n} \\ &= D_2. \end{aligned}$$

例 2 计算行列式

$$D = \begin{vmatrix} a_1 + b_1 & a_1 + b_2 & a_1 + b_3 \\ a_2 + b_1 & a_2 + b_2 & a_2 + b_3 \\ a_3 + b_1 & a_3 + b_2 & a_3 + b_3 \end{vmatrix}.$$

解 方法一 该行列式 D 的每个元素都是两数之和. 根据行列式的性质 1.3，先将 D 按第一行拆成 2 个行列式的和；再将每个行列式按第二行拆成 2 个行列式的和，共可拆成 4 个行列式的和；最后将每个行列式按第三行拆成 2 个行列式的和，总共拆成 8 个行列式的和，其中每个行列式是从下面四行数中取出三行（可以相同）构成的：

$$\begin{matrix} a_1 & a_1 & a_1 \\ a_2 & a_2 & a_2 \\ a_3 & a_3 & a_3 \\ b_1 & b_2 & b_3 \end{matrix}$$

因为前三行的任意两行成比例，所以上面 8 个行列式或者有两行相同，或者有两行成比例，因此它们的值都是 0. 于是 $D = 0$.

方法二　由行列式的性质 1.5 和性质 1.4 的推论 2，得

$$D \xlongequal[r_3-r_1]{r_2-r_1} \begin{vmatrix} a_1+b_1 & a_1+b_2 & a_1+b_3 \\ a_2-a_1 & a_2-a_1 & a_2-a_1 \\ a_3-a_1 & a_3-a_1 & a_3-a_1 \end{vmatrix} = 0.$$

例 3　计算下列行列式.

$$(1)\ D = \begin{vmatrix} 3 & -5 & 2 & 1 \\ 1 & 1 & 0 & -5 \\ -1 & 3 & 1 & 3 \\ 2 & -4 & -1 & -3 \end{vmatrix};\quad (2)\ D_n = \begin{vmatrix} 1 & 1 & \cdots & 1 & 1 \\ 0 & 0 & \cdots & 2 & 1 \\ \vdots & \vdots & & \vdots & \vdots \\ 0 & n-1 & \cdots & 0 & 1 \\ n & 0 & \cdots & 0 & 1 \end{vmatrix}.$$

解　(1) 化三角形法.

$$D \xlongequal{r_1 \leftrightarrow r_2} -\begin{vmatrix} 1 & 1 & 0 & -5 \\ 3 & -5 & 2 & 1 \\ -1 & 3 & 1 & 3 \\ 2 & -4 & -1 & -3 \end{vmatrix} \xlongequal[\substack{r_4-2r_1 \\ \frac{1}{2}r_2}]{\substack{r_2-3r_1 \\ r_3+r_1}} -2\begin{vmatrix} 1 & 1 & 0 & -5 \\ 0 & -4 & 1 & 8 \\ 0 & 4 & 1 & -2 \\ 0 & -6 & -1 & 7 \end{vmatrix}$$

$$\xlongequal{c_2 \leftrightarrow c_3} 2\begin{vmatrix} 1 & 0 & 1 & -5 \\ 0 & 1 & -4 & 8 \\ 0 & 1 & 4 & -2 \\ 0 & -1 & -6 & 7 \end{vmatrix} \xlongequal[\frac{1}{2}r_3,\ \frac{1}{5}r_4]{\substack{r_3-r_2 \\ r_4+r_2}} 20\begin{vmatrix} 1 & 0 & 1 & -5 \\ 0 & 1 & -4 & 8 \\ 0 & 0 & 4 & -5 \\ 0 & 0 & -2 & 3 \end{vmatrix}$$

$$\xlongequal{r_3 \leftrightarrow r_4} -20\begin{vmatrix} 1 & 0 & 1 & -5 \\ 0 & 1 & -4 & 8 \\ 0 & 0 & -2 & 3 \\ 0 & 0 & 4 & -5 \end{vmatrix} \xlongequal{r_4+2r_3} -20\begin{vmatrix} 1 & 0 & 1 & -5 \\ 0 & 1 & -4 & 8 \\ 0 & 0 & -2 & 3 \\ 0 & 0 & 0 & 1 \end{vmatrix}$$

$$= 40.$$

(2) 化三角形法.

$$D_n \xlongequal[i=1,\,2,\,\cdots,\,n-1]{c_n-\frac{1}{i+1}c_{n-i}} \begin{vmatrix} 1 & 1 & \cdots & 1 & 1-\sum\limits_{k=2}^{n}\frac{1}{k} \\ 0 & 0 & \cdots & 2 & 0 \\ \vdots & \vdots & & \vdots & \vdots \\ 0 & n-1 & \cdots & 0 & 0 \\ n & 0 & \cdots & 0 & 0 \end{vmatrix}$$

$$= (-1)^{\frac{n(n-1)}{2}} n!\left(1-\sum_{k=2}^{n}\frac{1}{k}\right).$$

例 4 计算

$$S=\sum_{j_1j_2\cdots j_n}\begin{vmatrix} a_{1j_1} & a_{1j_2} & \cdots & a_{1j_n} \\ a_{2j_1} & a_{2j_2} & \cdots & a_{2j_n} \\ \vdots & \vdots & & \vdots \\ a_{nj_1} & a_{nj_2} & \cdots & a_{nj_n} \end{vmatrix},$$

这里 $\sum\limits_{j_1j_2\cdots j_n}$ 是对所有的 n 元排列求和.

解 方法一 因为 S 是 $n!$ 个 n 阶行列式的和，交换每个行列式的第 1，2 两列所得的 $n!$ 个 n 阶行列式的和仍然是 S 的 $n!$ 个 n 阶行列式的和，而交换行列式的两列后行列式变号，所以

$$S=-\sum_{j_1j_2\cdots j_n}\begin{vmatrix} a_{1j_2} & a_{1j_1} & \cdots & a_{1j_n} \\ a_{2j_2} & a_{2j_1} & \cdots & a_{2j_n} \\ \vdots & \vdots & & \vdots \\ a_{nj_2} & a_{nj_1} & \cdots & a_{nj_n} \end{vmatrix}=-S.$$

因此 $S=0$.

方法二 设

$$D=\begin{vmatrix} a_{11} & a_{12} & \cdots & a_{1n} \\ a_{21} & a_{22} & \cdots & a_{2n} \\ \vdots & \vdots & & \vdots \\ a_{n1} & a_{n2} & \cdots & a_{nn} \end{vmatrix}.$$

由 § 1.2 范例解析之例 4 知，排列 $j_1j_2\cdots j_n$ 可经 $\pi(j_1j_2\cdots j_n)$ 次对换变为 $12\cdots n$，于是

$$\begin{vmatrix} a_{1j_1} & a_{1j_2} & \cdots & a_{1j_n} \\ a_{2j_1} & a_{2j_2} & \cdots & a_{2j_n} \\ \vdots & \vdots & & \vdots \\ a_{nj_1} & a_{nj_2} & \cdots & a_{nj_n} \end{vmatrix}=(-1)^{\pi(j_1j_2\cdots j_n)}D.$$

因为 $n!$ 个 n 元排列中奇偶排列各半，所以

$$S=\sum_{j_1j_2\cdots j_n}(-1)^{\pi(j_1j_2\cdots j_n)}D=0.$$

§1.4 行列式按行（列）展开

本节进一步研究行列式的计算，给出将行列式按一行（列）展开的公式，从而把阶数较高的行列式化成阶数较低的行列式来计算，使行列式的计算更加灵活、方便.

一、主要内容

1．余子式、代数余子式

定义 1.7 在 n 阶行列式

$$D=\begin{vmatrix} a_{11} & \cdots & a_{1j} & \cdots & a_{1n} \\ \vdots & & \vdots & & \vdots \\ a_{i1} & \cdots & a_{ij} & \cdots & a_{in} \\ \vdots & & \vdots & & \vdots \\ a_{n1} & \cdots & a_{nj} & \cdots & a_{nn} \end{vmatrix}$$

中划去元素 a_{ij} 所在的第 i 行与第 j 列，剩下的元素按照原来的位置构成一个 $n-1$ 阶的行列式

$$\begin{vmatrix} a_{11} & \cdots & a_{1,j-1}, & a_{1,j+1}, & \cdots & a_{1n} \\ \vdots & & \vdots & \vdots & & \vdots \\ a_{i-1,1} & \cdots & a_{i-1,j-1} & a_{i-1,j+1} & \cdots & a_{i-1,n} \\ a_{i+1,1} & \cdots & a_{i+1,j-1} & a_{i+1,j+1} & \cdots & a_{i+1,n} \\ \vdots & & \vdots & \vdots & & \vdots \\ a_{n1} & \cdots & a_{n,j-1} & a_{n,j+1} & \cdots & a_{nn} \end{vmatrix}$$

称为元素 a_{ij} 的余子式，记为 M_{ij}.

定义 1.8 n 阶行列式 D 中第 i 行第 j 列处元素 a_{ij} 的余子式 M_{ij} 附以符号 $(-1)^{i+j}$ 后称为 a_{ij} 的代数余子式，记作 A_{ij}，即 $A_{ij}=(-1)^{i+j}M_{ij}$.

2．行列式的按行（列）展开定理

定理 1.4（行列式按行（列）展开定理） n 阶行列式 D 等于它的任意一行（列）的所有元素与它们的对应代数余子式的乘积之和，即

$$D=a_{i1}A_{i1}+a_{i2}A_{i2}+\cdots+a_{in}A_{in}\,(\,i=1,\ 2,\ \cdots,\ n\,)$$

$$(\,D=a_{1i}A_{1i}+a_{2i}A_{2i}+\cdots+a_{ni}A_{ni}\,(\,i=1,\ 2,\ \cdots,\ n\,)\,).$$

定理 1.5 n 阶行列式 D 的某一行（列）的所有元素与另一行（列）对应元素的代数余子式的乘积之和等于 0，即

$$a_{i1}A_{j1}+a_{i2}A_{j2}+\cdots+a_{in}A_{jn}=0\,(\,i\neq j\,)$$

$$(\,a_{1i}A_{1j}+a_{2i}A_{2j}+\cdots+a_{ni}A_{nj}=0\,(\,i\neq j\,)\,).$$

将定理 1.4 与定理 1.5 合起来，有

$$a_{i1}A_{j1}+a_{i2}A_{j2}+\cdots+a_{in}A_{jn}=\sum_{k=1}^{n}a_{ik}A_{jk}=\begin{cases} D, & i=j, \\ 0, & i\neq j. \end{cases}$$

$$a_{1i}A_{1j}+a_{2i}A_{2j}+\cdots+a_{ni}A_{nj}=\sum_{k=1}^{n}a_{ki}A_{kj}=\begin{cases} D, & i=j, \\ 0, & i\neq j. \end{cases}$$

二、释疑解难

1. 关于行列式的按行（列）展开定理

(1) 在按行（列）展开定理中，n 阶行列式 D 的第 i 行（列）所有元素的代数余子式 A_{i1}，A_{i2}，$\cdots$，A_{in} (A_{1i}，A_{2i}，$\cdots$，A_{ni}) 的值都由 D 中第 i 行（列）以外的元素决定，与第 i 行（列）各元素 a_{i1}，a_{i2}，$\cdots$，a_{in} (a_{1i}，a_{2i}，$\cdots$，a_{ni}) 无关，因此在 D 中，将第 i 行（列）各元素分别换成任意值 x_1，x_2，$\cdots$，x_n 后，所得到的行列式

$$D_i(x_1, x_2, \cdots, x_n) = x_1A_{i1} + x_2A_{i2} + \cdots + x_nA_{in}$$
$$(D_i(x_1, x_2, \cdots, x_n) = x_1A_{1i} + x_2A_{2i} + \cdots + x_nA_{ni}).$$

(2) 按行（列）展开定理虽然把 n 阶行列式的计算归结为 $n-1$ 阶行列式的计算，但是当行列式某一行（列）的元素都不为 0 时，按这一行（列）展开并不能减小计算量，因此当给定的行列式有一行（列）含有较多的 0 时，才用该定理来简化计算. 于是，通常先利用行列式的性质把行列式的某一行（列）化为只含一个非零元素的行（列），然后再按该行（列）展开计算.

2. 关于行列式的按 k 行（列）展开定理

按 k 行（列）（ $1 \leqslant k \leqslant n$）展开定理也称为拉普拉斯定理，它是行列式按行（列）展开定理的推广. 为此需将元素的余子式与代数余子式概念推广到子式的余子式与代数余子式.

(1) k 阶子式及其余子式.

定义 1.9 在 n 阶行列式 D 中任意选取 k 行 k 列（ $k \leqslant n$），位于这些行和列交叉处的 k^2 个元素按照原来的次序组成的 k 阶行列式 M 称为行列式 D 的一个 k 阶子式. 在 D 中划去这 k 行 k 列后余下的元素按照原来的次序组成的 $n-k$ 阶行列式 M' 称为 k 阶子式 M 的余子式.

(2) k 阶子式的代数余子式.

定义 1.10 设 n 阶行列式 D 的 k 阶子式 M 在 D 中所在的行指标与列指标分别是 i_1，i_2，$\cdots$，i_k 与 j_1，j_2，$\cdots$，j_k，则 M 的余子式 M' 前面附以符号 $(-1)^{(i_1+i_2+\cdots+i_k)+(j_1+j_2+\cdots+j_k)}$ 后称为 M 的代数余子式，记为 A，即

$$A = (-1)^{(i_1+i_2+\cdots+i_k)+(j_1+j_2+\cdots+j_k)}M'.$$

(3) 拉普拉斯 (Laplace) 定理.

定理 1.6 (拉普拉斯定理) 设在 n 阶行列式 D 中任意取定了 k ($1 \leqslant k \leqslant n-1$) 行（列），则由这 k 行（列）元素所组成的一切 k 阶子式与它们的代数余子式的乘积之和等于行列式 D.

例如，在行列式

$$D=\begin{vmatrix}1 & 2 & 3 & 4\\ -2 & 1 & -4 & 3\\ 3 & -4 & -1 & 2\\ 4 & 3 & -2 & -1\end{vmatrix}$$

中取定第一、二行，则由这两行元素组成的 $C_4^2=\dfrac{4!}{2!(4-2)!}=6$ 个 2 阶子式为

$$M_1=\begin{vmatrix}1 & 2\\ -2 & 1\end{vmatrix},\quad M_2=\begin{vmatrix}1 & 3\\ -2 & -4\end{vmatrix},\quad M_3=\begin{vmatrix}1 & 4\\ -2 & 3\end{vmatrix},$$

$$M_4=\begin{vmatrix}2 & 3\\ 1 & -4\end{vmatrix},\quad M_5=\begin{vmatrix}2 & 4\\ 1 & 3\end{vmatrix},\quad M_6=\begin{vmatrix}3 & 4\\ -4 & 3\end{vmatrix}.$$

它们的代数余子式分别为：

$$A_1=(-1)^{1+2+1+2}\begin{vmatrix}-1 & 2\\ -2 & -1\end{vmatrix},\quad A_2=(-1)^{1+2+1+3}\begin{vmatrix}-4 & 2\\ 3 & -1\end{vmatrix},$$

$$A_3=(-1)^{1+2+1+4}\begin{vmatrix}-4 & -1\\ 3 & -2\end{vmatrix},\quad A_4=(-1)^{1+2+2+3}\begin{vmatrix}3 & 2\\ 4 & -1\end{vmatrix},$$

$$A_5=(-1)^{1+2+2+4}\begin{vmatrix}3 & -1\\ 4 & -2\end{vmatrix},\quad A_6=(-1)^{1+2+3+4}\begin{vmatrix}3 & -4\\ 4 & 3\end{vmatrix}.$$

由拉普拉斯定理，得

$$D=M_1A_1+M_2A_2+M_3A_3+M_4A_4+M_5A_5+M_6A_6=900.$$

从这个例子来看，利用拉普拉斯定理计算行列式一般是不太方便的. 这个定理主要应用在理论方面.

3. 计算行列式的常用方法

(1) 定义法.

(2) 化三角形法.

上两种方法见 § 1.3 “释疑解难” 之 2.

(3) 递推法.

递推法是利用行列式的展开定理得到高阶行列式与低阶行列式之间的递推关系式，然后通过递推关系式求出行列式的值.

(4) 拆行（列）法.

拆行（列）法是利用行列式的性质将行列式拆成几个较易计算的行列式之和进行计算.

(5) 加边法（或升阶法）.

加边法是利用行列式的展开定理，在保持原行列式值不变的前提下，将要计算的行列式适当地增加一行一列，得到一个新的较易计算的高一阶的行列式进行计算.

(6) 数学归纳法.

利用数学归纳法计算行列式可分两步进行. 第一步发现和猜想, 第二步利用第一数学归纳法或第二数学归纳法证明猜想的正确性. 证明的关键是要得到 n 阶行列式 D_n 关于 D_{n-1} 和 D_{n-2} 的递推关系式.

(7) 利用范德蒙行列式.

先用行列式的性质将其化为范德蒙行列式, 然后利用范德蒙行列式得到行列式的值.

计算行列式有许多方法和技巧, 上面列举了几种常用的方法, 在计算 n 阶行列式时要根据行列式中行或列元素的特点选择相应的计算方法.

三、范例解析

例 1 计算下列行列式.

(1) $$D_n = \begin{vmatrix} 2 & -1 & 0 & \cdots & 0 & 0 \\ -1 & 2 & -1 & \cdots & 0 & 0 \\ 0 & -1 & 2 & \cdots & 0 & 0 \\ \vdots & \vdots & \vdots & & \vdots & \vdots \\ 0 & 0 & 0 & \cdots & 2 & -1 \\ 0 & 0 & 0 & \cdots & -1 & 2 \end{vmatrix};$$

(2) $$D_{2n} = \begin{vmatrix} a_n & & & & & & & b_n \\ & a_{n-1} & & & & & b_{n-1} & \\ & & \ddots & & & \iddots & & \\ & & & a_1 & b_1 & & & \\ & & & c_1 & d_1 & & & \\ & & \iddots & & & \ddots & & \\ & c_{n-1} & & & & & d_{n-1} & \\ c_n & & & & & & & d_n \end{vmatrix}.$$

解 (1) 递推法.

因为

$$D_n \xlongequal{\text{按第一行展开}} 2D_{n-1} + (-1)\cdot(-1)^{1+2} \begin{vmatrix} -1 & -1 & 0 & \cdots & 0 & 0 \\ 0 & 2 & -1 & \cdots & 0 & 0 \\ 0 & -1 & 2 & \cdots & 0 & 0 \\ \vdots & \vdots & \vdots & & \vdots & \vdots \\ 0 & 0 & 0 & \cdots & 2 & -1 \\ 0 & 0 & 0 & \cdots & -1 & 2 \end{vmatrix}$$

$$= 2D_{n-1} - D_{n-2},$$

而此时递推不易得到结果, 所以变形递推公式, 得

$$D_n - D_{n-1} = D_{n-1} - D_{n-2} = \cdots = D_2 - D_1 = 3 - 2 = 1.$$

于是

$$D_n = D_{n-1} + 1 = D_{n-2} + 2 = \cdots = D_1 + (n-1) = 2 + (n-1) = n + 1.$$

(2) 递推法.

根据拉普拉斯定理，

$$D_{2n} \xlongequal{\text{按 }1,2n\text{ 行展开}} \begin{vmatrix} a_n & b_n \\ c_n & d_n \end{vmatrix} (-1)^{1+2n+1+2n} \begin{vmatrix} a_{n-1} & & & & & b_{n-1} \\ & \ddots & & & \iddots & \\ & & a_1 & b_1 & & \\ & & c_1 & d_1 & & \\ & \iddots & & & \ddots & \\ c_{n-1} & & & & & d_{n-1} \end{vmatrix}$$

$$= (a_n d_n - b_n c_n) D_{2(n-1)}.$$

因此

$$\begin{aligned} D_{2n} &= (a_n d_n - b_n c_n) D_{2(n-1)} \\ &= (a_n d_n - b_n c_n)(a_{n-1} d_{n-1} - b_{n-1} c_{n-1}) D_{2(n-2)} \\ &\cdots \\ &= (a_n d_n - b_n c_n)(a_{n-1} d_{n-1} - b_{n-1} c_{n-1}) \cdots (a_2 d_2 - b_2 c_2) D_2 \\ &= (a_n d_n - b_n c_n)(a_{n-1} d_{n-1} - b_{n-1} c_{n-1}) \cdots (a_2 d_2 - b_2 c_2)(a_1 d_1 - b_1 c_1). \end{aligned}$$

例 2 计算 n 阶行列式.

$$D_n = \begin{vmatrix} a & b & 0 & \cdots & 0 & 0 & 0 \\ c & a & b & \cdots & 0 & 0 & 0 \\ 0 & c & a & \cdots & 0 & 0 & 0 \\ \vdots & \vdots & \vdots & & \vdots & \vdots & \vdots \\ 0 & 0 & 0 & \cdots & c & a & b \\ 0 & 0 & 0 & \cdots & 0 & c & a \end{vmatrix} \quad (a^2 \neq 4bc).$$

解 递推法.

将 D_n 按第 1 列展开，得

$$D_n = aD_{n-1} - bcD_{n-2}.$$

由于此时递推不易得到结果，因此需将该递推式变形. 设 α，β 是一元二次方程 $x^2 - ax + bc = 0$ 的根，则

$$\alpha = \frac{a + \sqrt{a^2 - 4bc}}{2}, \ \beta = \frac{a - \sqrt{a^2 - 4bc}}{2},$$

并且 $\alpha + \beta = a$，$\alpha\beta = bc$. 将 a，bc 代入 D_n 的递推式，得递推关系式

$$D_n - \alpha D_{n-1} = \beta(D_{n-1} - \alpha D_{n-2}).$$

因为

$$D_2-\alpha D_1=a^2-bc-\alpha a=(\alpha+\beta)^2-\alpha\beta-\alpha(\alpha+\beta)=\beta^2,$$

所以由上式递推下去，有

$$D_n-\alpha D_{n-1}=\beta^2(D_{n-2}-\alpha D_{n-3})=\cdots=\beta^{n-2}(D_2-\alpha D_1)=\beta^n.$$

同理可得

$$D_n-\beta D_{n-1}=\alpha^n.$$

由 $a^2\neq 4bc$ 知，$\alpha\neq\beta$. 故将上面两式联立消掉 D_{n-1}，得

$$D_n=\frac{\alpha^{n+1}-\beta^{n+1}}{\alpha-\beta}=\frac{(a+\sqrt{a^2-4bc}\,)^{n+1}-(a-\sqrt{a^2-4bc}\,)^{n+1}}{2^{n+1}\sqrt{a^2-4bc}}.$$

例 3 计算下列 n 阶行列式.

$$(1)\ D_n=\begin{vmatrix} a_1 & b & b & \cdots & b \\ b & a_2 & b & \cdots & b \\ b & b & a_3 & \cdots & b \\ \vdots & \vdots & \vdots & & \vdots \\ b & b & b & \cdots & a_n \end{vmatrix}\ (a_i\neq b);$$

$$(2)\ D_n=\begin{vmatrix} 1+a_1^2 & a_1a_2 & \cdots & a_1a_n \\ a_2a_1 & 1+a_2^2 & \cdots & a_2a_n \\ \vdots & \vdots & & \vdots \\ a_na_1 & a_na_2 & \cdots & 1+a_n^2 \end{vmatrix}.$$

解 (1) 加边法.

$$D_n\xlongequal{\text{加边}}\begin{vmatrix} 1 & b & b & \cdots & b \\ 0 & a_1 & b & \cdots & b \\ 0 & b & a_2 & \cdots & b \\ \vdots & \vdots & \vdots & & \vdots \\ 0 & b & b & \cdots & a_n \end{vmatrix}$$

$$\xlongequal[i=2,3,\cdots,n+1]{r_i-r_1}\begin{vmatrix} 1 & b & b & \cdots & b \\ -1 & a_1-b & 0 & \cdots & 0 \\ -1 & 0 & a_2-b & \cdots & 0 \\ \vdots & \vdots & \vdots & & \vdots \\ -1 & 0 & 0 & \cdots & a_n-b \end{vmatrix}$$

$$\xlongequal[i=1,2,\cdots,n]{c_1+\frac{1}{a_i-b}c_{i+1}}\begin{vmatrix} 1+b\sum\limits_{i=1}^{n}\dfrac{1}{a_i-b} & b & b & \cdots & b \\ 0 & a_1-b & & & \\ & & a_2-b & & \\ & & & \ddots & \\ & & & & a_n-b \end{vmatrix}$$

$$= \left(1 + b\sum_{i=1}^{n}\frac{1}{a_i - b}\right)(a_1 - b)(a_2 - b)\cdots(a_n - b).$$

(2) 加边法.

$$D_n \xlongequal{\text{加边}} \begin{vmatrix} 1 & a_1 & a_2 & \cdots & a_n \\ 0 & 1 + a_1^2 & a_1a_2 & \cdots & a_1a_n \\ 0 & a_2a_1 & 1 + a_2^2 & \cdots & a_2a_n \\ \vdots & \vdots & \vdots & & \vdots \\ 0 & a_na_1 & a_na_2 & \cdots & 1 + a_n^2 \end{vmatrix}$$

$$\xlongequal[i=1,2,\cdots,n]{r_{i+1} - a_ir_1} \begin{vmatrix} 1 & a_1 & a_2 & \cdots & a_n \\ -a_1 & 1 & 0 & \cdots & 0 \\ -a_2 & 0 & 1 & \cdots & 0 \\ \vdots & \vdots & \vdots & & \vdots \\ -a_n & 0 & 0 & \cdots & 1 \end{vmatrix}$$

$$\xlongequal[i=2,\cdots,n+1]{c_1 + a_{i-1}c_i} \begin{vmatrix} 1 + \sum\limits_{i=1}^{n} a_i^2 & a_1 & a_2 & \cdots & a_n \\ 0 & 1 & 0 & \cdots & 0 \\ 0 & 0 & 1 & \cdots & 0 \\ \vdots & \vdots & \vdots & & \vdots \\ 0 & 0 & 0 & \cdots & 1 \end{vmatrix}$$

$$= 1 + \sum_{i=1}^{n} a_i^2.$$

例 4 计算 n 阶行列式

$$D_n = \begin{vmatrix} \cos\alpha & 1 & 0 & \cdots & 0 & 0 \\ 1 & 2\cos\alpha & 1 & \cdots & 0 & 0 \\ 0 & 1 & 2\cos\alpha & \cdots & 0 & 0 \\ \vdots & \vdots & \vdots & & \vdots & \vdots \\ 0 & 0 & 0 & \cdots & 2\cos\alpha & 1 \\ 0 & 0 & 0 & \cdots & 1 & 2\cos\alpha \end{vmatrix}.$$

解 数学归纳法.

当 $n = 1$ 时，$D_1 = \cos\alpha$.

当 $n = 2$ 时，$D_2 = \begin{vmatrix} \cos\alpha & 1 \\ 1 & 2\cos\alpha \end{vmatrix} = 2\cos^2\alpha - 1 = \cos 2\alpha$.

当 $n = 3$ 时，$D_3 = \begin{vmatrix} \cos\alpha & 1 & 0 \\ 1 & 2\cos\alpha & 1 \\ 0 & 1 & 2\cos\alpha \end{vmatrix} = 4\cos^3\alpha - 3\cos\alpha = \cos 3\alpha$.

由此猜想：$D_n = \cos n\alpha$.

下面用第二数学归纳法证明猜想成立.

当 $n = 1$ 时，结论显然成立.

假设当阶数小于 n 时结论成立. 下证阶数等于 n 时结论也成立.

将 D_n 按第 n 列展开，得

$$D_n = (-1)^{2n} 2\cos\alpha D_{n-1} + (-1)^{n-1+n}\begin{vmatrix} \cos\alpha & 1 & \cdots & 0 & 0 \\ 1 & 2\cos\alpha & \cdots & 0 & 0 \\ \vdots & \vdots & & \vdots & \vdots \\ 0 & 0 & \cdots & 2\cos\alpha & 1 \\ 0 & 0 & \cdots & 0 & 1 \end{vmatrix}$$

$$= 2\cos\alpha D_{n-1} - D_{n-2}.$$

于是由归纳假设，得

$$D_n = 2\cos\alpha\cos(n-1)\alpha - \cos(n-2)\alpha = \cos n\alpha.$$

因此对任意正整数 n，$D_n = \cos n\alpha$.

例 5 利用数学归纳法证明：

$$D_n = \begin{vmatrix} a+b & ab & 0 & \cdots & 0 & 0 \\ 1 & a+b & ab & \cdots & 0 & 0 \\ 0 & 1 & a+b & \cdots & 0 & 0 \\ \vdots & \vdots & \vdots & & \vdots & \vdots \\ 0 & 0 & 0 & \cdots & a+b & ab \\ 0 & 0 & 0 & \cdots & 1 & a+b \end{vmatrix} = \frac{a^{n+1}-b^{n+1}}{a-b},$$

其中 $a \neq b$.

证明 当 $n = 1, 2$ 时，可直接验证结论成立.

假设对 $n-1$ 阶行列式结论成立. 下证对 n 阶行列式结论也成立.

将 D_n 按第 1 列拆开，得

$$D_n = \begin{vmatrix} a & ab & 0 & \cdots & 0 & 0 \\ 1 & a+b & ab & \cdots & 0 & 0 \\ 0 & 1 & a+b & \cdots & 0 & 0 \\ \vdots & \vdots & \vdots & & \vdots & \vdots \\ 0 & 0 & 0 & \cdots & 1 & a+b \end{vmatrix} + \begin{vmatrix} b & ab & 0 & \cdots & 0 & 0 \\ 0 & a+b & ab & \cdots & 0 & 0 \\ 0 & 1 & a+b & \cdots & 0 & 0 \\ \vdots & \vdots & \vdots & & \vdots & \vdots \\ 0 & 0 & 0 & \cdots & 1 & a+b \end{vmatrix}$$

$$= a^n + bD_{n-1}.$$

因此由归纳假定，得

$$D_n = a^n + \frac{b(a^n - b^n)}{a-b} = \frac{a^{n+1}-b^{n+1}}{a-b}.$$

例 6 计算 4 阶行列式

$$D_4 = \begin{vmatrix} 1 & 1 & 1 & 1 \\ a & b & c & d \\ a^2 & b^2 & c^2 & d^2 \\ a^4 & b^4 & c^4 & d^4 \end{vmatrix}.$$

解 利用范德蒙行列式.

首先构造 5 阶范德蒙行列式

$$D_5 = \begin{vmatrix} 1 & 1 & 1 & 1 & 1 \\ a & b & c & d & x \\ a^2 & b^2 & c^2 & d^2 & x^2 \\ a^3 & b^3 & c^3 & d^3 & x^3 \\ a^4 & b^4 & c^4 & d^4 & x^4 \end{vmatrix}.$$

则 D_4 是 D_5 的元素 x^3 的余子式，并且

$$\begin{aligned} D_5 &= (b-a)(c-a)(d-a)(x-a)(c-b)(d-b)(x-b)(d-c)(x-c)(x-d) \\ &= (b-a)(c-a)(d-a)(c-b)(d-b)(d-c)[x^4-(a+b+c+d)x^3+\cdots]. \end{aligned}$$

再将 D_5 按第 5 列展开，得

$$D_5 = A_{15} + xA_{25} + x^2A_{35} + x^3A_{45} + x^4A_{55}.$$

比较上面两式中 x^3 的系数，得

$$D_4 = -A_{45} = (b-a)(c-a)(d-a)(c-b)(d-b)(d-c)(a+b+c+d).$$

例 7 设行列式

$$D = \begin{vmatrix} 3 & -5 & 2 & 1 \\ 1 & 1 & 0 & -5 \\ -1 & 3 & 1 & 3 \\ 2 & -4 & -1 & -3 \end{vmatrix}.$$

计算 D 的第一行元素的代数余子式之和 $A_{11}+A_{12}+A_{13}+A_{14}$ 与 D 的第一列元素的余子式之和 $M_{11}+M_{21}+M_{31}+M_{41}$.

解 根据本节“释疑解难”之 1，

$$\begin{aligned} A_{11}+A_{12}+A_{13}+A_{14} &= 1\cdot A_{11}+1\cdot A_{12}+1\cdot A_{13}+1\cdot A_{14} \\ &= D_1(1,\ 1,\ 1,\ 1) = \begin{vmatrix} 1 & 1 & 1 & 1 \\ 1 & 1 & 0 & -5 \\ -1 & 3 & 1 & 3 \\ 2 & -4 & -1 & -3 \end{vmatrix} = 4. \end{aligned}$$

$$\begin{aligned} M_{11}+M_{21}+M_{31}+M_{41} &= 1\cdot A_{11}+(-1)\cdot A_{21}+1\cdot A_{31}+(-1)\cdot A_{41} \\ &= D_1(1,\ -1,\ 1,\ -1) = \begin{vmatrix} 1 & -5 & 2 & 1 \\ -1 & 1 & 0 & -5 \\ 1 & 3 & 1 & 3 \\ -1 & -4 & -1 & -3 \end{vmatrix} = 0. \end{aligned}$$

例 8 (行列式的乘法规则) 两个 n 阶行列式

$$D_1=\begin{vmatrix} a_{11} & a_{12} & \cdots & a_{1n} \\ a_{21} & a_{22} & \cdots & a_{2n} \\ \vdots & \vdots & & \vdots \\ a_{n1} & a_{n2} & \cdots & a_{nn} \end{vmatrix},\quad D_2=\begin{vmatrix} b_{11} & b_{12} & \cdots & b_{1n} \\ b_{21} & b_{22} & \cdots & b_{2n} \\ \vdots & \vdots & & \vdots \\ b_{n1} & b_{n2} & \cdots & b_{nn} \end{vmatrix}$$

的乘积等于一个 n 阶行列式

$$C=\begin{vmatrix} c_{11} & c_{12} & \cdots & c_{1n} \\ c_{21} & c_{22} & \cdots & c_{2n} \\ \vdots & \vdots & & \vdots \\ c_{n1} & c_{n2} & \cdots & c_{nn} \end{vmatrix},$$

其中 c_{ij} 是 D_1 中的第 i 行元素与 D_2 中的第 j 列的对应元素乘积之和，即

$$c_{ij}=a_{i1}b_{1j}+a_{i2}b_{2j}+\cdots+a_{in}b_{nj}.$$

证明 利用拉普拉斯定理.

构造一个 $2n$ 阶行列式

$$D=\begin{vmatrix} a_{11} & a_{12} & \cdots & a_{1n} & 0 & 0 & \cdots & 0 \\ a_{21} & a_{22} & \cdots & a_{2n} & 0 & 0 & \cdots & 0 \\ \vdots & \vdots & & \vdots & \vdots & \vdots & & \vdots \\ a_{n1} & a_{n2} & \cdots & a_{nn} & 0 & 0 & \cdots & 0 \\ -1 & 0 & \cdots & 0 & b_{11} & b_{12} & \cdots & b_{1n} \\ 0 & -1 & \cdots & 0 & b_{21} & b_{22} & \cdots & b_{2n} \\ \vdots & \vdots & & \vdots & \vdots & \vdots & & \vdots \\ 0 & 0 & \cdots & -1 & b_{n1} & b_{n2} & \cdots & b_{nn} \end{vmatrix}.$$

将 D 按前 n 行展开，得 $D=D_1D_2$. 下证 $D=C$.

$$D\xlongequal[k=1,2,\cdots,n]{r_k+a_{ki}r_{n+i},\ i=1,2,\cdots,n}\begin{vmatrix} 0 & 0 & \cdots & 0 & c_{11} & c_{12} & \cdots & c_{1n} \\ 0 & 0 & \cdots & 0 & c_{21} & c_{22} & \cdots & c_{2n} \\ \vdots & \vdots & & \vdots & \vdots & \vdots & & \vdots \\ 0 & 0 & \cdots & 0 & c_{n1} & c_{n2} & \cdots & c_{nn} \\ -1 & 0 & \cdots & 0 & b_{11} & b_{12} & \cdots & b_{1n} \\ 0 & -1 & \cdots & 0 & b_{21} & b_{22} & \cdots & b_{2n} \\ \vdots & \vdots & & \vdots & \vdots & \vdots & & \vdots \\ 0 & 0 & \cdots & -1 & b_{n1} & b_{n2} & \cdots & b_{nn} \end{vmatrix}$$

$$\xlongequal{\text{按前 } n \text{ 行展开}} C\cdot(-1)^{(1+2+\cdots+n)+(n+1+n+2+\cdots+2n)}\begin{vmatrix} -1 & 0 & \cdots & 0 \\ 0 & -1 & \cdots & 0 \\ \vdots & \vdots & & \vdots \\ 0 & 0 & \cdots & -1 \end{vmatrix}$$

$$=C.$$

例 9 计算 n 阶行列式

$$D_n=\begin{vmatrix}1+a_1b_1 & 1+a_1b_2 & \cdots & 1+a_1b_n\\ 1+a_2b_1 & 1+a_2b_2 & \cdots & 1+a_2b_n\\ \vdots & \vdots & & \vdots\\ 1+a_nb_1 & 1+a_nb_2 & \cdots & 1+a_nb_n\end{vmatrix}.$$

解 当 $n=1$ 时，$D_1=1+a_1b_1$.

当 $n\geqslant 2$ 时，由行列式的乘法规则，得

$$D_n=\begin{vmatrix}1 & a_1 & 0 & \cdots & 0\\ 1 & a_2 & 0 & \cdots & 0\\ 1 & a_3 & 0 & \cdots & 0\\ \vdots & \vdots & \vdots & & \vdots\\ 1 & a_n & 0 & \cdots & 0\end{vmatrix}\times\begin{vmatrix}1 & 1 & 1 & \cdots & 1\\ b_1 & b_2 & b_3 & \cdots & b_n\\ 0 & 0 & 0 & \cdots & 0\\ \vdots & \vdots & \vdots & & \vdots\\ 0 & 0 & 0 & \cdots & 0\end{vmatrix}.$$

于是，当 $n\geqslant 3$ 时，$D_n=0$；当 $n=2$ 时，$D_2=(a_2-a_1)(b_2-b_1)$.

§1.5 克莱姆(Cramer)法则

本节利用 n 阶行列式解 $n\times n$ 线性方程组，得到 $n\times n$ 线性方程组的公式解，同时也可以检验 n 阶行列式定义的合理性.

一、主要内容

1. 克莱姆(Cramer)法则

定理 1.7(克莱姆法则) 如果 $n\times n$ 线性方程组

$$\begin{cases}a_{11}x_1+a_{12}x_2+\cdots+a_{1n}x_n=b_1,\\ a_{21}x_1+a_{22}x_2+\cdots+a_{2n}x_n=b_2,\\ \qquad\cdots\\ a_{n1}x_1+a_{n2}x_2+\cdots+a_{nn}x_n=b_n\end{cases}$$

的系数行列式

$$D=\begin{vmatrix}a_{11} & a_{12} & \cdots & a_{1n}\\ a_{21} & a_{22} & \cdots & a_{2n}\\ \vdots & \vdots & & \vdots\\ a_{n1} & a_{n2} & \cdots & a_{nn}\end{vmatrix}\neq 0,$$

那么线性方程组有唯一解:

$$x_1=\frac{D_1}{D},\ x_2=\frac{D_2}{D},\ \cdots,\ x_n=\frac{D_n}{D},$$

其中

$$D_i = \begin{vmatrix} a_{11} & \cdots & a_{1,i-1} & b_1 & a_{1,i+1} & \cdots & a_{1n} \\ a_{21} & \cdots & a_{2,i-1} & b_2 & a_{2,i+1} & \cdots & a_{2n} \\ \vdots & & \vdots & \vdots & \vdots & & \vdots \\ a_{n1} & \cdots & a_{n,i-1} & b_n & a_{n,i+1} & \cdots & a_{nn} \end{vmatrix}, i = 1, 2, \cdots, n,$$

即 D_i 是把行列式 D 中的第 i 列元素换成方程组的常数项而得到的行列式.

2. 齐次线性方程组

定义 1.11 常数项全为零的线性方程组称为齐次线性方程组.

显然齐次线性方程组总是有解的，因为 $x_1 = 0$，$x_2 = 0$，$\cdots$，$x_n = 0$ 就是它的一个解，称它为零解. 若 $x_1 = c_1$，$x_2 = c_2$，$\cdots$，$x_n = c_n$ 是它的一个解，且 c_1，c_2，$\cdots$，c_n 不全为零，则称这个解为它的非零解.

定理 1.8 若 $n \times n$ 齐次线性方程组

$$\begin{cases} a_{11}x_1 + a_{12}x_2 + \cdots + a_{1n}x_n = 0, \\ a_{21}x_1 + a_{22}x_2 + \cdots + a_{2n}x_n = 0, \\ \cdots \\ a_{n1}x_1 + a_{n2}x_2 + \cdots + a_{nn}x_n = 0 \end{cases}$$

有非零解，则它的系数行列式 D 等于 0.

二、释疑解难

1. 克莱姆法则的条件

克莱姆法则要求线性方程组中方程的个数与未知元的个数相等，并且系数行列式 D 不等于 0. 因此对于系数行列式 D 等于 0 或方程的个数与未知元的个数不等的线性方程组都不能应用克莱姆法则求解.

2. 克莱姆法则的意义

克莱姆法则给出了系数行列式 D 不为零的 $n \times n$ 线性方程组的公式解，同时也检验了 n 阶行列式定义的合理性. 在用克莱姆法则解线性方程组时，由于行列式的计算量比较大，因此一般来说不太方便，但是在解决理论问题时，它起着重要的作用. 例如，利用克莱姆法则可给出有无穷多解的 $m \times n$ 线性方程组的公式解（见 § 6.1 “释疑解难”之 4）.

三、范例解析

例 1 证明：平面上三条不同的直线

$$ax + by + c = 0, \quad bx + cy + a = 0, \quad cx + ay + b = 0$$

相交于一点的充要条件是 $a + b + c = 0$.

证明 必要性 设所给三条直线交于一点 (x_0, y_0)，则齐次线性方程组

$$\begin{cases} ax+by+cz=0, \\ bx+cy+az=0, \\ cx+ay+bz=0 \end{cases}$$

有非零解 $x=x_0$，$y=y_0$，$z=1$. 于是其系数行列式 $D=0$，即

$$\begin{vmatrix} a & b & c \\ b & c & a \\ c & a & b \end{vmatrix} = -\frac{1}{2}(a+b+c)[(a-b)^2+(b-c)^2+(c-a)^2]=0.$$

因为三条直线不相同，所以 $a-b$，$b-c$，$c-a$ 不全相等. 因此 $a+b+c=0$.

充分性　设 $a+b+c=0$. 考虑非齐次线性方程组

$$\begin{cases} ax+by=-c, \\ bx+cy=-a, \\ cx+ay=-b. \end{cases}$$

将前两个方程加到第三个方程上，得与原方程组同解的 2×2 线性方程组

$$\begin{cases} ax+by=-c, \\ bx+cy=-a. \end{cases}$$

考察该方程组的系数行列式 $D=ac-b^2$.

若 $D=ac-b^2=0$，则 $ac=b^2\geqslant 0$. 由 $b=-(a+c)$，得

$$ac=(a+c)^2=a^2+2ac+c^2.$$

从而 $ac=-(a^2+c^2)\leqslant 0$. 因此 $ac=0$. 不妨设 $a=0$，则 $b^2=ac=0$，即 $b=0$. 再由 $a+b+c=0$，得 $c=0$. 于是 a，b，c 均为 0，与题设矛盾. 故 $D=ac-b^2\neq 0$. 因此该 2×2 线性方程组有唯一解 (x_0，y_0)，且此解也是原方程组的解. 故这三条不同的直线交于一点.

例 2　设 a_1，a_2，$\cdots$，a_n 是实数域 $\mathbf{R}$ 中互不相同的数，b_1，b_2，$\cdots$，b_n 是 $\mathbf{R}$ 中任一组给定的不全为零的实数. 证明：存在唯一的实数域 $\mathbf{R}$ 上次数小于 n 的多项式 $f(x)$，使得 $f(a_i)=b_i$，$i=1, 2, \cdots, n$.

解　考虑方程组

$$\begin{cases} x_1+a_1x_2+\cdots+a_1^{n-1}x_n=b_1, \\ x_1+a_2x_2+\cdots+a_2^{n-1}x_n=b_2, \\ \qquad\cdots \\ x_1+a_nx_2+\cdots+a_n^{n-1}x_n=b_n. \end{cases}$$

由于它的系数行列式

$$D=\begin{vmatrix} 1 & a_1 & \cdots & a_1^{n-1} \\ 1 & a_2 & \cdots & a_2^{n-1} \\ \vdots & \vdots & & \vdots \\ 1 & a_n & \cdots & a_n^{n-1} \end{vmatrix} = \prod_{1\leqslant j<i\leqslant n}(a_i-a_j)\neq 0,$$

因此由克莱姆法则知，方程组有唯一解. 设其唯一的解为

$$x_1 = c_0,\ x_2 = c_1,\ \cdots,\ x_n = c_{n-1}.$$

则多项式 $f(x) = c_0 + c_1x + \cdots + c_{n-1}x^{n-1}$ 是实数域 $\mathbf{R}$ 上次数小于 n 的多项式，并且 $f(a_i) = b_i$，$i = 1, 2, \cdots, n$. 又由此方程组解的唯一性知，这种多项式也是唯一的.

§1.6 行列式的一些应用

由于求解 $n \times n$ 线性方程组的需要，产生了行列式理论，但是行列式的应用并不仅限于此. 本节举例说明行列式的其他应用.

一、主要内容

给出行列式在解析几何及分解因式等方面的一些应用.

二、释疑解难

解决某些实际问题时，往往可通过问题所涉及的一些量之间的关系，将其转化为行列式的问题，从而利用行列式理论巧妙地解决问题.

三、范例解析

例 1 将有理系数多项式

$$g(x, y, z) = \begin{vmatrix} 0 & x & y & z \\ x & 0 & z & y \\ y & z & 0 & x \\ z & y & x & 0 \end{vmatrix}$$

分解因式.

解 将 $g(x, y, z)$ 的第 2, 3, 4 列都加到第 1 列上，第 1 列有公因子 $x+y+z$，因此 $x+y+z$ 是 $g(x, y, z)$ 的一个因式.

将 $g(x, y, z)$ 的第 2 列，第 3, 4 列的 -1 倍都加到第 1 列上，第 1 列有公因子 $x-y-z$，因此 $x-y-z$ 是 $g(x, y, z)$ 的一个因式 .

将 $g(x, y, z)$ 的第 3 列，第 1, 4 列的 -1 倍都加到第 2 列上，第 2 列有公因子 $x+y-z$，因此 $x+y-z$ 是 $g(x, y, z)$ 的一个因式.

将 $g(x, y, z)$ 的第 4 列，第 1, 3 列的 -1 倍都加到第 2 列上，第 2 列有公因子 $x-y+z$，因此 $x-y+z$ 是 $g(x, y, z)$ 的一个因式.

因为 $g(x, y, z)$ 是 4 次多项式，所以

$$g(x, y, z) = a(x+y+z)(x-y-z)(x+y-z)(x-y+z).$$

为了确定 a 的值，将 x, y, z 分别用 0, 0, 1 代入，则四阶行列式为

$$g(0,\ 0,\ 1)=\begin{vmatrix}0&0&0&1\\0&0&1&0\\0&1&0&0\\1&0&0&0\end{vmatrix}=1.$$

又因为

$$g(0,\ 0,\ 1)=a\times 1\times(-1)\times(-1)\times 1=a,$$

所以 $a=1$. 故

$$g(x,\ y,\ z)=(x+y+z)(x-y-z)(x+y-z)(x-y+z).$$

例 2 已知斐波那契（Fibonacci）数列

$$1,\ 2,\ 3,\ 5,\ 8,\ 13,\ 21,\ 35,\ \cdots$$

满足：$F_n=F_{n-1}+F_{n-2}\ (n\geqslant 3)$，$F_1=1$，$F_2=2$.

(1) 证明：斐波那契数列的通项 F_n 可由以下行列式表示.

$$F_n=\begin{vmatrix}1&-1&0&0&\cdots&0&0&0\\1&1&-1&0&\cdots&0&0&0\\0&1&1&-1&\cdots&0&0&0\\\vdots&\vdots&\vdots&\vdots&&\vdots&\vdots&\vdots\\0&0&0&0&\cdots&1&1&-1\\0&0&0&0&\cdots&0&1&1\end{vmatrix};$$

(2) 求斐波那契数列的通项公式.

证明 (1) 把上面的 n 阶行列式按第 1 列展开，得

$$F_n=F_{n-1}+1\times(-1)^{2+1}(-1)F_{n-2}=F_{n-1}+F_{n-2}\ (n\geqslant 3).$$

又因上面形式的一阶行列式的值为 1，二阶行列式的值为 2，故结论成立.

(2) 令 $a+b=1$，$ab=-1$，则 a，b 是方程 $x^2-x-1=0$ 的两个根. 因此

$$a=\frac{1+\sqrt{5}}{2},\quad b=\frac{1-\sqrt{5}}{2}.$$

于是

$$F_n=\begin{vmatrix}a+b&ab&0&\cdots&0&0&0\\1&a+b&ab&\cdots&0&0&0\\0&1&a+b&\cdots&0&0&0\\\vdots&\vdots&\vdots&&\vdots&\vdots&\vdots\\0&0&0&\cdots&1&a+b&ab\\0&0&0&\cdots&0&1&a+b\end{vmatrix}.$$

根据 § 1.4 “范例解析”之例 5，得

$$F_n=\frac{a^{n+1}-b^{n+1}}{a-b}=\frac{1}{\sqrt{5}}\left[\left(\frac{1+\sqrt{5}}{2}\right)^{n+1}-\left(\frac{1-\sqrt{5}}{2}\right)^{n+1}\right].$$

习题一解答

1. 设 $f(x)=\begin{vmatrix} x & 0 & 1 \\ 0 & x & 0 \\ -1 & 0 & x \end{vmatrix}$. 求 $f(x)=0$ 的根.

解 因为 $f(x)=x(x^2+1)$，所以在 $\mathbf{R}$ 中有 1 个根：$x=0$，在 $\mathbf{C}$ 中有 3 个根：$x_1=0$，$x_2=i$，$x_3=-i$.

2. 排列 $1\,(k+1)\,2\,(k+2)\,\cdots\,(k-1)\,(2k-1)\,k\,(2k)$ 的反序数是多少？

解 反序数是 $\dfrac{1}{2}k(k-1)$.

3. 若 $\pi(i_1i_2\cdots i_n)=k$，则 $\pi(i_ni_{n-1}\cdots i_2i_1)=?$

解 $\pi(i_ni_{n-1}\cdots i_2i_1)=\dfrac{1}{2}n(n-1)-k$.

4. 讨论排列 $n(n-1)\cdots 21$ 的奇偶性.

解 因为

$$\pi(n(n-1)\cdots 21)=\frac{1}{2}n(n-1),$$

所以当 $n=4k$，或 $n=4k+1$ 时，$n(n-1)\cdots 21$ 为偶排列；当 $n=4k+2$，或 $n=4k+3$ 时，$n(n-1)\cdots 21$ 为奇排列.

5. 若 n 阶行列式 $|a_{ij}|=-a$，则 $|-a_{ij}|=?$

解 $|-a_{ij}|=(-1)^{n+1}a$.

6. 用行列式定义计算：

(1) $\begin{vmatrix} 1 & 0 & 0 & \cdots & 0 & 0 \\ 0 & 0 & 0 & \cdots & 0 & 2 \\ 0 & 0 & 0 & \cdots & 3 & 0 \\ \vdots & \vdots & \vdots & & \vdots & \vdots \\ 0 & 0 & 1999 & \cdots & 0 & 0 \\ 0 & 2000 & 0 & \cdots & 0 & 0 \end{vmatrix}$；　(2) $\begin{vmatrix} 0 & \cdots & 0 & -a_1 \\ 0 & \cdots & -a_2 & 0 \\ \vdots & & \vdots & \vdots \\ -a_n & \cdots & \cdots & 0 \end{vmatrix}$；

(3) $\begin{vmatrix} 0 & \cdots & 0 & a_{1n} \\ 0 & \cdots & a_{2,n-1} & a_{2n} \\ \vdots & & \vdots & \vdots \\ a_{n1} & \cdots & a_{n,n-1} & a_{nn} \end{vmatrix}$.

解 (1) $-2000!$.　(2) $(-1)^{\frac{1}{2}n(n+1)}a_1a_2\cdots a_n$.

(3) $(-1)^{\frac{1}{2}n(n-1)}a_{1n}a_{2,n-1}\cdots a_{n1}$.

7. 构造一个三阶行列式 $D=|a_{ij}|$，其中 a_{ij} 全不为零，但 $D=1$.

解 利用行列式的性质 1.5，将行列式

$$\begin{vmatrix} 1 & 0 & 0 \\ 0 & 1 & 0 \\ 0 & 0 & 1 \end{vmatrix}$$

化为每个元素都不等于零的行列式即可.

例如，$D = \begin{vmatrix} 2 & 2 & 1 \\ 1 & 2 & 1 \\ 1 & 1 & 1 \end{vmatrix}$.

8. 设

$$f(x) = \begin{vmatrix} x & 1 & 1 & 2 \\ 1 & x & 1 & -1 \\ 3 & 2 & x & 1 \\ 1 & 1 & 2x & 1 \end{vmatrix}.$$

不计算行列式，求展开式中 x^3 的系数.

解 展开式中 x^3 的系数是 -1.

9. 若 $n\,(n>2)$ 阶行列式 D 的元素都是 1 或 -1，证明：D 是一个偶数.

证明 将 D 的第 j 行加到第 i 行，则第 i 行的元素为 2，-2，或 0. 再提取第 i 行的公因子 2，得 $D = 2D_1$. 因 D_1 是整数，故 D 是一个偶数.

10. 根据行列式的性质计算下面的行列式：

(1) $\begin{vmatrix} 1 & 1 & 1 & \cdots & 1 \\ 1 & 2 & 0 & \cdots & 0 \\ 1 & 0 & 3 & \cdots & 0 \\ \vdots & \vdots & \vdots & & \vdots \\ 1 & 0 & 0 & \cdots & n \end{vmatrix}$； (2) $\begin{vmatrix} x-a & a & a & \cdots & a \\ a & x-a & a & \cdots & a \\ a & a & x-a & \cdots & a \\ \vdots & \vdots & \vdots & & \vdots \\ a & a & a & \cdots & x-a \end{vmatrix}$；

(3) $\begin{vmatrix} x & y & 0 & \cdots & 0 & 0 \\ 0 & x & y & \cdots & 0 & 0 \\ \vdots & \vdots & \vdots & & \vdots & \vdots \\ 0 & 0 & 0 & \cdots & x & y \\ y & 0 & 0 & \cdots & 0 & x \end{vmatrix}$； (4) $\begin{vmatrix} 1+a_1 & a_2 & a_3 & \cdots & a_n \\ a_1 & 1+a_2 & a_3 & \cdots & a_n \\ a_1 & a_2 & 1+a_3 & \cdots & a_n \\ \vdots & \vdots & \vdots & & \vdots \\ a_1 & a_2 & a_3 & \cdots & 1+a_n \end{vmatrix}$.

解 (1) $n!\left(1-\sum_{i=2}^{n}\frac{1}{i}\right)$. (2) $[x+(n-2)a](x-2a)^{n-1}$.

(3) $x^n+(-1)^{n+1}y^n$. (4) $1+\sum_{i=1}^{n}a_i$.

11. 设 n 阶行列式

$$D = \begin{vmatrix} a_{11} & a_{12} & \cdots & a_{1n} \\ a_{21} & a_{22} & \cdots & a_{2n} \\ \vdots & \vdots & & \vdots \\ a_{n1} & a_{n2} & \cdots & a_{nn} \end{vmatrix}$$

中元素 a_{ij} 都是整数. 证明：D 也是整数.

证明 因为

$$D = \sum (-1)^{\pi(j_1 j_2 \cdots j_n)} a_{1j_1} a_{2j_2} \cdots a_{nj_n},$$

且每个元素 a_{ij} 都是整数，所以 D 为整数.

12. 已知 143，247，325 都是 13 的倍数. 不用计算，证明：

$$\begin{vmatrix} 1 & 4 & 3 \\ 2 & 4 & 7 \\ 3 & 2 & 5 \end{vmatrix}$$

也是 13 的倍数.

证明 将第 1 列各元素乘 100 加到第 3 列的对应元素上，第 2 列各元素乘以 10 加到第 3 列的对应元素上，再按第 3 列展开，可知结论成立.

13. 把行列式

$$D = \begin{vmatrix} 1 & 0 & -1 & -1 \\ 0 & -1 & -1 & 1 \\ -1 & -1 & 1 & 0 \\ a & b & c & d \end{vmatrix}$$

依第 4 行展开加以计算.

解 $D = -3a + b - 2c - d$.

14. 设行列式

$$D = \begin{vmatrix} a_{11} & a_{12} & \cdots & a_{1n} \\ a_{21} & a_{22} & \cdots & a_{2n} \\ \vdots & \vdots & & \vdots \\ a_{n1} & a_{n2} & \cdots & a_{nn} \end{vmatrix}$$

中元素都是整数，且 $D = 1$. 证明：D 的每一列元素、每一行元素都是互素的.

证明 反证法. 假设第 i 行的元素不互素，则可设 $k\ (k \neq \pm 1)$ 是第 i 行的公因数. 于是 $D = kD_1$，其中 D_1 的元素全为整数. 因此 $D_1 = \dfrac{1}{k}$，这与 D_1 是整数矛盾.

15. 用数学归纳法证明：

$$D_n = \begin{vmatrix} 1+a_1 & 1 & \cdots & 1 & 1 \\ 1 & 1+a_2 & \cdots & 1 & 1 \\ \vdots & \vdots & & \vdots & \vdots \\ 1 & 1 & \cdots & 1+a_{n-1} & 1 \\ 1 & 1 & \cdots & 1 & 1+a_n \end{vmatrix} = a_1 a_2 \cdots a_n \left(1 + \sum_{i=1}^{n} \frac{1}{a_i}\right).$$

证明 用数学归纳法可证（详证略）.

16. 设 n 阶行列式

$$D=\begin{vmatrix} 1 & 2 & 3 & \cdots & n \\ 1 & 2 & 0 & \cdots & 0 \\ 1 & 0 & 3 & \cdots & 0 \\ \vdots & \vdots & \vdots & & \vdots \\ 1 & 0 & 0 & \cdots & n \end{vmatrix}.$$

求第 1 行元素的代数余子式之和：$A_{11}+A_{12}+\cdots+A_{1n}$.

解 第 1 行元素的代数余子式之和等于习题一第 10 题的 (1)，即

$$A_{11}+A_{12}+\cdots+A_{1n}=D_1(1,\ 1,\ \cdots,\ 1)=n!\left(1-\sum_{i=2}^{n}\frac{1}{i}\right).$$

17. 根据行列式

$$D=\begin{vmatrix} 1 & 1 & \cdots & 1 \\ 1 & 1 & \cdots & 1 \\ \vdots & \vdots & & \vdots \\ 1 & 1 & \cdots & 1 \end{vmatrix}=0.$$

证明：n 个数码 1，2，$\cdots$，n 构成的 $n!$ 个排列中，奇偶排列各占一半.

证明 因为

$$D=\sum(-1)^{\pi(j_1j_2\cdots j_n)}=0,$$

所以 n 个数码 1，2，$\cdots$，n 构成的 $n!$ 个排列中，奇偶排列各占一半.

18. 用克莱姆法则解方程组

$$\begin{cases} x_1+2x_2-x_3+3x_4=2, \\ 2x_1-x_2+3x_3-2x_4=7, \\ 3x_2-x_3+x_4=6, \\ x_1-x_2+x_3+4x_4=-4. \end{cases}$$

解 因为 $D=-39$，$D_1=-39$，$D_2=-117$，$D_3=-78$，$D_4=39$，所以方程组的唯一解为 $x_1=1$，$x_2=3$，$x_3=2$，$x_4=-1$.

19. 若齐次线性方程组

$$\begin{cases} kx_1+x_2+x_3=0, \\ x_1+kx_2-x_3=0, \\ 2x_1-x_2+x_3=0 \end{cases}$$

有非零解，则 k 应取何值？

解 因为系数行列式 $D=(k+1)(k-4)$，所以当 $k=-1$ 或 $k=4$ 时，齐次线性方程组有非零解.

20. 设 a_1，a_2，$\cdots$，a_{n+1} 是 $n+1$ 个不同的数，令 $f(x)=c_0+c_1x+\cdots+c_nx^n$ 满足：$f(a_i)=0$，$i=1$，2，$\cdots$，$n+1$. 用克莱姆法则证明：$f(x)=0$.

证明 由于 $f(a_i)=0$，$i=1$，2，$\cdots$，$n+1$，因此

$$\begin{cases} c_0+c_1a_1+\cdots+c_na_1^n=0, \\ c_0+c_1a_2+\cdots+c_na_2^n=0, \\ \cdots \\ c_0+c_1a_{n+1}+\cdots+c_na_{n+1}^n=0. \end{cases}$$

将其看成是以 c_0，c_1，$\cdots$，c_n 为未知元的线性方程组. 因为系数行列式

$$D=\begin{vmatrix} 1 & a_1 & \cdots & a_1^n \\ 1 & a_2 & \cdots & a_2^n \\ \vdots & \vdots & & \vdots \\ 1 & a_{n+1} & \cdots & a_{n+1}^n \end{vmatrix}=\prod_{1\leqslant j<i\leqslant n+1}(a_i-a_j)\neq 0,$$

所以由克莱姆法则知，方程组只有零解，即 $c_0=c_1=\cdots=c_n=0$. 于是 $f(x)-0$.

补充题解答

1. 利用范德蒙行列式计算：

(1) $\begin{vmatrix} 1 & 1 & \cdots & 1 \\ 2 & 2^2 & \cdots & 2^n \\ 3 & 3^2 & \cdots & 3^n \\ \vdots & \vdots & & \vdots \\ n & n^2 & \cdots & n^n \end{vmatrix}$；

(2) $\begin{vmatrix} a_1^n & a_1^{n-1}b_1 & a_1^{n-2}b_1^2 & \cdots & a_1b_1^{n-1} & b_1^n \\ a_2^n & a_2^{n-1}b_2 & a_2^{n-2}b_2^2 & \cdots & a_2b_2^{n-1} & b_2^n \\ \vdots & \vdots & \vdots & & \vdots & \vdots \\ a_{n+1}^n & a_{n+1}^{n-1}b_{n+1} & a_{n+1}^{n-2}b_{n+1}^2 & \cdots & a_{n+1}b_{n+1}^{n-1} & b_{n+1}^n \end{vmatrix}$，

($a_i\neq 0$，$b_i\neq 0$，$i=1$，2，$\cdots$，$n+1$).

解 (1) $\prod\limits_{i=1}^{n} i!$；　(2) $(a_1a_2\cdots a_{n+1})\prod\limits_{1\leqslant j<i\leqslant n+1}\left(\dfrac{b_i}{a_i}-\dfrac{b_j}{a_j}\right)$.

2. 计算下列行列式的值：

(1) $\begin{vmatrix} x_1+a_1^2 & a_1a^2 & \cdots & a_1a_n \\ a_2a_1 & x_2+a_2^2 & \cdots & a_2a_n \\ \vdots & \vdots & & \vdots \\ a_na_1 & a_na_2 & \cdots & a_n^2+x_n \end{vmatrix}$ ($x_i\neq 0$)；

(2) $\begin{vmatrix} a_1+b_1 & a_2 & \cdots & a_n \\ a_1 & a_2+b_2 & \cdots & a_n \\ \vdots & \vdots & & \vdots \\ a_1 & a_2 & \cdots & a_n+b_n \end{vmatrix}$ ($b_i\neq 0$)；

(3) $\begin{vmatrix} 1 & 1 & \cdots & 1 \\ x_1 & x_2 & \cdots & x_n \\ \vdots & \vdots & & \vdots \\ x_1^{n-2} & x_2^{n-2} & \cdots & x_n^{n-2} \\ x_1^n & x_2^n & \cdots & x_n^n \end{vmatrix}$; (4) $\begin{vmatrix} x & -1 & 0 & \cdots & 0 & 0 \\ 0 & x & -1 & \cdots & 0 & 0 \\ 0 & 0 & x & \cdots & 0 & 0 \\ \vdots & \vdots & \vdots & & \vdots & \vdots \\ 0 & 0 & 0 & \cdots & x & -1 \\ a_n & a_{n-1} & a_{n-2} & \cdots & a_2 & x+a_1 \end{vmatrix}$;

(5) $\begin{vmatrix} 0 & 1 & 2 & 3 & \cdots & n-2 & n-1 \\ 1 & 0 & 1 & 2 & \cdots & n-3 & n-2 \\ 2 & 1 & 0 & 1 & \cdots & n-4 & n-3 \\ \vdots & \vdots & \vdots & \vdots & & \vdots & \vdots \\ n-2 & n-3 & n-4 & n-5 & \cdots & 0 & 1 \\ n-1 & n-2 & n-3 & n-4 & \cdots & 1 & 0 \end{vmatrix}$;

(6) $\begin{vmatrix} 1 & 2 & 3 & \cdots & n-1 & n \\ 2 & 3 & 4 & \cdots & n & 1 \\ 3 & 4 & 5 & \cdots & 1 & 2 \\ \vdots & \vdots & \vdots & & \vdots & \vdots \\ n-1 & n & 1 & \cdots & n-3 & n-2 \\ n & 1 & 2 & \cdots & n-2 & n-1 \end{vmatrix}$; (7) $\begin{vmatrix} x & a & a & \cdots & a & a \\ b & x & a & \cdots & a & a \\ b & b & x & \cdots & a & a \\ \vdots & \vdots & \vdots & & \vdots & \vdots \\ b & b & b & \cdots & x & a \\ b & b & b & \cdots & b & x \end{vmatrix}$;

(8) $\begin{vmatrix} 7 & 5 & 0 & 0 & \cdots & 0 & 0 & 0 \\ 2 & 7 & 5 & 0 & \cdots & 0 & 0 & 0 \\ 0 & 2 & 7 & 5 & \cdots & 0 & 0 & 0 \\ 0 & 0 & 2 & 7 & \cdots & 0 & 0 & 0 \\ \vdots & \vdots & \vdots & \vdots & & \vdots & \vdots & \vdots \\ 0 & 0 & 0 & 0 & \cdots & 7 & 5 & 0 \\ 0 & 0 & 0 & 0 & \cdots & 2 & 7 & 5 \\ 0 & 0 & 0 & 0 & \cdots & 0 & 2 & 7 \end{vmatrix}$.

解 (1) $x_1x_2\cdots x_n\left(1+\sum\limits_{i=1}^{n}\dfrac{a_i^2}{x_i}\right)$. (2) $b_1b_2\cdots b_n\left(1+\sum\limits_{i=1}^{n}\dfrac{a_i}{b_i}\right)$.

(3) $n+1$ 阶范德蒙行列式

$$D_{n+1}=\begin{vmatrix} 1 & 1 & 1 & \cdots & 1 \\ x_0 & x_1 & x_2 & \cdots & x_n \\ x_0^2 & x_1^2 & x_2^2 & \cdots & x_n^2 \\ \vdots & \vdots & \vdots & & \vdots \\ x_0^{n-2} & x_1^{n-2} & x_2^{n-2} & \cdots & x_n^{n-2} \\ x_0^{n-1} & x_1^{n-1} & x_2^{n-1} & \cdots & x_n^{n-1} \\ x_0^n & x_1^n & x_2^n & \cdots & x_n^n \end{vmatrix}=\prod_{1\leqslant j<i\leqslant n}(x_i-x_j)\prod_{k=1}^{n}(x_k-x_0)$$

$$= \prod_{1\leqslant j<i\leqslant n}(x_i-x_j)[(-1)^n x_0^n+(-1)^{n-1}(x_1+x_2+\cdots+x_n)x_0^{n-1}+\cdots+x_1x_2\cdots x_n].$$

将 D_{n+1} 按第一列展开，得

$$D_{n+1} = A_{(n+1)1}x_0^n + A_{n1}x_0^{n-1} + \cdots + A_{21}x_0 + A_{11}.$$

比较上面两式 x_0^{n-1} 项的系数，得所求的 n 阶行列式为

$$D = M_{n1} = (-1)^{n+1}A_{n1} = (x_1 + x_2 + \cdots + x_n)\prod_{1\leqslant j<i\leqslant n}(x_i - x_j).$$

(4) 利用递推公式 $D_n = xD_{n-1} + a_n$，得

$$D_n = x_n + a_1x^{n-1} + \cdots + a_{n-1}x + a_n.$$

(5) $(-1)^{n+1}(n-1)2^{n-2}$. (6) $(-1)^{\frac{n(n-1)}{2}}\cdot\dfrac{1}{2}(n+1)n^{n-1}$.

(7) 从最后一行开始后行减前行，得

$$D_n = \begin{vmatrix} x & a & a & \cdots & a & a \\ b-x & x-a & 0 & \cdots & 0 & 0 \\ 0 & b-x & x-a & \cdots & 0 & 0 \\ \vdots & \vdots & \vdots & & \vdots & \vdots \\ 0 & 0 & 0 & \cdots & x-a & 0 \\ 0 & 0 & 0 & \cdots & b-x & x-a \end{vmatrix}.$$

当 $a = b$ 时，$D_n = [x + (n-1)a](x-a)^{n-1}$.

当 $a \neq b$ 时，将 D_n 按最后一列展开，得

$$D_n = (x-a)D_{n-1} + a(x-b)^{n-1}.$$

对称地有

$$D_n = (x-b)D_{n-1} + b(x-a)^{n-1}.$$

联立两式消掉 D_{n-1}，得

$$D_n = \frac{1}{a-b}[a(x-b)^n - b(x-a)^n].$$

(8) 将行列式 D_n 按第 1 列展开，得

$$D_n = 7D_{n-1} - 10D_{n-2}.$$

将上式变形得递推公式，有

$$D_n - 5D_{n-1} = 2(D_{n-1} - 5D_{n-2}) = 2^2(D_{n-2} - 5D_{n-3}) = \cdots = 2^{n-2}(D_2 - 5D_1) = 2^n,$$
$$D_n - 2D_{n-1} = 5(D_{n-1} - 2D_{n-2}) = 5^2(D_{n-2} - 2D_{n-3}) = \cdots = 5^{n-2}(D_2 - 2D_1) = 5^n.$$

联立两式消去 D_{n-1}，得

$$D_n = \frac{1}{3}(5^{n+1} - 2^{n+1}).$$

3. 设 a_1，a_2，$\cdots$，a_n，b_1，b_2，$\cdots$，b_n 都是实数，并且 $a_i + b_j \neq 0$，$i = 1$，2，$\cdots$，n，$j = 1$，2，$\cdots$，n. 计算行列式 D_n 的值，其中

$$D_n = \begin{vmatrix} \dfrac{1}{a_1+b_1} & \dfrac{1}{a_1+b_2} & \cdots & \dfrac{1}{a_1+b_n} \\ \dfrac{1}{a_2+b_1} & \dfrac{1}{a_2+b_2} & \cdots & \dfrac{1}{a_2+b_n} \\ \vdots & \vdots & & \vdots \\ \dfrac{1}{a_n+b_1} & \dfrac{1}{a_n+b_2} & \cdots & \dfrac{1}{a_n+b_n} \end{vmatrix}.$$

解 将第 n 列乘以 -1 分别加到其余各列，化简得

$$D_n = \frac{(b_n-b_1)\cdots(b_n-b_{n-1})}{(a_1+b_n)\cdots(a_n+b_n)} \begin{vmatrix} \dfrac{1}{a_1+b_1} & \cdots & \dfrac{1}{a_1+b_{n-1}} & 1 \\ \dfrac{1}{a_2+b_1} & \cdots & \dfrac{1}{a_2+b_{n-1}} & 1 \\ \vdots & & \vdots & \vdots \\ \dfrac{1}{a_n+b_1} & \cdots & \dfrac{1}{a_n+b_{n-1}} & 1 \end{vmatrix}.$$

然后第 n 行乘以 -1 分别加到其余各行，化简得递推公式

$$D_n = \frac{\prod\limits_{j=1}^{n-1}(b_n-b_j)(a_n-a_j)}{\prod\limits_{i=1}^{n}(a_i+b_n)\prod\limits_{j=1}^{n-1}(a_n+b_j)} D_{n-1}.$$

因此

$$D_n = \frac{\prod\limits_{1\leqslant j<i\leqslant n}(a_i-a_j)(b_i-b_j)}{\prod\limits_{1\leqslant j,\ i\leqslant n}(a_i+b_j)}.$$

第二章　矩阵

行列式是解 $n\times n$ 线性方程组的一个有力工具，但对系数行列式为 0 的 $n\times n$ 线性方程组，以及更一般的 $m\times n$ 线性方程组（$m\neq n$），行列式就难以发挥作用，这就需要寻找新的方法. 矩阵就是解决这一问题的有力工具. 本章主要讨论矩阵的运算及简单应用.

§2.1　矩阵的定义

本节介绍矩阵的概念和几种特殊的矩阵，并通过不同领域问题的矩阵表示说明矩阵应用的广泛性.

一、主要内容

1. 数域

设 $\mathbf{C}$ 是全体复数构成的集合，$F\subseteq\mathbf{C}$，且 F 中至少含有一个非零数. 如果 F 中任意两个数进行加、减、乘、除（当然在做除法运算时，要求除数不为零）运算，其结果都在 F 内，那么就称 F 为数域.

例如，有理数集 $\mathbf{Q}$、实数集 $\mathbf{R}$ 和复数集 $\mathbf{C}$ 都是数域，但整数集 $\mathbf{Z}$ 不是数域.

2. 矩阵

定义 2.1　由数域 F 中的 $m\times n$ 个数 a_{ij} ($i=1,2,\cdots,m$; $j=1,2,\cdots,n$) 按一定次序排成的 m 行 n 列的矩形表称为 F 上的矩阵，记为

$$\boldsymbol{A}=\begin{pmatrix} a_{11} & a_{12} & \cdots & a_{1n} \\ a_{21} & a_{22} & \cdots & a_{2n} \\ \vdots & \vdots & & \vdots \\ a_{m1} & a_{m2} & \cdots & a_{mn} \end{pmatrix}$$

其中 a_{ij} 称为矩阵 $\boldsymbol{A}$ 的第 i 行第 j 列的元素.

上述矩阵 $\boldsymbol{A}$ 有时也简记为 $\boldsymbol{A}=(a_{ij})$. 若要强调 $\boldsymbol{A}$ 有 m 行 n 列，则称 $\boldsymbol{A}$ 为 $m\times n$ 矩阵，记为 $\boldsymbol{A}=(a_{ij})_{m\times n}$. 矩阵通常用字母 $\boldsymbol{A}$，$\boldsymbol{B}$，$\boldsymbol{C}$ 等表示.

定义 2.2　若矩阵 $\boldsymbol{A}=(a_{ij})_{m\times n}$ 的所有元素 a_{ij} 都是实数，则称 $\boldsymbol{A}$ 为实矩阵. 若所有元素都是复数，则称 $\boldsymbol{A}$ 为复矩阵. 若所有元素都是非负实数，则称 $\boldsymbol{A}$ 为非负实矩阵.

3. 几类特殊的矩阵

(1) 行矩阵（或行向量）.

只有一行的矩阵 $\boldsymbol{A}=(a_{11}, a_{12}, \cdots, a_{1n})$ 称为行矩阵（或行向量），有时也称为 n 维行向量.

(2) 列矩阵（或列向量）.

只有一列的矩阵

$$\boldsymbol{A}=\begin{pmatrix} a_{11} \\ a_{21} \\ \vdots \\ a_{m1} \end{pmatrix}$$

称为列矩阵（或列向量），有时也称为 m 维列向量.

(3) 零矩阵.

所有元素都是 0 的矩阵称为零矩阵，记为 $\boldsymbol{O}_{m\times n}$（或 $\boldsymbol{O}$）.

(4) n 阶方阵（或 n 阶矩阵）.

行数和列数都为 n 的矩阵称为 n 阶方阵（或 n 阶矩阵）.

(5) 上三角形矩阵.

形如

$$\begin{pmatrix} a_{11} & a_{12} & \cdots & a_{1n} \\ & a_{22} & \cdots & a_{2n} \\ & & \ddots & \vdots \\ & & & a_{nn} \end{pmatrix}$$

的主对角线以下的元素全为 0 的 n 阶方阵称为 n 阶上三角形矩阵.

(6) 下三角形矩阵.

形如

$$\begin{pmatrix} a_{11} & & & \\ a_{21} & a_{22} & & \\ \vdots & \vdots & \ddots & \\ a_{n1} & a_{n2} & \cdots & a_{nn} \end{pmatrix}$$

的主对角线以上的元素全为 0 的 n 阶方阵称为 n 阶下三角形矩阵.

(7) 对角矩阵.

形如

$$\begin{pmatrix} k_1 & & & \\ & k_2 & & \\ & & \ddots & \\ & & & k_n \end{pmatrix}$$

的主对角线以外元素全为 0 的 n 阶方阵称为 n 阶对角矩阵，记为 $\mathrm{diag}(k_1, k_2, \cdots, k_n)$.

(8) 数乘矩阵（或数量矩阵）.

形如

$$\begin{pmatrix} k & & & \\ & k & & \\ & & \ddots & \\ & & & k \end{pmatrix}$$

的 n 阶对角矩阵称为 n 阶数乘矩阵（或数量矩阵）.

(9) 单位矩阵.

形如

$$\begin{pmatrix} 1 & & & \\ & 1 & & \\ & & \ddots & \\ & & & 1 \end{pmatrix}$$

的 n 阶对角矩阵称为 n 阶单位矩阵，记为 $\boldsymbol{I}_n$ (或简记为 $\boldsymbol{I}$).

二、释疑解难

1. 矩阵和行列式的区别

矩阵和行列式形式上有些类似，但意义完全不同. 行列式是一些数的代数和，而矩阵是一个数表；行列式的行数与列数必须相等，而矩阵的行数与列数可以不相等；另外行列式与矩阵的表示方式也不同，行列式用 $|a_{ij}|$ 来表示，而矩阵用 (a_{ij}) 来表示.

2. 矩阵的意义

矩阵的理论与方法贯穿于行列式、多项式、线性方程组、向量空间、线性变换和二次型等各个方面，高等代数的许多问题都可以通过转化为相应的矩阵问题来处理. 同时，矩阵在许多其他数学学科及科学技术领域都有十分重要的应用，如数值分析、最优化理论、概率统计、运筹学、现代控制理论、力学、电学、信息科学与技术、管理科学与工程等学科.

三、范例解析

例 1 某厂向 3 个商店发送 5 种产品，用 a_{ij} 表示工厂向第 i 商店发送第 j 种产品的数量，$i = 1, 2, 3$；$j = 1, 2, 3, 4, 5$，则有下面的发送数量表：

商店 \ 产品 数量	1	2	3	4	5
1	a_{11}	a_{12}	a_{13}	a_{14}	a_{15}
2	a_{21}	a_{22}	a_{23}	a_{24}	a_{25}
3	a_{31}	a_{32}	a_{33}	a_{34}	a_{35}

写出上表的发送数量矩阵.

解 上表的发送数量矩阵为

$$\boldsymbol{A}=\begin{pmatrix}a_{11} & a_{12} & a_{13} & a_{14} & a_{15}\\ a_{21} & a_{22} & a_{23} & a_{24} & a_{25}\\ a_{31} & a_{32} & a_{33} & a_{34} & a_{35}\end{pmatrix}.$$

§2.2 矩阵对策

本节简要介绍矩阵对策，并通过例子说明如何用矩阵解决某些对策问题，从而体现矩阵思想的精妙应用.

一、主要内容

1. 局中人及其策略、策略集合、赢得（或支付）

把参与竞争的对立面双方称为对策的局中人. 每个局中人在竞争的过程中选择使自己有较大收益的“办法”称为该局中人的策略，所有策略构成的集合称为策略集合. 用数字或函数来表示的竞争的结果称为一种赢得（或支付）.

2. 赢得矩阵、二人零和对策

对于只有两个参与人的对策来说，用 S_1 表示局中人 I 的策略集合，用 S_2 表示局中人 II 的策略集合. 设 $S_1=\{\alpha_1, \alpha_1, \cdots, \alpha_m\}$，$S_2=\{\beta_1, \beta_1, \cdots, \beta_n\}$. 用 (α_i, β_j) 表示局中人 I 与局中人 II 分别采用 $\alpha_i\in S_1$ 与 $\beta_j\in S_2$ 进行对策，并称 (α_i, β_j) 为一个局势. 每一个局势 (α_i, β_j) 都唯一地对应着一个数字，即局中人 I 的赢得，称由这些 $m\times n$ 个数字构成的矩阵为局中人 I 的赢得矩阵，记为 $\boldsymbol{A}=(a_{ij})$. 把这个对策记为 $\Gamma=\langle \mathrm{I}, \mathrm{II}; S_1, S_2, \boldsymbol{A}\rangle$. 当一个局势 (α_i, β_j) 确定之后，对应局中人 I 的赢得是 a_{ij} 时，局中人 II 此时的赢得是 $-a_{ij}$，即 $a_{ij}+(-a_{ij})=0$. 这表示两个局中人的赢得之和是 0. 故对策 Γ 称为二人零和对策.

3. 有纯策略解的对策、对策的解

对局中人 I 来说，对 $\boldsymbol{A}$ 的每一行取其中的最小值 $\min\limits_{j} a_{ij}\ (i=1, 2, \cdots, m)$，再从这些最小值中取最大值，得 $\max\limits_{i}\min\limits_{j} a_{ij}$. 对局中人 II 来说，对 $\boldsymbol{A}$ 的每一列取其中的最大值 $\max\limits_{i} a_{ij}\ (j=1, 2, \cdots, n)$，再从这些最大值中取最小值，得

$\min\limits_j \max\limits_i a_{ij}$. 若 $\max\limits_i \min\limits_j a_{ij} = \min\limits_j \max\limits_i a_{ij}$，则称 Γ 为有纯策略解的对策. 如果

$$\max_i \min_j a_{ij} = \min_j \max_i a_{ij} = a_{i_0 j_0},$$

那么称 $V = a_{i_0 j_0}$ 为这一对策的值. 把能使上式成立的纯策略 α_{i_0}，β_{j_0} 分别称为局中人Ⅰ与Ⅱ的最优策略. 而把由 α_{i_0}，β_{j_0} 构成的局势 $(\alpha_{i_0}, \beta_{j_0})$ 称为对策的解.

引理 2.1 给定对策 $\Gamma = \langle \text{Ⅰ}, \text{Ⅱ}; S_1, S_2, \boldsymbol{A}\rangle$，其中 $S_1 = \{\alpha_1, \alpha_1, \cdots, \alpha_m\}$，$S_2 = \{\beta_1, \beta_1, \cdots, \beta_n\}$，$\boldsymbol{A} = (a_{ij})_{m\times n}$，则有 $\max\limits_i \min\limits_j a_{ij} \leqslant \min\limits_j \max\limits_i a_{ij}$.

定理 2.1 对策 $\Gamma = \langle \text{Ⅰ}, \text{Ⅱ}; S_1, S_2, \boldsymbol{A}\rangle$ 有纯策略解的充要条件是：存在局势 $(\alpha_{i^*}, \beta_{j^*})$，使得对一切 $i = 1, 2, \cdots, m$；$j = 1, 2, \cdots, n$，都有 $a_{ij^*} \leqslant a_{i^*j^*} \leqslant a_{i^*j}$.

二、释疑解难

当一个对策的赢得矩阵给定之后，两个局中人Ⅰ和Ⅱ就要考虑如何选取最好策略，使得自己的赢得最大. 由于对方会设法使自己得到最坏的结果，因此局中人Ⅰ和Ⅱ就应当从最坏的方案着手，选取最优策略以争取最好的结果.

三、范例解析

例 1 给定一个矩阵对策，其赢得矩阵是

$$\begin{pmatrix} 3 & 2 & -1 & 4 \\ 8 & 6 & 7 & 6 \\ 5 & 4 & 1 & 2 \\ 2 & 4 & 3 & -2 \end{pmatrix}.$$

求其对策 Γ 的解.

解 由于

$$\max_i \min_j a_{ij} = a_{i^*j^*} = 6,\ i^* = 2;\ j^* = 2, 4,$$
$$\min_j \max_i a_{ij} = a_{i^*j^*} = 6,\ i^* = 2;\ j^* = 2, 4,$$

显然有

$$\max_i \min_j a_{ij} = \min_j \max_i a_{ij} = 6.$$

故 (α_2, β_2)，(α_2, β_4) 两个局势都是对策 Γ 的解.

§2.3 矩阵的加法和数乘运算

本节介绍矩阵的加法运算和数乘运算及其满足的运算律.

一、主要内容

设 $\boldsymbol{A} = (a_{ij})_{m\times n}$，$\boldsymbol{B} = (b_{ij})_{s\times t}$ 是两个矩阵. 若 $\boldsymbol{A}$ 和 $\boldsymbol{B}$ 的行数与列数分别相等，且对应位置的元素相等，则称 $\boldsymbol{A}$ 和 $\boldsymbol{B}$ 相等. 即 $\boldsymbol{A}$ 和 $\boldsymbol{B}$ 相等是指：

$$m=s，n=t，a_{ij}=b_{ij}，i=1，2，\cdots，m；j=1，2，\cdots，n.$$

若只满足 $m=s$，$n=t$，则称 $\boldsymbol{A}$ 和 $\boldsymbol{B}$ 是同型矩阵.

1. 矩阵的加法

定义 2.3 两个 $m\times n$ 矩阵 $\boldsymbol{A}=(a_{ij})$ 与 $\boldsymbol{B}=(b_{ij})$ 的和记为 $\boldsymbol{A}+\boldsymbol{B}$，规定

$$\boldsymbol{A}+\boldsymbol{B}=\begin{pmatrix} a_{11}+b_{11} & a_{12}+b_{12} & \cdots & a_{1n}+b_{1n} \\ a_{21}+b_{21} & a_{22}+b_{22} & \cdots & a_{2n}+b_{2n} \\ \vdots & \vdots & & \vdots \\ a_{m1}+b_{m1} & a_{m2}+b_{m2} & \cdots & a_{mn}+b_{mn} \end{pmatrix}.$$

设 $\boldsymbol{A}=(a_{ij})$ 是 $m\times n$ 矩阵. $m\times n$ 矩阵 $(-a_{ij})$ 称为 $\boldsymbol{A}$ 的负矩阵，记为 $-\boldsymbol{A}$.

设 $\boldsymbol{A}=(a_{ij})_{m\times n}$，$\boldsymbol{B}=(b_{ij})_{m\times n}$. 则 $\boldsymbol{A}$ 与 $\boldsymbol{B}$ 的差 $\boldsymbol{A}-\boldsymbol{B}$ 定义为：

$$\boldsymbol{A}-\boldsymbol{B}=\boldsymbol{A}+(-\boldsymbol{B}).$$

矩阵的加法运算满足以下运算规律：

(1) $\boldsymbol{A}+\boldsymbol{B}=\boldsymbol{B}+\boldsymbol{A}$；

(2) $(\boldsymbol{A}+\boldsymbol{B})+\boldsymbol{C}=\boldsymbol{A}+(\boldsymbol{B}+\boldsymbol{C})$；

(3) $\boldsymbol{A}+\boldsymbol{0}=\boldsymbol{A}$；

(4) $\boldsymbol{A}+(-\boldsymbol{A})=\boldsymbol{0}$.

2. 数与矩阵相乘

定义 2.4 数 k 与矩阵 $\boldsymbol{A}=(a_{ij})_{m\times n}$ 的乘积记作 $k\boldsymbol{A}$，规定

$$k\boldsymbol{A}=\begin{pmatrix} ka_{11} & ka_{12} & \cdots & ka_{1n} \\ ka_{21} & ka_{22} & \cdots & ka_{2n} \\ \vdots & \vdots & & \vdots \\ ka_{m1} & ka_{m2} & \cdots & ka_{mn} \end{pmatrix}.$$

数与矩阵的乘法满足以下运算规律：

(1) $k(\boldsymbol{A}+\boldsymbol{B})=k\boldsymbol{A}+k\boldsymbol{B}$；

(2) $(k+l)\boldsymbol{A}=k\boldsymbol{A}+l\boldsymbol{A}$；

(3) $(kl)\boldsymbol{A}=k(l\boldsymbol{A})$；

(4) $1\cdot\boldsymbol{A}=\boldsymbol{A}$.

二、释疑解难

1. 关于矩阵相等与行列式相等

两个矩阵相等当且仅当这两个矩阵是同型矩阵且对应元素都相等；而两个行列式相等不要求对应元素都相等，甚至阶数也可以不一样，只要代数和的结果一样就行了.

例如，设 $D_1=\begin{vmatrix} 0 & b & a \\ 1 & a & b \\ 0 & d & c \end{vmatrix}$，$D_2=\begin{vmatrix} a & b \\ c & d \end{vmatrix}$，则 $D_1=D_2=ad-bc$.

2. 关于数乘矩阵与数乘行列式

数 k 乘矩阵 $\boldsymbol{A}$ 是用数 k 乘矩阵 $\boldsymbol{A}$ 的每一个元素；而数 k 乘行列式 D 是用数 k 乘行列式 D 的某一行（或某一列）的每一个元素.

三、范例解析

例 1 设

$$\boldsymbol{A}=\begin{pmatrix}2&1&0\\0&3&-1\end{pmatrix},\ \boldsymbol{B}=\begin{pmatrix}-3&1&5\\4&0&1\end{pmatrix}.$$

求满足 $3\boldsymbol{A}+2(\boldsymbol{B}+2\boldsymbol{X})=-2\boldsymbol{B}$ 的矩阵 $\boldsymbol{X}$.

解 由 $3\boldsymbol{A}+2(\boldsymbol{B}+2\boldsymbol{X})=-2\boldsymbol{B}$ 知，$\boldsymbol{X}=\dfrac{1}{4}(-4\boldsymbol{B}-3\boldsymbol{A})$. 将矩阵 $\boldsymbol{A}$ 与 $\boldsymbol{B}$ 代入，得

$$\boldsymbol{X}=\frac{1}{4}\begin{pmatrix}6&-7&-20\\-16&-9&-1\end{pmatrix}=\begin{pmatrix}\dfrac{3}{2}&-\dfrac{7}{4}&-5\\-4&-\dfrac{9}{4}&-\dfrac{1}{4}\end{pmatrix}.$$

例 2 设

$$\boldsymbol{\alpha}_1=(0,1,3,4),\ \boldsymbol{\alpha}_2=(1,0,2,3),\ \boldsymbol{\alpha}_3=(-3,-2,0,-5),$$

$$\boldsymbol{\alpha}_4=(4,3,-5,0),\ \boldsymbol{\beta}=(-5,-4,12,5).$$

求 x_1，x_2，x_3，x_4，使得 $x_1\boldsymbol{\alpha}_1+x_2\boldsymbol{\alpha}_2+x_3\boldsymbol{\alpha}_3+x_4\boldsymbol{\alpha}_4=\boldsymbol{\beta}$.

解 由矩阵的运算和矩阵相等的定义，得

$$\begin{cases}x_2-3x_3+4x_4=-5,\\x_1-2x_3+3x_4=-4,\\3x_1+2x_2-5x_4=12,\\4x_1+3x_2-5x_3=5.\end{cases}$$

再由克莱姆法则，得 $x_1=1$，$x_2=2$，$x_3=1$，$x_4=-1$.

§2.4 矩阵的乘法

本节介绍矩阵的乘法运算及其满足的运算律.

一、主要内容

1. 矩阵的乘法

定义 2.5 设 $\boldsymbol{A}=(a_{ij})_{m\times n}$，$\boldsymbol{B}=(b_{ij})_{n\times p}$，则 $\boldsymbol{A}$ 与 $\boldsymbol{B}$ 的乘积 $\boldsymbol{AB}$ 是一个 $m\times p$ 矩阵，这个矩阵的第 i 行第 j 列位置上的元素 c_{ij} 等于 $\boldsymbol{A}$ 的第 i 行元素与 $\boldsymbol{B}$ 的第 j 列对应元素的乘积之和，即

$$c_{ij}=a_{i1}b_{1j}+a_{i2}b_{2j}+\cdots+a_{in}b_{nj},\ i=1,\ 2,\ \cdots,\ m;\ j=1,\ 2\cdots,\ p.$$

矩阵的乘法运算满足以下运算规律：

(1) $(\boldsymbol{AB})\boldsymbol{C}=\boldsymbol{A}(\boldsymbol{BC})$；

(2) $(\boldsymbol{A}+\boldsymbol{B})\boldsymbol{C}=\boldsymbol{AC}+\boldsymbol{BC}$，$\boldsymbol{C}(\boldsymbol{A}+\boldsymbol{B})=\boldsymbol{CA}+\boldsymbol{CB}$；

(3) $k(\boldsymbol{AB})=(k\boldsymbol{A})\boldsymbol{B}=\boldsymbol{A}(k\boldsymbol{B})$.

2. 方阵的幂

设 $\boldsymbol{A}$ 为 n 阶方阵，k 是正整数. 称

$$\boldsymbol{A}^k=\underbrace{\boldsymbol{AA}\cdots\boldsymbol{A}}_{k\text{个}}$$

为 $\boldsymbol{A}$ 的 k 次幂.

约定 $\boldsymbol{A}^0=\boldsymbol{I}_n$，则一个 n 阶方阵的任意非负整数次幂都有意义.

显然，$\boldsymbol{A}^k\boldsymbol{A}^l=\boldsymbol{A}^{k+l}$，$(\boldsymbol{A}^k)^l=\boldsymbol{A}^{kl}$，$(\lambda\boldsymbol{A})^k=\lambda^k\boldsymbol{A}^k$，其中 k，l 是非负整数.

二、释疑解难

1. 关于矩阵可乘的条件

两个矩阵可乘的条件是前一个矩阵的列数等于后一个矩阵的行数，把这一条件简称为“前列数等于后行数”. 求两个可乘矩阵的乘积时，把前一个矩阵的每一行元素和后一个矩阵的每一列对应元素相乘再相加，这一算法简称为“前行乘后列”.

2. 关于矩阵乘法的运算律

矩阵的乘法与数的乘法都满足结合律和分配律，但是对于数的乘法成立的有些运算律，对于矩阵的乘法来说不再成立.

(1) 矩阵乘法不满足交换律.

这是因为，首先，当 $m\neq p$ 时，$\boldsymbol{A}_{m\times n}\boldsymbol{B}_{n\times p}$ 有意义，但是 $\boldsymbol{B}_{n\times p}\boldsymbol{A}_{m\times n}$ 没有意义；其次，当 $m\neq n$ 时，虽然 $\boldsymbol{A}_{m\times n}\boldsymbol{B}_{n\times m}$ 和 $\boldsymbol{B}_{n\times m}\boldsymbol{A}_{m\times n}$ 都有意义，但不是同型矩阵，从而不相等；最后，虽然 $\boldsymbol{A}_{n\times n}\boldsymbol{B}_{n\times n}$ 和 $\boldsymbol{B}_{n\times n}\boldsymbol{A}_{n\times n}$ 都是 n 阶矩阵，但是也不一定相等. 例如，设

$$\boldsymbol{A}=\begin{pmatrix}1&0\\0&0\end{pmatrix},\ \boldsymbol{B}=\begin{pmatrix}0&0\\1&0\end{pmatrix},$$

则

$$\boldsymbol{AB}=\begin{pmatrix}0&0\\0&0\end{pmatrix},\ \boldsymbol{BA}=\begin{pmatrix}0&0\\1&0\end{pmatrix}.$$

(2) 矩阵乘法不满足左、右消去律.

例如，矩阵 $\boldsymbol{A}$，$\boldsymbol{B}$ 同上. 再设

$$\boldsymbol{C}=\begin{pmatrix}0&0\\0&1\end{pmatrix},\ \boldsymbol{D}=\begin{pmatrix}0&1\\1&0\end{pmatrix},$$

则

$$\boldsymbol{AB}=\boldsymbol{AC}=\begin{pmatrix}0&0\\0&0\end{pmatrix},\ \boldsymbol{BA}=\boldsymbol{DA}=\begin{pmatrix}0&0\\1&0\end{pmatrix}.$$

但是$\boldsymbol{B}\neq\boldsymbol{C}$，$\boldsymbol{B}\neq\boldsymbol{D}$.

(3) 两个非零矩阵的乘积可能是零矩阵.

例如，上面的矩阵$\boldsymbol{A}$，$\boldsymbol{B}$都不是零矩阵，但是$\boldsymbol{AB}=\boldsymbol{0}$.

此时称$\boldsymbol{A}$为$M_2(F)$的一个左零因子，称$\boldsymbol{B}$为$M_2(F)$的一个右零因子. 左零因子和右零因子统称为零因子. 显然$M_n(F)$ ($n>1$) 含有零因子. 这里$M_n(F)$表示的是数域F上所有n阶方阵所构成的集合.

三、范例解析

例 1 设$\boldsymbol{A}$，$\boldsymbol{B}$，$\boldsymbol{C}$都是数域F上的矩阵. 下列等式和结论成立吗？如不成立，说明原因.

(1) $(\boldsymbol{A}+\boldsymbol{B})^2=\boldsymbol{A}^2+2\boldsymbol{AB}+\boldsymbol{B}^2$；

(2) $\boldsymbol{A}^2-\boldsymbol{B}^2=(\boldsymbol{A}+\boldsymbol{B})(\boldsymbol{A}-\boldsymbol{B})=(\boldsymbol{A}-\boldsymbol{B})(\boldsymbol{A}+\boldsymbol{B})$；

(3) $(\boldsymbol{AB})^k=\boldsymbol{A}^k\boldsymbol{B}^k$；

(4) $(\boldsymbol{A}+\boldsymbol{B})^k=\boldsymbol{A}^k+\mathrm{C}_k^1\boldsymbol{A}^{k-1}\boldsymbol{B}+\cdots+\mathrm{C}_k^{k-1}\boldsymbol{A}\boldsymbol{B}^{k-1}+\boldsymbol{B}^k$，这里$\mathrm{C}_k^l=\dfrac{k!}{l!(k-l)!}$；

(5) 若$\boldsymbol{AB}=\boldsymbol{0}$，则$\boldsymbol{A}=\boldsymbol{0}$或$\boldsymbol{B}=\boldsymbol{0}$；

(6) 若$\boldsymbol{A}^2=\boldsymbol{0}$，则$\boldsymbol{A}=\boldsymbol{0}$；

(7) 若$\boldsymbol{A}^2=\boldsymbol{A}$，则$\boldsymbol{A}=\boldsymbol{0}$或$\boldsymbol{A}=\boldsymbol{I}$；

(8) 若$\boldsymbol{A}^2=\boldsymbol{I}$，则$\boldsymbol{A}=\pm\boldsymbol{I}$.

解 (1) ~ (8) 都不一定成立. (1) ~ (4) 不成立的原因是矩阵的乘法不满足交换律，(5) ~ (8) 不成立的原因是两个非零矩阵的乘积可能是零矩阵.

例 2 计算$\begin{pmatrix}a&b\\b&a\end{pmatrix}^n$.

解 记$\boldsymbol{A}=\begin{pmatrix}0&1\\1&0\end{pmatrix}$，则$\boldsymbol{A}^{2k}=\boldsymbol{I}$，$\boldsymbol{A}^{2k+1}=\boldsymbol{A}$. 因此

$$\begin{aligned}\begin{pmatrix}a&b\\b&a\end{pmatrix}^n&=(a\boldsymbol{I}+b\boldsymbol{A})^n\\&=a^n\boldsymbol{I}+\mathrm{C}_n^1a^{n-1}b\boldsymbol{A}+\mathrm{C}_n^2a^{n-2}b^2\boldsymbol{A}^2+\cdots+\mathrm{C}_n^{n-1}ab^{n-1}\boldsymbol{A}^{n-1}+b^n\boldsymbol{A}^n\\&=\frac{(a+b)^n+(a-b)^n}{2}\boldsymbol{I}+\frac{(a+b)^n-(a-b)^n}{2}\boldsymbol{A}\\&=\frac{1}{2}\begin{pmatrix}(a+b)^n+(a-b)^n&(a+b)^n-(a-b)^n\\(a+b)^n-(a-b)^n&(a+b)^n+(a-b)^n\end{pmatrix}.\end{aligned}$$

例 3 设 $\boldsymbol{A}$，$\boldsymbol{B}$ 都是数域 F 上的矩阵．当 $\boldsymbol{AB}=\boldsymbol{BA}$ 时，称矩阵 $\boldsymbol{B}$ 与 $\boldsymbol{A}$ 可交换．证明：若 $\boldsymbol{A}$ 是对角矩阵，且主对角线上的元素互不相同，则与 $\boldsymbol{A}$ 可交换的矩阵一定是对角矩阵．

证明 设

$$\boldsymbol{A}=\begin{pmatrix} a_1 & & & \\ & a_2 & & \\ & & \ddots & \\ & & & a_n \end{pmatrix},\ \boldsymbol{B}=\begin{pmatrix} b_{11} & b_{12} & \cdots & b_{1n} \\ b_{21} & b_{22} & \cdots & b_{2n} \\ \vdots & \vdots & & \vdots \\ b_{n1} & b_{n2} & \cdots & b_{nn} \end{pmatrix},$$

则由 $\boldsymbol{AB}=\boldsymbol{BA}$，得

$$\begin{pmatrix} a_1b_{11} & a_1b_{12} & \cdots & a_1b_{1n} \\ a_2b_{21} & a_2b_{22} & \cdots & a_2b_{2n} \\ \vdots & \vdots & & \vdots \\ a_nb_{n1} & a_nb_{n2} & \cdots & a_nb_{nn} \end{pmatrix}=\begin{pmatrix} a_1b_{11} & a_2b_{12} & \cdots & a_nb_{1n} \\ a_1b_{21} & a_2b_{22} & \cdots & a_nb_{2n} \\ \vdots & \vdots & & \vdots \\ a_1b_{n1} & a_2b_{n2} & \cdots & a_nb_{nn} \end{pmatrix}.$$

因此 $(a_i-a_j)b_{ij}=0\,(i\neq j)$．因为 $a_i\neq a_j\,(i\neq j)$，所以 $b_{ij}=0\,(i\neq j)$，即 $\boldsymbol{B}$ 为对角矩阵．

例 4 设 $\boldsymbol{A}=\begin{pmatrix} 1 & 0 & 0 \\ 0 & 1 & 2 \\ 3 & 1 & 2 \end{pmatrix}$．求所有与 $\boldsymbol{A}$ 可交换的矩阵．

解 设 $\boldsymbol{B}=\begin{pmatrix} a_1 & b_1 & c_1 \\ a_2 & b_2 & c_2 \\ a_3 & b_3 & c_3 \end{pmatrix}$ 与 $\boldsymbol{A}$ 可交换．因为 $\boldsymbol{A}=\boldsymbol{I}+\begin{pmatrix} 0 & 0 & 0 \\ 0 & 0 & 2 \\ 3 & 1 & 1 \end{pmatrix}=\boldsymbol{I}+\boldsymbol{C}$，所以 $\boldsymbol{B}(\boldsymbol{I}+\boldsymbol{C})=(\boldsymbol{I}+\boldsymbol{C})\boldsymbol{B}$．于是 $\boldsymbol{BC}=\boldsymbol{CB}$，即

$$\begin{pmatrix} 3c_1 & c_1 & 2b_1+c_1 \\ 3c_2 & c_2 & 2b_2+c_2 \\ 3c_3 & c_3 & 2b_3+c_3 \end{pmatrix}=\begin{pmatrix} 0 & 0 & 0 \\ 2a_3 & 2b_3 & 2c_3 \\ 3a_1+a_2+a_3 & 3b_1+b_2+b_3 & 3c_1+c_2+c_3 \end{pmatrix}.$$

由对应元素相等，得

$$b_1=c_1=0,\ b_2=a_1+\frac{1}{3}a_2,\ c_2=\frac{2}{3}a_3,\ b_3=\frac{1}{3}a_3,\ c_3=a_1+\frac{1}{3}a_2+\frac{1}{3}a_3.$$

因此与 $\boldsymbol{A}$ 可交换的矩阵为

$$\boldsymbol{B}=\begin{pmatrix} a_1 & 0 & 0 \\ a_2 & a_1+\frac{1}{3}a_2 & \frac{2}{3}a_3 \\ a_3 & \frac{1}{3}a_3 & a_1+\frac{1}{3}a_2+\frac{1}{3}a_3 \end{pmatrix},$$

其中 a_1，a_2，a_3 为任意数．

例 5 证明: 对任意 n 阶方阵 $\boldsymbol{A}$, $\boldsymbol{B}$, 都有 $\boldsymbol{AB}-\boldsymbol{BA}\neq\boldsymbol{I}$.

证明 设

$$\boldsymbol{A}=\begin{pmatrix}a_{11}&a_{12}&\cdots&a_{1n}\\a_{21}&a_{22}&\cdots&a_{2n}\\\vdots&\vdots&&\vdots\\a_{n1}&a_{n2}&\cdots&a_{nn}\end{pmatrix},\ \boldsymbol{B}=\begin{pmatrix}b_{11}&b_{12}&\cdots&b_{1n}\\b_{21}&b_{22}&\cdots&b_{2n}\\\vdots&\vdots&&\vdots\\b_{n1}&b_{n2}&\cdots&b_{nn}\end{pmatrix}$$

为任意两个 n 阶方阵, 则 $\boldsymbol{AB}$ 的主对角线上元素的和为

$$\sum_{i=1}^{n}a_{1i}b_{i1}+\sum_{i=1}^{n}a_{2i}b_{i2}+\cdots+\sum_{i=1}^{n}a_{ni}b_{in}=\sum_{i=1}^{n}\sum_{j=1}^{n}a_{ji}b_{ij},$$

$\boldsymbol{BA}$ 的主对角线上元素的和为

$$\sum_{j=1}^{n}b_{1j}a_{j1}+\sum_{j=1}^{n}b_{2j}a_{j2}+\cdots+\sum_{j=1}^{n}b_{nj}a_{jn}=\sum_{i=1}^{n}\sum_{j=1}^{n}b_{ij}a_{ji}.$$

则 $\boldsymbol{AB}$ 与 $\boldsymbol{BA}$ 的主对角线上元素的和相等. 于是 $\boldsymbol{AB}-\boldsymbol{BA}$ 的主对角线上元素的和为 0. 但是单位矩阵 $\boldsymbol{I}$ 的主对角线上元素的和为 $n\neq 0$, 因此 $\boldsymbol{AB}-\boldsymbol{BA}\neq\boldsymbol{I}$.

例 6 满足 $\boldsymbol{A}^2=\boldsymbol{A}$ 的矩阵 $\boldsymbol{A}$ 称为幂等矩阵. 设 $\boldsymbol{A}$, $\boldsymbol{B}$ 都是幂等矩阵. 证明: $\boldsymbol{A}+\boldsymbol{B}$ 是幂等矩阵的充要条件是 $\boldsymbol{AB}=\boldsymbol{BA}=\boldsymbol{0}$.

证明 充分性 设 $\boldsymbol{AB}=\boldsymbol{BA}=\boldsymbol{0}$, 则由 $\boldsymbol{A}$, $\boldsymbol{B}$ 都是幂等矩阵, 得

$$(\boldsymbol{A}+\boldsymbol{B})^2=\boldsymbol{A}^2+\boldsymbol{AB}+\boldsymbol{BA}+\boldsymbol{B}^2=\boldsymbol{A}+\boldsymbol{B},$$

即 $\boldsymbol{A}+\boldsymbol{B}$ 是幂等矩阵.

必要性 设 $\boldsymbol{A}+\boldsymbol{B}$ 是幂等矩阵, 则 $(\boldsymbol{A}+\boldsymbol{B})^2=\boldsymbol{A}+\boldsymbol{B}$. 于是 $\boldsymbol{AB}+\boldsymbol{BA}=\boldsymbol{0}$, 即 $\boldsymbol{AB}=-\boldsymbol{BA}$. 因此

$$\boldsymbol{AB}=\boldsymbol{A}^2\boldsymbol{B}=\boldsymbol{A}(\boldsymbol{AB})=\boldsymbol{A}(-\boldsymbol{BA})=-(\boldsymbol{AB})\boldsymbol{A}=-(-\boldsymbol{BA})\boldsymbol{A}=\boldsymbol{BA}^2=\boldsymbol{BA}.$$

从而 $-\boldsymbol{BA}=\boldsymbol{BA}$. 故 $\boldsymbol{AB}=\boldsymbol{BA}=\boldsymbol{0}$.

例 7 满足 $\boldsymbol{A}^2=\boldsymbol{I}$ 的矩阵 $\boldsymbol{A}$ 称为对合矩阵. 设 $\boldsymbol{A}$, $\boldsymbol{B}$ 都是对合矩阵. 证明: $\boldsymbol{AB}$ 是对合矩阵的充要条件是 $\boldsymbol{A}$ 与 $\boldsymbol{B}$ 可交换.

证明 必要性 设 $\boldsymbol{AB}$ 是对合矩阵, 则

$$\boldsymbol{I}=(\boldsymbol{AB})^2=(\boldsymbol{AB})\cdot(\boldsymbol{AB})=\boldsymbol{A}(\boldsymbol{BA})\boldsymbol{B}.$$

两端左乘以 $\boldsymbol{A}$ 右乘以 $\boldsymbol{B}$, 得 $\boldsymbol{AB}=\boldsymbol{A}^2(\boldsymbol{BA})\boldsymbol{B}^2=\boldsymbol{BA}$.

充分性 设 $\boldsymbol{AB}=\boldsymbol{BA}$. 两端右乘以 $\boldsymbol{AB}$, 得

$$(\boldsymbol{AB})^2=\boldsymbol{BAAB}=\boldsymbol{BIB}=\boldsymbol{B}^2=\boldsymbol{I}.$$

故 $\boldsymbol{AB}$ 为对合矩阵.

例 8 矩阵 $\boldsymbol{A}$ 称为幂零矩阵, 如果存在正整数 k, 使得 $\boldsymbol{A}^k=\boldsymbol{0}$. 设 $\boldsymbol{A}$, $\boldsymbol{B}$ 都是幂零矩阵. 证明: 当 $\boldsymbol{AB}=\boldsymbol{BA}$ 时, $\boldsymbol{AB}$ 和 $\boldsymbol{A}+\boldsymbol{B}$ 也是幂零矩阵.

证明 因为 $\boldsymbol{A}$, $\boldsymbol{B}$ 都是幂零矩阵, 所以存在正整数 k, l, 使得 $\boldsymbol{A}^k=\boldsymbol{0}$, $\boldsymbol{B}^l=\boldsymbol{0}$.

取 $m=k+l$. 由于 $\boldsymbol{AB}=\boldsymbol{BA}$，因此 $(\boldsymbol{AB})^m=\boldsymbol{A}^m\boldsymbol{B}^m=\boldsymbol{0}$，并且

$$(\boldsymbol{A}+\boldsymbol{B})^m=\boldsymbol{A}^m+\mathrm{C}_m^1\boldsymbol{A}^{m-1}\boldsymbol{B}+\cdots+\mathrm{C}_m^{m-1}\boldsymbol{A}\boldsymbol{B}^{m-1}+\boldsymbol{B}^m=\boldsymbol{0}.$$

故 $\boldsymbol{AB}$ 和 $\boldsymbol{A}+\boldsymbol{B}$ 都是幂零矩阵.

§2.5 矩阵在决策理论中的应用

本节介绍矩阵在决策理论中的简单应用.

一、主要内容

1. 决策、确定型决策

所谓决策，就是根据预定目标做出行动的选择. 从狭义上解释，决策是在若干个指导行动的方案中做出相对最优的选择.

许多决策问题都面临着若干种不依决策者主观意志为转移的客观条件，称为自然状态. 若自然状态只有一种，则称为确定型决策.

2. 益损矩阵（或风险矩阵）

设决策者可以选择的行动方案的集合为 $\{A_1, A_2, \cdots, A_m\}$，所有的自然状态构成的集合为 $\{\theta_1, \theta_2, \cdots, \theta_n\}$，且当决策者采用行动方案 A_i，自然状态是 θ_j 时，决策者的益损值为 a_{ij}. 称矩阵 $\boldsymbol{B}=(a_{ij})_{m\times n}$ 为益损矩阵（或风险矩阵）.

3. 风险型决策

若任何一种自然状态没有绝对的把握一定出现，则这种决策称为风险型决策. 设 θ_j 出现的概率为 p_j，则 $p_1+p_2+\cdots+p_n=1$. 如果采取行动方案 A_i，那么益损期望值为 $E(A_i)=a_{i1}p_1+a_{i2}p_2+\cdots+a_{in}p_n$. 记

$$\boldsymbol{P}=\begin{pmatrix}p_1\\p_2\\\vdots\\p_n\end{pmatrix},\quad \boldsymbol{Q}=\begin{pmatrix}E(A_1)\\E(A_2)\\\vdots\\E(A_m)\end{pmatrix},$$

则 $\boldsymbol{Q}=\boldsymbol{BP}$.

二、释疑解难

1. 关于确定型决策问题最优方案的选择

对于确定型决策问题或可变为确定型决策问题（即自然状态有多种，且可以认定某一自然状态一定出现，而其他自然状态一定不出现），决策者只需根据决策的目标（如收益最大或损失最小）而选择益损矩阵 $\boldsymbol{B}$ 的列或自然状态一定出现的列中的 m 个元素的最大者或最小者所对应的行动方案.

2. 关于风险型决策问题最优方案的选择

计算 $\boldsymbol{Q}=\boldsymbol{BP}$. 若决策目标是收益最大，则在 $E(A_1)$，$E(A_2)$，$\cdots$，$E(A_m)$ 中挑选最大者，最大者所对应的方案即为最优方案. 若决策目标是损失最小，则在 $E(A_1)$，$E(A_2)$，$\cdots$，$E(A_m)$ 中挑选最小者，最小者所对应的方案即为最优方案.

三、范例解析

例 1 某公司要对某个问题进行决策，方案、自然状态、状态出现的可能性，收益值如下表，试确定最优方案.

收益值 \ 自然状态及概率 / 方案	θ_1 0.1	θ_2 0.4	θ_3 0.2	θ_4 0.1	θ_5 0.3
A_1	3	5	6	8	7
A_2	5	7	3	6	4
A_3	2	4	6	5	3

解 该决策问题的收益矩阵为

$$\boldsymbol{B}=\begin{pmatrix}3&5&6&8&7\\5&7&3&6&4\\2&4&6&5&3\end{pmatrix}.$$

又

$$\boldsymbol{P}=\begin{pmatrix}0.1\\0.4\\0.2\\0.1\\0.3\end{pmatrix}.$$

由于

$$\boldsymbol{Q}=\boldsymbol{BP}=\begin{pmatrix}3&5&6&8&7\\5&7&3&6&4\\2&4&6&5&3\end{pmatrix}\begin{pmatrix}0.1\\0.4\\0.2\\0.1\\0.3\end{pmatrix}=\begin{pmatrix}6.4\\5.7\\4.4\end{pmatrix}.$$

因此 $\boldsymbol{Q}$ 中的最大值为 6.4，对应的行动方案是 A_1. 于是合理的决策是 A_1.

§2.6 初等变换

本节介绍矩阵的初等变换和初等矩阵，讨论初等变换前后的矩阵之间的关系，并用初等变换和初等矩阵研究矩阵乘积的行列式.

一、主要内容

1. 线性方程组的初等变换

以下三种变换称为线性方程组的初等变换：

(1) 交换两个方程的位置；

(2) 用一个非零数乘以某个方程的两边；

(3) 将一个方程的适当倍数加到另一个方程上.

2. 矩阵的初等变换

定义 2.6 一个矩阵的行（列）初等变换是指对矩阵施行的下列变换：

(1) 交换矩阵的某两行（列）；

(2) 用一个非零数乘以矩阵的某一行（列），即用一个非零数乘以矩阵的某一行（列）的每一个元素；

(3) 用某一个数乘以矩阵的某一行（列）后加到另一行（列）上，即用某一个数乘以矩阵某一行（列）的每一个元素后加到另一行（列）的对应元素上.

把上述三种初等变换分别叫作矩阵的第一种、第二种和第三种行（列）初等变换. 这样，共有三种行初等变换，三种列初等变换. 矩阵的行初等变换和列初等变换统称为矩阵的初等变换.

注 为描述方便，用 r_i 表示矩阵的第 i 行，用 c_i 表示矩阵的第 i 列. 用 $r_i \leftrightarrow r_j$ ($c_i \leftrightarrow c_j$) 表示交换矩阵的第 i 行（列）与第 j 行（列）；用 $r_i \times k$ ($c_i \times k$) 或 kr_i (kc_i) 表示矩阵的第 i 行（列）乘以数 k；用 $r_i + lr_j$ ($c_i + lc_j$) 表示将矩阵的第 j 行（列）的 l 倍加到第 i 行（列）上.

3. 矩阵的等价标准形

定理 2.2 设 $\boldsymbol{A} = (a_{ij})$ 是 $m \times n$ 矩阵，则通过行初等变换和第一种列初等变换能把 $\boldsymbol{A}$ 化为如下形式：

$$\boldsymbol{B} = \begin{pmatrix} 1 & 0 & \cdots & 0 & c_{1,r+1} & \cdots & c_{1n} \\ 0 & 1 & \cdots & 0 & c_{2,r+1} & \cdots & c_{2n} \\ \vdots & \vdots & & \vdots & \vdots & & \vdots \\ 0 & 0 & \cdots & 1 & c_{r,r+1} & \cdots & c_{rn} \\ 0 & 0 & \cdots & 0 & 0 & \cdots & 0 \\ \vdots & \vdots & & \vdots & \vdots & & \vdots \\ 0 & 0 & \cdots & 0 & 0 & \cdots & 0 \end{pmatrix},$$

进而再用若干次第三种列初等变换可化为如下形式：

$$
D=\begin{pmatrix}
\overbrace{1 & 0 & \cdots & 0}^{r\,列} & 0 & \cdots & 0\\
0 & 1 & \cdots & 0 & 0 & \cdots & 0\\
\vdots & \vdots & & \vdots & \vdots & & \vdots\\
0 & 0 & \cdots & 1 & 0 & \cdots & 0\\
0 & 0 & \cdots & 0 & 0 & \cdots & 0\\
\vdots & \vdots & & \vdots & \vdots & & \vdots\\
0 & 0 & \cdots & 0 & 0 & \cdots & 0
\end{pmatrix},
$$

这里 $r \geqslant 0$，$r \leqslant m$，$r \leqslant n$.

把定理 2.2 中的矩阵 $\boldsymbol{D}$ 叫作 $\boldsymbol{A}$ 的等价标准形.

若矩阵 $\boldsymbol{A}$ 经过若干次初等变换化为 $\boldsymbol{B}$，则 $\boldsymbol{B}$ 也可以经过若干次初等变换化为 $\boldsymbol{A}$. 此时称矩阵 $\boldsymbol{A}$ 和 $\boldsymbol{B}$ 等价.

显然，矩阵 $\boldsymbol{A}$ 和它的等价标准形 $\boldsymbol{D}$ 等价.

4. 初等矩阵

定义 2.7 n 阶单位矩阵 $\boldsymbol{I}_n$ 恰经过一次初等变换后所得的矩阵叫作 n 阶初等矩阵.

初等矩阵有下列三类，分别称为第一类、第二类和第三类初等矩阵.

(1) 交换 $\boldsymbol{I}_n$ 的第 i，$j\,(i \neq j)$ 两行（列）后所得的第一类初等矩阵为

$$
\boldsymbol{P}_{ij}=\begin{pmatrix}
1 &&&&&&&&\\
& \ddots &&&&&&&\\
&& 1 &&&&&&\\
&&& 0 & \cdots & \cdots & \cdots & 1 &&&\\
&&& \vdots & 1 &&& \vdots &&&\\
&&& \vdots && \ddots && \vdots &&&\\
&&& \vdots &&& 1 & \vdots &&&\\
&&& 1 & \cdots & \cdots & \cdots & 0 &&&\\
&&&&&&&& 1 &&\\
&&&&&&&&& \ddots &\\
&&&&&&&&&& 1
\end{pmatrix}
\begin{matrix} \\ \\ \\ (第\,i\,行) \\ \\ \\ \\ (第\,j\,行) \\ \\ \\ \\ \end{matrix}
$$

（第 i 列）　　（第 j 列）

(2) 用非零数 k 乘以 $\boldsymbol{I}_n$ 的第 i 行（列）后所得的第二类初等矩阵为

$$
\boldsymbol{D}_i(k)=\begin{pmatrix}
1 & & & & & & \\
& \ddots & & & & & \\
& & 1 & & & & \\
& & & k & & & \\
& & & & 1 & & \\
& & & & & \ddots & \\
& & & & & & 1
\end{pmatrix}
\begin{matrix} \\ \\ \\ (\text{第 } i \text{ 行}) \\ \\ \\ \\ \end{matrix}
$$

（第 i 列）

(3) 用数 l 乘以 $\boldsymbol{I}_n$ 的第 j 行（第 i 列）后加到第 i 行（第 j 列）上所得的第三类初等矩阵为

$$
\boldsymbol{T}_{ij}(l)=\begin{pmatrix}
1 & & & & & & \\
& \ddots & & & & & \\
& & 1 & \cdots & l & & \\
& & & \ddots & \vdots & & \\
& & & & 1 & & \\
& & & & & \ddots & \\
& & & & & & 1
\end{pmatrix}
\begin{matrix} \\ \\ (\text{第 } i \text{ 行}) \\ \\ (\text{第 } j \text{ 行}) \\ \\ \\ \end{matrix}
$$

（第 i 列）（第 j 列）

在上述三类矩阵中，没有注明的元素在主对角线上的都是 1，在其他位置上的都是 0.

定理 2.3 对 $m\times n$ 矩阵 $\boldsymbol{A}$ 施行一次行初等变换，其结果相当于用相同类型的 m 阶初等矩阵左乘 $\boldsymbol{A}$；对 $m\times n$ 矩阵 $\boldsymbol{A}$ 施行一次列初等变换，其结果相当于用相同类型的 n 阶初等矩阵右乘 $\boldsymbol{A}$.

定理 2.4 如果 $m\times n$ 矩阵 $\boldsymbol{A}$ 经过若干次初等变换可化为矩阵 $\boldsymbol{B}$，那么存在 m 阶初等矩阵 $\boldsymbol{P}_1$，$\boldsymbol{P}_2$，$\cdots$，$\boldsymbol{P}_s$ 和 n 阶初等矩阵 $\boldsymbol{Q}_1$，$\boldsymbol{Q}_2$，$\cdots$，$\boldsymbol{Q}_t$，使得

$$\boldsymbol{B}=\boldsymbol{P}_s\cdots\boldsymbol{P}_2\boldsymbol{P}_1\boldsymbol{A}\boldsymbol{Q}_1\boldsymbol{Q}_2\cdots\boldsymbol{Q}_t.$$

5. 方阵乘积的行列式

设 $\boldsymbol{A}=(a_{ij})$ 是 n 阶方阵. 以 $\boldsymbol{A}$ 的所有元素按原来的相对位置构成的 n 阶行列式

$$
\begin{vmatrix}
a_{11} & a_{12} & \cdots & a_{1n}\\
a_{21} & a_{22} & \cdots & a_{2n}\\
\vdots & \vdots & & \vdots\\
a_{n1} & a_{n2} & \cdots & a_{nn}
\end{vmatrix}
$$

叫作方阵 $\boldsymbol{A}$ 的行列式，记为 $\det\boldsymbol{A}$.

引理 2.2 任意 n 阶方阵 $\boldsymbol{A}$ 总可以经过若干次第三种初等变换化为如下的对角形式：

$$\overline{A}=\begin{pmatrix}d_1 & 0 & \cdots & 0\\ 0 & d_2 & \cdots & 0\\ \vdots & \vdots & & \vdots\\ 0 & 0 & \cdots & d_n\end{pmatrix},$$

并且 $\det \boldsymbol{A}=\det \overline{\boldsymbol{A}}=d_1d_2\cdots d_n$.

定理 2.5（**Binet-Cauchy 定理**） 设 $\boldsymbol{A}$，$\boldsymbol{B}$ 是任意两个 n 阶方阵，则

$$\det(\boldsymbol{AB})=\det\boldsymbol{A}\cdot\det\boldsymbol{B}.$$

注 对 n 阶方阵 $\boldsymbol{A}$，$\boldsymbol{B}$ 来说，$\boldsymbol{AB}$ 未必等于 $\boldsymbol{BA}$，但 $\det(\boldsymbol{AB})=\det(\boldsymbol{BA})$.

由数学归纳法知，对于 m 个 n 阶方阵 $\boldsymbol{A}_1$，$\boldsymbol{A}_2$，$\cdots$，$\boldsymbol{A}_m$ 来说，总有

$$\det(\boldsymbol{A}_1\boldsymbol{A}_2\cdots\boldsymbol{A}_m)=\det\boldsymbol{A}_1\cdot\det\boldsymbol{A}_2\cdots\det\boldsymbol{A}_m.$$

二、释疑解难

1. 关于矩阵的初等变换

(1) 在第二种初等变换中，“常数”一定是非零的，而在第三种初等变换中，“常数”可以是零.

(2) 对一个矩阵施行若干次初等变换时，应注意后一次初等变换都是在前一次初等变换的基础上施行的.

2. 关于初等矩阵

初等矩阵都是方阵，每个初等变换都有一个与之对应的初等矩阵. 三类 m 阶初等矩阵左乘矩阵 $\boldsymbol{A}_{m\times n}$ 相当于对 $\boldsymbol{A}$ 施行对应的三种行初等变换；三类 n 阶初等矩阵右乘矩阵 $\boldsymbol{A}_{m\times n}$ 相当于对 $\boldsymbol{A}$ 施行对应的三种列初等变换. 定理 2.4 把初等变换与矩阵的乘法相联系，并用初等矩阵给出了初等变换前后的两个矩阵 $\boldsymbol{A}$ 与 $\boldsymbol{B}$ 的关系式.

3. 求满足 $\boldsymbol{PAQ}=\boldsymbol{D}$ 的可逆矩阵 $\boldsymbol{P}$，$\boldsymbol{Q}$ 和 $\boldsymbol{A}$ 的等价标准形 $\boldsymbol{D}$ 的方法

方法一 将 $\boldsymbol{A}_{m\times n}$ 经过若干次初等变换化为等价标准形 $\boldsymbol{D}$，并确定每个初等变换所对应的初等矩阵. 假设对 $\boldsymbol{A}$ 所做的第 1 次、第 2 次、……、第 s 次行初等变换对应的 m 阶初等矩阵依次为 $\boldsymbol{P}_1$，$\boldsymbol{P}_2$，$\cdots$，$\boldsymbol{P}_s$，对 $\boldsymbol{A}$ 所做的第 1 次、第 2 次、……、第 t 次列初等变换对应的 n 阶初等矩阵依次为 $\boldsymbol{Q}_1$，$\boldsymbol{Q}_2$，$\cdots$，$\boldsymbol{Q}_t$，那么

$$\boldsymbol{P}=\boldsymbol{P}_s\cdots\boldsymbol{P}_2\boldsymbol{P}_1,\ \boldsymbol{Q}=\boldsymbol{Q}_1\boldsymbol{Q}_2\cdots\boldsymbol{Q}_t.$$

方法二 构造 $m+n$ 阶矩阵 $\begin{pmatrix}\boldsymbol{A}_{m\times n} & \boldsymbol{I}_m\\ \boldsymbol{I}_n & \boldsymbol{0}\end{pmatrix}$. 对子块 $\boldsymbol{A}$ 所在的行施行行初等变换，所在的列施行列初等变换，当子块 $\boldsymbol{A}$ 化为其等价标准形 $\boldsymbol{D}$ 时，$\boldsymbol{I}_m$ 就化为 $\boldsymbol{P}$，$\boldsymbol{I}_n$ 就化为 $\boldsymbol{Q}$，即

$$\begin{pmatrix} \boldsymbol{A}_{m\times n} & \boldsymbol{I}_m \\ \boldsymbol{I}_n & \boldsymbol{0} \end{pmatrix} \xrightarrow{\text{初等变换}} \begin{pmatrix} \boldsymbol{D} & \boldsymbol{P} \\ \boldsymbol{Q} & \boldsymbol{0} \end{pmatrix}.$$

注 满足条件的 $\boldsymbol{P}$ 和 $\boldsymbol{Q}$ 不唯一.

三、范例解析

例 1 设 $\boldsymbol{A} = (a_{ij})_{m\times n}$，$\boldsymbol{B} = (b_{ij})_{n\times s}$. 对 $\boldsymbol{A}$，$\boldsymbol{B}$ 分别施行下列变换：

(1) 交换 $\boldsymbol{A}$ 的第 i 行与第 j 行；

(2) $\boldsymbol{A}$ 的第 j 行乘以数 l 加到第 i 行；

(3) $\boldsymbol{B}$ 的第 j 列乘以非零数 k.

问 $\boldsymbol{AB}$ 应怎样变换？

解 (1) $\boldsymbol{AB}$ 的第 i 行与第 j 行互换.

(2) $\boldsymbol{AB}$ 的第 j 行乘以数 l 加到第 i 行.

(3) $\boldsymbol{AB}$ 的第 j 列乘以非零数 k.

例 2 设 $\boldsymbol{A} = (a_{ij})_{3\times 3}$，$\boldsymbol{P} = \begin{pmatrix} 0 & 1 & 0 \\ 1 & 0 & 0 \\ 0 & 0 & 1 \end{pmatrix}$，$\boldsymbol{Q} = \begin{pmatrix} 1 & 0 & 0 \\ 0 & 1 & 0 \\ 1 & 0 & 1 \end{pmatrix}$. 求 $\boldsymbol{PAQ}$.

解 因为 $\boldsymbol{P}$，$\boldsymbol{Q}$ 都是初等矩阵，所以可用初等变换代替矩阵乘法. 于是

$$\boldsymbol{PAQ} = \boldsymbol{P}_{12}\boldsymbol{A}\boldsymbol{T}_{31}(1) = \begin{pmatrix} a_{21} & a_{22} & a_{23} \\ a_{11} & a_{12} & a_{13} \\ a_{31} & a_{32} & a_{33} \end{pmatrix} \boldsymbol{T}_{31}(1) = \begin{pmatrix} a_{21}+a_{23} & a_{22} & a_{23} \\ a_{11}+a_{13} & a_{12} & a_{13} \\ a_{31}+a_{33} & a_{32} & a_{33} \end{pmatrix}.$$

例 3 求矩阵

$$\boldsymbol{A} = \begin{pmatrix} 2 & -1 & -1 & 1 & 2 \\ 1 & 1 & -2 & 1 & 4 \\ 4 & -6 & 2 & -2 & 4 \\ 3 & 6 & -9 & 7 & 9 \end{pmatrix}$$

的等价标准形 $\boldsymbol{D}$.

解

$$\boldsymbol{A} \xrightarrow[r_3\times\frac{1}{2}]{r_1\leftrightarrow r_2} \begin{pmatrix} 1 & 1 & -2 & 1 & 4 \\ 2 & -1 & -1 & 1 & 2 \\ 2 & -3 & 1 & -1 & 2 \\ 3 & 6 & -9 & 7 & 9 \end{pmatrix} \xrightarrow[r_4-3r_1]{\substack{r_2-r_3 \\ r_3-2r_1}} \begin{pmatrix} 1 & 1 & -2 & 1 & 4 \\ 0 & 2 & -2 & 2 & 0 \\ 0 & -5 & 5 & -3 & -6 \\ 0 & 3 & -3 & 4 & -3 \end{pmatrix}$$

$$\xrightarrow[r_4-3r_2]{\substack{r_2\times\frac{1}{2} \\ r_3+5r_2}} \begin{pmatrix} 1 & 1 & -2 & 1 & 4 \\ 0 & 1 & -1 & 1 & 0 \\ 0 & 0 & 0 & 2 & -6 \\ 0 & 0 & 0 & 1 & -3 \end{pmatrix} \xrightarrow[r_4-2r_3]{r_3\leftrightarrow r_4} \begin{pmatrix} 1 & 1 & -2 & 1 & 4 \\ 0 & 1 & -1 & 1 & 0 \\ 0 & 0 & 0 & 1 & -3 \\ 0 & 0 & 0 & 0 & 0 \end{pmatrix}$$

$$\xrightarrow[r_2-r_3]{r_1-r_2}\begin{pmatrix}1&0&-1&0&4\\0&1&-1&0&3\\0&0&0&1&-3\\0&0&0&0&0\end{pmatrix}\xrightarrow[c_5-4c_1,\ c_5-3c_2,\ c_5+3c_3]{c_3\leftrightarrow c_4,\ c_4+c_1,\ c_4+c_2}\begin{pmatrix}1&0&0&0&0\\0&1&0&0&0\\0&0&1&0&0\\0&0&0&0&0\end{pmatrix}=\boldsymbol{D}.$$

例 4 设

$$\boldsymbol{A}=\begin{pmatrix}1&-2&0&0\\1&-1&1&1\\0&-1&-1&-1\end{pmatrix}.$$

求 $\boldsymbol{A}$ 的等价标准形 $\boldsymbol{D}$ 及矩阵 $\boldsymbol{P}$，$\boldsymbol{Q}$，使得 $\boldsymbol{PAQ}=\boldsymbol{D}$.

解 方法一 因为

$$\boldsymbol{A}\xrightarrow{r_2-r_1}\begin{pmatrix}1&-2&0&0\\0&1&1&1\\0&-1&-1&-1\end{pmatrix}\xrightarrow{r_3+r_2}\begin{pmatrix}1&-2&0&0\\0&1&1&1\\0&0&0&0\end{pmatrix}$$

$$\xrightarrow{c_2+2c_1}\begin{pmatrix}1&0&0&0\\0&1&1&1\\0&0&0&0\end{pmatrix}\xrightarrow[c_4-c_2]{c_3-c_2}\begin{pmatrix}1&0&0&0\\0&1&0&0\\0&0&0&0\end{pmatrix},$$

所以 $\boldsymbol{A}$ 的等价标准形

$$\boldsymbol{D}=\begin{pmatrix}1&0&0&0\\0&1&0&0\\0&0&0&0\end{pmatrix},$$

并且与上述行初等变换和列初等变换对应的初等矩阵分别为 $\boldsymbol{T}_{21}(-1)$，$\boldsymbol{T}_{32}(1)$ 和 $\boldsymbol{T}_{12}(2)$，$\boldsymbol{T}_{23}(-1)$，$\boldsymbol{T}_{24}(-1)$. 因此使得 $\boldsymbol{PAQ}=\boldsymbol{D}$ 的矩阵 $\boldsymbol{P}$，$\boldsymbol{Q}$ 分别为

$$\boldsymbol{P}=\boldsymbol{T}_{32}(1)\boldsymbol{T}_{21}(-1)=\begin{pmatrix}1&0&0\\-1&1&0\\-1&1&1\end{pmatrix},$$

$$\boldsymbol{Q}=\boldsymbol{T}_{12}(2)\boldsymbol{T}_{23}(-1)\boldsymbol{T}_{24}(-1)=\begin{pmatrix}1&2&-2&-2\\0&1&-1&-1\\0&0&1&0\\0&0&0&1\end{pmatrix}.$$

方法二 因为

$$\begin{pmatrix}\boldsymbol{A}&\boldsymbol{I}_3\\\boldsymbol{I}_4&\boldsymbol{0}\end{pmatrix}=\left(\begin{array}{cccc:ccc}1&-2&0&0&1&0&0\\1&-1&1&1&0&1&0\\0&-1&-1&-1&0&0&1\\\hdashline 1&0&0&0&0&0&0\\0&1&0&0&0&0&0\\0&0&1&0&0&0&0\\0&0&0&1&0&0&0\end{array}\right)\xrightarrow{r_2-r_1}\left(\begin{array}{cccc:ccc}1&-2&0&0&1&0&0\\0&1&1&1&-1&1&0\\0&-1&-1&-1&0&0&1\\\hdashline 1&0&0&0&0&0&0\\0&1&0&0&0&0&0\\0&0&1&0&0&0&0\\0&0&0&1&0&0&0\end{array}\right)$$

$$\xrightarrow{r_3+r_2}\left(\begin{array}{cccc:ccc}1&-2&0&0&1&0&0\\0&1&1&1&-1&1&0\\0&0&0&0&-1&1&1\\\hdashline 1&0&0&0&0&0&0\\0&1&0&0&0&0&0\\0&0&1&0&0&0&0\\0&0&0&1&0&0&0\end{array}\right)\xrightarrow{c_2+2c_1}\left(\begin{array}{cccc:ccc}1&0&0&0&1&0&0\\0&1&1&1&-1&1&0\\0&0&0&0&-1&1&1\\\hdashline 1&2&0&0&0&0&0\\0&1&0&0&0&0&0\\0&0&1&0&0&0&0\\0&0&0&1&0&0&0\end{array}\right)$$

$$\xrightarrow[c_4-c_2]{c_3-c_2}\left(\begin{array}{cccc:ccc}1&0&0&0&1&0&0\\0&1&0&0&-1&1&0\\0&0&0&0&-1&1&1\\\hdashline 1&2&-2&-2&0&0&0\\0&1&-1&-1&0&0&0\\0&0&1&0&0&0&0\\0&0&0&1&0&0&0\end{array}\right),$$

所以

$$\boldsymbol{P}=\begin{pmatrix}1&0&0\\-1&1&0\\-1&1&1\end{pmatrix},\ \boldsymbol{Q}=\begin{pmatrix}1&2&-2&-2\\0&1&-1&-1\\0&0&1&0\\0&0&0&1\end{pmatrix},\ \boldsymbol{D}=\begin{pmatrix}1&0&0&0\\0&1&0&0\\0&0&0&0\end{pmatrix},$$

使得 $\boldsymbol{PAQ}=\boldsymbol{D}$.

§2.7 可逆矩阵

本节讨论矩阵乘法的逆运算，介绍可逆矩阵及其逆矩阵的概念与性质，给出矩阵可逆的一些充要条件以及求逆矩阵的几种方法.

一、主要内容

1. 伴随矩阵

定义 2.8 设 $\boldsymbol{A}=(a_{ij})_{n\times n}$. 称

$$\boldsymbol{A}^*=\begin{pmatrix}\boldsymbol{A}_{11}&\boldsymbol{A}_{21}&\cdots&\boldsymbol{A}_{n1}\\\boldsymbol{A}_{12}&\boldsymbol{A}_{22}&\cdots&\boldsymbol{A}_{n2}\\\vdots&\vdots&&\vdots\\\boldsymbol{A}_{1n}&\boldsymbol{A}_{2n}&\cdots&\boldsymbol{A}_{nn}\end{pmatrix}$$

为 n 阶方阵 $\boldsymbol{A}$ 的伴随矩阵，其中 $\boldsymbol{A}_{ij}$ 是行列式 $\det\boldsymbol{A}$ 中元素 a_{ij} 的代数余子式.

2. 可逆矩阵及其逆矩阵

定义 2.9 设 $\boldsymbol{A}$ 是 n 阶方阵. 若存在 n 阶方阵 $\boldsymbol{B}$，使得

$$AB = I_n,$$

则 A 称为可逆矩阵，B 称为 A 的逆矩阵.

定义 2.10 若 n 阶方阵 A 的行列式 $\det A$ 不等于 0，则称 A 为非奇异矩阵，否则称 A 为奇异矩阵.

定理 2.6 n 阶方阵 A 是可逆矩阵的充要条件是 A 为非奇异矩阵.

定理 2.7 可逆矩阵的逆矩阵是唯一的.

可逆矩阵 A 的唯一的逆矩阵记为 A^{-1}.

显然，初等矩阵都是可逆矩阵，且

$$P_{ij}^{-1} = P_{ij},\ D_i(k)^{-1} = D_i\left(\frac{1}{k}\right),\ T_{ij}(l)^{-1} = T_{ij}(-l).$$

定理 2.8 设 A，B 是同阶可逆矩阵，k 为非零数，则 A^{-1}，A^*，kA 和 AB 都是可逆矩阵，且

$$(A^{-1})^{-1} = A,\ (A^*)^{-1} = \frac{1}{\det A}A,\ (kA)^{-1} = k^{-1}A^{-1},\ (AB)^{-1} = B^{-1}A^{-1}.$$

一般地，m 个同阶可逆矩阵 A_1，A_2，$\cdots$，A_m 的乘积 $A_1A_2\cdots A_m$ 是可逆矩阵，且

$$(A_1A_2\cdots A_m)^{-1} = A_m^{-1}\cdots A_2^{-1}A_1^{-1}.$$

特别地，可逆矩阵 A 的 k (k 为正整数) 次幂 A^k 是可逆矩阵，且

$$(A^k)^{-1} = (A^{-1})^k.$$

注 当同阶矩阵 A，B 都可逆时，$A+B$ 不一定可逆，即使 $A+B$ 也可逆，但 $(A+B)^{-1} \neq A^{-1}+B^{-1}$（见本章“补充题解答”第 1 题）.

引理 2.3 设对 n 阶方阵 A 施行一次初等变换后得到矩阵 $\overline{A}$，则 A 是可逆矩阵当且仅当 $\overline{A}$ 是可逆矩阵.

定理 2.9 n 阶方阵 A 是可逆矩阵的充要条件是它可以通过初等变换化为单位矩阵.

定理 2.10 n 阶方阵 A 是可逆矩阵的充要条件是它可以写成若干个初等矩阵的乘积.

二、释疑解难

1. 关于矩阵乘法的逆运算

在定义了矩阵的加法、减法和乘法运算以后，自然要考虑矩阵乘法的逆运算，即矩阵的“除法”运算.

数的除法 $b \div a$ 指的是：已知两数的乘积 b 及其中的一个非零因数 a，求另一个因数 x，也就是解方程 $ax = b$. 如果能求出数 a 的倒数 a^{-1}，使得 $aa^{-1} = 1$，那么除法 $b \div a$ 便可转化为乘法 ba^{-1}.

类似地，对于两个矩阵 $\boldsymbol{A}$，$\boldsymbol{B}$，用 $\boldsymbol{B}$ “除以” $\boldsymbol{A}$ 也就是要求矩阵 $\boldsymbol{X}$，使得 $\boldsymbol{AX}=\boldsymbol{B}$. 由于矩阵的乘法不满足交换律，因此还应考虑求矩阵 $\boldsymbol{Y}$，使得 $\boldsymbol{YA}=\boldsymbol{B}$. 如果能找到一个矩阵 $\boldsymbol{A}^{-1}$ 满足条件 $\boldsymbol{A}^{-1}\boldsymbol{A}=\boldsymbol{I}$，那么在 $\boldsymbol{AX}=\boldsymbol{B}$ 的两边左乘 $\boldsymbol{A}^{-1}$ 可得 $\boldsymbol{X}=\boldsymbol{A}^{-1}\boldsymbol{B}$. 如果这个矩阵 $\boldsymbol{A}^{-1}$ 还满足条件 $\boldsymbol{AA}^{-1}=\boldsymbol{I}$，那么 $\boldsymbol{A}(\boldsymbol{A}^{-1}\boldsymbol{B})=\boldsymbol{B}$. 于是 $\boldsymbol{X}=\boldsymbol{A}^{-1}\boldsymbol{B}$ 就是 $\boldsymbol{AX}=\boldsymbol{B}$ 的唯一解. 同理可得，若上述矩阵 $\boldsymbol{A}^{-1}$ 存在，则 $\boldsymbol{YA}=\boldsymbol{B}$ 有唯一解 $\boldsymbol{Y}=\boldsymbol{BA}^{-1}$. 因此用 $\boldsymbol{B}$ “除以” $\boldsymbol{A}$ 的问题便可转化为是否存在满足条件 $\boldsymbol{AA}^{-1}=\boldsymbol{A}^{-1}\boldsymbol{A}=\boldsymbol{I}$ 的 $\boldsymbol{A}^{-1}$ 的问题. 这里我们使用术语“逆”而不使用“倒”，称 $\boldsymbol{A}$ 为可逆矩阵，称 $\boldsymbol{A}^{-1}$ 为 $\boldsymbol{A}$ 的逆矩阵.

2. 求可逆矩阵 $\boldsymbol{A}$ 的逆矩阵 $\boldsymbol{A}^{-1}$ 的方法

(1) 定义法.

若存在方阵 $\boldsymbol{B}$，使得 $\boldsymbol{AB}=\boldsymbol{I}$ (或 $\boldsymbol{BA}=\boldsymbol{I}$)，则 $\boldsymbol{A}$ 可逆，且 $\boldsymbol{A}^{-1}=\boldsymbol{B}$.

这种方法适用于元素比较特殊的矩阵，可直观地看出满足条件的矩阵 $\boldsymbol{B}$.

(2) 公式法（或伴随矩阵法）.

若 $\det\boldsymbol{A}\neq\boldsymbol{0}$，则 $\boldsymbol{A}$ 可逆，且 $\boldsymbol{A}^{-1}=\dfrac{1}{\det\boldsymbol{A}}\boldsymbol{A}^*$.

利用这个公式求逆矩阵的计算量一般都比较大，这种方法适用于求二、三阶方阵和一些特殊的高阶方阵的逆矩阵. 此公式的意义主要在理论方面. 例如，用此公式可以证明克莱姆法则等.

(3) 初等变换法.

设 $\boldsymbol{A}$ 是 n 阶可逆矩阵，则对 $\boldsymbol{A}$ 施行若干次行（列）初等变换化为 n 阶单位矩阵 $\boldsymbol{I}$ 时，对 n 阶单位矩阵 $\boldsymbol{I}$ 施行同样的行（列）初等变换便可化为 $\boldsymbol{A}^{-1}$，即

$$\left(\boldsymbol{A}\ \vdots\ \boldsymbol{I}\right)\xrightarrow{\text{行初等变换}}\left(\boldsymbol{I}\ \vdots\ \boldsymbol{A}^{-1}\right)\quad\left(\begin{pmatrix}\boldsymbol{A}\\ \cdots\\ \boldsymbol{I}\end{pmatrix}\xrightarrow{\text{列初等变换}}\begin{pmatrix}\boldsymbol{I}\\ \cdots\\ \boldsymbol{A}^{-1}\end{pmatrix}\right).$$

3. 解简单矩阵方程的方法

形如

$$\boldsymbol{AX}=\boldsymbol{B},\ \boldsymbol{XA}=\boldsymbol{B},\ \boldsymbol{AXC}=\boldsymbol{B}$$

的等式称为简单矩阵方程，这里 $\boldsymbol{X}$ 为未知矩阵.

(1) 当 $\boldsymbol{A}$，$\boldsymbol{C}$ 可逆时，以上方程的解分别为

$$\boldsymbol{X}=\boldsymbol{A}^{-1}\boldsymbol{B},\ \boldsymbol{X}=\boldsymbol{BA}^{-1},\ \boldsymbol{X}=\boldsymbol{A}^{-1}\boldsymbol{BC}^{-1}.$$

显然，先求出 $\boldsymbol{A}^{-1}$，$\boldsymbol{C}^{-1}$，再由矩阵的乘法运算可得其解. 下面给出利用初等变换解这些方程的方法.

① 求 $\boldsymbol{AX}=\boldsymbol{B}$ 的解 $\boldsymbol{X}=\boldsymbol{A}^{-1}\boldsymbol{B}$.

设 $\boldsymbol{A}^{-1}$ 可表示成初等矩阵 $\boldsymbol{P}_1$，$\boldsymbol{P}_2$，$\cdots$，$\boldsymbol{P}_s$ 的乘积，即 $\boldsymbol{P}_1\boldsymbol{P}_2\cdots\boldsymbol{P}_s=\boldsymbol{A}^{-1}$，则

$$\boldsymbol{P}_1\boldsymbol{P}_2\cdots\boldsymbol{P}_s\boldsymbol{A}=\boldsymbol{I},$$
$$\boldsymbol{P}_1\boldsymbol{P}_2\cdots\boldsymbol{P}_s\boldsymbol{B}=\boldsymbol{A}^{-1}\boldsymbol{B}.$$

上述两个等式表明：对 $\boldsymbol{A}$ 仅施行若干次行初等变换可把 $\boldsymbol{A}$ 化为单位矩阵 $\boldsymbol{I}$，对 $\boldsymbol{B}$ 施行同样的行初等变换便可把 $\boldsymbol{B}$ 化为 $\boldsymbol{A}^{-1}\boldsymbol{B}$. 于是求 $\boldsymbol{X}=\boldsymbol{A}^{-1}\boldsymbol{B}$ 的初等变换法为

$$\left(\boldsymbol{A} \,\vdots\, \boldsymbol{B}\right) \xrightarrow{\text{行初等变换}} \left(\boldsymbol{I} \,\vdots\, \boldsymbol{A}^{-1}\boldsymbol{B}\right).$$

② 求 $\boldsymbol{XA}=\boldsymbol{B}$ 的解 $\boldsymbol{X}=\boldsymbol{BA}^{-1}$.

同理可得，求 $\boldsymbol{X}=\boldsymbol{BA}^{-1}$ 的初等变换法为

$$\begin{pmatrix} \boldsymbol{A} \\ \hdashline \boldsymbol{B} \end{pmatrix} \xrightarrow{\text{列初等变换}} \begin{pmatrix} \boldsymbol{I} \\ \hdashline \boldsymbol{BA}^{-1} \end{pmatrix}.$$

③ 求 $\boldsymbol{AXC}=\boldsymbol{B}$ 的解 $\boldsymbol{X}=\boldsymbol{A}^{-1}\boldsymbol{BC}^{-1}$.

由于 $\boldsymbol{XC}=\boldsymbol{A}^{-1}\boldsymbol{B}$，$\boldsymbol{X}=\boldsymbol{A}^{-1}\boldsymbol{BC}^{-1}$，因此由 ①，② 知，求 $\boldsymbol{X}=\boldsymbol{A}^{-1}\boldsymbol{BC}^{-1}$ 的初等变换法为

$$\left(\boldsymbol{A} \,\vdots\, \boldsymbol{B}\right) \xrightarrow{\text{行初等变换}} \left(\boldsymbol{I} \,\vdots\, \boldsymbol{A}^{-1}\boldsymbol{B}\right),$$

$$\begin{pmatrix} \boldsymbol{C} \\ \hdashline \boldsymbol{A}^{-1}\boldsymbol{B} \end{pmatrix} \xrightarrow{\text{列初等变换}} \begin{pmatrix} \boldsymbol{I} \\ \hdashline \boldsymbol{A}^{-1}\boldsymbol{BC}^{-1} \end{pmatrix}.$$

(2) 当 $\boldsymbol{A}$，$\boldsymbol{C}$ 不可逆时，用解线性方程组的消元法求 $\boldsymbol{X}$.

以 $\boldsymbol{AX}=\boldsymbol{B}$ 为例说明此法，其他两个矩阵方程可转化为该矩阵方程.

设 $\boldsymbol{B}=(\boldsymbol{B}_1, \boldsymbol{B}_2, \cdots, \boldsymbol{B}_m)$，$\boldsymbol{X}=(\boldsymbol{X}_1, \boldsymbol{X}_2, \cdots, \boldsymbol{X}_m)$，则 $\boldsymbol{X}_i$ 是线性方程组 $\boldsymbol{AX}_i=\boldsymbol{B}_i\ (i=1, 2, \cdots, m)$ 的解. 因此可用消元法求解. 只要这 m 个线性方程组中有一个无解，则原矩阵方程 $\boldsymbol{AX}=\boldsymbol{B}$ 无解.

三、范例解析

例 1 若对可逆矩阵 $\boldsymbol{A}$ 分别施行下列初等变换，问 $\boldsymbol{A}^{-1}$ 如何变换（即当 $\boldsymbol{A}$ 化为 $\boldsymbol{B}$ 时，$\boldsymbol{A}^{-1}$ 如何化为 $\boldsymbol{B}^{-1}$）？

(1) 第一种行初等变换；

(2) 第二种列初等变换；

(3) 第三种行初等变换.

解 (1) 设交换 $\boldsymbol{A}$ 的第 i 行和第 j 行得 $\boldsymbol{B}$，则 $\boldsymbol{B}=\boldsymbol{P}_{ij}\boldsymbol{A}$. 于是 $\boldsymbol{B}^{-1}=\boldsymbol{A}^{-1}\boldsymbol{P}_{ij}$. 因此交换 $\boldsymbol{A}^{-1}$ 的第 i 列和第 j 列可得 $\boldsymbol{B}^{-1}$.

(2) 设用非零数 k 乘以 $\boldsymbol{A}$ 的第 i 列得 $\boldsymbol{B}$，则 $\boldsymbol{B}=\boldsymbol{AD}_i(k)$. 因此 $\boldsymbol{B}^{-1}=\boldsymbol{D}_i(k^{-1})\boldsymbol{A}^{-1}$. 故用非零数 k^{-1} 乘以 $\boldsymbol{A}^{-1}$ 的第 i 行可得 $\boldsymbol{B}^{-1}$.

(3) 设用数 l 乘以 $\boldsymbol{A}$ 的第 j 行后加到第 i 行得 $\boldsymbol{B}$，则 $\boldsymbol{B}=\boldsymbol{T}_{ij}(l)\boldsymbol{A}$. 从而 $\boldsymbol{B}^{-1}=\boldsymbol{A}^{-1}\boldsymbol{T}_{ij}(-l)$. 于是用数 $-l$ 乘以 $\boldsymbol{A}^{-1}$ 的第 i 列后加到第 j 列可得 $\boldsymbol{B}^{-1}$.

例 2 设 $\boldsymbol{A}^*$，$\boldsymbol{B}^*$ 分别是 n 阶矩阵 $\boldsymbol{A}$，$\boldsymbol{B}$ 的伴随矩阵，k 是任意数. 证明：

(1) $(k\boldsymbol{A})^*=k^{n-1}\boldsymbol{A}^*$；

(2) 若 $\boldsymbol{A}$ 可逆，则 $\boldsymbol{A}^*$ 可逆，且 $(\boldsymbol{A}^*)^{-1}=(\boldsymbol{A}^{-1})^*$；

(3) 若 $\boldsymbol{A}$，$\boldsymbol{B}$ 都可逆，则 $(\boldsymbol{AB})^* = \boldsymbol{B}^*\boldsymbol{A}^*$.

证明 (1) 由于 $\boldsymbol{A} = (a_{ij})$ 的伴随矩阵 $\boldsymbol{A}^*$ 的第 i 行第 j 列的元素为 $\boldsymbol{A}_{ji}$，$k\boldsymbol{A} = (ka_{ij})$ 的伴随矩阵$(k\boldsymbol{A})^*$ 的第 i 行第 j 列的元素为 $k^{n-1}\boldsymbol{A}_{ji}$，因此 $(k\boldsymbol{A})^* = k^{n-1}\boldsymbol{A}^*$.

(2) 因为 $\det \boldsymbol{A}^* = (\det \boldsymbol{A})^{n-1} \neq 0$，所以 $\boldsymbol{A}^*$ 可逆．又因为 $\boldsymbol{AA}^* = (\det \boldsymbol{A})\boldsymbol{I}$，$\boldsymbol{A}^{-1}(\boldsymbol{A}^{-1})^* = (\det \boldsymbol{A}^{-1})\boldsymbol{I}$，所以

$$\boldsymbol{A} = (\det \boldsymbol{A})(\boldsymbol{A}^*)^{-1}，\ \boldsymbol{A} = \frac{1}{\det \boldsymbol{A}^{-1}}(\boldsymbol{A}^{-1})^* = (\det \boldsymbol{A})(\boldsymbol{A}^{-1})^*.$$

于是 $(\boldsymbol{A}^*)^{-1} = (\boldsymbol{A}^{-1})^*$.

(3) 由于 $\boldsymbol{A}$，$\boldsymbol{B}$ 都可逆，因此 $\boldsymbol{AB}$ 也可逆．于是

$$\begin{aligned}(\boldsymbol{AB})^* &= [\det(\boldsymbol{AB})](\boldsymbol{AB})^{-1} = (\det \boldsymbol{A})(\det \boldsymbol{B})(\boldsymbol{B}^{-1}\boldsymbol{A}^{-1}) \\ &= [(\det \boldsymbol{B})\boldsymbol{B}^{-1}][(\det \boldsymbol{A})\boldsymbol{A}^{-1}] = \boldsymbol{B}^*\boldsymbol{A}^*.\end{aligned}$$

例 3 求下列方阵 $\boldsymbol{A}$ 的逆矩阵.

(1) $\boldsymbol{A} = \begin{pmatrix} a & b \\ c & d \end{pmatrix}$, 其中 $ad - bc \neq 0$；　(2) $\boldsymbol{A} = \begin{pmatrix} 1 & 2 & 3 \\ 2 & 2 & 1 \\ 3 & 4 & 3 \end{pmatrix}$；

(3) $\boldsymbol{A} = \begin{pmatrix} 1 & 1 & \cdots & 1 \\ 0 & 1 & \cdots & 1 \\ \vdots & \vdots & & \vdots \\ 0 & 0 & \cdots & 1 \end{pmatrix}$.

解 (1) $\boldsymbol{A}^{-1} = \dfrac{1}{\det \boldsymbol{A}}\boldsymbol{A}^* = \dfrac{1}{ad - bc}\begin{pmatrix} d & -b \\ -c & a \end{pmatrix}$.

(2) 方法一　公式法.

因为 $\det \boldsymbol{A} = 2 \neq 0$，所以 $\boldsymbol{A}$ 可逆．由于

$$\begin{aligned}&\boldsymbol{A}_{11} = 2，\ \boldsymbol{A}_{21} = 6，\ \boldsymbol{A}_{31} = -4，\\ &\boldsymbol{A}_{12} = -3，\boldsymbol{A}_{22} = -6，\boldsymbol{A}_{32} = 5，\\ &\boldsymbol{A}_{13} = 2，\ \boldsymbol{A}_{23} = 2，\ \boldsymbol{A}_{33} = -2，\end{aligned}$$

因此

$$\boldsymbol{A}^* = \begin{pmatrix} 2 & 6 & -4 \\ -3 & -6 & 5 \\ 2 & 2 & -2 \end{pmatrix}.$$

于是

$$\boldsymbol{A}^{-1} = \frac{1}{\det \boldsymbol{A}}\boldsymbol{A}^* = \begin{pmatrix} 1 & 3 & -2 \\ -\dfrac{3}{2} & -3 & \dfrac{5}{2} \\ 1 & 1 & -1 \end{pmatrix}.$$

方法二　初等变换法.

由于

$$\begin{pmatrix} A & \vdots & I_3 \end{pmatrix} = \left(\begin{array}{ccc:ccc} 1 & 2 & 3 & 1 & 0 & 0 \\ 2 & 2 & 1 & 0 & 1 & 0 \\ 3 & 4 & 3 & 0 & 0 & 1 \end{array}\right) \xrightarrow[r_3-3r_1]{r_2-2r_1} \left(\begin{array}{ccc:ccc} 1 & 2 & 3 & 1 & 0 & 0 \\ 0 & -2 & -5 & -2 & 1 & 0 \\ 0 & -2 & -6 & -3 & 0 & 1 \end{array}\right)$$

$$\xrightarrow{r_3-r_2} \left(\begin{array}{ccc:ccc} 1 & 2 & 3 & 1 & 0 & 0 \\ 0 & -2 & -5 & -2 & 1 & 0 \\ 0 & 0 & -1 & -1 & -1 & 1 \end{array}\right) \xrightarrow[r_2-5r_3]{r_1+r_2} \left(\begin{array}{ccc:ccc} 1 & 0 & -2 & -1 & 1 & 0 \\ 0 & -2 & 0 & 3 & 6 & -5 \\ 0 & 0 & -1 & -1 & -1 & 1 \end{array}\right)$$

$$\xrightarrow[\substack{r_2\times(-\frac{1}{2}) \\ r_3\times(-1)}]{r_1-2r_3} \left(\begin{array}{ccc:ccc} 1 & 0 & 0 & 1 & 3 & -2 \\ 0 & 1 & 0 & -\dfrac{3}{2} & -3 & \dfrac{5}{2} \\ 0 & 0 & 1 & 1 & 1 & -1 \end{array}\right),$$

因此 $\boldsymbol{A}$ 可逆，且

$$\boldsymbol{A}^{-1} = \begin{pmatrix} 1 & 3 & -2 \\ -\dfrac{3}{2} & -3 & \dfrac{5}{2} \\ 1 & 1 & -1 \end{pmatrix}.$$

(3) 方法一　定义法.

令

$$\boldsymbol{H} = \begin{pmatrix} 0 & 1 & & \\ & 0 & \ddots & \\ & & \ddots & 1 \\ & & & 0 \end{pmatrix},$$

则 $\boldsymbol{H}^n = \boldsymbol{0}$，$\boldsymbol{A} = \boldsymbol{I} + \boldsymbol{H} + \boldsymbol{H}^2 + \cdots + \boldsymbol{H}^{n-1}$. 因为

$$(\boldsymbol{I} - \boldsymbol{H})\boldsymbol{A} = (\boldsymbol{I} - \boldsymbol{H})(\boldsymbol{I} + \boldsymbol{H} + \boldsymbol{H}^2 + \cdots + \boldsymbol{H}^{n-1}) = \boldsymbol{I} - \boldsymbol{H}^n = \boldsymbol{I},$$

所以 $\boldsymbol{A}$ 可逆，且

$$\boldsymbol{A}^{-1} = \boldsymbol{I} - \boldsymbol{H} = \begin{pmatrix} 1 & -1 & & \\ & 1 & \ddots & \\ & & \ddots & -1 \\ & & & 1 \end{pmatrix}.$$

方法二　初等变换法.

因为

$$\begin{pmatrix} \boldsymbol{A} & \vdots & \boldsymbol{I} \end{pmatrix} \xrightarrow[i=1,2,\cdots,n-1]{r_i-r_{i+1}} \begin{pmatrix} \boldsymbol{I} & \vdots & \boldsymbol{I}-\boldsymbol{H} \end{pmatrix},$$

所以 $\boldsymbol{A}$ 可逆，且 $\boldsymbol{A}^{-1} = \boldsymbol{I} - \boldsymbol{H}$.

例 4　设 $\boldsymbol{A} = \begin{pmatrix} a & 0 \\ 0 & a^{-1} \end{pmatrix}$，$\boldsymbol{B} = \begin{pmatrix} b & c \\ d & e \end{pmatrix}$ 且 $\det \boldsymbol{B} = 1$. 证明：$\boldsymbol{A}$，$\boldsymbol{B}$ 可表示成形式为 $\begin{pmatrix} 1 & x \\ 0 & 1 \end{pmatrix}$ 与 $\begin{pmatrix} 1 & 0 \\ y & 1 \end{pmatrix}$ 的矩阵的乘积.

证明 由于 $\begin{pmatrix}1 & x\\0 & 1\end{pmatrix}$ 与 $\begin{pmatrix}1 & 0\\y & 1\end{pmatrix}$ 都是第三类初等矩阵，并且第三类初等矩阵的逆矩阵仍为第三类初等矩阵，因此只需证 $\boldsymbol{A}$，$\boldsymbol{B}$ 可经第三类初等变换化为第三类初等矩阵即可. 因为

$$\boldsymbol{A}\xrightarrow{r_1+ar_2}\begin{pmatrix}a & 1\\0 & a^{-1}\end{pmatrix}\xrightarrow{c_1-ac_2}\begin{pmatrix}0 & 1\\-1 & a^{-1}\end{pmatrix}\xrightarrow{c_1+c_2}\begin{pmatrix}1 & 1\\a^{-1}-1 & a^{-1}\end{pmatrix}\xrightarrow{r_2+(1-a^{-1})r_1}\begin{pmatrix}1 & 1\\0 & 1\end{pmatrix},$$

所以

$$\begin{pmatrix}1 & 0\\1-a^{-1} & 1\end{pmatrix}\begin{pmatrix}1 & a\\0 & 1\end{pmatrix}\boldsymbol{A}\begin{pmatrix}1 & 0\\-a & 1\end{pmatrix}\begin{pmatrix}1 & 0\\1 & 1\end{pmatrix}=\begin{pmatrix}1 & 1\\0 & 1\end{pmatrix}.$$

于是

$$\begin{aligned}\boldsymbol{A}&=\begin{pmatrix}1 & a\\0 & 1\end{pmatrix}^{-1}\begin{pmatrix}1 & 0\\1-a^{-1} & 1\end{pmatrix}^{-1}\begin{pmatrix}1 & 1\\0 & 1\end{pmatrix}\begin{pmatrix}1 & 0\\1 & 1\end{pmatrix}^{-1}\begin{pmatrix}1 & 0\\-a & 1\end{pmatrix}^{-1}\\&=\begin{pmatrix}1 & -a\\0 & 1\end{pmatrix}\begin{pmatrix}1 & 0\\a^{-1}-1 & 1\end{pmatrix}\begin{pmatrix}1 & 1\\0 & 1\end{pmatrix}\begin{pmatrix}1 & 0\\-1 & 1\end{pmatrix}\begin{pmatrix}1 & 0\\a & 1\end{pmatrix}.\end{aligned}$$

下证 $\boldsymbol{B}$ 的情形.

若 $b\neq 0$，则 $\boldsymbol{B}\xrightarrow{c_2-b^{-1}cc_1}\begin{pmatrix}b & 0\\d & b^{-1}\end{pmatrix}\xrightarrow{r_2-b^{-1}dr_1}\begin{pmatrix}b & 0\\0 & b^{-1}\end{pmatrix}$. 这便转化成 $\boldsymbol{A}$ 的情形.

若 $b=0$，则 $d\neq 0$. 故 $\boldsymbol{B}\xrightarrow{r_1+r_2}\begin{pmatrix}d & c+e\\d & e\end{pmatrix}$. 这就转化为上述情形.

例 5 证明：n 阶方阵 $\boldsymbol{A}$ 为数量矩阵的充要条件是 $\boldsymbol{A}$ 与所有 n 阶可逆矩阵相乘可交换.

证明 必要性 显然.

充分性 设方阵 $\boldsymbol{A}=(a_{ij})$ 与所有可逆矩阵相乘可交换，则 $\boldsymbol{A}$ 与可逆矩阵

$$\boldsymbol{B}=\begin{pmatrix}1 & & & 0\\ & 2 & & \\ & & \ddots & \\0 & & & n\end{pmatrix},\quad \boldsymbol{C}=\begin{pmatrix}0 & 1 & 0 & \cdots & 0\\0 & 0 & 1 & \cdots & 0\\\vdots & \vdots & \vdots & & \vdots\\0 & 0 & 0 & \cdots & 1\\1 & 0 & 0 & \cdots & 0\end{pmatrix}$$

相乘可交换. 由 $\boldsymbol{AB}=\boldsymbol{BA}$，得

$$\begin{pmatrix}a_{11} & 2a_{12} & \cdots & na_{1n}\\a_{21} & 2a_{22} & \cdots & na_{2n}\\\vdots & \vdots & & \vdots\\a_{n1} & 2a_{n2} & \cdots & na_{nn}\end{pmatrix}=\begin{pmatrix}a_{11} & a_{12} & \cdots & a_{1n}\\2a_{21} & 2a_{22} & \cdots & 2a_{2n}\\\vdots & \vdots & & \vdots\\na_{n1} & na_{n2} & \cdots & na_{nn}\end{pmatrix}.$$

从而 $ja_{ij}=ia_{ij}$. 于是当 $i\neq j$ 时，$a_{ij}=0\,(i,\ j=1,\ 2,\ \cdots,\ n)$.

由 $\boldsymbol{AC}=\boldsymbol{CA}$，得

$$\begin{pmatrix} 0 & a_{11} & 0 & \cdots & 0 \\ 0 & 0 & a_{22} & \cdots & 0 \\ \vdots & \vdots & \vdots & & \vdots \\ 0 & 0 & 0 & \cdots & a_{n-1,n-1} \\ a_{nn} & 0 & 0 & \cdots & 0 \end{pmatrix} = \begin{pmatrix} 0 & a_{22} & 0 & \cdots & 0 \\ 0 & 0 & a_{33} & \cdots & 0 \\ \vdots & \vdots & \vdots & & \vdots \\ 0 & 0 & 0 & \cdots & a_{nn} \\ a_{11} & 0 & 0 & \cdots & 0 \end{pmatrix}.$$

因此 $a_{11} = a_{22} = \cdots = a_{nn}$. 故 $\boldsymbol{A}$ 为数量矩阵.

例 6 设 n 阶可逆矩阵 $\boldsymbol{A}$ 的每行元素之和都等于常数 c. 证明：$c \neq 0$，且 $\boldsymbol{A}^{-1}$ 的每行元素之和都等于 c^{-1}.

证明 方法一 因为 $\boldsymbol{A}$ 的每行元素之和都等于 c，所以

$$\boldsymbol{A}\begin{pmatrix} 1 \\ 1 \\ \vdots \\ 1 \end{pmatrix} = \begin{pmatrix} c \\ c \\ \vdots \\ c \end{pmatrix}.$$

由于 $\boldsymbol{A}$ 可逆，因此 $c \neq 0$，且

$$\boldsymbol{A}^{-1}\begin{pmatrix} 1 \\ 1 \\ \vdots \\ 1 \end{pmatrix} = \begin{pmatrix} c^{-1} \\ c^{-1} \\ \vdots \\ c^{-1} \end{pmatrix}.$$

于是 $\boldsymbol{A}^{-1}$ 的每行元素之和都等于 c^{-1}.

方法二 将 $\det \boldsymbol{A}$ 的第 2，3，$\cdots$，n 列都加到第 1 列后从第 1 列中提出 c，再按第 1 列展开，得 $\det \boldsymbol{A} = c\,(\boldsymbol{A}_{11} + \boldsymbol{A}_{21} + \cdots + \boldsymbol{A}_{n1})$. 由于 $\det \boldsymbol{A} \neq 0$，因此 $c \neq 0$，且

$$\frac{\boldsymbol{A}_{11}}{\det \boldsymbol{A}} + \frac{\boldsymbol{A}_{21}}{\det \boldsymbol{A}} + \cdots + \frac{\boldsymbol{A}_{n1}}{\det \boldsymbol{A}} = c^{-1},$$

即 $\boldsymbol{A}^{-1}$ 的第一行元素之和为 c^{-1}.

同理可证 $\boldsymbol{A}^{-1}$ 的第 2，3，$\cdots$，n 行的元素之和也是 c^{-1}.

例 7 设 $\boldsymbol{A}$，$\boldsymbol{B}$ 为 n 阶方阵，且 $\boldsymbol{B} = \boldsymbol{I} + \boldsymbol{AB}$. 证明：$\boldsymbol{AB} = \boldsymbol{BA}$.

证明 由 $\boldsymbol{B} = \boldsymbol{I} + \boldsymbol{AB}$ 知，$(\boldsymbol{I} - \boldsymbol{A})\boldsymbol{B} = \boldsymbol{I}$，即 $\boldsymbol{I} - \boldsymbol{A}$ 与 $\boldsymbol{B}$ 互为逆矩阵. 因此 $\boldsymbol{B}(\boldsymbol{I} - \boldsymbol{A}) = \boldsymbol{I}$. 于是 $\boldsymbol{B} - \boldsymbol{BA} = \boldsymbol{I}$. 故 $\boldsymbol{AB} = \boldsymbol{BA}$.

例 8 若 $\boldsymbol{A}$，$\boldsymbol{B}$ 均为对合矩阵 (即 $\boldsymbol{A}^2 = \boldsymbol{I}$，$\boldsymbol{B}^2 = \boldsymbol{I}$)，且 $\det \boldsymbol{A} + \det \boldsymbol{B} = 0$. 证明：$\boldsymbol{A} + \boldsymbol{B}$ 是奇异矩阵.

证明 因为

$$\begin{aligned} \det \boldsymbol{A} \det (\boldsymbol{A} + \boldsymbol{B}) &= \det [\boldsymbol{A}(\boldsymbol{A} + \boldsymbol{B})] = \det (\boldsymbol{A}^2 + \boldsymbol{AB}) = \det (\boldsymbol{I} + \boldsymbol{AB}) \\ &= \det (\boldsymbol{B}^2 + \boldsymbol{AB}) = \det (\boldsymbol{A} + \boldsymbol{B}) \det \boldsymbol{B}, \end{aligned}$$

所以 $(\det \boldsymbol{A} - \det \boldsymbol{B})\det (\boldsymbol{A} + \boldsymbol{B}) = 0$. 若 $\det \boldsymbol{A} - \det \boldsymbol{B} = 0$，则 $\det \boldsymbol{A} = \det \boldsymbol{B}$. 于是由 $\det \boldsymbol{A} + \det \boldsymbol{B} = 0$ 知，$2\det \boldsymbol{B} = 0$. 这与 $\boldsymbol{B}^2 = \boldsymbol{I}$ 相矛盾. 故 $\det \boldsymbol{A} - \det \boldsymbol{B} \neq 0$. 从而 $\det (\boldsymbol{A} + \boldsymbol{B}) = 0$，即 $\boldsymbol{A} + \boldsymbol{B}$ 是奇异矩阵.

例 9 解矩阵方程：

(1) 设 $\boldsymbol{A}=\begin{pmatrix}3&5\\1&2\end{pmatrix}$，$\boldsymbol{B}_1=\begin{pmatrix}4&-1&2\\3&0&-1\end{pmatrix}$，$\boldsymbol{B}_2=\begin{pmatrix}1&1\\4&7\\0&1\end{pmatrix}$，$\boldsymbol{B}_3=\begin{pmatrix}-1&2\\0&-1\end{pmatrix}$，

$\boldsymbol{C}=\begin{pmatrix}2&1\\7&4\end{pmatrix}$. 求矩阵 $\boldsymbol{X}$，$\boldsymbol{Y}$，$\boldsymbol{Z}$，使得 $\boldsymbol{AX}=\boldsymbol{B}_1$，$\boldsymbol{YA}=\boldsymbol{B}_2$，$\boldsymbol{AZC}=\boldsymbol{B}_3$；

(2) 设 $\boldsymbol{A}=\begin{pmatrix}2&3\\6&9\end{pmatrix}$，$\boldsymbol{B}=\begin{pmatrix}1&1\\1&1\end{pmatrix}$. 求矩阵 $\boldsymbol{X}$，使得 $\boldsymbol{AX}=\boldsymbol{B}$；

(3) 设 $\boldsymbol{A}=\begin{pmatrix}1&1&-1\\-1&1&1\\1&-1&1\end{pmatrix}$. 求矩阵 $\boldsymbol{X}$，使得 $\boldsymbol{A}^*\boldsymbol{X}\left(\frac{1}{2}\boldsymbol{A}^*\right)^*=8\boldsymbol{A}^{-1}\boldsymbol{X}+\boldsymbol{I}$.

解 (1) 方法一 由于 $\boldsymbol{A}^{-1}=\begin{pmatrix}2&-5\\-1&3\end{pmatrix}$，$\boldsymbol{C}^{-1}=\begin{pmatrix}4&-1\\-7&2\end{pmatrix}$，因此

$$\boldsymbol{X}=\boldsymbol{A}^{-1}\boldsymbol{B}_1=\begin{pmatrix}2&-5\\-1&3\end{pmatrix}\begin{pmatrix}4&-1&2\\3&0&-1\end{pmatrix}=\begin{pmatrix}-7&-2&9\\5&1&-5\end{pmatrix},$$

$$\boldsymbol{Y}=\boldsymbol{B}_2\boldsymbol{A}^{-1}=\begin{pmatrix}1&1\\4&7\\0&1\end{pmatrix}\begin{pmatrix}2&-5\\-1&3\end{pmatrix}=\begin{pmatrix}1&-2\\1&1\\-1&3\end{pmatrix},$$

$$\boldsymbol{Z}=\boldsymbol{A}^{-1}\boldsymbol{B}_3\boldsymbol{C}^{-1}=\begin{pmatrix}2&-5\\-1&3\end{pmatrix}\begin{pmatrix}-1&2\\0&-1\end{pmatrix}\begin{pmatrix}4&-1\\-7&2\end{pmatrix}=\begin{pmatrix}-71&20\\39&-11\end{pmatrix}.$$

方法二 初等变换法.

因为

$$(\boldsymbol{A}\,\vdots\,\boldsymbol{B}_1)=\left(\begin{array}{cc:ccc}3&5&4&-1&2\\1&2&3&0&-1\end{array}\right)\xrightarrow{r_1\leftrightarrow r_2}\left(\begin{array}{cc:ccc}1&2&3&0&-1\\3&5&4&-1&2\end{array}\right)$$

$$\xrightarrow{r_2-3r_1}\left(\begin{array}{cc:ccc}1&2&3&0&-1\\0&-1&-5&-1&5\end{array}\right)\xrightarrow[r_2\times(-1)]{r_1+2r_2}\left(\begin{array}{cc:ccc}1&0&-7&-2&9\\0&1&5&1&-5\end{array}\right),$$

$$\begin{pmatrix}\boldsymbol{A}\\ \hdashline \boldsymbol{B}_2\end{pmatrix}=\left(\begin{array}{cc}3&5\\1&2\\ \hdashline 1&1\\4&7\\0&1\end{array}\right)\xrightarrow{c_2-2c_1}\left(\begin{array}{cc}3&-1\\1&0\\ \hdashline 1&-1\\4&-1\\0&1\end{array}\right)\xrightarrow[c_1\times(-1)]{c_1\leftrightarrow c_2}\left(\begin{array}{cc}1&3\\0&1\\ \hdashline 1&1\\1&4\\-1&0\end{array}\right)\xrightarrow{c_2-3c_1}\left(\begin{array}{cc}1&0\\0&1\\ \hdashline 1&-2\\1&1\\-1&3\end{array}\right),$$

$$(\boldsymbol{A}\,\vdots\,\boldsymbol{B}_3)=\left(\begin{array}{cc:cc}3&5&-1&2\\1&2&0&-1\end{array}\right)\xrightarrow{r_1\leftrightarrow r_2}\left(\begin{array}{cc:cc}1&2&0&-1\\3&5&-1&2\end{array}\right)$$

$$\xrightarrow{r_2-3r_1}\left(\begin{array}{cc:cc}1&2&0&-1\\0&-1&-1&5\end{array}\right)\xrightarrow[r_2\times(-1)]{r_1+2r_2}\left(\begin{array}{cc:cc}1&0&-2&9\\0&1&1&-5\end{array}\right),$$

$$\left(\begin{array}{c} C \\ \hdashline A^{-1}B_3 \end{array}\right)=\left(\begin{array}{cc} 2 & 1 \\ 7 & 4 \\ \hdashline -2 & 9 \\ 1 & -5 \end{array}\right)\xrightarrow[c_2-2c_1]{c_1\leftrightarrow c_2}\left(\begin{array}{cc} 1 & 0 \\ 4 & -1 \\ \hdashline 9 & -20 \\ -5 & 11 \end{array}\right)\xrightarrow[c_2\times(-1)]{c_1+4c_2}\left(\begin{array}{cc} 1 & 0 \\ 0 & 1 \\ \hdashline -71 & 20 \\ 39 & -11 \end{array}\right),$$

所以

$$X=A^{-1}B_1=\begin{pmatrix} -7 & -2 & 9 \\ 5 & 1 & -5 \end{pmatrix},\ Y=B_2A^{-1}=\begin{pmatrix} -1 & -2 \\ 1 & 1 \\ -1 & 3 \end{pmatrix},$$

$$Z=A^{-1}B_3C^{-1}=\begin{pmatrix} -71 & 20 \\ 39 & -11 \end{pmatrix}.$$

(2) 设 $B_{11}=\begin{pmatrix} 1 \\ 1 \end{pmatrix}$，则所求矩阵 X 的列应为线性方程组 $AX_1=B_{11}$ 的解. 用消元法解该线性方程组，方程组中出现矛盾的等式“$0=-2$”. 因此方程组 $AX_1=B_{11}$ 无解. 从而矩阵方程 $AX=B$ 无解.

(3) 先做恒等变形将方程化为简单矩阵方程再求解.

因为 $\det A=4$，所以 $A^*=(\det A)A^{-1}=4A^{-1}$，且

$$\left(\frac{1}{2}A^*\right)^*=\left(2A^{-1}\right)^*=\det\left(2A^{-1}\right)\left(2A^{-1}\right)^{-1}=8\cdot\frac{1}{\det A}\cdot\frac{1}{2}A=A.$$

代入矩阵方程，得 $4A^{-1}XA=8A^{-1}X+I$. 于是 $4XA=8X+A$. 故 $X=\frac{1}{4}A(A-2I)^{-1}$.

由于 $(A-2I)^{-1}=-\frac{1}{2}\begin{pmatrix} 1 & 1 & 0 \\ 0 & 1 & 1 \\ 1 & 0 & 1 \end{pmatrix}$，因此

$$X=-\frac{1}{8}\begin{pmatrix} 1 & 1 & -1 \\ -1 & 1 & 1 \\ 1 & -1 & 1 \end{pmatrix}\begin{pmatrix} 1 & 1 & 0 \\ 0 & 1 & 1 \\ 1 & 0 & 1 \end{pmatrix}=\begin{pmatrix} 0 & -\frac{1}{4} & 0 \\ 0 & 0 & -\frac{1}{4} \\ -\frac{1}{4} & 0 & 0 \end{pmatrix}.$$

§2.8 矩阵的分块

本节介绍矩阵的分块方法. 这种方法在处理行数和列数较大的矩阵时常常被用到，具有重要的理论意义.

一、主要内容

1. 分块矩阵

定义 2.11 在矩阵 A 的行或列之间加上一些线，把 A 分成若干个小块，称对矩阵 A 进行了分块，进行了分块的矩阵 A 称为分块矩阵.

2．分块矩阵的运算

(1) 分块矩阵的加法与数乘．

如果$\boldsymbol{A}$，$\boldsymbol{B}$是两个$m\times n$矩阵，并且对于$\boldsymbol{A}$，$\boldsymbol{B}$都用同样的分法来分块：

$$\boldsymbol{A}=\begin{pmatrix} \boldsymbol{A}_{11} & \boldsymbol{A}_{12} & \cdots & \boldsymbol{A}_{1s} \\ \boldsymbol{A}_{21} & \boldsymbol{A}_{22} & \cdots & \boldsymbol{A}_{2s} \\ \vdots & \vdots & & \vdots \\ \boldsymbol{A}_{r1} & \boldsymbol{A}_{r2} & \cdots & \boldsymbol{A}_{rs} \end{pmatrix},\quad \boldsymbol{B}=\begin{pmatrix} \boldsymbol{B}_{11} & \boldsymbol{B}_{12} & \cdots & \boldsymbol{B}_{1s} \\ \boldsymbol{B}_{21} & \boldsymbol{B}_{22} & \cdots & \boldsymbol{B}_{2s} \\ \vdots & \vdots & & \vdots \\ \boldsymbol{B}_{r1} & \boldsymbol{B}_{r2} & \cdots & \boldsymbol{B}_{rs} \end{pmatrix},$$

k是一个数，那么

$$\boldsymbol{A}+\boldsymbol{B}=\begin{pmatrix} \boldsymbol{A}_{11}+\boldsymbol{B}_{11} & \boldsymbol{A}_{12}+\boldsymbol{B}_{12} & \cdots & \boldsymbol{A}_{1s}+\boldsymbol{B}_{1s} \\ \boldsymbol{A}_{21}+\boldsymbol{B}_{21} & \boldsymbol{A}_{22}+\boldsymbol{B}_{22} & \cdots & \boldsymbol{A}_{2s}+\boldsymbol{B}_{2s} \\ \vdots & \vdots & & \vdots \\ \boldsymbol{A}_{r1}+\boldsymbol{B}_{r1} & \boldsymbol{A}_{r2}+\boldsymbol{B}_{r2} & \cdots & \boldsymbol{A}_{rs}+\boldsymbol{B}_{rs} \end{pmatrix},$$

$$k\boldsymbol{A}=\begin{pmatrix} k\boldsymbol{A}_{11} & k\boldsymbol{A}_{12} & \cdots & k\boldsymbol{A}_{1s} \\ k\boldsymbol{A}_{21} & k\boldsymbol{A}_{22} & \cdots & k\boldsymbol{A}_{2s} \\ \vdots & \vdots & & \vdots \\ k\boldsymbol{A}_{r1} & k\boldsymbol{A}_{r2} & \cdots & k\boldsymbol{A}_{rs} \end{pmatrix}.$$

(2) 分块矩阵的乘法．

设$\boldsymbol{A}=(a_{ij})$是一个$m\times n$矩阵，$\boldsymbol{B}=(b_{ij})$是一个$n\times p$矩阵．把$\boldsymbol{A}$，$\boldsymbol{B}$如下地分块，使$\boldsymbol{A}$的列的分法与$\boldsymbol{B}$的行的分法一致：

$$\boldsymbol{A}=\begin{array}{c} \begin{matrix} n_1 & n_2 & \cdots & n_s \end{matrix} \\ \begin{pmatrix} \boldsymbol{A}_{11} & \boldsymbol{A}_{12} & \cdots & \boldsymbol{A}_{1s} \\ \boldsymbol{A}_{21} & \boldsymbol{A}_{22} & \cdots & \boldsymbol{A}_{2s} \\ \vdots & \vdots & & \vdots \\ \boldsymbol{A}_{r1} & \boldsymbol{A}_{r2} & \cdots & \boldsymbol{A}_{rs} \end{pmatrix} \end{array} \begin{matrix} m_1 \\ m_2 \\ \vdots \\ m_r \end{matrix},\quad \boldsymbol{B}=\begin{array}{c} \begin{matrix} p_1 & p_2 & \cdots & p_t \end{matrix} \\ \begin{pmatrix} \boldsymbol{B}_{11} & \boldsymbol{B}_{12} & \cdots & \boldsymbol{B}_{1t} \\ \boldsymbol{B}_{21} & \boldsymbol{B}_{22} & \cdots & \boldsymbol{B}_{2t} \\ \vdots & \vdots & & \vdots \\ \boldsymbol{B}_{s1} & \boldsymbol{B}_{s2} & \cdots & \boldsymbol{B}_{st} \end{pmatrix} \end{array} \begin{matrix} n_1 \\ n_2 \\ \vdots \\ n_s \end{matrix},$$

其中$m_1+m_2+\cdots+m_r=m$，$n_1+n_2+\cdots+n_s=n$，$p_1+p_2+\cdots+p_t=p$．那么

$$\boldsymbol{AB}=\begin{array}{c} \begin{matrix} p_1 & p_2 & \cdots & p_t \end{matrix} \\ \begin{pmatrix} \boldsymbol{C}_{11} & \boldsymbol{C}_{12} & \cdots & \boldsymbol{C}_{1t} \\ \boldsymbol{C}_{21} & \boldsymbol{C}_{22} & \cdots & \boldsymbol{C}_{2t} \\ \vdots & \vdots & & \vdots \\ \boldsymbol{C}_{r1} & \boldsymbol{C}_{r2} & \cdots & \boldsymbol{C}_{rt} \end{pmatrix} \end{array} \begin{matrix} m_1 \\ m_2 \\ \vdots \\ m_r \end{matrix},$$

其中$\boldsymbol{C}_{ij}=\sum\limits_{k=1}^{s}\boldsymbol{A}_{ik}\boldsymbol{B}_{kj}$，$i=1,2,\cdots,r$；$j=1,2,\cdots,t$．

3．分块对角矩阵

设$\boldsymbol{A}$是n阶方阵，形如

$$\boldsymbol{A}=\begin{pmatrix}\boldsymbol{A}_1 & \boldsymbol{0} & \cdots & \boldsymbol{0}\\ \boldsymbol{0} & \boldsymbol{A}_2 & \cdots & \boldsymbol{0}\\ \vdots & \vdots & & \vdots\\ \boldsymbol{0} & \boldsymbol{0} & \cdots & \boldsymbol{A}_r\end{pmatrix}$$

的分块矩阵称为分块对角矩阵（或准对角矩阵），记为 $\operatorname{diag}(\boldsymbol{A}_1,\boldsymbol{A}_2,\cdots,\boldsymbol{A}_r)$，其中 $\boldsymbol{A}_i$ 是 n_i 阶方阵.

设

$$\boldsymbol{A}=\operatorname{diag}(\boldsymbol{A}_1,\boldsymbol{A}_2,\cdots,\boldsymbol{A}_r),\ \boldsymbol{B}=\operatorname{diag}(\boldsymbol{B}_1,\boldsymbol{B}_2,\cdots,\boldsymbol{B}_r)$$

是两个同阶的分块对角矩阵，并且有相同的分法，k 是一个数，则

(1) $\boldsymbol{A}+\boldsymbol{B}=\operatorname{diag}(\boldsymbol{A}_1+\boldsymbol{B}_1,\boldsymbol{A}_2+\boldsymbol{B}_2,\cdots,\boldsymbol{A}_r+\boldsymbol{B}_r)$；

(2) $k\boldsymbol{A}=\operatorname{diag}(k\boldsymbol{A}_1,k\boldsymbol{A}_2,\cdots,k\boldsymbol{A}_r)$；

(3) $\boldsymbol{A}\boldsymbol{B}=\operatorname{diag}(\boldsymbol{A}_1\boldsymbol{B}_1,\boldsymbol{A}_2\boldsymbol{B}_2,\cdots,\boldsymbol{A}_r\boldsymbol{B}_r)$；

(4) 若每个 $\boldsymbol{A}_i$ 都是可逆矩阵，则 $\boldsymbol{A}$ 也是可逆矩阵，并且

$$\boldsymbol{A}^{-1}=\operatorname{diag}(\boldsymbol{A}_1^{-1},\boldsymbol{A}_2^{-1},\cdots,\boldsymbol{A}_r^{-1}).$$

4．分块矩阵的初等变换

设

$$\boldsymbol{A}=\begin{pmatrix}\boldsymbol{A}_{11} & \boldsymbol{A}_{12} & \cdots & \boldsymbol{A}_{1s}\\ \boldsymbol{A}_{21} & \boldsymbol{A}_{22} & \cdots & \boldsymbol{A}_{2s}\\ \vdots & \vdots & & \vdots\\ \boldsymbol{A}_{r1} & \boldsymbol{A}_{r2} & \cdots & \boldsymbol{A}_{rs}\end{pmatrix}$$

是一个分块矩阵，其中 $\boldsymbol{A}_{ij}$ 是 $m_i\times n_j$ 矩阵，$i=1,2,\cdots,r$；$j=1,2,\cdots,s$. 对 $\boldsymbol{A}$ 施行的以下变换叫作分块矩阵 $\boldsymbol{A}$ 的行（列）初等变换.

(1) 交换 $\boldsymbol{A}$ 的某两行（列）；

(2) 用一个 $m_i\,(n_j)$ 阶的可逆方阵 $\boldsymbol{K}$ 左（右）乘 $\boldsymbol{A}$ 的第 i 行（j 列）的诸小块；

(3) 用一个 $m_i\times m_j$（$n_j\times n_i$）矩阵 $\boldsymbol{L}$ 左（右）乘 $\boldsymbol{A}$ 的第 j 行（列）的诸小块加到第 i 行（列）的对应诸小块上.

注 为描述方便，仍用 r_i 表示分块矩阵的第 i 行，用 c_i 表示分块矩阵的第 i 列. 用 $r_i\leftrightarrow r_j\,(c_i\leftrightarrow c_j)$ 表示交换分块矩阵的第 i 行（列）与第 j 行（列）；用 $\boldsymbol{K}r_i\,(c_i\boldsymbol{K})$ 表示用可逆矩阵 $\boldsymbol{K}$ 左（右）乘分块矩阵的第 i 行（列）；用 $r_i+\boldsymbol{L}r_j\,(c_i+c_j\boldsymbol{L})$ 表示用矩阵 $\boldsymbol{L}$ 左（右）乘分块矩阵的第 j 行（列）的诸小块加到第 i 行（列）对应的诸小块上.

二、释疑解难

1．关于分块矩阵的乘法

两个矩阵 $\boldsymbol{A}=(a_{ij})_{m\times n}$ 与 $\boldsymbol{B}=(b_{ij})_{n\times p}$ 的分块矩阵 $\boldsymbol{A}=(\boldsymbol{A}_{ij})_{r\times s}$ 与 $\boldsymbol{B}=$

$(\boldsymbol{B}_{ij})_{s\times t}$ 相乘必须满足 $\boldsymbol{B}$ 的行的分法与 $\boldsymbol{A}$ 的列的分法一致，并且乘积矩阵 $\boldsymbol{C}=(\boldsymbol{A}_{ij})_{r\times s}(\boldsymbol{B}_{ij})_{s\times t}=(\boldsymbol{C}_{ij})_{r\times t}$ 的元素 $\boldsymbol{C}_{ij}=\sum\limits_{k=1}^{s}\boldsymbol{A}_{ik}\boldsymbol{B}_{kj}$ 中的每个子块 $\boldsymbol{A}_{ik}$ 必须左乘子块 $\boldsymbol{B}_{kj}$，不能任意交换因子的次序.

2. 关于分块初等矩阵

(1) 分块单位矩阵.

将 n 阶单位矩阵进行分块（使其行的分法与列的分法相同）得到的分块矩阵称为分块单位矩阵.

(2) 分块初等矩阵及其类型.

分块单位矩阵经过一次分块矩阵的行（列）初等变换后所得的矩阵称为分块初等矩阵.

三种分块矩阵的初等变换对应三类分块初等矩阵.

第一类，交换分块单位矩阵 $\boldsymbol{I}=\mathrm{diag}\,(\boldsymbol{I}_{n_1}, \boldsymbol{I}_{n_2}, \cdots, \boldsymbol{I}_{n_r})$ 的第 i，$j\,(i\neq j)$ 两行（列）后所得的矩阵：

$$\boldsymbol{P}_{(ij)_r}=\begin{pmatrix} \boldsymbol{I}_{n_1} & & & & & & \\ & \ddots & & & & & \\ & & \boldsymbol{0} & \cdots & \boldsymbol{I}_{n_j} & & \\ & & \vdots & & \vdots & & \\ & & \boldsymbol{I}_{n_i} & \cdots & \boldsymbol{0} & & \\ & & & & & \ddots & \\ & & & & & & \boldsymbol{I}_{n_r} \end{pmatrix}\begin{matrix} \\ \\ (\text{第 } i \text{ 行}) \\ \\ (\text{第 } j \text{ 行}) \\ \\ \\ \end{matrix}$$

$$(\text{第 } i \text{ 列})\,(\text{第 } j \text{ 列})$$

$$\boldsymbol{P}_{(ij)_c}=\begin{pmatrix} \boldsymbol{I}_{n_1} & & & & & & \\ & \ddots & & & & & \\ & & \boldsymbol{0} & \cdots & \boldsymbol{I}_{n_i} & & \\ & & \vdots & & \vdots & & \\ & & \boldsymbol{I}_{n_j} & \cdots & \boldsymbol{0} & & \\ & & & & & \ddots & \\ & & & & & & \boldsymbol{I}_{n_r} \end{pmatrix}\begin{matrix} \\ \\ (\text{第 } i \text{ 行}) \\ \\ (\text{第 } j \text{ 行}) \\ \\ \\ \end{matrix}$$

$$(\text{第 } i \text{ 列})\,(\text{第 } j \text{ 列})$$

第二类，用 n_i 阶可逆矩阵 $\boldsymbol{K}$ 左（右）乘分块单位矩阵 $\boldsymbol{I}=\mathrm{diag}\,(\boldsymbol{I}_{n_1}, \boldsymbol{I}_{n_2}, \cdots, \boldsymbol{I}_{n_r})$ 的第 i 行（列）后所得的矩阵：

$$D_i(K)=\begin{pmatrix} I_{n_1} & & & & & & \\ & \ddots & & & & & \\ & & I_{n_{i-1}} & & & & \\ & & & K & & & \\ & & & & I_{n_{i+1}} & & \\ & & & & & \ddots & \\ & & & & & & I_{n_r} \end{pmatrix} \begin{matrix} \\ \\ \\ (\text{第 } i \text{ 行}) \\ \\ \\ \\ \end{matrix}$$

（第 i 列）

第三类，用 $n_i \times n_j$ 矩阵 L 左（右）乘分块单位矩阵 $I=\operatorname{diag}(I_{n_1}, I_{n_2}, \cdots, I_{n_r})$ 的第 j 行（第 i 列）的诸小块加到第 i 行（第 j 列）的对应诸小块上所得的矩阵：

$$T_{ij}(L)=\begin{pmatrix} I_{n_1} & & & & & \\ & \ddots & & & & \\ & & I_{n_i} & \cdots & L & & \\ & & & \ddots & \vdots & & \\ & & & & I_{n_j} & & \\ & & & & & \ddots & \\ & & & & & & I_{n_r} \end{pmatrix} \begin{matrix} \\ \\ (\text{第 } i \text{ 行}) \\ \\ (\text{第 } j \text{ 行}) \\ \\ \\ \end{matrix}$$

（第 i 列）（第 j 列）

(3) 分块初等矩阵的可逆性.

容易验证，上述三类分块初等矩阵 $P_{(ij)_r}$，$P_{(ij)_c}$，$D_i(K)$ 和 $T_{ij}(L)$ 都是可逆矩阵，且它们的逆矩阵仍是同类型的分块初等矩阵，其逆矩阵分别为

$$P_{(ij)_r}^{-1}=P_{(ij)_c},\ P_{(ij)_c}^{-1}=P_{(ij)_r},\ D_i(K)^{-1}=D_i(K^{-1}),\ T_{ij}(L)^{-1}=T_{ij}(-L).$$

(4) 分块矩阵的初等变换与分块初等矩阵的对应关系.

每个分块矩阵的初等变换都有一个与之对应的分块初等矩阵.

设矩阵 $A=(a_{ij})_{m\times n}$ 的分块矩阵为 $A=(A_{ij})_{r\times s}$，其中 A_{ij} 是 $m_i\times n_j$ 矩阵，$i=1, 2, \cdots, r$；$j=1, 2, \cdots, s$.

将 m 阶单位矩阵进行分块（使其行的分法与列的分法都与 A 的行的分法相同）得分块单位矩阵 $I=\operatorname{diag}(I_{m_1}, I_{m_2}, \cdots, I_{m_r})$，则对分块矩阵 A 施行一次分块矩阵的行初等变换，结果就相当于用一个同类型的分块单位矩阵（对 $I=\operatorname{diag}(I_{m_1}, I_{m_2}, \cdots, I_{m_r})$ 施行一次与分块矩阵 A 相同的行初等变换所得的矩阵）左乘 A，即对 A 施行一次第一种分块矩阵的行初等变换所得的矩阵就等于 $P_{(ij)_r}A$；对 A 施行一次第二种分块矩阵的行初等变换所得的矩阵就等于 $D_i(K)A$；对 A 施行一次第三种分块矩阵的行初等变换所得的矩阵就等于 $T_{ij}(L)A$.

将 n 阶单位矩阵进行分块（使其行的分法与列的分法都与 A 的列的分法相

同）得分块单位矩阵 $\boldsymbol{I}=\operatorname{diag}(\boldsymbol{I}_{n_1},\boldsymbol{I}_{n_2},\cdots,\boldsymbol{I}_{n_s})$，则对分块矩阵 $\boldsymbol{A}$ 施行一次分块矩阵的列初等变换，结果就相当于用一个同类型的分块单位矩阵（对 $\boldsymbol{I}=\operatorname{diag}(\boldsymbol{I}_{n_1},\boldsymbol{I}_{n_2},\cdots,\boldsymbol{I}_{n_s})$ 施行一次与分块矩阵 $\boldsymbol{A}$ 相同的列初等变换所得的矩阵）右乘 $\boldsymbol{A}$，即对 $\boldsymbol{A}$ 施行一次第一种分块矩阵的列初等变换所得的矩阵就等于 $\boldsymbol{AP}_{(ij)_c}$；对 $\boldsymbol{A}$ 施行一次第二种分块矩阵的列初等变换所得的矩阵就等于 $\boldsymbol{AD}_i(\boldsymbol{K})$；对 $\boldsymbol{A}$ 施行一次第三种分块矩阵的列初等变换所得的矩阵就等于 $\boldsymbol{AT}_{ij}(\boldsymbol{L})$.

3. 矩阵 $\boldsymbol{A}=(a_{ij})_{m\times n}$ 的初等变换与 $\boldsymbol{A}$ 的分块矩阵 $\boldsymbol{A}=(\boldsymbol{A}_{ij})_{r\times s}$ 的初等变换

(1) 对分块矩阵 $\boldsymbol{A}=(\boldsymbol{A}_{ij})_{r\times s}$ 施行一次分块矩阵的第一种行（列）初等变换，相当于对矩阵 $\boldsymbol{A}=(a_{ij})_{m\times n}$ 施行若干次第一种行（列）初等变换.

(2) 对分块矩阵 $\boldsymbol{A}=(\boldsymbol{A}_{ij})_{r\times s}$ 施行一次分块矩阵的第二种行（列）初等变换，相当于对矩阵 $\boldsymbol{A}=(a_{ij})_{m\times n}$ 施行若干次行（列）初等变换（并不一定都是第二种初等变换）.

(3) 对分块矩阵 $\boldsymbol{A}=(\boldsymbol{A}_{ij})_{r\times s}$ 施行一次分块矩阵的第三种行（列）初等变换，相当于对矩阵 $\boldsymbol{A}=(a_{ij})_{m\times n}$ 施行若干次第三种行（列）初等变换. 方阵的第三种初等变换不改变方阵的行列式的值，方阵的分块矩阵的第三种初等变换也不改变方阵的行列式的值.

(4) 矩阵的初等变换不改变矩阵的可逆性，分块矩阵的初等变换也不改变分块矩阵的可逆性.

4. 求可逆分块矩阵 $\boldsymbol{A}=(\boldsymbol{A}_{ij})_{r\times r}$（$\boldsymbol{A}_{ij}$ 是 n_i 行的小块矩阵）的逆矩阵的方法

方法一 待定法.

设 $\boldsymbol{X}=(\boldsymbol{X}_{ij})_{r\times r}$（其行的分法和列的分法分别与 $\boldsymbol{A}$ 的列的分法和行的分法相同），使得

$$\boldsymbol{AX}=\boldsymbol{I}=\operatorname{diag}(\boldsymbol{I}_{n_1},\boldsymbol{I}_{n_2},\cdots,\boldsymbol{I}_{n_r}).$$

解上面等式确定的矩阵方程组得 $\boldsymbol{X}_{ij}\,(i,j=1,2,\cdots,r)$. 从而得 $\boldsymbol{A}^{-1}$.

方法二 分块矩阵的初等变换法.

对 $\boldsymbol{A}=(\boldsymbol{A}_{ij})_{r\times r}$ 施行若干次分块矩阵的行初等变换化为分块单位矩阵 $\boldsymbol{I}$ 时，对分块单位矩阵 $\boldsymbol{I}$（其行的分法和列的分法都与 $\boldsymbol{A}$ 的行的分法相同）施行同样的分块矩阵的行初等变换便可化为 $\boldsymbol{A}^{-1}$，即

$$\left(\boldsymbol{A}\,\vdots\,\boldsymbol{I}\right)=\left(\begin{array}{ccc:ccc}\boldsymbol{A}_{11} & \cdots & \boldsymbol{A}_{1r} & \boldsymbol{I}_{n_1} & \cdots & \boldsymbol{0}\\ \vdots & & \vdots & \vdots & & \vdots\\ \boldsymbol{A}_{r1} & \cdots & \boldsymbol{A}_{rr} & \boldsymbol{0} & \cdots & \boldsymbol{I}_{n_r}\end{array}\right)\xrightarrow{\text{行初等变换}}\left(\boldsymbol{I}\,\vdots\,\boldsymbol{A}^{-1}\right).$$

5. 关于分块矩阵的行列式和逆的几个公式

(1) 设 $\boldsymbol{P}=\begin{pmatrix}\boldsymbol{A} & \boldsymbol{B}\\ \boldsymbol{0} & \boldsymbol{D}\end{pmatrix}$，$\boldsymbol{Q}=\begin{pmatrix}\boldsymbol{A} & \boldsymbol{0}\\ \boldsymbol{C} & \boldsymbol{D}\end{pmatrix}$ 为分块矩阵，其中 $\boldsymbol{A}$，$\boldsymbol{D}$ 都是方阵，则

$$\det\boldsymbol{P}=\det\boldsymbol{A}\cdot\det\boldsymbol{D},\quad \det\boldsymbol{Q}=\det\boldsymbol{A}\cdot\det\boldsymbol{D}.$$

(2) 设 $P=\begin{pmatrix}A & B\\ 0 & D\end{pmatrix}$, $Q=\begin{pmatrix}A & 0\\ C & D\end{pmatrix}$, 且 A, D 是可逆矩阵，则 P, Q 可逆，并且

$$P^{-1}=\begin{pmatrix}A^{-1} & -A^{-1}BD^{-1}\\ 0 & D^{-1}\end{pmatrix},\ Q^{-1}=\begin{pmatrix}A^{-1} & 0\\ -D^{-1}CA^{-1} & D^{-1}\end{pmatrix}.$$

(3) 设 $S=\begin{pmatrix}A & B\\ C & 0\end{pmatrix}$, $T=\begin{pmatrix}0 & B\\ C & D\end{pmatrix}$, 且 B, C 是可逆矩阵，则 S, T 可逆，并且

$$S^{-1}=\begin{pmatrix}0 & C^{-1}\\ B^{-1} & -B^{-1}AC^{-1}\end{pmatrix},\ T^{-1}=\begin{pmatrix}-C^{-1}DB^{-1} & C^{-1}\\ B^{-1} & 0\end{pmatrix}.$$

注 上述 (1) 中的 $\det P$ 和 (2) 中的 P^{-1} 分别见本书配套教材 § 2.8 的例 4 和例 2，$\det Q$ 和 Q^{-1} 类似可得；(3) 中的 S^{-1} 见本章“补充题解答”第 8 题，T^{-1} 见本节“范例解析”之例 1.

三、范例解析

例 1 设分块矩阵 $T=\begin{pmatrix}0 & B\\ C & D\end{pmatrix}$, 其中 B, C 分别是 r 阶，s 阶可逆矩阵. 证明 T 是可逆矩阵，并求 T^{-1}.

证明 方法一 定义法.

因为

$$\begin{pmatrix}0 & B\\ C & D\end{pmatrix}\begin{pmatrix}-C^{-1}DB^{-1} & C^{-1}\\ B^{-1} & 0\end{pmatrix}=\begin{pmatrix}I_r & 0\\ 0 & I_s\end{pmatrix},$$

所以 T 是可逆矩阵，并且 $T^{-1}=\begin{pmatrix}-C^{-1}DB^{-1} & C^{-1}\\ B^{-1} & 0\end{pmatrix}$.

方法二 待定法.

设分块矩阵 $\begin{pmatrix}X_1 & X_2\\ X_3 & X_4\end{pmatrix}$, 其中 X_1, X_2, X_3, X_4 分别为 $s\times r$, $s\times s$, $r\times r$, $r\times s$ 矩阵，使得

$$\begin{pmatrix}0 & B\\ C & D\end{pmatrix}\begin{pmatrix}X_1 & X_2\\ X_3 & X_4\end{pmatrix}=\begin{pmatrix}I_r & 0\\ 0 & I_s\end{pmatrix},$$

则 $BX_3=I_r$, $BX_4=0$, $CX_1+DX_3=0$, $CX_2+DX_4=I_s$. 解该矩阵方程组，得

$$X_3=B^{-1},\ X_4=0,\ X_1=-C^{-1}DB^{-1},\ X_2=C^{-1}.$$

因此 T 是可逆矩阵，并且 $T^{-1}=\begin{pmatrix}-C^{-1}DB^{-1} & C^{-1}\\ B^{-1} & 0\end{pmatrix}$.

方法三 初等变换法.

因为

$$\begin{pmatrix} \boldsymbol{T} & \vdots & \boldsymbol{I} \end{pmatrix} = \left(\begin{array}{cc:cc} \boldsymbol{0} & \boldsymbol{B} & \boldsymbol{I}_r & \boldsymbol{0} \\ \boldsymbol{C} & \boldsymbol{D} & \boldsymbol{0} & \boldsymbol{I}_s \end{array}\right) \xrightarrow{r_2 - \boldsymbol{D}\boldsymbol{B}^{-1} r_1} \left(\begin{array}{cc:cc} \boldsymbol{0} & \boldsymbol{B} & \boldsymbol{I}_r & \boldsymbol{0} \\ \boldsymbol{C} & \boldsymbol{0} & -\boldsymbol{D}\boldsymbol{B}^{-1} & \boldsymbol{I}_s \end{array}\right)$$

$$\xrightarrow[\boldsymbol{C}^{-1} r_2]{\boldsymbol{B}^{-1} r_1} \left(\begin{array}{cc:cc} \boldsymbol{0} & \boldsymbol{I}_r & \boldsymbol{B}^{-1} & \boldsymbol{0} \\ \boldsymbol{I}_s & \boldsymbol{0} & -\boldsymbol{C}^{-1}\boldsymbol{D}\boldsymbol{B}^{-1} & \boldsymbol{C}^{-1} \end{array}\right) \xrightarrow{r_1 \leftrightarrow r_2} \left(\begin{array}{cc:cc} \boldsymbol{I}_s & \boldsymbol{0} & -\boldsymbol{C}^{-1}\boldsymbol{D}\boldsymbol{B}^{-1} & \boldsymbol{C}^{-1} \\ \boldsymbol{0} & \boldsymbol{I}_r & \boldsymbol{B}^{-1} & \boldsymbol{0} \end{array}\right),$$

所以 $\boldsymbol{T}$ 是可逆矩阵，并且 $\boldsymbol{T}^{-1} = \begin{pmatrix} -\boldsymbol{C}^{-1}\boldsymbol{D}\boldsymbol{B}^{-1} & \boldsymbol{C}^{-1} \\ \boldsymbol{B}^{-1} & \boldsymbol{0} \end{pmatrix}$.

例 2 设

$$\boldsymbol{T} = \begin{pmatrix} 0 & a_1 & \cdots & 0 \\ \vdots & \vdots & & \vdots \\ 0 & 0 & \cdots & a_{n-1} \\ a_n & 0 & \cdots & 0 \end{pmatrix},$$

且 $a_1 a_2 \cdots a_n \neq 0$. 证明：$\boldsymbol{T}$ 是可逆矩阵，并求 $\boldsymbol{T}^{-1}$.

证明 将 $\boldsymbol{T}$ 分块成 $\begin{pmatrix} \boldsymbol{0} & \boldsymbol{B} \\ a_n & \boldsymbol{0} \end{pmatrix}$, 其中 $\boldsymbol{B} = \begin{pmatrix} a_1 & \cdots & 0 \\ \vdots & & \vdots \\ 0 & \cdots & a_{n-1} \end{pmatrix}$, 则由上面的例 1 知，$\boldsymbol{T}$ 是可逆的，且

$$\boldsymbol{T}^{-1} = \begin{pmatrix} \boldsymbol{0} & a_n^{-1} \\ \boldsymbol{B}^{-1} & \boldsymbol{0} \end{pmatrix} = \begin{pmatrix} 0 & 0 & \cdots & 0 & a_n^{-1} \\ a_1^{-1} & 0 & \cdots & 0 & 0 \\ \vdots & \vdots & & \vdots & \vdots \\ 0 & 0 & \cdots & a_{n-1}^{-1} & 0 \end{pmatrix}.$$

例 3 设 $\boldsymbol{P} = \begin{pmatrix} \boldsymbol{A} & \boldsymbol{B} \\ \boldsymbol{C} & \boldsymbol{D} \end{pmatrix}$, 其中 $\boldsymbol{A}, \boldsymbol{D}$ 分别为 r 阶，s 阶方阵. 证明：

(1) $\det \boldsymbol{P} = \begin{cases} \det \boldsymbol{A} \cdot \det(\boldsymbol{D} - \boldsymbol{C}\boldsymbol{A}^{-1}\boldsymbol{B}), \text{当 } \boldsymbol{A} \text{ 可逆时}, \\ \det \boldsymbol{D} \cdot \det(\boldsymbol{A} - \boldsymbol{B}\boldsymbol{D}^{-1}\boldsymbol{C}), \text{当 } \boldsymbol{D} \text{ 可逆时}; \end{cases}$

(2) 若 $\boldsymbol{A}, \boldsymbol{D}$ 都是可逆矩阵，则 $\boldsymbol{P}$ 可逆当且仅当 $\boldsymbol{A} - \boldsymbol{B}\boldsymbol{D}^{-1}\boldsymbol{C}$ 和 $\boldsymbol{D} - \boldsymbol{C}\boldsymbol{A}^{-1}\boldsymbol{B}$ 都可逆，并求 $\boldsymbol{P}^{-1}$.

证明 (1) 因当 $\boldsymbol{A}$ 或 $\boldsymbol{D}$ 可逆时，分别有

$$\boldsymbol{P} = \begin{pmatrix} \boldsymbol{A} & \boldsymbol{B} \\ \boldsymbol{C} & \boldsymbol{D} \end{pmatrix} \xrightarrow{r_2 - \boldsymbol{C}\boldsymbol{A}^{-1} r_1} \begin{pmatrix} \boldsymbol{A} & \boldsymbol{B} \\ \boldsymbol{0} & \boldsymbol{D} - \boldsymbol{C}\boldsymbol{A}^{-1}\boldsymbol{B} \end{pmatrix},$$

$$\boldsymbol{P} = \begin{pmatrix} \boldsymbol{A} & \boldsymbol{B} \\ \boldsymbol{C} & \boldsymbol{D} \end{pmatrix} \xrightarrow{c_1 - c_2 \boldsymbol{D}^{-1}\boldsymbol{C}} \begin{pmatrix} \boldsymbol{A} - \boldsymbol{B}\boldsymbol{D}^{-1}\boldsymbol{C} & \boldsymbol{B} \\ \boldsymbol{0} & \boldsymbol{D} \end{pmatrix},$$

又因方阵的分块矩阵的第三种初等变换不改变方阵的行列式的值，故结论成立.

(2) 方法一 因为 $\boldsymbol{A}, \boldsymbol{D}$ 都是可逆矩阵，所以由 (1) 知，

$$\det \boldsymbol{P} = \det \boldsymbol{A} \cdot \det(\boldsymbol{D} - \boldsymbol{C}\boldsymbol{A}^{-1}\boldsymbol{B}) = \det \boldsymbol{D} \cdot \det(\boldsymbol{A} - \boldsymbol{B}\boldsymbol{D}^{-1}\boldsymbol{C}).$$

因此 $\det \boldsymbol{P} \neq 0$ 当且仅当 $\det\left(\boldsymbol{D} - \boldsymbol{C}\boldsymbol{A}^{-1}\boldsymbol{B}\right) \cdot \det\left(\boldsymbol{A} - \boldsymbol{B}\boldsymbol{D}^{-1}\boldsymbol{C}\right) \neq 0$. 从而 $\boldsymbol{P}$ 可逆当且仅当 $\boldsymbol{D} - \boldsymbol{C}\boldsymbol{A}^{-1}\boldsymbol{B}$ 与 $\boldsymbol{A} - \boldsymbol{B}\boldsymbol{D}^{-1}\boldsymbol{C}$ 都可逆.

方法二 因为

$$\begin{pmatrix} A & B \\ C & D \end{pmatrix}\begin{pmatrix} -A^{-1} & 0 \\ 0 & D^{-1} \end{pmatrix}\begin{pmatrix} A & B \\ C & D \end{pmatrix} = \begin{pmatrix} BD^{-1}C - A & 0 \\ 0 & D - CA^{-1}B \end{pmatrix},$$

所以 P 可逆当且仅当 $A - BD^{-1}C$ 与 $D - CA^{-1}B$ 都可逆.

下面求 P^{-1}. 由于

$$P = \begin{pmatrix} A & B \\ C & D \end{pmatrix} \xrightarrow{r_2 - CA^{-1}r_1} \begin{pmatrix} A & B \\ 0 & D - CA^{-1}B \end{pmatrix} \xrightarrow{c_2 - c_1A^{-1}B} \begin{pmatrix} A & 0 \\ 0 & D - CA^{-1}B \end{pmatrix},$$

因此

$$\begin{pmatrix} A & 0 \\ 0 & D - CA^{-1}B \end{pmatrix} = T_{21}(-CA^{-1})P\,T_{12}(-A^{-1}B).$$

于是

$$\begin{aligned} P^{-1} &= T_{12}(-A^{-1}B)\begin{pmatrix} A & 0 \\ 0 & D - CA^{-1}B \end{pmatrix}^{-1} T_{21}(-CA^{-1}) \\ &= \begin{pmatrix} I_r & -A^{-1}B \\ 0 & I_s \end{pmatrix}\begin{pmatrix} A^{-1} & 0 \\ 0 & (D - CA^{-1}B)^{-1} \end{pmatrix}\begin{pmatrix} I_r & 0 \\ -CA^{-1} & I_s \end{pmatrix} \\ &= \begin{pmatrix} A^{-1} + A^{-1}B(D - CA^{-1}B)^{-1}CA^{-1} & -A^{-1}B(D - CA^{-1}B)^{-1} \\ -(D - CA^{-1}B)^{-1}CA^{-1} & (D - CA^{-1}B)^{-1} \end{pmatrix}. \end{aligned}$$

注 在上面例 3 的 (1) 中, 若 $A = I_r$, $D = I_s$, 则

$$\det\begin{pmatrix} I_r & B \\ C & I_s \end{pmatrix} = \det(I_s - CB) = \det(I_r - BC).$$

例 4 利用分块矩阵计算 $2n$ 阶行列式

$$D_{2n} = \begin{vmatrix} a & & & & & b \\ & \ddots & & & \iddots & \\ & & a & b & & \\ & & b & a & & \\ & \iddots & & & \ddots & \\ b & & & & & a \end{vmatrix} \quad (a \neq 0).$$

解 令

$$A = D = \begin{pmatrix} a & & \\ & \ddots & \\ & & a \end{pmatrix},\ B = C = \begin{pmatrix} & & b \\ & \iddots & \\ b & & \end{pmatrix},$$

则 A, D 为 n 阶可逆矩阵. 由于

$$D - CA^{-1}B = \begin{pmatrix} a - a^{-1}b^2 & & \\ & \ddots & \\ & & a - a^{-1}b^2 \end{pmatrix},$$

因此由上面例 3 的 (1), 得

$$D_{2n}=\det\begin{pmatrix}\boldsymbol{A}&\boldsymbol{B}\\\boldsymbol{C}&\boldsymbol{D}\end{pmatrix}=\det\boldsymbol{A}\cdot\det\left(\boldsymbol{D}-\boldsymbol{C}\boldsymbol{A}^{-1}\boldsymbol{B}\right)$$
$$=a^n\left(a-a^{-1}b^2\right)^n=\left(a^2-b^2\right)^n.$$

例 5 设 $\boldsymbol{A}$ 是 n 阶可逆矩阵. 证明: $\begin{pmatrix}\boldsymbol{A}&\boldsymbol{0}\\\boldsymbol{0}&\boldsymbol{A}^{-1}\end{pmatrix}$ 总可以表示成形如 $\begin{pmatrix}\boldsymbol{I}&\boldsymbol{L}\\\boldsymbol{0}&\boldsymbol{I}\end{pmatrix}$ 与 $\begin{pmatrix}\boldsymbol{I}&\boldsymbol{0}\\\boldsymbol{M}&\boldsymbol{I}\end{pmatrix}$ 的矩阵的乘积.

证明 因为
$$\begin{pmatrix}\boldsymbol{A}&\boldsymbol{0}\\\boldsymbol{0}&\boldsymbol{A}^{-1}\end{pmatrix}\xrightarrow{r_1+\boldsymbol{A}r_2}\begin{pmatrix}\boldsymbol{A}&\boldsymbol{I}\\\boldsymbol{0}&\boldsymbol{A}^{-1}\end{pmatrix}\xrightarrow{r_2+(\boldsymbol{I}-\boldsymbol{A}^{-1})r_1}\begin{pmatrix}\boldsymbol{A}&\boldsymbol{I}\\\boldsymbol{A}-\boldsymbol{I}&\boldsymbol{I}\end{pmatrix}\xrightarrow{c_1+c_2(\boldsymbol{I}-\boldsymbol{A})}\begin{pmatrix}\boldsymbol{I}&\boldsymbol{I}\\\boldsymbol{0}&\boldsymbol{I}\end{pmatrix},$$
所以
$$\begin{pmatrix}\boldsymbol{I}&\boldsymbol{I}\\\boldsymbol{0}&\boldsymbol{I}\end{pmatrix}=\begin{pmatrix}\boldsymbol{I}&\boldsymbol{0}\\\boldsymbol{I}-\boldsymbol{A}^{-1}&\boldsymbol{I}\end{pmatrix}\begin{pmatrix}\boldsymbol{I}&\boldsymbol{A}\\\boldsymbol{0}&\boldsymbol{I}\end{pmatrix}\begin{pmatrix}\boldsymbol{A}&\boldsymbol{0}\\\boldsymbol{0}&\boldsymbol{A}^{-1}\end{pmatrix}\begin{pmatrix}\boldsymbol{I}&\boldsymbol{0}\\\boldsymbol{I}-\boldsymbol{A}&\boldsymbol{I}\end{pmatrix}.$$
因此
$$\begin{pmatrix}\boldsymbol{A}&\boldsymbol{0}\\\boldsymbol{0}&\boldsymbol{A}^{-1}\end{pmatrix}=\begin{pmatrix}\boldsymbol{I}&-\boldsymbol{A}\\\boldsymbol{0}&\boldsymbol{I}\end{pmatrix}\begin{pmatrix}\boldsymbol{I}&\boldsymbol{0}\\\boldsymbol{A}^{-1}-\boldsymbol{I}&\boldsymbol{I}\end{pmatrix}\begin{pmatrix}\boldsymbol{I}&\boldsymbol{I}\\\boldsymbol{0}&\boldsymbol{I}\end{pmatrix}\begin{pmatrix}\boldsymbol{I}&\boldsymbol{0}\\\boldsymbol{A}-\boldsymbol{I}&\boldsymbol{I}\end{pmatrix}.$$

习题二解答

1. 证明: 任何一个数域都包含有理数域.

证明 设 F 是一个数域, 则 F 含有一个不等于 0 的数 a, 且 $1=\dfrac{a}{a}\in F$. 用 1 和它自己重复的相加, 可得全体正整数. 因此 $\mathbf{Z}^+\subseteq F$. 又因为 $0=a-a\in F$, 所以 F 也含有 0 与任一正整数的差, 即 $\mathbf{Z}^-\in F$. 从而 $\mathbf{Z}\subseteq F$. 这样, F 也含有任意两个整数的商 (分母不为零). 因此 $\mathbf{Q}\subseteq F$.

2. 请说明矩阵和行列式两个概念之间的区别.

解 见 § 2.1 "释疑解难" 之 1.

3. 设 $\boldsymbol{A}$ 是 $m\times n$ 矩阵. $\boldsymbol{A}=\boldsymbol{0}$ 指的是什么?

解 $\boldsymbol{A}$ 是 $m\times n$ 的零矩阵, 即 $\boldsymbol{A}$ 是每个元素都为 0 的 m 行 n 列的矩阵.

4. 写出下图的关联矩阵.

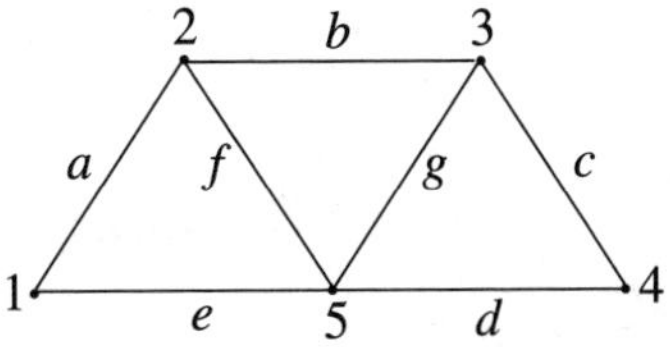

解 图的关联矩阵为

$$\begin{pmatrix} 1 & 0 & 0 & 0 & 1 & 0 & 0 \\ 1 & 1 & 0 & 0 & 0 & 1 & 0 \\ 0 & 1 & 1 & 0 & 0 & 0 & 1 \\ 0 & 0 & 1 & 1 & 0 & 0 & 0 \\ 0 & 0 & 0 & 1 & 1 & 1 & 1 \end{pmatrix}.$$

5. 设 $\boldsymbol{A}$ 是 n 阶方阵，k 是一个数. 试问 $\det(k\boldsymbol{A})$ 与 $\det\boldsymbol{A}$ 有什么关系？

解 $\det(k\boldsymbol{A}) = k^n \det\boldsymbol{A}$.

6. 求 x_1，x_2，x_3 使下面的等式成立.

$$x_1(1,\ 2,\ -1) + x_2(1,\ 3,\ -1) + x_3(0,\ 1,\ 1) = (0,\ 0,\ 0).$$

解 $x_1 = x_2 = x_3 = 0$.

7. 计算

(1) $\begin{pmatrix} 7 & -1 \\ -2 & 5 \\ 3 & -4 \end{pmatrix}\begin{pmatrix} 1 & 4 \\ -5 & 2 \end{pmatrix}$；　(2) $\begin{pmatrix} -3 & 1 & 2 & 5 \end{pmatrix}\begin{pmatrix} 4 \\ 0 \\ 7 \\ -3 \end{pmatrix}$；

(3) $\begin{pmatrix} 4 \\ 0 \\ 7 \\ -3 \end{pmatrix}\begin{pmatrix} -3 & 1 & 2 & 5 \end{pmatrix}$；　(4) $\begin{pmatrix} x_1 & x_2 & x_3 \end{pmatrix}\begin{pmatrix} a_{11} & a_{12} & a_{13} \\ a_{21} & a_{22} & a_{23} \\ a_{31} & a_{32} & a_{33} \end{pmatrix}\begin{pmatrix} x_1 \\ x_2 \\ x_3 \end{pmatrix}$；

(5) $\begin{pmatrix} 1 & 1 \\ 0 & 1 \end{pmatrix}^n$（$n$ 是自然数）.

解 (1) $\begin{pmatrix} 12 & 26 \\ -27 & 2 \\ 23 & 4 \end{pmatrix}$.　(2) $\begin{pmatrix} -13 \end{pmatrix}$.　(3) $\begin{pmatrix} -12 & 4 & 8 & 20 \\ 0 & 0 & 0 & 0 \\ -21 & 7 & 14 & 35 \\ 9 & -3 & -6 & -15 \end{pmatrix}$.

(4) $a_{11}x_1^2 + a_{22}x_2^2 + a_{33}x_3^2 + (a_{21} + a_{12})x_1x_2 + (a_{31} + a_{13})x_1x_3 + (a_{32} + a_{23})x_2x_3$.

(5) $\begin{pmatrix} 1 & n \\ 0 & 1 \end{pmatrix}$.

8. 写出下面铁路图的邻接矩阵 $\boldsymbol{A}$，并计算 $\boldsymbol{A}^2$. 问从兰州出发长度为 2 的途径有几条？

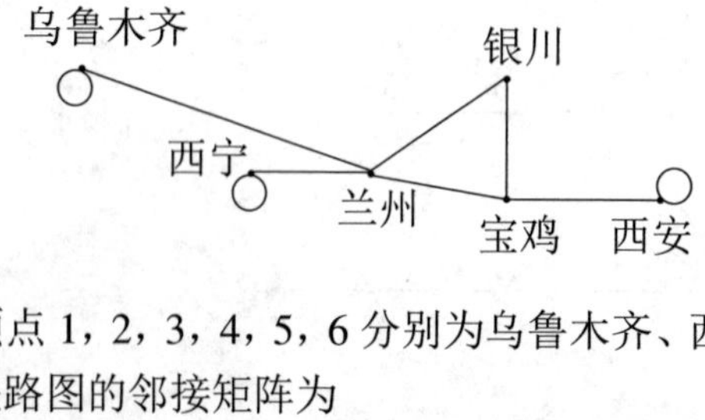

解 设顶点 1，2，3，4，5，6 分别为乌鲁木齐、西宁、兰州、宝鸡、银川、西安，则上面铁路图的邻接矩阵为

$$A=\begin{pmatrix}1&0&1&0&0&0\\0&1&1&0&0&0\\1&1&0&1&1&0\\0&0&1&0&1&1\\0&0&1&1&0&0\\0&0&0&1&0&1\end{pmatrix}.$$

故由 A^2 的第 3 行为 (1, 1, 4, 1, 1, 1) 知，从兰州出发长度为 2 的途径有 9 条.

9. 设 $A=\begin{pmatrix}\frac{1}{2}&\frac{1}{2}\\\frac{1}{2}&\frac{1}{2}\end{pmatrix}$. 通过计算 A^2, A^3, A^4，猜想 A^n (n 是自然数) 等于什么，并证明你的结论.

解 $A^n=A$. 证明略.

10. 证明：如果 n 阶方阵 A 与所有的 n 阶方阵相乘可交换，那么 A 一定是数量矩阵.

证明 设 n 阶方阵 $A=(a_{ij})$. 取 n 阶方阵 E_{ij}（见下面的第 12 题)，则

$$AE_{ij}=\begin{pmatrix}\vdots&a_{1i}&\vdots\\\vdots&a_{2i}&\vdots\\\vdots&\vdots&\vdots\\\vdots&a_{ni}&\vdots\end{pmatrix}\text{，第 } j \text{ 列以外的元素全为 } 0,$$
(第 j 列)

$$E_{ij}A=\begin{pmatrix}\cdots&\cdots&\cdots&\cdots\\a_{j1}&a_{j2}&\cdots&a_{jn}\\\cdots&\cdots&\cdots&\cdots\end{pmatrix}(\text{第 } i \text{ 行})\text{，第 } i \text{ 行以外的元素全为 } 0.$$

于是由 $AE_{ij}=E_{ij}A$ 知，$a_{ii}=a_{jj}$，$a_{ij}=0\ (i\neq j)$，i，$j=1, 2, \cdots, n$. 因此 A 是一个数量矩阵.

11. 设 A，B，C 都是 n 阶方阵，且 $ABC=I$. 请问 CAB 等于什么?

解 $CAB=I$.

12. 令 E_{ij} 是第 i 行第 j 列位置上的元素是 1，而其余元素都是 0 的 n 阶方阵. 求 $E_{ij}E_{kl}$.

解 $E_{ij}E_{kl}=\begin{cases}E_{il}, & j=k,\\ \mathbf{0}, & j\neq k.\end{cases}$

13. 在中学代数中，有一条算律是 $(a+b)(a-b)=a^2-b^2$. 现在设 A，B 是两个 n 阶方阵. 问 $(A+B)(A-B)=A^2-B^2$ 是否成立? 为什么?

解 见 § 2.4 “范例解析” 之例 1.

14. $\boldsymbol{A}$，$\boldsymbol{B}$，$\boldsymbol{C}$ 都是 n 阶方阵. 根据矩阵的运算性质判断下列推理规则中哪些是错误的，为什么？

(1) $\boldsymbol{AB}=\boldsymbol{0}\Rightarrow\boldsymbol{A}=\boldsymbol{0}$ 或 $\boldsymbol{B}=\boldsymbol{0}$；　(2) $\boldsymbol{AB}=\boldsymbol{AC}\Rightarrow\boldsymbol{B}=\boldsymbol{C}$；

(3) $\boldsymbol{AB}\neq\boldsymbol{0}\Rightarrow\boldsymbol{A}\neq\boldsymbol{0}$ 且 $\boldsymbol{B}\neq\boldsymbol{0}$；　(4) $\boldsymbol{AB}=\boldsymbol{0}\Rightarrow\det\boldsymbol{A}=0$ 且 $\det\boldsymbol{B}=0$.

解 (1) 错. (2) 错. (3) 对. (4) 错.

15. 设 c_1，c_2，$\cdots$，c_n 是不全为零的复数. 证明：存在复数域上的 n 阶可逆矩阵 $\boldsymbol{T}$，使得 $\boldsymbol{T}$ 的第 1 列的元素依次是 c_1，c_2，$\cdots$，c_n.

解 设 $c_i\neq0$. 则

$$\boldsymbol{T}=\begin{pmatrix} c_1 & 0 & \cdots & 0 & 1 & 0 & \cdots & 0\\ c_2 & 1 & \cdots & 0 & 0 & 0 & \cdots & 0\\ \vdots & \vdots & & \vdots & \vdots & \vdots & & \vdots\\ c_{i-1} & 0 & \cdots & 1 & 0 & 0 & \cdots & 0\\ c_i & 0 & \cdots & 0 & 0 & 0 & \cdots & 0\\ c_{i+1} & 0 & \cdots & 0 & 0 & 1 & \cdots & 0\\ \vdots & \vdots & & \vdots & \vdots & \vdots & & \vdots\\ c_n & 0 & \cdots & 0 & 0 & 0 & \cdots & 1 \end{pmatrix}$$

是第 1 列的元素依次是 c_1，c_2，$\cdots$，c_n 的复数域上的 n 阶可逆矩阵.

16. 设 $\boldsymbol{A}$ 是三阶方阵，给 $\boldsymbol{A}$ 的第 1 列乘 2 后加到第 3 列得 $\boldsymbol{A}_1$. 我们知道给 $\boldsymbol{A}$ 右乘相应的初等矩阵 $\boldsymbol{Q}$ 也可得到 $\boldsymbol{A}_1$，即 $\boldsymbol{AQ}=\boldsymbol{A}_1$. 请写出 $\boldsymbol{Q}$ 来.

解 $\boldsymbol{Q}=\boldsymbol{T}_{13}(2)=\begin{pmatrix}1&0&2\\0&1&0\\0&0&1\end{pmatrix}$.

17. 设 $\boldsymbol{A}=\begin{pmatrix}1&2&3\\0&4&5\\0&0&6\end{pmatrix}$，用初等变换的方法求 $\boldsymbol{A}^{-1}$. 通过求 $\boldsymbol{A}^{-1}$，回答下面的问题：可逆的上三角矩阵

$$\boldsymbol{B}=\begin{pmatrix} b_{11} & b_{12} & \cdots & b_{1n}\\ 0 & b_{22} & \cdots & b_{2n}\\ \vdots & \vdots & & \vdots\\ 0 & 0 & \cdots & b_{nn} \end{pmatrix}$$

的逆矩阵还是上三角矩阵吗？为什么？

解 $\boldsymbol{A}^{-1}=\begin{pmatrix}1&-\dfrac{1}{2}&-\dfrac{1}{12}\\0&\dfrac{1}{4}&-\dfrac{5}{24}\\0&0&\dfrac{1}{6}\end{pmatrix}$.

可逆的上三角阵的逆矩阵还是上三角阵. 这是因为，将 $(\boldsymbol{B},\ \boldsymbol{I})$ 化为 $(\boldsymbol{I},\ \boldsymbol{B}^{-1})$ 所做的行初等变换都是后行乘以某个数加到前行上或某行乘以一个非零数.

18. 某军事行动制定了代号为 111，121，112，122，211 的五种行动计划，军事行动组收到一份密电，内容是执行代号 abc 行动，这是一份用矩阵加密的电文，加密矩阵是 $\boldsymbol{M}=\begin{pmatrix}1&0&1\\0&1&0\\1&0&2\end{pmatrix}$，且 $\boldsymbol{M}\begin{pmatrix}a\\b\\c\end{pmatrix}=\begin{pmatrix}2\\1\\3\end{pmatrix}$. 请译出 abc 来.

解 $(a,\ b,\ c)^{\mathrm{T}}=(1,\ 1,\ 1)^{\mathrm{T}}$.

19. 解关于 $\boldsymbol{X}$ 的矩阵方程.

(1) $\boldsymbol{X}\begin{pmatrix}2&2&3\\1&-1&0\\-1&2&1\end{pmatrix}=\begin{pmatrix}1&-1&0\\-1&1&1\\2&0&1\end{pmatrix}$;

(2) $\boldsymbol{X}=\boldsymbol{A}\boldsymbol{X}-\boldsymbol{A}^2+\boldsymbol{I}$，其中 $\boldsymbol{A}=\begin{pmatrix}1&0&1\\0&2&0\\1&0&1\end{pmatrix}$.

解 (1) $\boldsymbol{X}=\begin{pmatrix}0&1&0\\-1&5&4\\1&-2&-2\end{pmatrix}$. (2) $\boldsymbol{X}=\begin{pmatrix}2&0&1\\0&3&0\\1&0&2\end{pmatrix}$.

20. 若 n 阶方阵 $\boldsymbol{A}$，$\boldsymbol{B}$ 都可逆，问 $\boldsymbol{A}+\boldsymbol{B}$，$\boldsymbol{AB}$ 也可逆吗？为什么？

解 $\boldsymbol{AB}$ 可逆，$\boldsymbol{A}+\boldsymbol{B}$ 不一定可逆. 这是因为，$\det(\boldsymbol{AB})=\det\boldsymbol{A}\cdot\det\boldsymbol{B}\neq 0$，而 $\det(\boldsymbol{A}+\boldsymbol{B})\neq 0$ 不一定成立.

例如，设 $\boldsymbol{A}=\begin{pmatrix}1&0\\0&2\end{pmatrix}$，$\boldsymbol{B}=\begin{pmatrix}1&0\\0&-2\end{pmatrix}$，则 $\boldsymbol{A}$，$\boldsymbol{B}$ 都可逆. 但 $\boldsymbol{A}+\boldsymbol{B}$ 不可逆.

21. 把下列矩阵化为它的等价标准形.

$$\boldsymbol{A}=\begin{pmatrix}2&1&-1&1\\3&2&1&0\\-1&1&1&2\\4&4&1&3\end{pmatrix};\quad \boldsymbol{B}=\begin{pmatrix}0&1&1&-1\\2&-1&1&2\\-3&2&0&-1\\1&1&3&2\end{pmatrix}.$$

解 $\boldsymbol{A}\to\begin{pmatrix}1&0&0&0\\0&1&0&0\\0&0&1&0\\0&0&0&0\end{pmatrix}$; $\boldsymbol{B}\to\begin{pmatrix}1&0&0&0\\0&1&0&0\\0&0&1&0\\0&0&0&0\end{pmatrix}$.

22. 设 $\boldsymbol{A}=\begin{pmatrix}1&2\\0&3\end{pmatrix}$. 把 $\boldsymbol{A}$ 表示成一些初等矩阵的乘积.

解 $\boldsymbol{A}=\boldsymbol{D}_2(3)\boldsymbol{T}_{12}(2)=\begin{pmatrix}1&0\\0&3\end{pmatrix}\begin{pmatrix}1&2\\0&1\end{pmatrix}$.

注 答案不唯一.

23. 就列的情况证明定理 2.3.

证明 类似定理 2.3 的行的情况的证明（详证略）.

24. 设 $\boldsymbol{A}=\begin{pmatrix}1&-2&0&0\\1&-1&1&1\\0&-1&-1&-1\end{pmatrix}$. 求可逆矩阵 $\boldsymbol{P}$ 与 $\boldsymbol{Q}$，使得 $\boldsymbol{PAQ}=\begin{pmatrix}\boldsymbol{I}_r&\boldsymbol{0}\\\boldsymbol{0}&\boldsymbol{0}\end{pmatrix}$.

解 $\boldsymbol{P}=\boldsymbol{T}_{32}(1)\boldsymbol{T}_{21}(-1)=\begin{pmatrix}1&0&0\\-1&1&0\\-1&1&1\end{pmatrix}$,

$$\boldsymbol{Q}=\boldsymbol{T}_{12}(2)\boldsymbol{T}_{23}(-1)\boldsymbol{T}_{24}(-1)=\begin{pmatrix}1&2&-2&-2\\0&1&-1&-1\\0&0&1&0\\0&0&0&1\end{pmatrix}.$$

25. 证明：第三种初等变换不改变方阵 $\boldsymbol{A}$ 的行列式.

证明 由于第三种初等变换是将 $\boldsymbol{A}$ 的某行（列）的元素乘以同一个数后加到另一行（列）的对应元素上，因此第三种初等变换不改变方阵 $\boldsymbol{A}$ 的行列式.

26. 设 $\boldsymbol{A}=\begin{pmatrix}1&1&-1\\2&1&3\\0&-1&1\end{pmatrix}$. 求 $\boldsymbol{A}$ 的伴随矩阵 $\boldsymbol{A}^*$.

解 $\boldsymbol{A}^*=\begin{pmatrix}4&0&4\\-2&1&-5\\-2&1&-1\end{pmatrix}$.

27. 设 $\boldsymbol{A}$ 为三阶方阵，且 $\det\boldsymbol{A}=\dfrac{1}{2}$. 求 $\det\left(\dfrac{1}{3}\boldsymbol{A}^{-1}-10\boldsymbol{A}^*\right)$.

解 $\det\left(\dfrac{1}{3}\boldsymbol{A}^{-1}-10\boldsymbol{A}^*\right)=\det\left(\dfrac{1}{3}\boldsymbol{A}^{-1}-5\boldsymbol{A}^{-1}\right)=-2\times\left(\dfrac{14}{3}\right)^3$.

28. 试证：若 $\boldsymbol{A}$ 可逆，则 $\boldsymbol{A}^*$ 也可逆，并求出 $(\boldsymbol{A}^*)^{-1}$.

证明 因为 $\boldsymbol{A}^*\boldsymbol{A}=\boldsymbol{A}\boldsymbol{A}^*=(\det\boldsymbol{A})\boldsymbol{I}_n$，且 $\boldsymbol{A}$ 可逆，所以

$$\boldsymbol{A}^*\left(\frac{\boldsymbol{A}}{\det\boldsymbol{A}}\right)=\left(\frac{\boldsymbol{A}}{\det\boldsymbol{A}}\right)\boldsymbol{A}^*=\boldsymbol{I}_n.$$

因此 $\boldsymbol{A}^*$ 可逆，并且 $(\boldsymbol{A}^*)^{-1}=\dfrac{1}{\det\boldsymbol{A}}\boldsymbol{A}$.

29. 证明：对矩阵 $\boldsymbol{A}$ 施行一次交换两行的初等变换相当于对 $\boldsymbol{A}$ 连续施行几次另两种行初等变换.

证明 设

$$A=(a_{ij})_{m\times n}=\begin{pmatrix}\vdots&\vdots&&\vdots\\a_{i1}&a_{i2}&\cdots&a_{in}\\\vdots&\vdots&&\vdots\\a_{j1}&a_{j2}&\cdots&a_{jn}\\\vdots&\vdots&&\vdots\end{pmatrix}\xrightarrow{r_i\leftrightarrow r_j}\begin{pmatrix}\vdots&\vdots&&\vdots\\a_{j1}&a_{j2}&\cdots&a_{jn}\\\vdots&\vdots&&\vdots\\a_{i1}&a_{i2}&\cdots&a_{in}\\\vdots&\vdots&&\vdots\end{pmatrix}.$$

因为

$$A\xrightarrow{r_i+r_j}\begin{pmatrix}\vdots&\vdots&&\vdots\\a_{i1}+a_{j1}&a_{i2}+a_{j2}&\cdots&a_{in}+a_{jn}\\\vdots&\vdots&&\vdots\\a_{j1}&a_{j2}&\cdots&a_{jn}\\\vdots&\vdots&&\vdots\end{pmatrix}$$

$$\xrightarrow{r_j-r_i}\begin{pmatrix}\vdots&\vdots&&\vdots\\a_{i1}+a_{j1}&a_{i2}+a_{j2}&\cdots&a_{in}+a_{jn}\\\vdots&\vdots&&\vdots\\-a_{i1}&-a_{i2}&\cdots&-a_{in}\\\vdots&\vdots&&\vdots\end{pmatrix}$$

$$\xrightarrow{r_i+r_j}\begin{pmatrix}\vdots&\vdots&&\vdots\\a_{j1}&a_{j2}&\cdots&a_{jn}\\\vdots&\vdots&&\vdots\\-a_{i1}&-a_{i2}&\cdots&-a_{in}\\\vdots&\vdots&&\vdots\end{pmatrix}\xrightarrow{(-1)r_j}\begin{pmatrix}\vdots&\vdots&&\vdots\\a_{j1}&a_{j2}&\cdots&a_{jn}\\\vdots&\vdots&&\vdots\\a_{i1}&a_{i2}&\cdots&a_{in}\\\vdots&\vdots&&\vdots\end{pmatrix},$$

所以结论成立.

30. 设 $\boldsymbol{A}$ 是 n 阶非单位矩阵，且 $\boldsymbol{A}^2=\boldsymbol{A}$. 证明：$\boldsymbol{A}$ 一定不可逆.

证明 反证法. 假设 $\boldsymbol{A}$ 可逆，则 $\boldsymbol{A}^2\boldsymbol{A}^{-1}=\boldsymbol{A}\boldsymbol{A}^{-1}$. 因此 $\boldsymbol{A}=\boldsymbol{I}$，与已知矛盾.

31. 设 $\boldsymbol{A},\boldsymbol{B}$ 都可逆. 试证：

$$\begin{pmatrix}\boldsymbol{A}&\boldsymbol{0}\\\boldsymbol{C}&\boldsymbol{B}\end{pmatrix}^{-1}=\begin{pmatrix}\boldsymbol{A}^{-1}&\boldsymbol{0}\\-\boldsymbol{B}^{-1}\boldsymbol{C}\boldsymbol{A}^{-1}&\boldsymbol{B}^{-1}\end{pmatrix}.$$

证明 因为

$$\begin{pmatrix}\boldsymbol{A}&\boldsymbol{0}\\\boldsymbol{C}&\boldsymbol{B}\end{pmatrix}\begin{pmatrix}\boldsymbol{A}^{-1}&\boldsymbol{0}\\-\boldsymbol{B}^{-1}\boldsymbol{C}\boldsymbol{A}^{-1}&\boldsymbol{B}^{-1}\end{pmatrix}=\begin{pmatrix}\boldsymbol{I}_m&\boldsymbol{0}\\\boldsymbol{0}&\boldsymbol{I}_n\end{pmatrix},$$

所以

$$\begin{pmatrix}\boldsymbol{A}&\boldsymbol{0}\\\boldsymbol{C}&\boldsymbol{B}\end{pmatrix}^{-1}=\begin{pmatrix}\boldsymbol{A}^{-1}&\boldsymbol{0}\\-\boldsymbol{B}^{-1}\boldsymbol{C}\boldsymbol{A}^{-1}&\boldsymbol{B}^{-1}\end{pmatrix}.$$

32. 用数学归纳法证明对角形分块矩阵

$$A=\begin{pmatrix} A_1 & & & \\ & A_2 & & \\ & & \ddots & \\ & & & A_s \end{pmatrix}$$

的行列式 $\det A=\det A_1\det A_2\cdots\det A_s$.

证明 对 s 用数学归纳法.

当 $s=1$ 时，显然.

假设 $s=k$ 时结论成立. 则当 $s=k+1$ 时，

$$A=\begin{pmatrix} A_1 & & & \\ & \ddots & & \\ & & A_k & \\ & & & A_{k+1} \end{pmatrix}=\begin{pmatrix} A_1 & & & \\ & \ddots & & \\ & & A_k & \\ & & & I_{n_{k+1}} \end{pmatrix}\begin{pmatrix} I_{n_1} & & & \\ & \ddots & & \\ & & I_{n_k} & \\ & & & A_{n_{k+1}} \end{pmatrix},$$

其中 A_i 是 n_i 阶方阵，$i=1, 2, \cdots, k+1$. 于是由定理 2.5 及归纳假设，得

$$\begin{aligned}\det A&=\det\begin{pmatrix} A_1 & & & \\ & \ddots & & \\ & & A_k & \\ & & & I_{n_{k+1}} \end{pmatrix}\cdot\det\begin{pmatrix} I_{n_1} & & & \\ & \ddots & & \\ & & I_{n_k} & \\ & & & A_{k+1} \end{pmatrix}\\ &=\det\begin{pmatrix} A_1 & & \\ & \ddots & \\ & & A_k \end{pmatrix}\cdot\det A_{k+1}\\ &=\det A_1\det A_2\cdots\det A_k\det A_{k+1}.\end{aligned}$$

33. 设 A 是 n 阶方阵. 证明：若对任意一个 n 行一列矩阵 X，都有 $AX=0$，则 $A=0$.

证明 由题设知，对任意 $j\ (1\leqslant j\leqslant n)$，都有 $A\varepsilon_j=0$，其中 ε_j 是 n 阶单位矩阵 I 的第 j 列. 因此 $A=AI=0$.

补充题解答

1. 设 A，B 以及 $A+B$ 均为 n 阶可逆矩阵. 证明：$A^{-1}+B^{-1}$ 也是可逆矩阵，并求其逆.

证明 因为 $A^{-1}+B^{-1}=A^{-1}(A+B)B^{-1}$，所以

$$(A^{-1}+B^{-1})[B(A+B)^{-1}A]=[A^{-1}(A+B)B^{-1}][B(A+B)^{-1}A]=I.$$

因此 $A^{-1}+B^{-1}$ 可逆，且 $(A^{-1}+B^{-1})^{-1}=B(A+B)^{-1}A$.

2. 设 n 阶方阵

$$A=\begin{pmatrix}0 & 1 & & & \\ & \ddots & \ddots & & \\ & & \ddots & \ddots & \\ & & & 0 & 1 \\ & & & & 0\end{pmatrix}.$$

证明：$A^n=0$.

证明 由矩阵的乘法即得.

3. 设数域 F 上一个 n 阶方阵 A 满足 $A^2=A$. 证明：$(I+A)$ 可逆，并且求 $(I+A)^{-1}$.

证明 因为 $(I+A)\left(I-\dfrac{A}{2}\right)=I$，所以 $(I+A)$ 可逆，并且 $(I+A)^{-1}=I-\dfrac{A}{2}$.

4. 设 A 是 n 阶复方阵. 证明：若对于任意 n 阶复方阵 B，都有 AB 的主对角线的元素之和为 0，则 $A=0$.

证明 设 $A=(a_{ij})\in M_n(\mathbf{C})$. 特别地，取 $B=\overline{A}^{\mathrm{T}}$，则 AB 的主对角线的元素之和

$$\sum_{i=1}^{n}a_{1i}\overline{a}_{1i}+\sum_{i=1}^{n}a_{2i}\overline{a}_{2i}+\cdots+\sum_{i=1}^{n}a_{ni}\overline{a}_{ni}=0,$$

因此 $a_{ij}=0$，i，$j=1$，2，$\cdots$，n，即 $A=0$.

5. 设 $A=\begin{pmatrix}0 & I_{n-1}\\ 1 & 0\end{pmatrix}$ 是 n 阶方阵. 证明：$A^n=I_n$，$A^k=\begin{pmatrix}0 & I_{n-k}\\ I_k & 0\end{pmatrix}$，$k=1$，2，$\cdots$，$n-1$.

证明 对 k 用数学归纳法（详证略）.

6. 证明：任一 n 阶方阵 A 都可唯一地表示为 $A=B+C$，其中 B 是 n 阶数量矩阵，C 是主对角线的元素之和为 0 的 n 阶方阵.

证明 设 $A=(a_{ij})_{n\times n}$，$B=xI_n$，C 的主对角线的元素依次为 x_1，x_2，$\cdots$，x_n. 因含 $n+1$ 个未知量 x，x_1，x_2，$\cdots$，x_n 的线性方程组

$$\begin{cases}x_1+x_2+\cdots+x_n=0,\\ x+x_1=a_{11},\\ x+x_2=a_{22},\\ \qquad\cdots\\ x+x_n=a_{nn}\end{cases}$$

有唯一解，故结论成立.

7. 设 n 阶方阵 A，B 满足条件 $A+B=AB$.

(1) 证明：$A-I_n$ 是可逆矩阵；

(2) 证明：$AB=BA$；

(3) 已知 $\boldsymbol{B}=\begin{pmatrix}1&-3&0\\2&1&0\\0&0&2\end{pmatrix}$，求 $\boldsymbol{A}$.

证明 (1) 因为 $\boldsymbol{A}-\boldsymbol{I}_n+\boldsymbol{B}-\boldsymbol{A}\boldsymbol{B}=-\boldsymbol{I}_n$，所以 $-\boldsymbol{I}_n=(\boldsymbol{A}-\boldsymbol{I}_n)-(\boldsymbol{A}-\boldsymbol{I}_n)\boldsymbol{B}$. 因此 $\boldsymbol{A}-\boldsymbol{I}_n$ 可逆，并且 $(\boldsymbol{A}-\boldsymbol{I}_n)^{-1}=\boldsymbol{B}-\boldsymbol{I}_n$.

(2) 由 (1) 知，$(\boldsymbol{A}-\boldsymbol{I}_n)(\boldsymbol{B}-\boldsymbol{I}_n)=(\boldsymbol{B}-\boldsymbol{I}_n)(\boldsymbol{A}-\boldsymbol{I}_n)$. 故 $\boldsymbol{A}\boldsymbol{B}=\boldsymbol{B}\boldsymbol{A}$.

(3) 因为

$$(\boldsymbol{B}-\boldsymbol{I}_n)^{-1}=\begin{pmatrix}0&\frac{1}{2}&0\\-\frac{1}{3}&0&0\\0&0&1\end{pmatrix},$$

所以由 (1) 知，

$$\boldsymbol{A}=(\boldsymbol{B}-\boldsymbol{I}_n)^{-1}+\boldsymbol{I}_n=\begin{pmatrix}1&\frac{1}{2}&0\\-\frac{1}{3}&1&0\\0&0&2\end{pmatrix}.$$

8. 设 $\boldsymbol{A}$，$\boldsymbol{C}$ 分别是 r 阶，s 阶可逆方阵，$\boldsymbol{B}$ 是 $r\times s$ 矩阵. 证明：$\begin{pmatrix}\boldsymbol{B}&\boldsymbol{A}\\\boldsymbol{C}&\boldsymbol{0}\end{pmatrix}$ 是可逆方阵，并且求其逆矩阵.

证明 利用待定法或用分块矩阵的行初等变换可证 $\begin{pmatrix}\boldsymbol{B}&\boldsymbol{A}\\\boldsymbol{C}&\boldsymbol{0}\end{pmatrix}$ 可逆，且

$$\begin{pmatrix}\boldsymbol{B}&\boldsymbol{A}\\\boldsymbol{C}&\boldsymbol{0}\end{pmatrix}^{-1}=\begin{pmatrix}\boldsymbol{0}&\boldsymbol{C}^{-1}\\\boldsymbol{A}^{-1}&-\boldsymbol{A}^{-1}\boldsymbol{B}\boldsymbol{C}^{-1}\end{pmatrix}.$$

9. 设 $\boldsymbol{A}$，$\boldsymbol{B}$ 是 n 阶方阵. 证明：若 $\boldsymbol{A}+\boldsymbol{B}$，$\boldsymbol{A}-\boldsymbol{B}$ 都是可逆矩阵，则 $\begin{pmatrix}\boldsymbol{A}&\boldsymbol{B}\\\boldsymbol{B}&\boldsymbol{A}\end{pmatrix}$ 也是可逆矩阵，并且求其逆矩阵.

证明 因为

$$\begin{pmatrix}\boldsymbol{A}&\boldsymbol{B}\\\boldsymbol{B}&\boldsymbol{A}\end{pmatrix}=\begin{pmatrix}\boldsymbol{I}&-\boldsymbol{I}\\\boldsymbol{0}&\boldsymbol{I}\end{pmatrix}\begin{pmatrix}\boldsymbol{A}+\boldsymbol{B}&\boldsymbol{0}\\\boldsymbol{B}&\boldsymbol{A}-\boldsymbol{B}\end{pmatrix}\begin{pmatrix}\boldsymbol{I}&\boldsymbol{I}\\\boldsymbol{0}&\boldsymbol{I}\end{pmatrix},$$

所以 $\begin{pmatrix}\boldsymbol{A}&\boldsymbol{B}\\\boldsymbol{B}&\boldsymbol{A}\end{pmatrix}$ 可逆，并且

$$\begin{aligned}\begin{pmatrix}\boldsymbol{A}&\boldsymbol{B}\\\boldsymbol{B}&\boldsymbol{A}\end{pmatrix}^{-1}&=\begin{pmatrix}\boldsymbol{I}&-\boldsymbol{I}\\\boldsymbol{0}&\boldsymbol{I}\end{pmatrix}\begin{pmatrix}\boldsymbol{A}+\boldsymbol{B}&\boldsymbol{0}\\\boldsymbol{B}&\boldsymbol{A}-\boldsymbol{B}\end{pmatrix}^{-1}\begin{pmatrix}\boldsymbol{I}&\boldsymbol{I}\\\boldsymbol{0}&\boldsymbol{I}\end{pmatrix}\\&=\begin{pmatrix}\boldsymbol{I}&-\boldsymbol{I}\\\boldsymbol{0}&\boldsymbol{I}\end{pmatrix}\begin{pmatrix}(\boldsymbol{A}+\boldsymbol{B})^{-1}&\boldsymbol{0}\\-(\boldsymbol{A}-\boldsymbol{B})^{-1}\boldsymbol{B}(\boldsymbol{A}+\boldsymbol{B})^{-1}&(\boldsymbol{A}-\boldsymbol{B})^{-1}\end{pmatrix}\begin{pmatrix}\boldsymbol{I}&\boldsymbol{I}\\\boldsymbol{0}&\boldsymbol{I}\end{pmatrix}.\end{aligned}$$

10. 设 $\boldsymbol{A}$，$\boldsymbol{B}$，$\boldsymbol{C}$，$\boldsymbol{D}$ 是 n 阶方阵，$\boldsymbol{A}$ 是可逆矩阵，且 $\boldsymbol{AC}=\boldsymbol{CA}$. 证明：

$$\det\begin{pmatrix}\boldsymbol{A} & \boldsymbol{B}\\ \boldsymbol{C} & \boldsymbol{D}\end{pmatrix}=\det(\boldsymbol{AD}-\boldsymbol{CB}).$$

证明 因为

$$\begin{pmatrix}\boldsymbol{I} & \boldsymbol{0}\\ -\boldsymbol{CA}^{-1} & \boldsymbol{I}\end{pmatrix}\begin{pmatrix}\boldsymbol{A} & \boldsymbol{B}\\ \boldsymbol{C} & \boldsymbol{D}\end{pmatrix}\begin{pmatrix}\boldsymbol{I} & -\boldsymbol{A}^{-1}\boldsymbol{B}\\ \boldsymbol{0} & \boldsymbol{I}\end{pmatrix}=\begin{pmatrix}\boldsymbol{A} & \boldsymbol{0}\\ \boldsymbol{0} & \boldsymbol{D}-\boldsymbol{CA}^{-1}\boldsymbol{B}\end{pmatrix},$$

所以

$$\begin{aligned}\det\begin{pmatrix}\boldsymbol{A} & \boldsymbol{B}\\ \boldsymbol{C} & \boldsymbol{D}\end{pmatrix}&=\det\begin{pmatrix}\boldsymbol{A} & \boldsymbol{0}\\ \boldsymbol{0} & \boldsymbol{D}-\boldsymbol{CA}^{-1}\boldsymbol{B}\end{pmatrix}\\ &=\det\boldsymbol{A}\cdot\det\left(\boldsymbol{D}-\boldsymbol{CA}^{-1}\boldsymbol{B}\right)=\det\left(\boldsymbol{AD}-\boldsymbol{ACA}^{-1}\boldsymbol{B}\right)\\ &=\det\left(\boldsymbol{AD}-\boldsymbol{CAA}^{-1}\boldsymbol{B}\right)=\det(\boldsymbol{AD}-\boldsymbol{CB}).\end{aligned}$$

第三章　矩阵的进一步讨论

本章进一步研究矩阵，主要讨论矩阵的秩、方阵的特征根和特征向量、对称矩阵、矩阵的合同以及二次型的化简.

§3.1　矩阵的秩

本节讨论矩阵的秩、秩与矩阵的可逆性，及其矩阵乘积的秩与每个矩阵因子的秩的关系.

一、主要内容

1. 矩阵的子式与秩

定义 3.1　在一个 m 行 n 列矩阵 $\boldsymbol{A}$ 中，任取 k 行 k 列（$k \leqslant m$，$k \leqslant n$），位于这些行列交叉处的元素按照原来的位置构成的 k 阶行列式叫作矩阵 $\boldsymbol{A}$ 的一个 k 阶子式.

定义 3.2　一个矩阵中不等于零的子式的最大阶数叫作这个矩阵的秩. 若一个矩阵中没有不等于零的子式，就认为这个矩阵的秩是零.

矩阵 $\boldsymbol{A}$ 的秩记为秩 $\boldsymbol{A}$.

定理 3.1　设 $\boldsymbol{A}$ 经过初等变换化为 $\boldsymbol{B}$，则 $\boldsymbol{A}$ 有不等于零的 k 阶子式当且仅当 $\boldsymbol{B}$ 有不等于零的 k 阶子式.

推论 1　初等变换不改变矩阵的秩.

推论 2　设 $\boldsymbol{A}$ 是 $m\times n$ 矩阵，它的等价标准形是

$$\boldsymbol{D}=\begin{pmatrix} \boldsymbol{I}_r & \boldsymbol{0} \\ \boldsymbol{0} & \boldsymbol{0} \end{pmatrix},$$

则秩 $\boldsymbol{A}=r$.

推论 3　若 $m\times n$ 矩阵 $\boldsymbol{A}$ 的秩为 r，则存在 m 阶可逆矩阵 $\boldsymbol{S}$ 和 n 阶可逆矩阵 $\boldsymbol{T}$，使得

$$\boldsymbol{A}=\boldsymbol{S}\begin{pmatrix} \boldsymbol{I}_r & \boldsymbol{0} \\ \boldsymbol{0} & \boldsymbol{0} \end{pmatrix}\boldsymbol{T}.$$

2. 矩阵的秩与矩阵的可逆性

定理 3.2　n 阶方阵 $\boldsymbol{A}$ 是可逆矩阵的充要条件是 $\boldsymbol{A}$ 的秩等于 n.

定理 3.3 若 秩 $A_{m\times n} < n$，则存在 n 阶非零矩阵 C，使得 $AC = 0$.

推论 1 若 秩 $A_{m\times n} < n$，则齐次线性方程组 $AX = 0$ 有非零解.

推论 2 n 阶方阵 A 的秩小于 n 的充要条件是存在 n 阶非零矩阵 C，使得 $AC = 0$.

3. 矩阵乘积的秩

定理 3.4 秩 $(AB) \leqslant \min\{$秩 A，秩 $B\}$. 特别地，当 AB 中有一个矩阵因子可逆时，AB 的秩等于另外一个矩阵因子的秩.

二、释疑解难

1. 关于矩阵的秩

(1) 若 A 是 $m\times n$ 矩阵，则 $0 \leqslant$ 秩 $A \leqslant \min\{m, n\}$.

因为任意一个 $m\times n$ 矩阵 A 都有唯一确定的秩，所以矩阵的秩可以看成是由 $M_{m\times n}(F)$ 到集合 $\{0, 1, \cdots, \min\{m, n\}\}$ 的映射. 这里 $M_{m\times n}(F)$ 表示的是数域 F 上的所有 $m\times n$ 矩阵所构成的集合.

如果 $m\times n$ 矩阵 A 的秩等于它的行（列）数 $m\,(n)$，那么就称 A 是行（列）满秩矩阵. 特别地，如果 n 阶方阵 A 的秩等于 n，那么就称 A 是满秩矩阵，此时 A 的唯一 n 阶子式 $\det A \neq 0$，又称 A 是非退化矩阵或非奇异矩阵. 如果 n 阶方阵 A 的秩小于 n，那么就称 A 是降秩矩阵，此时 A 的唯一 n 阶子式 $\det A = 0$，也称 A 是退化矩阵（或奇异矩阵）.

(2) 秩 $A = 0$ 当且仅当 $A = 0$.

(3) 秩 $A = r > 0$ 当且仅当 A 至少有一个 r 阶子式不为零，而所有的 $r+1$ 阶子式（如果存在的话）全为零.

2. 矩阵秩的求法

(1) 定义法.

根据秩的定义求出矩阵的秩.

(2) 初等变换法.

将矩阵 A 经初等变换化为行阶梯形（可画出一条阶梯线，线的下方元素全为 0，每个台阶只有一行，阶梯线的竖线后面第一个元素为非零元），则行阶梯形矩阵中非零行的个数就是矩阵 A 的秩.

3. 求使得 $A_{m\times n}C = 0$（秩 $A < n$）的 n 阶非零矩阵 C 的方法

方法一　用初等变换将矩阵 A 化为等价标准形

$$D = \begin{pmatrix} I_r & 0 \\ 0 & 0 \end{pmatrix},$$

假设其中所做的列初等变换对应的初等矩阵依次为 $Q_1, Q_2, \cdots, Q_t$. 令 $Q = Q_1Q_2\cdots Q_t$，则

$$C = Q\begin{pmatrix} \boldsymbol{0} & \boldsymbol{0} \\ \boldsymbol{0} & \boldsymbol{I}_{n-r} \end{pmatrix}.$$

方法二 对矩阵 $\begin{pmatrix} \boldsymbol{A} \\ \boldsymbol{I}_n \end{pmatrix}$ 中的子块 $\boldsymbol{A}$ 施行初等变换，对子块 $\boldsymbol{I}_n$ 只施行其中的列初等变换. 当子块 $\boldsymbol{A}$ 化为它的等价标准形 $\boldsymbol{D}$ 时，子块 $\boldsymbol{I}_n$ 就化为矩阵 $\boldsymbol{Q}$，即

$$\begin{pmatrix} \boldsymbol{A} \\ \boldsymbol{I}_n \end{pmatrix} \xrightarrow{\text{初等变换}} \begin{pmatrix} \boldsymbol{D} \\ \boldsymbol{Q} \end{pmatrix}.$$

于是

$$C = Q\begin{pmatrix} \boldsymbol{0} & \boldsymbol{0} \\ \boldsymbol{0} & \boldsymbol{I}_{n-r} \end{pmatrix}.$$

注 (1) 还可通过解齐次线性方程组 $\boldsymbol{AX} = \boldsymbol{0}$ 得一基础解系 $\boldsymbol{\xi}_1, \boldsymbol{\xi}_2, \cdots, \boldsymbol{\xi}_{n-r}$（见 § 6.3 “释疑解难”之 1），则 $\boldsymbol{C} = (\boldsymbol{\xi}_1, \boldsymbol{\xi}_2, \cdots, \boldsymbol{\xi}_{n-r}, \boldsymbol{0}, \cdots, \boldsymbol{0})$ 即为所求；

(2) 使得 $\boldsymbol{AC} = \boldsymbol{0}$ 的非零矩阵 $\boldsymbol{C}$ 是不唯一的.

三、范例解析

例 1 设

$$\boldsymbol{A} = \begin{pmatrix} k & -2 & 3 \\ -1 & 2k & -3 \\ 1 & -2 & 3k \end{pmatrix}.$$

问 k 为何值时，可使

(1) 秩 $\boldsymbol{A} = 3$; (2) 秩 $\boldsymbol{A} = 2$; (3) 秩 $\boldsymbol{A} = 1$.

解 方法一 定义法.

因为 $\det \boldsymbol{A} = -6(k-1)^2(k+2)$，所以

(1) 当 $k \neq 1$ 且 $k \neq -2$ 时，秩 $\boldsymbol{A} = 3$.

(2) 当 $k = -2$ 时，$\boldsymbol{A}$ 的二阶子式 $\begin{vmatrix} -2 & -2 \\ -1 & -4 \end{vmatrix} \neq 0$，且 $\det \boldsymbol{A} = 0$，故秩 $\boldsymbol{A} = 2$.

(3) 当 $k = 1$ 时，$\boldsymbol{A}$ 的任意两行元素对应成比例，因此 $\boldsymbol{A}$ 的二阶子式全为零. 而 $\boldsymbol{A}$ 有一阶非零子式，故秩 $\boldsymbol{A} = 1$.

方法二 初等变换法.

因为

$$\boldsymbol{A} \xrightarrow[\substack{r_2 + r_1 \\ r_3 - kr_1}]{r_1 \leftrightarrow r_3} \begin{pmatrix} 1 & -2 & 3k \\ 0 & 2(k-1) & 3(k-1) \\ 0 & 2(k-1) & 3(1-k^2) \end{pmatrix} \xrightarrow{r_3 - r_2} \begin{pmatrix} 1 & -2 & 3k \\ 0 & 2(k-1) & 3(k-1) \\ 0 & 0 & -3(k-1)(k+2) \end{pmatrix},$$

所以

(1) 当 $k \neq 1$ 且 $k \neq -2$ 时，秩 $\boldsymbol{A} = 3$.

(2) 当 $k = -2$ 时，秩 $\boldsymbol{A} = 2$.

(3) 当 $k = 1$ 时，秩 $\boldsymbol{A} = 1$.

例 2 设 $\boldsymbol{A}=\begin{pmatrix}-1&2&3\\2&1&4\end{pmatrix}$. 求一个三阶非零矩阵 $\boldsymbol{C}$，使得 $\boldsymbol{AC}=\boldsymbol{0}$.

解 方法一 由于

$$\boldsymbol{A}\xrightarrow{r_2+2r_1}\begin{pmatrix}-1&2&3\\0&5&10\end{pmatrix}\xrightarrow{\frac{1}{5}r_2}\begin{pmatrix}-1&2&3\\0&1&2\end{pmatrix}\xrightarrow{r_1-2r_2}\begin{pmatrix}-1&0&-1\\0&1&2\end{pmatrix}$$

$$\xrightarrow{c_3-c_1}\begin{pmatrix}-1&0&0\\0&1&2\end{pmatrix}\xrightarrow{(-1)c_1,\ c_3-2c_2}\begin{pmatrix}1&0&0\\0&1&0\end{pmatrix}=(\boldsymbol{I}_2,\ \boldsymbol{0}),$$

因此所做列初等变换对应的初等矩阵依次为 $\boldsymbol{T}_{13}(-1)$，$\boldsymbol{D}_1(-1)$，$\boldsymbol{T}_{23}(-2)$. 从而

$$\boldsymbol{Q}=\boldsymbol{T}_{13}(-1)\boldsymbol{D}_1(-1)\boldsymbol{T}_{23}(-2)=\begin{pmatrix}-1&0&-1\\0&1&-2\\0&0&1\end{pmatrix}.$$

于是

$$\boldsymbol{C}=\boldsymbol{Q}\begin{pmatrix}\boldsymbol{0}&\boldsymbol{0}\\\boldsymbol{0}&\boldsymbol{I}_1\end{pmatrix}=\boldsymbol{Q}\begin{pmatrix}0&0&0\\0&0&0\\0&0&1\end{pmatrix}=\begin{pmatrix}0&0&-1\\0&0&-2\\0&0&1\end{pmatrix}.$$

方法二 因为

$$\begin{pmatrix}\boldsymbol{A}\\\boldsymbol{I}_3\end{pmatrix}\xrightarrow{r_2+2r_1}\begin{pmatrix}-1&2&3\\0&5&10\\1&0&0\\0&1&0\\0&0&1\end{pmatrix}\xrightarrow{\frac{1}{5}r_2}\begin{pmatrix}-1&2&3\\0&1&2\\1&0&0\\0&1&0\\0&0&1\end{pmatrix}\xrightarrow{r_1-2r_2}\begin{pmatrix}-1&0&-1\\0&1&2\\1&0&0\\0&1&0\\0&0&1\end{pmatrix}$$

$$\xrightarrow{c_3-c_1}\begin{pmatrix}-1&0&0\\0&1&2\\1&0&-1\\0&1&0\\0&0&1\end{pmatrix}\xrightarrow{(-1)c_1,\ c_3-2c_2}\begin{pmatrix}1&0&0\\0&1&0\\-1&0&-1\\0&1&-2\\0&0&1\end{pmatrix},$$

所以 $\boldsymbol{D}=\begin{pmatrix}1&0&0\\0&1&0\end{pmatrix}$，$\boldsymbol{Q}=\begin{pmatrix}-1&0&-1\\0&1&-2\\0&0&1\end{pmatrix}$. 于是

$$\boldsymbol{C}=\boldsymbol{Q}\begin{pmatrix}0&0&0\\0&0&0\\0&0&1\end{pmatrix}=\begin{pmatrix}0&0&-1\\0&0&-2\\0&0&1\end{pmatrix}.$$

注 对 $\boldsymbol{A}$ 施行与上述不同的初等变换也可得

$$\boldsymbol{Q}=\begin{pmatrix}1&2&-\frac{1}{2}\\0&1&-1\\0&0&\frac{1}{2}\end{pmatrix}.$$

从而

$$C = Q\begin{pmatrix} 0 & 0 & 0 \\ 0 & 0 & 0 \\ 0 & 0 & 1 \end{pmatrix} = \begin{pmatrix} 0 & 0 & -\frac{1}{2} \\ 0 & 0 & -1 \\ 0 & 0 & \frac{1}{2} \end{pmatrix}.$$

例 3 (矩阵的满秩分解) 已知秩 $\boldsymbol{A}_{m\times n} = r\ (r > 0)$. 证明：存在列满秩矩阵 $\boldsymbol{B}_{m\times r}$ 和行满秩矩阵 $\boldsymbol{C}_{r\times n}$，使得 $\boldsymbol{A} = \boldsymbol{BC}$.

证明 因为秩 $\boldsymbol{A}_{m\times n} = r$，所以存在 m 阶可逆矩阵 $\boldsymbol{S}$ 和 n 阶可逆矩阵 $\boldsymbol{T}$，使得

$$\boldsymbol{A} = \boldsymbol{S}\begin{pmatrix} \boldsymbol{I}_r & \boldsymbol{0} \\ \boldsymbol{0} & \boldsymbol{0} \end{pmatrix}\boldsymbol{T} = \boldsymbol{S}\begin{pmatrix} \boldsymbol{I}_r \\ \boldsymbol{0} \end{pmatrix}\begin{pmatrix} \boldsymbol{I}_r & \boldsymbol{0} \end{pmatrix}\boldsymbol{T}.$$

令

$$\boldsymbol{B} = \boldsymbol{S}\begin{pmatrix} \boldsymbol{I}_r \\ \boldsymbol{0} \end{pmatrix},\ \boldsymbol{C} = \begin{pmatrix} \boldsymbol{I}_r & \boldsymbol{0} \end{pmatrix}\boldsymbol{T},$$

则 $\boldsymbol{A} = \boldsymbol{BC}$，其中 $\boldsymbol{B}$ 是 $m\times r$ 的列满秩矩阵，$\boldsymbol{C}$ 是 $r\times n$ 的行满秩矩阵.

例 4 证明：

(1) 任一矩阵 $\boldsymbol{H}$ 的一部分行和一部分列交叉位置的元素按原来的位置组成的子矩阵 $\boldsymbol{H}_1$ 的秩不超过 $\boldsymbol{H}$ 的秩，即秩 $\boldsymbol{H}_1 \leqslant$ 秩 $\boldsymbol{H}$；

(2) 秩 $\begin{pmatrix} \boldsymbol{A} & \boldsymbol{0} \\ \boldsymbol{0} & \boldsymbol{B} \end{pmatrix} =$ 秩 $\boldsymbol{A}$ + 秩 $\boldsymbol{B}$；

(3) 秩 $\begin{pmatrix} \boldsymbol{A} & \boldsymbol{0} \\ \boldsymbol{C} & \boldsymbol{B} \end{pmatrix} \geqslant$ 秩 $\boldsymbol{A}$ + 秩 $\boldsymbol{B}$.

证明 (1) 设秩 $\boldsymbol{H}_1 = r$. 若 $r = 0$，则结论显然成立. 若 $r \neq 0$，则 $\boldsymbol{H}_1$ 的 r 阶非零子式也是 $\boldsymbol{H}$ 的 r 阶非零子式. 因此秩 $\boldsymbol{H}_1 = r \leqslant$ 秩 $\boldsymbol{H}$.

(2) 设秩 $\boldsymbol{A} = r$，秩 $\boldsymbol{B} = s$，则存在可逆矩阵 $\boldsymbol{P}_1$，$\boldsymbol{Q}_1$，$\boldsymbol{P}_2$，$\boldsymbol{Q}_2$，使得

$$\boldsymbol{P}_1\boldsymbol{A}\boldsymbol{Q}_1 = \begin{pmatrix} \boldsymbol{I}_r & \boldsymbol{0} \\ \boldsymbol{0} & \boldsymbol{0} \end{pmatrix},\ \boldsymbol{P}_2\boldsymbol{B}\boldsymbol{Q}_2 = \begin{pmatrix} \boldsymbol{I}_s & \boldsymbol{0} \\ \boldsymbol{0} & \boldsymbol{0} \end{pmatrix}.$$

令

$$\boldsymbol{P} = \begin{pmatrix} \boldsymbol{P}_1 & \boldsymbol{0} \\ \boldsymbol{0} & \boldsymbol{P}_2 \end{pmatrix},\ \boldsymbol{Q} = \begin{pmatrix} \boldsymbol{Q}_1 & \boldsymbol{0} \\ \boldsymbol{0} & \boldsymbol{Q}_2 \end{pmatrix},$$

则 $\boldsymbol{P}$ 和 $\boldsymbol{Q}$ 都可逆，并且

$$\boldsymbol{P}\begin{pmatrix} \boldsymbol{A} & \boldsymbol{0} \\ \boldsymbol{0} & \boldsymbol{B} \end{pmatrix}\boldsymbol{Q} = \begin{pmatrix} \boldsymbol{P}_1\boldsymbol{A}\boldsymbol{Q}_1 & \boldsymbol{0} \\ \boldsymbol{0} & \boldsymbol{P}_2\boldsymbol{B}\boldsymbol{Q}_2 \end{pmatrix} = \begin{pmatrix} \boldsymbol{I}_r & & & \\ & \boldsymbol{0} & & \\ & & \boldsymbol{I}_s & \\ & & & \boldsymbol{0} \end{pmatrix}.$$

因此

$$\text{秩}\begin{pmatrix} \boldsymbol{A} & \boldsymbol{0} \\ \boldsymbol{0} & \boldsymbol{B} \end{pmatrix} = r + s = \text{秩}\,\boldsymbol{A} + \text{秩}\,\boldsymbol{B}.$$

(3) 由 (2) 的证明知，

$$\boldsymbol{P}\begin{pmatrix} \boldsymbol{A} & \boldsymbol{0} \\ \boldsymbol{C} & \boldsymbol{B} \end{pmatrix}\boldsymbol{Q} = \begin{pmatrix} \boldsymbol{I}_r & & & \\ & \boldsymbol{0} & & \\ * & * & \boldsymbol{I}_s & \\ * & * & & \boldsymbol{0} \end{pmatrix},$$

其中 $*$ 表示相应位置的子块可能非零. 因此

$$\text{秩}\begin{pmatrix} \boldsymbol{A} & \boldsymbol{0} \\ \boldsymbol{C} & \boldsymbol{B} \end{pmatrix} \geqslant r + s = \text{秩}\,\boldsymbol{A} + \text{秩}\,\boldsymbol{B}.$$

例 5 (Frobenius 不等式) 设 $\boldsymbol{A} \in M_{m\times n}(F)$，$\boldsymbol{B} \in M_{n\times p}(F)$，$\boldsymbol{C} \in M_{p\times q}(F)$. 证明：秩 $(\boldsymbol{ABC}) \geqslant$ 秩 $(\boldsymbol{AB})$ + 秩 $(\boldsymbol{BC})$ − 秩 $\boldsymbol{B}$.

证明 根据例 4 的 (2)，秩 $(\boldsymbol{ABC})$ + 秩 $\boldsymbol{B}$ = 秩 $\begin{pmatrix} \boldsymbol{ABC} & \boldsymbol{0} \\ \boldsymbol{0} & \boldsymbol{B} \end{pmatrix}$. 因为

$$\begin{pmatrix} \boldsymbol{I}_m & \boldsymbol{A} \\ \boldsymbol{0} & \boldsymbol{I}_n \end{pmatrix}\begin{pmatrix} \boldsymbol{ABC} & \boldsymbol{0} \\ \boldsymbol{0} & \boldsymbol{B} \end{pmatrix}\begin{pmatrix} \boldsymbol{I}_q & \boldsymbol{0} \\ -\boldsymbol{C} & \boldsymbol{I}_p \end{pmatrix}\begin{pmatrix} \boldsymbol{0} & \boldsymbol{I}_q \\ \boldsymbol{I}_p & \boldsymbol{0} \end{pmatrix}\begin{pmatrix} \boldsymbol{I}_p & \boldsymbol{0} \\ \boldsymbol{0} & -\boldsymbol{I}_q \end{pmatrix} = \begin{pmatrix} \boldsymbol{AB} & \boldsymbol{0} \\ \boldsymbol{B} & \boldsymbol{BC} \end{pmatrix},$$

所以由例 4 的 (3) 知，

$$\text{秩}\begin{pmatrix} \boldsymbol{ABC} & \boldsymbol{0} \\ \boldsymbol{0} & \boldsymbol{B} \end{pmatrix} = \text{秩}\begin{pmatrix} \boldsymbol{AB} & \boldsymbol{0} \\ \boldsymbol{B} & \boldsymbol{BC} \end{pmatrix} \geqslant \text{秩}\,(\boldsymbol{AB}) + \text{秩}\,(\boldsymbol{BC}).$$

因此秩 $(\boldsymbol{ABC}) \geqslant$ 秩 $(\boldsymbol{AB})$ + 秩 $(\boldsymbol{BC})$ − 秩 $\boldsymbol{B}$.

注 在 Frobenius 不等式中，若 $\boldsymbol{B} = \boldsymbol{I}_n$，则 秩 $(\boldsymbol{AC}) \geqslant$ 秩 $\boldsymbol{A}$ + 秩 $\boldsymbol{C} - n$. 将该不等式与秩 $(\boldsymbol{AC}) \leqslant \min\{$ 秩 $\boldsymbol{A}$，秩 $\boldsymbol{C}\}$ 合起来可得：

设 $\boldsymbol{A} \in M_{m\times n}(F)$，$\boldsymbol{C} \in M_{n\times p}(F)$，则

$$\text{秩}\,\boldsymbol{A} + \text{秩}\,\boldsymbol{C} - n \leqslant \text{秩}\,(\boldsymbol{AC}) \leqslant \min\{\text{秩}\,\boldsymbol{A},\ \text{秩}\,\boldsymbol{C}\}.$$

这个不等式称为 Sylvecter 不等式.

§3.2 特 征 根

本节讨论方阵的特征根和特征向量，引入矩阵相似的概念并研究其性质.

一、主要内容

1. 特征根、特征向量

定义 3.3 设 $\boldsymbol{A}$ 是数域 F 上的 n 阶方阵，λ 是一个复数. 如果存在复数域上的 n 维非零列向量 $\boldsymbol{\alpha}$，使得

$$\boldsymbol{A\alpha} = \lambda\boldsymbol{\alpha},$$

那么称 λ 是 $\boldsymbol{A}$ 的特征根，$\boldsymbol{\alpha}$ 称为矩阵 $\boldsymbol{A}$ 的属于特征根 λ 的特征向量.

定理 3.5 设 $\boldsymbol{A}$ 是数域 F 上的 n 阶方阵，λ 是一个复数，则 λ 是 $\boldsymbol{A}$ 的特征根

当且仅当 λ 满足等式 $\det(\lambda \boldsymbol{I}-\boldsymbol{A})=0$.

2. 特征多项式

定义 3.4 设 $\boldsymbol{A}=(a_{ij})\in M_n(F)$. 称 n 阶行列式

$$f_{\boldsymbol{A}}(x)=\det(x\boldsymbol{I}-\boldsymbol{A})=\begin{vmatrix} x-a_{11} & -a_{12} & \cdots & -a_{1n} \\ -a_{21} & x-a_{22} & \cdots & -a_{2n} \\ \vdots & \vdots & & \vdots \\ -a_{n1} & -a_{n2} & \ldots & x-a_{nn} \end{vmatrix}$$

为 $\boldsymbol{A}$ 的特征多项式.

定理 3.5 表明，一个复数 λ 是 $\boldsymbol{A}$ 的特征根当且仅当 λ 是 $\boldsymbol{A}$ 的特征多项式 $f_{\boldsymbol{A}}(x)=\det(x\boldsymbol{I}-\boldsymbol{A})$ 的根.

将行列式 $\det(x\boldsymbol{I}-\boldsymbol{A})$ 展开，可得一个关于 x 的多项式

$$f_{\boldsymbol{A}}(x)=\det(x\boldsymbol{I}-\boldsymbol{A})=x^n-(a_{11}+a_{22}+\cdots+a_{nn})x^{n-1}+\cdots+(-1)^n\det\boldsymbol{A}.$$

称 $f_{\boldsymbol{A}}(x)$ 中 x^{n-1} 的系数的相反数 $a_{11}+a_{22}+\cdots+a_{nn}$ 为矩阵 $\boldsymbol{A}$ 的迹，记作 $\mathrm{Tr}(\boldsymbol{A})$.

注 根据定理 4.29，n 阶方阵 $\boldsymbol{A}$ 的特征根一定存在，并且有 n 个（重根按重数算）. 假设 λ_1，λ_2，$\cdots$，λ_n 是 n 阶方阵 $\boldsymbol{A}$ 的 n 个特征根，那么

$$\mathrm{Tr}(\boldsymbol{A})=\lambda_1+\lambda_2+\cdots+\lambda_n,\ \det\boldsymbol{A}=\lambda_1\lambda_2\cdots\lambda_n.$$

3. 相似矩阵

定义 3.5 设 $\boldsymbol{A},\boldsymbol{B}\in M_n(F)$. 如果存在可逆矩阵 $\boldsymbol{P}\in M_n(F)$，使得

$$\boldsymbol{P}^{-1}\boldsymbol{A}\boldsymbol{P}=\boldsymbol{B},$$

那么称矩阵 $\boldsymbol{A}$ 与 $\boldsymbol{B}$ 相似，记作 $\boldsymbol{A}\sim\boldsymbol{B}$.

矩阵的相似关系满足：自反性、对称性和传递性.

定理 3.6 相似矩阵有相同的特征多项式.

推论 1 相似矩阵有相同的特征根.

推论 2 相似矩阵的行列式相同，迹也相同.

定理 3.7 相似矩阵有相同的秩.

二、释疑解难

1. 关于矩阵的特征根与特征向量

(1) 矩阵 $\boldsymbol{A}$ 所在的数域与它的特征根和特征向量所在的数域不一定相同.

$\boldsymbol{A}$ 是数域 F 上的 n 阶矩阵，但是 $\boldsymbol{A}$ 的特征根与特征向量分别是复数域 $\mathbf{C}$ 中的数与 $\mathbf{C}^n$ 中的向量.

(2) 特征向量一定是非零向量.

(3) 属于同一个特征根的特征向量不唯一.

事实上，若 $\boldsymbol{\alpha}$ 是矩阵 $\boldsymbol{A}$ 的属于特征根 λ 的特征向量，则对复数域 $\mathbf{C}$ 中的任意非零数 k，都有

$$\boldsymbol{A}(k\boldsymbol{\alpha}) = k(\boldsymbol{A}\boldsymbol{\alpha}) = k(\lambda\boldsymbol{\alpha}) = \lambda(k\boldsymbol{\alpha}).$$

因此非零向量 $k\boldsymbol{\alpha}$ 都是 $\boldsymbol{A}$ 的属于特征根 λ 的特征向量.

(4) 一个特征向量只能属于一个特征根.

这是因为，若 $\boldsymbol{\alpha}$ 是矩阵 $\boldsymbol{A}$ 的属于特征根 λ_1 的特征向量，又是 $\boldsymbol{A}$ 的属于特征根 λ_2 的特征向量，则 $\boldsymbol{A\alpha} = \lambda_1\boldsymbol{\alpha}$，$\boldsymbol{A\alpha} = \lambda_2\boldsymbol{\alpha}$. 于是 $(\lambda_1 - \lambda_2)\boldsymbol{\alpha} = \boldsymbol{0}$. 因此 $\lambda_1 = \lambda_2$.

2. 特征根的求法

第一步　写出 n 阶方阵 $\boldsymbol{A}$ 的特征多项式 $f_{\boldsymbol{A}}(x) = \det(x\boldsymbol{I} - \boldsymbol{A})$;

第二步　求出 $f_{\boldsymbol{A}}(x)$ 在复数域中的所有根，即得 $\boldsymbol{A}$ 的全部特征根.

3. 关于相似矩阵

(1) 数域 F 上的两个 n 阶方阵 $\boldsymbol{A}$ 与 $\boldsymbol{B}$ 是否相似不随数域的扩大而改变（参见§4.8“释疑解难”之 1）.

(2) 特征多项式相同的矩阵不一定相似.

相似矩阵的特征多项式相同，但是特征多项式相同的矩阵不一定相似.

例如，已知矩阵

$$\boldsymbol{A} = \begin{pmatrix} 1 & 0 \\ 0 & 1 \end{pmatrix},\ \boldsymbol{B} = \begin{pmatrix} 1 & 1 \\ 0 & 1 \end{pmatrix}.$$

则 $f_{\boldsymbol{A}}(x) = f_{\boldsymbol{B}}(x) = (x-1)^2$. 因对任意可逆矩阵 $\boldsymbol{P}$，$\boldsymbol{P}^{-1}\boldsymbol{AP} \neq \boldsymbol{B}$，故 $\boldsymbol{A}$ 与 $\boldsymbol{B}$ 不相似.

三、范例解析

例 1　设 $\boldsymbol{A}$ 是复数域上的 n 阶方阵，λ_1，λ_2，$\cdots$，λ_n 是 $\boldsymbol{A}$ 的全部特征根（重根按重数计算），$f(x)$ 是复数域上次数大于 0 的多项式.

(1) 证明：$f(\lambda_1)$，$f(\lambda_2)$，$\cdots$，$f(\lambda_n)$ 是 $f(\boldsymbol{A})$ 的全部特征根;

(2) 证明：若 $\boldsymbol{\alpha}$ 是 $\boldsymbol{A}$ 的属于特征根 λ_j ($j \in \{1, 2, \cdots, n\}$) 的特征向量，则 $\boldsymbol{\alpha}$ 是 $f(\boldsymbol{A})$ 的属于特征根 $f(\lambda_j)$ 的特征向量;

(3) 试求出 $\boldsymbol{A}^m$ 和 $k\boldsymbol{A}$ 的全部特征根（m 是正整数，k 是任一复数）;

(4) 当 $\boldsymbol{A}$ 是可逆矩阵时，求出 $\boldsymbol{A}^{-1}$，$\boldsymbol{A}^*$ 的全部特征根.

证明　(1) 由“习题三解答”第 18 题知，$\boldsymbol{A}$ 相似于一个复数域上的 n 阶上三角形矩阵，即存在 n 阶复可逆矩阵 $\boldsymbol{P}$，使得

$$\boldsymbol{P}^{-1}\boldsymbol{AP} = \begin{pmatrix} \lambda_1 & * & \cdots & * \\ 0 & \lambda_2 & \cdots & * \\ \vdots & \vdots & & \vdots \\ 0 & 0 & \cdots & \lambda_n \end{pmatrix}.$$

令 $f(x)=\sum\limits_{i=0}^{m}a_ix^i$，则

$$P^{-1}f(A)P=P^{-1}\Big(\sum_{i=0}^{m}a_iA^i\Big)P=\begin{pmatrix}f(\lambda_1) & * & \cdots & * \\ 0 & f(\lambda_2) & \cdots & * \\ \vdots & \vdots & & \vdots \\ 0 & 0 & \cdots & f(\lambda_n)\end{pmatrix}.$$

于是 $f(A)$ 相似于上式右端的上三角形矩阵. 而 $f(\lambda_1)$，$f(\lambda_2)$，$\cdots$，$f(\lambda_n)$ 是该上三角形矩阵的全部特征根，故 $f(\lambda_1)$，$f(\lambda_2)$，$\cdots$，$f(\lambda_n)$ 是 $f(A)$ 的全部特征根.

(2) 因为 α 是 A 的属于特征根 λ_j ($j\in\{1, 2, \cdots, n\}$) 的特征向量，所以 $A\alpha=\lambda_j\alpha$. 令 $f(x)=\sum\limits_{l=0}^{m}a_lx^l$，则 $\sum\limits_{l=0}^{m}a_lA^l\alpha=\sum\limits_{l=0}^{m}a_l\lambda_j{}^l\alpha$. 于是 $f(A)\alpha=f(\lambda_j)\alpha$，即 α 是 $f(A)$ 的属于特征根 $f(\lambda_j)$ 的特征向量.

(3) 由 (1) 知，A^m 的全部特征根为 $\lambda_1{}^m$，$\lambda_2{}^m$，$\cdots$，$\lambda_n{}^m$，kA 的全部特征根为 $k\lambda_1$，$k\lambda_2$，$\cdots$，$k\lambda_n$.

(4) 因为 A 可逆，所以 $\det A=\lambda_1\lambda_2\cdots\lambda_n\neq 0$. 从而 $\lambda_i\neq 0$，$i=1, 2, \cdots, n$. 于是由可逆矩阵的性质及“习题二解答”第 17 题可知，

$$P^{-1}A^{-1}P=\begin{pmatrix}\lambda_1{}^{-1} & * & \cdots & * \\ 0 & \lambda_2{}^{-1} & \cdots & * \\ \vdots & \vdots & & \vdots \\ 0 & 0 & \cdots & \lambda_n{}^{-1}\end{pmatrix}.$$

因此 A^{-1} 的全部特征根为 $\lambda_1{}^{-1}$，$\lambda_2{}^{-1}$，$\cdots$，$\lambda_n{}^{-1}$. 因 $A^*=(\det A)A^{-1}$，故由 (3) 知，A^* 的全部特征根为 $\lambda_1{}^{-1}\det A$，$\lambda_2{}^{-1}\det A$，$\cdots$，$\lambda_n{}^{-1}\det A$.

例 2 设复数域上的 $n+1$ 阶循环矩阵

$$A=\begin{pmatrix}a_0 & a_1 & a_2 & \cdots & a_n \\ a_n & a_0 & a_1 & \cdots & a_{n-1} \\ a_{n-1} & a_n & a_0 & \cdots & a_{n-2} \\ \vdots & \vdots & \vdots & & \vdots \\ a_1 & a_2 & a_3 & \cdots & a_0\end{pmatrix}.$$

(1) 求 $\det A$ 的值；

(2) 求可逆矩阵 P，使得 $P^{-1}AP$ 为对角矩阵.

解 (1) 令 $B=\begin{pmatrix}0 & I_n \\ 1 & 0\end{pmatrix}$，则 $B^k=\begin{pmatrix}0 & I_{n+1-k} \\ I_k & 0\end{pmatrix}(k=1, 2, \cdots, n)$，$B^{n+1}=I_{n+1}$. 设 $f(x)=a_0+a_1x+\cdots+a_nx^n$，则 $A=a_0I+a_1B+\cdots+a_nB^n=f(B)$. 因为 B 的特征多项式 $f_B(x)=\det(xI-B)=x^{n+1}-1$，所以 B 的全部特征根为 $n+1$ 个 $n+1$ 次单位根：1，ω，ω^2，$\cdots$，ω^n，这里 $\omega=\cos\dfrac{2\pi}{n+1}+\mathrm{i}\sin\dfrac{2\pi}{n+1}$（见 § 4.6 “释疑解难”之 6）. 由例 1 知，$A=f(B)$ 的全部特征根为 $f(1)$，$f(\omega)$，$f(\omega^2)$，$\cdots$，$f(\omega^n)$.

因此 $\det \boldsymbol{A} = f(1)f(\omega)f(\omega^2)\cdots f(\omega^n)$.

(2) 设 u 是任意一个 $n+1$ 次单位根，则

$$\boldsymbol{A}\begin{pmatrix}1\\u\\u^2\\\vdots\\u^n\end{pmatrix}=\begin{pmatrix}a_0+a_1u+\cdots+a_nu^n\\a_n+a_0u+\cdots+a_{n-1}u^n\\\vdots\\a_1+a_2u+\cdots+a_0u^n\end{pmatrix}=f(u)\begin{pmatrix}1\\u\\u^2\\\vdots\\u^n\end{pmatrix},$$

其中 $f(u)=a_0+a_1u+\cdots+a_nu^n$. 于是向量 $(1,\ u,\ u^2,\ \cdots,\ u^n)^{\mathrm{T}}$ 是 $\boldsymbol{A}$ 的属于特征根 $f(u)$ 的特征向量. 因此 $\boldsymbol{A}$ 的属于特征根 $f(\omega^i)$ 的特征向量为

$$\boldsymbol{\alpha}_i=(1,\ \omega^i,\ \omega^{2i},\ \cdots,\ \omega^{ni})^{\mathrm{T}},\ i=0,\ 1,\ \cdots,\ n.$$

取

$$\boldsymbol{P}=(\boldsymbol{\alpha}_0,\ \boldsymbol{\alpha}_1,\ \cdots,\ \boldsymbol{\alpha}_n)=\begin{pmatrix}1&1&\cdots&1\\1&\omega&\cdots&\omega^n\\1&\omega^2&\cdots&\omega^{2n}\\\vdots&\vdots&&\vdots\\1&\omega^n&\cdots&\omega^{n^2}\end{pmatrix},$$

则

$$\boldsymbol{AP}=\boldsymbol{P}\begin{pmatrix}f(1)&&&\\&f(\omega)&&\\&&\ddots&\\&&&f(\omega^n)\end{pmatrix}.$$

因 $\det \boldsymbol{P}$ 是范德蒙行列式，且数 $1,\ \omega,\ \omega^2,\ \cdots,\ \omega^n$ 互异，故 $\boldsymbol{P}$ 可逆. 从而

$$\boldsymbol{P}^{-1}\boldsymbol{AP}=\begin{pmatrix}f(1)&&&\\&f(\omega)&&\\&&\ddots&\\&&&f(\omega^n)\end{pmatrix}.$$

例 3 设 $\boldsymbol{A},\ \boldsymbol{B}\in M_n(F)$，$f_{\boldsymbol{B}}(x)$ 是 $\boldsymbol{B}$ 的特征多项式. 证明：$f_{\boldsymbol{B}}(\boldsymbol{A})$ 是非奇异的当且仅当 $\boldsymbol{A}$ 与 $\boldsymbol{B}$ 没有公共特征根.

证明 设 $\boldsymbol{B}$ 的特征根为 $\lambda_1,\ \lambda_2,\ \cdots,\ \lambda_n$（重根按重数算），则

$$f_{\boldsymbol{B}}(x)=(x-\lambda_1)(x-\lambda_2)\cdots(x-\lambda_n).$$

因此

$$f_{\boldsymbol{B}}(\boldsymbol{A})=(\boldsymbol{A}-\lambda_1\boldsymbol{I})(\boldsymbol{A}-\lambda_2\boldsymbol{I})\cdots(\boldsymbol{A}-\lambda_n\boldsymbol{I}).$$

从而 $f_{\boldsymbol{B}}(\boldsymbol{A})$ 是非奇异的当且仅当 $\det(\boldsymbol{A}-\lambda_i\boldsymbol{I})\neq 0\ (i=1,\ 2,\ \cdots,\ n)$ 当且仅当 $\lambda_1,\ \lambda_2,\ \cdots,\ \lambda_n$ 不是 $\boldsymbol{A}$ 的特征根. 于是 $f_{\boldsymbol{B}}(\boldsymbol{A})$ 是非奇异的当且仅当 $\boldsymbol{A}$ 与 $\boldsymbol{B}$ 没有公共特征根.

例 4 设 $\boldsymbol{A}$ 是数域 F 上的 n 阶可逆矩阵，则以下条件等价：

(1) $\boldsymbol{A}$ 与对角矩阵相似；

(2) $\boldsymbol{A}^{-1}$ 与对角矩阵相似；

(3) $\boldsymbol{A}^*$ 与对角矩阵相似.

证明 (1) ⇒ (2). 设 $\boldsymbol{A}$ 与对角矩阵 $\boldsymbol{\Lambda} = \mathrm{diag}\,(\lambda_1, \lambda_2, \cdots, \lambda_n)$ 相似，则存在可逆矩阵 $\boldsymbol{P}$，使得 $\boldsymbol{P}^{-1}\boldsymbol{A}\boldsymbol{P} = \boldsymbol{\Lambda}$. 因为 $\boldsymbol{A}$ 可逆，所以 $\boldsymbol{\Lambda}$ 也可逆. 于是

$$\boldsymbol{P}^{-1}\boldsymbol{A}^{-1}\boldsymbol{P} = \boldsymbol{\Lambda}^{-1} = \mathrm{diag}\,(\lambda_1^{-1}, \lambda_2^{-1}, \cdots, \lambda_n^{-1}),$$

即 $\boldsymbol{A}^{-1}$ 与对角矩阵相似.

(2) ⇒ (3). 设 $\boldsymbol{A}^{-1}$ 与对角矩阵 $\boldsymbol{U} = \mathrm{diag}\,(u_1, u_2, \cdots, u_n)$ 相似，则存在可逆矩阵 $\boldsymbol{Q}$，使得 $\boldsymbol{Q}^{-1}\boldsymbol{A}^{-1}\boldsymbol{Q} = \boldsymbol{U}$. 因此

$$\boldsymbol{A}^* = (\det \boldsymbol{A})\boldsymbol{A}^{-1} = \boldsymbol{Q}\,[(\det \boldsymbol{A})\boldsymbol{U}]\,\boldsymbol{Q}^{-1}.$$

于是 $\boldsymbol{A}^*$ 与对角矩阵相似.

(3) ⇒ (1). 设 $\boldsymbol{A}^*$ 与对角矩阵 $\boldsymbol{V} = \mathrm{diag}\,(v_1, v_2, \cdots, v_n)$ 相似，则存在可逆矩阵 $\boldsymbol{S}$，使得 $\boldsymbol{S}^{-1}\boldsymbol{A}^*\boldsymbol{S} = \boldsymbol{V}$. 从而 $(\boldsymbol{A}^*)^{-1} = \boldsymbol{S}\boldsymbol{V}^{-1}\boldsymbol{S}^{-1}$. 于是

$$\boldsymbol{A} = (\det \boldsymbol{A})(\boldsymbol{A}^*)^{-1} = \boldsymbol{S}\,[(\det \boldsymbol{A})\boldsymbol{V}^{-1}]\,\boldsymbol{S}^{-1},$$

即 $\boldsymbol{A}$ 与对角矩阵相似.

例 5 设 $\boldsymbol{A}$ 与 $\boldsymbol{B}$ 是数域 F 上的 n 阶矩阵. 证明：$\boldsymbol{A}$ 与 $\boldsymbol{B}$ 相似当且仅当 $\boldsymbol{A}$ 与 $\boldsymbol{B}$ 有分解式 $\boldsymbol{A} = \boldsymbol{P}\boldsymbol{Q}$，$\boldsymbol{B} = \boldsymbol{Q}\boldsymbol{P}$，其中 $\boldsymbol{P}$ 与 $\boldsymbol{Q}$ 都是数域 F 上的 n 阶矩阵，且至少有一个是可逆的.

证明 必要性 设 $\boldsymbol{A}$ 与 $\boldsymbol{B}$ 相似，则存在数域 F 上的 n 阶可逆矩阵 $\boldsymbol{P}$，使得 $\boldsymbol{B} = \boldsymbol{P}^{-1}\boldsymbol{A}\boldsymbol{P}$. 令 $\boldsymbol{P}^{-1}\boldsymbol{A} = \boldsymbol{Q}$，则 $\boldsymbol{A} = \boldsymbol{P}\boldsymbol{Q}$，$\boldsymbol{B} = \boldsymbol{Q}\boldsymbol{P}$.

充分性 设 $\boldsymbol{A}$ 与 $\boldsymbol{B}$ 有分解式 $\boldsymbol{A} = \boldsymbol{P}\boldsymbol{Q}$，$\boldsymbol{B} = \boldsymbol{Q}\boldsymbol{P}$，且 $\boldsymbol{P}$ 可逆，则 $\boldsymbol{Q} = \boldsymbol{P}^{-1}\boldsymbol{A}$. 于是 $\boldsymbol{B} = \boldsymbol{P}^{-1}\boldsymbol{A}\boldsymbol{P}$. 因此 $\boldsymbol{A}$ 与 $\boldsymbol{B}$ 相似.

§3.3 对称矩阵

本节主要讨论矩阵的转置和对称矩阵及其性质.

一、主要内容

1. 转置矩阵

定义 3.6 设

$$\boldsymbol{A} = \begin{pmatrix} a_{11} & a_{12} & \cdots & a_{1n} \\ a_{21} & a_{22} & \cdots & a_{2n} \\ \vdots & \vdots & & \vdots \\ a_{m1} & a_{m2} & \cdots & a_{mn} \end{pmatrix}.$$

称

$$\begin{pmatrix} a_{11} & a_{21} & \cdots & a_{m1} \\ a_{12} & a_{22} & \cdots & a_{m2} \\ \vdots & \vdots & & \vdots \\ a_{1n} & a_{2n} & \cdots & a_{mn} \end{pmatrix}$$

为 $\boldsymbol{A}$ 的转置矩阵，记作 $\boldsymbol{A}^{\mathrm{T}}$.

定理 3.8 设 $\boldsymbol{A}$，$\boldsymbol{B}$ 是数域 F 上的 $m\times n$ 矩阵，$\boldsymbol{C}$ 是数域 F 上的 $n\times p$ 矩阵，k 是数域 F 中的数，则以下结论成立：

(1) $(\boldsymbol{A}^{\mathrm{T}})^{\mathrm{T}}=\boldsymbol{A}$；

(2) $(\boldsymbol{A}+\boldsymbol{B})^{\mathrm{T}}=\boldsymbol{A}^{\mathrm{T}}+\boldsymbol{B}^{\mathrm{T}}$；

(3) $(k\boldsymbol{A})^{\mathrm{T}}=k\boldsymbol{A}^{\mathrm{T}}$；

(4) $(\boldsymbol{A}\boldsymbol{C})^{\mathrm{T}}=\boldsymbol{C}^{\mathrm{T}}\boldsymbol{A}^{\mathrm{T}}$；

(5) 若方阵 $\boldsymbol{A}$ 可逆，则 $\boldsymbol{A}^{\mathrm{T}}$ 可逆，且 $(\boldsymbol{A}^{\mathrm{T}})^{-1}=(\boldsymbol{A}^{-1})^{\mathrm{T}}$.

定理 3.9 数域 F 上的任意矩阵 $\boldsymbol{A}$ 和它的转置矩阵 $\boldsymbol{A}^{\mathrm{T}}$ 有相同的秩.

定理 3.10 数域 F 上的 n 阶方阵 $\boldsymbol{A}$ 和它的转置矩阵 $\boldsymbol{A}^{\mathrm{T}}$ 有相同的特征多项式，因而有相同的特征根.

2. 对称矩阵

定义 3.7 如果矩阵 $\boldsymbol{A}$ 和它的转置矩阵 $\boldsymbol{A}^{\mathrm{T}}$ 相等，那么称 $\boldsymbol{A}$ 是对称矩阵.

定理 3.11 实对称矩阵的特征根都是实数.

定理 3.12 设 $\boldsymbol{A}=(a_{ij})$ 是数域 F 上的一个 n 阶对称矩阵，则存在数域 F 上的 n 阶可逆矩阵 $\boldsymbol{P}$，使得

$$\boldsymbol{P}^{\mathrm{T}}\boldsymbol{A}\boldsymbol{P}=\begin{pmatrix} c_1 & & & \\ & c_2 & & \\ & & \ddots & \\ & & & c_n \end{pmatrix}.$$

注 如果秩 $\boldsymbol{A}=r\ (r>0)$，那么存在 n 阶可逆矩阵 $\boldsymbol{P}$，使得

$$\boldsymbol{P}^{\mathrm{T}}\boldsymbol{A}\boldsymbol{P}=\begin{pmatrix} c_1 & & & & & \\ & \ddots & & & & \\ & & c_r & & & \\ & & & 0 & & \\ & & & & \ddots & \\ & & & & & 0 \end{pmatrix},$$

其中 $c_i\neq 0$，$i=1, 2, \cdots, r$.

二、释疑解难

1. 分块矩阵的转置

设

$$A=\begin{pmatrix} A_{11} & A_{12} & \cdots & A_{1s} \\ A_{21} & A_{22} & \cdots & A_{2s} \\ \vdots & \vdots & & \vdots \\ A_{r1} & A_{r2} & \cdots & A_{rs} \end{pmatrix}$$

是一个分块矩阵，则

$$\begin{pmatrix} A_{11} & A_{12} & \cdots & A_{1s} \\ A_{21} & A_{22} & \cdots & A_{2s} \\ \vdots & \vdots & & \vdots \\ A_{r1} & A_{r2} & \cdots & A_{rs} \end{pmatrix}^{\mathrm{T}}=\begin{pmatrix} A_{11}^{\mathrm{T}} & A_{21}^{\mathrm{T}} & \cdots & A_{r1}^{\mathrm{T}} \\ A_{12}^{\mathrm{T}} & A_{22}^{\mathrm{T}} & \cdots & A_{r2}^{\mathrm{T}} \\ \vdots & \vdots & & \vdots \\ A_{1s}^{\mathrm{T}} & A_{2s}^{\mathrm{T}} & \cdots & A_{rs}^{\mathrm{T}} \end{pmatrix}.$$

2. 共轭矩阵

设 $A=(a_{ij})_{m\times n}$. 用 $\overline{a}_{ij}$ 表示 a_{ij} 的共轭复数. 称 $(\overline{a}_{ij})_{m\times n}$ 为 A 的共轭矩阵，记为 $\overline{A}$. 容易验证，矩阵的共轭具有下列性质：

(1) $\overline{A+B}=\overline{A}+\overline{B}$，$\forall A$，$B\in M_{m\times n}(\mathbf{C})$；

(2) $\overline{kA}=\overline{k}\,\overline{A}$，$\forall k\in\mathbf{C}$，$A\in M_{m\times n}(\mathbf{C})$；

(3) $\overline{AB}=\overline{A}\,\overline{B}$，$\forall A\in M_{m\times n}(\mathbf{C})$，$B\in M_{n\times p}(\mathbf{C})$；

(4) $\overline{A}^{\mathrm{T}}=\overline{A^{\mathrm{T}}}$，$\forall A\in M_{m\times n}(\mathbf{C})$.

三、范例解析

例 1 证明：数域 F 上的一个秩为 $r\,(r>0)$ 的对称矩阵可以表示成 r 个秩等于 1 的对称矩阵之和.

证明 设 A 是 F 上的秩为 $r\,(r>0)$ 的 n 阶对称矩阵，则存在 F 上的 n 阶可逆矩阵 P，使得

$$P^{\mathrm{T}}AP=\begin{pmatrix} c_1 & & & & & \\ & \ddots & & & & \\ & & c_r & & & \\ & & & 0 & & \\ & & & & \ddots & \\ & & & & & 0 \end{pmatrix}=\sum_{i=1}^{r}c_iE_{ii},$$

其中 $c_i\neq 0$，$i=1, 2, \cdots, r$. 因此

$$A=\sum_{i=1}^{r}c_i(P^{-1})^{\mathrm{T}}E_{ii}P^{-1}.$$

显然，$c_i(\boldsymbol{P}^{-1})^{\mathrm{T}}\boldsymbol{E}_{ii}\boldsymbol{P}^{-1}$ 是秩为 1 的对称矩阵.

例 2 设 $\boldsymbol{A}=\begin{pmatrix}\boldsymbol{A}_{11} & \boldsymbol{A}_{12}\\ \boldsymbol{A}_{21} & \boldsymbol{A}_{22}\end{pmatrix}$ 是一个对称矩阵，且 $\det\boldsymbol{A}_{11}\neq 0$. 证明：存在 $\boldsymbol{T}=\begin{pmatrix}\boldsymbol{I} & \boldsymbol{X}\\ \boldsymbol{0} & \boldsymbol{I}\end{pmatrix}$，使得 $\boldsymbol{T}^{\mathrm{T}}\boldsymbol{A}\boldsymbol{T}=\begin{pmatrix}\boldsymbol{A}_{11} & \boldsymbol{0}\\ \boldsymbol{0} & *\end{pmatrix}$，其中 $*$ 表示一个与 $\boldsymbol{A}_{22}$ 同阶的方阵.

证明 因为 $\boldsymbol{A}^{\mathrm{T}}=\boldsymbol{A}$，所以 $\boldsymbol{A}_{12}^{\mathrm{T}}=\boldsymbol{A}_{21}$，$\boldsymbol{A}_{11}^{\mathrm{T}}=\boldsymbol{A}_{11}$. 取分块矩阵

$$\boldsymbol{T}=\begin{pmatrix}\boldsymbol{I} & -\boldsymbol{A}_{11}^{-1}\boldsymbol{A}_{12}\\ \boldsymbol{0} & \boldsymbol{I}\end{pmatrix},$$

则

$$\begin{aligned}\boldsymbol{T}^{\mathrm{T}}\boldsymbol{A}\boldsymbol{T}&=\begin{pmatrix}\boldsymbol{I} & \boldsymbol{0}\\ -\boldsymbol{A}_{12}^{\mathrm{T}}\boldsymbol{A}_{11}^{-1} & \boldsymbol{I}\end{pmatrix}\begin{pmatrix}\boldsymbol{A}_{11} & \boldsymbol{A}_{12}\\ \boldsymbol{A}_{21} & \boldsymbol{A}_{22}\end{pmatrix}\begin{pmatrix}\boldsymbol{I} & -\boldsymbol{A}_{11}^{-1}\boldsymbol{A}_{12}\\ \boldsymbol{0} & \boldsymbol{I}\end{pmatrix}\\&=\begin{pmatrix}\boldsymbol{A}_{11} & \boldsymbol{0}\\ \boldsymbol{0} & \boldsymbol{A}_{22}-\boldsymbol{A}_{12}^{\mathrm{T}}\boldsymbol{A}_{11}^{-1}\boldsymbol{A}_{12}\end{pmatrix}.\end{aligned}$$

例 3 证明：对任意 n 阶矩阵 $\boldsymbol{A}$，必存在 n 阶对称矩阵 $\boldsymbol{B}$ 与斜对称矩阵 $\boldsymbol{C}$，使得 $\boldsymbol{A}=\boldsymbol{B}+\boldsymbol{C}$.

证明 因为

$$\boldsymbol{A}=\frac{1}{2}(\boldsymbol{A}+\boldsymbol{A}^{\mathrm{T}})+\frac{1}{2}(\boldsymbol{A}-\boldsymbol{A}^{\mathrm{T}}),$$

所以取 $\boldsymbol{B}=\dfrac{1}{2}(\boldsymbol{A}+\boldsymbol{A}^{\mathrm{T}})$，$\boldsymbol{C}=\dfrac{1}{2}(\boldsymbol{A}-\boldsymbol{A}^{\mathrm{T}})$，则 $\boldsymbol{B}^{\mathrm{T}}=\boldsymbol{B}$，$\boldsymbol{C}^{\mathrm{T}}=-\boldsymbol{C}$. 于是 $\boldsymbol{A}$ 是 n 阶对称矩阵 $\boldsymbol{B}$ 与斜对称矩阵 $\boldsymbol{C}$ 的和.

例 4 设 $\boldsymbol{A}$ 是实斜对称矩阵，则 $\boldsymbol{A}+\boldsymbol{I}$ 是满秩矩阵.

证明 假设 $\det(\boldsymbol{A}+\boldsymbol{I})=0$，那么 $\det(-\boldsymbol{A}-\boldsymbol{I})=0$. 于是 -1 是 $\boldsymbol{A}$ 的一个特征值. 由“习题三解答”第 22 题知，$\boldsymbol{A}$ 的特征根是零或纯虚数，矛盾. 于是 $\det(\boldsymbol{A}+\boldsymbol{I})\neq 0$，即 $\boldsymbol{A}+\boldsymbol{I}$ 是满秩矩阵.

例 5 设 $\boldsymbol{A}$ 为 n 阶可逆的斜对称矩阵，$\boldsymbol{b}$ 为 n 维列向量，$\boldsymbol{B}=\begin{pmatrix}\boldsymbol{A} & \boldsymbol{b}\\ \boldsymbol{b}^{\mathrm{T}} & \boldsymbol{0}\end{pmatrix}$. 证明：秩 $\boldsymbol{B}=n$.

证明 显然 $n+1$ 阶矩阵 $\boldsymbol{B}$ 有一个 n 阶子式 $\det\boldsymbol{A}$ 不为零，故只需证 $\det\boldsymbol{B}=0$.

因为 $\boldsymbol{A}$ 为斜对称矩阵，所以 $\boldsymbol{A}^{-1}$ 也为斜对称矩阵. 从而 $(\boldsymbol{b}^{\mathrm{T}}\boldsymbol{A}^{-1}\boldsymbol{b})^{\mathrm{T}}=-\boldsymbol{b}^{\mathrm{T}}\boldsymbol{A}^{-1}\boldsymbol{b}$. 由 $\boldsymbol{b}^{\mathrm{T}}\boldsymbol{A}^{-1}\boldsymbol{b}$ 是 1 阶矩阵知，$\boldsymbol{b}^{\mathrm{T}}\boldsymbol{A}^{-1}\boldsymbol{b}=\boldsymbol{0}$. 由于

$$\begin{pmatrix}\boldsymbol{I}_n & \boldsymbol{0}\\ -\boldsymbol{b}^{\mathrm{T}}\boldsymbol{A}^{-1} & \boldsymbol{I}_1\end{pmatrix}\begin{pmatrix}\boldsymbol{A} & \boldsymbol{b}\\ \boldsymbol{b}^{\mathrm{T}} & \boldsymbol{0}\end{pmatrix}=\begin{pmatrix}\boldsymbol{A} & \boldsymbol{b}\\ \boldsymbol{0} & -\boldsymbol{b}^{\mathrm{T}}\boldsymbol{A}^{-1}\boldsymbol{b}\end{pmatrix},$$

因此

$$\det\boldsymbol{B}=\det\begin{pmatrix}\boldsymbol{A} & \boldsymbol{b}\\ \boldsymbol{0} & -\boldsymbol{b}^{\mathrm{T}}\boldsymbol{A}^{-1}\boldsymbol{b}\end{pmatrix}=0.$$

于是秩 $\boldsymbol{B}=n$.

§3.4 矩阵的合同

本节介绍矩阵的合同概念，讨论 n 阶对称矩阵在数域 F、复数域 $\mathbf{C}$ 和实数域 $\mathbf{R}$ 上的合同标准形.

一、主要内容

1. 矩阵的合同、合同变换

定义 3.8 设 $\boldsymbol{A}$, $\boldsymbol{B}$ 都是数域 F 上的 n 阶矩阵. 若存在数域 F 上的一个 n 阶可逆矩阵 $\boldsymbol{P}$，使得

$$\boldsymbol{P}^{\mathrm{T}}\boldsymbol{A}\boldsymbol{P}=\boldsymbol{B},$$

则称在数域 F 上 $\boldsymbol{A}$ 与 $\boldsymbol{B}$ 合同.

易证，矩阵的合同关系满足：自反性、对称性及传递性.

显然，合同矩阵的秩相同；与对称矩阵合同的矩阵也是对称矩阵.

定理 3.13 设 $\boldsymbol{A}$ 是数域 F 上的 n 阶对称矩阵，则在 F 上 $\boldsymbol{A}$ 与一个对角形矩阵 $\boldsymbol{\Lambda}$ 合同.

定义 3.9 对对称矩阵 $\boldsymbol{A}$ 施行的一对相同类型的列初等变换和行初等变换叫作对 $\boldsymbol{A}$ 施行的合同变换.

2. 复数域上矩阵的合同

定理 3.14 设 $\boldsymbol{A}$ 是 n 阶复对称矩阵，则存在 n 阶复可逆矩阵 $\boldsymbol{P}$，使得

$$\boldsymbol{P}^{\mathrm{T}}\boldsymbol{A}\boldsymbol{P}=\begin{pmatrix}\boldsymbol{I}_r & \boldsymbol{0}\\ \boldsymbol{0} & \boldsymbol{0}\end{pmatrix},$$

其中 r 为矩阵 $\boldsymbol{A}$ 的秩.

定理 3.15 两个 n 阶复对称矩阵合同的充要条件是它们的秩相等.

3. 实数域上矩阵的合同

定理 3.16 设 $\boldsymbol{A}$ 是 n 阶实对称矩阵，则存在 n 阶实可逆矩阵 $\boldsymbol{P}$，使得

$$\boldsymbol{P}^{\mathrm{T}}\boldsymbol{A}\boldsymbol{P}=\begin{pmatrix}\boldsymbol{I}_p & \boldsymbol{0} & \boldsymbol{0}\\ \boldsymbol{0} & -\boldsymbol{I}_{r-p} & \boldsymbol{0}\\ \boldsymbol{0} & \boldsymbol{0} & \boldsymbol{0}\end{pmatrix},$$

其中 r 为 $\boldsymbol{A}$ 的秩，$0\leqslant p\leqslant r$.

定理 3.17（实对称矩阵的惯性定律） 设 $\boldsymbol{A}$ 是 n 阶实对称矩阵. 如果 $\boldsymbol{A}$ 在实数域上合同于矩阵 $\boldsymbol{B}$ 和 $\boldsymbol{C}$：

$$\boldsymbol{B}=\begin{pmatrix}\boldsymbol{I}_p & \boldsymbol{0} & \boldsymbol{0}\\ \boldsymbol{0} & -\boldsymbol{I}_{r-p} & \boldsymbol{0}\\ \boldsymbol{0} & \boldsymbol{0} & \boldsymbol{0}\end{pmatrix},\quad \boldsymbol{C}=\begin{pmatrix}\boldsymbol{I}_q & \boldsymbol{0} & \boldsymbol{0}\\ \boldsymbol{0} & -\boldsymbol{I}_{r-q} & \boldsymbol{0}\\ \boldsymbol{0} & \boldsymbol{0} & \boldsymbol{0}\end{pmatrix},$$

那么 $p = q$.

定义 3.10 实对称矩阵的惯性定律中矩阵 $\boldsymbol{B}$ 的主对角线上 1 的个数 p 称为 $\boldsymbol{A}$ 的正惯性指数，-1 的个数 $r-p$ 称为 $\boldsymbol{A}$ 的负惯性指数，正惯性指数与负惯性指数的差 $2p-r$ 称为 $\boldsymbol{A}$ 的符号差.

定理 3.18 两个 n 阶实对称矩阵 $\boldsymbol{A}$ 与 $\boldsymbol{B}$ 在实数域上合同的充要条件是它们有相同的秩与相同的正惯性指数.

定理 3.19 两个 n 阶实对称矩阵 $\boldsymbol{A}$ 与 $\boldsymbol{B}$ 在实数域上合同的充要条件是它们有相同的秩与相同的符号差.

二、释疑解难

1. 关于矩阵的合同

(1) 数域 F 上的两个矩阵是否合同与所讨论的数域有关.

例如，矩阵

$$\boldsymbol{A}=\begin{pmatrix}1&0\\0&0\end{pmatrix},\ \boldsymbol{B}=\begin{pmatrix}-1&0\\0&0\end{pmatrix}$$

在实数域上不合同，但在复数域上合同.

因此说两个矩阵 $\boldsymbol{A}$ 与 $\boldsymbol{B}$ 合同要指明是在哪个数域上合同. 但有时为方便起见，数域 F 上矩阵 “$\boldsymbol{A}$ 与 $\boldsymbol{B}$ 在 F 合同” 可简单地说 “$\boldsymbol{A}$ 与 $\boldsymbol{B}$ 合同”.

(2) 数域 F 上矩阵 $\boldsymbol{A}$ 与 $\boldsymbol{B}$ 合同所满足的 $\boldsymbol{P}^{\mathrm{T}}\boldsymbol{A}\boldsymbol{P}=\boldsymbol{B}$ 中，可逆矩阵 $\boldsymbol{P}$ 不唯一.

例如，设

$$\boldsymbol{A}=\begin{pmatrix}1&0\\-1&1\end{pmatrix},\ \boldsymbol{B}=\begin{pmatrix}3&2\\1&1\end{pmatrix}.$$

取

$$\boldsymbol{P}_1=\begin{pmatrix}1&0\\2&1\end{pmatrix},\ \boldsymbol{P}_2=\begin{pmatrix}2&1\\1&1\end{pmatrix}.$$

则 $\boldsymbol{P}_1^{\mathrm{T}}\boldsymbol{A}\boldsymbol{P}_1=\boldsymbol{P}_2^{\mathrm{T}}\boldsymbol{A}\boldsymbol{P}_2=\boldsymbol{B}$，而 $\boldsymbol{P}_1\neq\boldsymbol{P}_2$.

(3) 矩阵 $\boldsymbol{A}$ 与 $\boldsymbol{B}$ 在数域 F 上合同当且仅当 $\boldsymbol{A}$ 在 F 上可通过若干次合同变换化为 $\boldsymbol{B}$.

这是因为，n 阶矩阵 $\boldsymbol{A}$ 与 $\boldsymbol{B}$ 在数域 F 上合同当且仅当存在 F 上的 n 阶可逆矩阵 $\boldsymbol{P}$，使得 $\boldsymbol{P}^{\mathrm{T}}\boldsymbol{A}\boldsymbol{P}=\boldsymbol{B}$，即当且仅当 $\boldsymbol{A}$ 在 F 上可通过若干次合同变换化为 $\boldsymbol{B}$.

2. 求使得 $\boldsymbol{P}^{\mathrm{T}}\boldsymbol{A}\boldsymbol{P}=\boldsymbol{\Lambda}$ ($\boldsymbol{A}\in M_n(F)$，$\boldsymbol{A}^{\mathrm{T}}=\boldsymbol{A}$) 的可逆矩阵 $\boldsymbol{P}$ 及对角矩阵 $\boldsymbol{\Lambda}$ 的方法

第一步　写出 $2n\times n$ 矩阵 $\begin{pmatrix}\boldsymbol{A}\\\boldsymbol{I}_n\end{pmatrix}$；

第二步　对矩阵 $\begin{pmatrix}\boldsymbol{A}\\\boldsymbol{I}_n\end{pmatrix}$ 中的子块 $\boldsymbol{A}$ 施行合同变换，对子块 $\boldsymbol{I}_n$ 只施行其中的

列初等变换，直到把 $\boldsymbol{A}$ 化为对角矩阵 $\boldsymbol{\Lambda}$，这时 $\boldsymbol{I}_n$ 就化为 $\boldsymbol{P}$，即

$$\begin{pmatrix}\boldsymbol{A}\\ \boldsymbol{I}_n\end{pmatrix}\xrightarrow[\text{对 }\boldsymbol{I}_n\text{ 只施行其中的列初等变换}]{\text{对 }\boldsymbol{A}\text{ 施行合同变换}}\begin{pmatrix}\boldsymbol{\Lambda}\\ \boldsymbol{P}\end{pmatrix}.$$

则 $\boldsymbol{P}$ 是数域 F 上的 n 阶可逆矩阵，且 $\boldsymbol{P}^{\mathrm{T}}\boldsymbol{A}\boldsymbol{P}=\boldsymbol{\Lambda}$. 具体步骤如下：

(1) 若子块 $\boldsymbol{A}$ 的主对角线上元素不全为零，则通过第一种相同类型的列初等变换和行初等变换，将非零元素交换到矩阵的左上角；然后利用第三种相同类型的列初等变换和行初等变换，可将子块 $\boldsymbol{A}$ 的第一行与第一列其余元素都化为零.

(2) 若子块 $\boldsymbol{A}$ 的主对角线上元素全为零，则利用第三种相同类型的列初等变换和行初等变换，使子块 $\boldsymbol{A}$ 的对角线上元素不全为零，进而化为情形 (1).

(3) 对第一行以下第一列以右的 $n-1$ 阶对称矩阵重复上述过程，直到把 $\boldsymbol{A}$ 化为对角矩阵 $\boldsymbol{\Lambda}$，这时 $\boldsymbol{I}_n$ 就可化为 $\boldsymbol{P}$.

3. 关于实对称矩阵的秩、正惯性指数、负惯性指数和符号差

(1) 因为由实对称矩阵的秩、正惯性指数、负惯性指数和符号差中的任意两个量可以确定另外的两个量，所以两个 n 阶实对称矩阵 $\boldsymbol{A}$ 与 $\boldsymbol{B}$ 在实数域上合同当且仅当 $\boldsymbol{A}$ 与 $\boldsymbol{B}$ 的秩、正惯性指数、负惯性指数和符号差中的任意两个量对应相等.

(2) 利用合同变换将实对称矩阵 $\boldsymbol{A}$ 化为对角矩阵 $\boldsymbol{\Lambda}$，$\boldsymbol{\Lambda}$ 的主对角线上非零数的个数为 $\boldsymbol{A}$ 的秩，其中正数的个数和负数的个数分别为 $\boldsymbol{A}$ 的正惯性指数和负惯性指数.

三、范例解析

例 1 设

$$\boldsymbol{A}=\begin{pmatrix}3&-6&0\\-6&12&-4\\0&-4&0\end{pmatrix}$$

是实数域 $\mathbf{R}$ 上的对称矩阵.

(1) 求使得 $\boldsymbol{P}^{\mathrm{T}}\boldsymbol{A}\boldsymbol{P}=\boldsymbol{\Lambda}$ 的可逆矩阵 $\boldsymbol{P}$ 及对角矩阵 $\boldsymbol{\Lambda}$；

(2) 求 $\boldsymbol{A}$ 的正惯性指数、负惯性指数及符号差.

解 (1) 对 6 行 3 列的矩阵 $\begin{pmatrix}\boldsymbol{A}\\ \boldsymbol{I}_3\end{pmatrix}$ 的子块 $\boldsymbol{A}$ 施行合同变换，使子块 $\boldsymbol{A}$ 化为对角矩阵，这时子块 $\boldsymbol{I}_3$ 就化为所求的可逆矩阵 $\boldsymbol{P}$. 具体过程如下：

$$\begin{pmatrix}A\\I_3\end{pmatrix}\xrightarrow[r_2+2r_1]{c_2+2c_1}\begin{pmatrix}3&0&0\\0&0&-4\\0&-4&0\\1&2&0\\0&1&0\\0&0&1\end{pmatrix}\xrightarrow[r_2+r_3]{c_2+c_3}\begin{pmatrix}3&0&0\\0&-8&-4\\0&-4&0\\1&2&0\\0&1&0\\0&1&1\end{pmatrix}\xrightarrow[r_3-\frac{1}{2}r_2]{c_3-\frac{1}{2}c_2}\begin{pmatrix}3&0&0\\0&-8&0\\0&0&2\\1&2&-1\\0&1&-\dfrac{1}{2}\\0&1&\dfrac{1}{2}\end{pmatrix}.$$

于是取

$$P=\begin{pmatrix}1&2&-1\\0&1&-\dfrac{1}{2}\\0&1&\dfrac{1}{2}\end{pmatrix},$$

则

$$P^{\mathrm{T}}AP=\Lambda=\begin{pmatrix}3&0&0\\0&-8&0\\0&0&2\end{pmatrix}.$$

(2) 因为与 A 合同的对角矩阵 Λ 的主对角线上正数的个数为 2，负数的个数为 1，所以 A 的正惯性指数、负惯性指数及符号差分别为 2，1，1.

例 2 设在数域 F 上矩阵 B_1 与 A_1 合同，B_2 与 A_2 合同. 证明：在数域 F 上分块矩阵 $\begin{pmatrix}B_1&0\\0&B_2\end{pmatrix}$ 与 $\begin{pmatrix}A_1&0\\0&A_2\end{pmatrix}$ 合同.

证明 由题设知，存在数域 F 上的可逆矩阵 P_1，P_2，使得

$$P_1^{\mathrm{T}}A_1P_1=B_1,\ P_2^{\mathrm{T}}A_2P_2=B_2.$$

令 $P=\begin{pmatrix}P_1&0\\0&P_2\end{pmatrix}$，则 P 是数域 F 上的可逆矩阵，并且

$$P^{\mathrm{T}}\begin{pmatrix}A_1&0\\0&A_2\end{pmatrix}P=\begin{pmatrix}P_1^{\mathrm{T}}A_1P_1&0\\0&P_2^{\mathrm{T}}A_2P_2\end{pmatrix}=\begin{pmatrix}B_1&0\\0&B_2\end{pmatrix}.$$

因此在数域 F 上 $\begin{pmatrix}B_1&0\\0&B_2\end{pmatrix}$ 与 $\begin{pmatrix}A_1&0\\0&A_2\end{pmatrix}$ 合同.

例 3 设 n 阶实对称矩阵 A 的负惯性指数不等于 0. 证明：存在非零实列向量 X，使得 $X^{\mathrm{T}}AX<0$.

证明 由题设条件知，存在实数域上的 n 阶可逆矩阵 P，使得

$$A=P^{\mathrm{T}}\begin{pmatrix}I_p&&\\&-I_{r-p}&\\&&0\end{pmatrix}P,$$

这里 $r-p>0$. 取 $X=P^{-1}\varepsilon_{p+1}$，其中 ε_{p+1} 表示第 $p+1$ 个元素是 1 其余元素是 0

的 n 维实列向量. 可验证 $X^{\mathrm{T}}AX = -1 < 0$.

例 4　证明: n 阶可逆复对称矩阵 A 在复数域上合同于

$$\begin{pmatrix} 0 & I_m \\ I_m & 0 \end{pmatrix}（当 n = 2m 时）或 \begin{pmatrix} 0 & I_m & 0 \\ I_m & 0 & 0 \\ 0 & 0 & 1 \end{pmatrix}（当 n = 2m + 1 时）.$$

证明　记

$$B = \begin{pmatrix} 0 & I_m \\ I_m & 0 \end{pmatrix},\quad C = \begin{pmatrix} 0 & I_m & 0 \\ I_m & 0 & 0 \\ 0 & 0 & 1 \end{pmatrix}.$$

因为当 $n = 2m$ 时, 秩 A = 秩 $B = 2m$, 且 A 与 B 都是对称矩阵, 所以 A 与 B 是秩相等的对称矩阵. 从而 A 与 B 在复数域上合同.

又因为当 $n = 2m + 1$ 时, 秩 A = 秩 $C = 2m + 1$, 且 A 与 C 都是对称矩阵, 因此 A 与 C 也是秩相等的对称矩阵. 于是 A 与 C 在复数域上合同.

§3.5　二 次 型

二次型的理论在数学和物理学中都有广泛应用. 本节讨论二次型以及二次型的化简问题.

一、主要内容

1. 二次型及二次型的矩阵表示

定义 3.11　设 F 是一个数域. 称 F 上的 n 个变量 $x_1, x_2, \cdots, x_n$ 的二次齐次多项式

$$f(x_1, x_2, \cdots, x_n) = \sum_{i=1}^{n}\sum_{j=1}^{n} a_{ij}x_ix_j$$

为 F 上的一个 n 元二次型, 其中 $a_{ij} = a_{ji}$, $i, j = 1, 2, \cdots, n$.

二次型 $f(x_1, x_2, \cdots, x_n)$ 右端的系数构成如下的矩阵

$$A = \begin{pmatrix} a_{11} & a_{12} & \cdots & a_{1n} \\ a_{21} & a_{22} & \cdots & a_{2n} \\ \vdots & \vdots & & \vdots \\ a_{n1} & a_{n2} & \cdots & a_{nn} \end{pmatrix},$$

则 A 是数域 F 上的一个对称矩阵. 令 $X = (x_1, x_2, \cdots, x_n)^{\mathrm{T}}$, 则上述二次型可以表示为

$$f(x_1, x_2, \cdots, x_n) = X^{\mathrm{T}}AX.$$

这里我们把一阶矩阵 (a) 与数 a 同等看待.

二次型 $f(x_1, x_2, \cdots, x_n)$ 的系数 a_{ij} ($1 \leqslant i, j \leqslant n$) 构成的 n 阶对称矩阵 $A =$

(a_{ij}) 称为二次型 $f(x_1, x_2, \cdots, x_n)$ 的矩阵. $\boldsymbol{X}^{\mathrm{T}}\boldsymbol{A}\boldsymbol{X}$ 称为二次型 $f(x_1, x_2, \cdots, x_n)$ 的矩阵表示（或矩阵形式）.

2. 二次型的化简

定义 3.12 设 $x_1, x_2, \cdots, x_n$ 和 $y_1, y_2, \cdots, y_n$ 是两组变量. 称

$$\begin{cases} x_1 = p_{11}y_1 + p_{12}y_2 + \cdots + p_{1n}y_n, \\ x_2 = p_{21}y_1 + p_{22}y_2 + \cdots + p_{2n}y_n, \\ \cdots \\ x_n = p_{n1}y_1 + p_{n2}y_2 + \cdots + p_{nn}y_n \end{cases}$$

为由变量 $x_1, x_2, \cdots, x_n$ 到 $y_1, y_2, \cdots, y_n$ 的一个线性替换. 如果系数矩阵

$$\boldsymbol{P} = \begin{pmatrix} p_{11} & p_{12} & \cdots & p_{1n} \\ p_{21} & p_{22} & \cdots & p_{2n} \\ \vdots & \vdots & & \vdots \\ p_{n1} & p_{n2} & \cdots & p_{nn} \end{pmatrix}$$

的行列式 $\det \boldsymbol{P} \neq 0$，那么就称线性替换是非退化（或非奇异）的.

令 $\boldsymbol{X} = (x_1, x_2, \cdots, x_n)^{\mathrm{T}}$，$\boldsymbol{Y} = (y_1, y_2, \cdots, y_n)^{\mathrm{T}}$，则上述线性替换可以写成矩阵形式:

$$\boldsymbol{X} = \boldsymbol{P}\boldsymbol{Y}.$$

定理 3.20 设数域 F 上的二次型 $f(x_1, x_2, \cdots, x_n)$ 与 $g(y_1, y_2, \cdots, y_n)$ 的矩阵分别为 n 阶对称矩阵 $\boldsymbol{A}$ 与 $\boldsymbol{B}$. 如果经非退化的线性替换 $\boldsymbol{X} = \boldsymbol{P}\boldsymbol{Y}$ 可把 $f(x_1, x_2, \cdots, x_n)$ 化为 $g(y_1, y_2, \cdots, y_n)$，那么在 F 上矩阵 $\boldsymbol{A}$ 与 $\boldsymbol{B}$ 是合同的.

定理 3.21 设 $\boldsymbol{A}$，$\boldsymbol{B}$ 是数域 F 上的 n 阶对称矩阵. 如果在 F 上 $\boldsymbol{A}$ 与 $\boldsymbol{B}$ 合同，那么 F 上的二次型 $\boldsymbol{X}^{\mathrm{T}}\boldsymbol{A}\boldsymbol{X}$ 必可经过适当的非退化的线性替换化为二次型 $\boldsymbol{Y}^{\mathrm{T}}\boldsymbol{B}\boldsymbol{Y}$.

把二次型经非退化的线性替换化成的只含平方项的二次型称为原二次型的标准形.

定理 3.22 数域 F 上的任意二次型总可以经过 F 上非退化的线性替换化为标准形.

注 因为与对称矩阵合同的标准形不唯一，所以二次型的标准形也不唯一.

3. 复二次型和实二次型的典范形式

定理 3.23 每个复二次型 $f(x_1, x_2, \cdots, x_n)$ 都可以经过复的非退化线性替换化为典范形式:

$$y_1^2 + y_2^2 + \cdots + y_r^2,$$

其中 r 为该二次型的矩阵的秩.

定理 3.24 每个实二次型 $f(x_1, x_2, \cdots, x_n)$ 都可以经过实的非退化线性替换化为典范形式:

$$y_1^2+\cdots+y_p^2-y_{p+1}^2-\cdots-y_r^2,$$

其中 r 与 p 分别为该二次型的矩阵的秩与正惯性指数.

二、释疑解难

1. 关于二次型的矩阵

数域 F 上的 n 元二次型 $f(x_1, x_2, \cdots, x_n)$ 的矩阵表示 $\boldsymbol{X}^{\mathrm{T}}\boldsymbol{A}\boldsymbol{X}$ 中的矩阵 $\boldsymbol{A}$ 必须是对称矩阵，且是唯一确定的. 这样，二次型和它的矩阵一一对应，我们就可以利用对称矩阵的性质和相关结论来方便地化简二次型.

注 满足等式 $f(x_1, x_2, \cdots, x_n)=\boldsymbol{X}^{\mathrm{T}}\boldsymbol{B}\boldsymbol{X}$ 的 n 阶矩阵 $\boldsymbol{B}$ 不唯一.

例如，对于数域 F 上的二次型 $f(x_1, x_2)=4x_1^2+x_1x_2$，有

$$\begin{aligned}f(x_1, x_2)&=4x_1^2+x_1x_2\\&=(x_1, x_2)\begin{pmatrix}4&1\\0&0\end{pmatrix}\begin{pmatrix}x_1\\x_2\end{pmatrix}\\&=(x_1, x_2)\begin{pmatrix}4&2\\-1&0\end{pmatrix}\begin{pmatrix}x_1\\x_2\end{pmatrix}\\&=(x_1, x_2)\begin{pmatrix}4&a+1\\-a&0\end{pmatrix}\begin{pmatrix}x_1\\x_2\end{pmatrix},\end{aligned}$$

这里 a 是数域 F 中的任意一个数. 因此下面的矩阵

$$\begin{pmatrix}4&1\\0&0\end{pmatrix},\ \begin{pmatrix}4&2\\-1&0\end{pmatrix},\ \begin{pmatrix}4&a+1\\-a&0\end{pmatrix}$$

尽管不是对称矩阵，但是都可作为满足等式

$$f(x_1, x_2)=(x_1, x_2)\boldsymbol{B}\begin{pmatrix}x_1\\x_2\end{pmatrix}$$

的矩阵 $\boldsymbol{B}$，并且有无穷多个.

2. 二次型 $f(x_1, x_2, \cdots, x_n)$ 的矩阵 $\boldsymbol{A}$ 的求法

(1) 若 n 元二次型 $f(x_1, x_2, \cdots, x_n)=\sum\limits_{i=1}^{n}\sum\limits_{j=1}^{n}a_{ij}x_ix_j$，则在写该二次型的矩阵 $\boldsymbol{A}$ 时，要将交叉项 $x_ix_j\ (i\neq j)$ 的系数拆成两半，分别放到 $\boldsymbol{A}$ 的 (i, j) 位置和 (j, i) 位置，而平方项 x_i^2 的系数直接放到 $\boldsymbol{A}$ 的主对角线的 (i, i) 位置.

(2) 若 n 元二次型 $f(x_1, x_2, \cdots, x_n)=\boldsymbol{X}^{\mathrm{T}}\boldsymbol{B}\boldsymbol{X}$ 的 $\boldsymbol{B}$ 不是该二次型的矩阵，即 $\boldsymbol{B}$ 不是对称矩阵，则该二次型的矩阵 $\boldsymbol{A}$ 为

$$\boldsymbol{A}=\frac{1}{2}(\boldsymbol{B}+\boldsymbol{B}^{\mathrm{T}}).$$

这是因为，$\boldsymbol{A}$ 是对称矩阵，且

$$f(x_1, x_2, \cdots, x_n)=\boldsymbol{X}^{\mathrm{T}}\boldsymbol{B}\boldsymbol{X}=\frac{1}{2}(\boldsymbol{X}^{\mathrm{T}}\boldsymbol{B}\boldsymbol{X}+\boldsymbol{X}^{\mathrm{T}}\boldsymbol{B}^{\mathrm{T}}\boldsymbol{X})=\boldsymbol{X}^{\mathrm{T}}\boldsymbol{A}\boldsymbol{X}.$$

3. 化二次型 $f(x_1, x_2, \cdots, x_n)=\sum\limits_{i=1}^{n}\sum\limits_{j=1}^{n}a_{ij}x_ix_j$ 为标准形的方法

方法一　合同变换法，具体步骤：

第一步　写出二次型 $f(x_1, x_2, \cdots, x_n)$ 的矩阵 $\boldsymbol{A}$；

第二步　利用合同变换求使 $\boldsymbol{P}^{\mathrm{T}}\boldsymbol{A}\boldsymbol{P}=\boldsymbol{\Lambda}$ 的可逆矩阵 $\boldsymbol{P}$ 及对角矩阵 $\boldsymbol{\Lambda}$，即

$$\begin{pmatrix}\boldsymbol{A}\\ \boldsymbol{I}_n\end{pmatrix}\xrightarrow[\text{对 }\boldsymbol{I}_n\text{ 只施行其中的列初等变换}]{\text{对 }\boldsymbol{A}\text{ 施行合同变换}}\begin{pmatrix}\boldsymbol{\Lambda}\\ \boldsymbol{P}\end{pmatrix};$$

第三步　做非退化的线性变换 $\boldsymbol{X}=\boldsymbol{P}\boldsymbol{Y}$，则可将二次型 $f(x_1, x_2, \cdots, x_n)$ 化为标准形

$$c_1y_1^2+c_2y_2^2+\cdots+c_ny_n^2,$$

其中 $c_1, c_2, \cdots, c_n$ 依次为对角矩阵 $\boldsymbol{\Lambda}$ 的主对角线上的元素.

方法二　配方法.

(1) 当 $f(x_1, x_2, \cdots, x_n)$ 含平方项时，假设含有 x_1 的平方项，即 $a_{11}\neq 0$，则将此二次型看作变量 x_1 的一元二次式进行配方，得

$$f(x_1, x_2, \cdots, x_n)=a_{11}\left(x_1+\sum_{j=2}^{n}a_{11}^{-1}a_{1j}x_j\right)^2+g(x_2, \cdots, x_n),$$

其中 $g(x_2, \cdots, x_n)$ 是一个 $x_2, \cdots, x_n$ 的二次型.

(2) 当 $f(x_1, x_2, \cdots, x_n)$ 不含平方项时，假设含 x_1x_2 项，即 $a_{12}\neq 0$，则经非退化的线性替换

$$\begin{cases}x_1=y_1+y_2,\\ x_2=y_1-y_2,\\ x_3=y_3,\\ \quad\cdots\\ x_n=y_n\end{cases}$$

可将二次型化为情形 (1).

(3) 对 $g(x_2, \cdots, x_n)$ 重复上述过程，将二次型 $f(x_1, x_2, \cdots, x_n)$ 化为关于 n 个变量的一次齐次式的平方的代数和. 此时可得一个非退化的线性替换，并将二次型 $f(x_1, x_2, \cdots, x_n)$ 化为标准形.

注　化实二次型为标准形，还可以用变量的正交变换法（见 § 8.5 “释疑解难”之 2）.

4. 二次型的秩、实二次型的正惯性指数、负惯性指数和符号差

定义 3.13　数域 F 上的 n 元二次型

$$f(x_1, x_2, \cdots, x_n)=\boldsymbol{X}^{\mathrm{T}}\boldsymbol{A}\boldsymbol{X}$$

的矩阵 $\boldsymbol{A}$ 的秩称为该二次型的秩.

定义 3.14 n 元实二次型 $f(x_1, x_2, \cdots, x_n)$ 的典范形式

$$y_1^2+\cdots+y_p^2-y_{p+1}^2-\cdots-y_r^2$$

中，正项的个数 p 与负项的个数 $r-p$ 分别称为该二次型的正惯性指数与负惯性指数，正惯性指数与负惯性指数的差 $2p-r$ 称为该二次型的符号差.

三、范例解析

例 1 用非退化的线性替换将二次型

$$f(x_1, x_2, x_3)=-x_1^2+2x_1x_2+x_2x_3$$

化为标准形，并写出所用的非退化的线性替换.

解 方法一 合同变换法.

二次型 $f(x_1, x_2, x_3)$ 的矩阵为

$$\boldsymbol{A}=\begin{pmatrix}-1&1&0\\1&0&\frac{1}{2}\\0&\frac{1}{2}&0\end{pmatrix}.$$

因为

$$\begin{pmatrix}\boldsymbol{A}\\\boldsymbol{I}\end{pmatrix}=\begin{pmatrix}-1&1&0\\1&0&\frac{1}{2}\\0&\frac{1}{2}&0\\1&0&0\\0&1&0\\0&0&1\end{pmatrix}\xrightarrow[r_2+r_1]{c_2+c_1}\begin{pmatrix}-1&0&0\\0&1&\frac{1}{2}\\0&\frac{1}{2}&0\\1&1&0\\0&1&0\\0&0&1\end{pmatrix}$$

$$\xrightarrow[r_3-\frac{1}{2}r_2]{c_3-\frac{1}{2}c_2}\begin{pmatrix}-1&0&0\\0&1&0\\0&0&-\frac{1}{4}\\1&1&-\frac{1}{2}\\0&1&-\frac{1}{2}\\0&0&1\end{pmatrix}\xrightarrow[2r_3]{2c_3}\begin{pmatrix}-1&0&0\\0&1&0\\0&0&-1\\1&1&-1\\0&1&-1\\0&0&2\end{pmatrix},$$

所以

$$\boldsymbol{P}=\begin{pmatrix}1&1&-1\\0&1&-1\\0&0&2\end{pmatrix},\ \boldsymbol{\Lambda}=\begin{pmatrix}-1&0&0\\0&1&0\\0&0&-1\end{pmatrix}.$$

则经过非退化的线性替换 $\boldsymbol{X}=\boldsymbol{PY}$ 可将二次型 $f(x_1, x_2, x_3)$ 化为标准形

$$f(x_1, x_2, x_3) = -y_1^2 + y_2^2 - y_3^2.$$

方法二　配方法.

将二次型 $f(x_1, x_2, x_3)$ 看作变量 x_1 的一元二次式配方，得

$$f(x_1, x_2, x_3) = -x_1^2 + 2x_1x_2 + x_2x_3 = -(x_1 - x_2)^2 + x_2^2 + x_2x_3.$$

再将 $x_2^2 + x_2x_3$ 看作变量 x_2 的一元二次式配方，得

$$x_2^2 + x_2x_3 = (x_2 + \frac{1}{2}x_3)^2 - \frac{1}{4}x_3^2.$$

于是

$$f(x_1, x_2, x_3) = -(x_1 - x_2)^2 + (x_2 + \frac{1}{2}x_3)^2 - \frac{1}{4}x_3^2.$$

令

$$\begin{cases} y_1 = x_1 - x_2, \\ y_2 = x_2 + \dfrac{1}{2}x_3, \\ y_3 = \dfrac{1}{2}x_3. \end{cases}$$

即

$$\begin{cases} x_1 = y_1 + y_2 - y_3, \\ x_2 = y_2 - y_3, \\ x_3 = 2y_3. \end{cases}$$

取

$$\boldsymbol{P} = \begin{pmatrix} 1 & 1 & -1 \\ 0 & 1 & -1 \\ 0 & 0 & 2 \end{pmatrix}.$$

则经非退化的线性替换 $\boldsymbol{X} = \boldsymbol{PY}$ 可将二次型 $f(x_1, x_2, x_3)$ 化为标准形

$$f(x_1, x_2, x_3) = -y_1^2 + y_2^2 - y_3^2.$$

注　二次型的标准形是不唯一的. 例如，在例 1 中，$f(x_1, x_2, x_3)$ 还可化为

$$f(x_1, x_2, x_3) = -y_1^2 + y_2^2 - \frac{1}{4}y_3^2,$$

此时所使用的非退化的线性替换为

$$\begin{pmatrix} x_1 \\ x_2 \\ x_3 \end{pmatrix} = \begin{pmatrix} 1 & 1 & -\dfrac{1}{2} \\ 0 & 1 & -\dfrac{1}{2} \\ 0 & 0 & 1 \end{pmatrix} \begin{pmatrix} y_1 \\ y_2 \\ y_3 \end{pmatrix}.$$

例 2　求实二次型

$$f(x_1, x_2, x_3) = -x_1^2 + 2x_1x_2 + x_2x_3$$

的秩、正惯性指数、负惯性指数及符号差.

解　由例 1 可知，$f(x_1, x_2, x_3)$ 的标准型为 $-y_1^2 + y_2^2 - y_3^2$. 因此 $f(x_1, x_2, x_3)$

的秩、正惯性指数、负惯性指数及符号差分别为 3，1，2 及 −1.

例 3 设二次型 $f(x_1, x_2, \cdots, x_n)$ 的矩阵为 $\boldsymbol{A}$，λ 是 $\boldsymbol{A}$ 的特征根. 证明：存在 $\mathbf{C}^n$ 中的非零向量 $\boldsymbol{\alpha}=(c_1, c_2, \cdots, c_n)^{\mathrm{T}}$，使得

$$f(c_1, c_2, \cdots, c_n)=\lambda(c_1^2+c_2^2+\cdots+c_n^2).$$

证明 因 λ 是 $\boldsymbol{A}$ 的特征根，故存在 $\mathbf{C}^n$ 中的非零向量 $\boldsymbol{\alpha}=(c_1, c_2, \cdots, c_n)^{\mathrm{T}}$，使得 $\boldsymbol{A\alpha}=\lambda\boldsymbol{\alpha}$. 两边左乘 $\boldsymbol{\alpha}^{\mathrm{T}}$，得 $\boldsymbol{\alpha}^{\mathrm{T}}\boldsymbol{A\alpha}=\lambda\boldsymbol{\alpha}^{\mathrm{T}}\boldsymbol{\alpha}$. 因此

$$f(c_1, c_2, \cdots, c_n)=\boldsymbol{\alpha}^{\mathrm{T}}\boldsymbol{A\alpha}=\lambda(c_1^2+c_2^2+\cdots+c_n^2).$$

例 4 设

$$f(x_1, x_2, \cdots, x_n)=h_1^2+h_2^2+\cdots+h_s^2-h_{s+1}^2-\cdots-h_{s+t}^2,$$

其中 $h_i\ (i=1, 2, \cdots, s+t)$ 是 $x_1, x_2, \cdots, x_n$ 的实系数一次齐次式. 证明：实二次型 $f(x_1, x_2, \cdots, x_n)$ 的正惯性指数 $p\leqslant s$，负惯性指数 $q\leqslant t$.

证明 设

$$h_i=a_{i1}x_1+a_{i2}x_2+\cdots+a_{in}x_n\ (i=1, 2, \cdots, s+t),$$

且 $f(x_1, x_2, \cdots, x_n)$ 可经非退化的线性替换 $\boldsymbol{Y}=\boldsymbol{CX}$ 化为典范形式：

$$f(x_1, x_2, \cdots, x_n)=y_1^2+y_2^2+\cdots+y_p^2-y_{p+1}^2-\cdots-y_{p+q}^2,$$

其中 p, q 分别为 $f(x_1, x_2, \cdots, x_n)$ 的正惯性指数和负惯性指数，$\boldsymbol{C}=(c_{ij})$ 为 n 阶实可逆矩阵.

假设 $p>s$，则齐次线性方程组

$$\begin{cases}a_{11}x_1+a_{12}x_2+\cdots+a_{1n}x_n=0,\\ \qquad\qquad\cdots\\ a_{s1}x_1+a_{s2}x_2+\cdots+a_{sn}x_n=0,\\ c_{p+1,1}x_1+c_{p+1,2}x_2+\cdots+c_{p+1,n}x_n=0,\\ \qquad\qquad\cdots\\ c_{n1}x_1+c_{n2}x_2+\cdots+c_{nn}x_n=0\end{cases}$$

方程的个数 $s+(n-p)<n$. 于是该方程组有非零解：

$$x_1=d_1, x_2=d_2, \cdots, x_n=d_n.$$

将此非零解代入到

$$f(x_1, x_2, \cdots, x_n)=h_1^2+h_2^2+\cdots+h_s^2-h_{s+1}^2-\cdots-h_{s+t}^2,$$

由 $h_1=h_2=\cdots=h_s=0$ 知，$f(d_1, d_2, \cdots, d_n)\leqslant 0$. 将此非零解代入到

$$f(x_1, x_2, \cdots, x_n)=y_1^2+y_2^2+\cdots+y_p^2-y_{p+1}^2-\cdots-y_{p+q}^2,$$

由 $y_{p+1}=\cdots=y_n=0$，及 $\boldsymbol{Y}=\boldsymbol{CX}=\boldsymbol{C}(d_1, d_2, \cdots, d_n)^{\mathrm{T}}\neq\boldsymbol{0}$ 知，$y_1, y_2, \cdots, y_p$ 不全为零. 因而 $f(d_1, d_2, \cdots, d_n)>0$. 矛盾. 故 $p\leqslant s$.

同理可证 $q\leqslant t$.

§3.6 正定矩阵

本节讨论一类特殊的实对称矩阵——正定矩阵.

一、主要内容

1. 正定矩阵

定义 3.15 设 $\boldsymbol{A}$ 是 n 阶实对称矩阵. 如果 $\boldsymbol{A}$ 的正惯性指数 p 等于 n，那么称 $\boldsymbol{A}$ 是正定矩阵.

显然正定矩阵的行列式大于零.

定理 3.25 设 $\boldsymbol{A}$ 是 n 阶实对称矩阵，则 $\boldsymbol{A}$ 是正定矩阵的充要条件是在实数域上 $\boldsymbol{A}$ 与 n 阶单位矩阵 $\boldsymbol{I}_n$ 合同.

2. 正定二次型

定义 3.16 设

$$f(x_1, x_2, \cdots, x_n)=\sum_{i=1}^{n}\sum_{j=1}^{n}a_{ij}x_ix_j$$

是实数域上的 n 元二次型. 如果对于变量 $x_1, x_2, \cdots, x_n$ 任取一组不全为零的实数，实二次型 $f(x_1, x_2, \cdots, x_n)$ 的函数值都是正数，那么就称二次型 $f(x_1, x_2, \cdots, x_n)$ 是正定二次型.

定理 3.26 设 $\boldsymbol{A}=(a_{ij})$ 是 n 阶实对称矩阵，则 $\boldsymbol{A}$ 是正定矩阵的充要条件是 $f(x_1, x_2, \cdots, x_n)=\sum\limits_{i=1}^{n}\sum\limits_{j=1}^{n}a_{ij}x_ix_j$ 是正定二次型.

定理 3.27 设 $\boldsymbol{A}=(a_{ij})$ 是 n 阶实对称矩阵，则以下几条彼此等价：

(i) $\boldsymbol{A}$ 是正定矩阵；

(ii) 对任意的 $i_1, i_2, \cdots, i_k\in\{1, 2, \cdots, n\}$，且 $i_1<i_2<\cdots<i_k$，由 $\boldsymbol{A}$ 的第 $i_1, i_2, \cdots, i_k$ 行和第 $i_1, i_2, \cdots, i_k$ 列交叉处的元素按照原来的位置构成的 $\boldsymbol{A}$ 的 k 阶子式大于零；

(iii) 对任意的 $k\in\{1, 2, \cdots, n\}$，由 $\boldsymbol{A}$ 的前 k 行与前 k 列交叉处的元素按照原来的位置构成的 $\boldsymbol{A}$ 的 k 阶子式大于零.

二、释疑解难

1. 关于主子式与顺序主子式

定义 3.17 设 $\boldsymbol{A}$ 是 n 阶实对称矩阵. 由 $\boldsymbol{A}$ 的第 $i_1, i_2, \cdots, i_k$ 行和第 $i_1, i_2, \cdots, i_k$ 列 ($1\leqslant i_1<i_2<\cdots<i_k\leqslant n$) 交叉处的元素按照原来的位置构成的 k 阶行列式叫作 $\boldsymbol{A}$ 的 k 阶主子式. 由 $\boldsymbol{A}$ 的前 k 行与前 k 列 ($1\leqslant k\leqslant n$) 交叉处的元素

按照原来的位置构成的 k 阶行列式叫作 $\boldsymbol{A}$ 的 k 阶顺序主子式.

显然，$\boldsymbol{A}$ 的 k 阶主子式共有 C_n^k 个 $(1 \leqslant k \leqslant n)$，$\boldsymbol{A}$ 的 k 阶顺序主子式共有 n 个 $(1 \leqslant k \leqslant n)$.

定理 3.27 表明，n 阶实对称矩阵 $\boldsymbol{A}$ 是正定的当且仅当 $\boldsymbol{A}$ 的一切主子式都大于零，当且仅当 $\boldsymbol{A}$ 的一切顺序主子式都大于零（证明见本节“范例解析”之例 1）.

2. 关于半正定矩阵（二次型）、负定矩阵（二次型）和半负定矩阵（二次型）

定义 3.18 设 $\boldsymbol{A}$ 是 n 阶实对称矩阵，$f(x_1, x_2, \cdots, x_n) = \boldsymbol{X}^{\mathrm{T}}\boldsymbol{A}\boldsymbol{X}$ 是 n 元实二次型. 若对任意的 $\boldsymbol{0} \neq \boldsymbol{\alpha} \in \mathbf{R}^n$，都有 $\boldsymbol{\alpha}^{\mathrm{T}}\boldsymbol{A}\boldsymbol{\alpha} \geqslant 0$，则称 $f(x_1, x_2, \cdots, x_n) = \boldsymbol{X}^{\mathrm{T}}\boldsymbol{A}\boldsymbol{X}$ 是半正定二次型，称实对称矩阵 $\boldsymbol{A}$ 是半正定矩阵. 若对任意的 $\boldsymbol{0} \neq \boldsymbol{\alpha} \in \mathbf{R}^n$，都有 $\boldsymbol{\alpha}^{\mathrm{T}}\boldsymbol{A}\boldsymbol{\alpha} < 0$，则称 $f(x_1, x_2, \cdots, x_n) = \boldsymbol{X}^{\mathrm{T}}\boldsymbol{A}\boldsymbol{X}$ 是负定二次型，称实对称矩阵 $\boldsymbol{A}$ 是负定矩阵. 若对任意的 $\boldsymbol{0} \neq \boldsymbol{\alpha} \in \mathbf{R}^n$，都有 $\boldsymbol{\alpha}^{\mathrm{T}}\boldsymbol{A}\boldsymbol{\alpha} \leqslant 0$，则称 $f(x_1, x_2, \cdots, x_n) = \boldsymbol{X}^{\mathrm{T}}\boldsymbol{A}\boldsymbol{X}$ 是半负定二次型，称实对称矩阵 $\boldsymbol{A}$ 是半负定矩阵.

显然，二次型 $f(x_1, x_2, \cdots, x_n)$ 负定当且仅当 $-f(x_1, x_2, \cdots, x_n)$ 正定；二次型 $f(x_1, x_2, \cdots, x_n)$ 半负定当且仅当 $-f(x_1, x_2, \cdots, x_n)$ 半正定. 类似地，实对称矩阵 $\boldsymbol{A}$ 负定当且仅当 $-\boldsymbol{A}$ 正定；实对称矩阵 $\boldsymbol{A}$ 半负定当且仅当 $-\boldsymbol{A}$ 半正定. 因此，只要搞清楚正定、半正定的二次型（矩阵）的性质也就清楚了负定、半负定的二次型（矩阵）的性质.

3. 判定实二次型 $f(x_1, x_2, \cdots, x_n) = \boldsymbol{X}^{\mathrm{T}}\boldsymbol{A}\boldsymbol{X}$ 正定的方法

方法一 利用定义，对任意的 $\boldsymbol{0} \neq \boldsymbol{\alpha} \in \mathbf{R}^n$，检验二次型的函数值 $\boldsymbol{\alpha}^{\mathrm{T}}\boldsymbol{A}\boldsymbol{\alpha}$ 是否大于零.

方法二 判定二次型的矩阵 $\boldsymbol{A}$ 是否正定.

设 $\boldsymbol{A}$ 是 n 阶实对称矩阵，则以下几条彼此等价：

(1) $\boldsymbol{A}$ 是正定矩阵；

(2) $\boldsymbol{A}$ 的正惯性指数等于 n；

(3) $\boldsymbol{A}$ 在实数域上合同于 n 阶单位矩阵 $\boldsymbol{I}_n$；

(4) 存在 n 阶实可逆矩阵 $\boldsymbol{P}$，使得 $\boldsymbol{A} = \boldsymbol{P}^{\mathrm{T}}\boldsymbol{P}$；

(5) $\boldsymbol{A}$ 的一切主子式大于零；

(6) $\boldsymbol{A}$ 的一切顺序主子式大于零；

(7) $\boldsymbol{A}$ 的特征根都大于零（见 § 8.5 “释疑解难”之 1）.

4. 判定实二次型 $f(x_1, x_2, \cdots, x_n) = \boldsymbol{X}^{\mathrm{T}}\boldsymbol{A}\boldsymbol{X}$ 半正定的方法

方法一 利用定义，对任意 $\boldsymbol{0} \neq \boldsymbol{\alpha} \in \mathbf{R}^n$，检验二次型的函数值 $\boldsymbol{\alpha}^{\mathrm{T}}\boldsymbol{A}\boldsymbol{\alpha}$ 是否大于或等于零.

方法二 判定二次型的矩阵 $\boldsymbol{A}$ 是否半正定.

设 $\boldsymbol{A}$ 是 n 阶实对称矩阵，则以下几条彼此等价：

(1) $\boldsymbol{A}$ 是半正定矩阵；

(2) $\boldsymbol{A}$ 的正惯性指数等于 $\boldsymbol{A}$ 的秩 r；

(3) $\boldsymbol{A}$ 在实数域上合同于 n 阶矩阵 $\begin{pmatrix} \boldsymbol{I}_r & \boldsymbol{0} \\ \boldsymbol{0} & \boldsymbol{0} \end{pmatrix}$；

(4) 存在 n 阶实方阵（或秩为 r 的 $r \times n$ 实矩阵）$\boldsymbol{P}$，使得 $\boldsymbol{A} = \boldsymbol{P}^{\mathrm{T}}\boldsymbol{P}$；

(5) $\boldsymbol{A}$ 的一切主子式不小于零；

(6) $\boldsymbol{A}$ 的特征根都不小于零.

注 $\boldsymbol{A}$ 的一切顺序主子式不小于零不能作为 $\boldsymbol{A}$ 半正定的充要条件.

这是因为，若实对称矩阵 $\boldsymbol{A}$ 是半正定矩阵，则 $\boldsymbol{A}$ 的一切顺序主子式不小于零. 反之，若 $\boldsymbol{A}$ 的一切顺序主子式不小于零，但 $\boldsymbol{A}$ 不一定是半正定矩阵.

例如，实对称矩阵

$$\boldsymbol{A} = \begin{pmatrix} 0 & 0 \\ 0 & -1 \end{pmatrix}$$

的一切顺序主子式都等于零，但 $\boldsymbol{A}$ 不是半正定矩阵.

三、范例解析

例 1 设 $\boldsymbol{A} = (a_{ij})$ 是 n 阶实对称矩阵，则以下几条彼此等价：

(1) $\boldsymbol{A}$ 是正定矩阵；

(2) $\boldsymbol{A}$ 的一切主子式都大于零；

(3) $\boldsymbol{A}$ 的一切顺序主子式都大于零.

证明 (1) $\Rightarrow$ (2). 设 $\boldsymbol{A}$ 是正定矩阵. 对任意的 i_1，i_2，$\cdots$，$i_k \in \{1, 2, \cdots, n\}$，且 $i_1 < i_2 < \cdots < i_k$，令

$$\boldsymbol{A}_k = \begin{pmatrix} a_{i_1 i_1} & a_{i_1 i_2} & \cdots & a_{i_1 i_k} \\ a_{i_2 i_1} & a_{i_2 i_2} & \cdots & a_{i_2 i_k} \\ \vdots & \vdots & & \vdots \\ a_{i_k i_1} & a_{i_k i_2} & \cdots & a_{i_k i_k} \end{pmatrix},$$

且以 $\boldsymbol{A}$ 和 $\boldsymbol{A}_k$ 为矩阵的二次型分别为 $f(x_1, x_2, \cdots, x_n)$ 和 $g(x_{i_1}, x_{i_2}, \cdots, x_{i_k})$. 因为 $\boldsymbol{A}$ 是正定矩阵，所以对于任意不全为零的实数 x_1，x_2，$\cdots$，x_n，都有

$$f(x_1, x_2, \cdots, x_n) > 0.$$

因此对于任意不全为零的实数 x_{i_1}，x_{i_2}，$\cdots$，x_{i_k}，都有

$$g(x_{i_1}, x_{i_2}, \cdots, x_{i_k}) = f(0, \cdots, x_{i_1}, 0, \cdots, x_{i_2}, 0, \cdots, x_{i_k}, 0, \cdots, 0) > 0.$$

于是 $g(x_{i_1}, x_{i_2}, \cdots, x_{i_k})$ 是正定的. 从而 $\boldsymbol{A}_k$ 是正定矩阵. 故 $\det \boldsymbol{A}_k > 0$.

(2) $\Rightarrow$ (3). 显然.

(3) $\Rightarrow$ (1). 假设 $\boldsymbol{A}$ 的一切顺序主子式都大于零. 下面证明以 $\boldsymbol{A}$ 为矩阵的二次型 $f(x_1, x_2, \cdots, x_n)$ 是正定的.

当 $n = 1$ 时，结论成立. 这是因为，当 $a_{11} > 0$ 时，对任意非零的实数 x_1，都

有 $a_{11}x_1^2>0$.

设 $n>1$，并且假定对于 $n-1$ 个变量的实二次型来说，结论成立. 现在假设

$$f(x_1, x_2, \cdots, x_n)=\sum_{i=1}^{n}\sum_{j=1}^{n}a_{ij}x_ix_j\ (a_{ij}=a_{ji})$$

是一个含 n 个变量的实二次型，它的矩阵 $\boldsymbol{A}=(a_{ij})$，且设 $\boldsymbol{A}$ 的一切顺序主子式都大于零. 将 $\boldsymbol{A}$ 分块为 $\boldsymbol{A}=\begin{pmatrix}\boldsymbol{A}_1 & \boldsymbol{\alpha}\\ \boldsymbol{\alpha}^{\mathrm{T}} & a_{nn}\end{pmatrix}$，这里

$$\boldsymbol{A}_1=\begin{pmatrix}a_{11} & \cdots & a_{1,n-1}\\ \vdots & & \vdots\\ a_{n-1,1} & \cdots & a_{n-1,n-1}\end{pmatrix},\ \boldsymbol{\alpha}=\begin{pmatrix}a_{1n}\\ \vdots\\ a_{n-1,n}\end{pmatrix},$$

$\boldsymbol{A}_1$ 的顺序主子式都大于零. 由归纳假设，存在 $n-1$ 阶实可逆矩阵 $\boldsymbol{P}_1$，使得 $\boldsymbol{P}_1^{\mathrm{T}}\boldsymbol{A}_1\boldsymbol{P}_1=\boldsymbol{I}_{n-1}$. 取 $\boldsymbol{Q}=\begin{pmatrix}\boldsymbol{P}_1 & \boldsymbol{0}\\ \boldsymbol{0} & 1\end{pmatrix}$，则 $\boldsymbol{Q}$ 可逆，并且

$$\boldsymbol{Q}^{\mathrm{T}}\boldsymbol{A}\boldsymbol{Q}=\begin{pmatrix}\boldsymbol{P}_1^{\mathrm{T}} & \boldsymbol{0}\\ \boldsymbol{0} & 1\end{pmatrix}\begin{pmatrix}\boldsymbol{A}_1 & \boldsymbol{\alpha}\\ \boldsymbol{\alpha}^{\mathrm{T}} & a_{nn}\end{pmatrix}\begin{pmatrix}\boldsymbol{P}_1 & \boldsymbol{0}\\ \boldsymbol{0} & 1\end{pmatrix}=\begin{pmatrix}\boldsymbol{I}_{n-1} & \boldsymbol{\beta}\\ \boldsymbol{\beta}^{\mathrm{T}} & a_{nn}\end{pmatrix},$$

这里 $\boldsymbol{\beta}=\boldsymbol{P}_1^{\mathrm{T}}\boldsymbol{\alpha}$. 取 $\boldsymbol{P}=\begin{pmatrix}\boldsymbol{I}_{n-1} & -\boldsymbol{\beta}\\ \boldsymbol{0} & 1\end{pmatrix}$，则 $\boldsymbol{P}$ 可逆，并且

$$\boldsymbol{P}^{\mathrm{T}}\boldsymbol{Q}^{\mathrm{T}}\boldsymbol{A}\boldsymbol{Q}\boldsymbol{P}=\begin{pmatrix}\boldsymbol{I}_{n-1} & \boldsymbol{0}\\ \boldsymbol{0} & -\boldsymbol{\beta}^{\mathrm{T}}\boldsymbol{\beta}+a_{nn}\end{pmatrix}.$$

因为

$$-\boldsymbol{\beta}^{\mathrm{T}}\boldsymbol{\beta}+a_{nn}=\det\begin{pmatrix}\boldsymbol{I}_{n-1} & \boldsymbol{0}\\ \boldsymbol{0} & -\boldsymbol{\beta}^{\mathrm{T}}\boldsymbol{\beta}+a_{nn}\end{pmatrix}=(\det\boldsymbol{Q})^2\det\boldsymbol{A}>0,$$

所以经非退化的线性替换 $\boldsymbol{X}=\boldsymbol{QPY}$ 将二次型 $f(x_1, x_2, \cdots, x_n)=\boldsymbol{X}^{\mathrm{T}}\boldsymbol{AX}$ 化为以 $\boldsymbol{P}^{\mathrm{T}}\boldsymbol{Q}^{\mathrm{T}}\boldsymbol{AQP}$ 为矩阵的二次型 $y_1^2+\cdots+y_{n-1}^2+(-\boldsymbol{\beta}^{\mathrm{T}}\boldsymbol{\beta}+a_{nn})y_n^2$ 是正定的. 因此二次型 $f(x_1, x_2, \cdots, x_n)$ 是正定的，即对 n 个变量的实二次型结论成立.

例 2 λ 取何值时，二次型

$$f(x_1, x_2, x_3, x_4)=\lambda(x_1^2+x_2^2+x_3^2)+2x_1x_2-2x_2x_3-2x_1x_3+x_4^2$$

是正定二次型？

解 因为二次型 $f(x_1, x_2, x_3, x_4)$ 的矩阵为

$$\boldsymbol{A}=\begin{pmatrix}\lambda & 1 & -1 & 0\\ 1 & \lambda & -1 & 0\\ -1 & -1 & \lambda & 0\\ 0 & 0 & 0 & 1\end{pmatrix},$$

并且 $\boldsymbol{A}$ 的各阶顺序主子式依次为

$$D_1=\lambda,\ D_2=\begin{vmatrix}\lambda & 1\\ 1 & \lambda\end{vmatrix}=\lambda^2-1,\ D_3=\begin{vmatrix}\lambda & 1 & -1\\ 1 & \lambda & -1\\ -1 & -1 & \lambda\end{vmatrix}=(\lambda-1)^2(\lambda+2),$$

$$D_4 = \begin{vmatrix} \lambda & 1 & -1 & 0 \\ 1 & \lambda & -1 & 0 \\ -1 & -1 & \lambda & 0 \\ 0 & 0 & 0 & 1 \end{vmatrix} = (\lambda-1)^2(\lambda+2),$$

所以要使各阶顺序主子式都大于零，必有

$$\begin{cases} \lambda > 0, \\ \lambda^2 - 1 > 0, \\ (\lambda-1)^2(\lambda+2) > 0. \end{cases}$$

解该不等式组，得 $\lambda > 1$. 因此当 $\lambda > 1$ 时，二次型 $f(x_1, x_2, x_3, x_4)$ 正定.

例 3 当 $a_1, a_2, \cdots, a_n$ 满足什么条件时，n 元实二次型

$$f(x_1, x_2, \cdots, x_n) = (x_1 + a_1x_2)^2 + (x_2 + a_2x_3)^2 + \cdots + (x_{n-1} + a_{n-1}x_n)^2 + (x_n + a_nx_1)^2$$

是正定二次型？

解 因为 $f(x_1, x_2, \cdots, x_n)$ 正定当且仅当对任意一组不全为零的实数 $c_1, c_2, \cdots, c_n$，都有 $f(c_1, c_2, \cdots, c_n) > 0$，当且仅当 $c_1+a_1c_2, c_2+a_2c_3, \cdots, c_{n-1}+a_{n-1}c_n, c_n + a_nc_1$ 中至少有一个非零数，所以 $f(x_1, x_2, \cdots, x_n)$ 正定当且仅当任意 n 个不全为零的实数 $c_1, c_2, \cdots, c_n$ 都不是齐次线性方程组

$$\begin{cases} x_1 + a_1x_2 = 0, \\ x_2 + a_2x_3 = 0, \\ \cdots \\ x_{n-1} + a_{n-1}x_n = 0, \\ x_n + a_nx_1 = 0 \end{cases}$$

的解. 于是它的系数行列式

$$D = \begin{vmatrix} 1 & a_1 & 0 & \cdots & 0 & 0 \\ 0 & 1 & a_2 & \cdots & 0 & 0 \\ \vdots & \vdots & \vdots & & \vdots & \vdots \\ 0 & 0 & 0 & \cdots & 1 & a_{n-1} \\ a_n & 0 & 0 & \cdots & 0 & 1 \end{vmatrix} \neq 0.$$

由于 $D = 1 + (-1)^{n+1}a_1a_2\cdots a_n$，因此当 $a_1a_2\cdots a_n \neq (-1)^n$ 时，n 元实二次型 $f(x_1, x_2, \cdots, x_n)$ 正定.

例 4 设 $\boldsymbol{S}$ 是 n 阶半正定矩阵，且秩 $\boldsymbol{S} = 1$. 证明：存在 $\boldsymbol{0} \neq \boldsymbol{\alpha} \in \mathbf{R}^n$，使得 $\boldsymbol{S} = \boldsymbol{\alpha}^{\mathrm{T}}\boldsymbol{\alpha}$.

证明 因为 $\boldsymbol{S}$ 半正定且秩 $\boldsymbol{S} = 1$，所以存在 n 阶实可逆矩阵 $\boldsymbol{P}$，使得

$$S = P^{\mathrm{T}}\begin{pmatrix}1 & & & \\ & 0 & & \\ & & \ddots & \\ & & & 0\end{pmatrix}P.$$

令 $\alpha = (1, 0, \cdots, 0)P$，则 $0 \neq \alpha \in \mathbf{R}^n$，并且

$$S = P^{\mathrm{T}}\begin{pmatrix}1\\0\\\vdots\\0\end{pmatrix}(1, 0, \cdots, 0)P = \alpha^{\mathrm{T}}\alpha.$$

例 5 证明：如果 $\sum\limits_{i=1}^{n}\sum\limits_{j=1}^{n}a_{ij}x_ix_j\ (a_{ij} = a_{ji})$ 是正定二次型，那么

$$f(y_1, y_2, \cdots, y_n) = \begin{vmatrix}a_{11} & \cdots & a_{1n} & y_1\\ \vdots & & \vdots & \vdots\\ a_{n1} & \cdots & a_{nn} & y_n\\ y_1 & \cdots & y_n & 0\end{vmatrix}$$

是负定二次型.

证明 设正定二次型 $\sum\limits_{i=1}^{n}\sum\limits_{j=1}^{n}a_{ij}x_ix_j$ 的矩阵为 A. 令

$$Y = (y_1, y_2, \cdots, y_n)^{\mathrm{T}},\ B = \begin{pmatrix}A & Y\\ Y^{\mathrm{T}} & 0\end{pmatrix},\ P = \begin{pmatrix}I_n & -A^{-1}Y\\ 0 & 1\end{pmatrix},$$

则

$$P^{\mathrm{T}}BP = \begin{pmatrix}A & 0\\ 0 & -Y^{\mathrm{T}}A^{-1}Y\end{pmatrix}.$$

因此 $(\det B)(\det P)^2 = (\det A)(-Y^{\mathrm{T}}A^{-1}Y)$. 故由 $\det P = 1$，$\det A > 0$ 及 A^{-1} 正定可知，对任意不全为零的实数 $y_1, y_2, \cdots, y_n$，都有

$$f(y_1, y_2, \cdots, y_n) = \det B = (\det A)(-Y^{\mathrm{T}}A^{-1}Y) < 0,$$

即 $f(y_1, y_2, \cdots, y_n)$ 是负定二次型.

例 6 设 A 是 $m \times n$ 的实矩阵. 证明：$A^{\mathrm{T}}A$ 是半正定矩阵.

证明 显然，$A^{\mathrm{T}}A$ 是 n 阶实对称矩阵. 考虑以 $A^{\mathrm{T}}A$ 为矩阵的 n 元实二次型 $X^{\mathrm{T}}A^{\mathrm{T}}AX$. 因为对任意的 $0 \neq \alpha \in \mathbf{R}^n$，都有

$$\alpha^{\mathrm{T}}A^{\mathrm{T}}A\alpha = (A\alpha)^{\mathrm{T}}(A\alpha) = a_1^2 + a_2^2 + \cdots + a_m^2 \geqslant 0,$$

其中 $A\alpha = (a_1, a_2, \cdots, a_m)^{\mathrm{T}}$，所以 $X^{\mathrm{T}}A^{\mathrm{T}}AX$ 是半正定二次型. 因此 $A^{\mathrm{T}}A$ 是半正定矩阵.

例 7 求实函数 $f(x_1, x_2, \cdots, x_n) = X^{\mathrm{T}}SX + 2\beta X + b$ 的最值，其中 S 是 n 阶正定矩阵，$X = (x_1, x_2, \cdots, x_n)^{\mathrm{T}}$，$\beta = (b_1, b_2, \cdots, b_n)$，$b_i\ (i = 1, 2, \cdots, n)$ 和 b 是实数.

解 因为

$$f(x_1, x_2, \cdots, x_n) = \boldsymbol{X}^{\mathrm{T}}\boldsymbol{S}\boldsymbol{X} + 2\boldsymbol{\beta}\boldsymbol{X} + b = (\boldsymbol{X}^{\mathrm{T}}, 1)\begin{pmatrix} \boldsymbol{S} & \boldsymbol{\beta}^{\mathrm{T}} \\ \boldsymbol{\beta} & b \end{pmatrix}\begin{pmatrix} \boldsymbol{X} \\ 1 \end{pmatrix},$$

$$\begin{pmatrix} \boldsymbol{I}_n & \boldsymbol{0} \\ -\boldsymbol{\beta}\boldsymbol{S}^{-1} & 1 \end{pmatrix}\begin{pmatrix} \boldsymbol{S} & \boldsymbol{\beta}^{\mathrm{T}} \\ \boldsymbol{\beta} & b \end{pmatrix}\begin{pmatrix} \boldsymbol{I}_n & -\boldsymbol{S}^{-1}\boldsymbol{\beta}^{\mathrm{T}} \\ \boldsymbol{0} & 1 \end{pmatrix} = \begin{pmatrix} \boldsymbol{S} & \boldsymbol{0} \\ \boldsymbol{0} & b - \boldsymbol{\beta}\boldsymbol{S}^{-1}\boldsymbol{\beta}^{\mathrm{T}} \end{pmatrix},$$

所以经非退化的线性替换 $\begin{pmatrix} \boldsymbol{X} \\ 1 \end{pmatrix} = \boldsymbol{P}\begin{pmatrix} \boldsymbol{Y} \\ 1 \end{pmatrix}$, 得

$$\begin{aligned} f(x_1, x_2, \cdots, x_n) &= (\boldsymbol{X}^{\mathrm{T}}, 1)\begin{pmatrix} \boldsymbol{S} & \boldsymbol{\beta}^{\mathrm{T}} \\ \boldsymbol{\beta} & b \end{pmatrix}\begin{pmatrix} \boldsymbol{X} \\ 1 \end{pmatrix} = (\boldsymbol{Y}^{\mathrm{T}}, 1)\boldsymbol{P}^{\mathrm{T}}\begin{pmatrix} \boldsymbol{S} & \boldsymbol{\beta}^{\mathrm{T}} \\ \boldsymbol{\beta} & b \end{pmatrix}\boldsymbol{P}\begin{pmatrix} \boldsymbol{Y} \\ 1 \end{pmatrix} \\ &= \boldsymbol{Y}^{\mathrm{T}}\boldsymbol{S}\boldsymbol{Y} + b - \boldsymbol{\beta}\boldsymbol{S}^{-1}\boldsymbol{\beta}^{\mathrm{T}}, \end{aligned}$$

其中

$$\boldsymbol{Y} = (y_1, y_2, \cdots, y_n)^{\mathrm{T}}, \ \boldsymbol{P} = \begin{pmatrix} \boldsymbol{I}_n & -\boldsymbol{S}^{-1}\boldsymbol{\beta}^{\mathrm{T}} \\ \boldsymbol{0} & 1 \end{pmatrix}.$$

由于 $\boldsymbol{S}$ 正定, 因此 $\boldsymbol{Y}^{\mathrm{T}}\boldsymbol{S}\boldsymbol{Y} \geqslant 0$. 于是当 $\boldsymbol{Y} = \boldsymbol{0}$, 即当 $\boldsymbol{X} = -\boldsymbol{S}^{-1}\boldsymbol{\beta}^{\mathrm{T}}$ 时, 实函数 $f(x_1, x_2, \cdots, x_n)$ 取最小值 $b - \boldsymbol{\beta}\boldsymbol{S}^{-1}\boldsymbol{\beta}^{\mathrm{T}}$.

例 8 设

$$f(x_1, x_2, \cdots, x_n) = \sum_{i=1}^{s}(a_{i1}x_1 + a_{i2}x_2 + \cdots + a_{in}x_n)^2$$

是 n 元实二次型. 证明: $f(x_1, x_2, \cdots, x_n)$ 的秩等于矩阵 $\boldsymbol{A} = (a_{ij})_{s\times n}$ 的秩.

证明 令 $y_i = a_{i1}x_1+a_{i2}x_2+\cdots+a_{in}x_n \ (i = 1, \cdots, s)$, $\boldsymbol{X} = (x_1, x_2, \cdots, x_n)^{\mathrm{T}}$, $\boldsymbol{Y} = (y_1, y_2, \cdots, y_s)^{\mathrm{T}}$, 则 $\boldsymbol{Y} = \boldsymbol{A}\boldsymbol{X}$. 于是

$$\begin{aligned} f(x_1, x_2, \cdots, x_n) &= \sum_{i=1}^{s} y_i^2 = (y_1, y_2, \cdots, y_s)(y_1, y_2, \cdots, y_s)^{\mathrm{T}} \\ &= (x_1, x_2, \cdots, x_n)\boldsymbol{A}^{\mathrm{T}}\boldsymbol{A}(x_1, x_2, \cdots, x_n)^{\mathrm{T}} \\ &= \boldsymbol{X}^{\mathrm{T}}\boldsymbol{A}^{\mathrm{T}}\boldsymbol{A}\boldsymbol{X}. \end{aligned}$$

因为 $\boldsymbol{A}^{\mathrm{T}}\boldsymbol{A}$ 是对称矩阵, 所以二次型 $f(x_1, x_2, \cdots, x_n)$ 的矩阵为 $\boldsymbol{A}^{\mathrm{T}}\boldsymbol{A}$. 因此只需证明秩 $(\boldsymbol{A}^{\mathrm{T}}\boldsymbol{A})$ = 秩 $\boldsymbol{A}$.

设秩 $\boldsymbol{A} = r$, 则存在 s 阶可逆矩阵 $\boldsymbol{P}$ 和 n 阶可逆矩阵 $\boldsymbol{Q}$, 使得

$$\boldsymbol{P}\boldsymbol{A}\boldsymbol{Q} = \begin{pmatrix} \boldsymbol{I}_r & \boldsymbol{0} \\ \boldsymbol{0} & \boldsymbol{0} \end{pmatrix}.$$

于是

$$\boldsymbol{Q}^{\mathrm{T}}\boldsymbol{A}^{\mathrm{T}}\boldsymbol{A}\boldsymbol{Q} = \begin{pmatrix} \boldsymbol{I}_r & \boldsymbol{0} \\ \boldsymbol{0} & \boldsymbol{0} \end{pmatrix}(\boldsymbol{P}^{-1})^{\mathrm{T}}\boldsymbol{P}^{-1}\begin{pmatrix} \boldsymbol{I}_r & \boldsymbol{0} \\ \boldsymbol{0} & \boldsymbol{0} \end{pmatrix}.$$

由于 $(\boldsymbol{P}^{-1})^{\mathrm{T}}\boldsymbol{P}^{-1}$ 是正定矩阵, 因此可设

$$(\boldsymbol{P}^{-1})^{\mathrm{T}}\boldsymbol{P}^{-1} = \begin{pmatrix} \boldsymbol{B}_r & \boldsymbol{C} \\ \boldsymbol{C}^{\mathrm{T}} & \boldsymbol{D} \end{pmatrix},$$

其中 $\boldsymbol{B}_r$ 是 r 阶子块，且 $\det \boldsymbol{B}_r > 0$. 从而

$$\boldsymbol{Q}^{\mathrm{T}}\boldsymbol{A}^{\mathrm{T}}\boldsymbol{A}\boldsymbol{Q}=\begin{pmatrix}\boldsymbol{B}_r & \boldsymbol{0}\\ \boldsymbol{0} & \boldsymbol{0}\end{pmatrix}.$$

因为 $\boldsymbol{Q}$ 可逆，所以秩 $(\boldsymbol{A}^{\mathrm{T}}\boldsymbol{A})$ = 秩 $(\boldsymbol{Q}^{\mathrm{T}}\boldsymbol{A}^{\mathrm{T}}\boldsymbol{A}\boldsymbol{Q})$ = 秩 $\boldsymbol{B}_r = r$ = 秩 $\boldsymbol{A}$.

注 还可利用 § 6.3 的解向量，证明齐次线性方程组 $\boldsymbol{A}^{\mathrm{T}}\boldsymbol{A}\boldsymbol{X}=\boldsymbol{0}$ 与 $\boldsymbol{A}\boldsymbol{X}=\boldsymbol{0}$ 同解，从而由定理 6.6 得，秩 $(\boldsymbol{A}^{\mathrm{T}}\boldsymbol{A})$ = 秩 $\boldsymbol{A}$.

习题三解答

1. 矩阵 $\boldsymbol{A}$ 的秩指的是什么？

解 矩阵 $\boldsymbol{A}$ 的秩指的是 $\boldsymbol{A}$ 中非零子式的最大阶数. 若 $\boldsymbol{A}$ 没有非零子式，则 $\boldsymbol{A}$ 的秩为零.

2. 设 F 上的矩阵 $\boldsymbol{A}$ 的秩是 r. 下列论断哪些是对的？哪些是错的？是对的，给出证明；是错的，举出反例.

(1) $\boldsymbol{A}$ 中只有一个 r 阶子式不为零；

(2) $\boldsymbol{A}$ 中所有 $r-1$ 阶子式全为零；

(3) $\boldsymbol{A}$ 中可能也有 $r+1$ 阶子式不为零；

(4) $\boldsymbol{A}$ 中至少有一个 r 阶子式不为零.

解 (1) 错. 例如，$\boldsymbol{A}=\begin{pmatrix}1 & 2\\ 0 & 0\end{pmatrix}$，秩 $\boldsymbol{A}=1$，但一阶非零子式有两个.

(2) 错. 否则与秩 $\boldsymbol{A}=r$ 矛盾. 反例略.

(3) 错. 否则与秩 $\boldsymbol{A}=r$ 矛盾. 反例略.

(4) 对. 若 r 阶子式全为零，则秩 $\boldsymbol{A}<r$. 矛盾.

3. λ 取何值时，矩阵 $\begin{pmatrix}1 & -1 & 2\\ -1 & 1 & \lambda\\ 2 & -2 & 4\end{pmatrix}$ 的秩最小.

解 $\lambda=2$.

4. 求下列矩阵的秩.

(1) $\begin{pmatrix}1 & 2 & 0 & 1\\ 2 & -1 & 1 & 0\\ -2 & -1 & -1 & -1\\ 1 & 0 & 2 & -2\end{pmatrix}$； (2) $\begin{pmatrix}0 & 1 & 1 & 2\\ -1 & 2 & 3 & -1\\ 2 & 1 & 2 & -1\\ 1 & 4 & 6 & 1\end{pmatrix}$.

解 (1) 4. (2) 4.

5. 设 $\boldsymbol{A}^*$ 是 F 上 n 阶方阵 $\boldsymbol{A}$ 的伴随矩阵. 若秩 $\boldsymbol{A}<n-1$，问 $\boldsymbol{A}^*$ 的秩是多少？

解 秩 $\boldsymbol{A}^*=0$.

6. 证明：F 上的一个秩为 r 的矩阵总可以表示为 r 个秩为 1 的矩阵之和.

证明 设 $\boldsymbol{A} \in M_{m\times n}(F)$，且秩 $\boldsymbol{A} = r$，则存在 m 阶可逆矩阵 $\boldsymbol{S}$ 和 n 阶可逆矩阵 $\boldsymbol{T}$，使得

$$\boldsymbol{A} = \boldsymbol{S}\begin{pmatrix} \boldsymbol{I}_r & \boldsymbol{0} \\ \boldsymbol{0} & \boldsymbol{0} \end{pmatrix}\boldsymbol{T}\ .$$

因此

$$\boldsymbol{A} = \boldsymbol{S}(\boldsymbol{E}_{11} + \boldsymbol{E}_{22} + \cdots + \boldsymbol{E}_{rr})\boldsymbol{T} = \boldsymbol{S}\boldsymbol{E}_{11}\boldsymbol{T} + \boldsymbol{S}\boldsymbol{E}_{22}\boldsymbol{T} + \cdots + \boldsymbol{S}\boldsymbol{E}_{rr}\boldsymbol{T},$$

其中 $\boldsymbol{S}\boldsymbol{E}_{ii}\boldsymbol{T}$ ($i = 1, 2, \cdots, r$) 的秩为 1.

7. 证明：F 上的一个 n 阶矩阵 $\boldsymbol{A}$ 的秩 $\leqslant 1$ 的充要条件是 $\boldsymbol{A}$ 可以表示为一个 $n \times 1$ 矩阵和一个 $1 \times n$ 矩阵的乘积.

证明 充分性 显然.

必要性 设秩 $\boldsymbol{A} \leqslant 1$.

若秩 $\boldsymbol{A} = 0$，则

$$\boldsymbol{A} = \boldsymbol{0} = \begin{pmatrix} 0 \\ 0 \\ \vdots \\ 0 \end{pmatrix}_{n\times 1} \begin{pmatrix} 0 & 0 & \cdots & 0 \end{pmatrix}_{1\times n}.$$

若秩 $\boldsymbol{A} = 1$，则存在 n 阶可逆矩阵 $\boldsymbol{S}$ 和 $\boldsymbol{T}$，使得

$$\boldsymbol{A} = \boldsymbol{S}\begin{pmatrix} 1 & & & \\ & 0 & & \\ & & \ddots & \\ & & & 0 \end{pmatrix}\boldsymbol{T} = \boldsymbol{S}\begin{pmatrix} 1 \\ 0 \\ \vdots \\ 0 \end{pmatrix}_{n\times 1} \begin{pmatrix} 1 & 0 & \cdots & 0 \end{pmatrix}_{1\times n}\boldsymbol{T}$$

$$= \begin{pmatrix} a_1 \\ a_2 \\ \vdots \\ a_n \end{pmatrix}\begin{pmatrix} b_1 & b_2 & \cdots & b_n \end{pmatrix},$$

其中 $a_1, a_2, \cdots, a_n$ 不全为零，$b_1, b_2, \cdots, b_n$ 不全为零.

8. 证明：秩为 1 的 n 阶矩阵 $\boldsymbol{A} = (a_{ij})$ 必满足 $\boldsymbol{A}^2 = \left(\sum\limits_{i=1}^{n} a_{ii}\right)\boldsymbol{A}$.

证明 因为秩 $\boldsymbol{A} = 1$，所以由第 7 题知，

$$\boldsymbol{A} = \begin{pmatrix} a_1 \\ a_2 \\ \vdots \\ a_n \end{pmatrix}\begin{pmatrix} b_1 & b_2 & \cdots & b_n \end{pmatrix},$$

其中 $a_1, a_2, \cdots, a_n$ 不全为零，$b_1, b_2, \cdots, b_n$ 不全为零. 因此

$$A^2 = \left(\sum_{i=1}^{n} a_i b_i\right) A = \left(\sum_{i=1}^{n} a_{ii}\right) A.$$

9. 设 $\boldsymbol{A}$ 是 F 上的 $m \times n$ 矩阵，其秩小于 m. 证明：存在 m 阶非零矩阵 $\boldsymbol{G}$，使得 $\boldsymbol{GA} = \boldsymbol{0}$.

证明 设秩 $\boldsymbol{A} = r$，则存在 m 阶可逆矩阵 $\boldsymbol{P}$ 和 n 阶可逆矩阵 $\boldsymbol{Q}$，使得

$$\boldsymbol{PAQ} = \begin{pmatrix} \boldsymbol{I}_r & \boldsymbol{0} \\ \boldsymbol{0} & \boldsymbol{0} \end{pmatrix}.$$

令 m 阶方阵

$$\boldsymbol{B} = \begin{pmatrix} \boldsymbol{0} & \boldsymbol{0} \\ \boldsymbol{0} & \boldsymbol{I}_{m-r} \end{pmatrix}.$$

因为 $r < m$，所以 $\boldsymbol{B} \neq \boldsymbol{0}$，且

$$\boldsymbol{BPAQ} = \boldsymbol{B} \begin{pmatrix} \boldsymbol{I}_r & \boldsymbol{0} \\ \boldsymbol{0} & \boldsymbol{0} \end{pmatrix} = \boldsymbol{0}.$$

令 $\boldsymbol{G} = \boldsymbol{BP}$. 因为 $\boldsymbol{P}$ 为 m 阶可逆矩阵，所以 $\boldsymbol{G} \neq \boldsymbol{0}$. 在 $\boldsymbol{GAQ} = \boldsymbol{0}$ 两边右乘以 $\boldsymbol{Q}^{-1}$，即得 $\boldsymbol{GA} = \boldsymbol{0}$.

10. 叙述并证明定理 1.8 的逆定理.

证明 定理 1.8 的逆定理：若 $n \times n$ 齐次线性方程组

$$\begin{cases} a_{11}x_1 + a_{12}x_2 + \cdots + a_{1n}x_n = 0, \\ a_{21}x_1 + a_{22}x_2 + \cdots + a_{2n}x_n = 0, \\ \cdots \\ a_{n1}x_1 + a_{n2}x_2 + \cdots + a_{nn}x_n = 0 \end{cases}$$

的系数行列式 D 等于零，则该方程组有非零解.

事实上，若系数行列式 D 等于零，则该方程组的系数矩阵 $\boldsymbol{A}$ 的秩小于 n. 故由定理 3.3 的推论 1 得，该方程组有非零解.

11. 已知矩阵 $\boldsymbol{A}$ 的秩为 2. 求一个非零矩阵 $\boldsymbol{C}$ 使得 $\boldsymbol{AC} = \boldsymbol{0}$，其中

$$\boldsymbol{A} = \begin{pmatrix} 1 & 0 & -1 \\ 1 & 1 & -1 \\ 0 & 1 & 0 \end{pmatrix}.$$

解 因为

$$\boldsymbol{T}_{32}(-1)\boldsymbol{T}_{21}(-1)\boldsymbol{A}\boldsymbol{T}_{13}(1) = \begin{pmatrix} \boldsymbol{I}_2 & \boldsymbol{0} \\ \boldsymbol{0} & \boldsymbol{0} \end{pmatrix},$$

所以

$$\boldsymbol{C} = \boldsymbol{T}_{13}(1)\begin{pmatrix} \boldsymbol{0} & \boldsymbol{0} \\ \boldsymbol{0} & \boldsymbol{I}_1 \end{pmatrix} = \begin{pmatrix} 0 & 0 & 1 \\ 0 & 0 & 0 \\ 0 & 0 & 1 \end{pmatrix}.$$

12. 设 $\boldsymbol{\alpha}, \boldsymbol{\beta}$ 都是数域 F 上的矩阵 $\boldsymbol{A}$ 的属于特征根 λ 的特征向量. 问 $\boldsymbol{\alpha} + \boldsymbol{\beta}$ 是不是 $\boldsymbol{A}$ 的特征向量？为什么？

解 因为$\boldsymbol{A}(\boldsymbol{\alpha}+\boldsymbol{\beta})=\lambda(\boldsymbol{\alpha}+\boldsymbol{\beta})$，所以当$\boldsymbol{\alpha}+\boldsymbol{\beta}=\boldsymbol{0}$时，$\boldsymbol{\alpha}+\boldsymbol{\beta}$不是$\boldsymbol{A}$的特征向量，当$\boldsymbol{\alpha}+\boldsymbol{\beta}\neq\boldsymbol{0}$时，$\boldsymbol{\alpha}+\boldsymbol{\beta}$是$\boldsymbol{A}$的属于特征根$\lambda$的特征向量.

13. 求下列矩阵的特征根.

(1) $\begin{pmatrix}1 & -2 & 2\\ -2 & -2 & 4\\ 2 & 4 & -2\end{pmatrix}$; (2) $\begin{pmatrix}3 & 1 & 0\\ -4 & -1 & 0\\ 4 & -8 & -2\end{pmatrix}$.

解 (1) $\lambda_1=-7$，$\lambda_2=\lambda_3=2$. (2) $\lambda_1=-2$，$\lambda_2=\lambda_3=1$.

14. 设λ_1，λ_2是数域F上的矩阵$\boldsymbol{A}$的不同特征根，$\boldsymbol{\alpha}_1$，$\boldsymbol{\alpha}_2$是相应的特征向量. 证明：$\boldsymbol{\alpha}_1+\boldsymbol{\alpha}_2$不再是$\boldsymbol{A}$的特征向量.

证明 假设$\boldsymbol{\alpha}_1+\boldsymbol{\alpha}_2$是$\boldsymbol{A}$的属于特征根$\lambda$的特征向量，则

$$\boldsymbol{A}(\boldsymbol{\alpha}_1+\boldsymbol{\alpha}_2)=\lambda(\boldsymbol{\alpha}_1+\boldsymbol{\alpha}_2).$$

因为$\boldsymbol{A}(\boldsymbol{\alpha}_1+\boldsymbol{\alpha}_2)=\lambda_1\boldsymbol{\alpha}_1+\lambda_2\boldsymbol{\alpha}_2$，所以

$$(\lambda-\lambda_1)\boldsymbol{\alpha}_1+(\lambda-\lambda_2)\boldsymbol{\alpha}_2=\boldsymbol{0}.$$

由$\lambda_1\neq\lambda_2$知，$\lambda-\lambda_1$，$\lambda-\lambda_2$都不为零. 因此$\boldsymbol{\alpha}_2=k\boldsymbol{\alpha}_1\ (k\neq 0)$. 于是

$$k\lambda_1\boldsymbol{\alpha}_1=k\boldsymbol{A}\boldsymbol{\alpha}_1=\boldsymbol{A}\boldsymbol{\alpha}_2=\lambda_2\boldsymbol{\alpha}_2=k\lambda_2\boldsymbol{\alpha}_1.$$

从而$(\lambda_1-\lambda_2)\boldsymbol{\alpha}_1=\boldsymbol{0}$. 故$\lambda_1=\lambda_2$，矛盾.

15. 设$\boldsymbol{A}$，$\boldsymbol{B}$都是数域F上的n阶方阵，且$\boldsymbol{A}$可逆. 证明：$\boldsymbol{AB}$与$\boldsymbol{BA}$相似.

证明 因为

$$\boldsymbol{AB}=\boldsymbol{ABAA}^{-1}=(\boldsymbol{A}^{-1})^{-1}(\boldsymbol{BA})\boldsymbol{A}^{-1},$$

所以$\boldsymbol{AB}$与$\boldsymbol{BA}$相似.

16. 已知相似矩阵有相同的特征多项式. 问这个命题的逆命题成立吗？若不成立，请举一个反例.

解 见§3.2“释疑解难”之3.

17. 设矩阵$\boldsymbol{A}$与$\boldsymbol{B}$相似，其中

$$\boldsymbol{A}=\begin{pmatrix}-2 & 0 & 0\\ 2 & a & 2\\ 3 & 1 & 1\end{pmatrix},\quad \boldsymbol{B}=\begin{pmatrix}-1 & 0 & 0\\ 0 & 2 & 0\\ 0 & 0 & b\end{pmatrix}.$$

求a与b的值.

解 由$f_{\boldsymbol{A}}(x)=f_{\boldsymbol{B}}(x)$，得$a=0$，$b=-2$.

18. 设$\boldsymbol{A}$是复数域上的n阶方阵. 证明：

(1) 存在复数域上的n阶可逆矩阵$\boldsymbol{P}$，使得

$$\boldsymbol{P}^{-1}\boldsymbol{AP}=\begin{pmatrix}\lambda_1 & b_{12} & \cdots & b_{1n}\\ 0 & b_{22} & \cdots & b_{2n}\\ \vdots & \vdots & & \vdots\\ 0 & b_{n2} & \cdots & b_{nn}\end{pmatrix};$$

(2) $\boldsymbol{A}$相似于一个复数域上的n阶上三角形矩阵.

证明 (1) 设 λ_1 为 $\boldsymbol{A}$ 的一个特征根，$\boldsymbol{\alpha}_1$ 是 $\boldsymbol{A}$ 的属于特征根 λ_1 的特征向量，则 $\boldsymbol{A}\boldsymbol{\alpha}_1=\lambda_1\boldsymbol{\alpha}_1$. 由“习题二解答”第 15 题知，存在以 $\boldsymbol{\alpha}_1$ 为第一列的可逆矩阵 $\boldsymbol{P}\in M_n(\mathbf{C})$. 设 $\boldsymbol{P}=(\boldsymbol{\alpha}_1,\ \boldsymbol{\alpha}_2,\ \cdots,\ \boldsymbol{\alpha}_n)$，则 $\boldsymbol{P}^{-1}\boldsymbol{\alpha}_1=(1,\ 0,\ \cdots,\ 0)^{\mathrm{T}}$. 因此

$$\begin{aligned}\boldsymbol{P}^{-1}\boldsymbol{A}\boldsymbol{P}&=\boldsymbol{P}^{-1}\boldsymbol{A}(\boldsymbol{\alpha}_1,\ \boldsymbol{\alpha}_2,\ \cdots,\ \boldsymbol{\alpha}_n)=(\boldsymbol{P}^{-1}\boldsymbol{A}\boldsymbol{\alpha}_1,\ \boldsymbol{P}^{-1}\boldsymbol{A}\boldsymbol{\alpha}_2,\ \cdots,\ \boldsymbol{P}^{-1}\boldsymbol{A}\boldsymbol{\alpha}_n)\\&=(\lambda_1\boldsymbol{P}^{-1}\boldsymbol{\alpha}_1,\ \boldsymbol{P}^{-1}\boldsymbol{A}\boldsymbol{\alpha}_2,\ \cdots,\ \boldsymbol{P}^{-1}\boldsymbol{A}\boldsymbol{\alpha}_n)=\begin{pmatrix}\lambda_1 & b_{12} & \cdots & b_{1n}\\ 0 & b_{22} & \cdots & b_{2n}\\ \vdots & \vdots & & \vdots\\ 0 & b_{n2} & \cdots & b_{nn}\end{pmatrix}.\end{aligned}$$

(2) 对 $\boldsymbol{A}$ 的阶数 n 利用数学归纳法.

当 $n=1$ 时，结论显然成立. 假设 $n>1$ 且对 $n-1$ 阶方阵结论成立. 下证对 n 阶方阵结论也成立.

由 (1) 知，对复数域上的 n 阶方阵 $\boldsymbol{A}$，存在可逆矩阵 $\boldsymbol{P}\in M_n(\mathbf{C})$，使得

$$\boldsymbol{P}^{-1}\boldsymbol{A}\boldsymbol{P}=\begin{pmatrix}\lambda_1 & b_{12} & \cdots & b_{1n}\\ 0 & b_{22} & \cdots & b_{2n}\\ \vdots & \vdots & & \vdots\\ 0 & b_{n2} & \cdots & b_{nn}\end{pmatrix}.$$

令 $\boldsymbol{A}_1=\begin{pmatrix}b_{22} & \cdots & b_{2n}\\ \vdots & & \vdots\\ b_{n2} & \cdots & b_{nn}\end{pmatrix}$，则 $\boldsymbol{A}_1\in M_{n-1}(\mathbf{C})$. 由归纳假设知，存在可逆矩阵 $\boldsymbol{Q}_1\in M_{n-1}(\mathbf{C})$，使得

$$\boldsymbol{Q}_1^{-1}\boldsymbol{A}_1\boldsymbol{Q}_1=\begin{pmatrix}\lambda_2 & & & *\\ & \lambda_3 & & \\ & & \ddots & \\ & & & \lambda_n\end{pmatrix}.$$

令 $\boldsymbol{Q}=\begin{pmatrix}1 & \boldsymbol{0}\\ \boldsymbol{0} & \boldsymbol{Q}_1\end{pmatrix}$，则 $\boldsymbol{Q}\in M_n(\mathbf{C})$，且 $\boldsymbol{Q}$ 可逆. 取 $\boldsymbol{S}=\boldsymbol{P}\boldsymbol{Q}$，则 $\boldsymbol{S}$ 是复数域上的 n 阶可逆矩阵，并且

$$\boldsymbol{S}^{-1}\boldsymbol{A}\boldsymbol{S}=\boldsymbol{Q}^{-1}(\boldsymbol{P}^{-1}\boldsymbol{A}\boldsymbol{P})\boldsymbol{Q}=\begin{pmatrix}1 & \boldsymbol{0}\\ \boldsymbol{0} & \boldsymbol{Q}^{-1}\end{pmatrix}\begin{pmatrix}\lambda_1 & *\\ \boldsymbol{0} & \boldsymbol{A}_1\end{pmatrix}\begin{pmatrix}1 & \boldsymbol{0}\\ \boldsymbol{0} & \boldsymbol{Q}\end{pmatrix}=\begin{pmatrix}\lambda_1 & & & *\\ & \lambda_2 & & \\ & & \ddots & \\ & & & \lambda_n\end{pmatrix}.$$

所以 $\boldsymbol{A}$ 相似于一个复数域上的 n 阶上三角形矩阵.

19. 设 $\boldsymbol{A}$，$\boldsymbol{B}$，$\boldsymbol{T}$ 都是复数域上的 n 阶方阵，且 $\boldsymbol{T}$ 是可逆矩阵. 证明：若 $\boldsymbol{T}^{-1}\boldsymbol{A}\boldsymbol{T}=\boldsymbol{B}$，则对任意的正整数 m，有 $\boldsymbol{T}^{-1}\boldsymbol{A}^m\boldsymbol{T}=\boldsymbol{B}^m$.

证明 由题设条件知，

$$\boldsymbol{B}^2=(\boldsymbol{T}^{-1}\boldsymbol{A}\boldsymbol{T})(\boldsymbol{T}^{-1}\boldsymbol{A}\boldsymbol{T})=\boldsymbol{T}^{-1}\boldsymbol{A}^2\boldsymbol{T},$$

$$B^3 = B^2B = (T^{-1}A^2T)(T^{-1}AT) = T^{-1}A^3T,$$

$$\cdots$$

$$B^m = T^{-1}A^mT.$$

20. 设 $\boldsymbol{A}$ 是 n 阶实对称矩阵. 证明：若 $\boldsymbol{A}^2 = \boldsymbol{0}$，则 $\boldsymbol{A} = \boldsymbol{0}$.

证明 设 n 阶实对称矩阵 $\boldsymbol{A} = (a_{ij})$，这里 $a_{ij} = a_{ji}$，则

$$\boldsymbol{0} = \boldsymbol{A}^2 = \begin{pmatrix} \sum_{i=1}^{n} a_{1i}^2 & & & * \\ & \sum_{i=1}^{n} a_{2i}^2 & & \\ & & \ddots & \\ * & & & \sum_{i=1}^{n} a_{ni}^2 \end{pmatrix}.$$

故 $\sum_{i=1}^{n} a_{ji}^2 = 0$，$j = 1, 2, \cdots, n$，即对任意的 i，j，$a_{ji} = 0$. 因此 $\boldsymbol{A} = \boldsymbol{0}$.

21. 设 $\boldsymbol{A}$，$\boldsymbol{B}$ 都是 F 上的 n 阶对称矩阵. 证明：$\boldsymbol{AB}$ 是对称矩阵当且仅当 $\boldsymbol{AB} = \boldsymbol{BA}$.

证明 必要性 设 $\boldsymbol{AB}$ 是对称矩阵，则 $\boldsymbol{AB} = (\boldsymbol{AB})^{\mathrm{T}} = \boldsymbol{B}^{\mathrm{T}}\boldsymbol{A}^{\mathrm{T}} = \boldsymbol{BA}$.

充分性 设 $\boldsymbol{AB} = \boldsymbol{BA}$，则 $(\boldsymbol{AB})^{\mathrm{T}} = \boldsymbol{B}^{\mathrm{T}}\boldsymbol{A}^{\mathrm{T}} = \boldsymbol{BA} = \boldsymbol{AB}$.

22. 方阵 $\boldsymbol{A}$ 称为斜对称的，如果 $\boldsymbol{A}^{\mathrm{T}} = -\boldsymbol{A}$. 证明：实斜对称矩阵的特征根为零或纯虚数.

证明 设 λ 是 $\boldsymbol{A}$ 的特征根，则存在复数域上的 n 维非零列向量 $\boldsymbol{\alpha} = (c_1, c_2, \cdots, c_n)^{\mathrm{T}}$，使得 $\boldsymbol{A\alpha} = \lambda\boldsymbol{\alpha}$. 于是

$$\overline{\boldsymbol{\alpha}}^{\mathrm{T}}\boldsymbol{A\alpha} = \overline{\boldsymbol{\alpha}}^{\mathrm{T}}\lambda\boldsymbol{\alpha} = \lambda\,\overline{\boldsymbol{\alpha}}^{\mathrm{T}}\boldsymbol{\alpha}.$$

由于 $\boldsymbol{A} = -\boldsymbol{A}^{\mathrm{T}}$，因此

$$\overline{\boldsymbol{\alpha}}^{\mathrm{T}}\boldsymbol{A\alpha} = -\overline{\boldsymbol{\alpha}}^{\mathrm{T}}\boldsymbol{A}^{\mathrm{T}}\boldsymbol{\alpha} = -\left(\overline{\boldsymbol{A\alpha}}\right)^{\mathrm{T}}\boldsymbol{\alpha} = -\overline{\lambda}\,\overline{\boldsymbol{\alpha}}^{\mathrm{T}}\boldsymbol{\alpha}.$$

故 $(\lambda + \overline{\lambda})\,\overline{\boldsymbol{\alpha}}^{\mathrm{T}}\boldsymbol{\alpha} = 0$. 由 $\overline{\boldsymbol{\alpha}}^{\mathrm{T}}\boldsymbol{\alpha} = \sum_{i=1}^{n} c_i\overline{c}_i \neq 0$ 知，$\lambda + \overline{\lambda} = 0$. 故 λ 是零或纯虚数.

23. 设矩阵 $\boldsymbol{A}$ 与 $\boldsymbol{B}$ 合同. 证明：秩 $\boldsymbol{A}$ = 秩 $\boldsymbol{B}$.

证明 由于 $\boldsymbol{A}$ 与 $\boldsymbol{B}$ 合同，因此存在可逆矩阵 $\boldsymbol{P}$，使得 $\boldsymbol{B} = \boldsymbol{P}^{\mathrm{T}}\boldsymbol{AP}$. 所以

$$\text{秩}\,\boldsymbol{B} = \text{秩}\,(\boldsymbol{P}^{\mathrm{T}}\boldsymbol{AP}) = \text{秩}\,\boldsymbol{A}.$$

24. 设可逆实方阵 $\boldsymbol{A}$ 与 $\boldsymbol{B}$ 合同. 证明：$\det\boldsymbol{A}$ 与 $\det\boldsymbol{B}$ 的符号相同.

证明 由题设知，存在可逆实方阵 $\boldsymbol{P}$，使得 $\boldsymbol{B} = \boldsymbol{P}^{\mathrm{T}}\boldsymbol{AP}$. 因此

$$\det\boldsymbol{B} = \det(\boldsymbol{P}^{\mathrm{T}}\boldsymbol{AP}) = (\det\boldsymbol{P})^2\det\boldsymbol{A}.$$

因为 $(\det\boldsymbol{P})^2 > 0$，所以 $\det\boldsymbol{A}$ 与 $\det\boldsymbol{B}$ 的符号相同.

25. 如果把全体 n 阶实对称矩阵按合同分类，即两个 n 阶实对称矩阵属于同一类当且仅当它们合同，问共有几类？

解 共有 $\frac{1}{2}(n+1)(n+2)$ 类.

26. 用合同变换化下列矩阵为对角形.

(1) $\begin{pmatrix}1&1&2\\1&0&1\\2&1&3\end{pmatrix}$；(2) $\begin{pmatrix}0&\frac{1}{2}&\frac{1}{2}\\\frac{1}{2}&0&\frac{1}{2}\\\frac{1}{2}&\frac{1}{2}&0\end{pmatrix}$.

解 (1) $\begin{pmatrix}1&&\\&-1&\\&&0\end{pmatrix}$. (2) $\begin{pmatrix}1&&\\&-\frac{1}{4}&\\&&-1\end{pmatrix}$.

注 答案不唯一.

27. 证明：

$$A=\begin{pmatrix}\lambda_1&&&\\&\lambda_2&&\\&&\ddots&\\&&&\lambda_n\end{pmatrix} \text{与} B=\begin{pmatrix}\lambda_{i_1}&&&\\&\lambda_{i_2}&&\\&&\ddots&\\&&&\lambda_{i_n}\end{pmatrix}$$

合同，其中 $i_1, i_2, \cdots, i_n$ 是 $1, 2, \cdots, n$ 的一个排列.

证明 因 $\boldsymbol{A}$ 与 $\boldsymbol{B}$ 对应的二次型分别为

$$f_1=\lambda_1y_1^2+\lambda_2y_2^2+\cdots+\lambda_ny_n^2,\quad f_2=\lambda_{i_1}x_1^2+\lambda_{i_2}x_2^2+\cdots+\lambda_{i_n}x_n^2,$$

故经非退化线性替换 $x_j=y_{i_j}\ (j=1, \cdots, n)$ 可将 f_2 化为 f_1. 因此 $\boldsymbol{A}$ 与 $\boldsymbol{B}$ 合同.

28. 用非退化的线性替换化下列二次型为标准形.

(1) $f_1=-4x_1x_2+2x_1x_3+2x_2x_3$；(2) $f_2=x_1^2-3x_2^2-2x_1x_2+2x_1x_3-6x_2x_3$.

解 (1) 经非退化的线性替换

$$\begin{pmatrix}x_1\\x_2\\x_3\end{pmatrix}=\begin{pmatrix}1&\frac{1}{2}&1\\0&1&3\\1&\frac{1}{2}&2\end{pmatrix}\begin{pmatrix}y_1\\y_2\\y_3\end{pmatrix}$$

可将 f_1 化为标准形 $2y_1^2-\frac{1}{2}y_2^2+4y_3^2$.

(2) 经非退化的线性替换

$$\begin{pmatrix}x_1\\x_2\\x_3\end{pmatrix}=\begin{pmatrix}1&1&-\dfrac{3}{2}\\0&1&-\dfrac{1}{2}\\0&0&1\end{pmatrix}\begin{pmatrix}y_1\\y_2\\y_3\end{pmatrix}$$

可将 f_2 化为标准形 $y_1^2-4y_2^2$.

注 答案不唯一.

29. 设 n 阶实对称矩阵 $\boldsymbol{A}$ 是正定的，$\boldsymbol{P}$ 是 n 阶实可逆矩阵. 证明：$\boldsymbol{P}^{\mathrm{T}}\boldsymbol{AP}$ 也是正定矩阵.

证明 由于 $\boldsymbol{A}$ 正定，因此存在 n 阶实可逆矩阵 $\boldsymbol{Q}$，使得 $\boldsymbol{Q}^{\mathrm{T}}\boldsymbol{AQ}=\boldsymbol{I}_n$. 于是

$$(\boldsymbol{P}^{-1}\boldsymbol{Q})^{\mathrm{T}}(\boldsymbol{P}^{\mathrm{T}}\boldsymbol{AP})(\boldsymbol{P}^{-1}\boldsymbol{Q})=\boldsymbol{Q}^{\mathrm{T}}\boldsymbol{AQ}=\boldsymbol{I}_n.$$

因 $\boldsymbol{P}^{-1}\boldsymbol{Q}$ 是 n 阶实可逆矩阵，故 $\boldsymbol{P}^{\mathrm{T}}\boldsymbol{AP}$ 正定.

30. 设 $\boldsymbol{A}$ 是 n 阶实对称矩阵. 证明：$\boldsymbol{A}$ 是正定矩阵当且仅当存在 n 阶实可逆矩阵 $\boldsymbol{P}$，使 $\boldsymbol{A}=\boldsymbol{P}^{\mathrm{T}}\boldsymbol{P}$.

证明 $\boldsymbol{A}$ 正定 $\Leftrightarrow$ 在实数域上 $\boldsymbol{A}$ 与 $\boldsymbol{I}_n$ 合同 $\Leftrightarrow$ 存在 n 阶实可逆矩阵 $\boldsymbol{P}$，使得

$$\boldsymbol{A}=\boldsymbol{P}^{\mathrm{T}}\boldsymbol{I}_n\boldsymbol{P}=\boldsymbol{P}^{\mathrm{T}}\boldsymbol{P}.$$

31. 如果 n 阶实对称矩阵 $\boldsymbol{A}$ 的秩等于 $\boldsymbol{A}$ 的正惯性指数，那么称 $\boldsymbol{A}$ 是半正定的. 证明：如果 $\boldsymbol{A}=(a_{ij})$ 是秩为 r 的 n 阶实对称矩阵，那么

(1) $\boldsymbol{A}$ 是半正定矩阵的充要条件是 $\boldsymbol{A}$ 与 n 阶方阵 $\begin{pmatrix}\boldsymbol{I}_r&\boldsymbol{0}\\\boldsymbol{0}&\boldsymbol{0}\end{pmatrix}$ 合同；

(2) $\boldsymbol{A}$ 是半正定矩阵的充要条件是对于变量 x_1，x_2，$\cdots$，x_n 每取一组不全为零的实数，实二次型 $f(x_1, x_2, \cdots, x_n)=\sum\limits_{i=1}^{n}\sum\limits_{j=1}^{n}a_{ij}x_ix_j$ 的函数值都是非负数.

证明 (1) $\boldsymbol{A}$ 半正定 $\Leftrightarrow$ $\boldsymbol{A}$ 的正惯性指数 $p=r\Leftrightarrow\boldsymbol{A}$ 与 $\begin{pmatrix}\boldsymbol{I}_r&\boldsymbol{0}\\\boldsymbol{0}&\boldsymbol{0}\end{pmatrix}$ 合同.

(2) 必要性 设 $\boldsymbol{A}$ 半正定，则存在可逆矩阵 $\boldsymbol{P}\in M_n(\mathbf{R})$，使 $\boldsymbol{P}^{\mathrm{T}}\boldsymbol{AP}=\begin{pmatrix}\boldsymbol{I}_r&\boldsymbol{0}\\\boldsymbol{0}&\boldsymbol{0}\end{pmatrix}$，其中 r 为 $\boldsymbol{A}$ 的秩. 令 $\boldsymbol{X}=\boldsymbol{PY}$. 因为 $\boldsymbol{P}$ 可逆，所以对任意一组不全为零的实数 x_1，x_2，$\cdots$，x_n，都有 y_1，$\cdots$，y_r，y_{r+1}，$\cdots$，y_n 不全为零. 因此

$$f(x_1, x_2, \cdots, x_n)=\boldsymbol{X}^{\mathrm{T}}\boldsymbol{AX}=\boldsymbol{Y}^{\mathrm{T}}(\boldsymbol{P}^{\mathrm{T}}\boldsymbol{AP})\boldsymbol{Y}=y_1^2+\cdots+y_r^2\geqslant 0.$$

充分性 假设 $\boldsymbol{A}$ 不是半正定的，即 $p<r$，则存在可逆矩阵 $\boldsymbol{P}\in M_n(\mathbf{R})$，使得

$$\boldsymbol{P}^{\mathrm{T}}\boldsymbol{AP}=\begin{pmatrix}\boldsymbol{I}_p&\boldsymbol{0}&\boldsymbol{0}\\\boldsymbol{0}&-\boldsymbol{I}_{r-p}&\boldsymbol{0}\\\boldsymbol{0}&\boldsymbol{0}&\boldsymbol{0}\end{pmatrix},$$

其中 $0\leqslant p<r$. 令 $\boldsymbol{X}=\boldsymbol{PY}$，则

$$f(x_1, x_2, \cdots, x_n)=\boldsymbol{X}^{\mathrm{T}}\boldsymbol{AX}=\boldsymbol{Y}^{\mathrm{T}}(\boldsymbol{P}^{\mathrm{T}}\boldsymbol{AP})\boldsymbol{Y}=y_1^2+\cdots+y_p^2-y_{p+1}^2-\cdots-y_r^2.$$

故当 $y_1=\cdots=y_p=0$，y_{p+1}，$\cdots$，y_r 不全为零，y_{r+1}，$\cdots$，y_n 为任意实数时，对由 $\boldsymbol{X}=\boldsymbol{PY}$ 所得的一组不全为零的实数 x_1，x_2，$\cdots$，x_n，有 $f(x_1, x_2, \cdots, x_n)<0$. 这与题设条件矛盾.

32. 设 $\boldsymbol{A}$ 是 n 阶实对称矩阵. 证明：若 $\boldsymbol{A}$ 是半正定的，则 $\boldsymbol{A}$ 的行列式是非负实数.

证明 因为 $\boldsymbol{A}$ 半正定，所以存在可逆矩阵 $\boldsymbol{P}\in M_n(\mathbf{R})$，使 $\boldsymbol{P}^{\mathrm{T}}\boldsymbol{AP}=\begin{pmatrix}\boldsymbol{I}_r & \boldsymbol{0}\\ \boldsymbol{0} & \boldsymbol{0}\end{pmatrix}$，其中 $r=$ 秩 $\boldsymbol{A}$. 因此

$$(\det\boldsymbol{P})^2\det\boldsymbol{A}=\det\begin{pmatrix}\boldsymbol{I}_r & \boldsymbol{0}\\ \boldsymbol{0} & \boldsymbol{0}\end{pmatrix}.$$

若 $r=n$，则 $\det\boldsymbol{A}>0$. 若 $r<n$，则 $\det\boldsymbol{A}=0$. 故 $\boldsymbol{A}$ 的行列式是非负实数.

33. 设 $\boldsymbol{A}$ 是秩为 r 的 n 阶实对称矩阵. 证明：$\boldsymbol{A}$ 是半正定矩阵的充要条件是存在 r 行 n 列的行满秩实矩阵 $\boldsymbol{B}$，使得 $\boldsymbol{A}=\boldsymbol{B}^{\mathrm{T}}\boldsymbol{B}$.

证明 必要性 设 $\boldsymbol{A}$ 半正定，则存在可逆矩阵 $\boldsymbol{P}\in M_n(\mathbf{R})$，使 $\boldsymbol{P}^{\mathrm{T}}\boldsymbol{AP}=\begin{pmatrix}\boldsymbol{I}_r & \boldsymbol{0}\\ \boldsymbol{0} & \boldsymbol{0}\end{pmatrix}$，其中 r 为 $\boldsymbol{A}$ 的秩. 于是

$$\boldsymbol{A}=\left(\boldsymbol{P}^{-1}\right)^{\mathrm{T}}\begin{pmatrix}\boldsymbol{I}_r & \boldsymbol{0}\\ \boldsymbol{0} & \boldsymbol{0}\end{pmatrix}\boldsymbol{P}^{-1}=\left(\boldsymbol{P}^{-1}\right)^{\mathrm{T}}\begin{pmatrix}\boldsymbol{I}_r\\ \boldsymbol{0}\end{pmatrix}\begin{pmatrix}\boldsymbol{I}_r & \boldsymbol{0}\end{pmatrix}\boldsymbol{P}^{-1}=\boldsymbol{B}^{\mathrm{T}}\boldsymbol{B},$$

这里 $\boldsymbol{B}=\begin{pmatrix}\boldsymbol{I}_r & \boldsymbol{0}\end{pmatrix}\boldsymbol{P}^{-1}$，且 $\boldsymbol{B}$ 是 r 行 n 列的行满秩实矩阵.

充分性 设 $\boldsymbol{A}=\boldsymbol{B}^{\mathrm{T}}\boldsymbol{B}$，其中 $\boldsymbol{B}\in M_{r\times n}(\mathbf{R})$，且秩 $\boldsymbol{B}=r$，则对任一非零的 $\boldsymbol{X}=(x_1, x_2, \cdots, x_n)^{\mathrm{T}}\in\mathbf{R}^n$，都有

$$\boldsymbol{X}^{\mathrm{T}}\boldsymbol{AX}=\boldsymbol{X}^{\mathrm{T}}\boldsymbol{B}^{\mathrm{T}}\boldsymbol{BX}=(\boldsymbol{BX})^{\mathrm{T}}\boldsymbol{BX}\geqslant 0.$$

因此 $\boldsymbol{A}$ 是半正定的.

34. 设 $\boldsymbol{A}$ 是 n 阶正定矩阵，$\boldsymbol{B}$ 是 n 阶半正定矩阵. 证明：$\boldsymbol{A}+\boldsymbol{B}$ 是正定矩阵.

证明 因为 $\boldsymbol{A}$ 是 n 阶正定矩阵，$\boldsymbol{B}$ 是 n 阶半正定矩阵，所以对任意一个 n 维非零实列向量 $\boldsymbol{X}$，都有 $\boldsymbol{X}^{\mathrm{T}}\boldsymbol{AX}>0$，$\boldsymbol{X}^{\mathrm{T}}\boldsymbol{BX}\geqslant 0$. 因此对任意一个 n 维非零实列向量 $\boldsymbol{X}$，都有 $\boldsymbol{X}^{\mathrm{T}}(\boldsymbol{A}+\boldsymbol{B})\boldsymbol{X}>0$，即 $\boldsymbol{A}+\boldsymbol{B}$ 是正定的.

35. 设 $\boldsymbol{S}=(s_{ij})$ 是 n 阶实斜对称矩阵. 证明：对任意不全为零的实数 c_1，c_2，$\cdots$，c_n，都有 $\displaystyle\sum_{i=1}^{n}\sum_{j=1}^{n}s_{ij}c_ic_j=0$.

证明 对任意不全为零的实数 c_1，c_2，$\cdots$，c_n，令 $\boldsymbol{C}=(c_1, c_2, \cdots, c_n)$，则

$$\boldsymbol{C}^{\mathrm{T}}\boldsymbol{SC}=\sum_{i=1}^{n}\sum_{j=1}^{n}s_{ij}c_ic_j=d.$$

由 $\boldsymbol{S}^{\mathrm{T}}=-\boldsymbol{S}$ 及上式，得 $\boldsymbol{C}^{\mathrm{T}}\boldsymbol{S}^{\mathrm{T}}\boldsymbol{C}=-\boldsymbol{C}^{\mathrm{T}}\boldsymbol{SC}=-d$. 因此 $d=0$.

36. 设 $\boldsymbol{A}$ 是一个正定矩阵. 证明：

(1) 对于任意正实数 l，$l\boldsymbol{A}$ 是正定矩阵；

(2) 对于任意正整数 k，$\boldsymbol{A}^k$ 是正定矩阵；

(3) $\boldsymbol{A}^{-1}$ 是正定矩阵；

(4) $\boldsymbol{A}$ 的伴随矩阵 $\boldsymbol{A}^*$ 也是正定矩阵.

证明 (1) 因为 $\boldsymbol{A}$ 正定，所以存在可逆矩阵 $\boldsymbol{P}\in M_n(\mathbf{R})$，使得 $\boldsymbol{A}=\boldsymbol{P}^{\mathrm{T}}\boldsymbol{P}$. 因此 $l\boldsymbol{A}=(\sqrt{l}\boldsymbol{P})^{\mathrm{T}}(\sqrt{l}\boldsymbol{P})$. 故 $l\boldsymbol{A}$ 正定.

(2) 因为

$$\boldsymbol{A}^k=\begin{cases}\left(\boldsymbol{A}^{\frac{k}{2}}\right)^{\mathrm{T}}\left(\boldsymbol{A}^{\frac{k}{2}}\right), & k\text{ 为偶数},\\ \left(\boldsymbol{A}^{\frac{k-1}{2}}\right)^{\mathrm{T}}\boldsymbol{A}\left(\boldsymbol{A}^{\frac{k-1}{2}}\right), & k\text{ 为奇数},\end{cases}$$

所以 $\boldsymbol{A}^k$ 与 $\boldsymbol{I}$ 或 $\boldsymbol{A}$ 合同. 因此 $\boldsymbol{A}^k$ 正定.

(3) 因为 $\boldsymbol{A}$ 正定，所以 $\boldsymbol{A}$ 可逆，且 $\boldsymbol{A}^{-1}$ 也是实对称矩阵. 由于 $\boldsymbol{A}=\boldsymbol{A}^{\mathrm{T}}\boldsymbol{A}^{-1}\boldsymbol{A}$，因此 $\boldsymbol{A}^{-1}$ 与 $\boldsymbol{A}$ 合同. 故 $\boldsymbol{A}^{-1}$ 正定.

(4) 由于 $\boldsymbol{A}^*=(\det\boldsymbol{A})\boldsymbol{A}^{-1}$，$\det\boldsymbol{A}>0$，并且 $\boldsymbol{A}^{-1}$ 正定，因此由 (1) 知，$\boldsymbol{A}^*$ 正定.

37. 判断下列实二次型是否正定.

(1) $10x_1^2+8x_1x_2+24x_1x_3+2x_2^2-28x_2x_3+x_3^2$；

(2) $\sum\limits_{i=1}^{n}x_i^2+\sum\limits_{1\leqslant i<j\leqslant n}x_ix_j$.

解 (1) 不正定. (2) 正定.

补充题解答

1. 设分块矩阵 $\boldsymbol{M}=\begin{pmatrix}\boldsymbol{A}&\boldsymbol{B}\\\boldsymbol{C}&\boldsymbol{D}\end{pmatrix}$，其中 $\boldsymbol{A}$ 是非奇异的方阵. 证明：

$$\text{秩}\,\boldsymbol{M}=\text{秩}\,\boldsymbol{A}+\text{秩}\,(\boldsymbol{D}-\boldsymbol{C}\boldsymbol{A}^{-1}\boldsymbol{B}).$$

证明 因为

$$\begin{pmatrix}\boldsymbol{I}_r&\boldsymbol{0}\\-\boldsymbol{C}\boldsymbol{A}^{-1}&\boldsymbol{I}_s\end{pmatrix}\begin{pmatrix}\boldsymbol{A}&\boldsymbol{B}\\\boldsymbol{C}&\boldsymbol{D}\end{pmatrix}\begin{pmatrix}\boldsymbol{I}_r&-\boldsymbol{A}^{-1}\boldsymbol{B}\\\boldsymbol{0}&\boldsymbol{I}_s\end{pmatrix}=\begin{pmatrix}\boldsymbol{A}&\boldsymbol{0}\\\boldsymbol{0}&\boldsymbol{D}-\boldsymbol{C}\boldsymbol{A}^{-1}\boldsymbol{B}\end{pmatrix},$$

所以

$$\text{秩}\,\boldsymbol{M}=\text{秩}\begin{pmatrix}\boldsymbol{A}&\boldsymbol{0}\\\boldsymbol{0}&\boldsymbol{D}-\boldsymbol{C}\boldsymbol{A}^{-1}\boldsymbol{B}\end{pmatrix}=\text{秩}\,\boldsymbol{A}+\text{秩}\,(\boldsymbol{D}-\boldsymbol{C}\boldsymbol{A}^{-1}\boldsymbol{B}).$$

2. 证明：对于 m 行 n 列的列满秩矩阵 $\boldsymbol{B}$，必存在 n 行 m 列的行满秩矩阵 $\boldsymbol{A}$，使 $\boldsymbol{AB}=\boldsymbol{I}_n$；对于 m 行 n 列的行满秩矩阵 $\boldsymbol{C}$，必存在 n 行 m 列的列满秩矩阵 $\boldsymbol{D}$，使 $\boldsymbol{CD}=\boldsymbol{I}_m$.

证明 因为 $\boldsymbol{B}_{m\times n}$ 是列满秩的，所以由定理 2.2 知，存在 m 阶可逆矩阵 $\boldsymbol{P}$，使得 $\boldsymbol{PB}=\begin{pmatrix}\boldsymbol{I}_n\\\boldsymbol{0}\end{pmatrix}$. 在 $\boldsymbol{P}$ 的第 n 行和第 $n+1$ 行之间划线将 $\boldsymbol{P}$ 分块为 $\boldsymbol{P}=\begin{pmatrix}\boldsymbol{A}\\\boldsymbol{G}\end{pmatrix}$，其中 $\boldsymbol{A}$ 是 $n\times m$ 矩阵，$\boldsymbol{G}$ 是 $(m-n)\times m$ 矩阵（$m\geqslant n$）. 则

$$\begin{pmatrix} \boldsymbol{A} \\ \boldsymbol{G} \end{pmatrix} \boldsymbol{B} = \begin{pmatrix} \boldsymbol{AB} \\ \boldsymbol{GB} \end{pmatrix} = \begin{pmatrix} \boldsymbol{I}_n \\ \boldsymbol{0} \end{pmatrix}.$$

于是 $\boldsymbol{AB} = \boldsymbol{I}_n$，且 $\boldsymbol{A}$ 是行满秩矩阵.

同理可证，对于行满秩矩阵 $\boldsymbol{C}_{m\times n}$，必存在列满秩矩阵 $\boldsymbol{D}_{n\times m}$，使得 $\boldsymbol{CD} = \boldsymbol{I}_m$.

3．设 $\boldsymbol{H}$，$\boldsymbol{A}$，$\boldsymbol{B}$ 都是数域 F 上的矩阵，$\boldsymbol{H}$ 是列满秩矩阵，而 $\boldsymbol{HA} = \boldsymbol{HB}$. 证明：$\boldsymbol{A} = \boldsymbol{B}$. 另外，叙述并证明关于行满秩矩阵的类似的结论.

证明 设 $\boldsymbol{H}$ 是 m 行 n 列矩阵. 因为 $\boldsymbol{H}$ 是列满秩矩阵，所以由本部分第 2 题知，存在 n 行 m 列的行满秩矩阵 $\boldsymbol{S}$，使得 $\boldsymbol{SH} = \boldsymbol{I}_n$. 因此由 $\boldsymbol{SHA} = \boldsymbol{SHB}$ 可得，$\boldsymbol{A} = \boldsymbol{B}$.

关于行满秩矩阵的类似的结论：设 $\boldsymbol{L}$，$\boldsymbol{A}$，$\boldsymbol{B}$ 都是数域 F 上的矩阵，$\boldsymbol{L}$ 是行满秩矩阵. 若 $\boldsymbol{AL} = \boldsymbol{BL}$，则 $\boldsymbol{A} = \boldsymbol{B}$.（可类似地证明，略）

4．设 $\boldsymbol{A}$ 是秩为 r 的 $m\times n$ 矩阵. 证明：

(1) 存在 m 行 r 列的列满秩矩阵 $\boldsymbol{H}$ 和 r 行 n 列的行满秩矩阵 $\boldsymbol{L}$，使得 $\boldsymbol{A} = \boldsymbol{HL}$.

(2) 若 $\boldsymbol{A} = \boldsymbol{HL} = \boldsymbol{H}_1\boldsymbol{L}_1$，其中 $\boldsymbol{H}$ 与 $\boldsymbol{H}_1$ 是 m 行 r 列的列满秩矩阵，$\boldsymbol{L}$ 与 $\boldsymbol{L}_1$ 是 r 行 n 列的行满秩矩阵，则必存在 r 阶的非奇异矩阵 $\boldsymbol{P}$，使 $\boldsymbol{H} = \boldsymbol{H}_1\boldsymbol{P}$，$\boldsymbol{L} = \boldsymbol{P}^{-1}\boldsymbol{L}_1$.

证明 (1) 因为秩 $\boldsymbol{A} = r$，所以存在 m 阶可逆矩阵 $\boldsymbol{P}$ 和 n 阶可逆矩阵 $\boldsymbol{Q}$，使得

$$\boldsymbol{A} = \boldsymbol{P}\begin{pmatrix} \boldsymbol{I}_r & \boldsymbol{0} \\ \boldsymbol{0} & \boldsymbol{0} \end{pmatrix}\boldsymbol{Q} = \boldsymbol{P}\begin{pmatrix} \boldsymbol{I}_r \\ \boldsymbol{0} \end{pmatrix}\begin{pmatrix} \boldsymbol{I}_r & \boldsymbol{0} \end{pmatrix}\boldsymbol{Q}.$$

令 $\boldsymbol{H} = \boldsymbol{P}\begin{pmatrix} \boldsymbol{I}_r \\ \boldsymbol{0} \end{pmatrix}$，$\boldsymbol{L} = \begin{pmatrix} \boldsymbol{I}_r & \boldsymbol{0} \end{pmatrix}\boldsymbol{Q}$，则 $\boldsymbol{H}$ 是 m 行 r 列的列满秩矩阵，$\boldsymbol{L}$ 是 r 行 n 列的行满秩矩阵，且 $\boldsymbol{A} = \boldsymbol{HL}$.

(2) 因为 $\boldsymbol{L}$ 是 r 行 n 列的行满秩矩阵，所以由本部分第 2 题知，存在 n 行 r 列的列满秩矩阵 $\boldsymbol{D}$，使得 $\boldsymbol{LD} = \boldsymbol{I}_r$. 由 $\boldsymbol{HLD} = \boldsymbol{H}_1\boldsymbol{L}_1 D$，得 $\boldsymbol{H} = \boldsymbol{H}_1\boldsymbol{L}_1\boldsymbol{D}$. 令 $\boldsymbol{P} = \boldsymbol{L}_1\boldsymbol{D}$，则 $\boldsymbol{H} = \boldsymbol{H}_1\boldsymbol{P}$. 易知 $\boldsymbol{P}$ 是 r 阶方阵. 下证 $\boldsymbol{P}$ 可逆.

由于 $\boldsymbol{H}$ 是 m 行 r 列的列满秩矩阵，因此存在 r 行 m 列的行满秩矩阵 $\boldsymbol{B}$，使得 $\boldsymbol{BH} = \boldsymbol{I}_r$. 从而 $\boldsymbol{I}_r = \boldsymbol{BH} = (\boldsymbol{BH}_1)\boldsymbol{P}$. 于是 $\boldsymbol{P}$ 是 r 阶可逆矩阵.

因为 $\boldsymbol{HL} = \boldsymbol{H}_1\boldsymbol{L}_1$，$\boldsymbol{H}_1 = \boldsymbol{HP}^{-1}$，所以 $\boldsymbol{HL} = \boldsymbol{HP}^{-1}\boldsymbol{L}_1$. 由本部分第 3 题，得 $\boldsymbol{L} = \boldsymbol{P}^{-1}\boldsymbol{L}_1$.

5．设 $\boldsymbol{A}$ 与 $\boldsymbol{B}$ 分别是 $m\times n$ 矩阵与 $n\times m$ 矩阵，且 $m \geqslant n$. 证明：

$$\det(x\boldsymbol{I}_m - \boldsymbol{AB}) = x^{m-n}\det(x\boldsymbol{I}_n - \boldsymbol{BA}).$$

证明 令 $\boldsymbol{U} = \begin{pmatrix} x\boldsymbol{I}_m & -\boldsymbol{A} \\ \boldsymbol{0} & \boldsymbol{I}_n \end{pmatrix}$，$\boldsymbol{V} = \begin{pmatrix} \boldsymbol{I}_m & \boldsymbol{A} \\ \boldsymbol{B} & x\boldsymbol{I}_n \end{pmatrix}$，则

$$\boldsymbol{UV} = \begin{pmatrix} x\boldsymbol{I}_m - \boldsymbol{AB} & \boldsymbol{0} \\ \boldsymbol{B} & x\boldsymbol{I}_n \end{pmatrix},\quad \boldsymbol{VU} = \begin{pmatrix} x\boldsymbol{I}_m & \boldsymbol{0} \\ x\boldsymbol{B} & x\boldsymbol{I}_n - \boldsymbol{BA} \end{pmatrix}.$$

因为 $\det(\boldsymbol{UV}) = \det(\boldsymbol{VU})$，所以

$$\det(x\boldsymbol{I}_m - \boldsymbol{AB})\det(x\boldsymbol{I}_n) = \det(x\boldsymbol{I}_m)\det(x\boldsymbol{I}_n - \boldsymbol{BA}).$$

因此 $\det(x\boldsymbol{I}_m-\boldsymbol{AB})=x^{m-n}\det(x\boldsymbol{I}_n-\boldsymbol{BA})$.

6. 证明: (1) 设 $\boldsymbol{A}$, $\boldsymbol{B}$ 分别是 $m\times n$, $n\times m$ 矩阵, 则 $\boldsymbol{AB}$ 与 $\boldsymbol{BA}$ 的非零特征根完全相同; (2) 设 $\boldsymbol{A}$, $\boldsymbol{B}$ 都是 n 阶方阵, 则 $\boldsymbol{AB}$ 与 $\boldsymbol{BA}$ 有相同的特征根.

证明 (1) 设 λ 是 $\boldsymbol{AB}$ 的任意一个非零的特征根, 则 $\det(\lambda\boldsymbol{I}_m-\boldsymbol{AB})=0$. 由本部分第 5 题知, 当 $m\geqslant n$ 时, $\lambda^{m-n}\det(\lambda\boldsymbol{I}_n-\boldsymbol{BA})=0$. 从而 $\det(\lambda\boldsymbol{I}_n-\boldsymbol{BA})=0$. 当 $m<n$ 时, $\det(\lambda\boldsymbol{I}_n-\boldsymbol{BA})=\lambda^{n-m}\det(\lambda\boldsymbol{I}_m-\boldsymbol{AB})=0$, 于是 λ 也是 $\boldsymbol{BA}$ 的非零特征根.

同理可得, $\boldsymbol{BA}$ 的非零特征根也是 $\boldsymbol{AB}$ 的非零特征根. 因此 $\boldsymbol{AB}$ 与 $\boldsymbol{BA}$ 的非零特征根完全相同.

(2) 若 $\boldsymbol{A}$ 与 $\boldsymbol{B}$ 都是 n 阶方阵, 则 $\det(x\boldsymbol{I}_n-\boldsymbol{BA})=\det(x\boldsymbol{I}_n-\boldsymbol{AB})$. 于是 $\boldsymbol{AB}$ 与 $\boldsymbol{BA}$ 有相同的特征根.

7. 设 $\boldsymbol{A}$ 是 n 阶实对称矩阵, m 是大于 n 的整数. 证明: $\boldsymbol{A}$ 是正定矩阵当且仅当存在 m 行 n 列的列满秩矩阵 $\boldsymbol{B}$, 使得 $\boldsymbol{A}=\boldsymbol{B}^{\mathrm{T}}\boldsymbol{B}$.

证明 必要性 因为 $\boldsymbol{A}$ 正定, 所以存在 n 阶可逆实方阵 $\boldsymbol{P}$, 使得

$$\boldsymbol{A}=\boldsymbol{P}^{\mathrm{T}}\boldsymbol{I}_n\boldsymbol{P}=\boldsymbol{P}^{\mathrm{T}}\begin{pmatrix}\boldsymbol{I}_n & \boldsymbol{0}_{n\times(m-n)}\end{pmatrix}\begin{pmatrix}\boldsymbol{I}_n\\ \boldsymbol{0}_{(m-n)\times n}\end{pmatrix}\boldsymbol{P}.$$

令 $\boldsymbol{B}=\begin{pmatrix}\boldsymbol{I}_n\\ \boldsymbol{0}_{(m-n)\times n}\end{pmatrix}\boldsymbol{P}$, 则 $\boldsymbol{B}$ 是 m 行 n 列的列满秩矩阵, 且 $\boldsymbol{A}=\boldsymbol{B}^{\mathrm{T}}\boldsymbol{B}$.

充分性 设 $\boldsymbol{A}=\boldsymbol{B}^{\mathrm{T}}\boldsymbol{B}$, 其中 $\boldsymbol{B}$ 是 m 行 n 列的列满秩矩阵, 则对任一非零实列向量 $\boldsymbol{X}=(x_1, x_2, \cdots, x_n)^{\mathrm{T}}$, 都有 $\boldsymbol{BX}\neq\boldsymbol{0}$. 从而 $\boldsymbol{X}^{\mathrm{T}}\boldsymbol{AX}=(\boldsymbol{BX})^{\mathrm{T}}(\boldsymbol{BX})>0$. 因此 $\boldsymbol{A}$ 是正定的.

8. 证明定理 3.27.

证明 见 § 3.6 "范例解析" 之例 1.

9. 设 a_1, a_2, $\cdots$, a_n 是 n 个互不相同的正实数. 令 $a_{ij}=\dfrac{1}{a_i+a_j}$ (i, $j=1$, 2, $\cdots$, n). 证明: $\boldsymbol{A}=(a_{ij})_{n\times n}$ 是正定矩阵.

证明 由第一章 "补充题解答" 第 3 题知, $\boldsymbol{A}$ 的前 k 行与前 k 列交叉处的元素按照原来的位置构成 $\boldsymbol{A}$ 的 k 阶子式

$$D_k=\begin{vmatrix}\dfrac{1}{a_1+a_1} & \cdots & \dfrac{1}{a_1+a_k}\\ \vdots & & \vdots\\ \dfrac{1}{a_k+a_1} & \cdots & \dfrac{1}{a_k+a_k}\end{vmatrix}=\frac{\prod\limits_{1\leqslant j<i\leqslant k}(a_i-a_j)^2}{\prod\limits_{1\leqslant i,j\leqslant k}(a_i+a_j)}>0,$$

其中 $k=1$, 2, $\cdots$, n. 因此 $\boldsymbol{A}$ 是正定矩阵.

10. 确定实 $2n$ 元二次型 $x_1x_2+x_3x_4+\cdots+x_{2n-1}x_{2n}$ 的秩和符号差.

解 因为经非退化的线性替换

$$\begin{cases} x_1 = y_1 + y_2, \\ x_2 = y_1 - y_2, \\ \quad \cdots \\ x_{2n-1} = y_{2n-1} + y_{2n}, \\ x_{2n} = y_{2n-1} - y_{2n} \end{cases}$$

可将原二次型化为

$$y_1^2 - y_2^2 + \cdots + y_{2n-1}^2 - y_{2n}^2,$$

所以该二次型的秩为 $2n$，符号差为 0.

第四章　多项式与矩阵

在中学数学中，我们已经学过多项式的初步知识. 本章将比较系统地介绍一元多项式的基本理论，并且探讨多项式和矩阵的关系.

§4.1　带余除法　多项式的整除性

本节主要介绍一元多项式的概念、一元多项式的运算、带余除法定理及多项式的整除性.

一、主要内容

1. 多项式的概念

定义 4.1　设 F 是一个数域，x 是一个文字. 数域 F 上关于文字 x 的一元多项式是指形式表达式

$$a_0 + a_1x + a_2x^2 + \cdots + a_{n-1}x^{n-1} + a_nx^n,$$

这里 n 是非负整数，并且 a_0，a_1，a_2，$\cdots$，a_{n-1}，a_n 都是 F 中的数.

通常，我们把多项式用 $f(x)$，$g(x)$，$\cdots$ 来表示. 数域 F 上关于文字 x 的全体多项式的集合记为 $F[x]$.

规定 $x^0 = 1$，则一元多项式 $f(x) = a_0 + a_1x + \cdots + a_nx^n$ 可以表示为 $f(x) = \sum\limits_{i=0}^{n} a_ix^i$，其中 a_ix^i 称为多项式 $f(x)$ 的 i 次项，a_i 称为 i 次项的系数，零次项 a_0 通常也称为 $f(x)$ 的常数项.

各项系数都为 0 的多项式称为零多项式，记为 0.

定义 4.2　在多项式 $f(x) = a_nx^n + a_{n-1}x^{n-1} + \cdots + a_1x + a_0$ 中，如果 $a_n \neq 0$，那么称 n 是 $f(x)$ 的次数，记为 $\deg f(x)$，并且称 a_nx^n 为 $f(x)$ 的首项，a_n 为首项系数. 如果 $a_n = 1$，就称 $f(x)$ 为首一多项式.

零多项式是 $F[x]$ 中唯一没有次数的多项式.

定义 4.3　设 $f(x)$ 与 $g(x)$ 是 $F[x]$ 中的多项式. 如果 $f(x)$ 与 $g(x)$ 的同次项的系数相等，那么就称 $f(x)$ 与 $g(x)$ 相等，记为 $f(x) = g(x)$.

2. 多项式的加、减、乘法运算

设

$$f(x) = a_0 + a_1x + \cdots + a_nx^n,\ g(x) = b_0 + b_1x + \cdots + b_mx^m$$

都是 $F[x]$ 中的多项式. 不妨设 $m \leqslant n$. $f(x)$ 与 $g(x)$ 的和 $f(x) + g(x)$ 是指多项式

$$(a_0 + b_0) + (a_1 + b_1)x + \cdots + (a_n + b_n)x^n,$$

这里当 $m < n$ 时，$b_{m+1} = \cdots = b_n = 0$.

$g(x) = b_0 + b_1x + \cdots + b_mx^m$ 的负多项式 $-g(x)$ 是指多项式

$$-b_0 - b_1x - \cdots - b_mx^m.$$

多项式 $f(x)$ 与 $g(x)$ 的差 $f(x) - g(x)$ 是指多项式 $f(x) + (-g(x))$.

多项式 $f(x)$ 与 $g(x)$ 的积 $f(x)g(x)$ 是指多项式

$$c_0 + c_1x + \cdots + c_kx^k + \cdots + c_{n+m}x^{n+m},$$

其中 $c_k = \sum\limits_{i+j=k} a_ib_j$，$k = 0, 1, 2, \cdots, n+m$.

定理 4.1 设 $f(x)$，$g(x)$ 是 $F[x]$ 中非零多项式，则

(i) 当 $f(x) + g(x) \neq 0$ 时，有

$$\deg\ (f(x) + g(x)) \leqslant \max\{\deg\ f(x),\ \deg\ g(x)\};$$

(ii) $\deg\ (f(x)g(x)) = \deg\ f(x) + \deg\ g(x)$.

推论 设 $f(x)$，$g(x)$，$h(x) \in F[x]$.

(i) 如果 $f(x)g(x) = 0$，那么 $f(x) = 0$，或者 $g(x) = 0$;

(ii) 如果 $f(x)g(x) = f(x)h(x)$，且 $f(x) \neq 0$，那么 $g(x) = h(x)$.

3. 带余除法

定理 4.2（带余除法定理） 设 $f(x)$，$g(x) \in F[x]$，且 $g(x) \neq 0$，则

(i) 存在 $q(x)$，$r(x) \in F[x]$，使得

$$f(x) = g(x)q(x) + r(x),$$

这里 $r(x) = 0$，或者 $\deg\ r(x) < \deg\ g(x)$.

(ii) 满足 (i) 中条件的多项式 $q(x)$ 和 $r(x)$ 都是唯一确定的.

我们把这种除法叫作带余除法. 定理中的多项式 $q(x)$，$r(x)$ 分别叫作用 $g(x)$ 去除 $f(x)$ 所得的商式和余式，$g(x)$ 叫作除式，$f(x)$ 叫作被除式.

4. 多项式的整除

定义 4.4 设 $f(x)$，$g(x) \in F[x]$. 若存在 $h(x) \in F[x]$，使得 $f(x) = g(x)h(x)$，则称 $g(x)$ 整除 $f(x)$，记作 $g(x) \mid f(x)$. 同时称 $g(x)$ 为 $f(x)$ 的因式，称 $f(x)$ 为 $g(x)$ 的倍式.

定理 4.3 设 $f(x)$，$g(x) \in F[x]$，且 $g(x) \neq 0$，则 $g(x)$ 整除 $f(x)$ 的充要条件是 $g(x)$ 去除 $f(x)$ 所得的余式为 0.

注意，零多项式只能整除零多项式.

定理 4.4 在 $F[x]$ 中，

(i) 如果 $g(x) \mid f(x)$，那么对 F 中任意非零常数 c，总有 $cg(x) \mid f(x)$，$g(x) \mid cf(x)$;

(ii) 如果 $h(x)\mid g(x)$，$g(x)\mid f(x)$，那么 $h(x)\mid f(x)$；

(iii) 如果 $g(x)\mid f(x)$，$g(x)\mid h(x)$，那么 $g(x)\mid (f(x)\pm h(x))$；

(iv) 如果 $g(x)\mid f(x)$，那么对 $F[x]$ 中任意多项式 $h(x)$，总有 $g(x)\mid f(x)h(x)$；

(v) 如果 $g(x)\mid f_i(x)$，$i=1，2，\cdots，s$，那么对 $F[x]$ 中任意多项式 $h_i(x)$，$i=1，2，\cdots，s$，总有 $g(x)\,\Big|\,\sum\limits_{i=1}^{s} f_i(x)h_i(x)$；

(vi) 设 $f(x)\in F[x]$，则对 F 中任意非零常数 c，总有 $c\mid f(x)$，$cf(x)\mid f(x)$；

(vii) 如果 $f(x)\mid g(x)$，$g(x)\mid f(x)$，那么存在 F 中非零常数 c，使得 $f(x)=cg(x)$.

二、释疑解难

1. 关于一元多项式的定义

(1) 从未知数 x 到文字或未定元 x.

数域 F 上的一元多项式 $f(x)=a_0+a_1x+\cdots+a_nx^n$ 中的字母 x 代表的对象不必限制为数，因此将 x 不再叫作“未知数”，而称为“文字”或“未定元”，可以使它代表更广泛的对象. 在研究多项式时我们不必关心 x 代表什么对象，只关心 x 与数域 F 中的数及自身进行的运算所满足的运算律，这样由 x 得出的有关多项式运算的等式才有更广泛的应用，使得将 x 换成满足同样性质的任何对象后等式仍然成立. 例如，可以将一元多项式 $f(x)$ 中的文字 x 换成数、方阵和线性变换等.

(2) 含有 x 的负整数幂或分数幂及无穷多项的表达式都不是一元多项式.

例如，$x^{-2}+x^{-1}+1$，$x^3+\dfrac{1}{x}+2$ 和 $1+x+x^2+\cdots+x^n+\cdots$ 都不是一元多项式. 又如，$\dfrac{2}{x+2}$ 也不是一元多项式.

2. 关于多项式的相等

(1) 两个多项式相等的规定说明，多项式 $a_0+a_1x+\cdots+a_nx^n$ 的表示法是唯一的，因此系数不全为零的多项式不等于零多项式.

(2) 多项式相等与方程的区别. 方程 $a_0+a_1x+\cdots+a_nx^n=0$ 指的是一个条件等式，其中的“=”不是多项式相等的含义，不要与多项式相等混淆.

3. 关于多项式的运算、多项式的整除

(1) 多项式的加法、减法和乘法都是 $F[x]$ 的代数运算，即它们都是 $F[x]\times F[x]$ 到 $F[x]$ 的映射，$F[x]$ 关于多项式的加法、减法和乘法运算封闭. 但是乘法的逆运算——除法并不是普遍可以做的，即多项式的除法不是 $F[x]$ 的代数运算.

(2) 多项式的整除不是多项式的运算，它是 $F[x]$ 中元素间的一种特殊的关系，这种关系的概念类似实数集 **R** 中元素间的大小关系、相等关系等.

(3) 记号 $g(x)\mid f(x)$ 表示 $g(x)$ 整除 $f(x)$，注意不要写作“$g(x)/f(x)$”，因为这

种写法容易和分式 $\dfrac{f(x)}{g(x)}$ 混淆．由于本章不涉及分式，因此有时也用符号 $\dfrac{f(x)}{g(x)}$ 表示非零多项式 $g(x)$ 整除多项式 $f(x)$ 时所得的商式，即如果 $f(x)=g(x)h(x)$，那么就用 $\dfrac{f(x)}{g(x)}$ 表示 $h(x)$.

4．关于零多项式和零次多项式

(1) 零多项式没有次数.

这是因为，如果对零多项式定义次数的话，那么无论定义零多项式的次数 $\deg\ 0$ 等于多少，都不可能使 $\deg\ 0=\deg\ (0\ g(x))=\deg\ 0+\deg\ g(x)$ 对所有的 $g(x)$ 都成立.

(2) 零次多项式是次数为零的多项式.

5．整数的带余除法定理

对照多项式的带余除法定理，可得整数的带余除法定理.

定理 4.5 设 a，$b\in\mathbf{Z}$，且 $b\neq 0$，则存在 q，$r\in\mathbf{Z}$，使得

$$a=bq+r,$$

这里 $0\leqslant r<|b|$，而且满足上述条件的 q，r 唯一.

三、范例解析

例 1 设 $f(x)=x^4-2x+5$，$g(x)=x^2-x+2$．求用 $g(x)$ 去除 $f(x)$ 所得的商式 $q(x)$ 和余式 $r(x)$.

解 因为

$$
\begin{array}{r|r|l}
g(x)=x^2-x+2 & f(x)=x^4\qquad\qquad\qquad -2x+5 & q(x)=x^2+x-1 \\
 & x^4-x^3+2x^2\qquad\qquad \\
\cline{2-2}
 & x^3-2x^2-2x+5 & \\
 & x^3-x^2+2x\quad & \\
\cline{2-2}
 & -x^2-4x+5 & \\
 & -x^2+x-2 & \\
\cline{2-2}
 & r(x)=-5x+7 &
\end{array}
$$

所以用 $g(x)$ 去除 $f(x)$ 所得的商式 $q(x)=x^2+x-1$，余式 $r(x)=-5x+7$.

例 2 当 m，p，q 适合什么条件时，$x^2+mx-1\mid x^3+px+q$.

解 方法一 待定系数法.

设 $x^3+px+q=(x^2+mx-1)(ax+b)$，则展开后比较等式两边的系数，得

$$a=1,\ am+b=0,\ bm-a=p,\ -b=q.$$

因此当 $q=m$，$p=-1-m^2$ 时，$x^2+mx-1\mid x^3+px+q$.

方法二 带余除法.

用 x^2+mx-1 除 x^3+px+q 得商式 $q(x)=x-m$，余式 $r(x)=(p+m^2+1)x+(q-m)$. 要使 $x^2+mx-1\mid x^3+px+q$，则必有 $r(x)=0$，于是 $q-m=0$，$p+m^2+1=0$. 因此当 $q=m$，$p=-1-m^2$ 时，$x^2+mx-1\mid x^3+px+q$.

例 3 证明：如果 $x^2+x+1\mid f(x^3)+xg(x^3)$，那么 $x-1\mid f(x)$，$x-1\mid g(x)$.

解 设 $f(x)=(x-1)q_1(x)+r_1$，$g(x)=(x-1)q_2(x)+r_2$，则

$$f(x^3)=(x^3-1)q_1(x^3)+r_1,\ g(x^3)=(x^3-1)q_2(x^3)+r_2.$$

于是

$$\begin{aligned}f(x^3)+xg(x^3)&=(x^3-1)q_1(x^3)+r_1+x(x^3-1)q_2(x^3)+r_2x\\&=(x^2+x+1)[(x-1)q_1(x^3)+x(x-1)q_2(x^3)]+r_2x+r_1.\end{aligned}$$

由已知，得 $r_2x+r_1=0$. 从而 $r_2=r_1=0$. 故 $x-1\mid f(x)$，$x-1\mid g(x)$.

§4.2 最大公因式

本节介绍多项式的公因式、最大公因式和多项式互素的概念，讨论最大公因式的存在性与唯一性问题及多项式互素的性质.

一、主要内容

1. 公因式、最大公因式

定义 4.5 设 $f_i(x)\in F[x]$，$i=1，2，\cdots，s$. 如果 $F[x]$ 中的多项式 $h(x)$ 满足

$$h(x)\mid f_i(x),\ i=1,\ 2,\ \cdots,\ s,$$

那么称 $h(x)$ 是 $f_1(x)$，$f_2(x)$，$\cdots$，$f_s(x)$ 的公因式.

定义 4.6 设 $f_i(x)\in F[x]$，$i=1，2，\cdots，s$. 如果 $F[x]$ 中的多项式 $d(x)$ 满足

(i) $d(x)$ 是 $f_1(x)$，$f_2(x)$，$\cdots$，$f_s(x)$ 的公因式；

(ii) 对 $F[x]$ 中的任一多项式 $h(x)$ 来说，一旦 $h(x)\mid f_i(x)$，$i=1，2，\cdots，s$，就有 $h(x)\mid d(x)$，

那么称 $d(x)$ 是 $f_1(x)$，$f_2(x)$，$\cdots$，$f_s(x)$ 的最大公因式.

(1) 两个多项式的最大公因式.

定理 4.6 如果 $F[x]$ 中的多项式 $f(x)$ 与 $g(x)$ 有一个最大公因式 $d(x)$，那么 $\{cd(x)\mid c\in F,\ c\neq 0\}$ 就是 $f(x)$ 与 $g(x)$ 的全部最大公因式.

定理 4.7 如果 $f(x)=g(x)q(x)+r(x)$，那么

(i) $h(x)$ 是 $f(x)$ 与 $g(x)$ 的公因式当且仅当 $h(x)$ 是 $g(x)$ 与 $r(x)$ 的公因式；

(ii) $d(x)$ 是 $f(x)$ 与 $g(x)$ 的最大公因式当且仅当 $d(x)$ 是 $g(x)$ 与 $r(x)$ 的最大公因式.

定理 4.8 设 $f(x)$，$g(x)\in F[x]$.

(i) $f(x)$ 与 $g(x)$ 的最大公因式总是存在的；

(ii) 若 $d(x)$ 是 $f(x)$ 与 $g(x)$ 的一个最大公因式，则存在 $F[x]$ 中的多项式 $u(x)$，$v(x)$，使得

$$f(x)u(x)+g(x)v(x)=d(x).$$

该定理的证明过程给出了一种求最大公因式的算法，这种算法由一系列带余除法组成，称为辗转相除法，又称欧几里得算法.

两个不全为零的多项式 $f(x)$ 与 $g(x)$ 的最高次项系数为 1 的最大公因式记作 $(f(x), g(x))$. 如果 $f(x)$ 与 $g(x)$ 全为零多项式，那么它们的最大公因式为零多项式，也是唯一的，用 $(f(x), g(x))$ 表示. 因此，对 $F[x]$ 中任意两个多项式 $f(x)$ 与 $g(x)$ 来说，$(f(x), g(x))$ 总是唯一确定的.

(2) 多个多项式的最大公因式.

定理 4.9　如果 $F[x]$ 中的多项式 $f_1(x)$，$f_2(x)$，$\cdots$，$f_s(x)$ 有一个最大公因式 $d(x)$，那么 $\{cd(x)\mid c\in F, c\neq 0\}$ 就是 $f_1(x)$，$f_2(x)$，$\cdots$，$f_s(x)$ 的全部最大公因式.

定理 4.10　设 $f_i(x)\in F[x]$，$i=1, 2, \cdots, s$. 如果 $w(x)$ 是 $f_1(x)$，$f_2(x)$，$\cdots$，$f_{s-1}(x)$ 的最大公因式，那么 $w(x)$ 与 $f_s(x)$ 的最大公因式就是 $f_1(x)$，$\cdots$，$f_{s-1}(x)$，$f_s(x)$ 的最大公因式.

定理 4.11　设 $f_i(x)\in F[x]$，$i=1, 2, \cdots, s$.

(i) $f_1(x)$，$f_2(x)$，$\cdots$，$f_s(x)$ 的最大公因式总是存在的；

(ii) 若 $d(x)$ 是 $f_1(x)$，$f_2(x)$，$\cdots$，$f_s(x)$ 的一个最大公因式，则存在 $u_i(x)\in F[x]$，$i=1, 2, \cdots, s$，使得

$$\sum_{i=1}^{s}u_i(x)f_i(x)=d(x).$$

2. 多项式的互素

定义 4.7　设 $f_i(x)\in F[x]$，$i=1, 2, \cdots, s$. 若 $(f_1(x), f_2(x), \cdots, f_s(x))=1$，则称 $f_1(x)$，$f_2(x)$，$\cdots$，$f_s(x)$ 互素.

定理 4.12　设 $f_i(x)\in F[x]$，$i=1, 2, \cdots, s$，则 $f_1(x)$，$f_2(x)$，$\cdots$，$f_s(x)$ 是互素的充要条件是存在 $u_i(x)\in F[x]$，$i=1, 2, \cdots, s$，使得

$$\sum_{i=1}^{s}u_i(x)f_i(x)=1.$$

二、释疑解难

1. 关于多项式的公因式、最大公因式

设 F 与 $\overline{F}$ 是两个数域，且 $F\subseteq\overline{F}$，$f(x), g(x)\in F[x]$.

(1) 从数域 F 到 $\overline{F}$，$f(x)$ 与 $g(x)$ 的公因式除了非零的常数因子的变化外，可

能还有次数大于零的公因式的变化（即在本质上可能会发生变化）.

例如，设 $f(x)=x^2+1$，$g(x)=x(x^2+1)$. 若将 $f(x)$ 与 $g(x)$ 看作实数域 **R** 上的多项式，则 $x\pm \mathrm{i}$ 不是它们的公因式. 若将 $f(x)$ 与$g(x)$ 看作复数域 **C** 上的多项式，则 $x\pm \mathrm{i}$ 是它们的公因式.

(2) 从数域 F 到 $\overline{F}$，$f(x)$ 与 $g(x)$ 的最大公因式除了非零的常数因子的变化外，在本质上没有变化. 也就是说，当数域扩大时，$f(x)$ 与 $g(x)$ 的最高次项的系数是 1 的最大公因式不改变.

这是因为，假设 $d(x)$，$\overline{d}(x)$ 分别是 $f(x)$ 与 $g(x)$ 在 $F[x]$ 和 $\overline{F}[x]$ 中的最高次项的系数是 1 的最大公因式. 如果 $f(x)=g(x)=0$，那么 $d(x)=\overline{d}(x)=0$. 如果 $f(x)$ 与 $g(x)$ 至少有一个不等于零，且在 $F[x]$ 中对 $f(x)$ 与 $g(x)$ 做辗转相除法所得的最后一个不等于零的余式是 $r_s(x)$，其最高次项的系数为 c，那么 $d(x)=\dfrac{1}{c}r_s(x)$. 根据带余除法的唯一性，所做的每一步带余除法也可看作是在 $\overline{F}[x]$ 中进行的，因此 $r_s(x)$ 也是 $f(x)$ 与 $g(x)$ 在 $\overline{F}[x]$ 中的一个最大公因式. 所以 $\overline{d}(x)=\dfrac{1}{c}r_s(x)=d(x)$.

2. 关于定理 4.8 补充说明

(1) 定理 4.8 (ii) 的逆命题不成立.

例如，设 $f(x)=x-1$，$g(x)=x+2$. 取 $u(x)=x+1$，$v(x)=x^2$，则有

$$(x-1)(x+1)+(x+2)x^2=x^3+3x^2-1.$$

但是 x^3+3x^2-1 不是 $f(x)$ 与 $g(x)$ 的最大公因式.

要使定理 4.8 (ii) 的逆命题成立，需加条件“$d(x)$ 是 $f(x)$ 与 $g(x)$ 的公因式”.

(2) 定理 4.8 (ii) 中的 $u(x)$ 与 $v(x)$ 不唯一.

例如，设 $f(x)=x^2$，$g(x)=x$，则 $d(x)=x$ 是 $f(x)$ 与 $g(x)$ 的一个最大公因式，并且 $f(x)+g(x)(-x+1)=d(x)$，$f(x)x+g(x)(-x^2+1)=d(x)$.

那么在什么条件下，定理 4.8 (ii) 中的 $u(x)$ 与 $v(x)$ 唯一？为此有

定理 4.13 设 $d(x)$ 是 $f(x)$ 与 $g(x)$ 的最大公因式，$f(x)=f_1(x)d(x)$，$g(x)=g_1(x)d(x)$，则当 $f(x)$ 与 $g(x)$ 都不为零，且 $\deg u(x)<\deg g_1(x)$，$\deg v(x)<\deg f_1(x)$ 时，满足等式 $f(x)u(x)+g(x)v(x)=d(x)$ 的 $u(x)$ 与 $v(x)$ 是唯一的.

注 证明见本节“范例解析”之例 8.

3. 关于多项式的互素

(1) 多项式的互素不随数域的扩大而改变.

这是因为，$f(x)$，$g(x)$ 的最大公因式 $(f(x), g(x))$ 不随数域的扩大而改变.

(2) 多项式两两互素与互素的关系.

若 n 个多项式 $f_1(x)$，$f_2(x)$，$\cdots$，$f_n(x)$ 两两互素，则这 n 个多项式互素. 反之，若 n 个多项式 $f_1(x)$，$f_2(x)$，$\cdots$，$f_n(x)$ 互素，则这 n 个多项式未必两两互素.

例如，多项式 $f_1(x) = x(x+1)$，$f_2(x) = x(x-1)$，$f_3(x) = x^2 - 1$ 是互素的，但两两都不互素.

三、范例解析

例 1 用辗转相除法求 $f(x) = x^6 - 7x^4 + 8x^3 - 7x + 7$ 与 $g(x) = 3x^5 - 7x^3 + 3x^2 - 7$ 的最大公因式 $(f(x), g(x))$ 及 $u(x)$，$v(x)$，使得 $(f(x), g(x)) = u(x)f(x) + v(x)g(x)$.

解 对 $f(x)$ 与 $g(x)$ 施行辗转相除法得一串等式：

$$f(x) = g(x)\left(\frac{1}{3}x\right) + \left(-\frac{14}{3}x^4 + \frac{21}{3}x^3 - \frac{14}{3}x + \frac{21}{3}\right),$$

$$g(x) = \left(-\frac{14}{3}x^4 + \frac{21}{3}x^3 - \frac{14}{3}x + \frac{21}{3}\right)\left(-\frac{9}{14}x - \frac{27}{28}\right) + \left(-\frac{1}{4}x^3\right),$$

$$\left(-\frac{14}{3}x^4 + \frac{21}{3}x^3 - \frac{14}{3}x + \frac{21}{3}\right) = \left(-\frac{1}{4}x^3\right)\left(\frac{56}{3}x - \frac{84}{3}\right),$$

由此得出，$(f(x), g(x)) = x^3$，且

$$u(x) = -\frac{18}{7}x - \frac{27}{7}, \quad v(x) = \frac{6}{7}x^2 + \frac{9}{7}x - 4.$$

例 2 设 $f(x) = x^3 + (1+t)x^2 + 4x + 2u$，$g(x) = x^3 + tx^2 + 2u$ 的最大公因式是一个二次多项式. 求 t，u 的值.

解 方法一 设 $d(x) = (f(x), g(x))$. 因 $f(x) - g(x) = x^2 + 4x$，$\deg\ d(x) = 2$，故由 $d(x) \mid (f(x) - g(x))$ 知，$d(x) = x^2 + 4x$. 用 $d(x)$ 除 $g(x)$，得

$$g(x) = d(x)(x + t - 4) - 4(t-4)x + 2u.$$

由于 $d(x) \mid g(x)$，因此 $-4(t-4)x + 2u = 0$. 于是 $t = 4$，$u = 0$.

方法二 辗转相除法.

因为

$$f(x) = g(x) \cdot 1 + x^2 + 4x, \quad g(x) = (x^2 + 4x)(x + t - 4) - 4(t-4)x + 2u,$$

所以要使 $f(x)$ 与 $g(x)$ 的最大公因式是一个二次多项式，则必有 $-4(t-4)x + 2u = 0$. 因此 $t = 4$，$u = 0$.

例 3 证明：两个非零多项式 $f(x)$ 与 $g(x)$ 不互素的充要条件是存在两个多项式 $u(x)$，$v(x)$，使得 $f(x)u(x) + g(x)v(x) = 0$，其中

$$0 < \deg\ u(x) < \deg\ g(x), \quad 0 < \deg\ v(x) < \deg\ f(x).$$

证明 充分性 假设 $(f(x), g(x)) = 1$. 因为 $g(x) \mid f(x)u(x)$，所以 $g(x) \mid u(x)$. 这与 $0 < \deg\ u(x) < \deg\ g(x)$ 矛盾.

必要性 设 $f(x)$ 与 $g(x)$ 不互素，则 $d(x) = (f(x), g(x)) \neq 1$. 令 $f(x) = d(x)f_1(x)$，$g(x) = d(x)g_1(x)$，则 $f(x)g_1(x) - g(x)f_1(x) = 0$，其中

$$0 < \deg\ g_1(x) < \deg\ g(x), \quad 0 < \deg\ f_1(x) < \deg\ f(x).$$

于是取 $u(x) = g_1(x)$，$v(x) = -f_1(x)$，则有 $f(x)u(x) + g(x)v(x) = 0$.

例 4 证明：$(f(x), g(x)) = 1$ 当且仅当 $(f(x)+g(x), f(x)g(x)) = 1$.

证明 必要性 设 $(f(x), g(x)) = 1$，则存在 $u(x), v(x) \in F[x]$，使得 $f(x)u(x)+g(x)v(x) = 1$. 于是 $(f(x)+g(x))u(x)+g(x)(v(x)-u(x)) = 1$，即 $(f(x)+g(x), g(x)) = 1$. 同理 $(f(x)+g(x), f(x)) = 1$. 根据互素的性质，得 $(f(x)g(x), f(x)+g(x)) = 1$.

充分性 设 $(f(x)+g(x), f(x)g(x)) = 1$，则存在 $u(x), v(x) \in F[x]$，使得 $(f(x)+g(x))u(x)+f(x)g(x)v(x) = 1$. 从而 $f(x)u(x)+g(x)(f(x)v(x)+u(x)) = 1$，即 $(f(x), g(x)) = 1$.

例 5 证明：$(f(x)h(x), g(x)h(x)) = (f(x), g(x))h(x)$，其中 $h(x)$ 是首一多项式.

证明 设 $(f(x), g(x)) = d(x)$，则存在 $u(x), v(x)$ 使得 $f(x)u(x)+g(x)v(x) = d(x)$. 两边同乘以 $h(x)$，得

$$f(x)h(x)u(x)+g(x)h(x)v(x) = d(x)h(x).$$

又因为 $d(x)h(x) \mid f(x)h(x)$，$d(x)h(x) \mid g(x)h(x)$，即 $d(x)h(x)$ 是 $f(x)h(x)$ 与 $g(x)h(x)$ 的公因式，所以由本节“释疑解难”之 2 可知，$d(x)h(x)$ 是 $f(x)h(x)$ 与 $g(x)h(x)$ 的首一的最大公因式. 于是 $(f(x)h(x), g(x)h(x)) = (f(x), g(x))h(x)$.

例 6 证明：若 $f(x), g(x)$ 不全为零，$u(x)f(x)+v(x)g(x) = (f(x), g(x))$，则

$$(u(x), v(x)) = 1, \left(\frac{f(x)}{(f(x), g(x))}, \frac{g(x)}{(f(x), g(x))}\right) = 1.$$

证明 因为 $(f(x), g(x)) \neq 0$，所以等式两边消去 $(f(x), g(x))$，得

$$u(x)\frac{f(x)}{(f(x), g(x))}+v(x)\frac{g(x)}{(f(x), g(x))} = 1.$$

因此

$$(u(x), v(x)) = 1, \left(\frac{f(x)}{(f(x), g(x))}, \frac{g(x)}{(f(x), g(x))}\right) = 1.$$

例 7 称多项式 $m(x)$ 是多项式 $f(x)$ 与 $g(x)$ 的最小公倍式，如果

(i) $f(x) \mid m(x)$，$g(x) \mid m(x)$；

(ii) $f(x)$ 与 $g(x)$ 的任一个公倍式都是 $m(x)$ 的倍式.

用 $[f(x), g(x)]$ 表示 $f(x)$ 与 $g(x)$ 的首项系数是 1 的那个最小公倍式. 证明：

(1) 如果 $f(x)$ 与 $g(x)$ 的首项系数都是 1，那么

$$[f(x), g(x)] = \frac{f(x)g(x)}{(f(x), g(x))};$$

(2) $f(x)$ 与 $g(x)$ 的最小公倍式存在，且在不计非零常数倍的意义下唯一.

证明 (1) 由已知，$(f(x), g(x)) \neq 0$. 因为

$$\frac{f(x)g(x)}{(f(x), g(x))} = f(x)\frac{g(x)}{(f(x), g(x))} = g(x)\frac{f(x)}{(f(x), g(x))},$$

所以

$$f(x) \,\Big|\, \frac{f(x)g(x)}{(f(x), g(x))}, \quad g(x) \,\Big|\, \frac{f(x)g(x)}{(f(x), g(x))}.$$

从而 $\dfrac{f(x)g(x)}{(f(x),\ g(x))}$ 是 $f(x)$ 与 $g(x)$的一个公倍式.

假设 $f(x)\mid h(x)$，$g(x)\mid h(x)$，那么

$$\frac{f(x)}{(f(x),\ g(x))}\ \Big|\ \frac{h(x)}{(f(x),\ g(x))},\quad \frac{g(x)}{(f(x),\ g(x))}\ \Big|\ \frac{h(x)}{(f(x),\ g(x))}.$$

由于 $\left(\dfrac{f(x)}{(f(x),\ g(x))},\ \dfrac{g(x)}{(f(x),\ g(x))}\right)=1$，因此 $\dfrac{f(x)g(x)}{(f(x),\ g(x))^2}\ \Big|\ \dfrac{h(x)}{(f(x),\ g(x))}$. 于是 $\dfrac{f(x)g(x)}{(f(x),\ g(x))}\ \Big|\ h(x)$. 由最小公倍式的定义知，$[f(x),\ g(x)]=\dfrac{f(x)g(x)}{(f(x),\ g(x))}$.

(2) 由 (1) 可知，$f(x)$ 与 $g(x)$ 的最小公倍式存在. 设 $m_1(x)$ 与 $m_2(x)$ 都是 $f(x)$ 与 $g(x)$ 的最小公倍式，则 $m_1(x)\mid m_2(x)$ 且 $m_2(x)\mid m_1(x)$. 因此 $m_1(x)$ 与 $m_2(x)$ 最多相差一个非零常数因子.

例 8 证明定理 4.13.

证明 设 $u(x)$，$v(x)$ 与 $u_1(x)$，$v_1(x)$ 都满足题设条件，则

$$f(x)u(x)+g(x)v(x)=d(x),\ f(x)u_1(x)+g(x)v_1(x)=d(x).$$

两式相减，得 $f(x)(u(x)-u_1(x))=g(x)(v_1(x)-v(x))$. 于是

$$f_1(x)d(x)(u(x)-u_1(x))=g_1(x)d(x)(v_1(x)-v(x)).$$

由 $f(x)\neq 0$，$g(x)\neq 0$ 知，$d(x)\neq 0$. 因此

$$f_1(x)(u(x)-u_1(x))=g_1(x)(v_1(x)-v(x)).$$

从而 $g_1(x)\mid f_1(x)(u(x)-u_1(x))$. 因为 $f_1(x)$ 与$g_1(x)$ 互素，所以 $g_1(x)\mid(u(x)-u_1(x))$.

假设 $u(x)\neq u_1(x)$. 因为 $\deg\ u(x)<\deg\ g_1(x)$，$\deg\ u_1(x)<\deg\ g_1(x)$，所以 $\deg\,(u(x)-u_1(x))<\deg\ g_1(x)$. 这与 $g_1(x)\mid(u(x)-u_1(x))$ 矛盾. 因此 $u_1(x)=u(x)$. 从而 $v_1(x)=v(x)$.

§4.3 多项式的因式分解

本节引入不可约多项式，给出数域 F 上多项式不能再分解的确切含义，讨论数域 F 上多项式的因式分解及唯一性问题.

一、主要内容

1. 不可约多项式、可约多项式

定义 4.8 设 $p(x)$ 是$F[x]$ 中次数大于零的多项式. 如果 $p(x)$ 不能表示成 $F[x]$ 中两个次数都大于零的多项式的乘积，那么称 $p(x)$ 是数域 F 上的不可约多项式. 如果 $p(x)$ 能表示成 $F[x]$ 中两个次数都大于零的多项式的乘积，那么称 $p(x)$ 是 F 上的可约多项式.

定理 4.14 设 $p(x)$ 是$F[x]$ 中的次数大于零的多项式，则 $p(x)$ 是数域 F 上的

不可约多项式当且仅当 $p(x)$ 不能表示成 $F[x]$ 中两个次数都小于 $\deg p(x)$ 的多项式的乘积.

定理 4.15 设 $p(x)$ 是数域 F 上的不可约多项式，则对任意 $f(x)\in F[x]$，要么 $(p(x),f(x))=1$，要么 $p(x)\mid f(x)$.

定理 4.16 设 $p(x)$，$f(x)$，$g(x)\in F[x]$，且 $p(x)$ 是 F 上的不可约多项式. 如果 $p(x)\mid f(x)g(x)$，那么 $p(x)\mid f(x)$，或者 $p(x)\mid g(x)$.

推论 设 $p(x)$，$f_1(x)$，$f_2(x)$，$\cdots$，$f_s(x)\in F[x]$，且 $p(x)$ 是 F 上的不可约多项式. 若 $p(x)\mid f_1(x)f_2(x)\cdots f_s(x)$，则存在 $j\in\{1,2,\cdots,s\}$，使 $p(x)\mid f_j(x)$.

2. 多项式的因式分解及唯一性定理

定理 4.17（因式分解及唯一性定理） 设 $f(x)$ 是数域 F 上的一个次数大于零的多项式，则

(i) $f(x)$ 可分解为若干个 F 上的不可约多项式的乘积；

(ii) 如果

$$f(x)=p_1(x)p_2(x)\cdots p_r(x)=q_1(x)q_2(x)\cdots q_s(x),$$

其中 $p_i(x)$，$p_j(x)$（$i=1,2,\cdots,r$；$j=1,2,\cdots,s$）都是 F 上不可约多项式，那么 $r=s$，且适当地给 $q_1(x)$，$q_2(x)$，$\cdots$，$q_r(x)$ 重新编号后，可使

$$p_i(x)=c_iq_i(x),\ i=1,2,\cdots,r,$$

其中 c_i（$i=1,2,\cdots,r$）是 F 中的非零常数.

3. 多项式的重因式

定义 4.9 设 $p(x)$，$f(x)\in F[x]$，且 $p(x)$ 是 F 上的不可约多项式. 如果 $p^k(x)\mid f(x)$，但是 $p^{k+1}(x)\nmid f(x)$，那么称 $p(x)$ 是 $f(x)$ 的一个 k 重因式.

若 $k>1$，则称 $p(x)$ 是 $f(x)$ 的重因式. 若 $k=1$，则称 $p(x)$ 是 $f(x)$ 的单因式.

定理 4.18 设 $p(x)$，$f(x)\in F[x]$，且 $p(x)$ 是 F 上的不可约多项式，正整数 $k\geqslant 2$. 如果 $p(x)$ 是 $f(x)$ 的 k 重因式，那么 $p(x)$ 是 $f'(x)$ 的 $k-1$ 重因式.

推论 1 若不可约多项式 $p(x)$ 是 $f(x)$ 的 k（$k\geqslant 2$）重因式，则 $p(x)$ 是 $f(x)$，$f'(x)$，$\cdots$，$f^{(k-1)}(x)$ 的因式，但不是 $f^{(k)}(x)$ 的因式.

推论 2 不可约多项式 $p(x)$ 是 $f(x)$ 的重因式当且仅当 $p(x)\mid(f(x),f'(x))$. $p(x)$ 是 $f(x)$ 的 k（$k\geqslant 2$）重因式当且仅当 $p(x)$ 是 $(f(x),f'(x))$ 的 $k-1$ 重因式.

推论 3 $f(x)$ 没有重因式当且仅当 $(f(x),f'(x))=1$.

二、释疑解难

1. 关于多项式的可约性

(1) 一个多项式“可约”就是能进行因式分解，“不可约”就是不能进行因式分解.

(2) 零多项式和零次多项式既不说可约，也不说不可约.

这是因为，如果规定零多项式 0 是可约的，那么由于在 0 的分解式中永远会出现 0 这个因式，因此 0 就不能分解为不可约多项式的乘积；如果规定 0 是不可约的，那么 0 分解为不可约多项式之积的分解式将不是唯一的. 对于零次多项式有同样的困难. 因此在定义 4.8 中必须限制 $p(x)$ 是次数大于零的多项式.

(3) 一个次数大于零的多项式是否可约与所在的数域有关.

例如，$p(x)=x^2-2$ 在有理数域上不可约，而在实数域上可约.

(4) 数域 F 上的不可约多项式 $p(x)$ 在数域 F 上只有平凡因式（即 $p(x)$ 只有 F 中的非零常数 c 和 $cp(x)$ 两类因式）.

2. 关于多项式的因式分解

(1) 多项式的因式分解与所讨论的数域有关.

这是因为，多项式可约性与数域有关. 例如，x^4-4 在有理数域、实数域和复数域上的因式分解分别为

$$x^4-4=(x^2-2)(x^2+2),$$
$$x^4-4=(x-\sqrt{2})(x+\sqrt{2})(x^2+2),$$
$$x^4-4=(x-\sqrt{2})(x+\sqrt{2})(x-\sqrt{2}\,\mathrm{i})(x+\sqrt{2}\,\mathrm{i}).$$

因此，在进行多项式的因式分解时，必须要指明是在哪个数域上.

(2) 因式分解定理在理论上很重要，但是它没有给出具体的分解因式的方法. 实际上，因式分解是一个很困难的问题，普遍可行的因式分解方法是不存在的.

3. 多项式的典型分解式

取多项式 $f(x)$ 的任一不可约因式分解且将每一个不可约因式的最高次项系数提出来，使它化为首一的不可约因式，再将相同的首一不可约因式合并写成幂的形式，这样就得 $f(x)$ 的一个唯一确定的分解式

$$f(x)=ap_1^{k_1}(x)p_2^{k_2}(x)\cdots p_s^{k_s}(x),$$

其中 a 是 $f(x)$ 的首项系数，$p_1(x)$，$p_2(x)$，$\cdots$，$p_s(x)$ 是互不相同的首一不可约多项式，k_1，k_2，$\cdots$，k_s 都是正整数. 称这样的分解式为 $f(x)$ 的典型分解式（或标准分解式）.

如果已知两个多项式的典型分解式，那么就可容易地求出这两个多项式的最大公因式. 设 $f(x)$ 与 $g(x)$ 是 $F[x]$ 中两个次数大于零的多项式，且它们的典型分解式有 r 个共同的不可约因式：

$$f(x)=ap_1^{k_1}(x)\cdots p_r^{k_r}(x)q_{r+1}^{k_{r+1}}\cdots q_s^{k_s}(x),$$
$$g(x)=bp_1^{l_1}(x)\cdots p_r^{l_r}(x)\overline{q}_{r+1}^{l_{r+1}}\cdots \overline{q}_t^{l_t}(x),$$

其中每一个 $q_i(x)$ $(i=r+1, \cdots, s)$ 不等于任何 $\overline{q}_j(x)$ $(j=r+1, \cdots, t)$. 令 $m_i=\min\{k_i, l_i\}$ $(i=1, 2, \cdots, r)$，则

$$(f(x), g(x))=p_1^{m_1}(x)p_2^{m_2}(x)\cdots p_r^{m_r}(x).$$

若 $f(x)$ 与 $g(x)$ 的典型分解式没有共同的不可约因式，则 $(f(x), g(x)) = 1$.

注 上述求最大公因式的方法主要用于理论方面. 对于给定的两个多项式 $f(x)$ 与 $g(x)$，求 $f(x)$ 与 $g(x)$ 的最大公因式的最有效的方法还是辗转相除法.

4. 关于定理 4.18 的补充说明

定理 4.18 的逆命题不一定成立.

例如，设 $f(x) = x^3 + 1$，则 $f'(x) = 3x^2$. 因此不可约多项式 $p(x) = x$ 是 $f'(x)$ 的二重因式，但不是 $f(x)$ 的三重因式. 而实际上 $p(x) = x$ 根本不是 $f(x)$ 的因式.

要使定理 4.18 的逆命题成立，需加条件"不可约多项式 $p(x)$ 是 $f(x)$ 的因式".

5. 关于多项式的重因式

(1) 数域 F 上的多项式有无重因式不会随着数域的扩大而改变.

这是因为，数域由 F 扩大到 $\overline{F}$ 时，多项式的导数及两个多项式的互素性不改变，所以当 $f(x)$ 在 $F[x]$ 中没有重因式时，$f(x)$ 在 $\overline{F}[x]$ 中也没有重因式.

(2) 多项式 $f(x)$ 有无重因式的判定.

定理 4.18 的推论 3 表明，判断多项式 $f(x)$ 有无重因式，只需求 $(f(x), f'(x))$. 若 $(f(x), f'(x)) = 1$，则 $f(x)$ 没有重因式. 否则 $f(x)$ 有重因式.

(3) 重因式的求法.

设 $f(x)$ 的典型分解式为 $f(x) = ap_1^{k_1}(x)p_2^{k_2}(x)\cdots p_s^{k_s}(x)$，则用 $(f(x), f'(x))$ 去除 $f(x)$ 所得的商式 $q(x)$ 为

$$\frac{f(x)}{(f(x),\ f'(x))} = ap_1(x)p_2(x)\cdots p_s(x).$$

于是 $f(x)$ 和 $q(x)$ 具有完全相同的不可约因式. 而 $q(x)$ 没有重因式且次数比 $f(x)$ 的低，因此常用下列方法求重因式.

方法一：

第一步　求出 $f(x)$ 的导数 $f'(x)$，并用辗转相除法求出 $(f(x), f'(x))$;

第二步　求出 $q(x) = \dfrac{f(x)}{(f(x),\ f'(x))}$ 的不可约因式;

第三步　利用带余除法或综合除法求出 $q(x)$ 的每个不可约因式在 $f(x)$ 中的重数.

如果 $(f(x), f'(x))$ 容易分解因式，那么还可用下面的方法二.

方法二：

第一步　同方法一;

第二步　将 $(f(x), f'(x))$ 进行因式分解，得

$$(f(x),\ f'(x)) = p_1^{k_1-1}(x)p_2^{k_2-1}(x)\cdots p_r^{k_r-1}(x),$$

其中 $k_i > 1$. 从而得 $p_i(x)$ 是 $f(x)$ 的 k_i 重因式 ($i = 1, 2, \cdots, r$);

如果要求 $f(x)$ 的典型分解式，还需求出 $f(x)$ 的单因式.

第三步 利用带余除法，用 $f_1(x)=p_1^{k_1}(x)p_2^{k_2}(x)\cdots p_r^{k_r}(x)$ 除 $f(x)$. 假设商式为 $q_1(x)$，则 $q_1(x)$ 就是 $f(x)$ 的所有单因式的乘积. 再将 $q_1(x)$ 因式分解，就得到 $f(x)$ 的所有单因式.

(4) 一个多项式有无重因式在多项式的求根问题中也有重要的作用.

事实上，当多项式 $f(x)$ 有重因式时，就可以把求 $f(x)$ 根的问题转化为求次数较低的多项式

$$q(x)=\frac{f(x)}{(f(x),\ f'(x))}$$

的根的问题.

三、范例解析

例 1 用多项式因式分解的唯一性证明 x^4+10x^2+1 在有理数域上不可约.

证明 在实数域上

$$x^4+10x^2+1=(x^2+5-2\sqrt{6})(x^2+5+2\sqrt{6}),$$

其中 $x^2+5-2\sqrt{6}$，$x^2+5+2\sqrt{6}$ 在实数域上都不可约.

假设 x^4+10x^2+1 在有理数域上可约，那么 x^4+10x^2+1 在有理数域上可分解为一次因式与三次因式的积或两个二次因式的积. 无论是哪种情况，都说明了 x^4+10x^2+1 在实数域上的分解式不唯一. 矛盾.

例 2 证明：若 $f(x)\in F[x]$ 不可约，则 $f(x+a)$ 也不可约 ($a\in F$).

证明 假设 $f(x+a)$ 可约，则存在次数大于零的多项式 $g(x)$，$h(x)\in F[x]$，使得 $f(x+a)=g(x)h(x)$. 将 $x=y-a$ 代入上式，有 $f(y)=g(y-a)h(y-a)$. 而 $\deg\ g(y-a)=\deg\ g(y)>0$，$\deg\ h(y-a)=\deg\ h(y)>0$. 故 $f(y)$ 也可约. 这与已知矛盾.

例 3 设 $p(x)$ 是 F 上次数大于零的多项式. 证明：如果对于 F 上任何两个多项式 $f(x)$，$g(x)$，由 $p(x)\mid f(x)g(x)$ 可以推出 $p(x)\mid f(x)$，或者 $p(x)\mid g(x)$，那么 $p(x)$ 是 F 上的不可约多项式.

证明 假设 $p(x)$ 是 F 上的可约多项式，则存在两个次数小于 $\deg\ p(x)$ 的多项式 $p_1(x)$，$p_2(x)\in F[x]$，使得 $p(x)=p_1(x)p_2(x)$. 因而 $p(x)\mid p_1(x)p_2(x)$. 由已知，得 $p(x)\mid p_1(x)$，或者 $p(x)\mid p_2(x)$. 这与 $\deg\ p_i(x)<\deg\ p(x)$ ($i=1, 2$) 矛盾.

例 4 证明：数域 F 上一个次数大于零的首一多项式 $f(x)$ 是 $F[x]$ 中某一个不可约多项式的方幂的充要条件是对任意多项式 $g(x)\in F[x]$，或者 $(f(x),\ g(x))=1$，或者对某一正整数 m，$f(x)\mid g^m(x)$.

证明 充分性 设 $f(x)$ 的典型分解式为 $f(x)=p_1^{k_1}(x)p_2^{k_2}(x)\cdots p_r^{k_r}(x)$，其中 $k_i\geqslant 1$ ($i=1, 2, \cdots, r$)，$p_1(x)$，$p_2(x)$，$\cdots$，$p_r(x)$ 是互异的首一不可约多项式. 取 $g(x)=p_1(x)$，则 $(f(x),\ g(x))=p_1(x)$. 于是存在某一正整数 m，使得 $f(x)\mid g^m(x)$，

即 $f(x) \mid p_1^m(x)$. 因此 $r=1$. 故 $f(x)=p_1^{k_1}(x)$，即 $f(x)$ 是一个不可约多项式的幂.

必要性 设 $f(x)=p^m(x)$，其中 $p(x)$ 不可约，$m \geqslant 1$，则对任意 $g(x) \in F[x]$，或者 $p(x) \mid g(x)$，或者 $(p(x), g(x))=1$. 若 $p(x) \mid g(x)$，则 $p^m(x) \mid g^m(x)$，即 $f(x) \mid g^m(x)$. 若 $(p(x), g(x))=1$，则 $(p^m(x), g(x))=1$. 故 $(f(x), g(x))=1$.

例 5 求 $f(x)=x^4+x^3-3x^2-5x-2$ 在有理数域上的典型分解式.

解 方法一 求 $f(x)$ 的导数，得 $f'(x)=4x^3+3x^2-6x-5$. 由辗转相除法，得 $(f(x), f'(x))=x^2+2x+1$. 用 $(f(x), f'(x))$ 除 $f(x)$，得商式

$$q(x)=\frac{f(x)}{(f(x), f'(x))}=x^2-x-2.$$

因此 $q(x)=(x+1)(x-2)$. 最后利用综合除法，得 $x+1$ 和 $x-2$ 分别是 $f(x)$ 的三重因式和单因式. 故 $f(x)$ 的典型分解式为 $f(x)=(x+1)^3(x-2)$.

方法二 由方法一知，$(f(x), f'(x))=x^2+2x+1=(x+1)^2$. 因此 $x+1$ 是 $f(x)$ 的三重因式. 用 $f_1(x)=(x+1)^3=x^3+3x^2+3x+1$ 除 $f(x)$，得商式 $q_1(x)=x-2$. 于是 $f(x)$ 的典型分解式为 $f(x)=(x+1)^3(x-2)$.

例 6 a，b 满足什么条件时，多项式 $x^n+nax+b$ 有重因式？

解 记 $f(x)=x^n+nax+b$，则 $f'(x)=nx^{n-1}+na$.

(1) 当 $n=1$ 时，$f(x)$ 没有重因式.

(2) 当 $n \geqslant 2$ 时，用 $f'(x)$ 除 $f(x)$，得

$$f(x)=\frac{1}{n}xf'(x)+(n-1)ax+b.$$

若 $(n-1)ax+b=0$，则 $a=b=0$，$f(x)$ 有 n 重因式 x.

若 $(n-1)ax+b \neq 0$，则当 $a=0$ 时，$b \neq 0$，此时 $(f(x), f'(x))=1$. 从而 $f(x)$ 没有重因式. 当 $a \neq 0$ 时，用 $(n-1)ax+b$ 除 $f'(x)$，得余式

$$f'\left(\frac{b}{(1-n)a}\right)=\frac{nb^{n-1}}{a^{n-1}(1-n)^{n-1}}+na.$$

要使 $f(x)$ 有重因式 $x+\dfrac{b}{(n-1)a}$，则应有 $\dfrac{b^{n-1}}{a^{n-1}(1-n)^{n-1}}+a=0$，即 $b^{n-1}+a^n(1-n)^{n-1}=0$.

综上所述，当 $n \geqslant 2$，且 a，b 满足 $b^{n-1}+a^n(1-n)^{n-1}=0$ 时，$f(x)$ 有重因式.

例 7 证明：$f(x)=1+x+\dfrac{x^2}{2!}+\cdots+\dfrac{x^n}{n!}$ 没有重因式.

证明 因为 $f'(x)=1+x+\dfrac{x^2}{2!}+\cdots+\dfrac{x^{n-1}}{(n-1)!}$，所以

$$(f(x), f'(x))=(f(x)-f'(x), f'(x))=\left(\frac{x^n}{n!}, f'(x)\right).$$

由于 $\dfrac{x^n}{n!}$ 的不可约因式只有 x，而 $x \nmid f'(x)$，因此 $\left(\dfrac{x^n}{n!}, f'(x)\right)=1$. 于是

$(f(x), f'(x)) = 1$，即 $f(x)$ 无重因式.

§4.4 最大公因式的矩阵求法（Ⅰ）

本节利用矩阵的准初等变换，给出一种求多个多项式的最大公因式的方法.

一、主要内容

1. 多项式系的矩阵、矩阵的最大公因式

定义 4.10 设

$$\boldsymbol{A}=\begin{pmatrix} a_{10} & a_{11} & \cdots & a_{1n} \\ a_{20} & a_{21} & \cdots & a_{2n} \\ \vdots & \vdots & & \vdots \\ a_{m0} & a_{m1} & \cdots & a_{mn} \end{pmatrix}$$

是数域 F 上的 m 行 $n+1$ 列矩阵. 令

$$\begin{cases} f_1(x)=a_{10}x^n+a_{11}x^{n-1}+\cdots+a_{1n}, \\ f_2(x)=a_{20}x^n+a_{21}x^{n-1}+\cdots+a_{2n}, \\ \qquad\cdots \\ f_m(x)=a_{m0}x^n+a_{m1}x^{n-1}+\cdots+a_{mn}. \end{cases}$$

称 $\{f_1(x), f_2(x), \cdots, f_m(x)\}$ 为由矩阵 $\boldsymbol{A}$ 所决定的多项式系. 称由矩阵 $\boldsymbol{A}$ 所决定的多项式系 $f_1(x), f_2(x), \cdots, f_m(x)$ 的最大公因式为 $\boldsymbol{A}$ 的最大公因式.

2. 准等价矩阵

定义 4.11 设 $\boldsymbol{A}, \boldsymbol{B}$ 是数域 F 上的两个矩阵（$\boldsymbol{A}$ 与 $\boldsymbol{B}$ 行数不一定相同，$\boldsymbol{A}$ 与 $\boldsymbol{B}$ 列数也不一定相同）. 如果 $\boldsymbol{A}$ 与 $\boldsymbol{B}$ 有相同的最大公因式，那么称矩阵 $\boldsymbol{A}$ 与 $\boldsymbol{B}$ 是准等价的，记作 $\boldsymbol{A} \simeq \boldsymbol{B}$.

显然，矩阵之间的准等价关系具有自反性、对称性和传递性.

3. 矩阵的准初等变换

定义 4.12 称下面的四类变换为矩阵的准初等变换：

(i) 矩阵的行初等变换；

(ii) 如果矩阵的某一行元素全为零，那么删去这一行；

(iii) 如果矩阵的第 1 列元素全为零，那么删去第 1 列；

(iv) 如果矩阵的最后一列元素不全为零，那么将该矩阵的形如 $(b_1, b_2, \cdots, b_t, 0)$ 的行变为 $(0, b_1, b_2, \cdots, b_t)$.

定理 4.19 准初等变换不改变矩阵的最大公因式.

定义 4.13 设 $f(x)=a_nx^n+a_{n-1}x^{n-1}+\cdots+a_lx^l$. 若 $a_l \neq 0$，则称 l 是 $f(x)$ 的最低幂次，记作 $\operatorname{md} f(x)$.

注意，只有非零多项式才有最低幂次.

定理 4.20 设 $f_1(x)$，$f_2(x)$，$\cdots$，$f_m(x) \in F[x]$，且 $f_1(x)$，$f_2(x)$，$\cdots$，$f_m(x)$ 都不是零多项式. 令 $l = \min\{\mathrm{md}\, f_1(x)，\mathrm{md}\, f_2(x)，\cdots，\mathrm{md}\, f_m(x)\}$，$f_i(x) = x^l h_i(x)$，$i = 1，2，\cdots，m$. 如果 $f_1(x)$，$f_2(x)$，$\cdots$，$f_m(x)$ 的常数项全为零，那么

(i) $l \geqslant 1$；

(ii) $h_1(x)$，$h_2(x)$，$\cdots$，$h_m(x)$ 的常数项不全为零；

(iii) $(f_1(x)，f_2(x)，\cdots，f_m(x)) = x^l\,(h_1(x)，h_2(x)，\cdots，h_m(x))$.

定义 4.14 设 $(\,t_1，t_2，\cdots，t_s\,)$ 是数域 F 上的 1 行 s 列矩阵，$s \geqslant 1$. 如果 $t_1 t_s \neq 0$，那么称 $(\,t_1，t_2，\cdots，t_s\,)$ 为数域 F 上的简单矩阵.

定理 4.21 数域 F 上的最后一列不全为零的矩阵

$$\boldsymbol{A} = \begin{pmatrix} a_{10} & a_{11} & \cdots & a_{1n} \\ a_{20} & a_{21} & \cdots & a_{2n} \\ \vdots & \vdots & & \vdots \\ a_{m0} & a_{m1} & \cdots & a_{mn} \end{pmatrix}$$

总可以经过准初等变换化为简单矩阵 $\boldsymbol{T} = (t_1，t_2，\cdots，t_s)$.

二、释疑解难

1. 矩阵的初等变换与准初等变换的区别

(1) 矩阵的行初等变换是准初等变换，矩阵的列初等变换不是准初等变换；矩阵的第一类准初等变换就是矩阵的行初等变换，但是矩阵的第二类、第三类和第四类准初等变换不是矩阵的初等变换.

(2) 矩阵的初等变换不改变矩阵的行数和列数，但是矩阵的准初等变换有可能改变矩阵的行数和列数.

(3) 矩阵的初等变换不改变矩阵的秩，矩阵的准初等变换不改变矩阵的最大公因式.

2. 多项式 $f_1(x)$，$f_2(x)$，$\cdots$，$f_m(x)$ 的最大公因式 $(f_1(x)，f_2(x)，\cdots，f_m(x))$ 的矩阵求法

(1) $f_1(x)$，$f_2(x)$，$\cdots$，$f_m(x)$ 的常数项不全为零.

第一步　写出多项式系 $\{f_1(x)，f_2(x)，\cdots，f_m(x)\}$ 所决定的矩阵 $\boldsymbol{A}$；

第二步　对 $\boldsymbol{A}$ 施行矩阵的准初等变换，将 $\boldsymbol{A}$ 化为简单矩阵

$$\boldsymbol{T} = (\,t_1，t_2，\cdots，t_s\,)；$$

第三步　写出简单矩阵 $\boldsymbol{T} = (\,t_1，t_2，\cdots，t_s\,)$ 所决定的多项式

$$d(x) = t_1 x^{s-1} + t_2 x^{s-2} + \cdots + t_{s-1} x + t_s.$$

则 $(f_1(x),\ f_2(x),\ \cdots,\ f_m(x)) = t_1^{-1}d(x)$.

(2) $f_1(x),\ f_2(x),\ \cdots,\ f_m(x)$ 的常数项全为零.

由定理 4.20，$(f_1(x),\ f_2(x),\ \cdots,\ f_m(x)) = x^l\,(h_1(x),\ h_2(x),\ \cdots,\ h_m(x))$，其中 $l = \min\{\mathrm{md}\ f_1(x),\ \mathrm{md}\ f_2(x),\ \cdots,\ \mathrm{md}\ f_m(x)\}$，$f_i(x) = x^l h_i(x)$，$i = 1,\ 2,\ \cdots,\ m$.

因此先求出 x^l，再按上面 (1) 的方法求出常数项不全为零的多项式系 $\{h_1(x),\ h_2(x),\ \cdots,\ h_m(x)\}$ 的最大公因式 $d(x)$. 设 $d(x) = t_1x^{s-1} + t_2x^{s-2} + \cdots + t_{s-1}x + t_s$，则 $(f_1(x),\ f_2(x),\ \cdots,\ f_m(x)) = t_1^{-1}x^l d(x)$.

三、范例解析

例 1 利用矩阵的准初等变换求多项式系

$$f_1(x) = x^4 + 2x^3 - x^2 - 4x - 2,\ f_2(x) = x^4 + x^3 - x^2 - 2x - 2,\ f_3(x) = x^2 - 2$$

的最大公因式 $(f_1(x),\ f_2(x),\ f_3(x))$.

解 因为

$$\boldsymbol{A} = \begin{pmatrix} 1 & 2 & -1 & -4 & -2 \\ 1 & 1 & -1 & -2 & -2 \\ 0 & 0 & 1 & 0 & -2 \end{pmatrix} \simeq \begin{pmatrix} 1 & 2 & -1 & -4 & -2 \\ 0 & -1 & 0 & 2 & 0 \\ 0 & 0 & 1 & 0 & -2 \end{pmatrix}$$

$$\simeq \begin{pmatrix} 1 & 2 & -2 & -4 & 0 \\ 0 & -1 & 0 & 2 & 0 \\ 0 & 0 & 1 & 0 & -2 \end{pmatrix} \simeq \begin{pmatrix} 0 & 1 & 2 & -2 & -4 \\ 0 & 0 & -1 & 0 & 2 \\ 0 & 0 & 1 & 0 & -2 \end{pmatrix}$$

$$\simeq \begin{pmatrix} 1 & 0 & -2 & 0 \\ 0 & -1 & 0 & 2 \\ 0 & 0 & 0 & 0 \end{pmatrix} \simeq \begin{pmatrix} 0 & 1 & 0 & -2 \\ 0 & -1 & 0 & 2 \end{pmatrix} \simeq \begin{pmatrix} 1 & 0 & -2 \end{pmatrix},$$

所以 $(f_1(x),\ f_2(x),\ f_3(x)) = x^2 - 2$.

§4.5 最大公因式的矩阵求法（II）

在上一节，我们利用矩阵的准初等变换求出了一组多项式 $f_1(x),\ f_2(x),\ \cdots,\ f_m(x)$ 的最大公因式 $d(x)$，但并未求出满足等式 $d(x) = f_1(x)u_1(x)+f_2(x)u_2(x) + \cdots + f_m(x)u_m(x)$ 的多项式 $u_1(x),\ u_2(x),\ \cdots,\ u_m(x)$. 这一节，我们将利用 x - 矩阵的初等变换给出一种既能求出最大公因式 $d(x)$，又能求出满足上述等式中的多项式 $u_1(x),\ u_2(x),\ \cdots,\ u_m(x)$ 的方法.

一、主要内容

1. x - 矩阵

定义 4.15 以 $F[x]$ 中的多项式为元素的矩阵称为数域 F 上的 x - 矩阵.

通常用 $\boldsymbol{A}(x)$，$\boldsymbol{B}(x)$，$\boldsymbol{C}(x)$ 来表示 x - 矩阵.

如果 m 行 n 列的 x - 矩阵 $\boldsymbol{A}(x)$ 的第 i 行第 j 列的元素是 $a_{ij}(x)$，那么把 $\boldsymbol{A}(x)$ 记作 $(a_{ij}(x))_{m\times n}$ 或简记为 $(a_{ij}(x))$.

为了与 x - 矩阵相区别，我们把以前学过的矩阵叫数字矩阵. 实际上数字矩阵也是特殊的 x - 矩阵.

2. x - 矩阵的初等变换

定义 4.16 称以下三种变换为 x - 矩阵的行（列）初等变换：

(i) 交换 x - 矩阵的某两行（列）；

(ii) 用数域 F 中的非零数乘以 x - 矩阵的某一行（列）的每个元素；

(iii) 用 $F[x]$ 中的多项式 $\varphi(x)$ 乘以 x - 矩阵的某一行（列）的每个元素后加到另一行（列）的对应元素上.

定理 4.22 设 $\boldsymbol{A}(x)=(a_{ij}(x))$ 是数域 F 上的 m 行 $m+1$ 列的 x - 矩阵，并且 $\boldsymbol{A}(x)$ 的第 1 列的元素不全是零多项式，则只通过 x - 矩阵的行初等变换可把 $\boldsymbol{A}(x)$ 化为 m 行 $m+1$ 列的矩阵

$$\begin{pmatrix} d(x) & u_1(x) & \cdots & u_m(x) \\ 0 & * & \cdots & * \\ \vdots & \vdots & & \vdots \\ 0 & * & \cdots & * \end{pmatrix},$$

其中 $d(x)$ 为首一的多项式.

定理 4.23 设

$$\boldsymbol{A}(x)=\begin{pmatrix} f_1(x) & a_{11}(x) & \cdots & a_{1n}(x) \\ f_2(x) & a_{21}(x) & \cdots & a_{2n}(x) \\ \vdots & \vdots & & \vdots \\ f_m(x) & a_{m1}(x) & \cdots & a_{mn}(x) \end{pmatrix}$$

是 F 上的 x - 矩阵，并且存在 $h_1(x)$，$h_2(x)$，$\cdots$，$h_n(x)\in F[x]$，使得

$$f_i(x)=\sum_{j=1}^{n} a_{ij}(x)h_j(x)，i=1，2，\cdots，m.$$

若对 $\boldsymbol{A}(x)$ 施行若干次 x - 矩阵的行初等变换化为 x - 矩阵

$$\boldsymbol{B}(x)=\begin{pmatrix} g_1(x) & b_{11}(x) & \cdots & b_{1n}(x) \\ g_2(x) & b_{21}(x) & \cdots & b_{2n}(x) \\ \vdots & \vdots & & \vdots \\ g_m(x) & b_{m1}(x) & \cdots & b_{mn}(x) \end{pmatrix},$$

则

$$(f_1(x)，f_2(x)，\cdots，f_m(x))=(g_1(x)，g_2(x)，\cdots，g_m(x)),$$

$$g_i(x)=\sum_{j=1}^{n}b_{ij}(x)h_j(x),\ i=1,\ 2,\ \cdots,\ m.$$

二、释疑解难

1. 关于 x - 矩阵

(1) x - 矩阵是数字矩阵的推广.

由于 x - 矩阵是以数域 F 上关于文字 x 的多项式为元素的矩阵，数字矩阵是以数域 F 中的数为元素的矩阵，因此 x - 矩阵是数字矩阵的推广. 数字矩阵 $\boldsymbol{A}$ 的特征矩阵 $x\boldsymbol{I}-\boldsymbol{A}$ 就是一个 x - 矩阵.

(2) 数字矩阵的一些运算和性质可以移到 x - 矩阵.

因为在一元多项式环 $F[x]$ 中有加法、减法和乘法运算，所以数域 F 上的数字矩阵凡是只用到加法、减法、乘法以及用到数与多项式有相同运算规律和性质的都可以移到 x - 矩阵. 因此，类似于数字矩阵可定义 x - 矩阵的加法、减法和乘法运算等（见 § 4.7 和 § 4.8）以及 x - 矩阵的初等变换.

2. 关于 x - 矩阵的初等变换

x - 矩阵的初等变换是数字矩阵的初等变换的推广，但第二种 x - 矩阵的初等变换中的“数域 F 中的非零数”不能换成“ $F[x]$ 中的非零多项式”.

3. 多项式 $f_1(x)$，$f_2(x)$，$\cdots$，$f_m(x)$ 的最大公因式 $d(x)$ 及满足等式

$$d(x)=f_1(x)u_1(x)+f_2(x)u_2(x)+\cdots+f_m(x)u_m(x)$$

的多项式 $u_1(x)$，$u_2(x)$，$\cdots$，$u_m(x)$ 的矩阵求法

第一步 构造 m 行 $m+1$ 列的 x - 矩阵

$$\boldsymbol{A}(x)=\begin{pmatrix} f_1(x) & 1 & 0 & \cdots & 0 \\ f_2(x) & 0 & 1 & \cdots & 0 \\ \vdots & \vdots & \vdots & & \vdots \\ f_m(x) & 0 & 0 & \cdots & 1 \end{pmatrix};$$

第二步 将 $\boldsymbol{A}(x)$ 经过 x - 矩阵的行初等变换化为

$$\boldsymbol{B}(x)=\begin{pmatrix} d(x) & u_1(x) & \cdots & u_m(x) \\ 0 & * & \cdots & * \\ \vdots & \vdots & & \vdots \\ 0 & * & \cdots & * \end{pmatrix},$$

其中 $d(x)$ 为首一的多项式；

第三步 $\boldsymbol{B}(x)$ 第一行的元素依次为所求的 $d(x)$ 及 $u_1(x)$，$u_2(x)$，$\cdots$，$u_m(x)$，即 $(f_1(x),\ f_2(x),\ \cdots,\ f_m(x))=d(x)$，且

$$d(x)=f_1(x)u_1(x)+f_2(x)u_2(x)+\cdots+f_m(x)u_m(x).$$

三、范例解析

例 1 用 x - 矩阵的初等变换求多项式

$$f_1(x)=x^4+2x^3-x^2-4x-2,\ f_2(x)=x^4+x^3-x^2-2x-2$$

的最大公因式 $(f_1(x),\ f_2(x))$ 及满足等式

$$(f_1(x),\ f_2(x))=f_1(x)u_1(x)+f_2(x)u_2(x)$$

的多项式 $u_1(x),\ u_2(x)$.

解 因为

$$\boldsymbol{A}(x)=\begin{pmatrix}x^4+2x^3-x^2-4x-2 & 1 & 0\\ x^4+x^3-x^2-2x-2 & 0 & 1\end{pmatrix}\to\begin{pmatrix}x^3-2x & 1 & -1\\ x^4+x^3-x^2-2x-2 & 0 & 1\end{pmatrix}$$

$$\to\begin{pmatrix}x^3-2x & 1 & -1\\ x^3+x^2-2x-2 & -x & x+1\end{pmatrix}\to\begin{pmatrix}x^3-2x & 1 & -1\\ x^2-2 & -x-1 & x+2\end{pmatrix}$$

$$\to\begin{pmatrix}0 & x^2+x+1 & -x^2-2x-1\\ x^2-2 & -x-1 & x+2\end{pmatrix}\to\begin{pmatrix}x^2-2 & -x-1 & x+2\\ 0 & x^2+x+1 & -x^2-2x-1\end{pmatrix},$$

所以 $(f_1(x),\ f_2(x))=x^2-2$，且 $u_1(x)=-x-1$，$u_2(x)=x+2$，使得

$$(f_1(x),\ f_2(x))=f_1(x)u_1(x)+f_2(x)u_2(x).$$

§4.6 多项式的根

到目前为止，我们始终是纯形式地讨论多项式，也就是把多项式看作形式表达式. 在这一节，我们将以函数的观点考察多项式，证明数域 F 上的多项式的形式观点与函数观点是一致的，并且分别在复数域、实数域、有理数域上讨论多项式的根的性质.

一、主要内容

1. 多项式函数、多项式的根

(1) 多项式函数.

定义 4.17 设 $f(x)=a_nx^n+a_{n-1}x^{n-1}+\cdots+a_1x+a_0\in F[x]$，$c\in F$. 用 c 代替多项式 $f(x)$ 中的 x 所得的数 $a_nc^n+a_{n-1}c^{n-1}+\cdots+a_1c+a_0$ 称为当 $x=c$ 时 $f(x)$ 的值，记为$f(c)$. 于是就得到一个从 F 到 F 的映射，这个映射叫作由数域 F 上的多项式 $f(x)$ 所确定的一个多项式函数.

定理 4.24 (余数定理) 设 $f(x)\in F[x]$，$c\in F$，则用 $x-c$ 除 $f(x)$ 所得余式是 F 中的一个数，这个数等于 $f(c)$.

(2) 多项式的根.

定义 4.18 设 $f(x)\in F[x]$，$c\in F$. 若 $f(c)=0$，则称 c 是 $f(x)$ 在 F 中的一个

根或零点.

定理 4.25（因式定理） 设 $f(x) \in F[x]$，$c \in F$，则 c 是 $f(x)$ 的根当且仅当 $x - c \mid f(x)$.

定义 4.19 假设 $f(x) \in F[x]$，$c \in F$，k 是正整数. 如果 $(x-c)^k \mid f(x)$，但是 $(x-c)^{k+1} \nmid f(x)$，那么称 c 是 $f(x)$ 的 k 重根，称 k 是 c 作为 $f(x)$ 的根的重数. 当 $k = 1$ 时，称 c 是 $f(x)$ 的单根. 当 $k > 1$ 时，称 c 是 $f(x)$ 的重根.

(3) 综合除法.

定理 4.26（综合除法） 设 $f(x) = a_n x^n + a_{n-1}x^{n-1} + \cdots + a_1 x + a_0$ 是数域 F 上的 n 次多项式，$c \in F$，则 $x-c$ 除 $f(x)$ 所得的商式 $q(x) = b_{n-1}x^{n-1} + b_{n-2}x^{n-2} + \cdots + b_1 x + b_0$ 和余式 r 可用以下所给的算法得出：

$$\begin{array}{c|ccccccc} c & a_n & a_{n-1} & a_{n-2} & \cdots & a_2 & a_1 & a_0 \\ + & & cb_{n-1} & cb_{n-2} & \cdots & cb_2 & cb_1 & cb_0 \\ \hline & b_{n-1} & b_{n-2} & b_{n-3} & \cdots & b_1 & b_0 & r \end{array}$$

其中 $b_{n-1} = a_n$，$b_{i-1} = a_i + cb_i$（$1 \leqslant i \leqslant n-1$），$r = a_0 + cb_0$.

(4) 多项式的形式观点与函数观点的一致性.

引理 4.1 设 $f(x)$ 是 $F[x]$ 中的非零多项式，则 $f(x)$ 在 F 中最多有 $\deg f(x)$ 个根（重根按重数计算）.

设 $f(x)$，$g(x) \in F[x]$. 若对任意 $c \in F$，都有 $f(c) = g(c)$，则称 $f(x)$ 与 $g(x)$ 是恒等的，记作 $f(x) \equiv g(x)$. 下面的定理 4.27 说明两个多项式的相等与恒等是一致的，即多项式的形式观点和函数观点是一致的.

定理 4.27 设 $f(x)$，$g(x) \in F[x]$，则 $f(x) = g(x)$ 当且仅当 $f(x) \equiv g(x)$.

2. 复数域、实数域和有理数域上的多项式的根

(1) 复数域上的多项式.

定理 4.28（代数基本定理） 每个 n（$n \geqslant 1$）次复系数多项式在复数域内至少有一个根.

定理 4.29 每个 n（$n \geqslant 1$）次复系数多项式 $f(x)$ 在复数域内有 n 个根（重根按重数计算）.

定理 4.30（韦达（Vieta）定理） 设 n 次复系数多项式

$$f(x) = a_n x^n + a_{n-1}x^{n-1} + \cdots + a_2 x^2 + a_1 x + a_0$$

的 n 个复根为 α_1，α_2，$\cdots$，α_n，则

$$\frac{a_{n-1}}{a_n} = -(\alpha_1 + \alpha_2 + \cdots + \alpha_n),$$

$$\frac{a_{n-2}}{a_n} = \alpha_1\alpha_2 + \alpha_1\alpha_3 + \cdots + \alpha_{n-1}\alpha_n,$$

$$\frac{a_{n-3}}{a_n} = -(\alpha_1\alpha_2\alpha_3 + \alpha_1\alpha_2\alpha_4 + \cdots + \alpha_{n-2}\alpha_{n-1}\alpha_n),$$

$$\cdots$$

$$\frac{a_0}{a_n} = (-1)^n\alpha_1\alpha_2\cdots\alpha_n.$$

(2) 实数域上的多项式.

定理 4.31（虚根成对定理） 设 $f(x)$ 是实系数多项式，α 是一个非实的复数，k 是一个正整数，则 α 是 $f(x)$ 的 k 重根当且仅当 $\overline{\alpha}$ 是 $f(x)$ 的 k 重根.

(3) 有理数域上的多项式.

因为对任一有理数域上的多项式 $g(x)$ 来说，总能找到一个非零整数 k，使得 $kg(x)$ 是一个整系数多项式，而 $g(x)$ 与 $kg(x)$ 具有完全相同的根，所以下面只考虑整系数多项式的有理根.

定义 4.20 若整系数多项式 $f(x)$ 的所有系数是互素的，则称 $f(x)$ 是本原多项式.

引理 4.2（高斯（Gauss）引理） 两个本原多项式的乘积还是本原多项式.

定理 4.32（有理根定理） 设

$$f(x) = a_nx^n + a_{n-1}x^{n-1} + \cdots + a_2x^2 + a_1x + a_0$$

是一个整系数多项式，$a_n \neq 0$. 如果 $\frac{u}{v}$ 是 $f(x)$ 的一个根，这里 u 与 v 都是整数，且 $(u, v) = 1$，那么

(i) $v \mid a_n$，$u \mid a_0$；

(ii) $f(x) = \left(x - \frac{u}{v}\right)q(x)$，其中 $q(x)$ 是整系数多项式.

二、释疑解难

1. 关于多项式的形式观点与函数观点

(1) 在本节之前，我们都是纯形式地讨论多项式，也就是把多项式看作形式表达式，比如在进行多项式的加、减和乘法运算时就是这样理解的，通常把这种理解称为多项式的形式观点. 在这一节里，我们把数域 F 上的多项式 $f(x) = a_nx^n + \cdots + a_1x + a_0$ 理解为定义在数域 F 上的一个函数 f：$F \to F$，$x \longmapsto a_nx^n + \cdots + a_1x + a_0$，这种理解称为多项式的函数观点. 定理 4.27 表明这两种观点是一致的.

(2) 在定理 4.27 的证明过程中，数域 F 是无限域（即 F 包含无限多个元素）这一条件是很重要的，否则在一般域 F 上将会出现这两种观点不一致.

例如，在 p 元域 $\mathbf{Z}_p$ 上的多项式 $f(x) = x^p - x$ 和 $g(x) = 0$. 作为形式表达式，$\mathbf{Z}_p$ 上的 p 次多项式 $f(x)$ 不是零多项式，即 $f(x) \neq g(x)$. 但是作为多项式函数，$f(x) = x^p - x$ 恒等于零，因此 $f(x) \equiv g(x)$. 这是因为，由费马（Fermat）定理，

对任意 $a \in \mathbf{Z}_p$，有 $a^p \equiv a \pmod{p}$，即 $x^p - x \equiv 0 \pmod{p}$．

2．关于因式定理

因式定理给出了多项式的根与一次因式的关系，利用这个关系我们给出了重根的概念，因此，这个关系在多项式的因式分解与求根问题中有着重要的作用．

3．关于本原多项式

(1) 本原多项式是一种特殊的整系数多项式．高斯引理是关于本原多项式的一个重要命题，利用高斯引理可把有理系数多项式的可约性问题转化为整系数多项式的可约性问题．

对于一个次数大于零的整系数多项式 $f(x)$，若存在整系数多项式 $g(x)$ 和 $h(x)$，使得 $f(x) = g(x)h(x)$，当然 $f(x)$ 在有理数域上可约．反过来，有：

定理 4.33　若 $n\,(n \geqslant 1)$ 次整系数多项式 $f(x)$ 在有理数域上可约，则 $f(x)$ 总可以分解成次数都小于 n 的两个整系数多项式的乘积．

(2) 高斯引理的逆命题成立，即若两个整系数多项式 $f(x)$ 和 $g(x)$ 的乘积 $f(x)g(x)$ 是本原多项式，则 $f(x)$ 和 $g(x)$ 都是本原多项式．

事实上，设 $f(x) = af_1(x)$，$g(x) = bg_1(x)$，其中 a，b 分别为 $f(x)$ 和 $g(x)$ 的系数的正的最大公因数，$f_1(x)$ 和 $g_1(x)$ 都是本原多项式，则 $f(x)g(x) = abf_1(x)g_1(x)$．因为 $f(x)g(x)$ 是本原多项式，两个本原多项式 $f_1(x)$ 和 $g_1(x)$ 的乘积 $f_1(x)g_1(x)$ 仍然是本原多项式，且 $ab > 0$，所以 $ab = 1$．于是 $a = b = 1$．因此 $f(x) = f_1(x)$，$g(x) = g_1(x)$，即 $f(x)$ 和 $g(x)$ 都是本原多项式．

4．判断整系数多项式在有理数域上不可约的方法

定理 4.34（艾森斯坦（Eisenstein）判别法）　设 $f(x) = a_nx^n + a_{n-1}x^{n-1} + \cdots + a_1x + a_0$ 是一个整系数多项式．如果能够找到一个素数 p，使得

(i) $p \nmid a_n$；

(ii) $p \mid a_i$，$i = 0, 1, \cdots, n-1$；

(iii) $p^2 \nmid a_0$，

那么 $f(x)$ 在有理数域上不可约．

由艾森斯坦判别法可知，对于任意的正整数 n，$x^n + 2$ 在有理数域上是不可约的．因此，在有理数域上存在任意次的不可约多项式．

注　(1) 艾森斯坦判别法给出了一种判断整系数多项式在有理数域上不可约的方法，但并不是对所有的整系数多项式都能应用，因为满足判别法中条件的素数 p 不一定存在．

例如，对于多项式 $x^2 + 3x + 2$ 和 $x^2 + 1$ 都找不到满足条件的素数 p，但是前一个多项式在有理数域上可约，而后一个多项式在有理数域上不可约．

(2) 有时对于某一个多项式 $f(x)$ 来说，不能直接应用艾森斯坦判别法，但是

把 $f(x)$ 适当变形后，就可以应用这个判别法（见本节“范例解析”之例 9)，这样便可拓宽艾森斯坦判别法的应用范围.

5. 复数域、实数域和有理数域上的不可约多项式

(1) 复数域上的不可约多项式只有一次多项式.

复数域上多项式的典型分解式为

$$f(x) = a(x-\alpha_1)^{k_1}(x-\alpha_2)^{k_2}\cdots(x-\alpha_s)^{k_s},$$

其中 a 是 $f(x)$ 的最高次项的系数，α_1，α_2，$\cdots$，α_s 是复数，k_1，k_2，$\cdots$，k_s 是正整数.

(2) 实数域上的不可约多项式只有一次多项式与含有非实共轭复根的二次多项式.

实数域上多项式的典型分解式为

$$f(x) = a(x-c_1)^{k_1}\cdots(x-c_s)^{k_s}(x^2+p_1x+q_1)^{l_1}\cdots(x^2+p_rx+q_r)^{l_r},$$

其中 a 是 $f(x)$ 的最高次项的系数，c_1，$\cdots$，c_s，p_1，$\cdots$，p_r，q_1，$\cdots$，q_r 都是实数，k_1，$\cdots$，k_s，l_1，$\cdots$，l_r 是正整数，且 $p_i^2-4q_i<0\ (i=1, 2, \cdots, r)$.

(3) 有理数域上的不可约多项式可以是任意次的.

6. 关于 n 次单位根

将方程 $x^n=1$ 的每个复数根 z 写成三角函数式 $z=r(\cos\theta+\mathrm{i}\sin\theta)$，其中实数 $r\geqslant 0$，$0\leqslant\theta\leqslant 2\pi$，则

$$z^n = r^n(\cos\theta+\mathrm{i}\sin\theta)^n = r^n(\cos n\theta+\mathrm{i}\sin n\theta) = 1$$

当且仅当 $r=1$，$\theta=\dfrac{2k\pi}{n}$，$k=0, 1, 2, \cdots, n-1$. 故 $x^n=1$ 有 n 个不同的根

$$\omega_k = \cos\frac{2k\pi}{n}+\mathrm{i}\sin\frac{2k\pi}{n},\quad 0\leqslant k\leqslant n-1,$$

其中 $\omega_0=1$.

定义 4.21 称多项式 x^n-1 的 n 个不同的复数根 $\omega_k\ (0\leqslant k\leqslant n-1)$ 为 n 次单位根.

定义 4.22 若所有的 n 次单位根 $\omega_k\ (0\leqslant k\leqslant n-1)$ 都是某个给定的 n 次单位根 ω_m 的幂，则称 ω_m 为 n 次本原单位根.

性质 4.1 若在复平面上表示 n 次单位根 $\omega_k\ (k=0, 1, 2, \cdots, n-1)$，则它们是以原点为圆心的单位圆的一个内接正 n 边形的 n 个顶点.

性质 4.2 x^n-1 的 n 个不同的复数根 $\omega_k\ (0\leqslant k\leqslant n-1)$ 之和为 0，即

$$1+\omega_1+\omega_2+\cdots+\omega_{n-1}=0.$$

性质 4.3 对任意的 $\omega_k\ (1\leqslant k\leqslant n-1)$，有

$$\omega_k^{n-1}+\omega_k^{n-2}+\cdots+\omega_k+1=0.$$

性质 4.4 对任意的 $0 \leqslant k \leqslant n-1$，有 $\omega_k = \omega_1^k$，即 $\omega_1 = \cos\dfrac{2\pi}{n} + \mathrm{i}\sin\dfrac{2\pi}{n}$ 是 n 次本原单位根.

一个自然的问题是除了 ω_1 外还有哪些 n 次单位根是 n 次本原单位根?

性质 4.5 n 次单位根 $\omega_m = \cos\dfrac{2m\pi}{n} + \mathrm{i}\sin\dfrac{2m\pi}{n} = \omega_1^m\ (1 \leqslant m \leqslant n-1)$ 是 n 次本原单位根的充要条件是 $(m, n) = 1$.

7. 关于多项式的求根问题

(1) 虽然由代数基本定理可知，任意一个 $n\ (n \geqslant 1)$ 次复系数多项式 $f(x)$ 在复数域内有 n 个根（重根按重数计算），但是这个定理的现有的任何一个证明都没有给出实际求这些根的方法，也就是说，我们除了能求一些特殊多项式（诸如 $x^n - 1$ 等）的根外，没有一般的方法求多项式的实根或复根（指精确根）. 然而我们能够较简单地求出整系数多项式的有理根，从而求出有理系数多项式的有理根.

(2) 有理根的求法.

设 n 次整系数多项式 $f(x) = a_n x^n + a_{n-1}x^{n-1} + \cdots + a_1 x + a_0$ 的最高次项系数 a_n 的因数是 $v_1, v_2, \cdots, v_k$，常数项 a_0 的因数是 $u_1, u_2, \cdots, u_l$，则由定理 4.32 可知，要求 $f(x)$ 的有理根，只需对有限个有理数 $\dfrac{u_i}{v_j}\ (i = 1, \cdots, l;\ j = 1, \cdots, k)$ 用综合除法进行验证. 但是当有理数 $\dfrac{u_i}{v_j}$ 的个数较多时，对它们逐个验证还是比较麻烦. 我们可用下面的方法简化计算.

因为 1 与 -1 肯定在 $\dfrac{u_i}{v_j}$ 中出现，而 $f(1)$ 与 $f(-1)$ 容易计算，所以先算 $f(1)$ 与 $f(-1)$. 假设 $f(1)f(-1) \neq 0$，有理数 $\alpha\ (\alpha \neq \pm 1)$ 是 $f(x)$ 的根，则 $f(x) = (x-\alpha)q(x)$，其中 $q(x)$ 是整系数多项式. 因此商 $\dfrac{f(1)}{1-\alpha}$，$\dfrac{f(-1)}{1+\alpha}$ 都是整数. 这样只需对那些使得商 $\dfrac{f(1)}{1-\alpha}$ 与 $\dfrac{f(-1)}{1+\alpha}$ 都是整数的 $\alpha = \dfrac{u_i}{v_j}$ 进行验证（这里假定 $f(1)$ 和 $f(-1)$ 都非零，否则对用 $x-1$ 或 $x+1$ 除 $f(x)$ 所得的商式重复上述过程）.

三、范例解析

例 1 求用 $x-1$ 除 $f(x) = 5x^4 - 6x^3 + x^2 + 4$ 所得的商式 $q_0(x)$ 及余式 r_0，并把 $f(x) = 5x^4 - 6x^3 + x^2 + 4$ 按 $x-1$ 的方幂展开.

解 方法一 综合除法.

先求出用 $x-1$ 除 $f(x)$ 所得的商式 $q_0(x)$ 及余式 $r_0 = c_0$，再求出用 $x-1$ 除 $q_0(x)$ 所得的商式 $q_1(x)$ 及余式 $r_1 = c_1$，依次下去，可求出 c_2, c_3, c_4. 从而将 $f(x)$ 表示成 $x-1$ 的方幂形式 $f(x) = c_4(x-1)^4 + c_3(x-1)^3 + c_2(x-1)^2 + c_1(x-1) + c_0$. 即连续做综合除法:

1	5	-6	1	0	4
+		5	-1	0	0
1	5	-1	0	0	$4=c_0$
		5	4	4	
1	5	4	4	$4=c_1$	
		5	9		
1	5	9	$13=c_2$		
		5			
	$5=c_4$	$14=c_3$			

因此用 $x-1$ 除 $f(x)$ 所得的商式 $q_0(x)=5x^3-x^2$，余式 $r_0=4$，且

$$f(x)=5(x-1)^4+14(x-1)^3+13(x-1)^2+4(x-1)+4.$$

方法二　变量替换法.

令 $y=x-1$，则 $x=y+1$，并代入 $f(x)=5x^4-6x^3+x^2+4$，得

$$f(y+1)=5(y+1)^4-6(y+1)^3+(y+1)^2+4.$$

展开并化简，得

$$f(y+1)=5y^4+14y^3+13y^2+4y+4.$$

再将 $y=x-1$ 代入上式，得

$$f(x)=5(x-1)^4+14(x-1)^3+13(x-1)^2+4(x-1)+4.$$

方法三　利用泰勒 (Taylor) 公式.

因为

$$f(x)=f(1)+f'(1)(x-1)+\frac{f''(1)}{2!}(x-1)^2+\frac{f^{(3)}(1)}{3!}(x-1)^3+\frac{f^{(4)}(1)}{4!}(x-1)^4,$$

并且 $f(1)=4$，$f'(1)=4$，$f''(1)=26$，$f^{(3)}(1)=84$，$f^{(4)}(1)=120$，所以

$$f(x)=4+4(x-1)+13(x-1)^2+14(x-1)^3+5(x-1)^4.$$

例 2　在复数范围内解方程组

$$\begin{cases}x^3+2x^2+2x+1=0,\\ x^4+x^3+2x^2+x+1=0.\end{cases}$$

解　令 $f(x)=x^3+2x^2+2x+1$，$g(x)=x^4+x^3+2x^2+x+1$，则 α 是方程组的解当且仅当 α 是 $(f(x),\ g(x))=0$ 的解. 由辗转相除法，得 $(f(x),\ g(x))=x^2+x+1$. 因此 $x^2+x+1=0$ 的根 $\omega_1=\dfrac{-1}{2}+\dfrac{\sqrt{3}\,\mathrm{i}}{2}$，$\omega_2=\dfrac{-1}{2}-\dfrac{\sqrt{3}\,\mathrm{i}}{2}$ 就是方程组的解.

例 3　证明：若 $x-1\mid f(x^n)$，则 $x^n-1\mid f(x^n)$.

证明　方法一　因为 $x-1\mid f(x^n)$，所以 $f(1^n)=0$，即 $f(1)=0$. 从而 $x-1\mid f(x)$. 故将 x 用 x^n 代替后有 $x^n-1\mid f(x^n)$.

方法二 因为 $x-1 \mid f(x^n)$，所以 $f(1^n)=f(1)=0$. 因此对于 n 次单位根 ω_0，ω_1，$\cdots$，ω_{n-1}，有 $f(\omega_k^n)=f(1)=0$. 从而 ω_k ($k=0$，1，$\cdots$，$n-1$) 是 $f(x^n)$ 的根. 因 ω_0，ω_1，$\cdots$，ω_{n-1} 两两互异，故 $(x-\omega_0)(x-\omega_1)\cdots(x-\omega_{n-1}) \mid f(x^n)$，即 $x^n-1 \mid f(x^n)$.

例 4 设 a，$b \in \mathbf{R}$，$\alpha=-1+\sqrt{2}\,\mathrm{i}$ 是 $f(x)=x^3+2x^2+ax+b$ 的一个根. 求 a，b 及 $f(x)$ 在复数域 $\mathbf{C}$ 中的其他根.

解 根据实系数多项式虚根成对定理，$\overline{\alpha}=-1-\sqrt{2}\,\mathrm{i}$ 也是 $f(x)$ 的根. 设另一根为 β，则 $f(x)=(x-\alpha)(x-\overline{\alpha})(x-\beta)=(x^2+2x+3)(x-\beta)$，即

$$x^3+2x^2+ax+b=x^3+(2-\beta)x^2+(3-2\beta)x-3\beta.$$

比较两边系数，得 $\beta=0$，$a=3$，$b=0$.

例 5 (拉格朗日 (Lagrange) 插值公式) 设 a_1，a_2，$\cdots$，a_{n+1} 是数域 F 中 $n+1$ 个互异的数，b_1，b_2，$\cdots$，b_{n+1} 是数域 F 中任意 $n+1$ 个不全为零的数. 求 F 上的一个次数不超过 n 的多项式 $L(x)$，使得 $L(a_i)=b_i$ ($i=1$，2，$\cdots$，$n+1$).

解 将 $L(x)$ 分为 $n+1$ 个部件，即 $L(x)=L_1(x)+L_2(x)+\cdots+L_{n+1}(x)$，使 $L_i(x)$ ($i=1$，2，$\cdots$，$n+1$) 满足：当 $j=i$ 时，$L_i(a_j)=b_i$，否则 $L_i(a_j)=0$. 于是 $L(x)$ 满足：$L(a_i)=b_i$ ($i=1$，2，$\cdots$，$n+1$). 因为 $L_i(a_j)=0$，所以 $x-a_j \mid L_i(x)$ ($j=1$，$\cdots$，$i-1$，$i+1$，$\cdots$，$n+1$). 由 a_1，a_2，$\cdots$，a_{n+1} 的互异性可知，

$$[(x-a_1)\cdots(x-a_{i-1})(x-a_{i+1})\cdots(x-a_{n+1})] \mid L_i(x).$$

令 $L_i(x)=(x-a_1)\cdots(x-a_{i-1})(x-a_{i+1})\cdots(x-a_{n+1})M_i$，并将 $x=a_i$ 代入，得

$$M_i=\frac{b_i}{(a_i-a_1)\cdots(a_i-a_{i-1})(a_i-a_{i+1})\cdots(a_i-a_{n+1})}.$$

故

$$L(x)=\sum_{i=1}^{n+1}L_i(x)=\sum_{i=1}^{n+1}\frac{b_i(x-a_1)\cdots(x-a_{i-1})(x-a_{i+1})\cdots(x-a_{n+1})}{(a_i-a_1)\cdots(a_i-a_{i-1})(a_i-a_{i+1})\cdots(a_i-a_{n+1})}.$$

例 6 利用 3 倍角公式 $\cos 3\alpha=4\cos^3\alpha-3\cos\alpha$，证明：$\cos 20°$是无理数.

证明 由 3 倍角公式，得

$$\cos 20°=\frac{1}{3}\left(4\cos^3 20°-\cos 60°\right)=\frac{1}{3}\left(4\cos^3 20°-\frac{1}{2}\right).$$

于是

$$\frac{4}{3}\cos^3 20°-\cos 20°-\frac{1}{6}=0.$$

因此，$\cos 20°$ 是有理系数的多项式

$$\frac{4}{3}x^3-x-\frac{1}{6}=\frac{1}{6}(8x^3-6x-1)$$

的根. 根据有理根的求法，易知整系数多项式 $8x^3-6x-1$ 没有有理根. 故 $\cos 20°$ 是无理数.

例 7 设 p_1，p_2，$\cdots$，p_k 是 k 个互不相同的素数，n 是一个大于 1 的整数. 试证：$\sqrt[n]{p_1p_2\cdots p_k}$ 是一个无理数.

证明 考虑多项式 $x^n - p_1p_2\cdots p_k$. 因为 p_1，p_2，$\cdots$，p_k 是互不相同的素数，$p = p_1$ 满足艾森斯坦判别法的条件，所以 $x^n - p_1p_2\cdots p_k$ 在有理数域上不可约. 于是 $x^n-p_1p_2\cdots p_k\,(\,n>1\,)$ 没有有理根. 而 $\sqrt[n]{p_1p_2\cdots p_k}$ 显然是 $x^n-p_1p_2\cdots p_k$ 的一个实根，故 $\sqrt[n]{p_1p_2\cdots p_k}\,(\,n>1\,)$ 是无理数.

例 8 设 a_1，a_2，$\cdots$，a_n 是互异的整数，则
$$f(x) = (x-a_1)(x-a_2)\cdots(x-a_n) - 1$$
在有理数域上不可约.

证明 假设 $f(x)$ 在有理数域上可约，则存在次数大于零的整系数多项式 $g(x)$ 和 $h(x)$，使得 $f(x) = g(x)h(x)$. 设 $\deg g(x) = s$，$\deg h(x) = t$，则 $0 < s$，$t < n$. 因为对任意 $i\,(\,1 \leqslant i \leqslant n\,)$，有
$$-1 = f(a_i) = g(a_i)h(a_i),$$
所以 $g(a_i)$ 与 $h(a_i)$ 都是整数 ±1 且反号. 于是 $g(a_i) + h(a_i) = 0$，$i = 1$，2，$\cdots$，n. 由 $\deg\,(g(x) + h(x)) < n$ 知，$g(x) + h(x) = 0$. 因此 $f(x) = -g(x)^2$. 这与 $f(x)$ 的首项系数为 1 矛盾，所以 $f(x)$ 在有理数域上不可约.

例 9 设 p 为一个素数. 试证：分圆多项式 $f(x) = x^{p-1} + x^{p-2} + \cdots + x + 1$ 在有理数域上不可约.

证明 因为 $(x-1)f(x) = x^p - 1$，所以作变量替换 $x = y + 1$，得
$$yf(y+1) = (y+1)^p - 1 = y\,(\,y^{p-1} + C_p^1y^{p-2} + \cdots + C_p^{p-2}y + C_p^{p-1}),$$
其中 $C_p^k = \dfrac{p(p-1)\cdots(p-k+1)}{k!}$. 于是
$$f(y+1) = y^{p-1} + C_p^1y^{p-2} + \cdots + C_p^{p-2}y + C_p^{p-1}.$$
由于当 $k < p$ 时，$(k!,\ p) = 1$，因此 $k!\mid(p-1)\cdots(p-k+1)$. 从而 C_p^k 是 p 的倍数，p 满足艾森斯坦判别法的条件. 于是 $f(y+1)$ 在有理数域上不可约. 故 $f(x)$ 在有理数域上不可约. 否则，由 $f(x) = f_1(x)f_2(x)$ 可得 $f(y+1) = f_1(y+1)f_2(y+1)$，矛盾.

注 对分圆多项式 $f(x) = x^{p-1} + x^{p-2} + \cdots + x + 1$ 来说，不能直接应用艾森斯坦判别法，但是通过变量替换，将 $f(x)$ 适当变形后就可以应用这个判别法.

例 10 求多项式 $f(x) = 3x^4 + 5x^3 + x^2 + 5x - 2$ 的有理根.

解 因为多项式 $f(x)$ 的最高次项系数 3 的因数是 ±1，±3，常数项 -2 的因数是 ±1，±2，所以可能的有理根是 ±1，±2，$\pm\dfrac{1}{3}$，$\pm\dfrac{2}{3}$.

由 $f(1) = 12$，$f(-1) = -8$ 知，1 与 -1 都不是 $f(x)$ 的根. 由于

$$\frac{-8}{1+2},\ \frac{-8}{1+\frac{2}{3}},\ \frac{12}{1+\frac{2}{3}}$$

都不是整数，因此 2 与 $\pm\frac{2}{3}$ 都不是 $f(x)$ 的根. 但是

$$\frac{12}{1+2},\ \frac{-8}{1-2},\ \frac{12}{1-\frac{1}{3}},\ \frac{-8}{1+\frac{1}{3}},\ \frac{12}{1+\frac{1}{3}},\ \frac{-8}{1-\frac{1}{3}}$$

都是整数，故有理数 -2，$\pm\frac{1}{3}$ 在验证之列.

最后，利用综合除法对 -2，$\pm\frac{1}{3}$ 进行验证，得 -2 和 $\frac{1}{3}$ 是 $f(x)$ 的有理根.

§4.7 x - 矩阵的标准形

本节主要讨论 x - 矩阵的 x - 等价及 x - 矩阵的标准形问题.

一、主要内容

1. x - 矩阵的 x - 等价及其标准形

定义 4.23 设 $\boldsymbol{A}(x)$ 与 $\boldsymbol{B}(x)$ 是数域 F 上的 x - 矩阵. 如果能通过 x - 矩阵的初等变换把 $\boldsymbol{A}(x)$ 化为 $\boldsymbol{B}(x)$，那么称 $\boldsymbol{A}(x)$ 与 $\boldsymbol{B}(x)$ 是 x - 等价的.

x - 等价是数域 F 上的全体 x - 矩阵之间的一个等价关系，即 x - 等价具有自反性、对称性和传递性.

定理 4.35 数域 F 上的任意一个非零的 m 行 n 列的 x - 矩阵 $\boldsymbol{A}(x)=(a_{ij}(x))$ 都 x - 等价于

$$\boldsymbol{D}(x)=\begin{pmatrix} d_1(x) & 0 & \cdots & 0 & 0 & \cdots & 0 \\ 0 & d_2(x) & \cdots & 0 & 0 & \cdots & 0 \\ \vdots & \vdots & & \vdots & \vdots & & \vdots \\ 0 & 0 & \cdots & d_r(x) & 0 & \cdots & 0 \\ 0 & 0 & \cdots & 0 & 0 & \cdots & 0 \\ \vdots & \vdots & & \vdots & \vdots & & \vdots \\ 0 & 0 & \cdots & 0 & 0 & \cdots & 0 \end{pmatrix}_{m\times n},$$

其中 $r\geqslant 1$，$d_i(x)$ 是最高次项的系数为 1 的非零多项式，$i=1，2，\cdots，r$，且

$$d_i(x)\mid d_{i+1}(x),\quad i=1，2，\cdots，r-1.$$

定理 4.35 中的 x - 矩阵 $\boldsymbol{D}(x)$ 称为 $\boldsymbol{A}(x)$ 的标准形.

2. x - 矩阵的运算、x - 矩阵的行列式和子式

类似于数字矩阵的加法、减法、数乘和乘法运算，可定义数域 F 上两个 x - 矩

阵 $\boldsymbol{A}(x)=(a_{ij}(x))_{m\times n}$ 和 $\boldsymbol{B}(x)=(b_{ij}(x))_{m\times n}$ 的和 $\boldsymbol{A}(x)+\boldsymbol{B}(x)=(a_{ij}(x)+b_{ij}(x))_{m\times n}$ 与差 $\boldsymbol{A}(x)-\boldsymbol{B}(x)=(a_{ij}(x)-b_{ij}(x))_{m\times n}$. 可定义 $F[x]$ 中的多项式 $f(x)$ 与数域 F 上的 x - 矩阵 $\boldsymbol{A}(x)=(a_{ij}(x))_{m\times n}$ 的乘积 $f(x)\boldsymbol{A}(x)=(f(x)a_{ij}(x))_{m\times n}$. 可定义数域 F 上的两个 x - 矩阵 $\boldsymbol{A}(x)=(a_{ij}(x))_{m\times n}$ 和 $\boldsymbol{B}(x)=(b_{ij}(x))_{n\times p}$ 的乘积 $\boldsymbol{A}(x)\boldsymbol{B}(x)=(c_{ij}(x))_{m\times p}$, 其中 $c_{ij}(x)=\sum\limits_{k=1}^{n}a_{ik}(x)b_{kj}(x)$, $i=1, 2, \cdots, m$; $j=1, 2, \cdots, p$.

类似于数字矩阵的行列式和子式，我们可定义 F 上的 x - 方阵的行列式，其结果是一个 $F[x]$ 中的多项式，并且可得 F 上的两个 n 阶 x - 方阵乘积的行列式等于这两个 n 阶 x - 方阵的行列式的乘积. 可定义 F 上的 x - 方阵的子式，子式也是 $F[x]$ 中的多项式.

3. x - 矩阵的秩

定义 4.24 如果 F 上的 x - 矩阵 $\boldsymbol{A}(x)$ 有一个 r 阶（$r\geqslant 1$）子式不等于零，且 $\boldsymbol{A}(x)$ 的阶数大于 r 的子式（如果有的话）都等于零，那么称 $\boldsymbol{A}(x)$ 的秩为 r. 零矩阵的秩为零.

定理 4.36 如果 F 上的 x - 矩阵 $\boldsymbol{A}(x)$ 与 $\boldsymbol{B}(x)$ 是 x - 等价的，那么 $\boldsymbol{A}(x)$ 与 $\boldsymbol{B}(x)$ 的秩相等.

4. x - 矩阵的 k 阶行列式因子、x - 矩阵的不变因子

定义 4.25 设数域 F 上的 x - 矩阵 $\boldsymbol{A}(x)$ 的秩为 r，且 $r\geqslant 1$. 对正整数 k，$1\leqslant k\leqslant r$，$\boldsymbol{A}(x)$ 的所有 k 阶子式的最高次项的系数是 1 的最大公因子 $D_k(x)$ 称为 $\boldsymbol{A}(x)$ 的 k 阶行列式因子.

引理 4.3 如果 F 上的非零的 x - 矩阵 $\boldsymbol{A}(x)$ 与 $\boldsymbol{B}(x)$ 是 x - 等价的，那么 $\boldsymbol{A}(x)$ 与 $\boldsymbol{B}(x)$ 具有相同的各阶行列式因子.

定理 4.37 设 $\boldsymbol{A}(x)$ 是数域 F 上的一个非零的 m 行 n 列的 x - 矩阵，则 $\boldsymbol{A}(x)$ 的标准形 $\boldsymbol{D}(x)$ 由 $\boldsymbol{A}(x)$ 唯一确定.

定义 4.26 数域 F 上的 m 行 n 列的 x - 矩阵 $\boldsymbol{A}(x)$ 的标准形 $\boldsymbol{D}(x)$ 中的非零元 $d_i(x)$ 称为 $\boldsymbol{A}(x)$ 的第 i 个不变因子，$i=1, 2, \cdots, r$.

推论 1 设 $\boldsymbol{A}(x)$ 是数域 F 上的一个非零的 m 行 n 列的 x - 矩阵，其秩为 r，则 $\boldsymbol{A}(x)$ 的各阶行列式因子 $D_1(x), D_2(x), \cdots, D_r(x)$ 之间有关系 $D_i(x)\mid D_{i+1}(x)$，$i=1, 2, \cdots, r-1$.

推论 2 设 $\boldsymbol{A}(x)$ 与 $\boldsymbol{B}(x)$ 都是数域 F 上的非零的 m 行 n 列的 x - 矩阵，则以下几条彼此等价：

(i) $\boldsymbol{A}(x)$ 与 $\boldsymbol{B}(x)$ 是 x - 等价的；

(ii) $\boldsymbol{A}(x)$ 与 $\boldsymbol{B}(x)$ 具有相同的标准形；

(iii) $\boldsymbol{A}(x)$ 与 $\boldsymbol{B}(x)$ 具有相同的各阶行列式因子；

(iv) $\boldsymbol{A}(x)$ 与 $\boldsymbol{B}(x)$ 具有相同的不变因子.

二、释疑解难

1. 关于 x - 矩阵 $\boldsymbol{A}(x)$ 的各阶行列式因子、不变因子和标准形

(1) 秩为 $r\ (r \geqslant 1)$ 的 x - 矩阵 $\boldsymbol{A}(x)$ 的各阶行列式因子 $D_1(x)$，$D_2(x)$，$\cdots$，$D_r(x)$ 与 $\boldsymbol{A}(x)$ 的不变因子 $d_1(x)$，$d_2(x)$，$\cdots$，$d_r(x)$ 的关系为

$$D_1(x) = d_1(x),\ D_2(x) = d_1(x)d_2(x),\ \cdots,\ D_r(x) = d_1(x)d_2(x)\cdots d_r(x).$$

$\boldsymbol{A}(x)$ 的标准形 $D(x)$ 的 $(i,\ i)$ 元是 $d_i(x)\ (i = 1,\ 2,\ \cdots,\ r)$，其余的元素都为 0.

(2) 秩为 $r\ (r \geqslant 1)$ 的 x - 矩阵 $\boldsymbol{A}(x)$ 的各阶行列式因子、不变因子及标准形都是唯一的，且不随数域的改变而改变.

这是因为，$\boldsymbol{A}(x)$ 的 $k\ (1 \leqslant k \leqslant r)$ 阶行列式因子是 $\boldsymbol{A}(x)$ 的所有 k 阶子式的最高次项的系数是 1 的最大公因式，而一组多项式的最高次项的系数是 1 的最大公因式是唯一的，且不随数域的扩大而改变.

(3) $\boldsymbol{A}(x)$ 的各阶行列式因子、不变因子和标准形都是 x - 矩阵的初等变换下的不变量.

2. x - 矩阵 $\boldsymbol{A}(x)$ 的各阶行列式因子、不变因子和标准形的求法

方法一　x - 矩阵的初等变换法.

第一步　通过若干次 x - 矩阵初等变换将 $\boldsymbol{A}(x)$ 化成 x - 矩阵 $\boldsymbol{B}(x)$，使得 $\boldsymbol{B}(x)$ 的 $(1,\ 1)$ 元非零，且能整除 $\boldsymbol{B}(x)$ 的所有元素；

第二步　通过 x - 矩阵的初等变换将 $\boldsymbol{B}(x)$ 化成 x - 矩阵 $\boldsymbol{C}(x) = \begin{pmatrix} d_1(x) & \boldsymbol{0} \\ \boldsymbol{0} & \boldsymbol{A}_1(x) \end{pmatrix}$，其中 $d_1(x)$ 为最高次项系数是 1 的多项式，且能整除 $\boldsymbol{A}_1(x)$ 的每个元素；

第三步　对 $\boldsymbol{A}_1(x)$ 重复上述过程，直到将 $\boldsymbol{A}(x)$ 化成标准形 $\boldsymbol{D}(x)$；

第四步　由标准形 $\boldsymbol{D}(x)$ 得不变因子 $d_1(x)$，$d_2(x)$，$\cdots$，$d_r(x)$ 及各阶行列式因子 $D_1(x)$，$D_2(x)$，$\cdots$，$D_r(x)$.

方法二　定义法.

根据定义，先求 $\boldsymbol{A}(x)$ 的各阶行列式因子 $D_1(x)$，$D_2(x)$，$\cdots$，$D_r(x)$，再由各阶行列式因子、不变因子和标准形之间的关系得不变因子 $d_1(x)$，$d_2(x)$，$\cdots$，$d_r(x)$ 和标准形 $D(x)$.

注　在计算 x - 矩阵 $\boldsymbol{A}(x)$ 的各阶行列式因子时，若出现以下三种情形之一，则一定有 $D_1(x) = D_2(x) = \cdots = D_k(x) = 1$.

(1) 某个 k 阶子式等于非零常数；

(2) 某两个 k 阶子式互素；

(3) 某个 k 阶子式与 $k+1$ 阶行列式因子 $D_{k+1}(x)$ 互素.

3. 数字矩阵的等价与 x - 矩阵的等价的区别

两个 m 行 n 列的数字矩阵 $\boldsymbol{A}$ 与 $\boldsymbol{B}$ 等价当且仅当秩 $\boldsymbol{A}$ = 秩 $\boldsymbol{B}$.

对两个 m 行 n 列的 x - 矩阵 $\boldsymbol{A}(x)$ 与 $\boldsymbol{B}(x)$，若 $\boldsymbol{A}(x)$ 与 $\boldsymbol{B}(x)$ 等价，则秩 $\boldsymbol{A}(x)$ = 秩 $\boldsymbol{B}(x)$. 反之，若秩 $\boldsymbol{A}(x)$ = 秩 $\boldsymbol{B}(x)$，则 $\boldsymbol{A}(x)$ 与 $\boldsymbol{B}(x)$ 未必等价.

例如，设 x - 矩阵 $\boldsymbol{A} = \begin{pmatrix} x & 0 \\ 0 & x \end{pmatrix}$，$\boldsymbol{B} = \begin{pmatrix} 1 & 0 \\ 0 & x \end{pmatrix}$. 显然秩 $\boldsymbol{A}(x)$ = 秩 $\boldsymbol{B}(x) = 2$. 但是 $\boldsymbol{A}(x)$ 与 $\boldsymbol{B}(x)$ 的不变因子不同，因而 $\boldsymbol{A}(x)$ 与 $\boldsymbol{B}(x)$ 不等价.

三、范例解析

例 1 设

$$\boldsymbol{A}(x) = \begin{pmatrix} 1-x^2 & x & x^2 & -x^2 \\ -2x & x & 2x & x^2 \\ -2x^2+2 & x & 2x^2-1 & -x^2 \end{pmatrix}.$$

求 $\boldsymbol{A}(x)$ 的等价标准形、不变因子和各阶行列式因子.

解 因为

$$\boldsymbol{A}(x) \xrightarrow{c_1+c_3} \begin{pmatrix} 1 & x & x^2 & -x^2 \\ 0 & x & 2x & x^2 \\ 1 & x & 2x^2-1 & -x^2 \end{pmatrix} \xrightarrow{r_3-r_1} \begin{pmatrix} 1 & x & x^2 & -x^2 \\ 0 & x & 2x & x^2 \\ 0 & 0 & x^2-1 & 0 \end{pmatrix}$$

$$\xrightarrow[c_4+x^2c_1]{c_2-xc_1,c_3-x^2c_1} \begin{pmatrix} 1 & 0 & 0 & 0 \\ 0 & x & 2x & x^2 \\ 0 & 0 & x^2-1 & 0 \end{pmatrix} \xrightarrow[c_4-xc_2]{c_3-2c_2} \begin{pmatrix} 1 & 0 & 0 & 0 \\ 0 & x & 0 & 0 \\ 0 & 0 & x^2-1 & 0 \end{pmatrix}$$

$$\xrightarrow[c_3-xc_2]{r_2+r_3} \begin{pmatrix} 1 & 0 & 0 & 0 \\ 0 & x & -1 & 0 \\ 0 & 0 & x^2-1 & 0 \end{pmatrix} \xrightarrow[c_3+xc_2]{c_2\leftrightarrow c_3} \begin{pmatrix} 1 & 0 & 0 & 0 \\ 0 & -1 & 0 & 0 \\ 0 & x^2-1 & x^3-x & 0 \end{pmatrix}$$

$$\xrightarrow[-r_2]{r_3+(x^2-1)r_2} \begin{pmatrix} 1 & 0 & 0 & 0 \\ 0 & 1 & 0 & 0 \\ 0 & 0 & x^3-x & 0 \end{pmatrix},$$

所以矩阵 $\boldsymbol{A}(x)$ 的等价标准形为

$$\boldsymbol{D}(x) = \begin{pmatrix} 1 & 0 & 0 & 0 \\ 0 & 1 & 0 & 0 \\ 0 & 0 & x^3-x & 0 \end{pmatrix}.$$

从而 $\boldsymbol{A}(x)$ 的不变因子为 $d_1(x) = 1$，$d_2(x) = 1$，$d_3(x) = x^3 - x$，$\boldsymbol{A}(x)$ 的各阶行列式因子为 $D_1(x) = 1$，$D_2(x) = 1$，$D_3(x) = x^3 - x$.

例 2 求 n 阶矩阵

$$\boldsymbol{A}(x) = \begin{pmatrix} x-c & & & \\ -1 & x-c & & \\ & \ddots & \ddots & \\ & & -1 & x-c \end{pmatrix}$$

的各阶行列式因子及不变因子.

解 因 $\boldsymbol{A}(x)$ 有一个 $n-1$ 阶子式为非零常数，故 $\boldsymbol{A}(x)$ 的各阶行列式因子为

$$D_1(x)=\cdots=D_{n-1}(x)=1,\ D_n(x)=\det \boldsymbol{A}(x)=(x-c)^n.$$

因此 $\boldsymbol{A}(x)$ 的不变因子为

$$d_1(x)=D_1(x)=1,\ d_2(x)=\frac{D_2(x)}{D_1(x)}=1,\ \cdots,\ d_{n-1}(x)=\frac{D_{n-1}(x)}{D_{n-2}(x)}=1,$$

$$d_n(x)=\frac{D_n(x)}{D_{n-1}(x)}=(x-c)^n.$$

§4.8 数字矩阵相似的充要条件

本节将 n 阶数字矩阵 $\boldsymbol{A}$ 与 $\boldsymbol{B}$ 的相似关系转化为 x - 矩阵 $x\boldsymbol{I}_n-\boldsymbol{A}$ 与 $x\boldsymbol{I}_n-\boldsymbol{B}$ 的等价关系，从而得到 n 阶数字矩阵 $\boldsymbol{A}$ 与 $\boldsymbol{B}$ 相似的一个充要条件.

一、主要内容

1. 可逆的 x - 矩阵

定义 4.27 设 $\boldsymbol{A}(x)$ 是数域 F 上的 n 阶 x - 方阵. 如果存在 F 上 n 阶 x - 方阵 $\boldsymbol{B}(x)$，使得 $\boldsymbol{A}(x)\boldsymbol{B}(x)=\boldsymbol{I}_n$，那么称 $\boldsymbol{A}(x)$ 是可逆的，称 $\boldsymbol{B}(x)$ 是 $\boldsymbol{A}(x)$ 的逆矩阵.

可逆的 n 阶 x - 方阵 $\boldsymbol{A}(x)$ 的逆矩阵是唯一确定的，记为 $\boldsymbol{A}^{-1}(x)$.

可逆的 n 阶 x - 方阵 $\boldsymbol{A}(x)$ 的标准形是 $\boldsymbol{I}_n$.

定理 4.38 设 $\boldsymbol{A}(x)$ 是数域 F 上的 n 阶 x - 方阵，则 $\boldsymbol{A}(x)$ 是可逆的当且仅当 $\det(\boldsymbol{A}(x))$ 是 F 中的一个非零常数.

2. 初等 x - 矩阵

定义 4.28 对单位矩阵 $\boldsymbol{I}_n$ 只施行一次 x - 矩阵的初等变换所得到的 x - 矩阵叫作 n 阶初等 x - 矩阵.

由三种 x - 矩阵的初等变换可得三类初等 x - 矩阵 P_{ij}，$D_i(k)$ 和 $T_{ij}(\varphi(x))$. 初等 x - 矩阵都是可逆的，且 $P_{ij}^{-1}=P_{ij}$，$D_i(k)^{-1}=D_i(k^{-1})$ 和 $T_{ij}(\varphi(x))^{-1}=T_{ij}(-\varphi(x))$.

定理 4.39 设 $\boldsymbol{A}(x)$ 是 F 上的 m 行 n 列的 x - 矩阵. 对 $\boldsymbol{A}(x)$ 施行一次 x - 矩阵的行初等变换，其结果相当于用 m 阶相应的初等 x - 矩阵左乘 $\boldsymbol{A}(x)$；对 $\boldsymbol{A}(x)$ 施行一次 x - 矩阵的列初等变换，其结果相当于用 n 阶相应的初等 x - 矩阵右乘 $\boldsymbol{A}(x)$.

定理 4.40 (i) 设 $\boldsymbol{U}(x)$ 是数域 F 上的 m 行 n 列的 x - 矩阵，$\boldsymbol{B}$ 是 F 上的 m 阶数字方阵，则存在 F 上的 m 行 n 列的 x - 矩阵 $\boldsymbol{Q}(x)$，F 上的 m 行 n 列的数字矩阵 $\boldsymbol{U}_0$，使得

$$\boldsymbol{U}(x)=(x\boldsymbol{I}_m-\boldsymbol{B})\,\boldsymbol{Q}(x)+\boldsymbol{U}_0;$$

(ii) 设 $\boldsymbol{V}(x)$ 是数域 F 上的 m 行 n 列的 x - 矩阵，$\boldsymbol{C}$ 是数域 F 上的 n 阶数字

方阵，则存在 F 上的 m 行 n 列的 x - 矩阵 $\boldsymbol{R}(x)$，F 上的 m 行 n 列的数字矩阵 $\boldsymbol{V}_0$，使得

$$\boldsymbol{V}(x) = \boldsymbol{R}(x)\,(x\boldsymbol{I}_n - \boldsymbol{C}) + \boldsymbol{V}_0.$$

定理 4.41 设 $\boldsymbol{A}$ 与 $\boldsymbol{B}$ 都是数域 F 上的 n 阶数字矩阵，则 $\boldsymbol{A}$ 与 $\boldsymbol{B}$ 相似当且仅当 x - 矩阵 $x\boldsymbol{I}_n - \boldsymbol{A}$ 与 $x\boldsymbol{I}_n - \boldsymbol{B}$ 是 x - 等价的.

推论 设 $\boldsymbol{A}$ 与 $\boldsymbol{B}$ 都是数域 F 上的 n 阶数字矩阵，则以下几条彼此等价.

(i) $\boldsymbol{A}$ 与 $\boldsymbol{B}$ 相似；

(ii) x - 矩阵 $x\boldsymbol{I}_n - \boldsymbol{A}$ 与 $x\boldsymbol{I}_n - \boldsymbol{B}$ 具有相同的标准形；

(iii) x - 矩阵 $x\boldsymbol{I}_n - \boldsymbol{A}$ 与 $x\boldsymbol{I}_n - \boldsymbol{B}$ 具有相同的第 i 个不变因子，$i = 1, 2, \cdots, n$；

(iv) x - 矩阵 $x\boldsymbol{I}_n - \boldsymbol{A}$ 与 $x\boldsymbol{I}_n - \boldsymbol{B}$ 具有相同的各阶行列式因子.

二、释疑解难

1．关于数字矩阵的相似

(1) 数字矩阵的相似关系不随数域的扩大而改变.

这是因为，数字矩阵 $\boldsymbol{A}$ 与 $\boldsymbol{B}$ 相似当且仅当 x - 矩阵 $x\boldsymbol{I}_n - \boldsymbol{A}$ 与 $x\boldsymbol{I}_n - \boldsymbol{B}$ 具有相同的不变因子，而 x - 矩阵的不变因子不随数域的扩大而改变.

(2) 数字矩阵 $\boldsymbol{A}$ 与 $\boldsymbol{B}$ 是否相似可根据定理 4.41 的推论进行判断.

2．方阵 $\boldsymbol{A}$ 的特征多项式 $f_{\boldsymbol{A}}(x)$ 与 $\boldsymbol{A}$ 的特征矩阵 $x\boldsymbol{I} - \boldsymbol{A}$ 的不变因子的关系

设 $\boldsymbol{A}$ 是数域 F 上一个 n 阶数字矩阵，则

$$f_{\boldsymbol{A}}(x) = \det(x\boldsymbol{I}_n - \boldsymbol{A}) = D_n(x) = d_1(x)d_2(x)\cdots d_n(x).$$

3．求满足定理 4.40 的 x - 矩阵 $\boldsymbol{Q}(x)$，$\boldsymbol{R}(x)$ 和数字矩阵 $\boldsymbol{U}_0$，$\boldsymbol{V}_0$ 的方法

类似于 § 4.6 中用综合除法求 $x - c$ 除 $f(x)$ 所得的商式及余式的算法，有

(1) 设 $\boldsymbol{U}(x) = \boldsymbol{D}_s x^s + \boldsymbol{D}_{s-1}x^{s-1} + \cdots + \boldsymbol{D}_1 x + \boldsymbol{D}_0$，$\boldsymbol{Q}(x) = \boldsymbol{Q}_{s-1}x^{s-1} + \boldsymbol{Q}_{s-2}x^{s-2} + \cdots + \boldsymbol{Q}_1 x + \boldsymbol{Q}_0$，则 $\boldsymbol{Q}(x)$，$\boldsymbol{U}_0$ 的求法如下所示：

$\boldsymbol{B}$	$\boldsymbol{D}_s$	$\boldsymbol{D}_{s-1}$	$\boldsymbol{D}_{s-2}$	$\cdots$	$\boldsymbol{D}_1$	$\boldsymbol{D}_0$
$+$		$\boldsymbol{B}\boldsymbol{Q}_{s-1}$	$\boldsymbol{B}\boldsymbol{Q}_{s-2}$	$\cdots$	$\boldsymbol{B}\boldsymbol{Q}_1$	$\boldsymbol{B}\boldsymbol{Q}_0$
	$\boldsymbol{Q}_{s-1}$	$\boldsymbol{Q}_{s-2}$	$\boldsymbol{Q}_{s-3}$	$\cdots$	$\boldsymbol{Q}_0$	$\boldsymbol{U}_0$

(2) 设 $\boldsymbol{V}(x) = \boldsymbol{D}_s x^s + \boldsymbol{D}_{s-1}x^{s-1} + \cdots + \boldsymbol{D}_1 x + \boldsymbol{D}_0$，$\boldsymbol{R}(x) = \boldsymbol{R}_{s-1}x^{s-1} + \boldsymbol{R}_{s-2}x^{s-2} + \cdots + \boldsymbol{R}_1 x + \boldsymbol{R}_0$，则 $\boldsymbol{R}(x)$，$\boldsymbol{V}_0$ 的求法如下所示：

$\boldsymbol{C}$	$\boldsymbol{D}_s$	$\boldsymbol{D}_{s-1}$	$\boldsymbol{D}_{s-2}$	$\cdots$	$\boldsymbol{D}_1$	$\boldsymbol{D}_0$
$+$		$\boldsymbol{R}_{s-1}\boldsymbol{C}$	$\boldsymbol{R}_{s-2}\boldsymbol{C}$	$\cdots$	$\boldsymbol{R}_1\boldsymbol{C}$	$\boldsymbol{R}_0\boldsymbol{C}$
	$\boldsymbol{R}_{s-1}$	$\boldsymbol{R}_{s-2}$	$\boldsymbol{R}_{s-3}$	$\cdots$	$\boldsymbol{R}_0$	$\boldsymbol{V}_0$

三、范例解析

例 1 设 $\boldsymbol{U}(x)=\begin{pmatrix}3x-6 & x^2+5x+2 & x^3+2x\\ x^2+3 & x^3-4x+1 & x^2+5x-3\end{pmatrix}$ 是数域 F 上的 x - 矩阵，$\boldsymbol{B}=\begin{pmatrix}1 & -2\\ 0 & 1\end{pmatrix}$ 是 F 上的数字方阵. 试求 F 上的 2 行 3 列的 x - 矩阵 $\boldsymbol{Q}(x)$ 及数字矩阵 $\boldsymbol{U}_0$，使得 $\boldsymbol{U}(x)=(x\boldsymbol{I}_2-\boldsymbol{B})\boldsymbol{Q}(x)+\boldsymbol{U}_0$.

解 先将 $\boldsymbol{U}(x)$ 表示成以数字矩阵为“系数”的 x 的多项式：

$$\begin{aligned}\boldsymbol{U}(x)&=\begin{pmatrix}0&0&1\\0&1&0\end{pmatrix}x^3+\begin{pmatrix}0&1&0\\1&0&1\end{pmatrix}x^2+\begin{pmatrix}3&5&2\\0&-4&5\end{pmatrix}x+\begin{pmatrix}-6&2&0\\3&1&-3\end{pmatrix}\\&=\boldsymbol{D}_3x^3+\boldsymbol{D}_2x^2+\boldsymbol{D}_1x+\boldsymbol{D}_0.\end{aligned}$$

令 $\boldsymbol{Q}(x)=\boldsymbol{Q}_2x^2+\boldsymbol{Q}_1x+\boldsymbol{Q}_0$，则由本节“释疑解难”之 3 所给的算法，有

$\boldsymbol{B}$	$\boldsymbol{D}_3$	$\boldsymbol{D}_2$	$\boldsymbol{D}_1$	$\boldsymbol{D}_0$
+		$\boldsymbol{BQ}_2$	$\boldsymbol{BQ}_1$	$\boldsymbol{BQ}_0$
	$\boldsymbol{Q}_2$	$\boldsymbol{Q}_1$	$\boldsymbol{Q}_0$	$\boldsymbol{U}_0$

因此

$$\boldsymbol{Q}_2=\boldsymbol{D}_3=\begin{pmatrix}0&0&1\\0&1&0\end{pmatrix},$$

$$\boldsymbol{Q}_1=\boldsymbol{D}_2+\boldsymbol{BQ}_2=\begin{pmatrix}0&1&0\\1&0&1\end{pmatrix}+\begin{pmatrix}1&-2\\0&1\end{pmatrix}\begin{pmatrix}0&0&1\\0&1&0\end{pmatrix}=\begin{pmatrix}0&-1&1\\1&1&1\end{pmatrix},$$

$$\boldsymbol{Q}_0=\boldsymbol{D}_1+\boldsymbol{BQ}_1=\begin{pmatrix}3&5&2\\0&-4&5\end{pmatrix}+\begin{pmatrix}1&-2\\0&1\end{pmatrix}\begin{pmatrix}0&-1&1\\1&1&1\end{pmatrix}=\begin{pmatrix}1&2&1\\1&-3&6\end{pmatrix}.$$

于是

$$\boldsymbol{Q}(x)=\boldsymbol{Q}_2x^2+\boldsymbol{Q}_1x+\boldsymbol{Q}_0=\begin{pmatrix}1&-x+2&x^2+x+1\\x+1&x^2+x-3&x+6\end{pmatrix},$$

$$\boldsymbol{U}_0=\boldsymbol{D}_0+\boldsymbol{BQ}_0=\begin{pmatrix}-6&2&0\\3&1&-3\end{pmatrix}+\begin{pmatrix}1&-2\\0&1\end{pmatrix}\begin{pmatrix}1&2&1\\1&-3&6\end{pmatrix}=\begin{pmatrix}-7&10&-11\\4&-2&3\end{pmatrix}.$$

例 2 设 $\boldsymbol{A}$ 是 F 上的 n 阶数字矩阵. 证明：$\boldsymbol{A}$ 与 $\boldsymbol{A}^{\mathrm{T}}$ 相似.

证明 因为 $x\boldsymbol{I}_n-\boldsymbol{A}^{\mathrm{T}}=(x\boldsymbol{I}_n-\boldsymbol{A})^{\mathrm{T}}$，且 $x\boldsymbol{I}_n-\boldsymbol{A}$ 与 $(x\boldsymbol{I}_n-\boldsymbol{A})^{\mathrm{T}}$ 有完全相等的子式，所以 $x\boldsymbol{I}_n-\boldsymbol{A}$ 与 $x\boldsymbol{I}_n-\boldsymbol{A}^{\mathrm{T}}$ 的各阶行列式因子相同. 因此 $\boldsymbol{A}$ 与 $\boldsymbol{A}^{\mathrm{T}}$ 相似.

例 3 设 $\boldsymbol{A}$ 与 $\boldsymbol{B}$ 是数域 F 上的 n 阶方阵. 证明：$x\boldsymbol{I}_n-\boldsymbol{A}$ 与 $x\boldsymbol{I}_n-\boldsymbol{B}$ 等价当且仅当 $\boldsymbol{A}$ 与 $\boldsymbol{B}$ 有分解式 $\boldsymbol{A}=\boldsymbol{TS}$，$\boldsymbol{B}=\boldsymbol{ST}$，其中 $\boldsymbol{T}$ 与 $\boldsymbol{S}$ 都是数域 F 上的 n 阶方阵，且至少有一个是可逆的.

证明 必要性 设 $x\boldsymbol{I}_n-\boldsymbol{A}$ 与 $x\boldsymbol{I}_n-\boldsymbol{B}$ 等价，则 $\boldsymbol{A}$ 与 $\boldsymbol{B}$ 相似. 因此存在 F 上的 n 阶可逆矩阵 $\boldsymbol{T}$，使得 $\boldsymbol{B}=\boldsymbol{T}^{-1}\boldsymbol{AT}$. 令 $\boldsymbol{T}^{-1}\boldsymbol{A}=\boldsymbol{S}$，则 $\boldsymbol{A}=\boldsymbol{TS}$，$\boldsymbol{B}=\boldsymbol{ST}$.

充分性　设 $\boldsymbol{A}$ 与 $\boldsymbol{B}$ 有分解式 $\boldsymbol{A}=\boldsymbol{TS}$，$\boldsymbol{B}=\boldsymbol{ST}$，其中 $\boldsymbol{T}$ 与 $\boldsymbol{S}$ 都是数域 F 上的 n 阶方阵，且至少有一个是可逆的，不妨设 $\boldsymbol{T}$ 可逆，则 $\boldsymbol{S}=\boldsymbol{BT}^{-1}$. 于是 $\boldsymbol{A}=\boldsymbol{TBT}^{-1}$，即 $\boldsymbol{A}$ 与 $\boldsymbol{B}$ 相似. 因此 $x\boldsymbol{I}_n-\boldsymbol{A}$ 与 $x\boldsymbol{I}_n-\boldsymbol{B}$ 等价.

例 4　判断有理数域 $\mathbf{Q}$ 上的两个三阶数字矩阵

$$\boldsymbol{A}=\begin{pmatrix}3&-1&0\\1&1&0\\0&2&-2\end{pmatrix}\text{与 }\boldsymbol{B}=\begin{pmatrix}3&3&-5\\1&1&-1\\0&4&-2\end{pmatrix}$$

是否相似.

解　方法一　先求 $x\boldsymbol{I}_3-\boldsymbol{A}$ 与 $x\boldsymbol{I}_3-\boldsymbol{B}$ 的各阶行列式因子.

因为

$$x\boldsymbol{I}_3-\boldsymbol{A}=\begin{pmatrix}x-3&1&0\\-1&x-1&0\\0&-2&x+2\end{pmatrix}$$

有一个 2 阶子式 $\begin{vmatrix}-1&x-1\\0&-2\end{vmatrix}=2$ 为非零常数，所以 $x\boldsymbol{I}_3-\boldsymbol{A}$ 的各阶行列式因子为

$$D_1(x)=D_2(x)=1,\ D_3(x)=\det(x\boldsymbol{I}_3-\boldsymbol{A})=(x+2)(x-2)^2.$$

又因为

$$x\boldsymbol{I}_3-\boldsymbol{B}=\begin{pmatrix}x-3&-3&5\\-1&x-1&1\\0&-4&x+2\end{pmatrix}$$

有一个 2 阶子式 $\begin{vmatrix}-1&x-1\\0&-4\end{vmatrix}=4$ 为非零常数，所以 $x\boldsymbol{I}_3-\boldsymbol{B}$ 的各阶行列式因子为

$$D_1(x)=D_2(x)=1,\ D_3(x)=\det(x\boldsymbol{I}_3-\boldsymbol{B})=(x+2)(x-2)^2.$$

因此 $x\boldsymbol{I}_3-\boldsymbol{A}$ 与 $x\boldsymbol{I}_3-\boldsymbol{B}$ 的各阶行列式因子相同. 于是 $\boldsymbol{A}$ 与 $\boldsymbol{B}$ 相似.

方法二　先求 $x\boldsymbol{I}_3-\boldsymbol{A}$ 与 $x\boldsymbol{I}_3-\boldsymbol{B}$ 的等价标准形.

经计算，$x\boldsymbol{I}_3-\boldsymbol{A}$ 与 $x\boldsymbol{I}_3-\boldsymbol{B}$ 的等价标准形都为

$$\begin{pmatrix}1&&\\&1&\\&&(x+2)(x-2)^2\end{pmatrix}.$$

因此 $\boldsymbol{A}$ 与 $\boldsymbol{B}$ 相似.

§4.9　哈密顿-凯莱 (Hamilton-Cayley) 定理　最小多项式

本节探讨 n 阶数字方阵的特征多项式的系数的意义，介绍特征多项式的一条重要性质，即哈密顿-凯莱（Hamilton-Cayley）定理，并讨论数字方阵的最小多项

式及性质.

一、主要内容

1. 特征多项式的系数

定义 4.29 设 $A=(a_{ij})$ 是数域 F 上的 n 阶方阵，且 $1\leqslant i_1<i_2<\cdots<i_k\leqslant n$. 取定 A 的第 i_1，i_2，$\cdots$，i_k 行和第 i_1，i_2，$\cdots$，i_k 列，位于这 k 行和 k 列交叉处的元素按照原来的位置构成的 k 阶行列式叫作矩阵 A 的一个 k 阶主子式，记为 $\Delta(i_1, i_2, \cdots, i_k)$.

考察 F 上的 n 阶方阵 $A=(a_{ij})$ 的特征多项式 $f_A(x)=\det(xI-A)$.

定理 4.42 设 $A=(a_{ij})$ 是数域 F 上的 n 阶方阵，则 A 的特征多项式是 F 上的 n 次多项式，n 次项的系数是 1，l 次项的系数等于 A 的全体 $n-l$ 阶主子式之和的 $(-1)^{n-l}$ 倍，$l=0$，1，2，$\cdots$，$n-1$，即

$$f_A(x)=x^n+\sum_{n-l=1}^{n}\left[(-1)^{n-l}\sum_{1\leqslant i_1<i_2<\cdots<i_{n-l}\leqslant n}\Delta(i_1, i_2, \cdots, i_{n-l})\right]x^l.$$

定理 4.43 设 A 是数域 F 上的 n 阶方阵，A 的特征多项式是

$$f_A(x)=x^n+a_{n-1}x^{n-1}+\cdots+a_2x^2+a_1x+a_0.$$

若 λ_1，λ_2，$\cdots$，λ_n 是 A 的全部特征根（重根按重数计算），则

$$\begin{aligned}
&a_{n-1}=-(\lambda_1+\lambda_2+\cdots+\lambda_n),\\
&a_{n-2}=\lambda_1\lambda_2+\lambda_1\lambda_3+\cdots+\lambda_{n-1}\lambda_n,\\
&a_{n-3}=-(\lambda_1\lambda_2\lambda_3+\lambda_1\lambda_2\lambda_4+\cdots+\lambda_{n-2}\lambda_{n-1}\lambda_n),\\
&\quad\cdots\\
&a_1=(-1)^{n-1}(\lambda_1\lambda_2\cdots\lambda_{n-2}\lambda_{n-1}+\lambda_1\lambda_2\cdots\lambda_{n-2}\lambda_n+\cdots+\lambda_2\lambda_3\cdots\lambda_{n-1}\lambda_n),\\
&a_0=(-1)^n\lambda_1\lambda_2\cdots+\lambda_n,
\end{aligned}$$

即 l 次项的系数等于 A 的一切可能的 $n-l$ 个特征根的乘积（这种乘积共有 C_n^{n-l} 个）之和乘以 $(-1)^{n-l}$，$l=0$，1，2，$\cdots$，$n-1$.

推论 1 若 λ_1，λ_2，$\cdots$，λ_n 是 n 阶方阵 $A=(a_{ij})$ 的全部特征根（重根按重数计算），则 A 的全体 k 阶主子式之和等于 A 的一切可能的 k 个特征根的乘积之和，即

$$\sum_{1\leqslant i_1<i_2<\cdots<i_k\leqslant n}\Delta(i_1, i_2, \cdots, i_k)=\sum_{1\leqslant i_1<i_2<\cdots<i_k\leqslant n}\lambda_{i_1}\lambda_{i_2}\cdots\lambda_{i_k},$$

其中 $k=1$，2，$\cdots$，n. 特别地，我们有

$$a_{11}+a_{22}+\cdots+a_{nn}=\lambda_1+\lambda_2+\cdots+\lambda_n,$$

$$\det A=\lambda_1\lambda_2\cdots\lambda_n.$$

推论 2 设 A 是数域 F 上的 n 阶方阵，则 A 是可逆矩阵当且仅当 A 的特征根都不是零.

2. 哈密顿-凯莱（Hamilton-Cayley）定理

引理 4.4　设 $\boldsymbol{A}$ 是数域 F 上的 n 阶方阵，$\boldsymbol{W}(x)$ 是 F 上的 n 阶 x - 方阵，$g(x)$ 是 F 上的任意一个多项式. 如果 $(x\boldsymbol{I}_n-\boldsymbol{A})\boldsymbol{W}(x)=g(x)\boldsymbol{I}_n$，那么 $g(\boldsymbol{A})=\boldsymbol{0}$.

定理 4.44（**哈密顿-凯莱定理**）　设 $\boldsymbol{A}$ 是数域 F 上的 n 阶方阵. 如果 $\boldsymbol{A}$ 的特征多项式是 $f_{\boldsymbol{A}}(x)$，那么 $f_{\boldsymbol{A}}(\boldsymbol{A})=\boldsymbol{0}$.

3. 最小多项式

定义 4.30　设 $\boldsymbol{A}$ 是数域 F 上的 n 阶方阵. 使得 $p(\boldsymbol{A})=\boldsymbol{0}$ 的最高次项系数是 1 的次数最低的 $F[x]$ 中的非零多项式 $p(x)$ 称为 $\boldsymbol{A}$ 的最小多项式.

定理 4.45　设 $\boldsymbol{A}$ 是数域 F 上的 n 阶方阵，$p(x)$ 是 $\boldsymbol{A}$ 的最小多项式，$g(x)$ 是 $F[x]$ 中的多项式，则 $g(\boldsymbol{A})=\boldsymbol{0}$ 当且仅当在 $F[x]$ 中 $p(x)$ 整除 $g(x)$.

推论 1　设 $\boldsymbol{A}$ 是数域 F 上的 n 阶方阵，则 $\boldsymbol{A}$ 的最小多项式存在且唯一.

将 $\boldsymbol{A}$ 的唯一的最小多项式记为 $p_{\boldsymbol{A}}(x)$.

推论 2　设 $\boldsymbol{A}$ 是数域 F 上的 n 阶方阵，则在 $F[x]$ 中 $\boldsymbol{A}$ 的最小多项式 $p_{\boldsymbol{A}}(x)$ 整除 $\boldsymbol{A}$ 的特征多项式 $f_{\boldsymbol{A}}(x)$.

定理 4.46　设数域 F 上的 n 阶方阵 $\boldsymbol{A}$ 与 $\boldsymbol{B}$ 相似，则 $\boldsymbol{A}$ 与 $\boldsymbol{B}$ 有相同的最小多项式.

定理 4.47　设 $\boldsymbol{A}$ 是数域 F 上的 n 阶方阵，则 $\boldsymbol{A}$ 的最小多项式 $p_{\boldsymbol{A}}(x)$ 就是 x - 矩阵 $x\boldsymbol{I}_n-\boldsymbol{A}$ 的第 n 个不变因子 $d_n(x)$.

二、释疑解难

1. 关于方阵的零化多项式

设 $\boldsymbol{A}$ 是数域 F 上的 n 阶方阵. 如果 $F[x]$ 中的非零多项式 $f(x)$，使得 $f(\boldsymbol{A})=\boldsymbol{0}$，那么称 $f(x)$ 为 $\boldsymbol{A}$ 的零化多项式，并且称 $f(x)$ 以 $\boldsymbol{A}$ 为根. F 上的任意 n 阶方阵 $\boldsymbol{A}$ 都有零化多项式. 显然 $\boldsymbol{A}$ 的最小多项式 $p_{\boldsymbol{A}}(x)$ 是 $\boldsymbol{A}$ 的最高次项系数是 1 的次数最低的零化多项式.

2. 特征多项式的根与零化多项式的根的关系

(1) 设 $\boldsymbol{A}$ 是数域 F 上的 n 阶方阵，λ 是复数，则 λ 是 $\boldsymbol{A}$ 的特征多项式 $f_{\boldsymbol{A}}(x)$ 的根当且仅当 λ 是 $\boldsymbol{A}$ 的最小多项式 $p_{\boldsymbol{A}}(x)$ 的根.

事实上，若 λ 是 $f_{\boldsymbol{A}}(x)$ 的根，则 $(x-\lambda)\mid f_{\boldsymbol{A}}(x)$. 由 $f_{\boldsymbol{A}}(x)=\det(x\boldsymbol{I}_n-\boldsymbol{A})=d_1(x)d_2(x)\cdots d_n(x)$ 知，一定存在某个 i（$1\leqslant i\leqslant n$），使得 $(x-\lambda)\mid d_i(x)$. 因为 $d_i(x)\mid d_n(x)$，所以 $(x-\lambda)\mid d_n(x)$. 由于 $p_{\boldsymbol{A}}(x)=d_n(x)$，因此 $(x-\lambda)\mid p_{\boldsymbol{A}}(x)$，即 λ 是 $p_{\boldsymbol{A}}(x)$ 的根.

反过来，若 λ 是 $p_{\boldsymbol{A}}(x)$ 的根，则由 $p_{\boldsymbol{A}}(x)\mid f_{\boldsymbol{A}}(x)$ 知，λ 是 $f_{\boldsymbol{A}}(x)$ 的根.

于是方阵 $\boldsymbol{A}$ 的最小多项式 $p_{\boldsymbol{A}}(x)$ 包含了 $f_{\boldsymbol{A}}(x)$ 的一切互异的根，只是 $p_{\boldsymbol{A}}(x)$

的根的重数与 $f_A(x)$ 的根的重数不同而已. 从而可利用 $\boldsymbol{A}$ 的特征根求 $\boldsymbol{A}$ 的最小多项式.

(2) 数域 F 上 n 阶方阵 $\boldsymbol{A}$ 的特征多项式 $f_A(x)$ 的每个根 λ 都是 $\boldsymbol{A}$ 的任一零化多项式 $g(x)$ 的根.

这是因为, λ 是 $f_A(x)$ 的根当且仅当 λ 是 $p_A(x)$ 的根, 而 $g(\boldsymbol{A}) = \boldsymbol{0}$ 当且仅当 $\boldsymbol{A}$ 的最小多项式 $p_A(x)$ 整除 $g(x)$.

3. 最小多项式的求法

方法一　特征根法.

先求出方阵 $\boldsymbol{A}$ 的特征多项式 $f_A(x) = \det(x\boldsymbol{I}_n - \boldsymbol{A})$; 然后, 写出包含 $\boldsymbol{A}$ 的一切互异特征根的 $f_A(x)$ 的所有因式; 最后, 按照次数从低到高依次验证这些因式是否为 $\boldsymbol{A}$ 的零化多项式, 从而得 $\boldsymbol{A}$ 的最小多项式.

方法二　x - 矩阵的初等变换法.

先对 $x\boldsymbol{I}_n - \boldsymbol{A}$ 施行 x - 矩阵的初等变换, 将其化成标准形; 然后, 由标准形得出 $x\boldsymbol{I}_n - \boldsymbol{A}$ 的第 n 个不变因子 $d_n(x)$, 即为 $\boldsymbol{A}$ 的最小多项式 $p_A(x)$.

注　当 $x\boldsymbol{I}_n - \boldsymbol{A}$ 的 $n-1$ 阶行列式因子 $D_{n-1}(x)$ 易求时, 可利用

$$d_n(x) = \frac{D_n(x)}{D_{n-1}(x)} = \frac{\det(x\boldsymbol{I}_n - \boldsymbol{A})}{D_{n-1}(x)}$$

求出 $d_n(x)$.

三、范例解析

例 1　设

$$\boldsymbol{A} = \begin{pmatrix} -1 & 1 & 0 \\ -4 & 3 & 0 \\ 1 & 0 & 2 \end{pmatrix}.$$

计算 $\boldsymbol{A}^7 - \boldsymbol{A}^5 - 19\boldsymbol{A}^4 + 28\boldsymbol{A}^3 + 6\boldsymbol{A} - 4\boldsymbol{I}$.

解　设 $g(x) = x^7 - x^5 - 19x^4 + 28x^3 + 6x - 4$. 用 $\boldsymbol{A}$ 的特征多项式 $f_A(x) = \det(x\boldsymbol{I}_3 - \boldsymbol{A}) = (x-2)(x-1)^2$ 除 $g(x)$, 得

$$g(x) = f_A(x)q(x) + r(x),$$

其中 $q(x) = x^4 + 4x^3 + 10x^2 + 3x - 2$, $r(x) = -3x^2 + 22x - 8$. 由哈密顿-凯莱定理知, $f_A(\boldsymbol{A}) = \boldsymbol{0}$. 因此

$$g(\boldsymbol{A}) = r(\boldsymbol{A}) = -3\boldsymbol{A}^2 + 22\boldsymbol{A} - 8\boldsymbol{I} = \begin{pmatrix} -19 & 16 & 0 \\ -64 & 43 & 0 \\ 19 & -3 & 24 \end{pmatrix}.$$

例 2　设数域 F 上的 n 阶方阵 $\boldsymbol{A}$ 可逆. 证明: $\boldsymbol{A}^{-1}$ 是 $\boldsymbol{A}$ 的多项式.

证明　设 $\boldsymbol{A}$ 的特征多项式为 $f_A(x) = x^n + a_{n-1}x^{n-1} + \cdots + a_1x + a_0$. 因为 $\boldsymbol{A}$ 可逆, 所以 $a_0 = (-1)^n\det\boldsymbol{A} \neq 0$. 由哈密顿-凯莱定理知,

$$f_A(A) = A^n + a_{n-1}A^{n-1} + \cdots + a_1A + a_0I_n = 0.$$

于是 $A\,(-a_0^{-1}A^{n-1} - a_0^{-1}a_{n-1}A^{n-2} - \cdots - a_0^{-1}a_1I\,) = I$. 因此

$$A^{-1} = -a_0^{-1}A^{n-1} - a_0^{-1}a_{n-1}A^{n-2} - \cdots - a_0^{-1}a_1I.$$

例 3　设 A 是 n 阶方阵. 证明: A 是幂零的当且仅当 A 的特征根都是 0.

证明　设 A 是幂零的，则存在正整数 k，使得 $A^k = 0$. 于是 A 有零化多项式 $g(x) = x^k$. 因此 A 的最小多项式 $p_A(x) = x^m$. 设 λ 是 A 的任一特征根，则 λ 一定是 $p_A(x) = x^m$ 的根. 故 $\lambda^m = 0$，即 A 的特征根都是 0.

反过来，设 A 的特征根都是 0，则 $f_A(x) = x^n$. 由哈密顿-凯莱定理知，$A^n = 0$，即 A 是幂零的.

例 4　设 A 是 n 阶方阵，$A^k = 0$，且 k 是满足 $A^k = 0$ 的最小正整数，则称 A 是 k 次幂零矩阵. 证明: 所有 n 阶 $n-1$ 次幂零矩阵彼此相似.

证明　设 A 是 n 阶 $n-1$ 次幂零矩阵，则 $A^{n-1} = 0$，$A^k \neq 0\ (\,k < n-1\,)$. 因此 A 的最小多项式 $p_A(x) = x^{n-1}$. 由幂零矩阵的特征根都是 0，得 $f_A(x) = x^n$. 而 $f_A(x) = \det(xI_n - A) = d_1(x)d_2(x)\cdots d_n(x)$，且 $d_n(x) = p_A(x) = x^{n-1}$，因此 $d_1(x) = d_2(x) = \cdots = d_{n-2}(x) = 1$，$d_{n-1}(x) = x$. 从而任意 n 阶 $n-1$ 次幂零矩阵的特征矩阵都具有相同的不变因子，即所有 n 阶 $n-1$ 次幂零矩阵彼此相似.

例 5　求

$$A = \begin{pmatrix} 3 & -1 & -3 & 1 \\ -1 & 3 & 1 & -3 \\ 3 & -1 & -3 & 1 \\ -1 & 3 & 1 & -3 \end{pmatrix}$$

的最小多项式.

解　方法一　特征根法.

因为 A 的特征多项式为

$$f_A(x) = \det\,(xI_4 - A) = \begin{vmatrix} x-3 & 1 & 3 & -1 \\ 1 & x-3 & -1 & 3 \\ -3 & 1 & x+3 & -1 \\ 1 & -3 & -1 & x+3 \end{vmatrix} = x^4,$$

所以 A 的最小多项式为 $f_A(x)$ 的因式 x，x^2，x^3，x^4 之一. 经验算 $p_A(x) = x^2$.

方法二　x - 矩阵的初等变换法.

经计算，$xI_4 - A$ 的等价标准形为

$$D(x) = \begin{pmatrix} 1 & & & \\ & 1 & & \\ & & x^2 & \\ & & & x^2 \end{pmatrix}.$$

从而 $p_A(x) = d_4(x) = x^2$.

方法三 令 $\boldsymbol{B}=\begin{pmatrix}3 & -1\\ -1 & 3\end{pmatrix}$，则 $\boldsymbol{A}=\begin{pmatrix}\boldsymbol{B} & -\boldsymbol{B}\\ \boldsymbol{B} & -\boldsymbol{B}\end{pmatrix}$. 因为 $\boldsymbol{A}^2=\boldsymbol{0}$，所以 $g(x)=x^2$ 是 $\boldsymbol{A}$ 的零化多项式. 而 $\boldsymbol{A}\neq\boldsymbol{0}$，因此 $p_{\boldsymbol{A}}(x)=x^2$.

习题四解答

1. 判断下列结论的正误.

(1) $f(x)=3+x+x^{-2}$ 是复数域上的多项式；

(2) $f(x)=4+\sqrt{-1}x+x^3$ 是实数域上的多项式；

(3) $f(x)=\dfrac{1}{5}-x^3$ 是有理数域上的多项式；

(4) $f(x)=x^3+x^2+x+1$ 是复数域上的多项式.

解 (1) 错. (2) 错. (3) 对. (4) 对.

2. 求用 $g(x)$ 去除 $f(x)$ 所得的商 $q(x)$ 和余式 $r(x)$.

(1) $f(x)=x^4-2x^3+x-1$，$g(x)=3x^2+x+1$；

(2) $f(x)=x^3-2x^2+6x+7$，$g(x)=x^2-x+2$；

(3) $f(x)=x^4+3x^3-x^2-4x-3$，$g(x)=3x^3+10x^2+2x-3$.

解 (1) $q(x)=\dfrac{1}{3}x^2-\dfrac{7}{9}x+\dfrac{4}{27}$，$r(x)=\dfrac{44}{27}x-\dfrac{31}{27}$.

(2) $q(x)=x-1$，$r(x)=3x+9$.

(3) $q(x)=\dfrac{1}{3}x-\dfrac{1}{9}$，$r(x)=-\dfrac{5}{9}x^2-\dfrac{25}{9}x-\dfrac{10}{3}$.

3. 数域 F 中的数 m，p，q 适合什么条件时，多项式 x^2+mx+1 整除 x^4+px^2+q?

解 用 x^2+mx+1 除 x^4+px^2+q 所得的余式为

$$r(x)=m(2-p-m^2)x+(q-p+1-m^2).$$

故 x^2+mx+1 整除 x^4+px^2+q 当且仅当 $m(2-p-m^2)=0$，且 $q-p+1-m^2=0$，即 $m=0$，$p=q+1$，或 $q=1$，$p+m^2=2$.

4. 设 $a\in F$. 证明：对任意的正整数 n，有 $x-a$ 整除 x^n-a^n.

证明 由于

$$x^n-a^n=(x-a)(x^{n-1}+ax^{n-2}+\cdots+a^{n-2}x+a^{n-1}),$$

因此 $x-a$ 整除 x^n-a^n.

5. 设 $f(x)\in F[x]$，k 是正整数. 证明：x 整除 $f^k(x)$ 当且仅当 x 整除 $f(x)$.

证明 充分性 当 $x\mid f(x)$ 时，显然有 $x\mid f^k(x)$.

必要性 用 x 除 $f(x)$，得 $f(x)=xq(x)+r$，$r\in F$. 因此

$$f^k(x)=[xq(x)+r]^k=\sum_{i=0}^{k}\mathrm{C}_k^i[xq(x)]^i r^{k-i}=\Big[\sum_{i=1}^{k}\mathrm{C}_k^i q^i(x)x^{i-1}r^{k-i}\Big]x+r^k.$$

由 $x\mid f^k(x)$ 知，$x\mid r^k$. 故 $r=0$，即 $x\mid f(x)$.

6. 设 k，n 是正整数. 证明：x^k-1 整除 x^n-1 当且仅当 k 整除 n.

证明 充分性 若 $k\mid n$，令 $n=kn_1$，则 $x^n-1=(x^k)^{n_1}-1$. 故 $x^k-1\mid x^n-1$.

必要性 设 $n=kq+r$，这里 $0\leqslant r<k$，则

$$x^n-1=x^{kq}x^r-1=x^r(x^{kq}-1)+x^r-1.$$

由于 $x^k-1\mid x^n-1$，$x^k-1\mid x^{kq}-1$，因此 $x^k-1\mid x^r-1$. 从而 $r=0$.

7. 用辗转相除法求 $f(x)=x^4+3x^3-x^2-4x-3$ 与 $g(x)=3x^3+10x^2+2x-3$ 的最大公因式 $(f(x),g(x))$，并求 $u(x)$，$v(x)$，使得 $(f(x),g(x))=u(x)f(x)+v(x)g(x)$.

解 由于

$$f(x)=\left(\frac{1}{3}x-\frac{1}{9}\right)g(x)+\left(-\frac{5}{9}x^2-\frac{25}{9}x-\frac{10}{3}\right),$$

$$g(x)=\left(-\frac{27}{5}x+9\right)\left(-\frac{5}{9}x^2-\frac{25}{9}x-\frac{10}{3}\right)+9x+27,$$

$$-\frac{5}{9}x^2-\frac{25}{9}x-\frac{10}{3}=\left(-\frac{5}{81}x-\frac{10}{81}\right)(9x+27),$$

$$9x+27=\left(\frac{27}{5}x-9\right)f(x)+\left(\frac{9}{5}x^2+\frac{18}{5}x\right)g(x),$$

因此 $(f(x),g(x))=x+3$，$u(x)=\dfrac{3}{5}x-1$，$v(x)=-\dfrac{1}{5}x^2+\dfrac{2}{5}x$.

8. 设 F 和 $\overline{F}$ 都是数域，且 F 包含于 $\overline{F}$，$f(x)$，$g(x)\in F[x]$. 下列论断哪些是对的？哪些是错的？是对的，给出证明；是错的，举出反例.

(1) 在 F 上用 $g(x)$ 除 $f(x)$ 所得的商和余式分别与在 $\overline{F}$ 上用 $g(x)$ 去除 $f(x)$ 所得的商和余式相同；

(2) 在 F 上 $g(x)$ 整除 $f(x)$ 当且仅当在 $\overline{F}$ 上 $g(x)$ 整除 $f(x)$；

(3) $f(x)$ 与 $g(x)$ 在 $F[x]$ 中的最大公因式和 $f(x)$ 与 $g(x)$ 在 $\overline{F}[x]$ 中的最大公因式相同；

(4) $f(x)$ 与 $g(x)$ 在 $F[x]$ 中互素当且仅当 $f(x)$ 与 $g(x)$ 在 $\overline{F}[x]$ 中互素.

解 (1) 对. (2) 对. (3) 错. (4) 对.

9. 证明：定理 4.10 和定理 4.11.

证明 定理 4.11 的证明与定理 4.8 的证明完全类似（详证略）.

下面只给出定理 4.10 的证明.

设 $w(x)$ 与 $f_s(x)$ 的最大公因式是 $d(x)$，则 $d(x)\mid w(x)$，$d(x)\mid f_s(x)$. 因为 $w(x)$ 是 $f_1(x)$，$f_2(x)$，$\cdots$，$f_{s-1}(x)$ 的最大公因式，所以 $w(x)\mid f_i(x)$ ($i=1,2,\cdots,s-1$). 于是 $d(x)\mid f_i(x)$ ($i=1,2,\cdots,s-1$). 因此 $d(x)$ 是 $f_1(x)$，$f_2(x)$，$\cdots$，$f_s(x)$ 的公因式.

令 $h(x)\in F[x]$，且 $h(x)\mid f_i(x)$ ($i=1,2,\cdots,s$). 因 $w(x)$ 是 $f_1(x)$，$f_2(x)$，$\cdots$，$f_{s-1}(x)$ 的最大公因式，故 $h(x)\mid w(x)$. 那么由 $h(x)\mid f_s(x)$ 及 $d(x)$ 是 $w(x)$ 与 $f_s(x)$ 的最大公因式知，$h(x)\mid d(x)$.

综上所述，$d(x)$ 是 $f_1(x)$，$f_2(x)$，$\cdots$，$f_s(x)$ 的最大公因式.

10. 设在 $F[x]$ 中，非零多项式 $d(x)$ 是 $g_1(x)$，$g_2(x)$，$\cdots$，$g_s(x)$ 的公因式，且 $g_j(x)=d(x)h_j(x)$，$j=1,2,\cdots,s$. 证明：$d(x)$ 是 $g_1(x)$，$g_2(x)$，$\cdots$，$g_s(x)$ 的最大公因式当且仅当 $h_1(x)$，$h_2(x)$，$\cdots$，$h_s(x)$ 互素.

证明 充分性 设 $h_1(x)$，$h_2(x)$，$\cdots$，$h_s(x)$ 互素，则存在 $u_1(x)$，$u_2(x)$，$\cdots$，$u_s(x)\in F[x]$，使得

$$u_1(x)h_1(x)+u_2(x)h_2(x)+\cdots+u_s(x)h_s(x)=1.$$

两端同乘以 $d(x)$，得

$$u_1(x)g_1(x)+u_2(x)g_2(x)+\cdots+u_s(x)g_s(x)=d(x).$$

于是由§4.2“释疑解难”之2知，$d(x)$ 是 $g_1(x)$，$g_2(x)$，$\cdots$，$g_s(x)$ 的最大公因式.

必要性 设 $d(x)$ 是 $g_1(x)$，$g_2(x)$，$\cdots$，$g_s(x)$ 的最大公因式，则由定理 4.11 知，存在 $u_1(x)$，$u_2(x)$，$\cdots$，$u_s(x)\in F[x]$，使得

$$u_1(x)g_1(x)+u_2(x)g_2(x)+\cdots+u_s(x)g_s(x)=d(x).$$

由于 $d(x)\neq 0$，$g_j(x)=d(x)h_j(x)$ $(j=1,2,\cdots,s)$，因此

$$u_1(x)h_1(x)+u_2(x)h_2(x)+\cdots+u_s(x)h_s(x)=1.$$

故 $h_1(x)$，$h_2(x)$，$\cdots$，$h_s(x)$ 互素.

11. 证明：如果 $(f(x),g(x))=1$，$(f(x),h(x))=1$，那么 $(f(x),g(x)h(x))=1$. 推广之，你可得出什么结论？

证明 由 $(f(x),g(x))=1$ 知，存在 $u(x)$，$v(x)$，使得 $f(x)u(x)+g(x)v(x)=1$. 由 $(f(x),h(x))=1$ 知，存在 $u_1(x)$，$v_1(x)$，使得 $f(x)u_1(x)+h(x)v_1(x)=1$. 于是

$$[f(x)u(x)+g(x)v(x)]\,[f(x)u_1(x)+h(x)v_1(x)]=1,$$

整理得

$$[u(x)u_1(x)f(x)+v(x)u_1(x)g(x)+u(x)v_1(x)h(x)]f(x)+[v(x)v_1(x)]g(x)h(x)=1.$$

因此 $(f(x),g(x)h(x))=1$.

推广之可得以下结论：

(1) 若 $(f(x),g_i(x))=1$，$i=1,2,\cdots,s$，则 $(f(x),g_1(x)g_2(x)\cdots g_s(x))=1$.

(2) 若 $(f(x),g(x))=1$，则对任意正整数 k，l，有 $(f^k(x),g^l(x))=1$.

(3) 若 $(f_i(x),g_j(x))=1$，$i=1,2,\cdots,r$；$j=1,2,\cdots,s$，则

$$(f_1(x)f_2(x)\cdots f_r(x),\ g_1(x)g_2(x)\cdots g_s(x))=1.$$

12. 设 $f(x)=x^3+(1+t)x^2+2x+2u$ 与 $g(x)=x^3+tx+u$ 的最大公因式是一个二次多项式. 求 u，t 的值.

解 利用辗转相除法.

用 $g(x)$ 除 $f(x)$ 得余式 $r_1(x)=(1+t)x^2+(2-t)x+u$. 因为 $f(x)$ 与 $g(x)$ 的最大公因式是二次多项式，所以 $1+t\neq 0$，且用 $r_1(x)$ 除 $g(x)$ 所得的余式

$$r_2(x) = \left[t - \frac{u}{1+t} + \frac{(t-2)^2}{(1+t)^2}\right]x + \left[1 - \frac{t-2}{(1+t)^2}\right]u = 0.$$

因此 $t - \dfrac{u}{1+t} + \dfrac{(t-2)^2}{(1+t)^2} = 0$，且 $\left[1 - \dfrac{t-2}{(1+t)^2}\right]u = 0$. 故 $u = 0$，$t = -4$，或 $u = 0$，$t = \dfrac{1 \pm \sqrt{3}\,\mathrm{i}}{2}$，或 $u = -7 - \sqrt{11}\,\mathrm{i}$，$t = \dfrac{-1 + \sqrt{11}\,\mathrm{i}}{2}$，或 $u = -7 + \sqrt{11}\,\mathrm{i}$，$t = \dfrac{-1 - \sqrt{11}\,\mathrm{i}}{2}$.

13. 设 $p(x) \in F[x]$，$0 \neq c \in F$. 证明：若 $p(x)$ 是 F 上的不可约多项式，则 $cp(x)$ 也是 F 上的不可约多项式.

证明 假设 $cp(x)$ 是 F 上的可约多项式，则 $cp(x) = g(x)h(x)$，其中 $g(x)$ 与 $h(x)$ 的次数都小于 $cp(x)$ 的次数. 那么 $p(x) = [c^{-1}g(x)]h(x)$，且 $c^{-1}g(x)$ 与 $h(x)$ 的次数都小于 $p(x)$ 的次数. 这与 $p(x)$ 不可约矛盾.

14. 证明：$x^2 + 1$ 是有理数域上的不可约多项式.

证明 假设 $x^2 + 1$ 在有理数域上可约，则 $x^2 + 1$ 可分解为两个一次有理系数多项式的乘积. 因此存在有理数 a 与 b，使得 $x^2 + 1 = (x + a)(x + b)$. 于是 $a + b = 0$，$ab = 1$. 由此得出 $-b^2 = 1$，矛盾.

15. 试分别在实数域上、复数域上将 $x^n - 1$ 分解成为不可约多项式之积，并说明分解的合理性.

解 根据 § 4.6 “释疑解难”之 6，得

(1) 在复数域上，

$$x^n - 1 = (x-1)(x-\omega)(x-\omega^2)\cdots(x-\omega^{n-1}),$$

其中 $\omega = \cos\dfrac{2\pi}{n} + \mathrm{i}\sin\dfrac{2\pi}{n}$.

(2) 在实数域上，当 n 是奇数时，

$$x^n - 1 = (x-1)\left(x^2 - 2x\cos\frac{2\pi}{n} + 1\right)\left(x^2 - 2x\cos\frac{4\pi}{n} + 1\right)\cdots \left[x^2 - 2x\cos\frac{(n-1)\pi}{n} + 1\right].$$

当 n 是偶数时，

$$x^n - 1 = (x-1)(x+1)\left(x^2 - 2x\cos\frac{2\pi}{n} + 1\right)\left(x^2 - 2x\cos\frac{4\pi}{n} + 1\right)\cdots \left[x^2 - 2x\cos\frac{(n-2)\pi}{n} + 1\right].$$

16. 证明：如果 $(f'(x), f''(x)) = 1$，那么 $f(x)$ 的重因式都是二重因式.

证明 设 $p(x)$ 是 $f(x)$ 的 k 重因式（$k \geqslant 2$），由定理 4.18 知，$p(x)$ 是 $f'(x)$ 的 $k-1$ 重因式，$p(x)$ 是 $f''(x)$ 的 $k-2$ 重因式. 于是 $p^{k-2}(x)$ 是 $f'(x)$ 与 $f''(x)$ 的公因式. 由于 $(f'(x), f''(x)) = 1$，因此 $k = 2$，即 $p(x)$ 是 $f(x)$ 的二重因式.

17. 设 $f(x) \in F[x]$，$\deg f(x) \geqslant 1$. 证明：用 $(f(x), f'(x))$ 去除 $f(x)$ 所得的商没有重因式.

证明 见 § 4.3 "释疑解难" 之 5.

18. 设 $f(x) \in F[x]$, $\deg f(x) \geqslant 1$. 证明: $f(x)$ 无重因式当且仅当 $(f(x), f'(x)) = 1$.

证明 设 $f(x)$ 的典型分解式为

$$f(x) = ap_1^{k_1}(x)p_2^{k_2}(x)\cdots p_t^{k_t}(x),$$

其中 $k_i \geqslant 1$, $i = 1, 2, \cdots, t$, 由定理 4.18 知,

$$f'(x) = p_1^{k_1-1}(x)p_2^{k_2-1}(x)\cdots p_t^{k_t-1}(x)g(x),$$

这里 $g(x)$ 不能被任何 $p_i(x)$ ($i = 1, 2, \cdots, t$) 整除. 于是

$$(f(x), f'(x)) = p_1^{k_1-1}(x)p_2^{k_2-1}(x)\cdots p_t^{k_t-1}(x).$$

由于 $f(x)$ 没有重因式, 因此 $k_1 = k_2 = \cdots = k_t = 1$. 从而 $(f(x), f'(x)) = 1$.

反之, 若 $(f(x), f'(x)) = 1$, 则 $k_1 = k_2 = \cdots = k_t = 1$, 即 $f(x)$ 没有重因式.

19. 设 $f(x), g(x), h(x) \in F[x]$, 且 $(f(x), g(x)) = 1$. 证明: 若 $f(x)$ 与 $g(x)$ 都整除 $h(x)$, 那么 $f(x)g(x)$ 也整除 $h(x)$. 推广之, 你可得出什么结论?

证明 由 $f(x) \mid h(x)$ 知, 存在 $u(x) \in F[x]$, 使 $h(x) = f(x)u(x)$. 由 $g(x) \mid h(x)$ 知, $g(x) \mid f(x)u(x)$. 因为 $(f(x), g(x)) = 1$, 所以存在 $v_1(x), v_2(x) \in F[x]$, 使得 $v_1(x)g(x)+v_2(x)f(x) = 1$. 于是 $v_1(x)g(x)u(x)+v_2(x)f(x)u(x) = u(x)$. 因此 $g(x) \mid u(x)$. 从而存在 $w(x) \in F[x]$, 使 $u(x) = g(x)w(x)$. 故 $h(x) = f(x)g(x)w(x)$, 即 $f(x)g(x)$ 整除 $h(x)$.

推广之可得以下结论:

若 $f_i(x) \mid g(x)$, $i = 1, 2, \cdots, s$, 且 $f_1(x), f_2(x), \cdots, f_s(x)$ 两两互素, 则

$$(f_1(x)f_2(x)\cdots f_s(x)) \mid g(x).$$

20. 用矩阵方法求多项式系 $\{f_1(x), f_2(x), f_3(x), f_4(x)\}$ 的最大公因式 $(f_1(x), f_2(x), f_3(x), f_4(x))$, 其中

$$f_1(x) = x^2 - 1, \quad f_2(x) = x^2 + 2x + 1,$$
$$f_3(x) = x^3 + x^2 + 2x + 2, \quad f_4(x) = 2x^3 + 2x^2 - x - 1.$$

解 因为多项式系 $\{f_1(x), f_2(x), f_3(x), f_4(x)\}$ 的矩阵

$$\boldsymbol{A} = \begin{pmatrix} 0 & 1 & 0 & -1 \\ 0 & 1 & 2 & 1 \\ 1 & 1 & 2 & 2 \\ 2 & 2 & -1 & -1 \end{pmatrix} \simeq \begin{pmatrix} 1, & 1 \end{pmatrix},$$

所以 $(f_1(x), f_2(x), f_3(x), f_4(x)) = x + 1$.

21. 用矩阵方法求 $f(x)$ 与 $g(x)$ 的最大公因式 $(f(x), g(x))$, 并求 $u(x), v(x)$, 使 $(f(x), g(x)) = u(x)f(x) + v(x)g(x)$.

(1) $f(x) = x^4 - 4x^3 + 1$, $g(x) = x^3 - 3x^2 + 1$;

(2) $f(x) = 4x^4 - 2x^3 - 16x^2 + 5x + 9$, $g(x) = 2x^3 - x^2 - 5x + 4$.

解 (1) 因为将

$$\boldsymbol{A}(x)=\begin{pmatrix}x^4-4x^3+1 & 1 & 0\\ x^3-3x^2+1 & 0 & 1\end{pmatrix}$$

经过 x - 矩阵的行初等变换化为

$$\boldsymbol{B}(x)=\begin{pmatrix}1 & -\dfrac{16}{3}x^2+\dfrac{37}{3}x+\dfrac{26}{3} & \dfrac{16}{3}x^3-\dfrac{53}{3}x^2-\dfrac{37}{3}x-\dfrac{23}{3}\\ 0 & * & *\end{pmatrix},$$

所以 $(f(x),\ g(x))=1$，且 $u(x)=-\dfrac{16}{3}x^2+\dfrac{37}{3}x+\dfrac{26}{3}$，$v(x)=\dfrac{16}{3}x^3-\dfrac{53}{3}x^2-\dfrac{37}{3}x-\dfrac{23}{3}$.

(2) $(f(x),\ g(x))=x-1$，$u(x)=\dfrac{1-x}{3}$，$v(x)=\dfrac{-3-2x+2x^2}{3}$.

22. 用矩阵方法求 $f_1(x)$，$f_2(x)$，$f_3(x)$ 的最大公因式 $(f_1(x),\ f_2(x),\ f_3(x))$，并求出 $u_1(x)$，$u_2(x)$，$u_3(x)$，使 $(f_1(x),\ f_2(x),\ f_3(x))=u_1(x)f_1(x)+u_2(x)f_2(x)+u_3(x)f_3(x)$，其中

$$f_1(x)=x^3-2x^2-x+2,\ f_2(x)=x^3-4x^2+x+6,\ f_3(x)=x^4-4x^3+2x^2+4x-3.$$

解 由于将

$$\boldsymbol{A}(x)=\begin{pmatrix}x^3-2x^2-x+2 & 1 & 0 & 0\\ x^3-4x^2+x+6 & 0 & 1 & 0\\ x^4-4x^3+2x^2+4x-3 & 0 & 0 & 1\end{pmatrix}$$

经过 x - 矩阵的行初等变换化为

$$\boldsymbol{B}(x)=\begin{pmatrix}x+1 & x-\dfrac{5}{2} & \dfrac{1}{2} & -1\\ 0 & * & * & *\\ 0 & * & * & *\end{pmatrix},$$

因此 $(f_1(x),\ f_2(x),\ f_3(x))=x+1$，$u_1(x)=x-\dfrac{5}{2}$，$u_2(x)=\dfrac{1}{2}$，$u_3(x)=-1$，可使

$$(f_1(x),\ f_2(x),\ f_3(x))=u_1(x)f_1(x)+u_2(x)f_2(x)+u_3(x)f_3(x).$$

23. 证明：多项式 $x^{3m}+x^{3n+1}+x^{3p+2}$ 能被多项式 x^2+x+1 整除，其中 m，n，p 为非负整数. 推广之，你可得出什么结论？

证明 因为 $x^3-1=(x-1)(x^2+x+1)$，所以 x^2+x+1 的两个根 ω，ω^2 都是 x^3-1 的根，其中 $\omega=\cos\dfrac{2\pi}{3}+\mathrm{i}\sin\dfrac{2\pi}{3}$. 从而

$$\omega^{3m}+\omega^{3n+1}+\omega^{3p+2}=0,\ (\omega^2)^{3m}+(\omega^2)^{3n+1}+(\omega^2)^{3p+2}=0.$$

因此在复数域上 $x-\omega$，$x-\omega^2$ 均整除 $x^{3m}+x^{3n+1}+x^{3p+2}$. 因 $x-\omega$ 与 $x-\omega^2$ 互素，故在复数域上 $(x-\omega)(x-\omega^2)$ 整除 $x^{3m}+x^{3n+1}+x^{3p+2}$，即 x^2+x+1 整除 $x^{3m}+x^{3n+1}+x^{3p+2}$. 故在任一数域上 x^2+x+1 整除 $x^{3m}+x^{3n+1}+x^{3p+2}$.

推广之可得以下结论：

当 l_1，l_2，$\cdots$，l_k 为 k 个非负整数时，多项式 $x^{k-1}+x^{k-2}+\cdots+x+1$ 整除多项式 $x^{kl_1}+x^{kl_2+1}+x^{kl_3+2}+\cdots+x^{kl_k+k-1}$.

24. 设 $x^4-2x^2+3=c_0+c_1(x+2)+c_2(x+2)^2+c_3(x+2)^3+c_4(x+2)^4$. 试利用综合除法求出 c_0, c_1, c_2, c_3, c_4.

解 $c_0=11$, $c_1=-24$, $c_2=22$, $c_3=-8$, $c_4=1$.

25. 设 $f(x)\in F[x]$, a, $b\in F$, 且 $a\neq b$. 求 $(x-a)(x-b)$ 除 $f(x)$ 所得的余式.

解 令 $f(x)=(x-a)(x-b)g(x)+rx+s$, 则分别取 $x=a$, $x=b$, 得

$$r=\frac{f(a)-f(b)}{a-b},\quad s=\frac{bf(a)-af(b)}{b-a}.$$

故所求的余式为

$$\frac{f(a)-f(b)}{a-b}x+\frac{bf(a)-af(b)}{b-a}.$$

26. 设 $f(x)\in F[x]$. 证明: $f(x)$ 能被 $x+1$ 所整除当且仅当 $f(x)$ 的奇次项系数之和等于偶次项系数之和.

证明 $x+1\mid f(x)\Leftrightarrow f(-1)=0\Leftrightarrow f(x)$ 的奇数项系数之和等于偶数项系数之和.

27. 证明: $\sin x$ 不是 x 的多项式.

证明 假设 $\sin x$ 是 x 的多项式. 显然 $\sin x\neq 0$. 设 $\sin x$ 的次数为 n, 则 $\sin x$ 最多有 n 个根. 这与 $\sin x$ 有无穷多个根 $k\pi$ ($k=0$, ± 1, ± 2, $\cdots$) 矛盾.

28. 设 $a_1, a_2, \cdots, a_{n+1}$ 是数域 F 中的 $n+1$ 个互不相同的数, $b_1, b_2, \cdots, b_{n+1}$ 是 F 中的 $n+1$ 个不全为零的数. 构造一个 F 上的多项式 (次数最多是 n 次) $f(x)$, 使得 $f(a_i)=b_i$, $i=1, 2, \cdots, n+1$, 并证明这样的 $f(x)$ 是唯一的.

证明 由 § 4.6 "范例解析" 之例 5 知,

$$f(x)=\sum_{i=1}^{n+1}\frac{b_i(x-a_1)\cdots(x-a_{i-1})(x-a_{i+1})\cdots(x-a_{n+1})}{(a_i-a_1)\cdots(a_i-a_{i-1})(a_i-a_{i+1})\cdots(a_i-a_{n+1})}.$$

若 $f(x)$ 与 $g(x)$ 都是所求多项式, 则 $f(a_i)=g(a_i)=b_i$, $i=1, 2, \cdots, n+1$. 这说明 $f(x)-g(x)$ 在 F 中有 $n+1$ 个互不相同的根. 而 $\deg f(x)\leqslant n$, $\deg g(x)\leqslant n$, 故 $f(x)-g(x)=0$, 即 $f(x)=g(x)$.

29. 设复系数多项式 $f(x)=a_nx^n+a_{n-1}x^{n-1}+\cdots+a_2x_2+a_1x+a_0$ (其中 $a_n\neq 0$) 的 n 个复根为 α_1, α_2, $\cdots$, α_n. 问复系数多项式 $g(x)=a_0x^n+a_1x^{n-1}+\cdots+a_{n-2}x^2+a_{n-1}x+a_n$ 的复根有几个 (重根按重数计算), 都是哪些?

解 分两种情况进行讨论:

(1) 若 α_1, α_2, $\cdots$, α_n 都非零, 则由根与系数的关系知, $g(x)$ 的 n 个根为

$$\frac{1}{\alpha_1},\ \frac{1}{\alpha_2},\ \cdots,\ \frac{1}{\alpha_n}.$$

(2) 若 α_1, α_2, $\cdots$, α_n 中恰有 s 个为 0, 不妨设 α_1, α_2, $\cdots$, α_{n-s} 全不为零, 而 $\alpha_{n-s+1}=\cdots=\alpha_n=0$. 这时, $f(x)=x^s(a_nx^{n-s}+a_{n-1}x^{n-s-1}+\cdots+a_{s+1}x+a_s)$, 其

中 $a_s \neq 0$. 因而 $g(x) = a_s x^{n-s} + a_{s+1}x^{n-s-1} + \cdots + a_{n-1}x + a_n$ 是一个 $n-s$ 次多项式. 于是由 (1) 的结论知，此时 $g(x)$ 共有 $n-s$ 个根

$$\frac{1}{\alpha_1},\ \frac{1}{\alpha_2},\ \cdots,\ \frac{1}{\alpha_{n-s}}.$$

30. 设复系数多项式 $f(x) = a_n x^n + a_{n-1}x^{n-1} + \cdots + a_1 x + a_0$ (其中 $a_n \neq 0$) 的 n 个复根为 α_1, α_2, $\cdots$, α_n, 而 c 是复数. 求以 $c\alpha_1$, $c\alpha_2$, $\cdots$, $c\alpha_n$ 为复根的 n 次多项式.

解 若 $c=0$, 则所求的多项式为 $g(x) = ax^n$ ($0 \neq a \in \mathbf{C}$). 若 $c \neq 0$, 则 $c\alpha_1$, $c\alpha_2$, $\cdots$, $c\alpha_n$ 是 n 次多项式

$$f\left(\frac{x}{c}\right) = \frac{1}{c^n}\left(a_n x^n + a_{n-1}cx^{n-1} + \cdots + a_1 c^{n-1}x + a_0 c^n\right)$$

的根，因此所求的多项式为

$$g(x) = a(a_n x^n + a_{n-1}cx^{n-1} + \cdots + a_1 c^{n-1}x + a_0 c^n)\ (\ 0 \neq a \in \mathbf{C}\ ).$$

31. 求 $2x^3 + 7x^2 + 4x - 3$ 的有理根.

解 多项式 $2x^3 + 7x^2 + 4x - 3$ 可能的有理根为

$$\pm 1,\ \pm 3,\ \pm\frac{1}{2},\ \pm\frac{3}{2}.$$

利用综合除法试验可知，$-\dfrac{3}{2}$ 是其有理根，且为单根.

32. 证明：$x^3 - 3x + 1$ 在有理数域上不可约.

证明 因为 x^3-3x+1 可能的有理根为 1 或 -1, 而 1 与 -1 都不是 x^3-3x+1 的根，所以 $x^3 - 3x + 1$ 没有有理根. 对一个三次有理系数多项式来说，当它没有有理根时，它在有理数域上不可约.

*33. 化下列 x - 矩阵为标准形，并求它们的所有行列式因子和不变因子.

$$(1)\begin{pmatrix} x-3 & -1 & 0 & 0 & 0 \\ 4 & x+1 & 0 & 0 & 0 \\ -6 & -1 & x-2 & -1 & 0 \\ 14 & 5 & 1 & x & x \end{pmatrix},\quad (2)\begin{pmatrix} 0 & 0 & 1 & x+2 \\ 0 & 1 & x+2 & 0 \\ 1 & x+2 & 0 & 0 \\ x+2 & 0 & 0 & 0 \end{pmatrix}.$$

解 (1) 将原矩阵记为 $\boldsymbol{A}(x)$. 因为经过 x - 矩阵的初等变换可将 $\boldsymbol{A}(x)$ 化为

$$\boldsymbol{D}(x) = \begin{pmatrix} 1 & 0 & 0 & 0 & 0 \\ 0 & 1 & 0 & 0 & 0 \\ 0 & 0 & 1 & 0 & 0 \\ 0 & 0 & 0 & (x-1)^2 & 0 \end{pmatrix},$$

所以 $\boldsymbol{D}(x)$ 就是 $\boldsymbol{A}(x)$ 的标准形，并且 $\boldsymbol{A}(x)$ 的不变因子为 $d_1(x) = d_2(x) = d_3(x) = 1$, $d_4(x) = (x-1)^2$. 从而 $\boldsymbol{A}(x)$ 的各阶行列式因子为 $D_1(x) = D_2(x) = D_3(x) = 1$, $D_4(x) = (x-1)^2$.

(2) 将原矩阵记为 $\boldsymbol{B}(x)$. $\boldsymbol{B}(x)$ 的标准形为

$$\begin{pmatrix} 1 & 0 & 0 & 0 \\ 0 & 1 & 0 & 0 \\ 0 & 0 & 1 & 0 \\ 0 & 0 & 0 & (x+2)^4 \end{pmatrix}.$$

$\boldsymbol{B}(x)$ 的不变因子为 $d_1(x) = d_2(x) = d_3(x) = 1$，$d_4(x) = (x+2)^4$. $\boldsymbol{B}(x)$ 的各阶行列式因子为 $D_1(x) = D_2(x) = D_3(x) = 1$，$D_4(x) = (x+2)^4$.

*34. 证明：数域 F 上的 n 阶 x - 方阵

$$\boldsymbol{A}(x) = \begin{pmatrix} x & 0 & 0 & \cdots & 0 & 0 & a_0 \\ -1 & x & 0 & \cdots & 0 & 0 & a_1 \\ \vdots & \vdots & \vdots & & \vdots & \vdots & \vdots \\ 0 & 0 & 0 & \cdots & -1 & x & a_{n-2} \\ 0 & 0 & 0 & \cdots & 0 & -1 & x + a_{n-1} \end{pmatrix}$$

只有一个非常数的不变因子

$$d_n(x) = x^n + a_{n-1}x^{n-1} + \cdots + a_2x^2 + a_1x + a_0.$$

证明 由于 $\boldsymbol{A}(x)$ 左下角的 $n-1$ 阶子式等于 $(-1)^{n-1}$，因此

$$D_1(x) = \cdots = D_{n-1}(x) = 1.$$

因为 $\det \boldsymbol{A}(x) = x^n + a_{n-1}x^{n-1} + \cdots + a_2x^2 + a_1x + a_0$，所以

$$D_n(x) = x^n + a_{n-1}x^{n-1} + \cdots + a_2x^2 + a_1x + a_0.$$

由行列式因子与不变因子的关系知，$\boldsymbol{A}(x)$ 只有一个非常数的不变因子

$$d_n(x) = x^n + a_{n-1}x^{n-1} + \cdots + a_2x^2 + a_1x + a_0.$$

*35. 设 $\boldsymbol{A}$ 是数域 F 上的 n 阶数字方阵. 证明：x - 方阵 $x\boldsymbol{I}_n - \boldsymbol{A}$ 与 $x\boldsymbol{I}_n - \boldsymbol{A}^{\mathrm{T}}$ 具有相同的各阶行列式因子和不变因子.

证明 由于 $x\boldsymbol{I}_n - \boldsymbol{A}^{\mathrm{T}} = (x\boldsymbol{I}_n - \boldsymbol{A})^{\mathrm{T}}$，因此 $x\boldsymbol{I}_n - \boldsymbol{A}$ 与 $x\boldsymbol{I}_n - \boldsymbol{A}^{\mathrm{T}}$ 对应的各阶行列式因子相等. 再由行列式因子与不变因子的关系可知，$x\boldsymbol{I}_n - \boldsymbol{A}$ 与 $x\boldsymbol{I}_n - \boldsymbol{A}^{\mathrm{T}}$ 的不变因子相等.

*36. 求 3 阶 x - 方阵

$$\boldsymbol{A}(x) = \begin{pmatrix} x & -1 & 1 \\ -3 & x+2 & 0 \\ 1 & -1 & x+1 \end{pmatrix}$$

的不变因子.

解 由于 $\boldsymbol{A}(x)$ 有一个 2 阶子式 $\begin{vmatrix} x & 1 \\ -3 & 0 \end{vmatrix} = 3 \neq 0$，因此 $D_1(x) = D_2(x) = 1$. 而 $D_3(x) = \det A(x) = (x-1)(x^2+4x+2)$. 故 $\boldsymbol{A}(x)$ 的不变因子为 $d_1(x) = d_2(x) = 1$，$d_3(x) = (x-1)(x^2+4x+2)$.

*37. 设 $\boldsymbol{A}(x)$ 与 $\boldsymbol{B}(x)$ 都是 F 上的 n 阶 x - 方阵. 证明：若 $\boldsymbol{A}(x)$ 与 $\boldsymbol{B}(x)$ 是 x - 等价的，则 $\boldsymbol{A}(x)$ 与 $\boldsymbol{B}(x)$ 的行列式只相差一个非零常数因子.

证明 因 n 阶 x - 方阵 $\boldsymbol{A}(x)$ 与 $\boldsymbol{B}(x)$ 是 x - 等价的，故它们具有相同的秩 r.

若 $r<n$，则 $\det\boldsymbol{A}(x)=\det\boldsymbol{B}(x)=0$，结论成立.

若 $r=n$，则由 $\boldsymbol{A}(x)$ 与 $\boldsymbol{B}(x)$ 具有相同的 n 阶行列式因子 $D_n(x)$ 知，$\det\boldsymbol{A}(x)$ 和 $\det\boldsymbol{B}(x)$ 都是 $D_n(x)$ 的非零常数倍. 因此 $\det\boldsymbol{A}(x)$ 与 $\det\boldsymbol{B}(x)$ 只相差一个非零常数因子.

*38. 设 $\boldsymbol{A}(x)$ 是数域 F 上的 n 阶 x - 方阵，且其标准形是单位矩阵 $\boldsymbol{I}_n$. 证明：$\boldsymbol{A}(x)$ 是 可逆 x - 方阵.

证明 由于 n 阶 x - 方阵 $\boldsymbol{A}(x)$ 的标准形为 $\boldsymbol{I}_n$，因此通过 x - 矩阵的初等变换可把 $\boldsymbol{A}(x)$ 化为 $\boldsymbol{I}_n$. 于是存在 n 阶初等 x - 矩阵 $\boldsymbol{P}_1(x)$，$\boldsymbol{P}_2(x)$，$\cdots$，$\boldsymbol{P}_s(x)$，$\boldsymbol{Q}_1(x)$，$\boldsymbol{Q}_2(x)$，$\cdots$，$\boldsymbol{Q}_t(x)$，使得

$$\boldsymbol{P}_s(x)\boldsymbol{P}_{s-1}(x)\cdots\boldsymbol{P}_1(x)\boldsymbol{A}(x)\boldsymbol{Q}_1(x)\boldsymbol{Q}_2(x)\cdots\boldsymbol{Q}_t(x)=\boldsymbol{I}_n.$$

从而

$$\boldsymbol{A}(x)\boldsymbol{Q}_1(x)\boldsymbol{Q}_2(x)\cdots\boldsymbol{Q}_t(x)\boldsymbol{P}_s(x)\boldsymbol{P}_{s-1}(x)\cdots\boldsymbol{P}_1(x)=\boldsymbol{I}_n.$$

故 $\boldsymbol{A}(x)$ 是可逆 x - 方阵.

*39. 设 $\boldsymbol{A}$ 是 F 上的 n 阶数字方阵. 证明：$\boldsymbol{A}$ 与 $\boldsymbol{A}^{\mathrm{T}}$ 相似.

证明 见 § 4.8 “范例解析” 之例 2.

*40. 设 $\boldsymbol{U}(x)=\begin{pmatrix}3x-6 & x^2+5x+2 & x^3+2x\\ x^2+3 & x^3-4x+1 & x^2+5x-3\end{pmatrix}$ 是数域 F 上的 x - 矩阵，$\boldsymbol{B}=\begin{pmatrix}1 & -2\\ 0 & 1\end{pmatrix}$ 是 F 上的数字方阵. 试找出 F 上的 2 行 3 列的 x - 矩阵 $\boldsymbol{Q}(x)$，F 上的 2 行 3 列的数字矩阵 $\boldsymbol{U}_0$，使得 $\boldsymbol{U}(x)=(x\boldsymbol{I}_2-\boldsymbol{B})\boldsymbol{Q}(x)+\boldsymbol{U}_0$.

解 先将 $\boldsymbol{U}(x)$ 表示成以数字矩阵为“系数”的 x 的多项式

$$\begin{aligned}\boldsymbol{U}(x)&=\begin{pmatrix}0 & 0 & 1\\ 0 & 1 & 0\end{pmatrix}x^3+\begin{pmatrix}0 & 1 & 0\\ 1 & 0 & 1\end{pmatrix}x^2+\begin{pmatrix}3 & 5 & 2\\ 0 & -4 & 5\end{pmatrix}x+\begin{pmatrix}-6 & 2 & 0\\ 3 & 1 & -3\end{pmatrix}\\ &=\boldsymbol{D}_3x^3+\boldsymbol{D}_2x^2+\boldsymbol{D}_1x+\boldsymbol{D}_0.\end{aligned}$$

令 $\boldsymbol{Q}(x)=\boldsymbol{Q}_2x^2+\boldsymbol{Q}_1x+\boldsymbol{Q}_0$，则由 § 4.8 “释疑解难” 之 3 所给的算法，有

$$\boldsymbol{Q}_2=\boldsymbol{D}_3=\begin{pmatrix}0 & 0 & 1\\ 0 & 1 & 0\end{pmatrix},\ \boldsymbol{Q}_1=\boldsymbol{D}_2+\boldsymbol{B}\boldsymbol{Q}_2=\begin{pmatrix}0 & -1 & 1\\ 1 & 1 & 1\end{pmatrix},$$

$$\boldsymbol{Q}_0=\boldsymbol{D}_1+\boldsymbol{B}\boldsymbol{Q}_1=\begin{pmatrix}1 & 2 & 1\\ 1 & -3 & 6\end{pmatrix},\ \boldsymbol{U}_0=\boldsymbol{D}_0+\boldsymbol{B}\boldsymbol{Q}_0=\begin{pmatrix}-7 & 10 & -11\\ 4 & -2 & 3\end{pmatrix}.$$

从而 $\boldsymbol{Q}(x)=\begin{pmatrix}1 & -x+2 & x^2+x+1\\ x+1 & x^2+x-3 & x+6\end{pmatrix}$.

*41. 判断实数域上的两个 3 阶的数字方阵

$$\boldsymbol{A}=\begin{pmatrix}4&6&0\\-3&-5&0\\-3&-6&1\end{pmatrix} \text{ 与 } \boldsymbol{B}=\begin{pmatrix}1&0&0\\0&1&0\\-3&0&-2\end{pmatrix}$$

是否相似? 为什么?

解 由于对 $x\boldsymbol{I}_3-\boldsymbol{A}$ 与 $x\boldsymbol{I}_3-\boldsymbol{B}$ 施行 x - 矩阵的初等变换可把两者都化为同一个标准形

$$\boldsymbol{D}(x)=\begin{pmatrix}1&0&0\\0&x-1&0\\0&0&x^2+x-2\end{pmatrix},$$

因此 $x\boldsymbol{I}_3-\boldsymbol{A}$ 与 $x\boldsymbol{I}_3-\boldsymbol{B}$ 等价. 所以 $\boldsymbol{A}$ 与 $\boldsymbol{B}$ 相似.

*42. 设 $f(x)=x^3+3x^2-6x+2$，$\boldsymbol{A}=\begin{pmatrix}1&0&2\\0&-1&1\\0&1&0\end{pmatrix}$. 求 $f(\boldsymbol{A})$.

解 $f(\boldsymbol{A})=\begin{pmatrix}0&6&-2\\0&11&-7\\0&-7&4\end{pmatrix}$.

43. 设 $\boldsymbol{A}$ 是复数域上的 n 阶方阵，λ_1，λ_2，$\cdots$，λ_n 是 $\boldsymbol{A}$ 的全部特征根（重根按重数计算），$f(x)$ 是次数大于 0 的复系数多项式.

(1) 证明：$f(\lambda_1)$，$f(\lambda_2)$，$\cdots$，$f(\lambda_n)$ 是 $f(\boldsymbol{A})$ 的全部特征根；

(2) 证明：若 $\boldsymbol{\xi}$ 是 $\boldsymbol{A}$ 的属于特征根 λ_j 的特征向量，则 $\boldsymbol{\xi}$ 是 $f(\boldsymbol{A})$ 的属于特征根 $f(\lambda_j)$ 的特征向量，$j\in\{1，2，\cdots，n\}$；

(3) 试求出 $\boldsymbol{A}^m$ 和 $k\boldsymbol{A}$ 的全部特征根（m 是正整数，k 是任一复数）；

(4) 当 $\boldsymbol{A}$ 是可逆矩阵时，求出 $\boldsymbol{A}^{-1}$，A^* 的全部特征根.

证明 见 § 3.2 “范例解析”之例 1.

44. 设 $\boldsymbol{A}=\begin{pmatrix}1&a&b\\0&\omega&c\\0&0&\omega^2\end{pmatrix}$，其中 a，b，c 是任意复数，$\omega=\dfrac{-1+\sqrt{-3}}{2}$. 求 $\boldsymbol{A}^{100}$ 及 $\boldsymbol{A}^{-1}$.

解 因为 $\boldsymbol{A}$ 的特征多项式为

$$f_A(x)=\begin{vmatrix}x-1&-a&-b\\0&x-\omega&-c\\0&0&x-\omega^2\end{vmatrix}=(x-1)(x-\omega)(x-\omega^2)=x^3-1,$$

所以由哈密顿-凯莱定理知，$\boldsymbol{A}^3=\boldsymbol{I}_3$. 因此 $\boldsymbol{A}^{100}=(\boldsymbol{A}^3)^{33}\boldsymbol{A}=\boldsymbol{A}$，且

$$\boldsymbol{A}^{-1}=\boldsymbol{A}^2=\begin{pmatrix}1&a+a\omega&b+ac+b\omega^2\\0&\omega^2&c\omega+c\omega^2\\0&0&\omega\end{pmatrix}.$$

45. 设 $\boldsymbol{A}$ 是数域 F 上的一个 n 阶方阵. 证明: $\boldsymbol{A}$ 的最小多项式是 1 次的当且仅当 $\boldsymbol{A}$ 是一个数量矩阵.

证明 设 $\boldsymbol{A}$ 的最小多项式 $p_{\boldsymbol{A}}(x)$ 是一次的. 令 $p_{\boldsymbol{A}}(x) = x - a\ (a \in F)$, 则 $p_{\boldsymbol{A}}(\boldsymbol{A}) = \boldsymbol{A} - a\boldsymbol{I}_n$. 故 $\boldsymbol{A} = a\boldsymbol{I}_n$, 即 $\boldsymbol{A}$ 是一个数量矩阵.

反之,若 $\boldsymbol{A}$ 是数量矩阵,令 $\boldsymbol{A} = a\boldsymbol{I}_n\ (a \in F)$,则 $\boldsymbol{A}$ 的最小多项式 $p_{\boldsymbol{A}}(x) = x-a$.

46. 设 $\boldsymbol{A}_1$, $\boldsymbol{A}_2$ 分别是数域 F 上的 s 阶, t 阶方阵, 它们的最小多项式分别是 $p_1(x)$, $p_2(x)$. 证明: 如果 $p_1(x)$ 与 $p_2(x)$ 互素, 那么 $\begin{pmatrix} \boldsymbol{A}_1 & \boldsymbol{0} \\ \boldsymbol{0} & \boldsymbol{A}_2 \end{pmatrix}$ 的最小多项式是 $p_1(x)p_2(x)$. 推广之, 可得出什么结论?

证明 设 $p(x)$ 是 $\boldsymbol{A} = \begin{pmatrix} \boldsymbol{A}_1 & \boldsymbol{0} \\ \boldsymbol{0} & \boldsymbol{A}_2 \end{pmatrix}$ 的最小多项式. 由 $p(\boldsymbol{A}) = \boldsymbol{0}$ 知, $p(\boldsymbol{A}_1) = \boldsymbol{0}$, 且 $p(\boldsymbol{A}_2) = \boldsymbol{0}$. 于是 $p_1(x) \mid p(x)$, 且 $p_2(x) \mid p(x)$. 由于 $p_1(x)$ 与 $p_2(x)$ 互素, 因此 $p_1(x)p_2(x) \mid p(x)$. 又因为

$$p_1(\boldsymbol{A})p_2(\boldsymbol{A}) = \begin{pmatrix} p_1(\boldsymbol{A}_1) & \boldsymbol{0} \\ \boldsymbol{0} & p_1(\boldsymbol{A}_2) \end{pmatrix}\begin{pmatrix} p_2(\boldsymbol{A}_1) & \boldsymbol{0} \\ \boldsymbol{0} & p_2(\boldsymbol{A}_2) \end{pmatrix}$$

$$= \begin{pmatrix} \boldsymbol{0} & \boldsymbol{0} \\ \boldsymbol{0} & p_1(\boldsymbol{A}_2) \end{pmatrix}\begin{pmatrix} p_2(\boldsymbol{A}_1) & \boldsymbol{0} \\ \boldsymbol{0} & \boldsymbol{0} \end{pmatrix} = \boldsymbol{0},$$

所以 $p(x) \mid p_1(x)p_2(x)$. 故 $p(x) = p_1(x)p_2(x)$.

推广之可得以下结论:

设 $\boldsymbol{A}_1$, $\boldsymbol{A}_2$, $\cdots$, $\boldsymbol{A}_k$ 分别是数域 F 上的 n_1, n_2, $\cdots$, n_k 阶方阵, $\boldsymbol{A}_i$ 的最小多项式为 $p_i(x)\ (i = 1, 2, \cdots, k)$. 如果 $p_1(x)$, $p_2(x)$, $\cdots$, $p_k(x)$ 两两互素, 那么

$$\begin{pmatrix} \boldsymbol{A}_1 & \boldsymbol{0} & \cdots & \boldsymbol{0} \\ \boldsymbol{0} & \boldsymbol{A}_2 & \cdots & \boldsymbol{0} \\ \vdots & \vdots & & \vdots \\ \boldsymbol{0} & \boldsymbol{0} & \cdots & \boldsymbol{A}_k \end{pmatrix}$$

的最小多项式为 $p_1(x)p_2(x)\cdots p_k(x)$.

47. 设 $\boldsymbol{A}$ 是 F 上的一个 n 阶可逆方阵. 证明: 存在 $g(x) \in F[x]$, 使得 $\boldsymbol{A}^{-1} = g(\boldsymbol{A})$.

证明 见 § 4.9 "范例解析" 之例 2.

48. 设 $f(x) = x^{11} - 4x^{10} + 5x^9 - 2x^8 + x^7 - x^5 - 19x^4 + 28x^3 + 6x - 4$ 是有理系数多项式, $\boldsymbol{A} = \begin{pmatrix} -1 & 1 & 0 \\ -4 & 3 & 0 \\ 1 & 0 & 2 \end{pmatrix}$ 是有理数域上的 3 阶方阵. 求 $\boldsymbol{A}$ 的最小多项式和 $f(\boldsymbol{A})$.

解 因 $x\boldsymbol{I}_3 - \boldsymbol{A}$ 的第 3 个不变因子为 $(x-2)(x-1)^2$, 故 $\boldsymbol{A}$ 的最小多项式为

$$p_{\boldsymbol{A}}(x) = (x-2)(x-1)^2.$$

用 $p_{\boldsymbol{A}}(x)$ 除 $f(x)$, 得

$$f(x) = p_A(x)(x^8 + x^4 + 4x^3 + 10x^2 + 3x - 2) + (-3x^2 + 22x - 8).$$

因此

$$f(\boldsymbol{A}) = -3\boldsymbol{A}^2 + 22\boldsymbol{A} - 8\boldsymbol{I}_3 = \begin{pmatrix} -21 & 16 & 0 \\ -64 & 43 & 0 \\ 19 & -3 & 24 \end{pmatrix}.$$

补充题解答

1．设 $f_0(x)$，$f_1(x)$，$\cdots$，$f_{n-1}(x)$ 是数域 F 上的多项式，并且在 F 上，$x^n - a$ 整除 $\sum\limits_{i=0}^{n-1} f_i(x^n)x^i$．证明：$x-a$ 整除 $f_i(x)$，$i=0, 1, 2, \cdots, n-1$．

证明 设 $f_i(x) = (x-a)q_i(x) + r_i$，$i = 0, 1, 2, \cdots, n-1$，则

$$\sum_{i=0}^{n-1} f_i(x^n)x^i = (x^n - a)\sum_{i=0}^{n-1} q_i(x^n)x^i + \sum_{i=0}^{n-1} r_i x^i.$$

因此 $x^n - a \mid \sum\limits_{i=0}^{n-1} r_i x^i$．于是 $\sum\limits_{i=0}^{n-1} r_i x^i = 0$，即 $r_i = 0$，$i = 0, 1, 2, \cdots, n-1$．从而 $x - a \mid f_i(x)$，$i = 0, 1, 2, \cdots, n-1$．

2．设 $f(x)$ 是数域 F 上的多项式，并且在 F 上，$x-a$ 整除 $f(x^n)$，$a \neq 0$．证明：$x^n - a^n$ 整除 $f(x^n)$．

证明 令 $\omega = \cos\dfrac{2\pi}{n} + \mathrm{i}\sin\dfrac{2\pi}{n}$．由于 $x-a$ 整除 $f(x^n)$，因此 $f(a^n) = 0$，$f((a\omega^k)^n) = f(a^n) = 0$，$k = 0, 1, \cdots, n-1$．于是 a，$a\omega$，$a\omega^2$，$\cdots$，$a\omega^{n-1}$ 都是 $f(x^n)$ 的根．从而 $x-a$，$x-a\omega$，$x-a\omega^2$，$\cdots$，$x-a\omega^{n-1}$ 都整除多项式 $f(x^n)$．由 $x-a$，$x-a\omega$，$x-a\omega^2$，$\cdots$，$x-a\omega^{n-1}$ 两两互素知，

$$(x-a)(x-a\omega)(x-a\omega^2)\cdots(x-a\omega^{n-1}) \mid f(x^n),$$

即 $x^n - a^n \mid f(x^n)$．

3．设 $f_1(x) = af(x) + bg(x), g_1(x) = cf(x) + dg(x)$，且 $ad - bc \neq 0$．证明：$(f(x), g(x)) = (f_1(x), g_1(x))$．推广之，又可得什么结论？

证明 令 $\boldsymbol{A} = \begin{pmatrix} a & b \\ c & d \end{pmatrix}$，则 $\boldsymbol{A}$ 可逆．设 $\boldsymbol{A}^{-1} = \begin{pmatrix} a_1 & b_1 \\ c_1 & d_1 \end{pmatrix}$．于是

$$\begin{pmatrix} f_1(x) \\ g_1(x) \end{pmatrix} = \begin{pmatrix} a & b \\ c & d \end{pmatrix}\begin{pmatrix} f(x) \\ g(x) \end{pmatrix}, \quad \begin{pmatrix} f(x) \\ g(x) \end{pmatrix} = \begin{pmatrix} a_1 & b_1 \\ c_1 & d_1 \end{pmatrix}\begin{pmatrix} f_1(x) \\ g_1(x) \end{pmatrix}.$$

从而 $f(x) = a_1 f_1(x) + b_1 g_1(x)$，$g(x) = c_1 f_1(x) + d_1 g_1(x)$．因此 $h(x)$ 是 $f(x)$ 与 $g(x)$ 的公因式当且仅当 $h(x)$ 是 $f_1(x)$ 与 $g_1(x)$ 的公因式．故 $(f(x), g(x)) = (f_1(x), g_1(x))$．

推广之可得以下结论：

设 $f_i(x)$，$g_i(x)\in F[x]$，$f_i(x)=\sum\limits_{j=1}^{n}a_{ij}g_j(x)$，$i=1$，2，$\cdots$，$n$. 若 F 上的 n 阶方阵 $\boldsymbol{A}=(a_{ij})_{n\times n}$ 可逆，则 $(f_1(x)$，$f_2(x)$，$\cdots$，$f_n(x))=(g_1(x)$，$g_2(x)$，$\cdots$，$g_n(x))$.

4. 设 n，m 是正整数，且 $n>m$. 证明：$f(x)=x^n+ax^{n-m}+b$ 不能有不为零的重数大于 2 的根.

证明 由已知，得

$$f'(x)=x^{n-m-1}[nx^m+(n-m)a].$$

当 $a=0$ 时，结论显然成立. 当 $a\neq 0$ 时，$f'(x)$ 的非零根都是 $nx^m+(n-m)a$ 的根，而 $nx^m+(n-m)a$ 的根只能是单根. 因此 $f(x)$ 的非零根的重数不会大于 2.

5. 证明：在数域 F 上，如果 $f'(x)\mid f(x)$，且 $n=\deg f(x)\geqslant 1$，那么 $f(x)$ 有 n 重根.

证明 设 $f(x)=ap_1(x)^{k_1}p_2(x)^{k_2}\cdots p_t(x)^{k_t}$，其中 $p_1(x)$，$p_2(x)$，$\cdots$，$p_t(x)$ 是 F 上最高次项系数为 1 的两两不同的不可约多项式，$a\neq 0$. 因 $f'(x)\mid f(x)$，故

$$(f'(x),\ f(x))=bf'(x)=p_1(x)^{k_1-1}p_2(x)^{k_2-1}\cdots p_t(x)^{k_t-1}, b\neq 0.$$

由于用 $f'(x)$ 除 $f(x)$ 所得的商式为 $abp_1(x)p_2(x)\cdots p_t(x)$，且为一次多项式，因此 $t=1$，$k_1=n$. 故 $f(x)=a(x-c)^n$，即 $f(x)$ 有 n 重根.

6. 设 $f_1(x)$，$f_2(x)$，$\cdots$，$f_s(x)$ 都是实数域上的多项式. 证明：存在实系数多项式 $f(x)$ 和 $g(x)$，使得 $\sum\limits_{i=1}^{s}f_i^2(x)=f^2(x)+g^2(x)$.

证明 若 $\sum\limits_{i=1}^{s}f_i^2(x)$ 有实根 α_1，易证存在实系数多项式 $f_{11}(x)$，$f_{12}(x)$，$\cdots$，$f_{1s}(x)$，使得

$$\sum_{i=1}^{s}f_i^2(x)=(x-\alpha_1)^2\sum_{i=1}^{s}f_{1i}^2(x).$$

同理，对实系数多项式 $\sum\limits_{i=1}^{s}f_{1i}^2(x)$ 可得实数 α_1，α_2，$\cdots$，α_r 及实系数多项式 $f_{r1}(x)$，$f_{r2}(x)$，$\cdots$，$f_{rs}(x)$，使得

$$\sum_{i=1}^{s}f_i^2(x)=(x-\alpha_1)^2(x-\alpha_2)^2\cdots(x-\alpha_r)^2\sum_{i=1}^{s}f_{ri}^2(x),$$

这里 $\sum\limits_{i=1}^{s}f_{ri}^2(x)$ 无实根. 因此存在非实复数 β_1，β_2，$\cdots$，β_t，使得

$$\begin{aligned}\sum_{i=1}^{s}f_{ri}^2(x)&=(x-\beta_1)(x-\beta_2)\cdots(x-\beta_t)(x-\overline{\beta}_1)(x-\overline{\beta}_2)\cdots(x-\overline{\beta}_t)\\&=[u(x)+\sqrt{-1}v(x)][u(x)-\sqrt{-1}v(x)]=u(x)^2+v(x)^2,\end{aligned}$$

其中 $u(x)$，$v(x)$ 是实系数多项式. 令

$$f(x)=u(x)\prod_{j=1}^{r}(x-\alpha_j),\ g(x)=v(x)\prod_{j=1}^{r}(x-\alpha_j),$$

即得结论.

7. 设 $\boldsymbol{A}$ 是秩为 r 的 n 阶矩阵. 证明: $\boldsymbol{A}$ 至少有 $n-r$ 个等于 0 的特征根.

证明 由于 $\boldsymbol{A}$ 的阶数大于 r 的主子式(如果存在的话)全为 0, 因此由定理 4.42 知, $\boldsymbol{A}$ 的特征多项式 $f_{\boldsymbol{A}}(x)$ 的最低幂次为 $n-r$. 从而 $x^{n-r}\mid f_{\boldsymbol{A}}(x)$. 于是 $\boldsymbol{A}$ 至少有 $n-r$ 个等于 0 的特征根(重根按重数计算).

8. 设 $\boldsymbol{A}$ 是 n 阶实对称矩阵. 证明: $\boldsymbol{A}$ 是半正定矩阵的充要条件是 $\boldsymbol{A}$ 的所有主子式是非负数.

证明 必要性 设 $\boldsymbol{A}$ 是半正定矩阵. 记 $\boldsymbol{A}$ 的第 i_1, i_2, $\cdots$, i_k 行与第 i_1, i_2, $\cdots$, i_k 列相交处的元素按原来位置构成的 k 阶方阵为

$$\boldsymbol{A}\begin{pmatrix} i_1 & i_2 & \cdots & i_k \\ i_1 & i_2 & \cdots & i_k \end{pmatrix}.$$

任取 k 个不全为零的实数 c_1, c_2, $\cdots$, c_k, 记 $\boldsymbol{\alpha}=(c_1, c_2, \cdots, c_k)$. 构造一个实 n 维向量 $\boldsymbol{\beta}=(d_1, d_2, \cdots, d_n)$, 其中 $d_{i_1}=c_1$, $d_{i_2}=c_2$, $\cdots$, $d_{i_k}=c_k$, 其余的 $d_j=0\,(1\leqslant j\leqslant n,\ j\neq i_1, i_2, \cdots, i_k)$, 则

$$\boldsymbol{\alpha A}\begin{pmatrix} i_1 & i_2 & \cdots & i_k \\ i_1 & i_2 & \cdots & i_k \end{pmatrix}\boldsymbol{\alpha}^{\mathrm{T}}=\boldsymbol{\beta A\beta}^{\mathrm{T}}\geqslant 0.$$

因此 k 阶实对称方阵

$$\boldsymbol{A}\begin{pmatrix} i_1 & i_2 & \cdots & i_k \\ i_1 & i_2 & \cdots & i_k \end{pmatrix}$$

是半正定的. 由"习题三解答"第 32 题知,

$$\det \boldsymbol{A}\begin{pmatrix} i_1 & i_2 & \cdots & i_k \\ i_1 & i_2 & \cdots & i_k \end{pmatrix}\geqslant 0.$$

这说明 $\boldsymbol{A}$ 的所有主子式是非负数.

充分性 设 $\boldsymbol{A}$ 的所有主子式是非负数.

先证对任意一个正实数 r 来说, $r\boldsymbol{I}_n+\boldsymbol{A}$ 是正定矩阵.

对任意 $k\in\{1, 2, \cdots, n\}$, 令 $\boldsymbol{A}_k$ 是位于 $\boldsymbol{A}$ 的前 k 行前 k 列交叉处的元素按原来位置构成的 k 阶子方阵, 则 $r\boldsymbol{I}_n+\boldsymbol{A}$ 的前 k行前 k 列交叉处的元素按照原来的位置构成的 k 阶子式为

$$\det(r\boldsymbol{I}_k+\boldsymbol{A}_k)=r^k+c_1r^{k-1}+\cdots+c_{k-1}r+c_k,$$

其中 c_i 是 $\boldsymbol{A}_k$ 的全体 i 阶主子式之和 $(i=1, 2, \cdots, k)$. 故 $c_i\geqslant 0$. 因此对正实数 r 来说, $\det(r\boldsymbol{I}_k+\boldsymbol{A}_k)>0$. 由定理 3.27 知, $r\boldsymbol{I}_n+\boldsymbol{A}$ 是正定矩阵.

再证 $\boldsymbol{A}$ 是半正定的.

假设 $\boldsymbol{A}$ 不是半正定矩阵, 那么存在一个非零实 n 维列向量 $\boldsymbol{\alpha}$, 使得 $\boldsymbol{\alpha}^{\mathrm{T}}\boldsymbol{A\alpha}<0$. 令 $\boldsymbol{\alpha}^{\mathrm{T}}\boldsymbol{A\alpha}=-b$, 其中 $b>0$. 取 $r=\dfrac{b}{\boldsymbol{\alpha}^{\mathrm{T}}\boldsymbol{\alpha}}>0$, 则 $\boldsymbol{\alpha}^{\mathrm{T}}(r\boldsymbol{I}_n+\boldsymbol{A})\boldsymbol{\alpha}=b-b=0$. 这与

$r\boldsymbol{I}_n + \boldsymbol{A}$ 是正定矩阵矛盾.

9. 设 $\boldsymbol{A}$ 是非零的半正定矩阵. 证明: $\boldsymbol{A}$ 的主对角线的元素不全为零.

证明 令 $\boldsymbol{A} = (a_{ij})_{n\times n}$. 假设 $\boldsymbol{A}$ 的主对角线的元素全为 0, 则由 $\boldsymbol{A}$ 是非零矩阵知, $\boldsymbol{A}$ 中有非零元 $a_{st} \neq 0$, 不妨设 $s < t$, 显然 $\boldsymbol{A}$ 的 2 阶主子式

$$\begin{vmatrix} a_{ss} & a_{st} \\ a_{ts} & a_{tt} \end{vmatrix} = \begin{vmatrix} 0 & a_{st} \\ a_{st} & 0 \end{vmatrix} = -a_{st}^2 < 0.$$

这与 $\boldsymbol{A}$ 是半正定矩阵的题设矛盾.

10. 设 $\boldsymbol{G}$ 是数域 F 上的 n 阶数字方阵, $h(x) = \det(x\boldsymbol{I}_n + \boldsymbol{G})$. 证明:

(1) $h(x)$ 是 F 上的关于 x 的 n 次多项式, 最高次项的系数为 1, l 次项的系数等于 $\boldsymbol{G}$ 的全体 $n-l$ 阶主子式之和, $l = 0, 1, 2, \cdots, n-1$;

(2) $\det(\boldsymbol{I}_n + \boldsymbol{G}) = 1 + c_1 + c_2 + \cdots + c_{n-1} + c_n$, 其中 c_i 是 $\boldsymbol{G}$ 的全体 i 阶主子式之和, $i = 1, 2, \cdots, n$.

证明 (1) 因 $h(x)$ 是 $-\boldsymbol{G}$ 的特征多项式, 故 $h(x)$ 是 F 上的关于 x 的 n 次多项式, 最高次项系数为 1. 由定理 4.42 知, $h(x)$ 的 l 次项系数等于 $-\boldsymbol{G}$ 的全体 $n-l$ 阶主子式之和的 $(-1)^{n-l}$ 倍. 因此 $h(x)$ 的 l 次项的系数等于 $\boldsymbol{G}$ 的全体 $n-l$ 阶主子式之和, $l = 0, 1, 2, \cdots, n-1$.

(2) 由 (1) 知,

$$h(x) = \det(x\boldsymbol{I}_n + \boldsymbol{G}) = x^n + c_1x^{n-1} + c_2x^{n-2} + \cdots + c_{n-1}x + c_n,$$

其中 c_i 是 $\boldsymbol{G}$ 的全体 i 阶主子式之和, $i = 1, 2, \cdots, n$. 因此

$$\det(\boldsymbol{I}_n + \boldsymbol{G}) = h(1) = 1 + c_1 + c_2 + \cdots + c_{n-1} + c_n.$$

11. 设 $\boldsymbol{A}$ 是 n 阶正定矩阵, $\boldsymbol{B}$ 是 n 阶非零半正定矩阵 (或正定矩阵). 证明: $\det(\boldsymbol{A} + \boldsymbol{B}) > \det\boldsymbol{A} + \det\boldsymbol{B}$.

证明 因为 n 阶实对称矩阵 $\boldsymbol{A}$ 正定, 所以 $\boldsymbol{A}$ 的正惯性指数为 n. 因此存在 n 阶实可逆阵 $\boldsymbol{P}$, 使得 $\boldsymbol{P}^{\mathrm{T}}\boldsymbol{A}\boldsymbol{P} = \boldsymbol{I}_n$. 由上题结论知,

$$\det[\boldsymbol{P}^{\mathrm{T}}(\boldsymbol{A} + \boldsymbol{B})\boldsymbol{P}] = \det(\boldsymbol{I}_n + \boldsymbol{P}^{\mathrm{T}}\boldsymbol{B}\boldsymbol{P}) = 1 + c_1 + c_2 + \cdots + c_{n-1} + c_n,$$

其中 c_i 是 $\boldsymbol{P}^{\mathrm{T}}\boldsymbol{B}\boldsymbol{P}$ 的全体 i 阶主子式之和, $i = 1, 2, \cdots, n$.

由 $\boldsymbol{B}$ 是非零半正定知, $\boldsymbol{P}^{\mathrm{T}}\boldsymbol{B}\boldsymbol{P}$ 是非零半正定. 由本章"补充题解答"第 9 题知, $\boldsymbol{P}^{\mathrm{T}}\boldsymbol{B}\boldsymbol{P}$ 的主对角线的元素不全为 0, $c_1 = \mathrm{Tr}(\boldsymbol{P}^{T}\boldsymbol{B}\boldsymbol{P}) > 0$, 同时 $c_2, \cdots, c_{n-1}, c_n \geqslant 0$. 因此

$$\det\boldsymbol{P}^{\mathrm{T}}\det(\boldsymbol{A} + \boldsymbol{B})\det\boldsymbol{P} > 1 + c_n = 1 + \det(\boldsymbol{P}^{\mathrm{T}}\boldsymbol{B}\boldsymbol{P}),$$

即

$$(\det\boldsymbol{P})^2\det(\boldsymbol{A} + \boldsymbol{B}) > \det(\boldsymbol{P}^{\mathrm{T}}\boldsymbol{A}\boldsymbol{P}) + \det(\boldsymbol{P}^{\mathrm{T}}\boldsymbol{B}\boldsymbol{P}) = (\det\boldsymbol{P})^2(\det\boldsymbol{A} + \det\boldsymbol{B}).$$

两端消去正实数 $(\det\boldsymbol{P})^2$, 得 $\det(\boldsymbol{A} + \boldsymbol{B}) > \det\boldsymbol{A} + \det\boldsymbol{B}$.

12. 设 $\boldsymbol{B} = (b_{ij})_{n\times n}$ 是 n 阶实方阵 (未必对称). 证明: 如果对任意不全为零的实数 $c_1, c_2, \cdots, c_n$, 都有

$$(c_1,\ c_2,\ \cdots,\ c_n)\boldsymbol{B}\begin{pmatrix} c_1 \\ c_2 \\ \vdots \\ c_n \end{pmatrix} = \sum_{i=1}^{n}\sum_{j=1}^{n} b_{ij}c_ic_j$$

是正数，那么 $\det \boldsymbol{B} > 0$.

证明 设 $\boldsymbol{B}$ 的属于特征根 $\lambda = a + b\sqrt{-1}$ 的特征向量为 $\boldsymbol{\alpha} = \boldsymbol{\beta} + \sqrt{-1}\,\boldsymbol{\gamma}$，其中 a，b 为实数，$\boldsymbol{\beta}$，$\boldsymbol{\gamma}$ 为实 n 维列向量，即

$$\boldsymbol{B}(\boldsymbol{\beta} + \sqrt{-1}\boldsymbol{\gamma}) = (a + b\sqrt{-1})(\boldsymbol{\beta} + \sqrt{-1}\boldsymbol{\gamma}).$$

因此 $\boldsymbol{B\beta} = a\boldsymbol{\beta} - b\boldsymbol{\gamma}$，$\boldsymbol{B\gamma} = b\boldsymbol{\beta} + a\boldsymbol{\gamma}$. 于是 $\boldsymbol{\beta}^{\mathrm{T}}\boldsymbol{B\beta} + \boldsymbol{\gamma}^{\mathrm{T}}\boldsymbol{B\gamma} = a(\boldsymbol{\beta}^{\mathrm{T}}\boldsymbol{\beta} + \boldsymbol{\gamma}^{\mathrm{T}}\boldsymbol{\gamma})$. 由条件知，$\boldsymbol{\beta}^{\mathrm{T}}\boldsymbol{B\beta} + \boldsymbol{\gamma}^{\mathrm{T}}\boldsymbol{B\gamma} > 0$. 从而 $a(\boldsymbol{\beta}^{\mathrm{T}}\boldsymbol{\beta} + \boldsymbol{\gamma}^{\mathrm{T}}\boldsymbol{\gamma}) > 0$. 故 $a > 0$. 这说明 $\boldsymbol{B}$ 的任意一个特征根的实部大于 0. 于是 $\boldsymbol{B}$ 的实特征根是正根. 由于 $\boldsymbol{B}$ 的非实的复特征根是共轭成对出现的，且一对互为共轭的非实复数之积是正实数，因此由 $\det \boldsymbol{B}$ 等于 $\boldsymbol{B}$ 的全部特征根之积，得 $\det \boldsymbol{B} > 0$.

13. 设 $\boldsymbol{A}$ 是 n 阶正定矩阵，$\boldsymbol{S}$ 是 n 阶非零实斜对称矩阵. 证明：$\det(\boldsymbol{A}+\boldsymbol{S}) > 0$.

证明 对任意不全为零的 n 个实数 $c_1,\ c_2,\ \cdots,\ c_n$，记 $\boldsymbol{\alpha} = (c_1,\ c_2,\ \cdots,\ c_n)$. 则 $\boldsymbol{\alpha}(\boldsymbol{A} + \boldsymbol{S})\boldsymbol{\alpha}^{\mathrm{T}} = \boldsymbol{\alpha A \alpha}^{\mathrm{T}} + \boldsymbol{\alpha S \alpha}^{\mathrm{T}} = \boldsymbol{\alpha A \alpha}^{\mathrm{T}} > 0$. 故由上题知，$\det(\boldsymbol{A} + \boldsymbol{S}) > 0$.

14. 设 n 阶实方阵 $\boldsymbol{A}$ 的特征根全是实数，且 $\boldsymbol{A}$ 的所有 1 阶主子式之和、$\boldsymbol{A}$ 的所有 2 阶主子式之和全为零. 证明：$\boldsymbol{A}^n = \boldsymbol{0}$.

证明 设 $\boldsymbol{A}$ 的全部特征根为 $\lambda_1,\ \lambda_2,\ \cdots,\ \lambda_n$（重根按重数计算），则由题设条件及定理 4.43 的推论 1 知，$\lambda_1 + \lambda_2 + \cdots + \lambda_n = 0$，$\lambda_1\lambda_2 + \lambda_1\lambda_3 + \cdots + \lambda_{n-1}\lambda_n = 0$. 因此

$$\sum_{i=1}^{n}\lambda_i^2 = \left(\sum_{i=1}^{n}\lambda_i\right)^2 - 2\sum_{1\leqslant i<j\leqslant n}\lambda_i\lambda_j = 0.$$

于是 $\lambda_1 = \lambda_2 = \cdots = \lambda_n = 0$. 从而 $f_{\boldsymbol{A}}(x) = x^n$. 由哈密顿-凯莱定理，得 $\boldsymbol{A}^n = \boldsymbol{0}$.

第五章　向量空间

有些线性方程组存在无穷多个解，为研究这些解之间的关系，或者说为了讨论线性方程组解的结构，还需要向量空间的理论．向量空间是一个抽象的也是最基本的数学概念，它具体地展示了代数的高度抽象性和应用的广泛性．本章主要讨论向量空间的定义，向量的线性相关性以及向量空间的基和维数等．

§5.1　向量空间的定义

本节介绍向量空间的定义，并讨论它的一些基本性质．

一、主要内容

1．向量空间的定义

定义 5.1　设 V 是一个非空集合，F 是一个数域．我们把 V 中的元素用小写希腊字母 $\boldsymbol{\alpha}$，$\boldsymbol{\beta}$，$\boldsymbol{\gamma}$，$\cdots$ 来表示，把 F 中的元素用 a，b，c，$\cdots$ 来表示．如果下列条件被满足，那么就称 V 是数域 F 上的一个向量空间：

1° V 有一种加法运算，即对 V 中任意两个元素 $\boldsymbol{\alpha}$ 和 $\boldsymbol{\beta}$，在 V 中有唯一确定的元素与之对应，称为 $\boldsymbol{\alpha}$ 与 $\boldsymbol{\beta}$ 的和，记作 $\boldsymbol{\alpha}+\boldsymbol{\beta}$.

2° 有一个 F 中元素与 V 中元素的乘法运算，即对 F 中的任意数 a 和 V 中的任意元素 $\boldsymbol{\alpha}$，在 V 中有一个唯一确定的元素与之对应，称为 a 和 $\boldsymbol{\alpha}$ 的数量积，记作 $a\boldsymbol{\alpha}$.

3° 上述加法和数乘运算满足下列运算律：

1) $\boldsymbol{\alpha}+\boldsymbol{\beta}=\boldsymbol{\beta}+\boldsymbol{\alpha}$;

2) $(\boldsymbol{\alpha}+\boldsymbol{\beta})+\boldsymbol{\gamma}=\boldsymbol{\alpha}+(\boldsymbol{\beta}+\boldsymbol{\gamma})$;

3) 在 V 中存在一个元素 $\boldsymbol{\theta}$，使得对任意 $\boldsymbol{\alpha}\in V$，都有 $\boldsymbol{\alpha}+\boldsymbol{\theta}=\boldsymbol{\alpha}$（具有这种性质的元素 $\boldsymbol{\theta}$ 称为 V 的零元素）;

4) 对 V 中的每个元素 $\boldsymbol{\alpha}$，都存在 $\boldsymbol{\beta}\in V$，使得 $\boldsymbol{\alpha}+\boldsymbol{\beta}=\boldsymbol{\theta}$（具有这种性质的元素 $\boldsymbol{\beta}$ 称为 $\boldsymbol{\alpha}$ 的负元素）;

5) $a(\boldsymbol{\alpha}+\boldsymbol{\beta})=a\boldsymbol{\alpha}+a\boldsymbol{\beta}$;

6) $(a+b)\boldsymbol{\alpha}=a\boldsymbol{\alpha}+b\boldsymbol{\alpha}$;

7) $a(b\boldsymbol{\alpha})=(ab)\boldsymbol{\alpha}$;

8) $1\boldsymbol{\alpha}=\boldsymbol{\alpha}$.

这里 $\boldsymbol{\alpha}$，$\boldsymbol{\beta}$，$\boldsymbol{\gamma}$ 是 V 中的任意元素，a，b 是 F 中的任意数.

通常把向量空间 V 中的元素叫作向量. 数域 F 称为向量空间 V 的基础域或系数域，把数域 F 中的元素叫作数量（或标量）. 向量空间 V 中的零元素叫作 V 的零向量，V 中向量 $\boldsymbol{\alpha}$ 的负元素叫作 $\boldsymbol{\alpha}$ 的负向量. 在定义 5.1 里，条件 1° 中给出的运算叫作向量的加法，条件 2° 中给出的运算叫作数量（或标量）与向量的乘法，或简称为数量乘法.

2. 向量空间的简单性质

性质 5.1 零向量是唯一的.

将向量空间 V 中唯一的零向量记作 $\boldsymbol{0}$.

性质 5.2 向量空间 V 中每个向量 $\boldsymbol{\alpha}$ 的负向量是唯一的.

向量 $\boldsymbol{\alpha}$ 的负向量记作 $-\boldsymbol{\alpha}$. 利用负向量，定义向量的减法为

$$\boldsymbol{\alpha}-\boldsymbol{\beta}=\boldsymbol{\alpha}+(-\boldsymbol{\beta}).$$

性质 5.3 对数域 F 上向量空间 V 中的任意向量 $\boldsymbol{\alpha}$，F 中任意数 k，有

$$0\boldsymbol{\alpha}=\boldsymbol{0}，k\boldsymbol{0}=\boldsymbol{0}，(-1)\boldsymbol{\alpha}=-\boldsymbol{\alpha}.$$

性质 5.4 若 $k\boldsymbol{\alpha}=\boldsymbol{0}$，则 $k=0$，或 $\boldsymbol{\alpha}=\boldsymbol{0}$.

二、释疑解难

1. 关于向量空间

(1) 向量空间也叫线性空间，定义 5.1 是公理化的定义方式. 但是条件 3° 中的 1) “加法适合交换律”这一条不满足独立性，可由其他条件得到，而其他各条均独立. 事实上，对数域 F 上向量空间 V 中的任意向量 $\boldsymbol{\alpha}$，$\boldsymbol{\beta}$，一方面，

$$\begin{aligned}2(\boldsymbol{\alpha}+\boldsymbol{\beta})&=2\boldsymbol{\alpha}+2\boldsymbol{\beta}=(1+1)\boldsymbol{\alpha}+(1+1)\boldsymbol{\beta}=(1\boldsymbol{\alpha}+1\boldsymbol{\alpha})+(1\boldsymbol{\beta}+1\boldsymbol{\beta})\\&=(\boldsymbol{\alpha}+\boldsymbol{\alpha})+(\boldsymbol{\beta}+\boldsymbol{\beta})=\boldsymbol{\alpha}+(\boldsymbol{\alpha}+\boldsymbol{\beta})+\boldsymbol{\beta}.\end{aligned}$$

另一方面，

$$\begin{aligned}2(\boldsymbol{\alpha}+\boldsymbol{\beta})&=(1+1)(\boldsymbol{\alpha}+\boldsymbol{\beta})=1(\boldsymbol{\alpha}+\boldsymbol{\beta})+1(\boldsymbol{\alpha}+\boldsymbol{\beta})\\&=(\boldsymbol{\alpha}+\boldsymbol{\beta})+(\boldsymbol{\alpha}+\boldsymbol{\beta})=\boldsymbol{\alpha}+(\boldsymbol{\beta}+\boldsymbol{\alpha})+\boldsymbol{\beta}.\end{aligned}$$

于是 $\boldsymbol{\alpha}+(\boldsymbol{\alpha}+\boldsymbol{\beta})+\boldsymbol{\beta}=\boldsymbol{\alpha}+(\boldsymbol{\beta}+\boldsymbol{\alpha})+\boldsymbol{\beta}$. 从而 $\boldsymbol{\alpha}+\boldsymbol{\beta}=\boldsymbol{\beta}+\boldsymbol{\alpha}$.

(2) 对于给定的非空集合 V 及数域 F，V 是否是 F 上的向量空间依赖于所规定的运算，当然 V 关于不同的运算构成 F 上的向量空间是不同的. 因此准确地应该说：V 对于“ + ”和“ · ”是（或不是）F 上的一个向量空间，但是通常为方便起见，在运算确定之后，就可简称 V 是（或不是）数域 F 上的向量空间.

(3) 向量空间的几何背景是通常解析几何里的平面 V_2 和空间 V_3，因此可通过解析几何的内容来帮助理解向量空间的一些抽象概念与相关内容.

2. 关于验证非空集合 V 对于给定的运算是否是数域 F 上的向量空间

当验证一个非空集合 V 对给定的运算是 F 上的向量空间时，需要按定义 5.1 逐条检验，而当验证 V 对给定的运算不是 F 上的向量空间时，只需指出不符合定义 5.1 中的某一个条件，并且只要通过具体的例子说明即可.

三、范例解析

例 1 设 $\overline{F}$，F 是两个数域，且 $F \subseteq \overline{F}$，则对于数的普通加法和普通乘法运算，$\overline{F}$ 是 F 上的一个向量空间，但 F 一般不是 $\overline{F}$ 上的向量空间.

证明 因为两个 $\overline{F}$ 中的数的和还是 $\overline{F}$ 中的数，一个 F 中的数与一个 $\overline{F}$ 中的数的乘积还是 $\overline{F}$ 中的数，并且定义 5.1 条件 3° 中的运算律 1) ~ 8) 都成立，所以对于数的普通加法和普通乘法运算，$\overline{F}$ 是 F 上的一个向量空间. 但是当 $F \neq \overline{F}$ 时，一个 $\overline{F}$ 中的数与一个 F 中的数的乘积不一定是 F 中的数，因此当 $F \neq \overline{F}$ 时，F 不是 $\overline{F}$ 上的向量空间.

例 2 设 $V = \{(a, b) \mid a, b \in \mathbf{R}\}$，$F = \mathbf{R}$. 检验对下列所规定的 $\oplus$，$\odot$ 来说，集合 V 是否构成数域 F 上的向量空间？

(1) $(a_1, b_1) \oplus (a_2, b_2) = \left(a_1a_2, \dfrac{b_1}{b_2}\right)$，$k \odot (a, b) = (0, 0)$；

(2) $(a_1, b_1) \oplus (a_2, b_2) = (a_1 - a_2, b_1 - b_2)$，$k \odot (a, b) = (ka, kb)$；

(3) $(a_1, b_1) \oplus (a_2, b_2) = (a_1 + a_2, b_1b_2)$，$k \odot (a, b) = (ka, kb)$.

解 (1) 由于向量 $(1, 1)$，$(1, 0) \in V$，但是 $(1, 1)\oplus(1, 0) = \left(1, \dfrac{1}{0}\right)$ 无意义，因此 $\oplus$ 不是 V 的加法运算. 于是 V 不是 F 上的向量空间.

(2) 容易验证 $\oplus$ 不满足定义 5.1 条件 3° 中的运算律 1)，故 V 不是 F 上的向量空间.

(3) 容易验证 $\oplus$，$\odot$ 是 V 的运算，且 $\boldsymbol{\theta} = (0, 1)$ 是 V 的零向量，但是不满足定义 5.1 条件 3° 中的运算律 4). 例如，$(1, 0)$ 没有负向量. 因此 V 不是 F 上的向量空间.

例 3 设 V 是数域 F 上全体 $n\,(n > 1)$ 阶方阵的集合，则 V 对于以下规定的运算不是 F 上的向量空间.

(1) 数与矩阵的乘法运算是普通的数乘，加法运算规定为：$\boldsymbol{A} \oplus \boldsymbol{B} = \boldsymbol{A}^{\mathrm{T}} + \boldsymbol{B}^{\mathrm{T}}$；

(2) 加法是矩阵的普通加法，数乘运算规定为：$k \odot \boldsymbol{A}$，是用 k 乘以 $\boldsymbol{A}$ 的主对角线上所有元素，其余元素保持不动.

证明 (1) 方法一　这是因为，定义 5.1 条件 3° 中的运算律 3) 不满足，即 V 中没有零向量.

事实上，对任意 $\boldsymbol{A} \in V$，要找使得 $\boldsymbol{A} \oplus \boldsymbol{B} = \boldsymbol{A}^{\mathrm{T}} + \boldsymbol{B}^{\mathrm{T}} = \boldsymbol{A}$ 的矩阵 $\boldsymbol{B} \in V$，则必有 $\boldsymbol{B} = \boldsymbol{A}^{\mathrm{T}} - \boldsymbol{A}$. 因此具有这种性质的 $\boldsymbol{B}$ 一定是斜对称矩阵. 此时容易验证，当 $\boldsymbol{A}^{\mathrm{T}} \neq \boldsymbol{A}$ 时，$\boldsymbol{A} \oplus \boldsymbol{B} \neq \boldsymbol{A}$.

方法二 假设 V 是 F 上的向量空间，则 $0\boldsymbol{A}=\boldsymbol{0}$. 从而对任意的 $\boldsymbol{A}$，都有 $\boldsymbol{A}\oplus\boldsymbol{0}=\boldsymbol{A}$. 但是当 $\boldsymbol{A}$ 不是对称矩阵时，$\boldsymbol{A}\oplus\boldsymbol{0}=\boldsymbol{A}^{\mathrm{T}}+\boldsymbol{0}^{\mathrm{T}}=\boldsymbol{A}^{\mathrm{T}}\neq\boldsymbol{A}$. 矛盾.

(2) 这是因为，定义 5.1 条件 3° 中的运算律 6) 不满足.

例如，对 $a_{ij}\,(i\neq j)$ 不全为零的 n 阶方阵 $\boldsymbol{A}=(a_{ij})$，$(2+3)\boldsymbol{A}\neq 2\boldsymbol{A}+3\boldsymbol{A}$.

§5.2 向量的线性相关性

在研究向量空间的结构时，向量的线性相关性起着极为重要的作用. 本节主要讨论这种线性相关性.

一、主要内容

1. 线性组合与线性表示

定义 5.2 设 V 是数域 F 上的一个向量空间，$\boldsymbol{\alpha}_1$，$\boldsymbol{\alpha}_2$，$\cdots$，$\boldsymbol{\alpha}_s$ 是 V 中的一组向量，k_1，k_2，$\cdots$，k_s 是 F 中的数. 我们把向量

$$k_1\boldsymbol{\alpha}_1+k_2\boldsymbol{\alpha}_2+\cdots+k_s\boldsymbol{\alpha}_s$$

称为 $\boldsymbol{\alpha}_1$，$\boldsymbol{\alpha}_2$，$\cdots$，$\boldsymbol{\alpha}_s$ 的一个线性组合. 对向量 $\boldsymbol{\alpha}\in V$，若存在 $k_i\in F$，$i=1$，2，$\cdots$，s，使得

$$\boldsymbol{\alpha}=k_1\boldsymbol{\alpha}_1+k_2\boldsymbol{\alpha}_2+\cdots+k_s\boldsymbol{\alpha}_s,$$

则称 $\boldsymbol{\alpha}$ 可由 $\boldsymbol{\alpha}_1$，$\boldsymbol{\alpha}_2$，$\cdots$，$\boldsymbol{\alpha}_s$ 线性表示.

2. 线性相关与线性无关

定义 5.3 设 $\boldsymbol{\alpha}_1$，$\boldsymbol{\alpha}_2$，$\cdots$，$\boldsymbol{\alpha}_r$ 是数域 F 上向量空间 V 的 r 个向量. 如果存在 F 中一组不全为零的数 k_1，k_2，$\cdots$，k_r，使得

$$k_1\boldsymbol{\alpha}_1+k_2\boldsymbol{\alpha}_2+\cdots+k_r\boldsymbol{\alpha}_r=\boldsymbol{0},$$

那么称向量 $\boldsymbol{\alpha}_1$，$\boldsymbol{\alpha}_2$，$\cdots$，$\boldsymbol{\alpha}_r$ 线性相关. 若当且仅当 $k_1=k_2=\cdots=k_r=0$ 时上式才成立，则称向量 $\boldsymbol{\alpha}_1$，$\boldsymbol{\alpha}_2$，$\cdots$，$\boldsymbol{\alpha}_r$ 线性无关.

定理 5.1 设向量组 $\{\boldsymbol{\alpha}_1,\boldsymbol{\alpha}_2,\cdots,\boldsymbol{\alpha}_r\}$ 线性无关，而向量组 $\{\boldsymbol{\alpha}_1,\boldsymbol{\alpha}_2,\cdots,\boldsymbol{\alpha}_r,\boldsymbol{\beta}\}$ 线性相关，则 $\boldsymbol{\beta}$ 一定可以由 $\boldsymbol{\alpha}_1$，$\boldsymbol{\alpha}_2$，$\cdots$，$\boldsymbol{\alpha}_r$ 唯一地线性表示.

定理 5.2 向量组 $\{\boldsymbol{\alpha}_1,\boldsymbol{\alpha}_2,\cdots,\boldsymbol{\alpha}_r\}\,(r\geqslant 2)$ 线性相关当且仅当其中某一个向量是其余向量的线性组合.

定理 5.3 如果向量组 $\{\boldsymbol{\alpha}_1,\boldsymbol{\alpha}_2,\cdots,\boldsymbol{\alpha}_r\}$ 线性无关，那么它的任意一个部分组也线性无关. 一个等价的说法是：若向量组 $\{\boldsymbol{\alpha}_1,\boldsymbol{\alpha}_2,\cdots,\boldsymbol{\alpha}_r\}$ 有一部分向量线性相关，则整个向量组也线性相关.

3. 向量组的等价

定义 5.4 若向量组 $\{\boldsymbol{\alpha}_1,\boldsymbol{\alpha}_2,\cdots,\boldsymbol{\alpha}_s\}$ 中每个 $\boldsymbol{\alpha}_i\,(i=1,2,\cdots,s)$ 都可以由

向量组 $\{\boldsymbol{\beta}_1, \boldsymbol{\beta}_2, \cdots, \boldsymbol{\beta}_t\}$ 线性表示，则称向量组 $\{\boldsymbol{\alpha}_1, \boldsymbol{\alpha}_2, \cdots, \boldsymbol{\alpha}_s\}$ 可以由向量组 $\{\boldsymbol{\beta}_1, \boldsymbol{\beta}_2, \cdots, \boldsymbol{\beta}_t\}$ 线性表示. 如果向量组 $\{\boldsymbol{\alpha}_1, \boldsymbol{\alpha}_2, \cdots, \boldsymbol{\alpha}_s\}$ 和 $\{\boldsymbol{\beta}_1, \boldsymbol{\beta}_2, \cdots, \boldsymbol{\beta}_t\}$ 可以互相线性表示，那么称这两个向量组等价.

定理 5.4（替换定理） 设向量组 $\{\boldsymbol{\beta}_1, \boldsymbol{\beta}_2, \cdots, \boldsymbol{\beta}_t\}$ 线性无关，且可以由向量组 $\{\boldsymbol{\alpha}_1, \boldsymbol{\alpha}_2, \cdots, \boldsymbol{\alpha}_s\}$ 线性表示，则 $t \leqslant s$，并且必要时可以对 $\{\boldsymbol{\alpha}_1, \boldsymbol{\alpha}_2, \cdots, \boldsymbol{\alpha}_s\}$ 中的向量重新编号，使得用向量 $\boldsymbol{\beta}_1, \boldsymbol{\beta}_2, \cdots, \boldsymbol{\beta}_t$ 替换 $\boldsymbol{\alpha}_1, \boldsymbol{\alpha}_2, \cdots, \boldsymbol{\alpha}_t$ 后，所得向量组 $\{\boldsymbol{\beta}_1, \boldsymbol{\beta}_2, \cdots, \boldsymbol{\beta}_t, \boldsymbol{\alpha}_{t+1}, \cdots, \boldsymbol{\alpha}_s\}$ 与向量组 $\{\boldsymbol{\alpha}_1, \boldsymbol{\alpha}_2, \cdots, \boldsymbol{\alpha}_s\}$ 等价.

推论 1 (i) 若向量组 $\{\boldsymbol{\beta}_1, \boldsymbol{\beta}_2, \cdots, \boldsymbol{\beta}_t\}$ 可以由向量组 $\{\boldsymbol{\alpha}_1, \boldsymbol{\alpha}_2, \cdots, \boldsymbol{\alpha}_s\}$ 线性表示，并且 $t > s$，则向量组 $\{\boldsymbol{\beta}_1, \boldsymbol{\beta}_2, \cdots, \boldsymbol{\beta}_t\}$ 线性相关.

(ii) 若向量组 $\{\boldsymbol{\beta}_1, \boldsymbol{\beta}_2, \cdots, \boldsymbol{\beta}_t\}$ 线性无关，并且 $s < t$，则 $\{\boldsymbol{\beta}_1, \boldsymbol{\beta}_2, \cdots, \boldsymbol{\beta}_t\}$ 不能由含 s 个向量的向量组线性表示.

推论 2 两个等价的线性无关的向量组所含向量个数相同.

定理 5.5 若 $\{\boldsymbol{\alpha}_1, \boldsymbol{\alpha}_2, \cdots, \boldsymbol{\alpha}_s\}$ 和 $\{\boldsymbol{\beta}_1, \boldsymbol{\beta}_2, \cdots, \boldsymbol{\beta}_t\}$ 是两个等价的线性无关的向量组，则 $s = t$，且存在 s 阶可逆矩阵 $\boldsymbol{A}$ 使得

$$(\boldsymbol{\alpha}_1, \boldsymbol{\alpha}_2, \cdots, \boldsymbol{\alpha}_s) = (\boldsymbol{\beta}_1, \boldsymbol{\beta}_2, \cdots, \boldsymbol{\beta}_s)\boldsymbol{A}.$$

4. 极大无关组

定义 5.5 设向量组 $\{\boldsymbol{\alpha}_{i_1}, \boldsymbol{\alpha}_{i_2}, \cdots, \boldsymbol{\alpha}_{i_r}\}$ 是向量组 $\{\boldsymbol{\alpha}_1, \boldsymbol{\alpha}_2, \cdots, \boldsymbol{\alpha}_s\}$ 的部分组. 称 $\{\boldsymbol{\alpha}_{i_1}, \boldsymbol{\alpha}_{i_2}, \cdots, \boldsymbol{\alpha}_{i_r}\}$ 是 $\{\boldsymbol{\alpha}_1, \boldsymbol{\alpha}_2, \cdots, \boldsymbol{\alpha}_s\}$ 的极大无关组，如果

(i) 向量组 $\{\boldsymbol{\alpha}_{i_1}, \boldsymbol{\alpha}_{i_2}, \cdots, \boldsymbol{\alpha}_{i_r}\}$ 线性无关；

(ii) $\{\boldsymbol{\alpha}_1, \boldsymbol{\alpha}_2, \cdots, \boldsymbol{\alpha}_s\}$ 中的任意 $r+1$ 个向量（如果有的话）构成的向量组总是线性相关的.

定理 5.6 设向量组 $\{\boldsymbol{\alpha}_{i_1}, \boldsymbol{\alpha}_{i_2}, \cdots, \boldsymbol{\alpha}_{i_r}\}$ 是向量组 $\{\boldsymbol{\alpha}_1, \boldsymbol{\alpha}_2, \cdots, \boldsymbol{\alpha}_s\}$ 的一个部分组，则 $\{\boldsymbol{\alpha}_{i_1}, \boldsymbol{\alpha}_{i_2}, \cdots, \boldsymbol{\alpha}_{i_r}\}$ 是 $\{\boldsymbol{\alpha}_1, \boldsymbol{\alpha}_2, \cdots, \boldsymbol{\alpha}_s\}$ 的极大无关组的充要条件是

(i) 向量组 $\{\boldsymbol{\alpha}_{i_1}, \boldsymbol{\alpha}_{i_2}, \cdots, \boldsymbol{\alpha}_{i_r}\}$ 线性无关；

(ii) 每一个 $\boldsymbol{\alpha}_j$ ($j = 1, 2, \cdots, s$) 都可以由 $\{\boldsymbol{\alpha}_{i_1}, \boldsymbol{\alpha}_{i_2}, \cdots, \boldsymbol{\alpha}_{i_r}\}$ 线性表示.

推论 1 向量组的任意一个极大无关组都与向量组本身等价.

推论 2 一个向量组的任意两个极大无关组所含向量的个数相同.

定义 5.6 向量组 $\{\boldsymbol{\alpha}_1, \boldsymbol{\alpha}_2, \cdots, \boldsymbol{\alpha}_s\}$ 的极大无关组所含向量的个数称为该向量组的秩. 记为秩 $(\boldsymbol{\alpha}_1, \boldsymbol{\alpha}_2, \cdots, \boldsymbol{\alpha}_s)$.

由零向量构成的向量组的秩规定为 0.

推论 两个等价的向量组具有相同的秩.

定理 5.7 设向量组 $\{\boldsymbol{\alpha}_1, \boldsymbol{\alpha}_2, \cdots, \boldsymbol{\alpha}_s\}$ 线性无关，$\boldsymbol{A}$ 是一个 $s \times t$ 矩阵. 令

$$(\boldsymbol{\beta}_1, \boldsymbol{\beta}_2, \cdots, \boldsymbol{\beta}_t) = (\boldsymbol{\alpha}_1, \boldsymbol{\alpha}_2, \cdots, \boldsymbol{\alpha}_s)\boldsymbol{A},$$

则秩 $(\boldsymbol{\beta}_1, \boldsymbol{\beta}_2, \cdots, \boldsymbol{\beta}_t) =$ 秩 $\boldsymbol{A}$.

二、释疑解难

1. 关于线性相关与线性组合的关系

定理 5.2 给出了线性相关与线性组合的关系. 注意并非向量组中的每个向量都是其余向量的线性组合.

事实上，如果向量组 $\{\boldsymbol{\alpha}_1, \boldsymbol{\alpha}_2, \cdots, \boldsymbol{\alpha}_r\}$ 线性相关，那么存在一组不全为零的数 k_1，k_2，$\cdots$，k_r，使得

$$k_1\boldsymbol{\alpha}_1 + k_2\boldsymbol{\alpha}_2 + \cdots + k_r\boldsymbol{\alpha}_r = \boldsymbol{0}.$$

若某个 $k_i \neq 0$ ($i \in \{1, 2, \cdots, r\}$)，则向量 $\boldsymbol{\alpha}_i$ 是其余向量的线性组合. 若某个 $k_j = 0$ ($j \in \{1, 2, \cdots, r\}$)，则向量 $\boldsymbol{\alpha}_j$ 不是其余向量的线性组合.

例如，设 $\boldsymbol{\alpha}_1 = (1, 0)$，$\boldsymbol{\alpha}_2 = (2, 0)$，$\boldsymbol{\alpha}_3 = (0, 1)$. 因为 $2\boldsymbol{\alpha}_1 - \boldsymbol{\alpha}_2 + 0\boldsymbol{\alpha}_3 = \boldsymbol{0}$，所以 $\{\boldsymbol{\alpha}_1, \boldsymbol{\alpha}_2, \boldsymbol{\alpha}_3\}$ 线性相关，且 $\boldsymbol{\alpha}_1$，$\boldsymbol{\alpha}_2$ 是其余向量的线性组合，$\boldsymbol{\alpha}_3$ 不是其余向量的线性组合.

2. 关于向量组与其部分组的线性相关性的关系

定理 5.3 表明，如果向量组 $\{\boldsymbol{\alpha}_1, \boldsymbol{\alpha}_2, \cdots, \boldsymbol{\alpha}_r\}$ 线性无关，那么它的任意一个部分组也线性无关. 注意其逆命题不成立，即虽然 $\{\boldsymbol{\alpha}_1, \boldsymbol{\alpha}_2, \cdots, \boldsymbol{\alpha}_r\}$ 中的任意 s ($1 \leqslant s < r$) 个向量组成的部分组都线性无关，但是这个向量组未必线性无关.

例如，向量组 $\boldsymbol{\alpha}_1 = (1, 0)$，$\boldsymbol{\alpha}_2 = (0, 1)$，$\boldsymbol{\alpha}_3 = (1, 1)$ 中的任意 s ($1 \leqslant s < 3$) 个向量组成的部分组都线性无关，但向量组 $\{\boldsymbol{\alpha}_1, \boldsymbol{\alpha}_2, \boldsymbol{\alpha}_3\}$ 线性相关.

3. 判断向量组 $\{\boldsymbol{\beta}_1, \boldsymbol{\beta}_2, \cdots, \boldsymbol{\beta}_r\}$ 线性相关性的方法

方法一　定义法.

假设存在一组数 k_1，k_2，$\cdots$，k_r，使得

$$k_1\boldsymbol{\beta}_1 + k_2\boldsymbol{\beta}_2 + \cdots + k_r\boldsymbol{\beta}_r = \boldsymbol{0}.$$

从而可得以 k_1，k_2，$\cdots$，k_r 为未知元的齐次线性方程组. 若该方程组有非零解，则 $\{\boldsymbol{\beta}_1, \boldsymbol{\beta}_2, \cdots, \boldsymbol{\beta}_r\}$ 线性相关，否则线性无关.

方法二　求秩法.

先选取一个线性无关的向量组 $\{\boldsymbol{\alpha}_1, \boldsymbol{\alpha}_2, \cdots, \boldsymbol{\alpha}_s\}$，使得

$$(\boldsymbol{\beta}_1, \boldsymbol{\beta}_2, \cdots, \boldsymbol{\beta}_r) = (\boldsymbol{\alpha}_1, \boldsymbol{\alpha}_2, \cdots, \boldsymbol{\alpha}_s)\boldsymbol{A}_{s\times r}.$$

再求矩阵 $\boldsymbol{A}$ 的秩. 设秩 $\boldsymbol{A} = t$. 因此，由定理 5.7 知，秩 $(\boldsymbol{\beta}_1, \boldsymbol{\beta}_2, \cdots, \boldsymbol{\beta}_r) = t$. 若 $t = r$，则 $\{\boldsymbol{\beta}_1, \boldsymbol{\beta}_2, \cdots, \boldsymbol{\beta}_r\}$ 线性无关，否则线性相关.

4. 求向量组 $\{\boldsymbol{\beta}_1, \boldsymbol{\beta}_2, \cdots, \boldsymbol{\beta}_r\}$ 的极大无关组的方法

方法一　求秩法.

按上面的方法二求出 $\{\boldsymbol{\beta}_1, \boldsymbol{\beta}_2, \cdots, \boldsymbol{\beta}_r\}$ 的秩. 设秩 $(\boldsymbol{\beta}_1, \boldsymbol{\beta}_2, \cdots, \boldsymbol{\beta}_r) = t$.

若 $t = r$，则 $\{\boldsymbol{\beta}_1, \boldsymbol{\beta}_2, \cdots, \boldsymbol{\beta}_r\}$ 就是它唯一的极大无关组.

若 $t < r$，则在 $\{\boldsymbol{\beta}_1, \boldsymbol{\beta}_2, \cdots, \boldsymbol{\beta}_r\}$ 中选取 t 个向量 $\boldsymbol{\beta}_{i_1}$，$\boldsymbol{\beta}_{i_2}$，$\cdots$，$\boldsymbol{\beta}_{i_t}$，使得

$$(\boldsymbol{\beta}_{i_1}, \boldsymbol{\beta}_{i_2}, \cdots, \boldsymbol{\beta}_{i_t}) = (\boldsymbol{\alpha}_1, \boldsymbol{\alpha}_2, \cdots, \boldsymbol{\alpha}_s)\boldsymbol{B},$$

这里秩 $\boldsymbol{B} = t$. 于是 $\{\boldsymbol{\beta}_{i_1}, \boldsymbol{\beta}_{i_2}, \cdots, \boldsymbol{\beta}_{i_t}\}$ 就是 $\{\boldsymbol{\beta}_1, \boldsymbol{\beta}_2, \cdots, \boldsymbol{\beta}_r\}$ 的一个极大无关组.

方法二　逐项添加法.

定理 5.8　向量组 $\{\boldsymbol{\beta}_1, \boldsymbol{\beta}_2, \cdots, \boldsymbol{\beta}_r\}$ ($r > 1$) 线性无关的充要条件是 $\boldsymbol{\beta}_1 \neq \boldsymbol{0}$, 且当 $1 < i \leqslant r$ 时, $\boldsymbol{\beta}_i$ 不能由 $\boldsymbol{\beta}_1, \boldsymbol{\beta}_2, \cdots, \boldsymbol{\beta}_{i-1}$ 线性表示.

注　证明见本节"范例解析"之例 3.

这个定理给出了怎样在向量组 $\{\boldsymbol{\beta}_1, \boldsymbol{\beta}_2, \cdots, \boldsymbol{\beta}_s\}$ 中取出尽可能多的向量组成线性无关向量组的一种方法. 具体做法如下:

在 $\{\boldsymbol{\beta}_1, \boldsymbol{\beta}_2, \cdots, \boldsymbol{\beta}_s\}$ 中任意取出一个非零向量 $\boldsymbol{\beta}_{i_1}$, 则 $\boldsymbol{\beta}_{i_1}$ 线性无关. 若 $\boldsymbol{\beta}_{i_1}$ 不是该向量组的极大无关组, 则在其余向量中选取一个不能由 $\boldsymbol{\beta}_{i_1}$ 线性表示的向量 $\boldsymbol{\beta}_{i_2}$, 由定理 5.8 知, 向量组 $\{\boldsymbol{\beta}_{i_1}, \boldsymbol{\beta}_{i_2}\}$ 线性无关. 若 $\{\boldsymbol{\beta}_{i_1}, \boldsymbol{\beta}_{i_2}\}$ 不是极大无关组, 重复上述过程, 直至得到可以线性表示其余所有向量的线性无关向量组 $\{\boldsymbol{\beta}_{i_1}, \boldsymbol{\beta}_{i_2}, \cdots, \boldsymbol{\beta}_{i_t}\}$, 则 $\{\boldsymbol{\beta}_{i_1}, \boldsymbol{\beta}_{i_2}, \cdots, \boldsymbol{\beta}_{i_t}\}$ 就是向量组 $\{\boldsymbol{\beta}_1, \boldsymbol{\beta}_2, \cdots, \boldsymbol{\beta}_s\}$ 的一个极大无关组.

5. 关于等价向量组

(1) 向量组的等价关系具有自反性、对称性和传递性. 但在一般情况下, 向量组的线性表示关系只具有自反性和传递性.

(2) 两个等价的向量组具有相同的秩. 反之, 不一定成立, 即秩相同的两个向量组不一定等价.

例如, 设 F^3 中的向量

$$\boldsymbol{\alpha}_1 = (1, 0, 0), \boldsymbol{\alpha}_2 = (0, 1, 0); \quad \boldsymbol{\beta}_1 = (1, 0, 1), \boldsymbol{\beta}_2 = (0, 1, 1).$$

显然秩 $(\boldsymbol{\alpha}_1, \boldsymbol{\alpha}_2) =$ 秩 $(\boldsymbol{\beta}_1, \boldsymbol{\beta}_2) = 2$, 并且 $\boldsymbol{\beta}_1$ 不能由 $\boldsymbol{\alpha}_1, \boldsymbol{\alpha}_2$ 线性表示. 因此向量组 $\{\boldsymbol{\alpha}_1, \boldsymbol{\alpha}_2\}$ 与向量组 $\{\boldsymbol{\beta}_1, \boldsymbol{\beta}_2\}$ 不等价.

(3) 有线性表示关系的秩相等的两个向量组一定等价.

事实上, 设 (Ⅰ): $\boldsymbol{\alpha}_1, \boldsymbol{\alpha}_2, \cdots, \boldsymbol{\alpha}_r$ 与 (Ⅱ): $\boldsymbol{\beta}_1, \boldsymbol{\beta}_2, \cdots, \boldsymbol{\beta}_s$ 都是秩为 t 的向量组, 并且 (Ⅱ) 可由 (Ⅰ) 线性表示. 若 $t = 0$, 则 (Ⅰ) 与 (Ⅱ) 都只含有零向量, 显然等价. 若 $t > 0$, 此时设 (Ⅰ) 与 (Ⅱ) 的一个极大无关组分别为 (Ⅲ): $\boldsymbol{\alpha}_{i_1}, \boldsymbol{\alpha}_{i_2}, \cdots, \boldsymbol{\alpha}_{i_t}$ 与 (Ⅳ): $\boldsymbol{\beta}_{j_1}, \boldsymbol{\beta}_{j_2}, \cdots, \boldsymbol{\beta}_{j_t}$, 则 (Ⅳ) 可由 (Ⅲ) 线性表示. 因此由替换定理知, (Ⅳ) 与 (Ⅲ) 等价. 因为向量组的等价关系具有自反性、对称性和传递性, 所以向量组 (Ⅰ) 与向量组 (Ⅱ) 等价.

三、范例解析

例 1　设 $\boldsymbol{\alpha}_1, \boldsymbol{\alpha}_2, \cdots, \boldsymbol{\alpha}_r$ 是数域 F 上的向量空间 V 中一组线性无关的向量. 问 $\boldsymbol{\alpha}_1 + \boldsymbol{\alpha}_2, \boldsymbol{\alpha}_2 + \boldsymbol{\alpha}_3, \cdots, \boldsymbol{\alpha}_r + \boldsymbol{\alpha}_1$ 是否也线性无关?

解　方法一　定义法.

假设存在一组数 k_1，k_2，$\cdots$，k_r，使得

$$k_1(\boldsymbol{\alpha}_1+\boldsymbol{\alpha}_2)+k_2(\boldsymbol{\alpha}_2+\boldsymbol{\alpha}_3)+\cdots+k_r(\boldsymbol{\alpha}_r+\boldsymbol{\alpha}_1)=\boldsymbol{0}.$$

于是

$$(k_1+k_r)\boldsymbol{\alpha}_1+(k_1+k_2)\boldsymbol{\alpha}_2+\cdots+(k_{r-1}+k_r)\boldsymbol{\alpha}_r=\boldsymbol{0}.$$

由于 $\boldsymbol{\alpha}_1$，$\boldsymbol{\alpha}_2$，$\cdots$，$\boldsymbol{\alpha}_r$ 线性无关，因此

$$\begin{cases} k_1+k_r=0, \\ k_1+k_2=0, \\ \qquad\cdots \\ k_{r-1}+k_r=0. \end{cases}$$

由该方程组的系数行列式 $D=1+(-1)^{r+1}$，得

(1) 当 r 为奇数时，方程组只有零解，即 k_1，k_2，$\cdots$，k_r 全为零，因此 $\boldsymbol{\alpha}_1+\boldsymbol{\alpha}_2$，$\boldsymbol{\alpha}_2+\boldsymbol{\alpha}_3$，$\cdots$，$\boldsymbol{\alpha}_r+\boldsymbol{\alpha}_1$ 线性无关；

(2) 当 r 为偶数时，方程组有非零解，即 k_1，k_2，$\cdots$，k_r 不全为零，于是 $\boldsymbol{\alpha}_1+\boldsymbol{\alpha}_2$，$\boldsymbol{\alpha}_2+\boldsymbol{\alpha}_3$，$\cdots$，$\boldsymbol{\alpha}_r+\boldsymbol{\alpha}_1$ 线性相关.

方法二　求秩法.

设向量组 $\{\boldsymbol{\alpha}_1+\boldsymbol{\alpha}_2, \boldsymbol{\alpha}_2+\boldsymbol{\alpha}_3, \cdots, \boldsymbol{\alpha}_r+\boldsymbol{\alpha}_1\}$ 的秩为 t. 由题设条件，得

$$(\boldsymbol{\alpha}_1+\boldsymbol{\alpha}_2, \boldsymbol{\alpha}_2+\boldsymbol{\alpha}_3, \cdots, \boldsymbol{\alpha}_r+\boldsymbol{\alpha}_1)=(\boldsymbol{\alpha}_1, \boldsymbol{\alpha}_2, \cdots, \boldsymbol{\alpha}_r)\boldsymbol{A},$$

其中

$$\boldsymbol{A}=\begin{pmatrix} 1 & 0 & 0 & \cdots & 0 & 1 \\ 1 & 1 & 0 & \cdots & 0 & 0 \\ 0 & 1 & 1 & \cdots & 0 & 0 \\ \vdots & \vdots & \vdots & & \vdots & \vdots \\ 0 & 0 & 0 & \cdots & 1 & 1 \end{pmatrix}.$$

由 $\det\boldsymbol{A}=1+(-1)^{r+1}$，得

(1) 当 r 为奇数时，$t=$ 秩 $\boldsymbol{A}=r$，故 $\boldsymbol{\alpha}_1+\boldsymbol{\alpha}_2$，$\boldsymbol{\alpha}_2+\boldsymbol{\alpha}_3$，$\cdots$，$\boldsymbol{\alpha}_r+\boldsymbol{\alpha}_1$ 线性无关；

(2) 当 r 为偶数时，$t=$ 秩 $\boldsymbol{A}<r$，故 $\boldsymbol{\alpha}_1+\boldsymbol{\alpha}_2$，$\boldsymbol{\alpha}_2+\boldsymbol{\alpha}_3$，$\cdots$，$\boldsymbol{\alpha}_r+\boldsymbol{\alpha}_1$ 线性相关.

例 2　讨论 $M_2(F)$ 中的向量组

$$\boldsymbol{A}_1=\begin{pmatrix} a & 1 \\ 1 & 1 \end{pmatrix}, \boldsymbol{A}_2=\begin{pmatrix} 1 & a \\ 1 & 1 \end{pmatrix}, \boldsymbol{A}_3=\begin{pmatrix} 1 & 1 \\ a & 1 \end{pmatrix}, \boldsymbol{A}_4=\begin{pmatrix} 1 & 1 \\ 1 & a \end{pmatrix}$$

的线性相关性.

解　方法一　定义法.

设存在一组数 k_1，k_2，k_3，$k_4\in F$，使得

$$k_1\boldsymbol{A}_1+k_2\boldsymbol{A}_2+k_3\boldsymbol{A}_3+k_4\boldsymbol{A}_4=\boldsymbol{0}.$$

比较等号两边矩阵的对应位置元素，得

$$\begin{cases} ak_1 + k_2 + k_3 + k_4 = 0, \\ k_1 + ak_2 + k_3 + k_4 = 0, \\ k_1 + k_2 + ak_3 + k_4 = 0, \\ k_1 + k_2 + k_3 + ak_4 = 0. \end{cases}$$

由于该方程组的系数行列式 $D = (a+3)(a-1)^3$，因此

(1) 当 $a \neq -3$，且 $a \neq 1$ 时，方程组只有零解，故 $\boldsymbol{A}_1$，$\boldsymbol{A}_2$，$\boldsymbol{A}_3$，$\boldsymbol{A}_4$ 线性无关；

(2) 当 $a = -3$，或 $a = 1$ 时，方程组有非零解，故 $\boldsymbol{A}_1$，$\boldsymbol{A}_2$，$\boldsymbol{A}_3$，$\boldsymbol{A}_4$ 线性相关.

方法二　求秩法.

设向量组 $\{\boldsymbol{A}_1, \boldsymbol{A}_2, \boldsymbol{A}_3, \boldsymbol{A}_4\}$ 的秩为 t. 取 $M_2(F)$ 中的线性无关向量组

$$\boldsymbol{E}_{11} = \begin{pmatrix} 1 & 0 \\ 0 & 0 \end{pmatrix}, \boldsymbol{E}_{12} = \begin{pmatrix} 0 & 1 \\ 0 & 0 \end{pmatrix}, \boldsymbol{E}_{21} = \begin{pmatrix} 0 & 0 \\ 1 & 0 \end{pmatrix}, \boldsymbol{E}_{22} = \begin{pmatrix} 0 & 0 \\ 0 & 1 \end{pmatrix},$$

则

$$(\boldsymbol{A}_1, \boldsymbol{A}_2, \boldsymbol{A}_3, \boldsymbol{A}_4) = (\boldsymbol{E}_{11}, \boldsymbol{E}_{12}, \boldsymbol{E}_{21}, \boldsymbol{E}_{22})\boldsymbol{A},$$

其中

$$\boldsymbol{A} = \begin{pmatrix} a & 1 & 1 & 1 \\ 1 & a & 1 & 1 \\ 1 & 1 & a & 1 \\ 1 & 1 & 1 & a \end{pmatrix}.$$

因为 $\det \boldsymbol{A} = (a+3)(a-1)^3$，所以

(1) 当 $a \neq -3$，且 $a \neq 1$ 时，$t = 4$，故 $\boldsymbol{A}_1$，$\boldsymbol{A}_2$，$\boldsymbol{A}_3$，$\boldsymbol{A}_4$ 线性无关；

(2) 当 $a = -3$，或 $a = 1$ 时，$t < 4$，故 $\boldsymbol{A}_1$，$\boldsymbol{A}_2$，$\boldsymbol{A}_3$，$\boldsymbol{A}_4$ 线性相关.

例 3　证明定理 5.8.

证明　必要性　显然.

充分性　方法一　假设向量组 $\{\boldsymbol{\beta}_1, \boldsymbol{\beta}_2, \cdots, \boldsymbol{\beta}_r\}$ 线性相关，则存在一组不全为零的数 k_1，k_2，$\cdots$，k_r，使得

$$k_1\boldsymbol{\beta}_1 + k_2\boldsymbol{\beta}_2 + \cdots + k_r\boldsymbol{\beta}_r = \boldsymbol{0}.$$

由 $\boldsymbol{\beta}_1 \neq \boldsymbol{0}$ 知，k_2，k_3，$\cdots$，k_r 不全为零. 设 k_i ($1 < i \leqslant r$) 是下标最大的非零系数，则 $\boldsymbol{\beta}_i$ 能由 $\boldsymbol{\beta}_1$，$\boldsymbol{\beta}_2$，$\cdots$，$\boldsymbol{\beta}_{i-1}$ 线性表示. 与题设矛盾.

方法二　假设存在一组数 k_1，k_2，$\cdots$，k_r，使得

$$k_1\boldsymbol{\beta}_1 + k_2\boldsymbol{\beta}_2 + \cdots + k_r\boldsymbol{\beta}_r = \boldsymbol{0}.$$

由于 $\boldsymbol{\beta}_r$ 不能由 $\boldsymbol{\beta}_1$，$\boldsymbol{\beta}_2$，$\cdots$，$\boldsymbol{\beta}_{r-1}$ 线性表示，因此 $k_r = 0$. 此时上式变为

$$k_1\boldsymbol{\beta}_1 + k_2\boldsymbol{\beta}_2 + \cdots + k_{r-1}\boldsymbol{\beta}_{r-1} = \boldsymbol{0}.$$

又由于 $\boldsymbol{\beta}_{r-1}$ 不能由 $\boldsymbol{\beta}_1$，$\boldsymbol{\beta}_2$，$\cdots$，$\boldsymbol{\beta}_{r-2}$ 线性表示，因此 $k_{r-1} = 0$. 同理 $k_{r-2} = \cdots = k_2 = 0$. 这时上式变为 $k_1\boldsymbol{\beta}_1 = \boldsymbol{0}$. 由 $\boldsymbol{\beta}_1 \neq \boldsymbol{0}$ 知，$k_1 = 0$. 于是 $k_1 = k_2 = \cdots = k_r = 0$. 从而 $\{\boldsymbol{\beta}_1, \boldsymbol{\beta}_2, \cdots, \boldsymbol{\beta}_r\}$ 线性无关.

例 4　设 $\boldsymbol{\alpha}_1$，$\boldsymbol{\alpha}_2$，$\cdots$，$\boldsymbol{\alpha}_r$ 是向量空间 V 的一组向量，$\boldsymbol{\beta}_1 = \boldsymbol{\alpha}_2 + \boldsymbol{\alpha}_3 + \cdots +$

$\boldsymbol{\alpha}_r$，$\boldsymbol{\beta}_2=\boldsymbol{\alpha}_1+\boldsymbol{\alpha}_3+\cdots+\boldsymbol{\alpha}_r$，$\cdots$，$\boldsymbol{\beta}_r=\boldsymbol{\alpha}_1+\boldsymbol{\alpha}_2+\cdots+\boldsymbol{\alpha}_{r-1}$. 证明：向量组(Ⅰ)：$\boldsymbol{\beta}_1$，$\boldsymbol{\beta}_2$，$\cdots$，$\boldsymbol{\beta}_r$ 与向量组(Ⅱ)：$\boldsymbol{\alpha}_1$，$\boldsymbol{\alpha}_2$，$\cdots$，$\boldsymbol{\alpha}_r$ 等价.

证明 方法一 由题设，得

$$\boldsymbol{\beta}_1+\cdots+\boldsymbol{\beta}_j+\cdots+\boldsymbol{\beta}_r=(r-1)(\boldsymbol{\alpha}_1+\cdots+\boldsymbol{\alpha}_{j-1}+\boldsymbol{\alpha}_{j+1}+\cdots+\boldsymbol{\alpha}_r)+(r-1)\boldsymbol{\alpha}_j.$$

给 $\boldsymbol{\beta}_j$ 的表达式乘以 $r-1$，得

$$(r-1)\boldsymbol{\beta}_j=(r-1)(\boldsymbol{\alpha}_1+\cdots+\boldsymbol{\alpha}_{j-1}+\boldsymbol{\alpha}_{j+1}+\cdots+\boldsymbol{\alpha}_r).$$

上面两式相减，得

$$\boldsymbol{\alpha}_j=\frac{1}{r-1}\left[\boldsymbol{\beta}_1+\cdots+(2-r)\boldsymbol{\beta}_j+\cdots+\boldsymbol{\beta}_r\right],\ j=1,2,\cdots,r.$$

于是向量组(Ⅱ)可由向量组(Ⅰ)线性表示. 故向量组(Ⅰ)与向量组(Ⅱ)等价.

方法二 由已知条件，得

$$(\boldsymbol{\beta}_1,\boldsymbol{\beta}_2,\cdots,\boldsymbol{\beta}_r)=(\boldsymbol{\alpha}_1,\boldsymbol{\alpha}_2,\cdots,\boldsymbol{\alpha}_r)\boldsymbol{A},$$

其中

$$\boldsymbol{A}=\begin{pmatrix}0&1&1&\cdots&1\\1&0&1&\cdots&1\\1&1&0&\cdots&1\\\vdots&\vdots&\vdots&&\vdots\\1&1&1&\cdots&0\end{pmatrix}.$$

由于 $\det\boldsymbol{A}=(-1)^{r-1}(r-1)\neq0$，因此

$$(\boldsymbol{\alpha}_1,\boldsymbol{\alpha}_2,\cdots,\boldsymbol{\alpha}_r)=(\boldsymbol{\beta}_1,\boldsymbol{\beta}_2,\cdots,\boldsymbol{\beta}_r)\boldsymbol{A}^{-1}.$$

故向量组(Ⅰ)与向量组(Ⅱ)可互相线性表示，即向量组(Ⅰ)与向量组(Ⅱ)等价.

例 5 设数域 F 上向量空间 V 的向量组 $\{\boldsymbol{\alpha}_1,\boldsymbol{\alpha}_2,\cdots,\boldsymbol{\alpha}_r\}$ 线性相关，但其中任意 $r-1$ 个向量都线性无关. 证明：如果存在两个等式

$$k_1\boldsymbol{\alpha}_1+k_2\boldsymbol{\alpha}_2+\cdots+k_r\boldsymbol{\alpha}_r=\boldsymbol{0},\ l_1\boldsymbol{\alpha}_1+l_2\boldsymbol{\alpha}_2+\cdots+l_r\boldsymbol{\alpha}_r=\boldsymbol{0},$$

其中 $l_1\neq0$，那么

$$\frac{k_1}{l_1}=\frac{k_2}{l_2}=\cdots=\frac{k_r}{l_r}.$$

证明 因 $l_1\neq0$，故 l_2，$\cdots$，l_r 都不等于零. 否则，若某个 $l_i=0\ (i\neq1)$，则

$$l_1\boldsymbol{\alpha}_1+\cdots+l_{i-1}\boldsymbol{\alpha}_{i-1}+l_{i+1}\boldsymbol{\alpha}_{i+1}+\cdots+l_r\boldsymbol{\alpha}_r=\boldsymbol{0}.$$

由于任意 $r-1$ 个向量都线性无关，因此 $l_1=0$. 矛盾. 由题设条件，得

$$k_1l_1\boldsymbol{\alpha}_1+k_2l_1\boldsymbol{\alpha}_2+\cdots+k_rl_1\boldsymbol{\alpha}_r=\boldsymbol{0},\ k_1l_1\boldsymbol{\alpha}_1+k_1l_2\boldsymbol{\alpha}_2+\cdots+k_1l_r\boldsymbol{\alpha}_r=\boldsymbol{0}.$$

两式相减，得

$$(k_2l_1-k_1l_2)\boldsymbol{\alpha}_2+(k_3l_1-k_1l_3)\boldsymbol{\alpha}_3+\cdots+(k_rl_1-k_1l_r)\boldsymbol{\alpha}_r=\boldsymbol{0}.$$

因为 $\boldsymbol{\alpha}_2$，$\cdots$，$\boldsymbol{\alpha}_r$ 线性无关，所以 $k_il_1-k_1l_i=0$，$i=2,3,\cdots,r$. 故结论成立.

例 6 在向量空间 $F_2[x]$ 中，求向量组

$$\boldsymbol{\alpha}_1=x-2,\ \boldsymbol{\alpha}_2=2x,\ \boldsymbol{\alpha}_3=1-x,\ \boldsymbol{\alpha}_4=x^2$$

的一个极大无关组.

解 方法一 求秩法.

取 $F_2[x]$ 中三个线性无关的向量 $\boldsymbol{\varepsilon}_1 = 1$，$\boldsymbol{\varepsilon}_2 = x$，$\boldsymbol{\varepsilon}_3 = x^2$，则

$$(\boldsymbol{\alpha}_1, \boldsymbol{\alpha}_2, \boldsymbol{\alpha}_3, \boldsymbol{\alpha}_4) = (\boldsymbol{\varepsilon}_1, \boldsymbol{\varepsilon}_2, \boldsymbol{\varepsilon}_3)\boldsymbol{A},$$

其中

$$\boldsymbol{A} = \begin{pmatrix} -2 & 0 & 1 & 0 \\ 1 & 2 & -1 & 0 \\ 0 & 0 & 0 & 1 \end{pmatrix}.$$

因为秩 $\boldsymbol{A} = 3$，所以 $\{\boldsymbol{\alpha}_1, \boldsymbol{\alpha}_2, \boldsymbol{\alpha}_3, \boldsymbol{\alpha}_4\}$ 线性相关. 由于

$$(\boldsymbol{\alpha}_1, \boldsymbol{\alpha}_2, \boldsymbol{\alpha}_4) = (\boldsymbol{\varepsilon}_1, \boldsymbol{\varepsilon}_2, \boldsymbol{\varepsilon}_3)\boldsymbol{B},$$

其中

$$\boldsymbol{B} = \begin{pmatrix} -2 & 0 & 0 \\ 1 & 2 & 0 \\ 0 & 0 & 1 \end{pmatrix},$$

且秩 $\boldsymbol{B} = 3$，因此 $\{\boldsymbol{\alpha}_1, \boldsymbol{\alpha}_2, \boldsymbol{\alpha}_4\}$ 线性无关. 于是 $\{\boldsymbol{\alpha}_1, \boldsymbol{\alpha}_2, \boldsymbol{\alpha}_4\}$ 是 $\{\boldsymbol{\alpha}_1, \boldsymbol{\alpha}_2, \boldsymbol{\alpha}_3, \boldsymbol{\alpha}_4\}$ 的一个极大无关组.

方法二 逐项添加法.

因为 $\boldsymbol{\alpha}_1 \neq 0$，所以 $\{\boldsymbol{\alpha}_1\}$ 线性无关. 又因 $\boldsymbol{\alpha}_2$ 不能由 $\boldsymbol{\alpha}_1$ 线性表示，故 $\{\boldsymbol{\alpha}_1, \boldsymbol{\alpha}_2\}$ 线性无关. 由于 $\boldsymbol{\alpha}_3 = -\dfrac{1}{2}\boldsymbol{\alpha}_1 - \dfrac{1}{4}\boldsymbol{\alpha}_2$，且 $\boldsymbol{\alpha}_4$ 不能由 $\boldsymbol{\alpha}_1, \boldsymbol{\alpha}_2$ 线性表示，因此向量组 $\{\boldsymbol{\alpha}_1, \boldsymbol{\alpha}_2, \boldsymbol{\alpha}_4\}$ 是 $\{\boldsymbol{\alpha}_1, \boldsymbol{\alpha}_2, \boldsymbol{\alpha}_3, \boldsymbol{\alpha}_4\}$ 的一个极大无关组.

§5.3 基、维数、坐标

向量空间 V 中是否存在可以线性表示 V 中每个向量，并且包含有限多个向量的向量组？如果这样的向量组存在，它至少应该含有多少个向量？这些都是向量空间本身的属性. 这就是本节要讨论的向量空间的基、维数以及向量关于给定基的坐标.

一、主要内容

1. 基、维数

定义 5.7 设 $\boldsymbol{\alpha}_1, \boldsymbol{\alpha}_2, \cdots, \boldsymbol{\alpha}_n$ 是数域 F 上向量空间 V 中的 n 个向量. 若向量组 $\{\boldsymbol{\alpha}_1, \boldsymbol{\alpha}_2, \cdots, \boldsymbol{\alpha}_n\}$ 线性无关，并且 V 中每个向量可以由 $\boldsymbol{\alpha}_1, \boldsymbol{\alpha}_2, \cdots, \boldsymbol{\alpha}_n$ 线性表示，则称 $\{\boldsymbol{\alpha}_1, \boldsymbol{\alpha}_2, \cdots, \boldsymbol{\alpha}_n\}$ 是 V 的一个基.

定义 5.8 向量空间 V 的基所含向量的个数叫作 V 的维数，记作 $\dim V$.

零空间的维数定义为 0.

如果对任意正整数 t，向量空间 V 中都含有 t 个向量构成的线性无关的向量组，那么 V 叫作无穷维向量空间.

定理 5.9 在 n 维向量空间中，任意 $n+1$ 个向量都是线性相关的.

推论 n 维向量空间 V 中的任意一组线性无关的 n 个向量都可以构成 V 的一个基.

定理 5.10 设 $\{\boldsymbol{\alpha}_1, \boldsymbol{\alpha}_2, \cdots, \boldsymbol{\alpha}_r\}$ $(r \leqslant n)$ 是 n 维向量空间 V 的一组线性无关的向量，则总可以添加 $n-r$ 个向量 $\boldsymbol{\alpha}_{r+1}, \cdots, \boldsymbol{\alpha}_n$，使 $\{\boldsymbol{\alpha}_1, \cdots, \boldsymbol{\alpha}_r, \boldsymbol{\alpha}_{r+1}, \cdots, \boldsymbol{\alpha}_n\}$ 构成 V 的一个基.

2. 坐标

(1) 向量的坐标.

定义 5.9 设 $\{\boldsymbol{\alpha}_1, \boldsymbol{\alpha}_2, \cdots, \boldsymbol{\alpha}_n\}$ 是 n 维向量空间 V 的一个基，$\boldsymbol{\alpha}$ 是 V 中任意一个向量. 把满足等式

$$\boldsymbol{\alpha} = a_1\boldsymbol{\alpha}_1 + a_2\boldsymbol{\alpha}_2 + \cdots + a_n\boldsymbol{\alpha}_n$$

的 n 元有序数组 $(a_1, a_2, \cdots, a_n)$ 称为 $\boldsymbol{\alpha}$ 关于基 $\{\boldsymbol{\alpha}_1, \boldsymbol{\alpha}_2, \cdots, \boldsymbol{\alpha}_n\}$ 的坐标，数 a_i 称为 $\boldsymbol{\alpha}$ 关于基 $\{\boldsymbol{\alpha}_1, \boldsymbol{\alpha}_2, \cdots, \boldsymbol{\alpha}_n\}$ 的第 i 个坐标.

当向量 $\boldsymbol{\alpha}$ 关于基 $\{\boldsymbol{\alpha}_1, \boldsymbol{\alpha}_2, \cdots, \boldsymbol{\alpha}_n\}$ 的坐标是 $(a_1, a_2, \cdots, a_n)$ 时，通常也把 $(a_1, a_2, \cdots, a_n)^{\mathrm{T}}$ 认为是 $\boldsymbol{\alpha}$ 关于基 $\{\boldsymbol{\alpha}_1, \boldsymbol{\alpha}_2, \cdots, \boldsymbol{\alpha}_n\}$ 的坐标.

(2) 过渡矩阵.

定义 5.10 若 $\{\boldsymbol{\alpha}_1, \boldsymbol{\alpha}_2, \cdots, \boldsymbol{\alpha}_n\}$ 和 $\{\boldsymbol{\beta}_1, \boldsymbol{\beta}_2, \cdots, \boldsymbol{\beta}_n\}$ 都是 n 维向量空间 V 的基，则存在 n 阶可逆方阵 $\boldsymbol{A}$，使得

$$(\boldsymbol{\alpha}_1, \boldsymbol{\alpha}_2, \cdots, \boldsymbol{\alpha}_n) = (\boldsymbol{\beta}_1, \boldsymbol{\beta}_2, \cdots, \boldsymbol{\beta}_n)\boldsymbol{A}.$$

称 $\boldsymbol{A}$ 是由基 $\{\boldsymbol{\beta}_1, \boldsymbol{\beta}_2, \cdots, \boldsymbol{\beta}_n\}$ 到基 $\{\boldsymbol{\alpha}_1, \boldsymbol{\alpha}_2, \cdots, \boldsymbol{\alpha}_n\}$ 的过渡矩阵.

定理 5.11 设 $\boldsymbol{A}$ 是由基 $\{\boldsymbol{\beta}_1, \boldsymbol{\beta}_2, \cdots, \boldsymbol{\beta}_n\}$ 到基 $\{\boldsymbol{\alpha}_1, \boldsymbol{\alpha}_2, \cdots, \boldsymbol{\alpha}_n\}$的过渡矩阵，则由基 $\{\boldsymbol{\alpha}_1, \boldsymbol{\alpha}_2, \cdots, \boldsymbol{\alpha}_n\}$ 到基 $\{\boldsymbol{\beta}_1, \boldsymbol{\beta}_2, \cdots, \boldsymbol{\beta}_n\}$ 的过渡矩阵为 $\boldsymbol{A}^{-1}$.

定理 5.12 设 V 是 n $(n>0)$ 维向量空间，$\boldsymbol{A}$ 是由基 $\{\boldsymbol{\beta}_1, \boldsymbol{\beta}_2, \cdots, \boldsymbol{\beta}_n\}$ 到基 $\{\boldsymbol{\alpha}_1, \boldsymbol{\alpha}_2, \cdots, \boldsymbol{\alpha}_n\}$ 的过渡矩阵，则 V 中的向量 $\boldsymbol{\alpha}$ 关于基 $\{\boldsymbol{\alpha}_1, \boldsymbol{\alpha}_2, \cdots, \boldsymbol{\alpha}_n\}$ 的坐标 $(x_1, x_2, \cdots, x_n)$ 与关于基 $\{\boldsymbol{\beta}_1, \boldsymbol{\beta}_2, \cdots, \boldsymbol{\beta}_n\}$ 的坐标 $(y_1, y_2, \cdots, y_n)$ 有如下关系：

$$\begin{pmatrix} y_1 \\ y_2 \\ \vdots \\ y_n \end{pmatrix} = \boldsymbol{A} \begin{pmatrix} x_1 \\ x_2 \\ \vdots \\ x_n \end{pmatrix}.$$

通常称上式为向量的坐标变换公式.

二、释疑解难

1. 关于向量空间的基

(1) 基的意义.

向量空间 V 的一个基实际上就是 V 中所有向量的一个极大无关组. 由于含非零向量的向量组的极大无关组不唯一，且同一个向量组的任意两个极大无关组所含向量个数相同，因此非零空间的基也不唯一，并且任意两个不同基所含向量个数相同，这个相同的数就是向量空间的维数. 对于数域 F 上的向量空间 V，取定它的一个基后，V 中的每个向量都可以唯一地表示成这个基的线性组合，因此 V 的结构就由它的基完全确定.

(2) 基的求法.

任取向量空间 V 的一个向量 $\boldsymbol{\alpha}$，根据 V 的加法和数乘运算将 $\boldsymbol{\alpha}$ 表示成 V 中一个线性无关向量组的线性组合，则这个线性无关向量组就是 V 的一个基.

2. 关于坐标

坐标定义中的基是指有序基，若改变向量空间 V 的一个基中向量的排列次序，则得 V 的另一个基. 对于向量空间 V 的两个不同基来说，同一个向量关于不同基的坐标一般是不相同的，可根据基的定义或坐标变换公式求出一个向量关于给定基的坐标.

3. 求过渡矩阵的方法

求 n 维向量空间 V 的一个基 $\{\boldsymbol{\alpha}_1, \boldsymbol{\alpha}_2, \cdots, \boldsymbol{\alpha}_n\}$ 到另一个基 $\{\boldsymbol{\beta}_1, \boldsymbol{\beta}_2, \cdots, \boldsymbol{\beta}_n\}$ 的过渡矩阵 $\boldsymbol{T}$.

(1) 利用定义.

直接计算向量 $\boldsymbol{\beta}_j\ (j=1, 2, \cdots, n)$ 关于基 $\{\boldsymbol{\alpha}_1, \boldsymbol{\alpha}_2, \cdots, \boldsymbol{\alpha}_n\}$ 的坐标，并将其作为第 j 列构造矩阵 $\boldsymbol{T}$，即

$$(\boldsymbol{\beta}_1, \boldsymbol{\beta}_2, \cdots, \boldsymbol{\beta}_n) = (\boldsymbol{\alpha}_1, \boldsymbol{\alpha}_2, \cdots, \boldsymbol{\alpha}_n)\boldsymbol{T}.$$

由过渡矩阵的定义，矩阵 $\boldsymbol{T}$ 即为所求.

(2) 利用某个基 $\{\boldsymbol{\varepsilon}_1, \boldsymbol{\varepsilon}_2, \cdots, \boldsymbol{\varepsilon}_n\}$.

① 当 V 是 n 维列空间（或行空间）F^n 时，利用 F^n 的标准基 $\{\boldsymbol{\varepsilon}_1, \boldsymbol{\varepsilon}_2, \cdots, \boldsymbol{\varepsilon}_n\}$ 建立两基间的联系.

设由标准基 $\{\boldsymbol{\varepsilon}_1, \boldsymbol{\varepsilon}_2, \cdots, \boldsymbol{\varepsilon}_n\}$ 到这两个基的过渡矩阵分别是 $\boldsymbol{A}$ 和 $\boldsymbol{B}$，即

$$(\boldsymbol{\alpha}_1, \boldsymbol{\alpha}_2, \cdots, \boldsymbol{\alpha}_n) = (\boldsymbol{\varepsilon}_1, \boldsymbol{\varepsilon}_2, \cdots, \boldsymbol{\varepsilon}_n)\boldsymbol{A},$$
$$(\boldsymbol{\beta}_1, \boldsymbol{\beta}_2, \cdots, \boldsymbol{\beta}_n) = (\boldsymbol{\varepsilon}_1, \boldsymbol{\varepsilon}_2, \cdots, \boldsymbol{\varepsilon}_n)\boldsymbol{B},$$

其中 $\boldsymbol{A}$ 和 $\boldsymbol{B}$ 的列分别是 $\boldsymbol{\alpha}_1, \cdots, \boldsymbol{\alpha}_n$ 和 $\boldsymbol{\beta}_1, \cdots, \boldsymbol{\beta}_n$ 的各分量排成的列向量，则

$$(\boldsymbol{\beta}_1, \boldsymbol{\beta}_2, \cdots, \boldsymbol{\beta}_n) = (\boldsymbol{\alpha}_1, \boldsymbol{\alpha}_2, \cdots, \boldsymbol{\alpha}_n)\boldsymbol{A}^{-1}\boldsymbol{B}.$$

故过渡矩阵 $\boldsymbol{T} = \boldsymbol{A}^{-1}\boldsymbol{B}$.

② 当 V 是任意 n 维向量空间时，先求 $\boldsymbol{\alpha}_1, \cdots, \boldsymbol{\alpha}_n, \boldsymbol{\beta}_1, \cdots, \boldsymbol{\beta}_n$ 关于 V 的某个基 $\{\boldsymbol{\varepsilon}_1, \boldsymbol{\varepsilon}_2, \cdots, \boldsymbol{\varepsilon}_n\}$ 的坐标，再用 ① 的方法求过渡矩阵 $\boldsymbol{T}=\boldsymbol{A}^{-1}\boldsymbol{B}$，其中 $\boldsymbol{A}$ 和 $\boldsymbol{B}$ 的列分别是 $\boldsymbol{\alpha}_1, \cdots, \boldsymbol{\alpha}_n$ 和 $\boldsymbol{\beta}_1, \cdots, \boldsymbol{\beta}_n$ 关于基 $\{\boldsymbol{\varepsilon}_1, \boldsymbol{\varepsilon}_2, \cdots, \boldsymbol{\varepsilon}_n\}$ 的坐标.

(3) 利用行初等变换.

当 V 是 n 维列空间 F^n 时，令

$$\boldsymbol{A}=(\boldsymbol{\alpha}_1, \boldsymbol{\alpha}_2, \cdots, \boldsymbol{\alpha}_n),\ \boldsymbol{B}=(\boldsymbol{\beta}_1, \boldsymbol{\beta}_2, \cdots, \boldsymbol{\beta}_n),$$

则 $\boldsymbol{B}=\boldsymbol{A}\boldsymbol{T}$. 根据 § 2.7 “释疑解难”之 3，有

$$\left(\begin{array}{c:c}\boldsymbol{\alpha}_1, \boldsymbol{\alpha}_2, \cdots, \boldsymbol{\alpha}_n & \boldsymbol{\beta}_1, \boldsymbol{\beta}_2, \cdots, \boldsymbol{\beta}_n\end{array}\right) \xrightarrow{\text{行初等变换}} \left(\begin{array}{c:c}\boldsymbol{I}_n & \boldsymbol{A}^{-1}\boldsymbol{B}\end{array}\right).$$

因此过渡矩阵 $\boldsymbol{T}=\boldsymbol{A}^{-1}\boldsymbol{B}$.

当 V 是 n 维行空间 F^n 时，分别将 $\boldsymbol{\alpha}_1, \cdots, \boldsymbol{\alpha}_n$ 和 $\boldsymbol{\beta}_1, \cdots, \boldsymbol{\beta}_n$ 的各分量排成列向量即可转化为上述情形.

三、范例解析

例 1 设 $V=\{(a+b\mathrm{i}, c+d\mathrm{i}) \mid a, b, c, d \in \mathbf{R}\}$，则 V 对于向量的加法和数乘运算构成复数域 $\mathbf{C}$ 上的向量空间，也构成实数域 $\mathbf{R}$ 上的向量空间，分别记为 $V_{\mathbf{C}}$，$V_{\mathbf{R}}$. 求向量空间 $V_{\mathbf{C}}$，$V_{\mathbf{R}}$ 的维数和一个基. 推广之可得什么结论? 并证明之.

解 对任意 $(\alpha, \beta)=(a+b\mathrm{i}, c+d\mathrm{i}) \in V$. 若基础域为 $\mathbf{C}$，则

$$(\alpha, \beta)=(\alpha, 0)+(0, \beta)=\alpha(1, 0)+\beta(0, 1)=\alpha\boldsymbol{\varepsilon}_1+\beta\boldsymbol{\varepsilon}_2,\ \alpha, \beta \in \mathbf{C}.$$

显然 $\{\boldsymbol{\varepsilon}_1, \boldsymbol{\varepsilon}_2\}$ 线性无关. 于是 $\{\boldsymbol{\varepsilon}_1, \boldsymbol{\varepsilon}_2\}$ 是 $V_{\mathbf{C}}$ 的一个基，$\dim V_{\mathbf{C}}=2$.

对任意 $(\alpha, \beta)=(a+b\mathrm{i}, c+d\mathrm{i}) \in V$. 若基础域为 $\mathbf{R}$，则

$$(\alpha, \beta)=(a+b\mathrm{i}, c+d\mathrm{i})=a(1, 0)+b(\mathrm{i}, 0)+c(0, 1)+d(0, \mathrm{i}).$$

易证 $\{(1, 0), (\mathrm{i}, 0), (0, 1), (0, \mathrm{i})\}$ 是 $V_{\mathbf{R}}$ 的线性无关向量组. 故 $\{(1, 0), (\mathrm{i}, 0), (0, 1), (0, \mathrm{i})\}$ 是 $V_{\mathbf{R}}$ 的一个基，$\dim V_{\mathbf{R}}=4$.

推广之可得:

定理 5.13 若 V 是复数域 $\mathbf{C}$ 上 n 维向量空间（记为 $V_{\mathbf{C}}$），$\{\boldsymbol{\alpha}_1, \boldsymbol{\alpha}_2, \cdots, \boldsymbol{\alpha}_n\}$ 为 V 的一个基，则 V 作为实数域 $\mathbf{R}$ 上的向量空间（记为 $V_{\mathbf{R}}$）有

$$\dim V_{\mathbf{R}}=2\dim V_{\mathbf{C}}=2n.$$

证明 因为 $\{\boldsymbol{\alpha}_1, \boldsymbol{\alpha}_2, \cdots, \boldsymbol{\alpha}_n\}$ 为 $V_{\mathbf{C}}$ 的一个基，所以对任意 $\boldsymbol{\alpha} \in V_{\mathbf{C}}$，存在唯一的一组数 $k_1, k_2, \cdots, k_n \in \mathbf{C}$，使得

$$\boldsymbol{\alpha}=k_1\boldsymbol{\alpha}_1+k_2\boldsymbol{\alpha}_2+\cdots+k_n\boldsymbol{\alpha}_n.$$

设 $k_j=a_j+b_j\mathrm{i}$，$a_j, b_j \in \mathbf{R}$，则 $\boldsymbol{\alpha}$ 作为实数域 $\mathbf{R}$ 上的向量空间 $V_{\mathbf{R}}$ 的向量，有

$$\boldsymbol{\alpha}=a_1\boldsymbol{\alpha}_1+a_2\boldsymbol{\alpha}_2+\cdots+a_n\boldsymbol{\alpha}_n+b_1(\mathrm{i}\boldsymbol{\alpha}_1)+b_2(\mathrm{i}\boldsymbol{\alpha}_2)+\cdots+b_n(\mathrm{i}\boldsymbol{\alpha}_n),$$

即 $\boldsymbol{\alpha}$ 可由 $V_{\mathbf{R}}$ 的向量组 $\{\boldsymbol{\alpha}_1, \boldsymbol{\alpha}_2, \cdots, \boldsymbol{\alpha}_n, \mathrm{i}\boldsymbol{\alpha}_1, \mathrm{i}\boldsymbol{\alpha}_2, \cdots, \mathrm{i}\boldsymbol{\alpha}_n\}$ 线性表示.

下证 $\{\boldsymbol{\alpha}_1, \boldsymbol{\alpha}_2, \cdots, \boldsymbol{\alpha}_n, \mathrm{i}\boldsymbol{\alpha}_1, \mathrm{i}\boldsymbol{\alpha}_2, \cdots, \mathrm{i}\boldsymbol{\alpha}_n\}$ 线性无关.

假设存在一组数 s_1，s_2，$\cdots$，s_n，t_1，t_2，$\cdots$，$t_n \in \mathbf{R}$，使得

$$s_1\boldsymbol{\alpha}_1 + s_2\boldsymbol{\alpha}_2 + \cdots + s_n\boldsymbol{\alpha}_n + t_1(\mathrm{i}\boldsymbol{\alpha}_1) + t_2(\mathrm{i}\boldsymbol{\alpha}_2) + \cdots + t_n(\mathrm{i}\boldsymbol{\alpha}_n) = \boldsymbol{0},$$

那么 $(s_1 + t_1\mathrm{i})\boldsymbol{\alpha}_1 + (s_2 + t_2\mathrm{i})\boldsymbol{\alpha}_2 + \cdots + (s_n + t_n\mathrm{i})\boldsymbol{\alpha}_n = \boldsymbol{0}$. 因为 $\{\boldsymbol{\alpha}_1, \boldsymbol{\alpha}_2, \cdots, \boldsymbol{\alpha}_n\}$ 为 $V_{\mathbf{C}}$ 的基，所以 $s_1 + t_1\mathrm{i} = s_2 + t_2\mathrm{i} = \cdots = s_n + t_n\mathrm{i} = 0$. 从而 $s_1 = t_1 = s_2 = t_2 = \cdots = s_n = t_n = 0$. 故 $\{\boldsymbol{\alpha}_1, \boldsymbol{\alpha}_2, \cdots, \boldsymbol{\alpha}_n, \mathrm{i}\boldsymbol{\alpha}_1, \mathrm{i}\boldsymbol{\alpha}_2, \cdots, \mathrm{i}\boldsymbol{\alpha}_n\}$ 线性无关.

因此 $\{\boldsymbol{\alpha}_1, \boldsymbol{\alpha}_2, \cdots, \boldsymbol{\alpha}_n, \mathrm{i}\boldsymbol{\alpha}_1, \mathrm{i}\boldsymbol{\alpha}_2, \cdots, \mathrm{i}\boldsymbol{\alpha}_n\}$ 是 $V_{\mathbf{R}}$ 的基，$\dim V_{\mathbf{R}} = 2n$.

例 2 设 p，q 是两个互异的素数，

$$V = \{a_1 + a_2\sqrt{p} + a_3\sqrt{q} + a_4\sqrt{pq} \mid a_i \in \mathbf{Q},\ i = 1, 2, 3, 4\}$$

是关于数的普通加法与乘法构成的有理数域 $\mathbf{Q}$ 上向量空间. 求 V 的维数和一个基.

解 显然 V 中的任意向量都可由 $\{1, \sqrt{p}, \sqrt{q}, \sqrt{pq}\}$ 线性表示. 下证这个向量组线性无关.

设 a，b，c，d 是有理数，使得

$$a + b\sqrt{p} + c\sqrt{q} + d\sqrt{pq} = (a + b\sqrt{p}) + (c + d\sqrt{p})\sqrt{q} = 0.$$

如果 $c + d\sqrt{p} \neq 0$，那么必有 $c - d\sqrt{p} \neq 0$. 故由上式，得

$$\frac{(a + b\sqrt{p})(c - d\sqrt{p})}{(c + d\sqrt{p})(c - d\sqrt{p})} = \frac{(ac - bdp) + (bc - ad)\sqrt{p}}{c^2 - pd^2} = -\sqrt{q}.$$

由于 $\sqrt{q}$ 是无理数，因此必有 $s = bc - ad \neq 0$. 设 $r = ac - bdp$，$-t = c^2 - pd^2$，则 $r + s\sqrt{p} = t\sqrt{q}$. 由 $st \neq 0$，得 $r \neq 0$（否则，若 $r = 0$，则 $\sqrt{\dfrac{p}{q}} = \dfrac{t}{s} \in \mathbf{Q}$. 矛盾）. 于是 $2rs\sqrt{p} = qt^2 - r^2 - ps^2$. 这与 $\sqrt{p}$ 是无理数矛盾. 故必有 $c + d\sqrt{p} = 0$. 从而 $a + b\sqrt{p} = 0$. 因此 $a = b = c = d = 0$. 故 $\{1, \sqrt{p}, \sqrt{q}, \sqrt{pq}\}$ 线性无关.

因此 $\{1, \sqrt{p}, \sqrt{q}, \sqrt{pq}\}$ 是 V 的一个基，$\dim V = 4$.

例 3 求下列向量空间的维数和一个基.

(1) 实数域 $\mathbf{R}$ 上由矩阵 $\boldsymbol{A} = \begin{pmatrix} 1 & 0 & 0 \\ 0 & \omega & 0 \\ 0 & 0 & \omega^2 \end{pmatrix}$ 的全体实系数多项式组成的向量空间 $V = \{f(\boldsymbol{A}) \mid f(x) \in \mathbf{R}[x]\}$，其中 $\omega = \dfrac{-1 + \sqrt{3}\mathrm{i}}{2}$；

(2) $M_3(F)$ 中所有与矩阵 $\boldsymbol{A} = \begin{pmatrix} 1 & 0 & 0 \\ 0 & 1 & 0 \\ 3 & 1 & 2 \end{pmatrix}$ 可交换的矩阵构成的向量空间 $V = \{\boldsymbol{B} \mid \boldsymbol{AB} = \boldsymbol{BA}, \boldsymbol{B} \in M_3(F)\}$.

解 (1) 因为 $\omega^2 = \dfrac{-1 - \sqrt{3}\mathrm{i}}{2}$，$\omega^3 = 1$，所以

$$\omega^n = \begin{cases} 1, & n = 3k, \\ \omega, & n = 3k + 1, \\ \omega^2, & n = 3k + 2, \end{cases} \qquad k \in \mathbf{Z}.$$

因此

$$A^n = \begin{cases} I,\ n = 3k, \\ A,\ n = 3k+1, \\ A^2,\ n = 3k+2, \end{cases} \qquad k \in \mathbf{Z}.$$

故对任意 $f(A) \in V$，$f(A)$ 可表示为 $\{I, A, A^2\}$ 的线性组合.

下证 $\{I, A, A^2\}$ 线性无关.

设 $k_0 I + k_1 A + k_2 A^2 = 0$，则

$$\begin{cases} k_0 + k_1 + k_2 = 0, \\ k_0 + k_1\omega + k_2\omega^2 = 0, \\ k_0 + k_1\omega^2 + k_2\omega = 0. \end{cases}$$

由于系数行列式 $D = 3(\omega^2 - \omega) \neq 0$，因此该方程组只有零解 $k_0 = k_1 = k_2 = 0$.

从而 $\{I, A, A^2\}$ 是 V 的一个基，$\dim V = 3$.

(2) 设 $B = \begin{pmatrix} a_1 & a_2 & a_3 \\ b_1 & b_2 & b_3 \\ c_1 & c_2 & c_3 \end{pmatrix} \in V$，使得 $AB = BA$，则 $\begin{cases} a_3 = b_3 = 0, \\ c_1 = 3c_3 - 3a_1 - b_1, \\ c_2 = c_3 - 3a_2 - b_2. \end{cases}$

因此 $B = \begin{pmatrix} a_1 & a_2 & 0 \\ b_1 & b_2 & 0 \\ 3c_3 - 3a_1 - b_1 & c_3 - 3a_2 - b_2 & c_3 \end{pmatrix}$. 于是

$$\left\{ \begin{pmatrix} 1 & 0 & 0 \\ 0 & 0 & 0 \\ -3 & 0 & 0 \end{pmatrix}, \begin{pmatrix} 0 & 1 & 0 \\ 0 & 0 & 0 \\ 0 & -3 & 0 \end{pmatrix}, \begin{pmatrix} 0 & 0 & 0 \\ 1 & 0 & 0 \\ -1 & 0 & 0 \end{pmatrix}, \begin{pmatrix} 0 & 0 & 0 \\ 0 & 1 & 0 \\ 0 & -1 & 0 \end{pmatrix}, \begin{pmatrix} 0 & 0 & 0 \\ 0 & 0 & 0 \\ 3 & 1 & 1 \end{pmatrix} \right\}$$

是 V 的一个基，$\dim V = 5$.

例 4 设 F^4 的向量组

$$\alpha_1 = (3, 2, 1, 5), \alpha_2 = (1, 1, 2, 9).$$

求 F^4 的一个基，使其包含向量 α_1，α_2.

解 注意到 α_1，α_2 的对应分量不成比例，所以线性无关. 从而可将 α_1，α_2 扩充成 F^4 的一个基 $\{\alpha_1, \alpha_2, \alpha_3, \alpha_4\}$. 下面确定 α_3，α_4.

由于 $\{\alpha_1, \alpha_2, \alpha_3, \alpha_4\}$ 线性无关，因此以 α_1，α_2，α_3，α_4 为列的四阶矩阵 A 可逆. 由于矩阵 A 前两列 α_1，α_2 中二阶行列式 $\begin{vmatrix} 3 & 1 \\ 2 & 1 \end{vmatrix} \neq 0$，因此可取

$$A = \begin{pmatrix} 3 & 1 & 0 & 0 \\ 2 & 1 & 0 & 0 \\ 1 & 2 & 1 & 0 \\ 5 & 9 & 0 & 1 \end{pmatrix}.$$

于是 $\alpha_3 = (0, 0, 1, 0)$，$\alpha_4 = (0, 0, 0, 1)$ 即为所求.

注 从已知的向量组出发，将其扩充为向量空间 V 的一个基，结果不唯一.

例如，本例还可取 $\boldsymbol{\alpha}_3=(0, 0, 1, 3)$，$\boldsymbol{\alpha}_4=(0, 0, 2, 4)$ 等.

例 5 在 F^3 中，取两个基

$$\boldsymbol{\alpha}_1=(1, 0, -1)^{\mathrm{T}}, \boldsymbol{\alpha}_2=(2, 1, 1)^{\mathrm{T}}, \boldsymbol{\alpha}_3=(1, 1, 1)^{\mathrm{T}};$$
$$\boldsymbol{\beta}_1=(0, 1, 1)^{\mathrm{T}}, \boldsymbol{\beta}_2=(-1, 1, 0)^{\mathrm{T}}, \boldsymbol{\beta}_3=(1, 2, 1)^{\mathrm{T}}.$$

(1) 求由基 $\{\boldsymbol{\alpha}_1, \boldsymbol{\alpha}_2, \boldsymbol{\alpha}_3\}$ 到基 $\{\boldsymbol{\beta}_1, \boldsymbol{\beta}_2, \boldsymbol{\beta}_3\}$ 的过渡矩阵 $\boldsymbol{T}$；

(2) 求向量 $\boldsymbol{\alpha}=(2, 5, 3)^{\mathrm{T}}$ 关于这两个基的坐标；

(3) 是否存在非零向量 $\boldsymbol{\gamma}$，使它关于这两个基的坐标相同？

解 (1) 方法一 利用定义.

设 $\boldsymbol{\beta}_i$ 关于基 $\{\boldsymbol{\alpha}_1, \boldsymbol{\alpha}_2, \boldsymbol{\alpha}_3\}$ 的坐标为 $(x_{i1}, x_{i2}, x_{i3})^{\mathrm{T}}$，则

$$\boldsymbol{\beta}_i=x_{i1}\boldsymbol{\alpha}_1+x_{i2}\boldsymbol{\alpha}_2+x_{i3}\boldsymbol{\alpha}_3, \quad i=1, 2, 3.$$

于是可得三个线性方程组. 分别解之，得

$$x_{11}=0, x_{12}=-1, x_{13}=2;$$
$$x_{21}=1, x_{22}=-3, x_{23}=4;$$
$$x_{31}=1, x_{32}=-2, x_{33}=4.$$

因此由基 $\{\boldsymbol{\alpha}_1, \boldsymbol{\alpha}_2, \boldsymbol{\alpha}_3\}$ 到基 $\{\boldsymbol{\beta}_1, \boldsymbol{\beta}_2, \boldsymbol{\beta}_3\}$ 的过渡矩阵

$$\boldsymbol{T}=\begin{pmatrix} 0 & 1 & 1 \\ -1 & -3 & -2 \\ 2 & 4 & 4 \end{pmatrix}.$$

方法二 利用 F^3 的标准基.

见本书配套教材 § 5.3 之例 9.

方法三 利用行初等变换.

设 $\boldsymbol{A}=(\boldsymbol{\alpha}_1, \boldsymbol{\alpha}_2, \boldsymbol{\alpha}_3)$，$\boldsymbol{B}=(\boldsymbol{\beta}_1, \boldsymbol{\beta}_2, \boldsymbol{\beta}_3)$. 因为

$$\left(\boldsymbol{\alpha}_1, \boldsymbol{\alpha}_2, \boldsymbol{\alpha}_3 \,\vdots\, \boldsymbol{\beta}_1, \boldsymbol{\beta}_2, \boldsymbol{\beta}_3\right)=\left(\begin{array}{ccc:ccc} 1 & 2 & 1 & 0 & -1 & 1 \\ 0 & 1 & 1 & 1 & 1 & 2 \\ -1 & 1 & 1 & 1 & 0 & 1 \end{array}\right)$$
$$\xrightarrow{\text{行初等变换}}\left(\begin{array}{ccc:ccc} 1 & 0 & 0 & 0 & 1 & 1 \\ 0 & 1 & 0 & -1 & -3 & -2 \\ 0 & 0 & 1 & 2 & 4 & 4 \end{array}\right),$$

所以由基 $\{\boldsymbol{\alpha}_1, \boldsymbol{\alpha}_2, \boldsymbol{\alpha}_3\}$ 到基 $\{\boldsymbol{\beta}_1, \boldsymbol{\beta}_2, \boldsymbol{\beta}_3\}$ 的过渡矩阵

$$\boldsymbol{T}=\boldsymbol{A}^{-1}\boldsymbol{B}=\begin{pmatrix} 0 & 1 & 1 \\ -1 & -3 & -2 \\ 2 & 4 & 4 \end{pmatrix}.$$

(2) 设 $\boldsymbol{\alpha}$ 关于基 $\{\boldsymbol{\beta}_1, \boldsymbol{\beta}_2, \boldsymbol{\beta}_3\}$ 的坐标为 $(y_1, y_2, y_3)^{\mathrm{T}}$，则

$$\begin{pmatrix} y_1 \\ y_2 \\ y_3 \end{pmatrix}=\boldsymbol{B}^{-1}\begin{pmatrix} 2 \\ 5 \\ 3 \end{pmatrix}=\frac{1}{2}\begin{pmatrix} -1 & -1 & 3 \\ -1 & 1 & -1 \\ 1 & 1 & -1 \end{pmatrix}\begin{pmatrix} 2 \\ 5 \\ 3 \end{pmatrix}=\begin{pmatrix} 1 \\ 0 \\ 2 \end{pmatrix}.$$

于是 $\boldsymbol{\alpha}$ 关于基 $\{\boldsymbol{\alpha}_1, \boldsymbol{\alpha}_2, \boldsymbol{\alpha}_3\}$ 的坐标 $(x_1, x_2, x_3)^{\mathrm{T}}$ 为

$$\begin{pmatrix} x_1 \\ x_2 \\ x_3 \end{pmatrix} = \boldsymbol{T}\begin{pmatrix} y_1 \\ y_2 \\ y_3 \end{pmatrix} = \begin{pmatrix} 0 & 1 & 1 \\ -1 & -3 & -2 \\ 2 & 4 & 4 \end{pmatrix}\begin{pmatrix} 1 \\ 0 \\ 2 \end{pmatrix} = \begin{pmatrix} 2 \\ -5 \\ 10 \end{pmatrix}.$$

(3) 设向量 $\boldsymbol{\gamma}$ 关于这两个基的坐标都为 $(z_1, z_2, z_3)^{\mathrm{T}}$，则

$$\boldsymbol{\gamma} = (\boldsymbol{\alpha}_1, \boldsymbol{\alpha}_2, \boldsymbol{\alpha}_3)\begin{pmatrix} z_1 \\ z_2 \\ z_3 \end{pmatrix} = (\boldsymbol{\beta}_1, \boldsymbol{\beta}_2, \boldsymbol{\beta}_3)\begin{pmatrix} z_1 \\ z_2 \\ z_3 \end{pmatrix}.$$

由 (1) 知，$(\boldsymbol{\beta}_1, \boldsymbol{\beta}_2, \boldsymbol{\beta}_3) = (\boldsymbol{\alpha}_1, \boldsymbol{\alpha}_2, \boldsymbol{\alpha}_3)\boldsymbol{T}$. 因此

$$(\boldsymbol{\alpha}_1, \boldsymbol{\alpha}_2, \boldsymbol{\alpha}_3)\begin{pmatrix} z_1 \\ z_2 \\ z_3 \end{pmatrix} = (\boldsymbol{\alpha}_1, \boldsymbol{\alpha}_2, \boldsymbol{\alpha}_3)\boldsymbol{T}\begin{pmatrix} z_1 \\ z_2 \\ z_3 \end{pmatrix}.$$

从而得齐次线性方程组

$$(\boldsymbol{I} - \boldsymbol{T})\begin{pmatrix} z_1 \\ z_2 \\ z_3 \end{pmatrix} = 0.$$

因为系数行列式 $\det(\boldsymbol{I} - \boldsymbol{T}) = 23 \neq 0$，所以方程组只有零解 $z_1 = z_2 = z_3 = 0$. 于是 $\boldsymbol{\gamma} = (0, 0, 0)^{\mathrm{T}}$. 这说明不存在关于这两个基的坐标相同的非零向量.

例 6 已知 $\{\boldsymbol{E}_{11}, \boldsymbol{E}_{12}, \boldsymbol{E}_{21}, \boldsymbol{E}_{22}\}$ 与

$$\left\{\boldsymbol{A}_1 = \begin{pmatrix} 0 & 1 \\ 1 & 1 \end{pmatrix}, \boldsymbol{A}_2 = \begin{pmatrix} 1 & 0 \\ 1 & 1 \end{pmatrix}, \boldsymbol{A}_3 = \begin{pmatrix} 1 & 1 \\ 0 & 1 \end{pmatrix}, \boldsymbol{A}_4 = \begin{pmatrix} 1 & 1 \\ 1 & 0 \end{pmatrix}\right\}$$

是 $M_2(F)$ 的两个基.

(1) 求从基 $\{\boldsymbol{A}_1, \boldsymbol{A}_2, \boldsymbol{A}_3, \boldsymbol{A}_4\}$ 到基 $\{\boldsymbol{E}_{11}, \boldsymbol{E}_{12}, \boldsymbol{E}_{21}, \boldsymbol{E}_{22}\}$ 的过渡矩阵；

(2) 求 $\boldsymbol{A} = \begin{pmatrix} 1 & 2 \\ 3 & 4 \end{pmatrix}$ 关于基 $\{\boldsymbol{A}_1, \boldsymbol{A}_2, \boldsymbol{A}_3, \boldsymbol{A}_4\}$ 的坐标.

解 (1) 因由基 $\{\boldsymbol{E}_{11}, \boldsymbol{E}_{12}, \boldsymbol{E}_{21}, \boldsymbol{E}_{22}\}$ 到基 $\{\boldsymbol{A}_1, \boldsymbol{A}_2, \boldsymbol{A}_3, \boldsymbol{A}_4\}$ 的过渡矩阵为

$$\boldsymbol{T} = \begin{pmatrix} 0 & 1 & 1 & 1 \\ 1 & 0 & 1 & 1 \\ 1 & 1 & 0 & 1 \\ 1 & 1 & 1 & 0 \end{pmatrix},$$

故由基 $\{\boldsymbol{A}_1, \boldsymbol{A}_2, \boldsymbol{A}_3, \boldsymbol{A}_4\}$ 到基 $\{\boldsymbol{E}_{11}, \boldsymbol{E}_{12}, \boldsymbol{E}_{21}, \boldsymbol{E}_{22}\}$ 的过渡矩阵为

$$\boldsymbol{T}^{-1} = \frac{1}{3}\begin{pmatrix} -2 & 1 & 1 & 1 \\ 1 & -2 & 1 & 1 \\ 1 & 1 & -2 & 1 \\ 1 & 1 & 1 & -2 \end{pmatrix}.$$

(2) 由于 $\boldsymbol{A}$ 关于基 $\{\boldsymbol{E}_{11}, \boldsymbol{E}_{12}, \boldsymbol{E}_{21}, \boldsymbol{E}_{22}\}$ 的坐标为 $(1, 2, 3, 4)^{\mathrm{T}}$，因此 $\boldsymbol{A}$ 关于基 $\{\boldsymbol{A}_1, \boldsymbol{A}_2, \boldsymbol{A}_3, \boldsymbol{A}_4\}$ 的坐标为

$$T^{-1}\begin{pmatrix}1\\2\\3\\4\end{pmatrix}=\frac{1}{3}\begin{pmatrix}7\\4\\1\\-2\end{pmatrix}.$$

例 7 设 $F_{n-1}[x]$ 是数域 F 上次数小于 n 的多项式及零多项式构成的 n 维向量空间.

(1) 证明：若 a_1，a_2，$\cdots$，a_n 是 F 中互不相同的数，则

$$f_i(x)=(x-a_1)\cdots(x-a_{i-1})(x-a_{i+1})\cdots(x-a_n)，i=1，2，\cdots，n$$

是 $F_{n-1}[x]$ 的一个基；

(2) 取 a_1，a_2，$\cdots$，a_n 为 n 个 n 次单位根. 求基 $\{1，x，x^2，\cdots，x^{n-1}\}$ 到基 $\{f_1(x)，f_2(x)，\cdots，f_n(x)\}$ 的过渡矩阵.

证明 (1) 设存在一组数 k_1，k_2，$\cdots$，$k_n\in F$，使得

$$k_1f_1(x)+k_2f_2(x)+\cdots+k_nf_n(x)=0.$$

取 $x=a_i$. 因为 $f_j(a_i)=0\ (j\neq i)$，所以 $k_if_i(a_i)=0$. 由于 $f_i(a_i)\neq 0$，因此 $k_i=0$，$i=1，2，\cdots，n$. 于是 $f_1(x)$，$f_2(x)$，$\cdots$，$f_n(x)$ 线性无关. 又因 $F_{n-1}[x]$ 是 n 维向量空间，故 $\{f_1(x)，f_2(x)，\cdots，f_n(x)\}$ 是 $F_{n-1}[x]$ 的基.

(2) 因为 a_1，a_2，$\cdots$，a_n 为 n 个 n 次单位根，所以由 (1) 知，

$$f_i(x)=\frac{x^n-1}{x-a_i}=x^{n-1}+a_ix^{n-2}+a_i^2x^{n-3}+\cdots+a_i^{n-2}x+a_i^{n-1}，i=1，2，\cdots，n.$$

因此由基 $\{1，x，x^2，\cdots，x^{n-1}\}$ 到基 $\{f_1(x)，f_2(x)，\cdots，f_n(x)\}$ 的过渡矩阵为

$$T=\begin{pmatrix}a_1^{n-1}&a_2^{n-1}&\cdots&a_n^{n-1}\\a_1^{n-2}&a_2^{n-2}&\cdots&a_n^{n-2}\\\vdots&\vdots&&\vdots\\a_1&a_2&\cdots&a_n\\1&1&\cdots&1\end{pmatrix}.$$

注 若取 $a_1=1$，$a_2=\omega$，$\cdots$，$a_n=\omega^{n-1}$，其中 $\omega=\cos\dfrac{2\pi}{n}+\mathrm{i}\sin\dfrac{2\pi}{n}$，则由基 $\{1，x，x^2，\cdots，x^{n-1}\}$ 到基 $\{f_1(x)，f_2(x)，\cdots，f_n(x)\}$ 的过渡矩阵为

$$T=\begin{pmatrix}1&\omega^{n-1}&\omega^{n-2}&\cdots&\omega\\1&\omega^{n-2}&\omega^{n-4}&\cdots&\omega^2\\1&\omega^{n-3}&\omega^{n-6}&\cdots&\omega^3\\\vdots&\vdots&\vdots&&\vdots\\1&\omega&\omega^2&\cdots&\omega^{n-1}\\1&1&1&\cdots&1\end{pmatrix}.$$

§5.4 子 空 间

利用特殊子集合的性质来反映或逼近整个代数系统（带有代数运算的集合）的性质，这是代数学中研究问题的一种基本方法．向量空间 V 的一个非空子集关于 V 的运算也可能构成向量空间．本节我们就来讨论这类特殊子集．

一、主要内容

1．子空间的定义及判定

定义 5.11 设 V 是数域 F 上的一个向量空间，W 是 V 的一个非空子集．若 W 关于 V 的加法及数乘运算也构成一个向量空间，则称 W 是 V 的一个子空间．

任意向量空间 V 的子空间总存在．例如，零子空间及 V 本身都是 V 的子空间．称这样的子空间为 V 的平凡子空间，V 的其他子空间称为非平凡子空间．

定理 5.14 设 W 是数域 F 上向量空间 V 的一个非空子集，则 W 是 V 的子空间的充要条件是 W 对于 V 的加法运算和数乘运算是封闭的．

2．由向量组生成的子空间

设 $\boldsymbol{\alpha}_1, \boldsymbol{\alpha}_2, \cdots, \boldsymbol{\alpha}_s$ 是数域 F 上向量空间 V 中的向量．令

$$W=\{k_1\boldsymbol{\alpha}_1+k_2\boldsymbol{\alpha}_2+\cdots+k_s\boldsymbol{\alpha}_s \mid k_i\in F,\ i=1, 2, \cdots, s\},$$

即 W 是由向量 $\boldsymbol{\alpha}_1, \boldsymbol{\alpha}_2, \cdots, \boldsymbol{\alpha}_s$ 的全体线性组合作成的集合．由定义直接验证可知，W 是 V 的一个子空间．称这个子空间 W 为由向量 $\boldsymbol{\alpha}_1, \boldsymbol{\alpha}_2, \cdots, \boldsymbol{\alpha}_s$ 所生成的子空间，记作 $\mathscr{L}(\boldsymbol{\alpha}_1, \boldsymbol{\alpha}_2, \cdots, \boldsymbol{\alpha}_s)$．称向量 $\boldsymbol{\alpha}_1, \boldsymbol{\alpha}_2, \cdots, \boldsymbol{\alpha}_s$ 为子空间 W 的一组生成元．

对于一个非零向量组 $\{\boldsymbol{\alpha}_1, \boldsymbol{\alpha}_2, \cdots, \boldsymbol{\alpha}_s\}$，自然需要考虑这样两个量之间的关系：一个是秩 $(\boldsymbol{\alpha}_1, \boldsymbol{\alpha}_2, \cdots, \boldsymbol{\alpha}_s)$，另一个是 $\dim\mathscr{L}(\boldsymbol{\alpha}_1, \boldsymbol{\alpha}_2, \cdots, \boldsymbol{\alpha}_s)$．

定理 5.15 设 $\boldsymbol{\alpha}_1, \boldsymbol{\alpha}_2, \cdots, \boldsymbol{\alpha}_s$ 是数域 F 上向量空间 V 中不全为零的向量，则向量组 $\{\boldsymbol{\alpha}_1, \boldsymbol{\alpha}_2, \cdots, \boldsymbol{\alpha}_s\}$ 的极大无关组就是 $\mathscr{L}(\boldsymbol{\alpha}_1, \boldsymbol{\alpha}_2, \cdots, \boldsymbol{\alpha}_s)$ 的基，并且

$$\dim\mathscr{L}(\boldsymbol{\alpha}_1, \boldsymbol{\alpha}_2, \cdots, \boldsymbol{\alpha}_s)=\text{秩}\,(\boldsymbol{\alpha}_1, \boldsymbol{\alpha}_2, \cdots, \boldsymbol{\alpha}_s).$$

3．子空间的交与和

定义 5.12 设 W_1, W_2 是向量空间 V 的两个子空间．称

$$\{\boldsymbol{\alpha} \mid \boldsymbol{\alpha}\in W_1,\ \text{且}\ \boldsymbol{\alpha}\in W_2\}$$

为 W_1 与 W_2 的交，记作 $W_1\cap W_2$．称

$$\{\boldsymbol{\alpha}_1+\boldsymbol{\alpha}_2 \mid \boldsymbol{\alpha}_1\in W_1, \boldsymbol{\alpha}_2\in W_2\}$$

为 W_1 与 W_2 的和，记作 W_1+W_2．

定理 5.16 若 W_1, W_2 是向量空间 V 的两个子空间，则 $W_1\cap W_2, W_1+W_2$ 仍是 V 的子空间．

注 (1) 子空间的交与和运算均满足交换律与结合律；

(2) 向量空间 V 的多个子空间 W_1，W_2，$\cdots$，W_k ($k \geqslant 2$) 的交与和分别为

$$W_1 + W_2 + \cdots + W_k = \{\boldsymbol{\alpha}_1 + \boldsymbol{\alpha}_2 + \cdots + \boldsymbol{\alpha}_k \mid \boldsymbol{\alpha}_i \in W_i,\ i = 1, 2, \cdots, k\},$$

$$W_1 \cap W_2 \cap \cdots \cap W_k = \{\boldsymbol{\alpha} \mid \boldsymbol{\alpha} \in W_i,\ i = 1, 2, \cdots, k\},$$

并且容易验证 V 的任意多个子空间的交仍是 V 的子空间，任意有限个子空间的和仍是 V 的子空间；

(3) 向量空间 V 的两个子空间的并（集合意义下的并）未必是 V 的子空间.

定理 5.17 设 W_1，W_2 是数域 F 上向量空间 V 的两个子空间，则 $W_1 \cup W_2$ 是 V 的子空间的充要条件是 $W_1 \subseteq W_2$，或者 $W_2 \subseteq W_1$.

定理 5.18 (维数公式) 设 W_1，W_2 是向量空间 V 的两个有限维子空间，则

$$\dim (W_1 + W_2) + \dim (W_1 \cap W_2) = \dim W_1 + \dim W_2.$$

4. 子空间的直和

定义 5.13 设 W_1，W_2 是向量空间 V 的两个子空间，$W = W_1 + W_2$. 若 $W_1 \cap W_2 = \{\boldsymbol{0}\}$，则称 W 是 W_1 与 W_2 的直和，记作 $W = W_1 \oplus W_2$.

定理 5.19 设 W_1，W_2 是向量空间 V 的两个子空间，$W = W_1 + W_2$，则 W 是 W_1 与 W_2 的直和的充要条件是 W 中零向量的表示法唯一，即一旦

$$\boldsymbol{0} = \boldsymbol{\alpha}_1 + \boldsymbol{\alpha}_2,\ \boldsymbol{\alpha}_1 \in W_1,\ \boldsymbol{\alpha}_2 \in W_2,$$

必有 $\boldsymbol{\alpha}_1 = \boldsymbol{\alpha}_2 = \boldsymbol{0}$.

定理 5.20 设 W_1，W_2 是向量空间 V 的两个子空间，$W = W_1 + W_2$，则 W 是 W_1 与 W_2 的直和的充要条件是 W 中任意一个向量 $\boldsymbol{\alpha}$ 可以唯一地表示成

$$\boldsymbol{\alpha} = \boldsymbol{\alpha}_1 + \boldsymbol{\alpha}_2,\ \boldsymbol{\alpha}_1 \in W_1,\ \boldsymbol{\alpha}_2 \in W_2.$$

定理 5.21 向量空间 V 的两个有限维子空间 W_1，W_2 的和 $W = W_1 + W_2$ 是直和的充要条件是

$$\dim (W_1 + W_2) = \dim W_1 + \dim W_2.$$

定理 5.22 设 W_1，W_2，$\cdots$，W_s 是数域 F 上向量空间 V 的 s ($s \geqslant 2$) 个有限维非零子空间，且 $W = W_1 + W_2 + \cdots + W_s$，则下述诸条彼此等价：

(i) $W_i \cap (W_1 + \cdots + W_{i-1} + W_{i+1} + \cdots + W_s) = \{\boldsymbol{0}\}$，$i = 1, 2, \cdots, s$；

(ii) $W_i \cap (W_{i+1} + W_{i+2} + \cdots + W_s) = \{\boldsymbol{0}\}$，$i = 1, 2, \cdots, s-1$；

(iii) 对任意 $\boldsymbol{\xi} \in W$，$\boldsymbol{\xi}$ 表示为

$$\boldsymbol{\xi} = \boldsymbol{\xi}_1 + \boldsymbol{\xi}_2 + \cdots + \boldsymbol{\xi}_s,\ \boldsymbol{\xi}_i \in W_i,\ i = 1, 2, \cdots, s$$

的表示法唯一；

(iv) 一旦 $\boldsymbol{\xi}_1 + \boldsymbol{\xi}_2 + \cdots + \boldsymbol{\xi}_s = \boldsymbol{0}$，$\boldsymbol{\xi}_i \in W_i$，$i = 1, 2, \cdots, s$，就有 $\boldsymbol{\xi}_i = \boldsymbol{0}$，$i = 1, 2, \cdots, s$；

(v) 令 $\{\boldsymbol{\alpha}_{i1}, \boldsymbol{\alpha}_{i2}, \cdots, \boldsymbol{\alpha}_{it_i}\}$ 为 W_i 的基，$i = 1, 2, \cdots, s$，则

$$\{\boldsymbol{\alpha}_{11}, \boldsymbol{\alpha}_{12}, \cdots, \boldsymbol{\alpha}_{1t_1}, \boldsymbol{\alpha}_{21}, \boldsymbol{\alpha}_{22}, \cdots, \boldsymbol{\alpha}_{2t_2} \cdots, \boldsymbol{\alpha}_{s1}, \boldsymbol{\alpha}_{s2}, \cdots, \boldsymbol{\alpha}_{st_s}\}$$

为 W 的基;

(vi) $\dim W = \dim W_1 + \dim W_2 + \cdots + \dim W_s$.

注意, 如果只要求定理 5.22 的前四条彼此等价, 那么可以去掉诸 W_i 是"有限维"且"非零"的限制.

定义 5.14 设 W_1, W_2, $\cdots$, W_s 是数域 F 上向量空间 V 的 s ($s \geqslant 2$) 个子空间, 且 $W = W_1 + W_2 + \cdots + W_s$. 如果定理 5.22 中的 (i), (ii), (iii), (iv) 中的任意一条成立, 那么称 W 是 W_1, W_2, $\cdots$, W_s 的直和, 记为

$$W = W_1 \oplus W_2 \oplus \cdots \oplus W_s.$$

二、释疑解难

1. 关于子空间的判定

向量空间 V 的子空间与 V 有相同的数域和运算. 要判断向量空间 V 的一个非空子集 W 是否为 V 的子空间, 可利用子空间的定义, 也可利用定理 5.14, 还可利用下面的定理 5.23.

定理 5.23 数域 F 上向量空间 V 的一个非空子集 W 是 V 的子空间当且仅当对任意 $\boldsymbol{\alpha}$, $\boldsymbol{\beta} \in W$ 和任意 k, $l \in F$, 都有 $k\boldsymbol{\alpha} + l\boldsymbol{\beta} \in W$.

事实上, 若 W 是 V 的一个子空间, 则由 W 对于 V 的数乘运算封闭知, 对任意 $\boldsymbol{\alpha}$, $\boldsymbol{\beta} \in W$ 和任意 k, $l \in F$, $k\boldsymbol{\alpha}$, $l\boldsymbol{\beta} \in W$. 又因 W 对于 V 的加法运算封闭, 故 $k\boldsymbol{\alpha} + l\boldsymbol{\beta} \in W$.

反过来, 若对任意 $\boldsymbol{\alpha}$, $\boldsymbol{\beta} \in W$ 和任意 k, $l \in F$, 都有 $k\boldsymbol{\alpha} + l\boldsymbol{\beta} \in W$, 则取 $k = l = 1$, 就有 $\boldsymbol{\alpha} + \boldsymbol{\beta} \in W$. 取 $l = 0$, 就有 $k\boldsymbol{\alpha} \in W$. 因此 W 对于 V 的加法和数乘运算封闭. 故 W 是 V 的一个子空间.

2. 关于包含两个子空间 W_1 与 W_2 的最小子空间

数域 F 上向量空间 V 的两个子空间 W_1 与 W_2 的和 $W_1 + W_2$ 是 V 的既包含 W_1 又包含 W_2 的最小子空间.

事实上, 设 $\boldsymbol{\alpha} \in W_1 + W_2$, 则存在 $\boldsymbol{\alpha}_1 \in W_1$, $\boldsymbol{\alpha}_2 \in W_2$, 使得 $\boldsymbol{\alpha} = \boldsymbol{\alpha}_1 + \boldsymbol{\alpha}_2$. 若 W 是 V 的一个子空间, 并且 $W_1 \subseteq W$, $W_2 \subseteq W$, 则 $\boldsymbol{\alpha}_1$, $\boldsymbol{\alpha}_2 \in W$. 因此 $\boldsymbol{\alpha}_1 + \boldsymbol{\alpha}_2 \in W$. 故 $W_1 + W_2 \subseteq W$.

3. 求 F^n 的两个子空间 W_1 与 W_2 的和 $W_1 + W_2$ 的基与维数的方法

设 $W_1 = \mathscr{L}(\boldsymbol{\alpha}_1, \boldsymbol{\alpha}_2, \cdots, \boldsymbol{\alpha}_s)$ 与 $W_2 = \mathscr{L}(\boldsymbol{\beta}_1, \boldsymbol{\beta}_2, \cdots, \boldsymbol{\beta}_t)$ 是 F^n 的两个子空间, 则

$$W_1 + W_2 = \mathscr{L}(\boldsymbol{\alpha}_1, \cdots, \boldsymbol{\alpha}_s, \boldsymbol{\beta}_1, \cdots, \boldsymbol{\beta}_t),$$

因此要求 $W_1 + W_2$ 的基和维数, 只需求出向量组 $\{\boldsymbol{\alpha}_1, \cdots, \boldsymbol{\alpha}_s, \boldsymbol{\beta}_1, \cdots, \boldsymbol{\beta}_t\}$ 的一个极大无关组 (方法见 § 5.2 "释疑解难" 之 4).

注 利用维数公式，可得 W_1 与 W_2 的交的维数. 交空间的基的求法见 § 6.3 "释疑解难"之 2.

4. 关于余子空间

定义 5.15 设 W，W' 都是向量空间 V 的子空间. 若 $V = W \oplus W'$，则称 W' 为 W 的一个余子空间（或补子空间），也称 W 是 W' 的一个余子空间.

定理 5.24 n 维向量空间 V 的任意一个子空间 W 都存在余子空间，但不一定唯一.

证明 当 $\dim W = 0$ 或 n 时，结论显然成立. 设 $\dim W = r$，$0 < r < n$，并且 $\boldsymbol{\alpha}_1$，$\boldsymbol{\alpha}_2$，$\cdots$，$\boldsymbol{\alpha}_r$ 是 W 的一个基，则存在 $n-r$ 个向量 $\boldsymbol{\alpha}_{r+1}$，$\boldsymbol{\alpha}_{r+2}$，$\cdots$，$\boldsymbol{\alpha}_n \in V$，使得 $\{\boldsymbol{\alpha}_1, \cdots, \boldsymbol{\alpha}_r, \boldsymbol{\alpha}_{r+1}, \cdots, \boldsymbol{\alpha}_n\}$ 是 V 的一个基. 取 $W' = \mathscr{L}(\boldsymbol{\alpha}_{r+1}, \boldsymbol{\alpha}_{r+2}, \cdots, \boldsymbol{\alpha}_n)$，则 $V = W + W'$，且 $W \cap W' = \{\boldsymbol{0}\}$. 因此 W' 是 W 的一个余子空间.

若取 $W'' = \mathscr{L}(\boldsymbol{\alpha}_1 + \boldsymbol{\alpha}_{r+1}, \boldsymbol{\alpha}_{r+2}, \cdots, \boldsymbol{\alpha}_n)$，则 W'' 也是 W 的一个余子空间. 因为 $\boldsymbol{\alpha}_1 \notin W'$，$\boldsymbol{\alpha}_{r+1} \in W'$，所以 $\boldsymbol{\alpha}_1 + \boldsymbol{\alpha}_{r+1} \notin W'$. 但 $\boldsymbol{\alpha}_1 + \boldsymbol{\alpha}_{r+1} \in W''$，因此 $W'' \neq W'$.

例如，向量空间 V_2 中，x 轴上所有向量所构成的一维子空间 W 的余子空间有无穷多个. 这是因为，过原点的不同于 x 轴的任意一条直线上的所有向量构成的子空间都是 W 的余子空间. 但是平凡子空间的余子空间是唯一的.

三、范例解析

例 1 设 W 是数域 F 上的 n 阶循环矩阵的集合，即

$$W = \left\{ \begin{pmatrix} a_1 & a_2 & \cdots & a_n \\ a_n & a_1 & \cdots & a_{n-1} \\ a_{n-1} & a_n & \cdots & a_{n-2} \\ \vdots & \vdots & & \vdots \\ a_2 & a_3 & \cdots & a_1 \end{pmatrix} \middle| \, a_i \in F, \ i = 1, 2, \cdots, n \right\}.$$

证明：W 是 $M_n(F)$ 的子空间，且对任意 $\boldsymbol{A}$，$\boldsymbol{B} \in W$，都有 $\boldsymbol{AB} = \boldsymbol{BA}$，并求 W 的一个基和维数.

证明 因两个循环矩阵的和及数与循环矩阵的乘积仍是循环矩阵，故 W 是 $M_n(F)$ 的子空间. 取 $\boldsymbol{D} = \begin{pmatrix} \boldsymbol{0} & \boldsymbol{I}_{n-1} \\ 1 & \boldsymbol{0} \end{pmatrix}$，则 $\boldsymbol{D}^k = \begin{pmatrix} \boldsymbol{0} & \boldsymbol{I}_{n-k} \\ \boldsymbol{I}_k & \boldsymbol{0} \end{pmatrix}$，$k = 1, 2, \cdots, n-1$. 易知 $\boldsymbol{D}^k \in W$，并且 $\{\boldsymbol{I}_n, \boldsymbol{D}, \boldsymbol{D}^2, \cdots, \boldsymbol{D}^{n-1}\}$ 线性无关. 由于对任意

$$\boldsymbol{A} = \begin{pmatrix} a_1 & a_2 & \cdots & a_n \\ a_n & a_1 & \cdots & a_{n-1} \\ a_{n-1} & a_n & \cdots & a_{n-2} \\ \vdots & \vdots & & \vdots \\ a_2 & a_3 & \cdots & a_1 \end{pmatrix} \in W,$$

都有 $\boldsymbol{A} = a_1\boldsymbol{I}_n + a_2\boldsymbol{D} + a_3\boldsymbol{D}^2 + \cdots + a_n\boldsymbol{D}^{n-1}$，即 $\boldsymbol{A}$ 可由 $\{\boldsymbol{I}_n, \boldsymbol{D}, \boldsymbol{D}^2, \cdots, \boldsymbol{D}^{n-1}\}$ 线性

表示，因此 $\{\boldsymbol{I}_n, \boldsymbol{D}, \boldsymbol{D}^2, \cdots, \boldsymbol{D}^{n-1}\}$ 是 W 的一个基，$\dim W = n$.

对任意

$$\boldsymbol{B} = \begin{pmatrix} b_1 & b_2 & \cdots & b_n \\ b_n & b_1 & \cdots & b_{n-1} \\ b_{n-1} & b_n & \cdots & b_{n-2} \\ \vdots & \vdots & & \vdots \\ b_2 & b_3 & \cdots & b_1 \end{pmatrix} \in W,$$

设 $f(x) = a_1+a_2x+\cdots+a_nx^{n-1}$，$g(x) = b_1+b_2x+\cdots+b_nx^{n-1}$，则 $\boldsymbol{A} = f(\boldsymbol{D})$，$\boldsymbol{B} = g(\boldsymbol{D})$. 从而

$$\boldsymbol{AB} = f(\boldsymbol{D})g(\boldsymbol{D}) = g(\boldsymbol{D})f(\boldsymbol{D}) = \boldsymbol{BA}.$$

例 2 在 F^4 中给定两个向量组

$$\boldsymbol{\alpha}_1 = (1, 1, 0, 1), \boldsymbol{\alpha}_2 = (1, 0, 0, 1), \boldsymbol{\alpha}_3 = (2, 1, 0, 2);$$
$$\boldsymbol{\beta}_1 = (1, 2, 0, 1), \boldsymbol{\beta}_2 = (0, 1, 1, 0).$$

求 $\mathscr{L}(\boldsymbol{\alpha}_1, \boldsymbol{\alpha}_2, \boldsymbol{\alpha}_3) + \mathscr{L}(\boldsymbol{\beta}_1, \boldsymbol{\beta}_2)$ 的维数与一个基.

解 取 F^4 的标准基 $\{\boldsymbol{\varepsilon}_1, \boldsymbol{\varepsilon}_2, \boldsymbol{\varepsilon}_3, \boldsymbol{\varepsilon}_4\}$，于是

$$(\boldsymbol{\alpha}_1, \boldsymbol{\alpha}_2, \boldsymbol{\alpha}_3, \boldsymbol{\beta}_1, \boldsymbol{\beta}_2) = (\boldsymbol{\varepsilon}_1, \boldsymbol{\varepsilon}_2, \boldsymbol{\varepsilon}_3, \boldsymbol{\varepsilon}_4)\boldsymbol{A},$$

其中

$$\boldsymbol{A} = \begin{pmatrix} 1 & 1 & 2 & 1 & 0 \\ 1 & 0 & 1 & 2 & 1 \\ 0 & 0 & 0 & 0 & 1 \\ 1 & 1 & 2 & 1 & 0 \end{pmatrix}.$$

因为秩 $\boldsymbol{A} = 3$，所以 $\{\boldsymbol{\alpha}_1, \boldsymbol{\alpha}_2, \boldsymbol{\alpha}_3, \boldsymbol{\beta}_1, \boldsymbol{\beta}_2\}$ 线性相关. 又因为

$$(\boldsymbol{\alpha}_1, \boldsymbol{\alpha}_2, \boldsymbol{\beta}_2) = (\boldsymbol{\varepsilon}_1, \boldsymbol{\varepsilon}_2, \boldsymbol{\varepsilon}_3, \boldsymbol{\varepsilon}_4)\boldsymbol{B},$$

其中

$$\boldsymbol{B} = \begin{pmatrix} 1 & 1 & 0 \\ 1 & 0 & 1 \\ 0 & 0 & 1 \\ 1 & 1 & 0 \end{pmatrix}.$$

由秩 $\boldsymbol{B} = 3$ 知，$\{\boldsymbol{\alpha}_1, \boldsymbol{\alpha}_2, \boldsymbol{\beta}_2\}$ 线性无关. 故 $\{\boldsymbol{\alpha}_1, \boldsymbol{\alpha}_2, \boldsymbol{\beta}_2\}$ 是 $\{\boldsymbol{\alpha}_1, \boldsymbol{\alpha}_2, \boldsymbol{\alpha}_3, \boldsymbol{\beta}_1, \boldsymbol{\beta}_2\}$ 的一个极大无关组. 由于 $\mathscr{L}(\boldsymbol{\alpha}_1, \boldsymbol{\alpha}_2, \boldsymbol{\alpha}_3) + \mathscr{L}(\boldsymbol{\beta}_1, \boldsymbol{\beta}_2) = \mathscr{L}(\boldsymbol{\alpha}_1, \boldsymbol{\alpha}_2, \boldsymbol{\alpha}_3, \boldsymbol{\beta}_1, \boldsymbol{\beta}_2)$，因此 $\{\boldsymbol{\alpha}_1, \boldsymbol{\alpha}_2, \boldsymbol{\beta}_2\}$ 是 $\mathscr{L}(\boldsymbol{\alpha}_1, \boldsymbol{\alpha}_2, \boldsymbol{\alpha}_3) + \mathscr{L}(\boldsymbol{\beta}_1, \boldsymbol{\beta}_2)$ 的一个基，$\mathscr{L}(\boldsymbol{\alpha}_1, \boldsymbol{\alpha}_2, \boldsymbol{\alpha}_3) + \mathscr{L}(\boldsymbol{\beta}_1, \boldsymbol{\beta}_2)$ 的维数是 3.

例 3 设 F 为数域. 在 $M_2(F)$ 中，令

$$W_1 = \left\{\begin{pmatrix} x & -x \\ y & z \end{pmatrix} \middle| x, y, z \in F\right\}, W_2 = \left\{\begin{pmatrix} a & b \\ -a & c \end{pmatrix} \middle| a, b, c \in F\right\}.$$

(1) 证明：W_1 和 W_2 均为 $M_2(F)$的子空间；

(2) 求 $W_1 + W_2$ 和 $W_1 \cap W_2$ 的维数和一组基.

证明 (1) 因为 W_1 和 W_2 非空，并且对加法和数乘都封闭，所以 W_1 和 W_2 都是 $M_2(F)$ 的子空间.

(2) 易知 $\dim W_1 = 3$，$\left\{\begin{pmatrix} 1 & -1 \\ 0 & 0 \end{pmatrix}, \begin{pmatrix} 0 & 0 \\ 1 & 0 \end{pmatrix}, \begin{pmatrix} 0 & 0 \\ 0 & 1 \end{pmatrix}\right\}$ 是 W_1 的一个基，且 $\dim W_2 = 3$，$\left\{\begin{pmatrix} 1 & 0 \\ -1 & 0 \end{pmatrix}, \begin{pmatrix} 0 & 1 \\ 0 & 0 \end{pmatrix}, \begin{pmatrix} 0 & 0 \\ 0 & 1 \end{pmatrix}\right\}$ 是 W_2 的一个基. 于是

$$W_1 + W_2 = \mathscr{L}\left(\begin{pmatrix} 1 & -1 \\ 0 & 0 \end{pmatrix}, \begin{pmatrix} 0 & 0 \\ 1 & 0 \end{pmatrix}, \begin{pmatrix} 0 & 0 \\ 0 & 1 \end{pmatrix}, \begin{pmatrix} 1 & 0 \\ -1 & 0 \end{pmatrix}, \begin{pmatrix} 0 & 1 \\ 0 & 0 \end{pmatrix}\right).$$

由于 $\left\{\begin{pmatrix} 1 & -1 \\ 0 & 0 \end{pmatrix}, \begin{pmatrix} 0 & 0 \\ 1 & 0 \end{pmatrix}, \begin{pmatrix} 0 & 0 \\ 0 & 1 \end{pmatrix}, \begin{pmatrix} 0 & 1 \\ 0 & 0 \end{pmatrix}\right\}$ 是 $W_1 + W_2$ 的一个基，因此 $\dim (W_1 + W_2) = 4$.

由维数公式知，$\dim (W_1 \cap W_2) = 2$. 设 $\begin{pmatrix} x_1 & x_2 \\ x_3 & x_4 \end{pmatrix} \in W_1 \cap W_2$，则由交的元素形式知，$x_2 = -x_1 = x_3$. 因此 $\begin{pmatrix} 1 & -1 \\ -1 & 0 \end{pmatrix}$，$\begin{pmatrix} 0 & 0 \\ 0 & 1 \end{pmatrix} \in W_1 \cap W_2$. 因为 $\begin{pmatrix} 1 & -1 \\ -1 & 0 \end{pmatrix}$，$\begin{pmatrix} 0 & 0 \\ 0 & 1 \end{pmatrix}$ 线性无关，所以 $\left\{\begin{pmatrix} 1 & -1 \\ -1 & 0 \end{pmatrix}, \begin{pmatrix} 0 & 0 \\ 0 & 1 \end{pmatrix}\right\}$ 是 $W_1 \cap W_2$ 的基.

例 4 (1) 设 W_1，W_2 是数域 F 上向量空间 V 的两个非平凡子空间. 证明：V 中存在既不属于 W_1 又不属于 W_2 的向量.

(2) 设 W_1，W_2，$\cdots$，W_m 是向量空间 V 的 m 个非平凡的子空间. 证明：V 中存在不属于每个 $W_i\ (i = 1, 2, \cdots, m)$ 的向量.

证明 (1) 因为 W_1 是 V 的非平凡子空间，所以 V 中存在向量 $\boldsymbol{\alpha} \notin W_1$. 如果 $\boldsymbol{\alpha} \notin W_2$，那么结论成立. 如果 $\boldsymbol{\alpha} \in W_2$，那么由 W_2 是 V 的非平凡子空间知，存在向量 $\boldsymbol{\beta} \notin W_2$. 若 $\boldsymbol{\beta} \notin W_1$，则结论成立. 若 $\boldsymbol{\beta} \in W_1$，令 $\boldsymbol{\gamma} = \boldsymbol{\alpha} + \boldsymbol{\beta}$. 于是由 $\boldsymbol{\alpha} \notin W_1$，$\boldsymbol{\alpha} \in W_2$，$\boldsymbol{\beta} \in W_1$，$\boldsymbol{\beta} \notin W_2$，得 $\boldsymbol{\gamma} \notin W_1$，且 $\gamma \notin W_2$.

(2) 对 m 用数学归纳法.

当 $m = 1$ 时，显然.

当 $m = 2$ 时，由 (1) 知，结论成立.

假设对 $m - 1$ 个非平凡子空间结论成立. 下面对 m 个非平凡子空间 W_1，W_2，$\cdots$，W_m 的情况进行证明. 由归纳假设知，在 V 中存在向量 $\boldsymbol{\alpha}$，使得

$$\boldsymbol{\alpha} \notin W_i,\ i = 1, 2, \cdots, m-1.$$

若 $\boldsymbol{\alpha} \notin W_m$，则结论成立.

若 $\boldsymbol{\alpha} \in W_m$，则由 W_m 是非平凡子空间知，存在 $\boldsymbol{\beta} \notin W_m$. 因此对任意 $k \in F$，有 $k\boldsymbol{\alpha} + \boldsymbol{\beta} \notin W_m$，且对 F 中不同的数 k_1，k_2，$k_1\boldsymbol{\alpha} + \boldsymbol{\beta}$ 与 $k_2\boldsymbol{\alpha} + \boldsymbol{\beta}$ 不属于同一个 $W_i\ (1 \leqslant i < m)$（否则，$(k_1\boldsymbol{\alpha}+\boldsymbol{\beta})-(k_2\boldsymbol{\alpha}+\boldsymbol{\beta}) = (k_1-k_2)\boldsymbol{\alpha} \in W_i$. 由 $k_1 \neq k_2$ 知，$\boldsymbol{\alpha} \in W_i$. 矛盾）. 取 m 个互不相同的 F 中的数 k_1，k_2，$\cdots$，k_m. 由上面的证明知，在 m 个

向量 $k_1\boldsymbol{\alpha}+\boldsymbol{\beta}$，$\cdots$，$k_{m-1}\boldsymbol{\alpha}+\boldsymbol{\beta}$，$k_m\boldsymbol{\alpha}+\boldsymbol{\beta}$ 中至少存在某个向量 $k_j\boldsymbol{\alpha}+\boldsymbol{\beta}\,(1\leqslant j\leqslant m)$，使得 $k_j\boldsymbol{\alpha}+\boldsymbol{\beta}$ 不属于 W_1，$\cdots$，W_{m-1} 中的任何一个. 而 $k_j\boldsymbol{\alpha}+\boldsymbol{\beta}\notin W_m$，故 $k_j\boldsymbol{\alpha}+\boldsymbol{\beta}$ 是不属于每个 $W_i\,(i=1, 2, \cdots, m)$ 的向量.

例 5 设 $W_1=\{\boldsymbol{A}\in M_n(F)\mid \boldsymbol{A}^{\mathrm{T}}=\boldsymbol{A}\}$，$W_2=\{\boldsymbol{A}\in M_n(F)\mid \boldsymbol{A}^{\mathrm{T}}=-\boldsymbol{A}\}$. 证明：

(1) W_1，W_2 都是 $M_n(F)$ 的子空间；

(2) $M_n(F)=W_1\oplus W_2$.

证明 (1) 因为（斜）对称矩阵的和以及数与（斜）对称矩阵的乘积仍是（斜）对称矩阵，所以 W_1，W_2 关于 $M_n(F)$ 的加法运算和数乘运算封闭. 因此 W_1，W_2 都是 $M_n(F)$ 的子空间.

(2) 方法一 由于对任意 $\boldsymbol{A}\in M_n(F)$，有 $\boldsymbol{A}=\dfrac{\boldsymbol{A}+\boldsymbol{A}^{\mathrm{T}}}{2}+\dfrac{\boldsymbol{A}-\boldsymbol{A}^{\mathrm{T}}}{2}$，并且

$$\left(\frac{\boldsymbol{A}+\boldsymbol{A}^{\mathrm{T}}}{2}\right)^{\mathrm{T}}=\frac{\boldsymbol{A}+\boldsymbol{A}}{2},\quad \left(\frac{\boldsymbol{A}-\boldsymbol{A}^{\mathrm{T}}}{2}\right)^{\mathrm{T}}=\frac{\boldsymbol{A}^{\mathrm{T}}-\boldsymbol{A}}{2}=-\frac{\boldsymbol{A}-\boldsymbol{A}^{\mathrm{T}}}{2}.$$

因此 $M_n(F)=W_1+W_2$. 又因 $W_1\cap W_2=\{\boldsymbol{0}\}$，故 $M_n(F)=W_1\oplus W_2$.

方法二 由 W_1 与 W_2 的定义知，$\{\boldsymbol{E}_{ij}+\boldsymbol{E}_{ji}\mid i, j=1, 2, \cdots, n\}$ 是 W_1 的一个基，$\{\boldsymbol{E}_{ij}-\boldsymbol{E}_{ji}\mid 1\leqslant i<j\leqslant n\}$ 是 W_2 的一个基. 因此 $\dim W_1=\dfrac{1}{2}n(n+1)$，$\dim W_2=\dfrac{1}{2}n(n-1)$. 从而 $\dim W_1+\dim W_2=n^2=\dim M_n(F)$. 故 $M_n(F)=W_1\oplus W_2$.

§5.5 向量空间的同构

在数域 F 上的 n 维向量空间 V 中取定一个基后，V 中每个向量都有唯一确定的坐标，向量的坐标也可以看成 F^n 中的向量. 这样 V 中向量的运算可归结为 F^n 中向量的运算，于是 n 维向量空间 V 的讨论可归结为结构较简单的向量空间 F^n 的讨论. 本节用向量空间同构的概念来说明这一事实.

一、主要内容

1. 映射

定义 5.16 设 A，B 是两个非空集合，从 A 到 B 有一个对应法则，通过这个法则，如果集合 A 的每个元素 x 都有集合 B 中唯一确定的元素 y 与之对应，那么这个法则就叫作从 A 到 B 的一个映射.

通常用小写字母 f，g，h，$\cdots$ 来表示映射，用记号 $f\colon A\longrightarrow B$ 表示 f 是 A 到 B 的一个映射. 若映射 f 使 A 中元素 x 与 B 中元素 y 相对应，则记作 $f\colon x\mapsto y$ 或 $f(x)=y$，称 y 是 x 在映射 f 之下的像，而 x 称为 y 在映射 f 下的原像.

定义 5.17 设 f 是集合 A 到 B 的一个映射. 若 $f(A)=B$，则称 f 是一个满射.

根据满射的定义，映射 f 是集合 A 到 B 的一个满射的充要条件是对 B 中的任意元素 y，都有 A 中元素 x，使得 $f(x)=y$.

定义 5.18 设 f 是集合 A 到 B 的一个映射. 若对 A 的任意两个元素 x_1 和 x_2，只要 $x_1 \neq x_2$，就有 $f(x_1) \neq f(x_2)$，则称 f 是 A 到 B 的一个单射.

定义 5.19 设 f 是集合 A 到 B 的一个映射. 若 f 既是单射又是满射，则称映射 f 是 A 到 B 的一个双射（或一一映射）.

2. 向量空间的同构及性质

定义 5.20 设 V 和 $\overline{V}$ 是 F 上的两个向量空间，f 是 V 到 $\overline{V}$ 的一个双射. 若

(i) 对任意 $\boldsymbol{\alpha}$，$\boldsymbol{\beta} \in V$，$f(\boldsymbol{\alpha}+\boldsymbol{\beta})=f(\boldsymbol{\alpha})+f(\boldsymbol{\beta})$;

(ii) 对任意 $k \in F$，$\boldsymbol{\alpha} \in V$，$f(k\boldsymbol{\alpha})=kf(\boldsymbol{\alpha})$,

则称 f 为一个同构映射. 如果向量空间 V 和 $\overline{V}$ 之间存在一个同构映射，那么就说 V 和 $\overline{V}$ 同构，记作 $V \cong \overline{V}$.

若 f 是向量空间 V 到自身的一个同构映射，则称 f 是 V 的一个自同构映射，简称自同构.

定理 5.25 设 f 是数域 F 上向量空间 V 到 $\overline{V}$ 的一个同构映射，那么

(i) $f(\boldsymbol{0})=\boldsymbol{0}$;

(ii) 对任意 $\boldsymbol{\alpha} \in V$，$f(-\boldsymbol{\alpha})=-f(\boldsymbol{\alpha})$;

(iii) 对任意 $\boldsymbol{\alpha}_i \in V$，$k_i \in F$，$i=1$，$2$，$\cdots$，$n$，有

$$f(k_1\boldsymbol{\alpha}_1+k_2\boldsymbol{\alpha}_2+\cdots+k_n\boldsymbol{\alpha}_n)=k_1f(\boldsymbol{\alpha}_1)+k_2f(\boldsymbol{\alpha}_2)+\cdots+k_nf(\boldsymbol{\alpha}_n);$$

(iv) $\{\boldsymbol{\alpha}_1, \boldsymbol{\alpha}_2, \cdots, \boldsymbol{\alpha}_n\}$ 线性相关的充要条件是 $\{f(\boldsymbol{\alpha}_1), f(\boldsymbol{\alpha}_2), \cdots, f(\boldsymbol{\alpha}_n)\}$ 线性相关;

(v) 若 W 是 V 的一个子空间，则 $f(W)$ 是 $\overline{V}$ 的一个子空间.

定理 5.26 数域 F 上任意一个 n 维向量空间都与 F^n 同构.

定理 5.27 数域 F 上两个有限维向量空间同构的充要条件是它们具有相同的维数.

二、释疑解难

1. 关于同构映射及向量空间的同构

(1) 同构映射建立了两个向量空间之间的向量及其加法和数乘运算之间的对应关系，同时也建立了由这两种运算导出的许多性质之间的对应关系，因此同构的向量空间本质上是一样的.

(2) 维数是有限维向量空间的唯一本质特征. 因为数域 F 上每一个 n 维向量空间都与 F^n 同构，所以 F^n 可以作为数域 F 上 n 维向量空间的代表.

(3) 同构映射定义 5.20 中 f 满足的条件 (i) 和 (ii) 分别称为 f 保持加法和数乘运算，可以合并为：对任意 $k, l \in F$，任意 $\boldsymbol{\alpha}, \boldsymbol{\beta} \in V$，有

$$f(k\boldsymbol{\alpha} + l\boldsymbol{\beta}) = kf(\boldsymbol{\alpha}) + lf(\boldsymbol{\beta}).$$

(4) 同构映射的逆映射是同构映射，同构映射的合成是同构映射. 因此向量空间之间的同构关系具有自反性、对称性和传递性. 从而同构关系是等价关系.

2. 关于向量空间与它的真子空间

(1) 数域 F 上有限维向量空间不可能与它的一个真子空间同构，但有些无限维向量空间可以与它的一个真子空间同构.

例如，无限维向量空间 $F[x]$ 的子集合

$$W = \{xf(x) \mid f(x) \in F[x]\}$$

是 $F[x]$ 的一个真子空间. 因为

$$\varphi: F[x] \longrightarrow W, \ f(x) \mapsto xf(x)$$

是 $F[x]$ 到 W 的一个同构映射，所以 $F[x]$ 与它的真子空间 W 同构.

(2) 设 f 是数域 F 上向量空间 V 到 $\overline{V}$ 的一个同构映射. 若 W 是 V 的一个有限维子空间，则 $\dim f(W) = \dim W$.

事实上，由定理 5.25 知，$f(W)$ 是 $\overline{V}$ 的子空间. 把同构映射 f 限制到 W 上，记为 $f|_W$，则 $f|_W$ 是 W 到 $f(W)$ 的双射，且对任意 $\boldsymbol{\alpha}, \boldsymbol{\beta} \in W$，任意 $k \in F$，有

$$f|_W(\boldsymbol{\alpha}+\boldsymbol{\beta}) = f(\boldsymbol{\alpha}+\boldsymbol{\beta}) = f(\boldsymbol{\alpha}) + f(\boldsymbol{\beta}) = f|_W(\boldsymbol{\alpha}) + f|_W(\boldsymbol{\beta}),$$
$$f|_W(k\boldsymbol{\alpha}) = f(k\boldsymbol{\alpha}) = kf(\boldsymbol{\alpha}) = kf|_W(\boldsymbol{\alpha}).$$

因此 $f|_W$ 是 W 到 $f(W)$ 的一个同构映射. 从而 $\dim f(W) = \dim W$.

三、范例解析

例 1 求下列向量空间的同构映射 f.

(1) $f: M_{m\times n}(F) \longrightarrow F^{mn}$;　　(2) $f: M_{2\times 2}(\mathbf{C}) \longrightarrow M_{2\times 4}(\mathbf{R})$.

解 (1) 对任意 $\boldsymbol{A} = (a_{ij}) \in M_{m\times n}(F)$，定义

$$f: \boldsymbol{A} \mapsto (a_{11}, \cdots, a_{1n}, a_{21}, \cdots, a_{2n}, \cdots, a_{m1}, \cdots, a_{mn}).$$

易知 f 是双射，且保持加法和数乘运算. 于是 f 是 $M_{m\times n}(F)$ 到 F^{mn} 的一个同构映射.

(2) 对任意 $\boldsymbol{A} \in M_{2\times 2}(\mathbf{C})$，定义

$$f: \boldsymbol{A} = \begin{pmatrix} a_1 + b_1\mathrm{i} & a_2 + b_2\mathrm{i} \\ a_3 + b_3\mathrm{i} & a_4 + b_4\mathrm{i} \end{pmatrix} \mapsto \begin{pmatrix} a_1 & b_1 & a_2 & b_2 \\ a_3 & b_3 & a_4 & b_4 \end{pmatrix}.$$

显然 f 是双射，且保持加法和数乘运算. 因此 f 是 $M_{2\times 2}(\mathbf{C})$ 到 $M_{2\times 4}(\mathbf{R})$ 的一个同构映射.

例 2 设 $\boldsymbol{P}, \boldsymbol{Q}$ 分别是数域 F 上的 m 阶和 n 阶可逆矩阵. 对任意 $\boldsymbol{A} \in M_{m\times n}(F)$，定义 $\sigma(\boldsymbol{A}) = \boldsymbol{PAQ}$. 证明：$\sigma$ 是 F 上向量空间 $M_{m\times n}(F)$ 到自身的一

个同构映射.

证明 显然 σ 是 $M_{m\times n}(F)$ 到自身的一个映射. 对任意 $\boldsymbol{B}\in M_{m\times n}(F)$, 取 $\boldsymbol{A}=\boldsymbol{P}^{-1}\boldsymbol{B}\boldsymbol{Q}^{-1}$, 则 $\boldsymbol{A}\in M_{m\times n}(F)$, 且 $\sigma(\boldsymbol{A})=\boldsymbol{PAQ}=\boldsymbol{P}(\boldsymbol{P}^{-1}\boldsymbol{B}\boldsymbol{Q}^{-1})\boldsymbol{Q}=\boldsymbol{B}$. 因此 σ 是满射. 若 $\boldsymbol{A}_1$, $\boldsymbol{A}_2\in M_{m\times n}(F)$, 且 $\sigma(\boldsymbol{A}_1)=\sigma(\boldsymbol{A}_2)$, 则 $\boldsymbol{PA}_1\boldsymbol{Q}=\boldsymbol{PA}_2\boldsymbol{Q}$. 从而

$$\boldsymbol{A}_1=\boldsymbol{P}^{-1}(\boldsymbol{PA}_1\boldsymbol{Q})\boldsymbol{Q}^{-1}=\boldsymbol{P}^{-1}(\boldsymbol{PA}_2\boldsymbol{Q})\boldsymbol{Q}^{-1}=\boldsymbol{A}_2.$$

于是 σ 是单射.

又因为对任意 $\boldsymbol{A}$, $\boldsymbol{B}\in M_{m\times n}(F)$, 任意 $k\in F$, 有

$$\sigma(\boldsymbol{A}+\boldsymbol{B})=\boldsymbol{P}(\boldsymbol{A}+\boldsymbol{B})\boldsymbol{Q}=\boldsymbol{PAQ}+\boldsymbol{PBQ}=\sigma(\boldsymbol{A})+\sigma(\boldsymbol{B}),$$
$$\sigma(k\boldsymbol{A})=\boldsymbol{P}(k\boldsymbol{A})\boldsymbol{Q}=k(\boldsymbol{PAQ})=k\sigma(\boldsymbol{A}),$$

所以 σ 保持加法和数乘运算.

综上, σ 是 F 上向量空间 $M_{m\times n}(F)$ 的一个自同构映射.

注 本例中 $\boldsymbol{P}$, $\boldsymbol{Q}$ 可逆这一条件必不可少. 这是因为, 若 $\boldsymbol{P}$ 不可逆, 则存在 $\boldsymbol{0}\neq\boldsymbol{A}\in M_{m\times n}(F)$, 使得 $\boldsymbol{PA}=\boldsymbol{0}$. 于是 $\sigma(\boldsymbol{A})=\boldsymbol{PAQ}=\boldsymbol{0}$. 又 $\sigma(\boldsymbol{0})=\boldsymbol{P0Q}=\boldsymbol{0}$, 因此 σ 不是单射. 从而 σ 不是同构映射. 同理, 若 $\boldsymbol{Q}$ 不可逆, 则 σ 不是同构映射.

例 3 设 $\mathbf{C}$ 为复数域. 令

$$H=\left\{\begin{pmatrix}\alpha & \beta\\ -\beta & \alpha\end{pmatrix}\,\middle|\,\alpha,\ \beta\in\mathbf{C}\right\}.$$

(1) 证明: H 关于矩阵的加法和数与矩阵的乘法运算构成实数域 $\mathbf{R}$ 上的向量空间;

(2) 求 H 的一个基和维数;

(3) 证明: H 与 $\mathbf{R}^4$ 同构, 并写出一个同构映射.

证明 (1) 易证在实数域 $\mathbf{R}$ 上 H 是 $M_2(\mathbf{C})$ 的子空间. 因为 $M_2(\mathbf{C})$ 是实数域 $\mathbf{R}$ 上的向量空间, 所以 H 是实数域 $\mathbf{R}$ 上的向量空间.

(2) 令

$$\boldsymbol{A}_1=\begin{pmatrix}1 & 0\\ 0 & 1\end{pmatrix},\ \boldsymbol{A}_2=\begin{pmatrix}0 & 1\\ -1 & 0\end{pmatrix},\ \boldsymbol{A}_3=\begin{pmatrix}\mathrm{i} & 0\\ 0 & \mathrm{i}\end{pmatrix},\ \boldsymbol{A}_4=\begin{pmatrix}0 & \mathrm{i}\\ -\mathrm{i} & 0\end{pmatrix}.$$

设 $\sum\limits_{i=1}^{4}k_i\boldsymbol{A}_i=\boldsymbol{0}$, 则 $\begin{pmatrix}k_1+k_3\mathrm{i} & k_2+k_4\mathrm{i}\\ -(k_2+k_4\mathrm{i}) & k_1+k_3\mathrm{i}\end{pmatrix}=\boldsymbol{0}$. 从而

$$\begin{cases}k_1+k_3\mathrm{i}=0,\\ k_2+k_4\mathrm{i}=0.\end{cases}$$

于是 $k_1=k_2=k_3=k_4=0$. 故 $\boldsymbol{A}_1$, $\boldsymbol{A}_2$, $\boldsymbol{A}_3$, $\boldsymbol{A}_4$ 线性无关.

又对任意 $\boldsymbol{A}=\begin{pmatrix}a+b\mathrm{i} & c+d\mathrm{i}\\ -(c+d\mathrm{i}) & a+b\mathrm{i}\end{pmatrix}\in H$, 有 $\boldsymbol{A}=a\boldsymbol{A}_1+c\boldsymbol{A}_2+b\boldsymbol{A}_3+d\boldsymbol{A}_4$. 故 $\{\boldsymbol{A}_1, \boldsymbol{A}_2, \boldsymbol{A}_3, \boldsymbol{A}_4\}$ 是 H 的一个基. 于是 $\dim H=4$.

(3) 由于 $\dim\mathbf{R}^4=\dim H=4$, 因此 $H\cong\mathbf{R}^4$. 令

$$f: H \longrightarrow \mathbf{R}^4, \begin{pmatrix} a+b\mathrm{i} & c+d\mathrm{i} \\ -(c+d\mathrm{i}) & a+b\mathrm{i} \end{pmatrix} \mapsto (a, c, b, d),$$

则 f 是 H 到 $\mathbf{R}^4$ 的一个同构映射.

例 4 设 V，V' 都是数域 F 上的 n 维向量空间，且

$$V = W_1 \oplus W_2 \ (W_i \text{ 为 } V \text{ 的子空间}, i = 1, 2).$$

证明：存在 V' 的子空间 W_1'，W_2' 满足

$$V' = W_1' \oplus W_2', \text{且 } W_1 \cong W_1', W_2 \cong W_2'.$$

证明 因 V 与 V' 维数相同，故 $V \cong V'$. 设 f 是 V 到 V' 的一个同构映射. 令

$$f(W_1) = W_1', \ f(W_2) = W_2',$$

则由本节“释疑解难”之 2 知，$W_1 \cong W_1'$，$W_2 \cong W_2'$. 下证 $V' = W_1' \oplus W_2'$.

任取 $\boldsymbol{\alpha}' \in V'$，则存在 $\boldsymbol{\alpha} \in V$，使得 $f(\boldsymbol{\alpha}) = \boldsymbol{\alpha}'$. 令

$$\boldsymbol{\alpha} = \boldsymbol{\alpha}_1 + \boldsymbol{\alpha}_2 \ (\boldsymbol{\alpha}_i \in W_i, i = 1, 2),$$

则 $\boldsymbol{\alpha}' = f(\boldsymbol{\alpha}) = f(\boldsymbol{\alpha}_1 + \boldsymbol{\alpha}_2) = f(\boldsymbol{\alpha}_1) + f(\boldsymbol{\alpha}_2) \in W_1' + W_2'$. 故 $V' = W_1' + W_2'$.

若 $\boldsymbol{\alpha}' \in W_1' \cap W_2'$，则存在 $\boldsymbol{\alpha} \in W_1 \cap W_2$，使得 $f(\boldsymbol{\alpha}) = \boldsymbol{\alpha}'$. 由 $W_1 \cap W_2 = \{\boldsymbol{0}\}$ 知，$\boldsymbol{\alpha} = \boldsymbol{0}$. 故 $\boldsymbol{\alpha}' = \boldsymbol{0}'$. 于是 $W_1' \cap W_2' = \{\boldsymbol{0}'\}$. 因此 $V' = W_1' \oplus W_2'$.

习题五解答

1. 设 V 是数域 F 上的向量空间，假如 V 至少含有一个非零向量，问 V 中的向量是有限多还是无限多? 有没有 $n\,(n \geqslant 2)$ 个向量构成的向量空间?

解 无限多. 不存在 $n\,(n \geqslant 2)$ 个向量构成的向量空间.

事实上，若 V 至少含有两个向量，则 V 至少含有一个非零向量 $\boldsymbol{\alpha}$. 由 V 关于加法运算封闭可知，V 中含有向量 $\boldsymbol{\alpha}$，$2\boldsymbol{\alpha}$，$3\boldsymbol{\alpha}$，$\cdots$，而这无穷多个向量互不相同，因此 V 中必然含有无穷多个向量.

2. 设 V 是数域 F 上的向量空间. V 中的元素称为向量，这里的向量和平面解析几何中的向量 $\boldsymbol{\alpha}$，空间解析几何中的向量 $\boldsymbol{\beta}$ 有什么区别?

解 这里的向量比解析几何平面中的向量 $\boldsymbol{\alpha}$ 和空间中的向量 $\boldsymbol{\beta}$ 的意义更广，它可以是数、多项式、矩阵和线性变换等.

3. 检验以下集合对所指定的运算是否构成数域 F 上的向量空间.

(1) 集合：全体 n 阶实对称矩阵；F：实数域；运算：矩阵的加法和数量乘法；

(2) 集合：实数域 F 上全体二维行向量；运算：

$$(a_1, b_1) \hat{+} (a_2, b_2) = (a_1 + a_2, 0),$$
$$k \hat{\cdot} (a_1, b_1) = (ka_1, 0).$$

(3) 集合：实数域上全体二维行向量；运算：

$$(a_1, b_1)\hat{+}(a_2, b_2)=(a_1+a_2, b_1+b_2),$$
$$k\hat{\cdot}(a_1, b_1)=(0, 0).$$

解 利用向量空间的定义直接验证.

(1) 是.

(2) 不是 (因为零向量不存在).

(3) 不是 (不满足定义 5.1 条件 3° 中的第 8) 条).

4. 在向量空间中，证明：

(1) $a(-\boldsymbol{\alpha})=-a\boldsymbol{\alpha}=(-a)\boldsymbol{\alpha}$;

(2) $(a-b)\boldsymbol{\alpha}=a\boldsymbol{\alpha}-b\boldsymbol{\alpha}$,

其中 a，b 是数，$\boldsymbol{\alpha}$ 是向量.

证明 (1) 因为 $a\boldsymbol{\alpha}+a(-\boldsymbol{\alpha})=a[\boldsymbol{\alpha}+(-\boldsymbol{\alpha})]=a\boldsymbol{0}=\boldsymbol{0}$，所以 $a(-\boldsymbol{\alpha})=-a\boldsymbol{\alpha}$. 又因为 $a\boldsymbol{\alpha}+(-a)\boldsymbol{\alpha}=[a+(-a)]\boldsymbol{\alpha}=0\boldsymbol{\alpha}=\boldsymbol{0}$，所以 $(-a)\boldsymbol{\alpha}=-a\boldsymbol{\alpha}$.

(2) $(a-b)\boldsymbol{\alpha}=[a+(-b)]\boldsymbol{\alpha}=a\boldsymbol{\alpha}+(-b)\boldsymbol{\alpha}=a\boldsymbol{\alpha}-b\boldsymbol{\alpha}$.

5. 如果当 $k_1=k_2=\cdots=k_r=0$ 时，$k_1\boldsymbol{\alpha}_1+k_2\boldsymbol{\alpha}_2+\cdots+k_r\boldsymbol{\alpha}_r=\boldsymbol{0}$，那么 $\boldsymbol{\alpha}_1, \boldsymbol{\alpha}_2, \cdots, \boldsymbol{\alpha}_r$ 线性无关. 这种说法对吗？为什么？

解 这种说法不对. 例如，设

$$\boldsymbol{\alpha}_1=(2, 0, -1),\ \boldsymbol{\alpha}_2=(-1, 2, 3),\ \boldsymbol{\alpha}_3=(0, 4, 5).$$

当然有 $0\boldsymbol{\alpha}_1+0\boldsymbol{\alpha}_2+0\boldsymbol{\alpha}_3=\boldsymbol{0}$. 但是 $\boldsymbol{\alpha}_1$，$\boldsymbol{\alpha}_2$，$\boldsymbol{\alpha}_3$ 线性相关，这是因为 $\boldsymbol{\alpha}_1+2\boldsymbol{\alpha}_2-\boldsymbol{\alpha}_3=\boldsymbol{0}$.

6. 如果 $\boldsymbol{\alpha}_1, \boldsymbol{\alpha}_2, \cdots, \boldsymbol{\alpha}_r$ 线性无关，而 $\boldsymbol{\alpha}_{r+1}$ 不能由 $\boldsymbol{\alpha}_1, \boldsymbol{\alpha}_2, \cdots, \boldsymbol{\alpha}_r$ 线性表示，那么 $\boldsymbol{\alpha}_1, \boldsymbol{\alpha}_2, \cdots, \boldsymbol{\alpha}_r, \boldsymbol{\alpha}_{r+1}$ 线性无关. 这个命题成立吗？为什么？

解 成立. 假设 $\boldsymbol{\alpha}_1, \boldsymbol{\alpha}_2, \cdots, \boldsymbol{\alpha}_r, \boldsymbol{\alpha}_{r+1}$ 线性相关. 由于 $\boldsymbol{\alpha}_1, \boldsymbol{\alpha}_2, \cdots, \boldsymbol{\alpha}_r$ 线性无关，因此 $\boldsymbol{\alpha}_{r+1}$ 一定能由 $\boldsymbol{\alpha}_1, \boldsymbol{\alpha}_2, \cdots, \boldsymbol{\alpha}_r$ 线性表示. 矛盾.

7. 如果 $\boldsymbol{\alpha}_1, \boldsymbol{\alpha}_2, \cdots, \boldsymbol{\alpha}_r$ 线性无关，那么其中每一个向量都不是其余向量的线性组合. 这种说法对吗？为什么？

解 对. 假设某个向量 $\boldsymbol{\alpha}_i$ 是其余向量的线性组合，则存在一组数 $k_1, \cdots, k_{i-1}, k_{i+1}, \cdots, k_r$，使得

$$\boldsymbol{\alpha}_i=k_1\boldsymbol{\alpha}_1+\cdots+k_{i-1}\boldsymbol{\alpha}_{i-1}+k_{i+1}\boldsymbol{\alpha}_{i+1}+\cdots+k_r\boldsymbol{\alpha}_r.$$

于是

$$k_1\boldsymbol{\alpha}_1+\cdots+k_{i-1}\boldsymbol{\alpha}_{i-1}+(-1)\boldsymbol{\alpha}_i+k_{i+1}\boldsymbol{\alpha}_{i+1}+\cdots+k_r\boldsymbol{\alpha}_r=\boldsymbol{0}.$$

由于 $-1\neq 0$，因此 $\boldsymbol{\alpha}_1, \boldsymbol{\alpha}_2, \cdots, \boldsymbol{\alpha}_r$ 线性相关. 矛盾.

8. 如果向量 $\boldsymbol{\alpha}_1, \boldsymbol{\alpha}_2, \cdots, \boldsymbol{\alpha}_r$ 线性相关，那么其中每一个向量都可由其余向量线性表示. 这种说法对吗？为什么？

解 见 § 5.2 “释疑解难”之 1.

9. 设 $\boldsymbol{\alpha}_1=(1, 0, 0)$，$\boldsymbol{\alpha}_2=(1, 2, 0)$，$\boldsymbol{\alpha}_3=(1, 2, 3)$ 是 F^3 中的向量. 写出 $\boldsymbol{\alpha}_1$，$\boldsymbol{\alpha}_2$，$\boldsymbol{\alpha}_3$ 的一切线性组合，并证明 F^3 中的每个向量都可以由 $\boldsymbol{\alpha}_1$，$\boldsymbol{\alpha}_2$，$\boldsymbol{\alpha}_3$ 线性

表示.

解 α_1，α_2，α_3 的一切线性组合为

$$k_1\alpha_1 + k_2\alpha_2 + k_3\alpha_3,$$

这里 k_1，k_2，k_3 是 F 中的任意数.

因为对任意 $(a, b, c) \in F^3$，有

$$(a, b, c) = \left(a - \frac{b}{2}\right)\alpha_1 + \left(\frac{b}{2} - \frac{c}{3}\right)\alpha_2 + \frac{c}{3}\alpha_3,$$

所以 F^3 中的每个向量都可由 $\boldsymbol{\alpha}_1$，$\boldsymbol{\alpha}_2$，$\boldsymbol{\alpha}_3$ 线性表示.

10. 下列向量组是否线性相关.

(1) $\boldsymbol{\alpha}_1 = (1, 0, 0)$，$\boldsymbol{\alpha}_2 = (1, 1, 0)$，$\boldsymbol{\alpha}_3 = (1, 1, 1)$;

(2) $\boldsymbol{\alpha}_1 = (3, 1, 4)$，$\boldsymbol{\alpha}_2 = (2, 5, -1)$，$\boldsymbol{\alpha}_3 = (4, -3, 7)$.

解 (1) 线性无关. (2) 线性无关.

11. 设向量 $\boldsymbol{\alpha}_1$，$\boldsymbol{\alpha}_2$，$\boldsymbol{\alpha}_3$ 线性相关，向量 $\boldsymbol{\alpha}_2$，$\boldsymbol{\alpha}_3$，$\boldsymbol{\alpha}_4$ 线性无关. 问:

(1) $\boldsymbol{\alpha}_1$ 能否由 $\boldsymbol{\alpha}_2$，$\boldsymbol{\alpha}_3$ 线性表示? 说明理由;

(2) $\boldsymbol{\alpha}_4$ 能否由 $\boldsymbol{\alpha}_1$，$\boldsymbol{\alpha}_2$，$\boldsymbol{\alpha}_3$ 线性表示? 说明理由.

解 (1) $\boldsymbol{\alpha}_1$ 能由 $\boldsymbol{\alpha}_2$，$\boldsymbol{\alpha}_3$ 线性表示. 这是因为，$\boldsymbol{\alpha}_2$，$\boldsymbol{\alpha}_3$ 线性无关，而 $\boldsymbol{\alpha}_1$，$\boldsymbol{\alpha}_2$，$\boldsymbol{\alpha}_3$ 线性相关.

(2) $\boldsymbol{\alpha}_4$ 不能由 $\boldsymbol{\alpha}_1$，$\boldsymbol{\alpha}_2$，$\boldsymbol{\alpha}_3$ 线性表示. 假设 $\boldsymbol{\alpha}_4$ 能由 $\boldsymbol{\alpha}_1$，$\boldsymbol{\alpha}_2$，$\boldsymbol{\alpha}_3$ 线性表示. 因 $\boldsymbol{\alpha}_1$ 能由 $\boldsymbol{\alpha}_2$，$\boldsymbol{\alpha}_3$ 线性表示，故 $\boldsymbol{\alpha}_4$ 能由 $\boldsymbol{\alpha}_2$，$\boldsymbol{\alpha}_3$ 线性表示. 这与 $\boldsymbol{\alpha}_2$，$\boldsymbol{\alpha}_3$，$\boldsymbol{\alpha}_4$ 线性无关矛盾.

12. 设

$$\boldsymbol{\alpha}_1 = (0, 1, 2),\ \boldsymbol{\alpha}_2 = (3, -1, 0),\ \boldsymbol{\alpha}_3 = (2, 1, 0),$$
$$\boldsymbol{\beta}_1 = (1, 0, 0),\ \boldsymbol{\beta}_2 = (1, 2, 0),\ \boldsymbol{\beta}_3 = (1, 2, 3)$$

是 F^3 中的向量. 证明: 向量组 $\{\boldsymbol{\alpha}_1, \boldsymbol{\alpha}_2, \boldsymbol{\alpha}_3\}$ 与 $\{\boldsymbol{\beta}_1, \boldsymbol{\beta}_2, \boldsymbol{\beta}_3\}$ 等价.

证明 因为

$$(\boldsymbol{\alpha}_1, \boldsymbol{\alpha}_2, \boldsymbol{\alpha}_3) = (\boldsymbol{\varepsilon}_1, \boldsymbol{\varepsilon}_2, \boldsymbol{\varepsilon}_3)\boldsymbol{A},$$
$$(\boldsymbol{\beta}_1, \boldsymbol{\beta}_2, \boldsymbol{\beta}_3) = (\boldsymbol{\varepsilon}_1, \boldsymbol{\varepsilon}_2, \boldsymbol{\varepsilon}_3)\boldsymbol{B},$$

其中

$$\boldsymbol{A} = \begin{pmatrix} 0 & 3 & 2 \\ 1 & -1 & 1 \\ 2 & 0 & 0 \end{pmatrix},\ \boldsymbol{B} = \begin{pmatrix} 1 & 1 & 1 \\ 0 & 2 & 2 \\ 0 & 0 & 3 \end{pmatrix},$$

且 $\boldsymbol{A}$，$\boldsymbol{B}$ 均可逆，所以

$$(\boldsymbol{\beta}_1, \boldsymbol{\beta}_2, \boldsymbol{\beta}_3) = (\alpha_1, \alpha_2, \alpha_3)(\boldsymbol{A}^{-1}\boldsymbol{B}),$$
$$(\alpha_1, \alpha_2, \alpha_3) = (\boldsymbol{\beta}_1, \boldsymbol{\beta}_2, \boldsymbol{\beta}_3)(\boldsymbol{B}^{-1}\boldsymbol{A}).$$

因此向量组 $\{\alpha_1, \alpha_2, \alpha_3\}$ 与 $\{\boldsymbol{\beta}_1, \boldsymbol{\beta}_2, \boldsymbol{\beta}_3\}$ 等价.

13. 设数域 F 上向量空间 V 的向量组 $\{\boldsymbol{\alpha}_1, \boldsymbol{\alpha}_2, \cdots, \boldsymbol{\alpha}_s\}$ 线性相关，并且在这个向量组中任意去掉一个向量后就线性无关. 证明：如果 $\sum_{i=1}^{s} k_i\boldsymbol{\alpha}_i = \boldsymbol{0}\ (k_i \in F)$，那么或者 $k_1 = k_2 = \cdots = k_s = 0$，或者 $k_1, k_2, \cdots, k_s$ 全不为零.

证明 由题设条件知，

$$k_i\boldsymbol{\alpha}_i = -(k_1\boldsymbol{\alpha}_1 + \cdots + k_{i-1}\boldsymbol{\alpha}_{i-1} + k_{i+1}\boldsymbol{\alpha}_{i+1} + \cdots + k_s\boldsymbol{\alpha}_s).$$

于是

(1) 当 $k_i = 0$ 时，有

$$k_1\boldsymbol{\alpha}_1 + \cdots + k_{i-1}\boldsymbol{\alpha}_{i-1} + k_{i+1}\boldsymbol{\alpha}_{i+1} + \cdots + k_s\boldsymbol{\alpha}_s = \boldsymbol{0}.$$

由于这 $s-1$ 个向量线性无关，因此 $k_1 = \cdots = k_{i-1} = k_{i+1} = \cdots = k_s = 0$.

(2) 当 $k_i \neq 0$ 时，有

$$\boldsymbol{\alpha}_i = -\frac{1}{k_i}(k_1\boldsymbol{\alpha}_1 + \cdots + k_{i-1}\boldsymbol{\alpha}_{i-1} + k_{i+1}\boldsymbol{\alpha}_{i+1} + \cdots + k_s\boldsymbol{\alpha}_s).$$

下证对于任意 $j \in \{1, 2, \cdots, s\}$，当 $j \neq i$ 时 $k_j \neq 0$.

假设某个 $k_j = 0\ (j \neq i)$，则 $\boldsymbol{\alpha}_i$ 可由 $s-2$ 个向量线性表示. 这与任意 $s-1$ 个向量线性无关矛盾. 因此 $k_1, k_2, \cdots, k_s$ 全不为零.

14. 设 $\boldsymbol{\alpha}_1 = (1, 1)$，$\boldsymbol{\alpha}_2 = (2, 2)$，$\boldsymbol{\alpha}_3 = (0, 1)$，$\boldsymbol{\alpha}_4 = (1, 0)$ 都是 F^2 中的向量. 写出 $\{\boldsymbol{\alpha}_1, \boldsymbol{\alpha}_2, \boldsymbol{\alpha}_3, \boldsymbol{\alpha}_4\}$ 的所有极大无关组.

解 $\{\boldsymbol{\alpha}_1, \boldsymbol{\alpha}_3\}$; $\{\boldsymbol{\alpha}_1, \boldsymbol{\alpha}_4\}$; $\{\boldsymbol{\alpha}_2, \boldsymbol{\alpha}_3\}$; $\{\boldsymbol{\alpha}_2, \boldsymbol{\alpha}_4\}$; $\{\boldsymbol{\alpha}_3, \boldsymbol{\alpha}_4\}$.

15. 设

$$\boldsymbol{A}_1 = \begin{pmatrix} 1 & 0 \\ 0 & -2 \end{pmatrix}, \boldsymbol{A}_2 = \begin{pmatrix} -1 & 2 \\ 0 & 0 \end{pmatrix}, \boldsymbol{A}_3 = \begin{pmatrix} 0 & 2 \\ 1 & 0 \end{pmatrix}, \boldsymbol{A}_4 = \begin{pmatrix} -2 & 4 \\ 1 & 2 \end{pmatrix} \in M_2(F).$$

求向量空间 $M_2(F)$ 中向量组 $\{\boldsymbol{A}_1, \boldsymbol{A}_2, \boldsymbol{A}_3, \boldsymbol{A}_4\}$ 的秩及其极大无关组.

解 秩 $(\boldsymbol{A}_1, \boldsymbol{A}_2, \boldsymbol{A}_3, \boldsymbol{A}_4) = 3$，$\{\boldsymbol{A}_1, \boldsymbol{A}_2, \boldsymbol{A}_3\}$ 是向量组 $\{\boldsymbol{A}_1, \boldsymbol{A}_2, \boldsymbol{A}_3, \boldsymbol{A}_4\}$ 的一个极大无关组.

16. 设 F^4 中向量组 $\{\boldsymbol{\alpha}_1 = (3, 1, 2, 5), \boldsymbol{\alpha}_2 = (1, 1, 1, 2), \boldsymbol{\alpha}_3 = (2, 0, 1, 3), \boldsymbol{\alpha}_4 = (1, -1, 0, 1), \boldsymbol{\alpha}_5 = (4, 2, 3, 7)\}$. 求此向量组的一个极大无关组.

解 向量组 $\{\boldsymbol{\alpha}_1, \boldsymbol{\alpha}_2, \boldsymbol{\alpha}_3, \boldsymbol{\alpha}_4, \boldsymbol{\alpha}_5\}$ 的任意两个向量构成的部分组都是它的极大无关组.

17. 证明：若向量空间 V 的每一个向量都可以唯一表示成 V 中向量 $\boldsymbol{\alpha}_1, \boldsymbol{\alpha}_2, \cdots, \boldsymbol{\alpha}_n$ 的线性组合，则 $\dim V = n$.

证明 由条件知，零向量可唯一地表示成 $\boldsymbol{\alpha}_1, \boldsymbol{\alpha}_2, \cdots, \boldsymbol{\alpha}_n$ 的线性组合，这说明 $\boldsymbol{\alpha}_1, \boldsymbol{\alpha}_2, \cdots, \boldsymbol{\alpha}_n$ 线性无关，故可作为 V 的基. 从而 $\dim V = n$.

18. 设 $\{\boldsymbol{\beta}_1, \boldsymbol{\beta}_2, \cdots, \boldsymbol{\beta}_n\}$ 是数域 F 上 $n\ (n > 0)$ 维向量空间 V 的向量，并且 V 中每个向量都可以由 $\{\boldsymbol{\beta}_1, \boldsymbol{\beta}_2, \cdots, \boldsymbol{\beta}_n\}$ 线性表示. 证明 $\{\boldsymbol{\beta}_1, \boldsymbol{\beta}_2, \cdots, \boldsymbol{\beta}_n\}$ 是 V 的一个基.

证明 设 $\{\boldsymbol{\alpha}_1, \boldsymbol{\alpha}_2, \cdots, \boldsymbol{\alpha}_n\}$ 是 V 的一个基，则由条件知，$\{\boldsymbol{\alpha}_1, \boldsymbol{\alpha}_2, \cdots, \boldsymbol{\alpha}_n\}$ 和 $\{\boldsymbol{\beta}_1, \boldsymbol{\beta}_2, \cdots, \boldsymbol{\beta}_n\}$ 等价. 因此 $\{\boldsymbol{\beta}_1, \boldsymbol{\beta}_2, \cdots, \boldsymbol{\beta}_n\}$ 是 V 的一个基.

19. 复数集 $\mathbf{C}$ 看作实数域 $\mathbf{R}$ 上的向量空间（运算：复数的加法，实数与复数的乘法）时，求 $\mathbf{C}$ 的一个基和维数.

解 基为 $\{1, \mathrm{i}\}$，$\dim \mathbf{C} = 2$.

20. 设 V 是实数域 $\mathbf{R}$ 上全体 n 阶对角形矩阵构成的向量空间（运算是矩阵的加法和数与矩阵的乘法）. 求 V 的一个基和维数.

解 基为 $\{\boldsymbol{E}_{ii} \mid i = 1, 2, \cdots, n\}$，$\dim V = n$.

21. 求本书配套教材 § 5.1 中例 9 给出的向量空间 V 的维数和一个基.

解 由题设知，向量空间 V 的零元是实数 1，于是任意一个不等于 1 的正实数都线性无关. 取 $2 \in V$，则对任意 $\boldsymbol{\alpha} \in V$，有 $\boldsymbol{\alpha} = (\log_2^{\alpha}) \hat{\circ} 2$，其中 $\log_2^{\alpha} \in \mathbf{R}$. 故 $\{2\}$ 是 V 的一个基，从而 V 的维数是 1. 由此说明，任意一个不等于 1 的正实数都可作为 V 的基.

22. 在 $\mathbf{R}^3$ 中，求向量 $\boldsymbol{\alpha} = (1, 2, 3)$ 在基

$$\boldsymbol{\varepsilon}_1 = (1, 0, 0), \boldsymbol{\varepsilon}_2 = (1, 1, 0), \boldsymbol{\varepsilon}_3 = (1, 1, 1)$$

下的坐标.

解 $(-1, -1, 3)^{\mathrm{T}}$.

23. 求 $\mathbf{R}^3$ 中由基 $\{\boldsymbol{\alpha}_1, \boldsymbol{\alpha}_2, \boldsymbol{\alpha}_3\}$ 到基 $\{\boldsymbol{\beta}_1, \boldsymbol{\beta}_2, \boldsymbol{\beta}_3\}$ 的过渡矩阵，其中

$$\boldsymbol{\alpha}_1 = (1, 0, -1), \boldsymbol{\alpha}_2 = (-1, 1, 0), \boldsymbol{\alpha}_3 = (1, 2, 3),$$
$$\boldsymbol{\beta}_1 = (0, 1, 1), \boldsymbol{\beta}_2 = (1, 0, 1), \boldsymbol{\beta}_3 = (1, 1, 1).$$

解 所求过渡矩阵为 $\dfrac{1}{6}\begin{pmatrix} 0 & 0 & 3 \\ 2 & -4 & 0 \\ 2 & 2 & 3 \end{pmatrix}$.

24. 设 $\{\boldsymbol{\alpha}_1, \boldsymbol{\alpha}_2, \cdots, \boldsymbol{\alpha}_n\}$ 是向量空间 V 的一个基，求由这个基到基

$$\{\boldsymbol{\alpha}_3, \boldsymbol{\alpha}_4, \cdots, \boldsymbol{\alpha}_n, \boldsymbol{\alpha}_1, \boldsymbol{\alpha}_2\}$$

的过渡矩阵.

解 所求过渡矩阵为 $\begin{pmatrix} \boldsymbol{O} & \boldsymbol{I}_2 \\ \boldsymbol{I}_{n-2} & \boldsymbol{O} \end{pmatrix}$.

25. 已知 F^3 中向量 $\boldsymbol{\alpha}$ 关于标准基

$$\boldsymbol{\varepsilon}_1 = (1, 0, 0), \boldsymbol{\varepsilon}_2 = (0, 1, 0), \boldsymbol{\varepsilon}_3 = (0, 0, 1)$$

的坐标是 $(1, 2, 3)$，求 $\boldsymbol{\alpha}$ 关于基

$$\boldsymbol{\beta}_1 = (1, 0, 1), \boldsymbol{\beta}_2 = (0, 1, 1), \boldsymbol{\beta}_3 = (1, 1, 3)$$

的坐标.

解 $(1, 2, 0)^{\mathrm{T}}$.

26. 判断 $\mathbf{R}^n$ 的下列子集哪些是子空间（其中 $\mathbf{R}$ 是实数域，$\mathbf{Z}$ 是整数集）.

(1) $\{(a_1, 0, \cdots, 0, a_n) \mid a_1, a_n \in \mathbf{R}\}$;

(2) $\{(a_1, a_2, \cdots, a_n) \mid \sum_{i=1}^{n} a_i = 0, a_1, a_2, \cdots, a_n \in \mathbf{R}\}$;

(3) $\{(a_1, a_2, \cdots, a_n) \mid a_i \in \mathbf{Z}, i = 1, 2, \cdots, n\}$.

解 (1) 是. (2) 是. (3) 不是（数乘不封闭）.

27. 设 V 是一个向量空间，且 $V \neq \{\boldsymbol{0}\}$. 证明：$V$ 不能表示成它的两个真子空间的并集.

证明 设 W_1 与 W_2 是 V 的两个真子空间.

(1) 若 $W_1 \subseteq W_2$，则 $W_1 \bigcup W_2 = W_2 \neq V$.

(2) 若 $W_1 \supseteq W_2$，则 $W_1 \bigcup W_2 = W_1 \neq V$.

(3) 若 $W_1 \not\subseteq W_2$，且 $W_2 \not\subseteq W_1$，则取 $\boldsymbol{\alpha} \in W_1$ 但 $\boldsymbol{\alpha} \notin W_2$，$\boldsymbol{\beta} \in W_2$ 但 $\boldsymbol{\beta} \notin W_1$. 那么 $\boldsymbol{\alpha} + \boldsymbol{\beta} \notin W_1$（否则，$(\boldsymbol{\alpha} + \boldsymbol{\beta}) - \boldsymbol{\alpha} = \boldsymbol{\beta} \in W_1$. 矛盾）. 同理 $\boldsymbol{\alpha} + \boldsymbol{\beta} \notin W_2$. 因此 V 中有向量 $\boldsymbol{\alpha} + \boldsymbol{\beta} \notin W_1 \cup W_2$，即 $V \neq W_1 \cup W_2$.

28. 设 V 是 n 维向量空间. 证明：V 可以表示成 n 个一维子空间的直和.

证明 设 $\{\boldsymbol{\alpha}_1, \boldsymbol{\alpha}_2, \cdots, \boldsymbol{\alpha}_n\}$ 是向量空间 V 的一个基，则

$$V = \mathscr{L}(\boldsymbol{\alpha}_1, \boldsymbol{\alpha}_2, \cdots, \boldsymbol{\alpha}_n) = \mathscr{L}(\boldsymbol{\alpha}_1) + \mathscr{L}(\boldsymbol{\alpha}_2) + \cdots + \mathscr{L}(\boldsymbol{\alpha}_n).$$

对任意 $i \in \{1, 2, \cdots, n\}$，下证

$$\mathscr{L}(\boldsymbol{\alpha}_i) \cap (\mathscr{L}(\boldsymbol{\alpha}_1) + \cdots + \mathscr{L}(\boldsymbol{\alpha}_{i-1}) + \mathscr{L}(\boldsymbol{\alpha}_{i+1}) + \cdots + \mathscr{L}(\boldsymbol{\alpha}_n)) = \{\boldsymbol{0}\}.$$

设 $\boldsymbol{\alpha} \in \mathscr{L}(\boldsymbol{\alpha}_i) \cap (\mathscr{L}(\boldsymbol{\alpha}_1) + \cdots + \mathscr{L}(\boldsymbol{\alpha}_{i-1}) + \mathscr{L}(\boldsymbol{\alpha}_{i+1}) + \cdots + \mathscr{L}(\boldsymbol{\alpha}_n))$，则

$$\boldsymbol{\alpha} = k_i\boldsymbol{\alpha}_i = k_1\boldsymbol{\alpha}_1 + \cdots + k_{i-1}\boldsymbol{\alpha}_{i-1} + k_{i+1}\boldsymbol{\alpha}_{i+1} + \cdots + k_n\boldsymbol{\alpha}_n.$$

因为 $\{\boldsymbol{\alpha}_1, \boldsymbol{\alpha}_2, \cdots, \boldsymbol{\alpha}_n\}$ 是 V 的一个基，所以 $k_1 = k_2 = \cdots = k_n = 0$. 故 $\boldsymbol{\alpha} = \boldsymbol{0}$.

综上，$\mathscr{L}(\boldsymbol{\alpha}_1, \boldsymbol{\alpha}_2, \cdots, \boldsymbol{\alpha}_n) = \mathscr{L}(\boldsymbol{\alpha}_1) \oplus \mathscr{L}(\boldsymbol{\alpha}_2) \oplus \cdots \oplus \mathscr{L}(\boldsymbol{\alpha}_n)$.

29. 在 $\mathbf{R}^3$ 中给定两个向量组

$$\boldsymbol{\alpha}_1 = (2, -1, 1, -1), \boldsymbol{\alpha}_2 = (1, 0, -1, 1);$$
$$\boldsymbol{\beta}_1 = (-1, 2, -1, 0), \boldsymbol{\beta}_2 = (2, 1, -1, 1).$$

求 $\mathscr{L}(\boldsymbol{\alpha}_1, \boldsymbol{\alpha}_2) + \mathscr{L}(\boldsymbol{\beta}_1, \boldsymbol{\beta}_2)$ 的维数和一个基.

解 取 $\mathbf{R}^4$ 的标准基 $\{\boldsymbol{\varepsilon}_1, \boldsymbol{\varepsilon}_2, \boldsymbol{\varepsilon}_3, \boldsymbol{\varepsilon}_4\}$，则

$$(\boldsymbol{\alpha}_1, \boldsymbol{\alpha}_2, \boldsymbol{\beta}_1, \boldsymbol{\beta}_2) = (\boldsymbol{\varepsilon}_1, \boldsymbol{\varepsilon}_2, \boldsymbol{\varepsilon}_3, \boldsymbol{\varepsilon}_4)\boldsymbol{A},$$

其中

$$\boldsymbol{A} = \begin{pmatrix} 2 & 1 & -1 & 2 \\ -1 & 0 & 2 & 1 \\ 1 & -1 & -1 & -1 \\ -1 & 1 & 0 & 1 \end{pmatrix}.$$

因为秩 $\boldsymbol{A} = 4$，所以 $\boldsymbol{\alpha}_1, \boldsymbol{\alpha}_2, \boldsymbol{\beta}_1, \boldsymbol{\beta}_2$ 线性无关. 又因

$$\mathscr{L}(\boldsymbol{\alpha}_1, \boldsymbol{\alpha}_2) + \mathscr{L}(\boldsymbol{\beta}_1, \boldsymbol{\beta}_2) = \mathscr{L}(\boldsymbol{\alpha}_1, \boldsymbol{\alpha}_2, \boldsymbol{\beta}_1, \boldsymbol{\beta}_2),$$

故 $\{\boldsymbol{\alpha}_1, \boldsymbol{\alpha}_2, \boldsymbol{\beta}_1, \boldsymbol{\beta}_2\}$ 是 $\mathscr{L}(\boldsymbol{\alpha}_1, \boldsymbol{\alpha}_2)+\mathscr{L}(\boldsymbol{\beta}_1, \boldsymbol{\beta}_2)$ 的一个基，$\mathscr{L}(\boldsymbol{\alpha}_1, \boldsymbol{\alpha}_2)+\mathscr{L}(\boldsymbol{\beta}_1, \boldsymbol{\beta}_2)$ 的维数是 4.

30. 设 W_1，W_2 都是向量空间 V 的子空间. 证明下列条件是等价的:

(1) $W_1 \subseteq W_2$;

(2) $W_1 \cap W_2 = W_1$;

(3) $W_1 + W_2 = W_2$.

证明 (1) ⇒ (2). 因为 $W_1 \subseteq W_2$，所以 $W_1 \cap W_2 = W_1$.

(2) ⇒ (3). 由 (2) 知，对任意 $\boldsymbol{\alpha} \in W_1$，都有 $\boldsymbol{\alpha} \in W_2$. 于是 $W_1 + W_2 = W_2$.

(3) ⇒ (1). 由 (3) 知，对任意 $\boldsymbol{\alpha} \in W_1$，都有 $\boldsymbol{\alpha} = \boldsymbol{\alpha} + \boldsymbol{0} \in W_2$. 故 $W_1 \subseteq W_2$.

31. 设 V 是实数域 $\mathbf{R}$ 上 n 阶对称矩阵所成的向量空间，W 是实数域 $\mathbf{R}$ 上 n 阶上三角矩阵所成的向量空间. 给出 V 到 W 的一个同构映射.

解 对任意 $\boldsymbol{A} = (a_{ij}) \in V$，取 $\boldsymbol{B} = (a_{ij})$ (当 $i > j$ 时，$a_{ij} = 0$)，则 $\boldsymbol{B} \in W$. 定义

$$f: V \to W, \boldsymbol{A} \mapsto \boldsymbol{B}.$$

易验证 f 是 V 到 W 的一个同构映射.

32. 设 V 与 W 都是数域 F 上的向量空间，f 是 V 到 W 的一个同构映射. 证明: $\{\boldsymbol{\alpha}_1, \boldsymbol{\alpha}_2, \cdots, \boldsymbol{\alpha}_n\}$ 是 V 的基当且仅当 $\{f(\boldsymbol{\alpha}_1), f(\boldsymbol{\alpha}_2), \cdots, f(\boldsymbol{\alpha}_n)\}$ 是 W 的基.

证明 必要性 设 $\{\boldsymbol{\alpha}_1, \boldsymbol{\alpha}_2, \cdots, \boldsymbol{\alpha}_n\}$ 是 V 的基. 由 f 是同构映射知，$\{f(\boldsymbol{\alpha}_1), f(\boldsymbol{\alpha}_2), \cdots, f(\boldsymbol{\alpha}_n)\}$ 线性无关，并且对任意 $\boldsymbol{\eta} \in W$，存在 $\boldsymbol{\xi} \in V$，使得 $f(\boldsymbol{\xi}) = \boldsymbol{\eta}$. 令 $\boldsymbol{\xi} = \sum\limits_{i=1}^{n} a_i\boldsymbol{\alpha}_i$ ($a_i \in F$)，则 $\boldsymbol{\eta} = f(\boldsymbol{\xi}) = \sum\limits_{i=1}^{n} a_i f(\boldsymbol{\alpha}_i)$. 因此 $\{f(\boldsymbol{\alpha}_1), f(\boldsymbol{\alpha}_2), \cdots, f(\boldsymbol{\alpha}_n)\}$ 是 W 的一个基.

充分性 设 $\{f(\boldsymbol{\alpha}_1), f(\boldsymbol{\alpha}_2), \cdots, f(\boldsymbol{\alpha}_n)\}$ 是 W 的一个基. 由 f 是同构映射知，$\{\boldsymbol{\alpha}_1, \boldsymbol{\alpha}_2, \cdots, \boldsymbol{\alpha}_n\}$ 线性无关，并且对任意 $\boldsymbol{\xi} \in V$，$f(\boldsymbol{\xi}) \in W$. 令 $f(\boldsymbol{\xi}) = \sum\limits_{i=1}^{n} k_i f(\boldsymbol{\alpha}_i)$ ($k_i \in F$)，则 $f(\boldsymbol{\xi}) = f\left(\sum\limits_{i=1}^{n} k_i\boldsymbol{\alpha}_i\right)$. 因为 f 是单射，所以 $\boldsymbol{\xi} = \sum\limits_{i=1}^{n} k_i\boldsymbol{\alpha}_i$. 故 $\{\boldsymbol{\alpha}_1, \boldsymbol{\alpha}_2, \cdots, \boldsymbol{\alpha}_n\}$ 是 V 的一个基.

补充题解答

1. 设 W_1，W_2 是数域 F 上向量空间 V 的两个子空间，$\boldsymbol{\alpha}$，$\boldsymbol{\beta}$ 是 V 的两个向量，其中 $\boldsymbol{\alpha} \in W_2$，但 $\boldsymbol{\alpha} \notin W_1$，$\boldsymbol{\beta} \notin W_2$. 证明:

(1) 对于任意 $k \in F$，$\boldsymbol{\beta} + k\boldsymbol{\alpha} \notin W_2$;

(2) 至多有一个 $k \in F$，使得 $\boldsymbol{\beta} + k\boldsymbol{\alpha} \in W_1$.

证明 (1) 假设存在 $k_1 \in F$，使得 $\boldsymbol{\beta} + k_1\boldsymbol{\alpha} \in W_2$，则 $\boldsymbol{\beta} = (\boldsymbol{\beta} + k_1\boldsymbol{\alpha}) - k_1\boldsymbol{\alpha} \in W_2$.

这与 $\boldsymbol{\beta} \notin W_2$ 矛盾．故对于任意 $k \in F$，$\boldsymbol{\beta} + k\boldsymbol{\alpha} \notin W_2$．

(2) 假设有 k_1，$k_2 \in F$，$k_1 \neq k_2$，使得 $\boldsymbol{\beta} + k_1\boldsymbol{\alpha}$，$\boldsymbol{\beta} + k_2\boldsymbol{\alpha} \in W_1$，则

$$(\boldsymbol{\beta} + k_1\boldsymbol{\alpha}) - (\boldsymbol{\beta} + k_2\boldsymbol{\alpha}) = (k_1 - k_2)\boldsymbol{\alpha} \in W_1.$$

从而 $\boldsymbol{\alpha} \in W_1$．这与 $\boldsymbol{\alpha} \notin W_1$ 矛盾．故结论成立．

2．设 W_1，W_2 是向量空间 V 的子空间，且 $\dim (W_1 + W_2) = \dim (W_1 \cap W_2) + 1$．证明：$W_1 + W_2 = W_1$，$W_1 \cap W_2 = W_2$，或 $W_1 + W_2 = W_2$，$W_1 \cap W_2 = W_1$．

证明 由维数公式及题设条件，得 $2\dim (W_1 \cap W_2) + 1 = \dim W_1 + \dim W_2$．于是 $\dim W_1 \neq \dim W_2$．因为

$$\dim (W_1 \cap W_2) \leqslant \dim W_i \leqslant \dim (W_1 + W_2),\ i = 1,\ 2,$$

所以

$$|\dim W_1 - \dim W_2| \leqslant |\dim (W_1 + W_2) - \dim (W_1 \cap W_2)| = 1.$$

于是

(1) 若 $\dim W_1 > \dim W_2$，则 $\dim W_1 = \dim W_2 + 1$．从而 $2\dim (W_1 \cap W_2) + 1 = 2\dim W_2 + 1$，即 $\dim (W_1 \cap W_2) = \dim W_2$．因此 $W_1 + W_2 = W_1$，$W_1 \cap W_2 = W_2$．

(2) 若 $\dim W_2 > \dim W_1$，则 $\dim W_2 = \dim W_1 + 1$．从而 $\dim (W_1 \cap W_2) = \dim W_1$．故 $W_1 + W_2 = W_2$，$W_1 \cap W_2 = W_1$．

3．设向量组 $\{\boldsymbol{\alpha}_1, \boldsymbol{\alpha}_2, \cdots, \boldsymbol{\alpha}_m\}$ 的秩为 r_1，向量组 $\{\boldsymbol{\beta}_1, \boldsymbol{\beta}_2, \cdots, \boldsymbol{\beta}_n\}$ 的秩为 r_2，向量组 $\{\boldsymbol{\alpha}_1, \boldsymbol{\alpha}_2, \cdots, \boldsymbol{\alpha}_m, \boldsymbol{\beta}_1, \boldsymbol{\beta}_2, \cdots, \boldsymbol{\beta}_n\}$ 的秩为 r_3．证明：

$$\max\{r_1,\ r_2\} \leqslant r_3 \leqslant r_1 + r_2.$$

证明 显然，$\max\{r_1, r_2\} \leqslant r_3$．下证 $r_3 \leqslant r_1 + r_2$．

设 $\{\boldsymbol{\alpha}_{i_1}, \cdots, \boldsymbol{\alpha}_{i_{r_1}}\}$，$\{\boldsymbol{\beta}_{j_1}, \cdots, \boldsymbol{\beta}_{j_{r_2}}\}$，$\{\boldsymbol{\gamma}_{k_1}, \cdots, \boldsymbol{\gamma}_{k_{r_3}}\}$ 分别是 $\{\boldsymbol{\alpha}_1, \boldsymbol{\alpha}_2, \cdots, \boldsymbol{\alpha}_m\}$，$\{\boldsymbol{\beta}_1, \boldsymbol{\beta}_2, \cdots, \boldsymbol{\beta}_n\}$，$\{\boldsymbol{\alpha}_1, \boldsymbol{\alpha}_2, \cdots, \boldsymbol{\alpha}_m, \boldsymbol{\beta}_1, \boldsymbol{\beta}_2, \cdots, \boldsymbol{\beta}_n\}$ 的极大无关组．由于向量组 $\{\boldsymbol{\gamma}_{k_1}, \cdots, \boldsymbol{\gamma}_{k_{r_3}}\}$ 可由 $\{\boldsymbol{\alpha}_1, \boldsymbol{\alpha}_2, \cdots, \boldsymbol{\alpha}_m, \boldsymbol{\beta}_1, \boldsymbol{\beta}_2, \cdots, \boldsymbol{\beta}_n\}$ 线性表示，因此可以由 $\{\boldsymbol{\alpha}_{i_1}, \cdots, \boldsymbol{\alpha}_{i_{r_1}}, \boldsymbol{\beta}_{j_1}, \cdots, \boldsymbol{\beta}_{j_{r_2}}\}$ 线性表示．由替换定理知，$r_3 \leqslant r_1 + r_2$．

4．设在向量组 $\{\boldsymbol{\alpha}_1, \boldsymbol{\alpha}_2, \cdots, \boldsymbol{\alpha}_r\}$ 中，$\boldsymbol{\alpha}_1 \neq \boldsymbol{0}$，并且每个 $\boldsymbol{\alpha}_i$ 都不能表示成它的前 $i-1$ 个向量 $\boldsymbol{\alpha}_1, \boldsymbol{\alpha}_2, \cdots, \boldsymbol{\alpha}_{i-1}$ 的线性组合 ($2 \leqslant i \leqslant r$)．证明：$\boldsymbol{\alpha}_1, \boldsymbol{\alpha}_2, \cdots, \boldsymbol{\alpha}_r$ 线性无关．

证明 见 § 5.2 “范例解析” 之例 3．

5．若 $\boldsymbol{\varepsilon}_1, \boldsymbol{\varepsilon}_2, \cdots, \boldsymbol{\varepsilon}_n$ 是数域 F 上的 n 维向量空间 V 的一个基，问 $\boldsymbol{\varepsilon}_1 + \boldsymbol{\varepsilon}_2$，$\boldsymbol{\varepsilon}_2 + \boldsymbol{\varepsilon}_3$，$\cdots$，$\boldsymbol{\varepsilon}_{n-1} + \boldsymbol{\varepsilon}_n$，$\boldsymbol{\varepsilon}_n + \boldsymbol{\varepsilon}_1$ 是 V 的一个基吗？为什么？

解 由 § 5.2 “范例解析” 之例 1 知，当 n 为奇数时 $\{\boldsymbol{\varepsilon}_1+\boldsymbol{\varepsilon}_2, \boldsymbol{\varepsilon}_2+\boldsymbol{\varepsilon}_3, \cdots, \boldsymbol{\varepsilon}_{n-1}+\boldsymbol{\varepsilon}_n, \boldsymbol{\varepsilon}_n + \boldsymbol{\varepsilon}_1\}$ 是 V 的基；当 n 为偶数时，$\{\boldsymbol{\varepsilon}_1 + \boldsymbol{\varepsilon}_2, \boldsymbol{\varepsilon}_2 + \boldsymbol{\varepsilon}_3, \cdots, \boldsymbol{\varepsilon}_{n-1} + \boldsymbol{\varepsilon}_n, \boldsymbol{\varepsilon}_n + \boldsymbol{\varepsilon}_1\}$ 不是 V 的基．

6．证明定理 5.22．

证明 (i) $\Rightarrow$ (ii)．由于对任意 i ($i = 1, 2, \cdots, s-1$)，都有

$$W_i \cap (W_{i+1} + W_{i+2} + \cdots + W_s) \subseteq W_i \cap (W_1 + \cdots + W_{i-1} + W_{i+1} + \cdots + W_s),$$

因此由条件 (i) 可知，(ii) 成立.

(ii) ⇒ (iii). 设 $\boldsymbol{\xi} \in W$，且 $\boldsymbol{\xi}$ 可表示为

$$\boldsymbol{\xi} = \boldsymbol{\xi}_1 + \boldsymbol{\xi}_2 + \cdots + \boldsymbol{\xi}_s,\ \boldsymbol{\xi}_i \in W_i,\ i = 1, 2, \cdots, s,$$

$\boldsymbol{\xi}$ 也可表示为

$$\boldsymbol{\xi} = \boldsymbol{\eta}_1 + \boldsymbol{\eta}_2 + \cdots + \boldsymbol{\eta}_s,\ \boldsymbol{\eta}_i \in W_i,\ i = 1, 2, \cdots, s.$$

则 $(\boldsymbol{\xi}_1 - \boldsymbol{\eta}_1) + (\boldsymbol{\xi}_2 - \boldsymbol{\eta}_2) + \cdots + (\boldsymbol{\xi}_s - \boldsymbol{\eta}_s) = \boldsymbol{0}$. 下证 $\boldsymbol{\xi}_i - \boldsymbol{\eta}_i = \boldsymbol{0}$，$i = 1, 2, \cdots, s$.

假设 $\boldsymbol{\xi}_1 - \boldsymbol{\eta}_1, \boldsymbol{\xi}_2 - \boldsymbol{\eta}_2, \cdots, \boldsymbol{\xi}_s - \boldsymbol{\eta}_s$ 不全为零，不妨设第一个不为零的向量是 $\boldsymbol{\xi}_i - \boldsymbol{\eta}_i$，则 $i < s$，且

$$\boldsymbol{\xi}_i - \boldsymbol{\eta}_i = (\boldsymbol{\eta}_{i+1} - \boldsymbol{\xi}_{i+1}) + \cdots + (\boldsymbol{\eta}_s - \boldsymbol{\xi}_s) \in W_i \cap (W_{i+1} + W_{i+2} + \cdots + W_s).$$

由 (ii) 知，$\boldsymbol{\xi}_i - \boldsymbol{\eta}_i = \boldsymbol{0}$. 矛盾. 因此 (iii) 成立.

(iii) ⇒ (iv). 显然.

(iv) ⇒ (v). 由于 $\{\boldsymbol{\alpha}_{i1}, \boldsymbol{\alpha}_{i2}, \cdots, \boldsymbol{\alpha}_{it_i}\}$ 为 W_i 的基，$i = 1, 2, \cdots, s$，因此

$$W = \mathscr{L}(\boldsymbol{\alpha}_{11}, \cdots, \boldsymbol{\alpha}_{1t_1}, \boldsymbol{\alpha}_{21}, \cdots, \boldsymbol{\alpha}_{2t_2}, \cdots, \boldsymbol{\alpha}_{s1}, \cdots, \boldsymbol{\alpha}_{st_s}).$$

假设 $\sum\limits_{i=1}^{s}\sum\limits_{j=1}^{t_i} a_{ij}\boldsymbol{\alpha}_{ij} = \boldsymbol{0}$，即 $\sum\limits_{j=1}^{t_1} a_{1j}\boldsymbol{\alpha}_{1j} + \sum\limits_{j=1}^{t_2} a_{2j}\boldsymbol{\alpha}_{2j} + \cdots + \sum\limits_{j=1}^{t_s} a_{sj}\boldsymbol{\alpha}_{sj} = \boldsymbol{0}$，则由 (iv) 知，$\sum\limits_{j=1}^{t_i} a_{ij}\boldsymbol{\alpha}_{ij} = \boldsymbol{0}$，$i = 1, 2, \cdots, s$. 因为 $\{\boldsymbol{\alpha}_{i1}, \boldsymbol{\alpha}_{i2}, \cdots, \boldsymbol{\alpha}_{it_i}\}$ 线性无关，所以 $a_{ij} = 0$，$i = 1, 2, \cdots, s$；$j = 1, 2, \cdots, t_i$. 因此向量组

$$\{\boldsymbol{\alpha}_{11}, \cdots, \boldsymbol{\alpha}_{1t_1}, \boldsymbol{\alpha}_{21}, \cdots, \boldsymbol{\alpha}_{2t_2}, \cdots, \boldsymbol{\alpha}_{s1}, \cdots, \boldsymbol{\alpha}_{st_s}\}$$

线性无关. 故 (v) 成立.

(v) ⇒ (i). 设 $\boldsymbol{\alpha} \in W_i \cap (W_1 + \cdots + W_{i-1} + W_{i+1} + \cdots + W_s)$，则 $\boldsymbol{\alpha} \in W_i$，且存在 $\boldsymbol{\xi}_j \in W_j$，$j = 1, 2, \cdots, i-1, i+1, \cdots, s$，使得

$$\boldsymbol{\alpha} = \boldsymbol{\xi}_1 + \boldsymbol{\xi}_2 + \cdots + \boldsymbol{\xi}_{i-1} + \boldsymbol{\xi}_{i+1} + \cdots + \boldsymbol{\xi}_s.$$

由于 $\boldsymbol{\alpha} = \sum\limits_{k=1}^{t_i} a_{ik}\boldsymbol{\alpha}_{ik}$，$\boldsymbol{\xi}_j = \sum\limits_{k=1}^{t_j} a_{jk}\boldsymbol{\alpha}_{jk}$，$j = 1, 2, \cdots, i-1, i+1, \cdots, s$，因此

$$\sum_{k=1}^{t_1} a_{1k}\boldsymbol{\alpha}_{1k} + \cdots + \sum_{k=1}^{t_{i-1}} a_{i-1,k}\boldsymbol{\alpha}_{i-1,k} - \sum_{k=1}^{t_i} a_{ik}\boldsymbol{\alpha}_{ik} + \sum_{k=1}^{t_{i+1}} a_{i+1,k}\boldsymbol{\alpha}_{i+1,k} + \cdots + \sum_{k=1}^{t_s} a_{sk}\boldsymbol{\alpha}_{sk} = \boldsymbol{0}.$$

由 (v) 知，$a_{ij} = 0$，$i = 1, 2, \cdots, s$；$j = 1, 2, \cdots, t_i$. 所以 $\boldsymbol{\alpha} = \boldsymbol{0}$. 故 (i) 成立.

(v) ⇒ (vi). 显然.

(vi) ⇒ (v). 设 $\{\boldsymbol{\alpha}_{i1}, \boldsymbol{\alpha}_{i2}, \cdots, \boldsymbol{\alpha}_{it_i}\}$ 是 W_i 的基，$i = 1, 2, \cdots, s$，则

$$W = \mathscr{L}(\boldsymbol{\alpha}_{11}, \cdots, \boldsymbol{\alpha}_{1t_1}, \boldsymbol{\alpha}_{21}, \cdots, \boldsymbol{\alpha}_{2t_2}, \cdots, \boldsymbol{\alpha}_{s1}, \cdots, \boldsymbol{\alpha}_{st_s}).$$

因为 $\dim W = t_1 + t_2 + \cdots + t_s$，所以向量组

$$\{\boldsymbol{\alpha}_{11}, \cdots, \boldsymbol{\alpha}_{1t_1}, \boldsymbol{\alpha}_{21}, \cdots, \boldsymbol{\alpha}_{2t_2}, \cdots, \boldsymbol{\alpha}_{s1}, \cdots, \boldsymbol{\alpha}_{st_s}\}$$

是 W 的基.

7．在向量空间 $F_n[x]$ 中，

(1) 证明：对互不相同的 a_1，a_2，$\cdots$，$a_{n+1}\in F$，多项式组

$f_i(x)=(x-a_1)\cdots(x-a_{i-1})(x-a_{i+1})\cdots(x-a_{n+1})$，$i=1$，$2$，$\cdots$，$n+1$

是 $F_n[x]$ 的一个基；

(2) 对于 $g(x)\in F_n[x]$，且已知 $g(a_i)$ 的值 ($i=1$，2，$\cdots$，$n+1$)，将 $g(x)$ 用上述基线性表示；

(3) 在 (1) 的 $f_i(x)$ 中取 $a_i=\omega_i$，而 ω_i ($i=1$，2，$\cdots$，$n+1$) 是全体 $n+1$ 次单位根，求由基 $\{1, x, x^2, \cdots, x^n\}$ 到 $\{f_1(x), f_2(x), f_3(x), \cdots, f_{n+1}(x)\}$ 的过渡矩阵.

证明 (1) 与 (3) 见 § 5.3 “范例解析” 之例 7.

(2) 令 $g(x)=k_1f_1(x)+k_2f_2(x)+\cdots+k_{n+1}f_{n+1}(x)$，则 $g(a_i)=k_if_i(a_i)$，$i=1$，2，$\cdots$，$n+1$. 因此 $k_i=\dfrac{g(a_i)}{f_i(a_i)}$. 于是

$$g(x)=\frac{g(a_1)}{f_1(a_1)}f_1(x)+\frac{g(a_2)}{f_2(a_2)}f_2(x)+\cdots+\frac{g(a_{n+1})}{f_{n+1}(a_{n+1})}f_{n+1}(x).$$

8．证明：$V=\{a+b\sqrt{2}+c\sqrt{3}+d\sqrt{6}\mid a, b, c, d\in\mathbf{Q}\}$ 关于 V 中数的普通加法、有理数与 V 中数的普通乘法作成有理数域 $\mathbf{Q}$ 上的向量空间，且维数是 4.

证明 方法一 见 § 5.3 “范例解析” 之例 2.

方法二 易证 V 对数的加法和有理数与 V 中数的普通乘法作成 $\mathbf{Q}$ 上的向量空间. 下证 $\{1, \sqrt{2}, \sqrt{3}, \sqrt{6}\}$ 线性无关.

(1) $\{1, \sqrt{2}\}$ 线性无关.

设存在一组有理数 k_1，k_2，使得 $k_1+k_2\sqrt{2}=0$，则必有 $k_2=0$（否则，若 $k_2\neq 0$，则 $\sqrt{2}=-\dfrac{k_1}{k_2}$. 矛盾）. 从而 $k_1=0$. 因此 $\{1, \sqrt{2}\}$ 线性无关.

(2) $\{1, \sqrt{2}, \sqrt{3}\}$ 线性无关.

假设 $\{1, \sqrt{2}, \sqrt{3}\}$ 线性相关. 由 (1) 知，存在 k_1，$k_2\in\mathbf{Q}$，使得 $\sqrt{3}=k_1+k_2\sqrt{2}$. 两边平方，得

$$(k_1^2+2k_2^2-3)+2k_1k_2\sqrt{2}=0.$$

因为 $\{1, \sqrt{2}\}$ 线性无关，所以 $k_1^2+2k_2^2-3=k_1k_2=0$. 故 k_1，k_2 至少有一个为零.

若 $k_1\neq 0$，$k_2=0$，则 $k_1=\sqrt{3}$. 这与 $k_1\in\mathbf{Q}$ 矛盾.

若 $k_1=0$，$k_2\neq 0$，则 $k_2^2=\dfrac{3}{2}$. 这与 $k_2\in\mathbf{Q}$ 矛盾.

若 $k_1=k_2=0$. 则 $\sqrt{3}=0$. 矛盾.

因此 $\{1, \sqrt{2}, \sqrt{3}\}$ 线性无关.

(3) $\{1, \sqrt{2}, \sqrt{3}, \sqrt{6}\}$ 线性无关.

设存在一组有理数 k_1，k_2，k_3，$k_4 \in \mathbf{Q}$，使得 $k_1 + k_2\sqrt{2} + k_3\sqrt{3} + k_4\sqrt{6} = 0$，则 $k_1 + k_2\sqrt{2} = -\sqrt{3}(k_3 + k_4\sqrt{2})$. 如果 k_3，k_4 至少有一个不为零，那么

$$-\sqrt{3} = \frac{k_1 + k_2\sqrt{2}}{k_3 + k_4\sqrt{2}}.$$

将上式分母有理化，得 $-\sqrt{3} = l + m\sqrt{2}$，其中 l, $m \in \mathbf{Q}$. 这说明 $\{1, \sqrt{2}, \sqrt{3}\}$ 线性相关. 与 (2) 矛盾. 故 $k_3 = k_4 = 0$. 从而 $k_1 = k_2 = 0$. 于是 $\{1, \sqrt{2}, \sqrt{3}, \sqrt{6}\}$ 线性无关. 又因 $V = \mathscr{L}(1, \sqrt{2}, \sqrt{3}, \sqrt{6})$，故 $\{1, \sqrt{2}, \sqrt{3}, \sqrt{6}\}$ 是 V 的一个基，$\dim V = 4$.

9. 证明：向量空间 $F[x]$ 可以与它的一个真子空间同构.

证明 见 § 5.5 “释疑解难” 之 2.

10. 设 W_1，W_2，$\cdots$，W_s 是 n 维向量空间 V 的真子空间. 则存在 V 的基，基中的每一个向量均不在 W_1，W_2，$\cdots$，W_s 中.

证明 按照教材提示可证. 详证略.

11. 设 W 是 $M_n(F)$ 的由全体形如 $\boldsymbol{AB} - \boldsymbol{BA}$ ($\boldsymbol{A}$，$\boldsymbol{B} \in M_n(F)$) 的向量所生成的子空间. 证明：$\dim W = n^2 - 1$.

证明 取 $\boldsymbol{E}_{ij}$, $\boldsymbol{E}_{st} \in M_n(F)$，则由“习题二解答”第 12 题知，

当 $j = s$; $i \neq t$, i, $t = 1, 2, \cdots, n$ 时，$\boldsymbol{E}_{ij}\boldsymbol{E}_{st} - \boldsymbol{E}_{st}\boldsymbol{E}_{ij} = \boldsymbol{E}_{it} \in W$.

当 $i = t$，$j = s = n$ 时，$\boldsymbol{E}_{ij}\boldsymbol{E}_{st} - \boldsymbol{E}_{st}\boldsymbol{E}_{ij} = \boldsymbol{E}_{ii} - \boldsymbol{E}_{nn} \in W$，$i = 1, 2 \cdots, n-1$.
显然上面这 $n^2 - 1$ 个向量线性无关. 因此 $\dim W \geqslant n^2 - 1$. 由 $\boldsymbol{I}_n \notin W$ 知，W 是 $M_n(F)$ 的一个真子空间. 于是 $\dim W \leqslant n^2 - 1$. 故 $\dim W = n^2 - 1$.

第六章　线性方程组

在第一章我们利用行列式给出了方程个数与未知量个数相等的线性方程组有解的充分条件及求解公式. 但是在很多问题中，我们遇到的线性方程组的方程个数与未知量个数未必相等，有时方程个数与未知量个数即使相等，其系数行列式却等于零，那么对这类线性方程组究竟如何求解呢？本章以矩阵和向量空间为工具讨论线性方程组解的存在性、求解方法、解的结构及其应用.

§6.1　消元解法

本节以矩阵为工具，讨论线性方程组有解的充要条件，以及在有解的情况下如何求出其所有解.

一、主要内容

1. 线性方程组的解

设数域 $\boldsymbol{F}$ 上的一般线性方程组

$$\begin{cases} a_{11}x_1 + a_{12}x_2 + \cdots + a_{1n}x_n = b_1, \\ a_{21}x_1 + a_{22}x_2 + \cdots + a_{2n}x_n = b_2, \\ \qquad\cdots \\ a_{m1}x_1 + a_{m2}x_2 + \cdots + a_{mn}x_n = b_m. \end{cases} \tag{6.1}$$

矩阵

$$\boldsymbol{A} = \begin{pmatrix} a_{11} & a_{12} & \cdots & a_{1n} \\ a_{21} & a_{22} & \cdots & a_{2n} \\ \vdots & \vdots & & \vdots \\ a_{m1} & a_{m2} & \cdots & a_{mn} \end{pmatrix},\ \overline{\boldsymbol{A}} = \begin{pmatrix} a_{11} & a_{12} & \cdots & a_{1n} & b_1 \\ a_{21} & a_{22} & \cdots & a_{2n} & b_2 \\ \vdots & \vdots & & \vdots & \vdots \\ a_{m1} & a_{m2} & \cdots & a_{mn} & b_m \end{pmatrix}$$

分别称为方程组 (6.1) 的系数矩阵和增广矩阵. 令

$$\boldsymbol{B} = \begin{pmatrix} b_1 \\ b_2 \\ \vdots \\ b_m \end{pmatrix},\ \boldsymbol{X} = \begin{pmatrix} x_1 \\ x_2 \\ \vdots \\ x_n \end{pmatrix},$$

则方程组 (6.1) 的矩阵表示为 $\boldsymbol{AX} = \boldsymbol{B}$.

称有序数组 $(c_1, c_2, \cdots, c_n)$ 是 (6.1) 的一个解，如果将 $x_1 = c_1, x_2 = c_2, \cdots,$

$x_n = c_n$ 代入方程组 (6.1) 的每个方程，能使每个方程都变为恒等式. 方程组 (6.1) 的所有解构成的集合称为它的解集. 如果两个方程组有完全相同的解集，则称这两个方程组是同解的.

定理 6.1 设两个线性方程组的增广矩阵分别为 $\overline{\boldsymbol{A}}$ 和 $\overline{\boldsymbol{B}}$. 如果 $\overline{\boldsymbol{A}}$ 可经过行初等变换化为 $\overline{\boldsymbol{B}}$，那么这两个线性方程组是同解方程组.

2. 线性方程组有解的判定定理

定理 6.2 (线性方程组有解的判定定理) 线性方程组 (6.1) 有解的充要条件是系数矩阵 $\boldsymbol{A}$ 和增广矩阵 $\overline{\boldsymbol{A}}$ 有相同的秩，即秩 $\boldsymbol{A}$ = 秩 $\overline{\boldsymbol{A}}$. 当秩 $\boldsymbol{A}$ = 秩 $\overline{\boldsymbol{A}} = n$ 时，方程组 (6.1) 有唯一解；当秩 $\boldsymbol{A}$ = 秩 $\overline{\boldsymbol{A}} < n$ 时，方程组 (6.1) 有无穷多解.

二、释疑解难

1. 关于消元法

(1) 消元法是解线性方程组的基本方法，通过线性方程组的初等变换可将原方程组化为与它同解的阶梯形方程组. 这样的阶梯形方程组非常简单，容易判断是否有解，且有解时也容易得到其所有解.

消元法解线性方程组实际上只是对每个方程的各项系数和常数项进行运算，因此利用消元法将线性方程组化为容易求解的阶梯形方程组，可直接在线性方程组的增广矩阵上进行，即对增广矩阵施行相应的行初等变换，将其化为行阶梯形矩阵，进而化成行最简矩阵（每个非零行的第一个非零元为 1，且这些 1 所在列的其他元素都为 0 的行阶梯形矩阵），而行最简矩阵对应的线性方程组的解就是原方程组的解.

(2) 用消元法对增广矩阵做相应的初等变换时，绝对不允许做第二种和第三种列初等变换，但除最后一列之外的其余列可以做第一种列初等变换. 在具体计算时，为简化运算对增广矩阵一般只做行初等变换.

2. 关于含有待定系数的线性方程组

因为待定系数的取值会影响线性方程组解的情况，所以对这类方程组的增广矩阵施行行初等变换时，要注意含待定系数的非零表达式才能作为分母. 因此在计算过程中要尽量避免有待定系数的表达式作为分母，否则需分情况讨论.

3. 解线性方程组的步骤

第一步 先写出线性方程组的增广矩阵 $\overline{\boldsymbol{A}}$，再对 $\overline{\boldsymbol{A}}$ 施行行初等变换化为行阶梯形矩阵 $\overline{\boldsymbol{B}}$；

第二步 由 $\overline{\boldsymbol{B}}$ 可判断秩 $\boldsymbol{A}$ 与秩 $\overline{\boldsymbol{A}}$ 是否相等，从而可判断方程组是否有解、有唯一解或无穷多解；

第三步 在有解时，将 $\overline{\boldsymbol{B}}$ 通过行初等变换化为行最简矩阵 $\overline{\boldsymbol{C}}$，从而得原方程

组的所有解.

4. 关于线性方程组的公式解及其求法

方程组(6.1)的公式解就是由方程组(6.1)的系数和常数项所表示的解的公式. 其公式解的求法如下.

第一步　求出秩 $\boldsymbol{A}$ 和秩 $\overline{\boldsymbol{A}}$;

第二步　若秩 $\boldsymbol{A}$ =秩 $\overline{\boldsymbol{A}} = r > 0$，则找出 $\boldsymbol{A}$ 的 r 阶非零子式 D. 不妨设 D 位于 $\boldsymbol{A}$ 的左上角，因而也位于增广矩阵 $\overline{\boldsymbol{A}}$ 的左上角. 然后在方程组(6.1)中选出子式 D 的行所在的 r 个方程

$$\begin{cases} a_{11}x_1 + a_{12}x_2 + \cdots + a_{1n}x_n = b_1, \\ a_{21}x_1 + a_{22}x_2 + \cdots + a_{2n}x_n = b_2, \\ \qquad \cdots \\ a_{r1}x_1 + a_{r2}x_2 + \cdots + a_{rn}x_n = b_r. \end{cases} \tag{6.2}$$

则方程组(6.2)与方程组(6.1)同解;

第三步　若 $r = n$，则由克莱姆法则得出方程组(6.2)有唯一解，这也是方程组(6.1)的唯一解;

若 $r < n$，则方程组(6.2)中 D 的列所对应的 r 个未知量的项不动，将其余的 $n - r$ 个未知量 x_{r+1}，x_{r+2}，$\cdots$，x_n 的项移到等式右边，得

$$\begin{cases} a_{11}x_1 + \cdots + a_{1r}x_r = b_1 - a_{1,r+1}x_{r+1} - \cdots - a_{1n}x_n, \\ a_{21}x_1 + \cdots + a_{2r}x_r = b_2 - a_{2,r+1}x_{r+1} - \cdots - a_{2n}x_n, \\ \qquad \cdots \\ a_{r1}x_1 + \cdots + a_{rr}x_r = b_r - a_{r,\,r+1}x_{r+1} - \cdots - a_{rn}x_n. \end{cases} \tag{6.3}$$

暂时假定 x_{r+1}，x_{r+2}，$\cdots$，x_n 是数，则方程组(6.3)变成关于未知量 x_1，x_2，$\cdots$，x_r 的 r 个方程. 用克莱姆法则解出 x_1，x_2，$\cdots$，x_r，得

$$x_1 = \frac{D_1}{D},\ x_2 = \frac{D_2}{D},\ \cdots, x_r = \frac{D_r}{D}, \tag{6.4}$$

这里

$$D_j = \begin{vmatrix} a_{11} & \cdots & \overbrace{b_1 - a_{1,r+1}x_{r+1} - \cdots - a_{1n}x_n}^{\text{第 } j \text{ 列}} & \cdots & a_{1r} \\ a_{21} & \cdots & b_2 - a_{2,r+1}x_{r+1} - \cdots - a_{2n}x_n & \cdots & a_{2r} \\ \vdots & & \vdots & & \vdots \\ a_{r1} & \cdots & b_r - a_{r,r+1}x_{r+1} - \cdots - a_{rn}x_n & \cdots & a_{rr} \end{vmatrix},\ j = 1,\ 2,\ \cdots,\ r.$$

把(6.4)中的行列式 D_j 按第 j 列展开，得

$$\begin{cases} x_1 = d_1 + c_{1,r+1}x_{r+1} + \cdots + c_{1n}x_n, \\ x_2 = d_2 + c_{2,r+1}x_{r+1} + \cdots + c_{2n}x_n, \\ \qquad \cdots \\ x_r = d_r + c_{r,r+1}x_{r+1} + \cdots + c_{rn}x_n, \end{cases} \tag{6.5}$$

这里 d_k 和 c_{kl} ($k=1, 2, \cdots, r$; $l=r+1, r+2, \cdots, n$) 都是由方程组 (6.1) 的系数和常数项表示的数. 现在仍把方程组 (6.5) 中的 x_{r+1}, x_{r+2}, $\cdots$, x_n 看成未知量, 那么方程组 (6.5) 或方程组 (6.4) 就是方程组 (6.1) 的公式解, 其中 x_{r+1}, x_{r+2}, $\cdots$, x_n 是自由未知量.

注 用公式来求数字系数线性方程组的解比较麻烦, 因为需要计算许多行列式, 所以在实际求线性方程组的解时, 一般总是用消元法. 但是在实际问题中遇到线性方程组时, 如果不需要真正求出它们的解, 而只需对它们进行讨论, 那么在这种情况下, 有时就要用到公式解.

三、范例解析

例 1 设含 n 个未知量 n 个方程的线性方程组的系数行列式 $D=0$. 判断下列结论是否正确, 并说明理由.

(1) 当 $D_1, D_2, \cdots, D_n$ (D_j 是将 D 的第 j 列换成常数项后所得行列式, $j=1, 2, \cdots, n$) 不全为零时, 该方程组无解;

(2) 当 $D_1, D_2, \cdots, D_n$ 全为零时, 该方程组有无穷多解.

解 (1) 正确. 因为 $D=0$, 所以该方程组的系数矩阵 $\boldsymbol{A}$ 的秩小于 n. 又因为某个 $D_j \neq 0$, 所以增广矩阵 $\overline{\boldsymbol{A}}$ 的秩等于 n. 于是秩 $\boldsymbol{A} \neq$ 秩 $\overline{\boldsymbol{A}}$. 故该方程组无解.

(2) 不一定正确. 由于 $D=D_1=D_2=\cdots=D_n=0$, 因此秩 $\boldsymbol{A}$ 与秩 $\overline{\boldsymbol{A}}$ 都小于 n. 于是, 当秩 $\boldsymbol{A} \neq$ 秩 $\overline{\boldsymbol{A}}$ 时方程组无解; 当秩 $\boldsymbol{A}=$ 秩 $\overline{\boldsymbol{A}}$ 时方程组有无穷多解.

例 2 解线性方程组

$$\begin{cases} 2x_1-x_2-x_3+x_4=2, \\ x_1+x_2-2x_3+x_4=4, \\ 4x_1-6x_2+2x_3-2x_4=4, \\ 3x_1+6x_2-9x_3+7x_4=9. \end{cases}$$

解 因为

$$\overline{\boldsymbol{A}}=\begin{pmatrix} 2 & -1 & -1 & 1 & 2 \\ 1 & 1 & -2 & 1 & 4 \\ 4 & -6 & 2 & -2 & 4 \\ 3 & 6 & -9 & 7 & 9 \end{pmatrix} \xrightarrow[r_3 \times \frac{1}{2}]{r_1 \leftrightarrow r_2} \begin{pmatrix} 1 & 1 & -2 & 1 & 4 \\ 2 & -1 & -1 & 1 & 2 \\ 2 & -3 & 1 & -1 & 2 \\ 3 & 6 & -9 & 7 & 9 \end{pmatrix}$$

$$\xrightarrow[r_3-2r_1]{r_2-r_3} \begin{pmatrix} 1 & 1 & -2 & 1 & 4 \\ 0 & 2 & -2 & 2 & 0 \\ 0 & -5 & 5 & -3 & -6 \\ 3 & 6 & -9 & 7 & 9 \end{pmatrix} \xrightarrow[r_2 \times \frac{1}{2}]{r_4-3r_1} \begin{pmatrix} 1 & 1 & -2 & 1 & 4 \\ 0 & 1 & -1 & 1 & 0 \\ 0 & -5 & 5 & -3 & -6 \\ 0 & 3 & -3 & 4 & -3 \end{pmatrix}$$

$$\xrightarrow[r_4-3r_2]{r_3+5r_2} \begin{pmatrix} 1 & 1 & -2 & 1 & 4 \\ 0 & 1 & -1 & 1 & 0 \\ 0 & 0 & 0 & 2 & -6 \\ 0 & 0 & 0 & 1 & -3 \end{pmatrix} \xrightarrow[r_4-2r_3]{r_3 \leftrightarrow r_4} \begin{pmatrix} 1 & 1 & -2 & 1 & 4 \\ 0 & 1 & -1 & 1 & 0 \\ 0 & 0 & 0 & 1 & -3 \\ 0 & 0 & 0 & 0 & 0 \end{pmatrix}=\overline{\boldsymbol{B}},$$

所以秩 $\boldsymbol{A}$ = 秩 $\overline{\boldsymbol{A}} = 3 < 4$. 因此方程组有无穷多解. 又因为

$$\overline{\boldsymbol{B}} \xrightarrow[r_2-r_3]{r_1-r_2} \begin{pmatrix} 1 & 0 & -1 & 0 & 4 \\ 0 & 1 & -1 & 0 & 3 \\ 0 & 0 & 0 & 1 & -3 \\ 0 & 0 & 0 & 0 & 0 \end{pmatrix} = \overline{\boldsymbol{C}},$$

所以与原方程组同解的线性方程组为

$$\begin{cases} x_1 = 4 + x_3, \\ x_2 = 3 + x_3, \\ x_4 = -3, \end{cases}$$

其中 x_3 为自由未知量. 令 $x_3 = c$，则方程组的全部解为

$$\begin{cases} x_1 = 4 + c, \\ x_2 = 3 + c, \\ x_3 = c, \\ x_4 = -3, \end{cases}$$

其中 c 为任意常数.

例 3 a，b 为何值时，下列方程组无解、有无穷多解和有唯一解？并在有解的情况下求其解.

$$\begin{cases} ax_1 + x_2 + x_3 = 4, \\ x_1 + bx_2 + x_3 = 3, \\ x_1 + 3bx_2 + x_3 = 9. \end{cases}$$

解 因为

$$\overline{\boldsymbol{A}} = \begin{pmatrix} a & 1 & 1 & 4 \\ 1 & b & 1 & 3 \\ 1 & 3b & 1 & 9 \end{pmatrix} \xrightarrow[r_2-ar_1,\ r_3-r_1]{r_1 \leftrightarrow r_2} \begin{pmatrix} 1 & b & 1 & 3 \\ 0 & 1-ab & 1-a & 4-3a \\ 0 & 2b & 0 & 6 \end{pmatrix}$$

$$\xrightarrow[r_3+ar_2]{r_3\times\frac{1}{2},\ r_2 \leftrightarrow r_3} \begin{pmatrix} 1 & 0 & 1 & 0 \\ 0 & b & 0 & 3 \\ 0 & 1 & 1-a & 4 \end{pmatrix} \xrightarrow[r_3-br_2]{r_2 \leftrightarrow r_3} \begin{pmatrix} 1 & 0 & 1 & 0 \\ 0 & 1 & 1-a & 4 \\ 0 & 0 & b(a-1) & 3-4b \end{pmatrix},$$

所以

(1) 当 $b = 0$，或 $a = 1$ 且 $b \neq \dfrac{3}{4}$ 时，秩 $\boldsymbol{A} = 2$，秩 $\overline{\boldsymbol{A}} = 3$，方程组无解.

(2) 当 $a = 1$，$b = \dfrac{3}{4}$ 时，秩 $\boldsymbol{A}$ = 秩 $\overline{\boldsymbol{A}} = 2$，方程组有无穷多解. 此时与原方程组同解的方程组为

$$\begin{cases} x_1 = -x_3, \\ x_2 = 4, \end{cases}$$

其中 x_3 为自由未知量. 令 $x_3 = c$，则方程组的全部解为

$$\begin{cases} x_1 = -c, \\ x_2 = 4, \\ x_3 = c, \end{cases}$$

其中 c 为任意常数.

(3) 当 $a \neq 1$ 且 $b \neq 0$ 时，秩 $\boldsymbol{A}$ = 秩 $\overline{\boldsymbol{A}} = 3$，方程组有唯一解. 其解为

$$\begin{cases} x_1 = \dfrac{3-4b}{b(1-a)}, \\ x_2 = \dfrac{3}{b}, \\ x_3 = \dfrac{3-4b}{b(a-1)}. \end{cases}$$

例 4 解 n 元线性方程组

$$\begin{cases} x_1 - x_2 - x_3 - \cdots - x_n = 2a, \\ -x_1 + 3x_2 - x_3 - \cdots - x_n = 4a, \\ -x_1 - x_2 + 7x_3 - \cdots - x_n = 8a, \\ \cdots \\ -x_1 - x_2 - x_3 - \cdots + (2^n - 1)x_n = 2^n a. \end{cases}$$

解 因该方程组的方程间有特殊的内在联系，故采取一种特殊的解法. 令 $x = x_1 + x_2 + \cdots + x_n$，则原方程组可改写成

$$-x + 2x_1 = 2a,\ -x + 4x_2 = 4a,\ \cdots,\ -x + 2^n x_n = 2^n a.$$

因此 $x_i = a + 2^{-i}x$，$i = 1, 2, \cdots, n$. 从而

$$x = x_1 + x_2 + \cdots + x_n = na + (2^{-1} + 2^{-2} + \cdots + 2^{-n})x = na + (1 - 2^{-n})x,$$

故 $x = na2^n$. 于是得原方程组的唯一解为

$$x_i = a(1 + n2^{n-i}),\ i = 1, 2, \cdots, n.$$

例 5 已知线性方程组

$$\begin{cases} a_{11}x_1 + a_{12}x_2 + a_{13}x_3 + a_{14}x_4 = b_1, \\ a_{21}x_1 + a_{22}x_2 + a_{23}x_3 + a_{24}x_4 = b_2, \\ a_{31}x_1 + a_{32}x_2 + a_{33}x_3 + a_{34}x_4 = b_3 \end{cases}$$

的系数矩阵和增广矩阵的秩都是 2，并且行列式

$$D = \begin{vmatrix} a_{11} & a_{13} \\ a_{21} & a_{23} \end{vmatrix} \neq 0.$$

求这个方程组的公式解，并求出它的一个解.

解 由条件知，与原方程组同解的方程组为

$$\begin{cases} a_{11}x_1 + a_{13}x_3 = b_1 - a_{12}x_2 - a_{14}x_4, \\ a_{21}x_1 + a_{23}x_3 = b_2 - a_{22}x_2 - a_{24}x_4. \end{cases}$$

用克莱姆法则解出 x_1，x_3，得

$$\begin{cases} x_1 = \dfrac{1}{D}\begin{vmatrix} b_1 - a_{12}x_2 - a_{14}x_4 & a_{13} \\ b_2 - a_{22}x_2 - a_{24}x_4 & a_{23} \end{vmatrix}, \\ x_3 = \dfrac{1}{D}\begin{vmatrix} a_{11} & b_1 - a_{12}x_2 - a_{14}x_4 \\ a_{21} & b_2 - a_{22}x_2 - a_{24}x_4 \end{vmatrix}. \end{cases}$$

即

$$\begin{cases} x_1 = \dfrac{1}{D}(a_{23}b_1 - a_{13}b_2) + \dfrac{1}{D}(a_{22}a_{13} - a_{12}a_{23})x_2 + \dfrac{1}{D}(a_{13}a_{24} - a_{23}a_{14})x_4, \\ x_3 = \dfrac{1}{D}(a_{11}b_2 - a_{21}b_1) + \dfrac{1}{D}(a_{21}a_{12} - a_{11}a_{22})x_2 + \dfrac{1}{D}(a_{21}a_{14} - a_{11}a_{24})x_4, \end{cases}$$

其中 x_2，x_4 为自由未知量.

令 $x_2 = 0$，$x_4 = 0$，则得方程组的一个解

$$\begin{cases} x_1 = \dfrac{1}{D}(a_{23}b_1 - a_{13}b_2), \\ x_2 = 0, \\ x_3 = \dfrac{1}{D}(a_{11}b_2 - a_{21}b_1), \\ x_4 = 0. \end{cases}$$

§6.2 应用举例

本节通过例子说明线性方程组的一些应用.

一、主要内容

举例说明线性方程组在计算机层析 X 射线照相术、电视机品牌问题、游船问题和汽车位置问题等方面的一些应用.

二、释疑解难

利用线性方程组解决科学技术和生活中的实际问题时，首先要对问题进行细致地分析，确定出问题中的已知量和未知量，以及这些量之间的关系，然后建立数学模型，得到相应的线性方程组，从而将其转化为解线性方程组的问题.

三、范例解析

例 1 配平化学方程式：

$$C_3H_8 + O_2 \to CO_2 + H_2O.$$

解 设

$$x_1C_3H_8 + x_2O_2 = x_3CO_2 + x_4H_2O.$$

根据质量守恒定律建立数学模型，得

$$\begin{cases} 3x_1 - x_3 = 0, \\ 8x_1 - 2x_4 = 0, \\ 2x_2 - 2x_3 - x_4 = 0. \end{cases}$$

对方程组的系数矩阵施行行初等变换

$$A=\begin{pmatrix}3&0&-1&0\\8&0&0&-2\\0&2&-2&-1\end{pmatrix}\longrightarrow\begin{pmatrix}-3&0&1&0\\-4&0&0&1\\-5&1&0&0\end{pmatrix},$$

得与原方程组同解的方程组

$$\begin{cases}x_2=5x_1,\\x_3=3x_1,\\x_4=4x_1,\end{cases}$$

其中 x_1 为自由未知量. 令 $x_1=1$，得 $x_2=5$，$x_3=3$，$x_4=4$. 所以配平的化学方程式为

$$C_3H_8+5O_2=3CO_2+4H_2O.$$

注 质量守恒定律是确定各分子式的系数（系数是整数，且除了 1 没有其他公约数)，使化学方程式两边的各原子数相等.

例 2 某城市某区域有两组单行道，构成了一个包含四个节点 A，B，C，D 的十字路口，每个道路交叉口的交通流量 (每小时的车流数) 如图所示，其中 x_i ($i=1$，2，3，4) 是未知流量，汽车进出十字路口的流量 (每小时) 已在图上标注. 假设流入一个十字路口的全部流量等于流出此十字路口的全部流量，试求每两个十字路口之间路段上的交通流量.

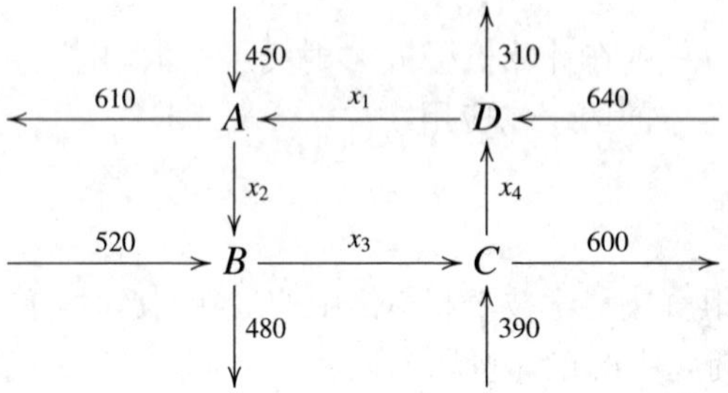

（例 2）

解 由条件可建立四个十字路口的流量线性方程组

$$\begin{cases}x_1+450=x_2+610,\\x_2+520=x_3+480,\\x_3+390=x_4+600,\\x_4+640=x_1+310.\end{cases}$$

整理，得其同解方程组

$$\begin{cases}x_1-x_2=160,\\x_2-x_3=-40,\\x_3-x_4=210,\\-x_1+x_4=-330.\end{cases}$$

对该方程组的增广矩阵施行行初等变换

$$\begin{pmatrix} 1 & -1 & 0 & 0 & 160 \\ 0 & 1 & -1 & 0 & -40 \\ 0 & 0 & 1 & -1 & 210 \\ -1 & 0 & 0 & 1 & -330 \end{pmatrix} \to \begin{pmatrix} 1 & 0 & 0 & -1 & 330 \\ 0 & 1 & 0 & -1 & 170 \\ 0 & 0 & 1 & -1 & 210 \\ 0 & 0 & 0 & 0 & 0 \end{pmatrix},$$

因此方程组的一般解为

$$\begin{cases} x_1 = x_4 + 330, \\ x_2 = x_4 + 170, \\ x_3 = x_4 + 210, \end{cases}$$

其中 x_4 是自由未知量. 从而原线性方程组有无穷多个解. 表明如果有些车沿箭头方向在十字路 $D \to A \to B \to C$ 绕行，流量 x_1，x_2，x_3，x_4 都会增加，仍然满足方程组.

§6.3 齐次线性方程组解的结构

齐次线性方程组永远有解，因此对齐次线性方程组来说，我们关心的是它是否存在非零解. 本节主要讨论齐次线性方程组有非零解的条件及有非零解时解与解之间的关系.

一、主要内容

1. 齐次线性方程组有非零解的条件

设数域 F 上的线性方程组

$$\begin{cases} a_{11}x_1 + a_{12}x_2 + \cdots + a_{1n}x_n = 0, \\ a_{21}x_1 + a_{22}x_2 + \cdots + a_{2n}x_n = 0, \\ \qquad \cdots \\ a_{m1}x_1 + a_{m2}x_2 + \cdots + a_{mn}x_n = 0. \end{cases} \tag{6.6}$$

称这种常数项全为零的线性方程组为齐次线性方程组. 方程组(6.6)的矩阵形式为

$$\boldsymbol{AX} = \boldsymbol{0},$$

其中 $\boldsymbol{A}$ 是系数矩阵.

定理 6.3 齐次线性方程组 (6.6) 有非零解的充要条件是系数矩阵 $\boldsymbol{A}$ 的秩小于未知量的个数 n.

推论 如果 $m < n$，那么齐次线性方程组 (6.6) 有非零解.

2. 齐次线性方程组解的性质

齐次线性方程组 (6.6) 的每一个解都可以看成是一个 n 维列向量，称为齐次线性方程组 (6.6) 的一个解向量. 齐次线性方程组(6.6) 的解向量有以下性质.

定理 6.4 如果 $\boldsymbol{v}_1$，$\boldsymbol{v}_2$ 是齐次线性方程组 (6.6) 的两个解向量，a，b 是两个数，那么 $a\boldsymbol{v}_1 + b\boldsymbol{v}_2$ 也是齐次线性方程组 (6.6) 的解向量.

定理 6.5 数域 F 上的 n 元齐次线性方程组 (6.6) 在 F 上的所有解向量构成 F^n 的一个子空间.

把这个子空间叫作齐次线性方程组 (6.6) 的解空间，记为 $W_{\boldsymbol{A}}$.

定理 6.6 如果 n 元齐次线性方程组 (6.6) 的系数矩阵 $\boldsymbol{A}$ 的秩为 r，那么它的解空间 $W_{\boldsymbol{A}}$ 的维数为 $n-r$.

定义 6.1 齐次线性方程组的解空间的一个基叫作该方程组的一个基础解系.

3. 齐次线性方程组解的结构

设齐次线性方程组 (6.6) 的系数矩阵 $\boldsymbol{A}$ 的秩为 r，且 $r<n$. 若 $\boldsymbol{\alpha}_1$，$\boldsymbol{\alpha}_2$，$\cdots$，$\boldsymbol{\alpha}_{n-r}$ 是方程组 (6.6) 的一个基础解系，则方程组 (6.6) 的所有解为

$$k_1\boldsymbol{\alpha}_1+k_2\boldsymbol{\alpha}_2+\cdots+k_{n-r}\boldsymbol{\alpha}_{n-r},$$

这里 k_1，k_2，$\cdots$，k_{n-r} 是数域 F 中的任意数.

二、释疑解难

1. 求齐次线性方程组 $\boldsymbol{A}_{m\times n}\boldsymbol{X}=\boldsymbol{0}$ 的基础解系的步骤

设秩 $\boldsymbol{A}=r$，$0<r<n$.

第一步　将 $\boldsymbol{A}$ 经过行初等变换和第一种列初等变换化为行最简矩阵

$$\boldsymbol{C}=\begin{pmatrix} 1 & 0 & \cdots & 0 & c_{1,r+1} & \cdots & c_{1n} \\ 0 & 1 & \cdots & 0 & c_{2,r+1} & \cdots & c_{2n} \\ \vdots & \vdots & & \vdots & \vdots & & \vdots \\ 0 & 0 & \cdots & 1 & c_{r,r+1} & \cdots & c_{rn} \\ 0 & 0 & \cdots & 0 & 0 & \cdots & 0 \\ \vdots & \vdots & & \vdots & \vdots & & \vdots \\ 0 & 0 & \cdots & 0 & 0 & \cdots & 0 \end{pmatrix};$$

第二步　写出以 $\boldsymbol{C}$ 为系数矩阵的齐次线性方程组

$$\begin{cases} x_{i_1} + c_{1,r+1}x_{i_{r+1}}+\cdots+c_{1n}x_{i_n}=0, \\ x_{i_2} + c_{2,r+1}x_{i_{r+1}}+\cdots+c_{2n}x_{i_n}=0, \\ \cdots \\ x_{i_r}+c_{r,r+1}x_{i_{r+1}}+\cdots+c_{rn}x_{i_n}=0, \end{cases}$$

其中 $x_{i_{r+1}}$，$x_{i_{r+2}}$，$\cdots$，x_{i_n} 为自由未知量，这里 i_1，i_2，$\cdots$，i_n 为 1，2，$\cdots$，n 的一个排列；

第三步　分别令

$$\begin{pmatrix} x_{i_{r+1}} \\ x_{i_{r+2}} \\ \vdots \\ x_{i_n} \end{pmatrix}=\begin{pmatrix} 1 \\ 0 \\ \vdots \\ 0 \end{pmatrix},\begin{pmatrix} 0 \\ 1 \\ \vdots \\ 0 \end{pmatrix},\cdots,\begin{pmatrix} 0 \\ 0 \\ \vdots \\ 1 \end{pmatrix},$$

则得方程组 $\boldsymbol{C}_{m\times n}\boldsymbol{X}=\boldsymbol{0}$ 的一个基础解系

$$\boldsymbol{\alpha}_1=\begin{pmatrix}-c_{1,r+1}\\ \vdots\\ -c_{r,r+1}\\ 1\\ 0\\ \vdots\\ 0\end{pmatrix},\ \boldsymbol{\alpha}_2=\begin{pmatrix}-c_{1,r+2}\\ \vdots\\ -c_{r,r+2}\\ 0\\ 1\\ \vdots\\ 0\end{pmatrix},\ \cdots,\ \boldsymbol{\alpha}_{n-r}=\begin{pmatrix}-c_{1n}\\ \vdots\\ -c_{rn}\\ 0\\ 0\\ \vdots\\ 1\end{pmatrix},$$

再重新排列每个解向量 $\boldsymbol{\alpha}_i$ 中分量的次序，就得到 $\boldsymbol{A}_{m\times n}\boldsymbol{X}=\boldsymbol{0}$ 的一个基础解系.

注 将 $n-r$ 个自由未知量 $x_{i_{r+1}}$，$x_{i_{r+2}}$，$\cdots$，x_{i_n} 的任意 $n-r$ 组线性无关的取值代入以 $\boldsymbol{C}$ 为系数矩阵的齐次线性方程组得到的 $n-r$ 个解向量都可以作为 $\boldsymbol{C}_{m\times n}\boldsymbol{X}=\boldsymbol{0}$ 的基础解系.

2. 求 F^n 的两个子空间 W_1 与 W_2 的交空间的基与维数的方法

设 $W_1=\mathscr{L}(\boldsymbol{\alpha}_1,\ \boldsymbol{\alpha}_2,\ \cdots,\ \boldsymbol{\alpha}_s)$ 与 $W_2=\mathscr{L}(\boldsymbol{\beta}_1,\ \boldsymbol{\beta}_2,\ \cdots,\ \boldsymbol{\beta}_t)$ 是 F^n 的两个子空间. 令 $\boldsymbol{\alpha}\in W_1\cap W_2$，则

$$\boldsymbol{\alpha}=x_1\boldsymbol{\alpha}_1+x_2\boldsymbol{\alpha}_2+\cdots+x_s\boldsymbol{\alpha}_s=x_{s+1}\boldsymbol{\beta}_1+x_{s+2}\boldsymbol{\beta}_2+\cdots+x_{s+t}\boldsymbol{\beta}_t.$$

解以 x_1，x_2，$\cdots$，x_s，x_{s+1}，x_{s+2}，$\cdots$，x_{s+t} 为未知元的齐次线性方程组

$$x_1\boldsymbol{\alpha}_1+x_2\boldsymbol{\alpha}_2+\cdots+x_s\boldsymbol{\alpha}_s-x_{s+1}\boldsymbol{\beta}_1-x_{s+2}\boldsymbol{\beta}_2-\cdots-x_{s+t}\boldsymbol{\beta}_t=\boldsymbol{0}$$

得一基础解系 $\boldsymbol{\xi}_1$，$\boldsymbol{\xi}_2$，$\cdots$，$\boldsymbol{\xi}_l$，其中 $l=s+t-\dim(W_1+W_2)$.

于是分别以 $\boldsymbol{\xi}_1$，$\boldsymbol{\xi}_2$，$\cdots$，$\boldsymbol{\xi}_l$ 的前 s 个分量（或后 t 个分量）作为组合系数与向量 $\boldsymbol{\alpha}_1$，$\boldsymbol{\alpha}_2$，$\cdots$，$\boldsymbol{\alpha}_s$（或 $\boldsymbol{\beta}_1$，$\boldsymbol{\beta}_2$，$\cdots$，$\boldsymbol{\beta}_t$）线性组合所得向量组的极大无关组就是 $W_1\cap W_2$ 的一个基.

三、范例解析

例 1 求齐次线性方程组

$$\begin{cases}x_1+x_2-x_3-x_4=0,\\ 2x_1-5x_2+3x_3+2x_4=0,\\ 7x_1-7x_2+3x_3+x_4=0\end{cases}$$

的一个基础解系，并写出所有解.

解 因为对系数矩阵 $\boldsymbol{A}$ 施行行初等变换化为行最简矩阵，得

$$\boldsymbol{A}=\begin{pmatrix}1&1&-1&-1\\ 2&-5&3&2\\ 7&-7&3&1\end{pmatrix}\xrightarrow[r_3-7r_1]{r_2-2r_1}\begin{pmatrix}1&1&-1&-1\\ 0&-7&5&4\\ 0&-14&10&8\end{pmatrix}$$

$$\xrightarrow{r_3-2r_2}\begin{pmatrix}1&1&-1&-1\\ 0&-7&5&4\\ 0&0&0&0\end{pmatrix}\xrightarrow[r_1-r_2]{r_2\times\left(-\frac{1}{7}\right)}\begin{pmatrix}1&0&-\frac{2}{7}&-\frac{3}{7}\\ 0&1&-\frac{5}{7}&-\frac{4}{7}\\ 0&0&0&0\end{pmatrix},$$

所以与原方程组同解的方程组为

$$\begin{cases} x_1 = \dfrac{2}{7}x_3 + \dfrac{3}{7}x_4, \\ x_2 = \dfrac{5}{7}x_3 + \dfrac{4}{7}x_4, \end{cases}$$

其中 x_3，x_4 是自由未知量.

令$\begin{pmatrix} x_3 \\ x_4 \end{pmatrix} = \begin{pmatrix} 7 \\ 0 \end{pmatrix}, \begin{pmatrix} 0 \\ 7 \end{pmatrix}$，则原方程组的一个基础解系为

$$\boldsymbol{\alpha}_1 = (2,\ 5,\ 7,\ 0)^{\mathrm{T}},\ \boldsymbol{\alpha}_2 = (3,\ 4,\ 0,\ 7)^{\mathrm{T}}.$$

从而原方程组的所有解为

$$k_1\boldsymbol{\alpha}_1 + k_2\boldsymbol{\alpha}_2,$$

这里 k_1，k_2 是任意常数.

例 2 设 $\boldsymbol{A}$ 是 n 阶方阵. 证明：

$$\text{秩}\,\boldsymbol{A}^n = \text{秩}\,\boldsymbol{A}^{n+1} = \text{秩}\,\boldsymbol{A}^{n+2} = \cdots.$$

证明 方法一 显然齐次线性方程组 $\boldsymbol{A}^n\boldsymbol{X} = \boldsymbol{0}$ 的解是 $\boldsymbol{A}^{n+1}X = \boldsymbol{0}$ 的解. 反之，设 $\boldsymbol{X}_1$ 是 $\boldsymbol{A}^{n+1}\boldsymbol{X} = \boldsymbol{0}$ 的任一解，则 $\boldsymbol{A}^{n+1}\boldsymbol{X}_1 = \boldsymbol{0}$. 因此 $\boldsymbol{A}^n\boldsymbol{X}_1 = \boldsymbol{0}$. 否则，若 $\boldsymbol{A}^n\boldsymbol{X}_1 \neq \boldsymbol{0}$，设

$$k_0\,\boldsymbol{X}_1 + k_1\boldsymbol{A}\boldsymbol{X}_1 + \cdots + k_n\,\boldsymbol{A}^n\boldsymbol{X}_1 = \boldsymbol{0}.$$

用 $\boldsymbol{A}^n$ 左乘上式，得 $k_0\,\boldsymbol{A}^n\boldsymbol{X}_1 = \boldsymbol{0}$. 于是 $k_0 = 0$. 从而

$$k_1\boldsymbol{A}\boldsymbol{X}_1 + \cdots + k_n\,\boldsymbol{A}^n\boldsymbol{X}_1 = \boldsymbol{0}.$$

再用 $\boldsymbol{A}^{n-1}$ 乘上式，得 $k_1 = 0$. 如此继续下去，得 $k_0 = k_1 = \cdots = k_n = 0$. 这说明 $n+1$ 个 n 维列向量线性无关. 矛盾. 因此 $\boldsymbol{A}^n\boldsymbol{X} = \boldsymbol{0}$ 与 $\boldsymbol{A}^{n+1}\boldsymbol{X} = \boldsymbol{0}$ 同解.

同理可证 $\boldsymbol{A}^{n+1}\boldsymbol{X} = \boldsymbol{0}$，$\boldsymbol{A}^{n+2}\boldsymbol{X} = \boldsymbol{0}$，$\cdots$ 均同解. 故结论成立.

方法二 因为 $\boldsymbol{A}$ 是 n 阶方阵，所以

$$0 \leqslant \text{秩}\,\boldsymbol{A}^{n+1} \leqslant \text{秩}\,\boldsymbol{A}^n \leqslant \cdots \leqslant \text{秩}\,\boldsymbol{A} \leqslant \text{秩}\,\boldsymbol{A}^0 = n.$$

因此存在 $k\,(0 \leqslant k \leqslant n)$，使得秩 $\boldsymbol{A}^k =$ 秩 $\boldsymbol{A}^{k+1}$. 于是 $\boldsymbol{A}^k\boldsymbol{X} = \boldsymbol{0}$ 与 $\boldsymbol{A}^{k+1}\boldsymbol{X} = \boldsymbol{0}$ 同解.

显然 $\boldsymbol{A}^{k+1}\boldsymbol{X} = \boldsymbol{0}$ 的解是 $\boldsymbol{A}^{k+2}\boldsymbol{X} = \boldsymbol{0}$ 的解. 反之，若 $\boldsymbol{A}^{k+2}\boldsymbol{X} = \boldsymbol{0}$，设 X_1 是 $\boldsymbol{A}^{k+2}\boldsymbol{X} = \boldsymbol{0}$ 的解，则 $\boldsymbol{A}\boldsymbol{X}_1$ 便是 $\boldsymbol{A}^{k+1}\boldsymbol{X} = \boldsymbol{0}$ 的解，从而也是 $\boldsymbol{A}^k\boldsymbol{X} = \boldsymbol{0}$ 的解，即 $\boldsymbol{A}^{k+1}\boldsymbol{X}_1 = \boldsymbol{A}^k(\boldsymbol{A}\boldsymbol{X}_1) = \boldsymbol{0}$. 因此 $\boldsymbol{A}^{k+1}\boldsymbol{X} = \boldsymbol{0}$ 与 $\boldsymbol{A}^{k+2}\boldsymbol{X} = \boldsymbol{0}$ 同解. 如此下去，得 $\boldsymbol{A}^k\boldsymbol{X} = \boldsymbol{0}$，$\boldsymbol{A}^{k+1}\boldsymbol{X} = \boldsymbol{0}$，$\cdots$ 都同解. 故结论成立.

例 3 设齐次线性方程组

$$\begin{cases} a_{11}x_1 + a_{12}x_2 + \cdots + a_{1n}x_n = 0, \\ a_{21}x_1 + a_{22}x_2 + \cdots + a_{2n}x_n = 0, \\ \qquad\cdots \\ a_{n-1,1}x_1 + a_{n-1,2}x_2 + \cdots + a_{n-1,n}x_n = 0. \end{cases}$$

$M_i\,(i = 1,\ 2,\ \cdots,\ n)$ 为系数矩阵 $\boldsymbol{A}$ 中划去第 i 列后剩下的 $(n-1)\times(n-1)$ 矩阵

的行列式. 证明: 如果秩 $\boldsymbol{A} = n-1$, 那么 $\boldsymbol{\alpha}_0 = (M_1, -M_2, \cdots, (-1)^{n-1}M_n)^{\mathrm{T}}$ 是方程组的一个基础解系.

证明 因为秩 $\boldsymbol{A} = n-1$, 所以方程组的基础解系只含一个解向量. 欲证 $\boldsymbol{\alpha}_0$ 是方程组的一个基础解系, 只需证: (1) $\boldsymbol{\alpha}_0$ 是方程组的一个解向量; (2) $\boldsymbol{\alpha}_0 \neq \boldsymbol{0}$.

(1) 要证 $\boldsymbol{\alpha}_0$ 是方程组的解向量, 只需证把 $\boldsymbol{\alpha}_0$ 代入第 i ($i = 1, 2, \cdots, n-1$) 个方程, 有 $a_{i1}M_1 - a_{i2}M_2 + \cdots + (-1)^{n-1}a_{in}M_n = 0$ 即可.

上式从形式上看, 很像将一个行列式按以 $a_{i1}, a_{i2}, \cdots, a_{in}$ 为元素的行展开的结果. 由此启发我们, 构造一个满足上式要求的行列式

$$D(i) = \begin{vmatrix} a_{i1} & a_{i2} & \cdots & a_{in} \\ a_{11} & a_{12} & \cdots & a_{1n} \\ \vdots & \vdots & & \vdots \\ a_{n-1,1} & a_{n-1,2} & \cdots & a_{n-1,n} \end{vmatrix}.$$

因为 $D(i)$ 中有两行相同, 所以 $D(i) = 0$. 从而将 $D(i)$ 按第一行展开, 得

$$\begin{aligned} D(i) &= a_{i1}M_1 - a_{i2}M_2 + \cdots + (-1)^{n+1}a_{in}M_n \\ &= a_{i1}M_1 - a_{i2}M_2 + \cdots + (-1)^{n-1}a_{in}M_n = 0 \end{aligned}$$

因此 $\boldsymbol{\alpha}_0 = (M_1, -M_2, \cdots, (-1)^{n-1}M_n)^{\mathrm{T}}$ 是方程组的一个解.

(2) 因秩 $\boldsymbol{A} = n-1$, 故 $\boldsymbol{A}$ 至少有一个非零的 $n-1$ 阶子式. 从而 $M_1, M_2, \cdots, M_n$ 中至少有一个不为零. 于是 $\boldsymbol{\alpha}_0 = (M_1, -M_2, \cdots, (-1)^{n-1}M_n)^{\mathrm{T}}$ 不是零向量.

例 4 设 $W_1 = \mathscr{L}(\boldsymbol{\alpha}_1, \boldsymbol{\alpha}_2, \boldsymbol{\alpha}_3)$, $W_2 = \mathscr{L}(\boldsymbol{\beta}_1, \boldsymbol{\beta}_2)$. 求子空间 $W_1 \cap W_2$ 的一个基和维数.

(1) $\boldsymbol{\alpha}_1 = (1, 1, 0, 1)$, $\boldsymbol{\alpha}_2 = (1, 0, 0, 1)$, $\boldsymbol{\alpha}_3 = (1, 1, -1, 1)$;
$\boldsymbol{\beta}_1 = (1, 2, 0, 1)$, $\boldsymbol{\beta}_2 = (0, 1, 1, 0)$.

(2) $\boldsymbol{\alpha}_1 = (1, 2, 1, 0)$, $\boldsymbol{\alpha}_2 = (-1, 1, 1, 1)$, $\boldsymbol{\alpha}_3 = (0, 3, 2, 1)$;
$\boldsymbol{\beta}_1 = (2, -1, 0, 1)$, $\boldsymbol{\beta}_2 = (1, -1, 3, 7)$.

解 (1) 对任意 $\boldsymbol{\alpha} \in W_1 \cap W_2$, 设

$$\boldsymbol{\alpha} = x_1\boldsymbol{\alpha}_1 + x_2\boldsymbol{\alpha}_2 + x_3\boldsymbol{\alpha}_3 = x_4\boldsymbol{\beta}_1 + x_5\boldsymbol{\beta}_2,$$

则

$$x_1\boldsymbol{\alpha}_1 + x_2\boldsymbol{\alpha}_2 + x_3\boldsymbol{\alpha}_3 - x_4\boldsymbol{\beta}_1 - x_5\boldsymbol{\beta}_2 = \boldsymbol{0}.$$

于是得齐次线性方程组

$$\begin{cases} x_1 + x_2 + x_3 - x_4 = 0, \\ x_1 + x_3 - 2x_4 - x_5 = 0, \\ -x_3 - x_5 = 0, \\ x_1 + x_2 + x_3 - x_4 = 0. \end{cases}$$

解该方程组得一基础解系

$$\boldsymbol{\xi}_1 = (2, -1, 0, 1, 0)^{\mathrm{T}}, \boldsymbol{\xi}_2 = (2, -1, -1, 0, 1)^{\mathrm{T}}.$$

分别以 $\boldsymbol{\xi}_1$，$\boldsymbol{\xi}_2$ 的前三个分量作为组合系数与向量 $\boldsymbol{\alpha}_1$，$\boldsymbol{\alpha}_2$，$\boldsymbol{\alpha}_3$ 线性组合，得

$$2\boldsymbol{\alpha}_1-\boldsymbol{\alpha}_2=(1,\ 2,\ 0,\ 1)=\boldsymbol{\beta}_1,\ 2\boldsymbol{\alpha}_1-\boldsymbol{\alpha}_2-\boldsymbol{\alpha}_3=(0,\ 1,\ 1,\ 0)=\boldsymbol{\beta}_2.$$

因为 $\{\boldsymbol{\beta}_1,\ \boldsymbol{\beta}_2\}$ 线性无关，所以 $\{\boldsymbol{\beta}_1,\ \boldsymbol{\beta}_2\}$ 是 $W_1\cap W_2$ 的一个基，$\dim W_1\cap W_2=2$.

(2) 对任意 $\boldsymbol{\alpha}\in W_1\cap W_2$，设

$$\boldsymbol{\alpha}=x_1\boldsymbol{\alpha}_1+x_2\boldsymbol{\alpha}_2+x_3\boldsymbol{\alpha}_3=x_4\boldsymbol{\beta}_1+x_5\boldsymbol{\beta}_2,$$

从而得齐次线性方程组

$$\begin{cases}x_1-x_2-2x_4-x_5=0,\\2x_1+x_2+3x_3+x_4+x_5=0,\\x_1+x_2+2x_3-3x_5=0,\\x_2+x_3-x_4-7x_5=0.\end{cases}$$

解该方程组得一基础解系

$$\boldsymbol{\xi}_1=(-1,\ -1,\ 1,\ 0,\ 0)^{\mathrm{T}},\ \boldsymbol{\xi}_2=(-1,\ 4,\ 0,\ -3,\ 1)^{\mathrm{T}}.$$

分别以 $\boldsymbol{\xi}_1$，$\boldsymbol{\xi}_2$ 的后两个分量作为组合系数与 $\boldsymbol{\beta}_1$，$\boldsymbol{\beta}_2$ 线性组合，得

$$0\boldsymbol{\beta}_1+0\boldsymbol{\beta}_2=(0,\ 0,\ 0,\ 0),\ -3\boldsymbol{\beta}_1+\boldsymbol{\beta}_2=(-5,\ 2,\ 3,\ 4).$$

由于 $-3\boldsymbol{\beta}_1+\boldsymbol{\beta}_2$ 是 $\{\boldsymbol{0},\ -3\boldsymbol{\beta}_1+\boldsymbol{\beta}_2\}$ 的极大无关组，因此 $(-5,\ 2,\ 3,\ 4)$ 是 $W_1\cap W_2$ 的一个基，$\dim W_1\cap W_2=1$.

例 5 设四元齐次线性方程组

$$\begin{cases}2x_1+3x_2-x_3=0,\\x_1+2x_2+x_3-x_4=0.\end{cases}\tag{6.7}$$

另一个四元齐次线性方程组 (6.8) 的基础解系为

$$\boldsymbol{\alpha}_1=(2,\ -1,\ a+2,\ 1)^{\mathrm{T}},\ \boldsymbol{\alpha}_2=(-1,\ 2,\ 4,\ a+8)^{\mathrm{T}}.$$

当 a 为何值时，方程组 (6.7) 和 (6.8) 有非零公共解？并求出全部非零公共解.

解 容易求得齐次线性方程组 (6.7) 的一个基础解系

$$\boldsymbol{\beta}_1=(5,\ -3,\ 1,\ 0)^{\mathrm{T}},\ \boldsymbol{\beta}_2=(-3,\ 2,\ 0,\ 1)^{\mathrm{T}}.$$

设齐次线性方程组 (6.7) 和 (6.8) 的非零公共解为 $\boldsymbol{\alpha}$. 令

$$\boldsymbol{\alpha}=k_1\boldsymbol{\beta}_1+k_2\boldsymbol{\beta}_2=k_3\boldsymbol{\alpha}_1+k_4\boldsymbol{\alpha}_2.$$

由此得齐次线性方程组

$$\begin{cases}5k_1-3k_2-2k_3+k_4=0,\\-3k_1+2k_2+k_3-2k_4=0,\\k_1-(a+2)k_3-4k_4=0,\\k_2-k_3-(a+8)k_4=0.\end{cases}\tag{6.9}$$

对方程组 (6.9) 的系数矩阵施行行初等变换，得

$$\begin{pmatrix}5&-3&-2&1\\-3&2&1&-2\\1&0&-a-2&-4\\0&1&-1&-a-8\end{pmatrix}\longrightarrow\begin{pmatrix}1&0&-1&-4\\0&1&-1&-7\\0&0&a+1&0\\0&0&0&a+1\end{pmatrix}.$$

于是当 $a=-1$ 时，方程组 (6.9) 有非零解．此时解与其同解的方程组

$$\begin{cases} k_1 = k_3 + 4k_4, \\ k_2 = k_3 + 7k_4 \end{cases}$$

得基础解系

$$\boldsymbol{\xi}_1 = (1, 1, 1, 0)^{\mathrm{T}}, \boldsymbol{\xi}_2 = (4, 7, 0, 1)^{\mathrm{T}}.$$

因此齐次线性方程组 (6.9) 的非零解为

$$c_1\boldsymbol{\xi}_1 + c_2\boldsymbol{\xi}_2 = (c_1 + 4c_2, c_1 + 7c_2, c_1, c_2)^{\mathrm{T}},$$

其中 c_1，c_2 是不全为零的任意数．从而方程组 (6.7) 和 (6.8) 的非零公共解为

$$c_1\boldsymbol{\alpha}_1 + c_2\boldsymbol{\alpha}_2 = (2c_1 - c_2, -c_1 + 2c_2, c_1 + 4c_2, c_1 + 7c_2)^{\mathrm{T}},$$

其中 c_1，c_2 是不全为零的任意数．

例 6 设 $\boldsymbol{\alpha}_1$，$\boldsymbol{\alpha}_2$，$\cdots$，$\boldsymbol{\alpha}_s$ 是齐次线性方程组 $\boldsymbol{AX}=\boldsymbol{0}$ 的基础解系，

$$\boldsymbol{\beta}_1 = l_1\boldsymbol{\alpha}_1 + l_2\boldsymbol{\alpha}_2, \boldsymbol{\beta}_2 = l_1\boldsymbol{\alpha}_2 + l_2\boldsymbol{\alpha}_3, \cdots, \boldsymbol{\beta}_s = l_1\boldsymbol{\alpha}_s + l_2\boldsymbol{\alpha}_1,$$

其中 l_1，l_2 为实数．试问 l_1，l_2 满足什么关系时，$\boldsymbol{\beta}_1$，$\boldsymbol{\beta}_2$，$\cdots$，$\boldsymbol{\beta}_s$ 也是齐次线性方程组 $\boldsymbol{AX}=\boldsymbol{0}$ 的基础解系．

解 因为 $\boldsymbol{\beta}_1$，$\boldsymbol{\beta}_2$，$\cdots$，$\boldsymbol{\beta}_s$ 是 $\boldsymbol{AX}=\boldsymbol{0}$ 的解，所以当 $\boldsymbol{\beta}_1$，$\boldsymbol{\beta}_2$，$\cdots$，$\boldsymbol{\beta}_s$ 线性无关时，就可作为 $\boldsymbol{AX}=\boldsymbol{0}$ 的基础解系．设

$$k_1\boldsymbol{\beta}_1 + k_2\boldsymbol{\beta}_2 + \cdots + k_s\boldsymbol{\beta}_s = \boldsymbol{0},$$

则

$$(l_1k_1 + l_2k_s)\boldsymbol{\alpha}_1 + (l_2k_1 + l_1k_2)\boldsymbol{\alpha}_2 + \cdots + (l_2k_{s-1} + l_1k_s)\boldsymbol{\alpha}_s = \boldsymbol{0}.$$

由于 $\boldsymbol{\alpha}_1$，$\boldsymbol{\alpha}_2$，$\cdots$，$\boldsymbol{\alpha}_s$ 线性无关，因此得以 k_1，k_2，$\cdots$，k_s 为未知元的齐次线性方程组

$$\begin{cases} l_1k_1 + l_2k_s = 0, \\ l_2k_1 + l_1k_2 = 0, \\ \qquad \cdots \\ l_2k_{s-1} + l_1k_s = 0. \end{cases}$$

故当系数行列式 $D = l_1^s + (-1)^{s+1}l_2^s \neq 0$，即当 s 为偶数，$l_1 \neq \pm l_2$ 时；或当 s 为奇数，$l_1 \neq -l_2$ 时，方程组只有零解，$\boldsymbol{\beta}_1$，$\boldsymbol{\beta}_2$，$\cdots$，$\boldsymbol{\beta}_s$ 线性无关．此时 $\boldsymbol{\beta}_1$，$\boldsymbol{\beta}_2$，$\cdots$，$\boldsymbol{\beta}_s$ 是 $\boldsymbol{AX}=\boldsymbol{0}$ 的基础解系．

§6.4 一般线性方程组解的结构

本节讨论一般线性方程组的求解问题．

一、主要内容

1．一般线性方程组解的性质

对数域 F 上的一般线性方程组

$$\begin{cases} a_{11}x_1 + a_{12}x_2 + \cdots + a_{1n}x_n = b_1, \\ a_{21}x_1 + a_{22}x_2 + \cdots + a_{2n}x_n = b_2, \\ \cdots \\ a_{m1}x_1 + a_{m2}x_2 + \cdots + a_{mn}x_n = b_m, \end{cases} \tag{6.10}$$

将其常数项都换成零，就得到一个齐次线性方程组

$$\begin{cases} a_{11}x_1 + a_{12}x_2 + \cdots + a_{1n}x_n = 0, \\ a_{21}x_1 + a_{22}x_2 + \cdots + a_{2n}x_n = 0, \\ \cdots \\ a_{m1}x_1 + a_{m2}x_2 + \cdots + a_{mn}x_n = 0. \end{cases} \tag{6.11}$$

称 (6.11) 为方程组 (6.10) 的导出齐次方程组.

记方程组 (6.10) 的系数矩阵为 $\boldsymbol{A}$. 令

$$\boldsymbol{X} = \begin{pmatrix} x_1 \\ x_2 \\ \vdots \\ x_n \end{pmatrix}, \boldsymbol{B} = \begin{pmatrix} b_1 \\ b_2 \\ \vdots \\ b_m \end{pmatrix}.$$

则方程组 (6.10) 的矩阵形式为 $\boldsymbol{AX} = \boldsymbol{B}$，方程组 (6.11) 的矩阵形式为 $\boldsymbol{AX} = \boldsymbol{0}$.

定理 6.7 如果线性方程组 (6.10) 有解，那么方程组 (6.10) 的一个解与导出齐次方程组 (6.11) 的一个解之和仍是 (6.10) 的解. 方程组 (6.10) 的任意解都可写成 (6.10) 的一个固定解（或特解）与 (6.11) 的一个解的和.

2. 一般线性方程组解的结构

设线性方程组 (6.10) 有解，且系数矩阵 $\boldsymbol{A}$ 的秩 r 小于 n. 若 $\boldsymbol{\eta}_0$ 是 (6.10) 的一个固定解，$\boldsymbol{\alpha}_1$，$\boldsymbol{\alpha}_2$，$\cdots$，$\boldsymbol{\alpha}_{n-r}$ 是导出齐次方程组 (6.11) 的一个基础解系，则 (6.10) 的全部解为

$$\boldsymbol{\eta} = \boldsymbol{\eta}_0 + k_1\boldsymbol{\alpha}_1 + k_2\boldsymbol{\alpha}_2 + \cdots + k_{n-r}\boldsymbol{\alpha}_{n-r},$$

这里 $k_1, k_2, \cdots, k_{n-r}$ 为数域 F 中的任意数.

二、释疑解难

1. 关于线性方程组 (6.10) 的解与导出齐次方程组 (6.11) 的解

(1) 方程组 (6.10) 的解集不是 F^n 的子空间，方程组 (6.11) 的解集 W_A 是 F^n 的子空间.

(2) 若方程组 (6.10) 有无穷多解，则方程组 (6.11) 有非零解；若方程组 (6.10) 有唯一解，则方程组 (6.11) 只有零解.

2. 求线性方程组 (6.10) 的解的步骤

第一步　将方程组 (6.10) 的增广矩阵 $\overline{\boldsymbol{A}}$ 经行初等变换化为行阶梯形矩阵 $\overline{\boldsymbol{B}}$；

第二步　若秩 $\boldsymbol{A} \neq$ 秩 $\overline{\boldsymbol{A}}$，则方程组 (6.10) 无解；若秩 $\boldsymbol{A}$ = 秩 $\overline{\boldsymbol{A}} = r$，则方程组 (6.10) 有解. 接着将 $\overline{\boldsymbol{B}}$ 经行初等变换化为行最简矩阵 $\overline{\boldsymbol{C}}$，并且写出以 $\overline{\boldsymbol{C}}$ 为增

广矩阵的线性方程组 (6.12)；

第三步　若 $r=n$，则方程组 (6.10) 有唯一解，(6.12) 就是 (6.10) 的唯一解；

若 $r<n$，则方程组 (6.10) 有无穷多解. 令方程组 (6.12) 的自由未知量全为零，得方程组 (6.10) 的一个特解 $\boldsymbol{\eta}_0$，再求出导出齐次方程组 (6.11) 的一个基础解系 $\boldsymbol{\alpha}_1$，$\boldsymbol{\alpha}_2$，$\cdots$，$\boldsymbol{\alpha}_{n-r}$，于是方程组 (6.10) 的全部解为

$$\boldsymbol{\eta}=\boldsymbol{\eta}_0+k_1\boldsymbol{\alpha}_1+k_2\boldsymbol{\alpha}_2+\cdots+k_{n-r}\boldsymbol{\alpha}_{n-r},$$

这里 k_1，k_2，$\cdots$，k_{n-r} 是数域 F 中的任意数.

三、范例解析

例 1　求方程组

$$\begin{cases} x_1+x_2+\cdots+x_n=1, \\ x_2+x_3+\cdots+x_{n+1}=2, \\ \qquad\cdots \\ x_{n+1}+x_{n+2}+\cdots+x_{2n}=n+1 \end{cases}$$

的全部解.

解　因为

$$\overline{\boldsymbol{A}}=\begin{pmatrix} 1 & 1 & 1 & \cdots & 1 & \overset{(\text{第 } n \text{ 列})}{1} & 0 & 0 & \cdots & 0 & 0 & 1 \\ 0 & 1 & 1 & \cdots & 1 & 1 & 1 & 0 & \cdots & 0 & 0 & 2 \\ 0 & 0 & 1 & \cdots & 1 & 1 & 1 & 1 & \cdots & 0 & 0 & 3 \\ \vdots & \vdots & \vdots & & \vdots & \vdots & \vdots & \vdots & & \vdots & \vdots & \vdots \\ 0 & 0 & 0 & \cdots & 0 & 1 & 1 & 1 & \cdots & 1 & 0 & n \\ 0 & 0 & 0 & \cdots & 0 & 0 & 1 & 1 & \cdots & 1 & 1 & n+1 \end{pmatrix}$$

$$\xrightarrow[\substack{r_i\leftrightarrow r_{i+1},\, i=1,\cdots,n, \\ (-1)\times r_i,\, i=1,\cdots,n.}]{\substack{r_{i+1}-r_i,\, i=1,\cdots,n, \\ r_1+r_i,\, i=2,\cdots,n+1,}} \begin{pmatrix} 1 & 0 & 0 & \cdots & 0 & \overset{(\text{第 } n \text{ 列})}{0} & -1 & 0 & \cdots & 0 & 0 & -1 \\ 0 & 1 & 0 & \cdots & 0 & 0 & 0 & -1 & \cdots & 0 & 0 & -1 \\ 0 & 0 & 1 & \cdots & 0 & 0 & 0 & 0 & \cdots & 0 & 0 & -1 \\ \vdots & \vdots & \vdots & & \vdots & \vdots & \vdots & \vdots & & \vdots & \vdots & \vdots \\ 0 & 0 & 0 & \cdots & 0 & 1 & 0 & 0 & \cdots & 0 & -1 & -1 \\ 0 & 0 & 0 & \cdots & 0 & 0 & 1 & 1 & \cdots & 1 & 1 & n+1 \end{pmatrix}$$

$$\xrightarrow{r_1+r_{n+1}} \begin{pmatrix} 1 & 0 & 0 & \cdots & 0 & \overset{(\text{第 } n \text{ 列})}{0} & 0 & 1 & \cdots & 1 & 1 & n \\ 0 & 1 & 0 & \cdots & 0 & 0 & 0 & -1 & \cdots & 0 & 0 & -1 \\ 0 & 0 & 1 & \cdots & 0 & 0 & 0 & 0 & \cdots & 0 & 0 & -1 \\ \vdots & \vdots & \vdots & & \vdots & \vdots & \vdots & \vdots & & \vdots & \vdots & \vdots \\ 0 & 0 & 0 & \cdots & 0 & 1 & 0 & 0 & \cdots & 0 & -1 & -1 \\ 0 & 0 & 0 & \cdots & 0 & 0 & 1 & 1 & \cdots & 1 & 1 & n+1 \end{pmatrix},$$

所以与原方程组同解的方程组为

$$\begin{cases} x_1 = n - x_{n+2} - \cdots - x_{2n-1} - x_{2n}, \\ x_2 = -1 + x_{n+2}, \\ x_3 = -1 + x_{n+3}, \\ \quad \cdots \\ x_n = -1 + x_{2n}, \\ x_{n+1} = n + 1 - x_{n+2} - \cdots - x_{2n-1} - x_{2n}, \end{cases}$$

其中 x_{n+2}，x_{n+3}，$\cdots$，x_{2n} 为自由未知量.

令 $(x_{n+2}, x_{n+3}, \cdots, x_{2n})^{\mathrm{T}} = (0, 0, \cdots, 0)^{\mathrm{T}}$，则得方程组的一个特解

$$\boldsymbol{\eta}_0 = (n, -1, -1, \cdots, -1, -1, n+1, 0, 0, \cdots, 0)^{\mathrm{T}}.$$

与原方程组的导出齐次方程组同解的方程组为

$$\begin{cases} x_1 = -x_{n+2} - \cdots - x_{2n-1} - x_{2n}, \\ x_2 = x_{n+2}, \\ x_3 = x_{n+3}, \\ \quad \cdots \\ x_n = x_{2n}, \\ x_{n+1} = -x_{n+2} - \cdots - x_{2n-1} - x_{2n}, \end{cases}$$

其中 x_{n+2}，x_{n+3}，$\cdots$，x_{2n} 为自由未知量.

令 $(x_{n+2}, x_{n+3}, \cdots, x_{2n})^{\mathrm{T}}$ 依次为

$$(1, 0, \cdots, 0)^{\mathrm{T}}, (0, 1, \cdots, 0)^{\mathrm{T}}, \cdots, (0, 0, \cdots, 1)^{\mathrm{T}},$$

则得原方程组的导出齐次方程组的一个基础解系

$$\boldsymbol{\alpha}_1 = (-1, 1, 0, \cdots, 0, 0, -1, 1, 0, \cdots, 0, 0)^{\mathrm{T}},$$
$$\boldsymbol{\alpha}_2 = (-1, 0, 1, \cdots, 0, 0, -1, 0, 1, \cdots, 0, 0)^{\mathrm{T}},$$
$$\cdots$$
$$\boldsymbol{\alpha}_{n-1} = (-1, 0, 0, \cdots, 0, 1, -1, 0, 0, \cdots, 0, 1)^{\mathrm{T}}.$$

因此原方程组的全部解为

$$\boldsymbol{\eta} = \boldsymbol{\eta}_0 + k_1\boldsymbol{\alpha}_1 + k_2\boldsymbol{\alpha}_2 + \cdots + k_{n-1}\boldsymbol{\alpha}_{n-1},$$

其中 k_1，k_2，$\cdots$，k_{n-1} 为任意常数.

例 2 已知线性方程组

$$\begin{cases} x_1 + x_2 - 2x_4 = -6, \\ 4x_1 - x_2 - x_3 - x_4 = 1, \\ 3x_1 - x_2 - x_3 = 3. \end{cases} \tag{6.13}$$

$$\begin{cases} x_1 + mx_2 - x_3 - x_4 = -5, \\ nx_2 - x_3 - 2x_4 = -11, \\ x_3 - 2x_4 = 1 - t. \end{cases} \tag{6.14}$$

(1) 求方程组 (6.13) 的全部解；

(2) 当方程组 (6.14) 中的参数 m，n，t 为何值时，方程组 (6.13) 与 (6.14) 同解.

解 (1) 对方程组 (6.13) 的增广矩阵施行行初等变换，得

$$\begin{pmatrix} 1 & 1 & 0 & -2 & -6 \\ 4 & -1 & -1 & -1 & 1 \\ 3 & -1 & -1 & 0 & 3 \end{pmatrix} \to \begin{pmatrix} 1 & 0 & 0 & -1 & -2 \\ 0 & 1 & 0 & -1 & -4 \\ 0 & 0 & 1 & -2 & -5 \end{pmatrix},$$

因此方程组 (6.13) 的全部解为

$$\begin{pmatrix} x_1 \\ x_2 \\ x_3 \\ x_4 \end{pmatrix} = \begin{pmatrix} -2 \\ -4 \\ -5 \\ 0 \end{pmatrix} + k\begin{pmatrix} 1 \\ 1 \\ 2 \\ 1 \end{pmatrix},$$

其中 k 为任意常数.

(2) 若方程组 (6.13) 与 (6.14) 同解，则它们的解完全相同. 把方程组 (6.13) 的解代入方程组 (6.14)，得

$$\begin{cases} (-2+k)+m(-4+k)-(-5+2k)-k=-5, \\ n(-4+k)-(-5+2k)-2k=-11, \\ 2k-5-2k=1-t. \end{cases}$$

注意到 k 的任意性，取 $k=0$，得

$$\begin{cases} m=2, \\ n=4, \\ t=6. \end{cases}$$

由此可知，当方程组 (6.14) 的参数取上述值时，方程组 (6.13) 的全部解都是方程组 (6.14) 的解，这时方程组 (6.14) 为

$$\begin{cases} x_1+2x_2-x_3-x_4=-5, \\ 4x_2-x_3-2x_4=-11, \\ x_3-2x_4=-5. \end{cases}$$

对其增广矩阵施行行初等变换，得

$$\begin{pmatrix} 1 & 2 & -1 & -1 & -5 \\ 0 & 4 & -1 & -2 & -11 \\ 0 & 0 & 1 & -2 & -5 \end{pmatrix} \to \begin{pmatrix} 1 & 0 & 0 & -1 & -2 \\ 0 & 1 & 0 & -1 & -4 \\ 0 & 0 & 1 & -2 & -5 \end{pmatrix},$$

于是方程组 (6.14) 的全部解为

$$\begin{pmatrix} x_1 \\ x_2 \\ x_3 \\ x_4 \end{pmatrix} = \begin{pmatrix} -2 \\ -4 \\ -5 \\ 0 \end{pmatrix} + k\begin{pmatrix} 1 \\ 1 \\ 2 \\ 1 \end{pmatrix},$$

其中 k 为任意常数.

由此可见，方程组 (6.13) 与 (6.14) 的解相同. 于是当 $m=2$，$n=4$，$t=6$ 时，方程组 (6.13) 与 (6.14) 同解.

例 3 设 $\{\alpha_1, \alpha_2, \cdots, \alpha_n\}$ 是数域 F 上 n 维向量空间 V 的一个基，$(c_1, c_2, \cdots, c_n)^{\mathrm{T}}$ 为线性方程组

$$a_1x_1+a_2x_2+\cdots+a_nx_n=0 \tag{6.15}$$

的一个任意解，其中 a_1，a_2，$\cdots$，a_n 不全为零. 令

$$W=\Big\{\sum_{i=1}^{n}c_i\boldsymbol{\alpha}_i \mid (c_1,\ c_2,\ \cdots,\ c_n)^{\mathrm{T}}\text{是方程组 (6.15) 的解}\Big\}.$$

证明：$\dim W=n-1$.

证明 易证 W 是 V 的子空间. 下证 $\dim W=n-1$.

因 a_1，a_2，$\cdots$，a_n 不全为零，不妨设 $a_1\neq 0$，故 (6.15) 的同解方程组为

$$x_1=-\frac{a_2}{a_1}x_2-\cdots-\frac{a_n}{a_1}x_n,$$

其中 x_2，x_3，$\cdots$，x_n 为自由未知量. 令

$$\begin{pmatrix}x_2\\x_3\\\vdots\\x_n\end{pmatrix}=\begin{pmatrix}a_1\\0\\\vdots\\0\end{pmatrix},\ \begin{pmatrix}0\\a_1\\\vdots\\0\end{pmatrix},\ \cdots,\ \begin{pmatrix}0\\0\\\vdots\\a_1\end{pmatrix},$$

则得方程组 (6.15) 的一个基础解系

$$\boldsymbol{\xi}_1=\begin{pmatrix}-a_2\\a_1\\0\\\vdots\\0\end{pmatrix},\ \boldsymbol{\xi}_2=\begin{pmatrix}-a_3\\0\\a_1\\\vdots\\0\end{pmatrix},\ \cdots,\ \boldsymbol{\xi}_{n-1}=\begin{pmatrix}-a_n\\0\\0\\\vdots\\a_1\end{pmatrix}.$$

因此方程组 (6.15) 的任意解为

$$\begin{pmatrix}c_1\\c_2\\\vdots\\c_n\end{pmatrix}=k_1\boldsymbol{\xi}_1+k_2\boldsymbol{\xi}_2+\cdots+k_{n-1}\boldsymbol{\xi}_{n-1}=\begin{pmatrix}-a_2&-a_3&\cdots&-a_n\\a_1&&&\\&a_1&&\\&&\ddots&\\&&&a_1\end{pmatrix}\begin{pmatrix}k_1\\k_2\\\vdots\\k_{n-1}\end{pmatrix},$$

这里 k_1，k_2，$\cdots$，k_{n-1} 是数域 F 中的任意数. 于是对任意 $\boldsymbol{\alpha}\in W$，都有

$$\boldsymbol{\alpha}=\sum_{i=1}^{n}c_i\boldsymbol{\alpha}_i=(\boldsymbol{\alpha}_1,\ \boldsymbol{\alpha}_2,\ \cdots,\ \boldsymbol{\alpha}_n)\begin{pmatrix}c_1\\c_2\\\vdots\\c_n\end{pmatrix}$$

$$=(\boldsymbol{\alpha}_1,\ \boldsymbol{\alpha}_2,\ \cdots,\ \boldsymbol{\alpha}_n)\begin{pmatrix}-a_2&-a_3&\cdots&-a_n\\a_1&&&\\&a_1&&\\&&\ddots&\\&&&a_1\end{pmatrix}\begin{pmatrix}k_1\\k_2\\\vdots\\k_{n-1}\end{pmatrix}$$

$$= (-a_2\boldsymbol{\alpha}_1 + a_1\boldsymbol{\alpha}_2,\ -a_3\boldsymbol{\alpha}_1 + a_1\boldsymbol{\alpha}_3,\ \cdots,\ -a_n\boldsymbol{\alpha}_1 + a_1\boldsymbol{\alpha}_n)\begin{pmatrix} k_1 \\ k_2 \\ \vdots \\ k_{n-1} \end{pmatrix}.$$

令

$$\boldsymbol{\beta}_1 = -a_2\boldsymbol{\alpha}_1 + a_1\boldsymbol{\alpha}_2,\ \boldsymbol{\beta}_2 = -a_3\boldsymbol{\alpha}_1 + a_1\boldsymbol{\alpha}_3,\ \cdots,\ \boldsymbol{\beta}_{n-1} = -a_n\boldsymbol{\alpha}_1 + a_1\boldsymbol{\alpha}_n,$$

则 $\boldsymbol{\beta}_1, \boldsymbol{\beta}_2, \cdots, \boldsymbol{\beta}_{n-1} \in W$，且 $\{\boldsymbol{\beta}_1, \boldsymbol{\beta}_2, \cdots, \boldsymbol{\beta}_{n-1}\}$ 线性无关. 从而 $\{\boldsymbol{\beta}_1, \boldsymbol{\beta}_2, \cdots, \boldsymbol{\beta}_{n-1}\}$ 是 W 的一个基. 故 $\dim W = n - 1$.

例 4 设 $\boldsymbol{\eta}_1, \boldsymbol{\eta}_2, \boldsymbol{\eta}_3$ 是非齐次线性方程组 $\boldsymbol{AX} = \boldsymbol{B}$ 的三个解，秩 $\boldsymbol{A} = 3$，其中 $\boldsymbol{\eta}_1 = (1, -2, 3, -1)^{\mathrm{T}}$，$4\boldsymbol{\eta}_2 - 3\boldsymbol{\eta}_3 = (2, 0, 1, 6)^{\mathrm{T}}$. 求该方程组的全部解.

解 设该方程组的导出齐次方程组 $\boldsymbol{AX} = \boldsymbol{0}$ 的解空间为 $W_{\boldsymbol{A}}$，则 $\dim W_{\boldsymbol{A}} = 4-$秩 $\boldsymbol{A} = 1$. 因为 $\boldsymbol{\eta}_2 - \boldsymbol{\eta}_1, \boldsymbol{\eta}_3 - \boldsymbol{\eta}_1 \in W_{\boldsymbol{A}}$，所以

$$\boldsymbol{\alpha}_1 = 4(\boldsymbol{\eta}_2 - \boldsymbol{\eta}_1) - 3(\boldsymbol{\eta}_3 - \boldsymbol{\eta}_1) = (4\boldsymbol{\eta}_2 - 3\boldsymbol{\eta}_3) - \boldsymbol{\eta}_1 = (1, 2, -2, 7)^{\mathrm{T}} \in W_{\boldsymbol{A}}.$$

因此 $\boldsymbol{AX} = \boldsymbol{B}$ 的全部解为

$$\boldsymbol{\eta} = \boldsymbol{\eta}_1 + k_1\boldsymbol{\alpha}_1 = (1, -2, 3, -1)^{\mathrm{T}} + k_1(1, 2, -2, 7)^{\mathrm{T}},$$

其中 k_1 为任意常数.

§6.5 秩与线性相关性

这一节，我们利用线性方程组的理论研究矩阵的秩、方阵的行列式和向量组的线性相关性等概念之间的关系.

一、主要内容

1. 矩阵和的秩

定理 6.8 设 $\boldsymbol{A}, \boldsymbol{B}$ 是 $m \times n$ 矩阵，则

$$\text{秩}\,(\boldsymbol{A} + \boldsymbol{B}) \leqslant \text{秩}\,\boldsymbol{A} + \text{秩}\,\boldsymbol{B}.$$

2. 矩阵的行秩、列秩

定理 6.9 设矩阵 $\boldsymbol{A}$ 的秩为 $r\ (r \geqslant 1)$，则 $\boldsymbol{A}$ 有 r 个列向量线性无关，且任意 $r+1$ 个列向量（如果存在的话）线性相关.

推论 矩阵 $\boldsymbol{A}$ 的秩为 $r\ (r \geqslant 1)$ 当且仅当 $\boldsymbol{A}$ 有 r 个列向量线性无关，且任意 $r+1$ 个列向量（如果存在的话）线性相关.

定义 6.2 设 $\boldsymbol{A} \in M_{m\times n}(F)$. $\boldsymbol{A}$ 的 n 个列向量 $\boldsymbol{\alpha}_1, \boldsymbol{\alpha}_2, \cdots, \boldsymbol{\alpha}_n$ 生成的 F^m 的子空间 $\mathscr{L}(\boldsymbol{\alpha}_1, \boldsymbol{\alpha}_2, \cdots, \boldsymbol{\alpha}_n)$ 称为 $\boldsymbol{A}$ 的列空间，$\boldsymbol{A}$ 的列空间的维数称为 $\boldsymbol{A}$ 的列秩. $\boldsymbol{A}$ 的 m 个行向量 $\boldsymbol{\beta}_1, \boldsymbol{\beta}_2, \cdots, \boldsymbol{\beta}_m$ 生成的 F^n 的子空间 $\mathscr{L}(\boldsymbol{\beta}_1, \boldsymbol{\beta}_2, \cdots, \boldsymbol{\beta}_m)$ 称为 $\boldsymbol{A}$ 的行空间，$\boldsymbol{A}$ 的行空间的维数称为 $\boldsymbol{A}$ 的行秩.

定理 6.10 矩阵 $\boldsymbol{A}$ 的列秩等于 $\boldsymbol{A}$ 的秩.

定理 6.11 矩阵 $\boldsymbol{A}$ 的行秩等于 $\boldsymbol{A}$ 的秩.

推论 1 矩阵 $\boldsymbol{A}$ 的秩为 $r\,(r \geqslant 1)$ 当且仅当 $\boldsymbol{A}$ 有 r 个行向量线性无关，且任意 $r+1$ 个行向量（如果存在的话）线性相关.

推论 2 设 $\boldsymbol{\alpha}_i = (a_{i1}, a_{i2}, \cdots, a_{in})$，$i = 1, 2, \cdots, m$，是 $m\,(m \geqslant 2)$ 个 n 维向量. 令矩阵 $\boldsymbol{A} = (a_{ij})_{m\times n}$，则以下四条等价：

(i) 向量组 $\boldsymbol{\alpha}_1, \boldsymbol{\alpha}_2, \cdots, \boldsymbol{\alpha}_m$ 线性相关；

(ii) 秩 $\boldsymbol{A} < m$；

(iii) $\boldsymbol{A}$ 的某个行向量是其余行向量的线性组合；

(iv) 含有 m 个未知量的齐次线性方程组

$$x_1\boldsymbol{\alpha}_1 + x_2\boldsymbol{\alpha}_2 + \cdots + x_m\boldsymbol{\alpha}_m = \boldsymbol{0}$$

有非零解.

定理 6.12 设数域 F 上矩阵 $\boldsymbol{A}$ 的列向量依次是 $\boldsymbol{\alpha}_1, \boldsymbol{\alpha}_2, \cdots, \boldsymbol{\alpha}_n$，矩阵 $\boldsymbol{B}$ 的列向量依次是 $\boldsymbol{\beta}_1, \boldsymbol{\beta}_2, \cdots, \boldsymbol{\beta}_n$. 若 $\boldsymbol{A}$ 只经过行初等变换化为 $\boldsymbol{B}$，则对任意 $k_1, k_2, \cdots, k_n \in F$，$k_1\boldsymbol{\alpha}_1+k_2\boldsymbol{\alpha}_2+\cdots+k_n\boldsymbol{\alpha}_n = \boldsymbol{0}$ 当且仅当 $k_1\boldsymbol{\beta}_1+k_2\boldsymbol{\beta}_2+\cdots+k_n\boldsymbol{\beta}_n = \boldsymbol{0}$.

推论 在定理 6.12 的假定条件下，有

(i) $\boldsymbol{B}$ 的第 $j_1, j_2, \cdots, j_t$ 列线性无关当且仅当 $\boldsymbol{A}$ 的第 $j_1, j_2, \cdots, j_t$ 列线性无关；

(ii) 对 F 中的数 $c_1, c_2, \cdots, c_t$，$\boldsymbol{\alpha}_k = c_1\boldsymbol{\alpha}_{j_1}+c_2\boldsymbol{\alpha}_{j_2}+\cdots+c_t\boldsymbol{\alpha}_{j_t}$ 当且仅当 $\boldsymbol{\beta}_k = c_1\boldsymbol{\beta}_{j_1}+c_2\boldsymbol{\beta}_{j_2}+\cdots+c_t\boldsymbol{\beta}_{j_t}$.

二、释疑解难

1. 判断 F^n 中的向量组 $\{\boldsymbol{\alpha}_1, \boldsymbol{\alpha}_2, \cdots, \boldsymbol{\alpha}_m\}$ 是否线性相关的一种简便方法

第一步 以向量 $\boldsymbol{\alpha}_1, \boldsymbol{\alpha}_2, \cdots, \boldsymbol{\alpha}_m$ 为列或行构造一个矩阵 $\boldsymbol{A}$；

第二步 求出 $\boldsymbol{A}$ 的秩 r；

第三步 若 $r < m$，则 $\{\boldsymbol{\alpha}_1, \boldsymbol{\alpha}_2, \cdots, \boldsymbol{\alpha}_m\}$ 线性相关. 若秩 $\boldsymbol{A} = m$，则 $\{\boldsymbol{\alpha}_1, \boldsymbol{\alpha}_2, \cdots, \boldsymbol{\alpha}_m\}$ 线性无关.

2. 求 F^n 中的向量组 $\{\boldsymbol{\alpha}_1, \boldsymbol{\alpha}_2, \cdots, \boldsymbol{\alpha}_m\}$ 的极大无关组和用该极大无关组线性表示其余向量的方法

第一步 以 $\boldsymbol{\alpha}_1, \boldsymbol{\alpha}_2, \cdots, \boldsymbol{\alpha}_m$ 为列构造一个 $n\times m$ 矩阵 $\boldsymbol{A}$；

第二步 对 $\boldsymbol{A}$ 施行行初等变换化为行最简矩阵 $\boldsymbol{C} = (\boldsymbol{\beta}_1, \boldsymbol{\beta}_2, \cdots, \boldsymbol{\beta}_m)$，其中 $\boldsymbol{C}$ 的非零行的第一个非零元 1 所在的列向量依次为 $\boldsymbol{\beta}_{i_1}, \boldsymbol{\beta}_{i_2}, \cdots, \boldsymbol{\beta}_{i_r}$，且其余列向量

$$\boldsymbol{\beta}_j = k_{j_1}\boldsymbol{\beta}_{i_1} + k_{j_2}\boldsymbol{\beta}_{i_2} + \cdots + k_{j_r}\boldsymbol{\beta}_{i_r};$$

第三步　向量组 $\{\boldsymbol{\alpha}_{i_1}, \boldsymbol{\alpha}_{i_2}, \cdots, \boldsymbol{\alpha}_{i_r}\}$ 就是向量组 $\{\boldsymbol{\alpha}_1, \boldsymbol{\alpha}_2, \cdots, \boldsymbol{\alpha}_m\}$ 的一个极大无关组，且其余向量

$$\boldsymbol{\alpha}_j = k_{j_1}\boldsymbol{\alpha}_{i_1} + k_{j_2}\boldsymbol{\alpha}_{i_2} + \cdots + k_{j_r}\boldsymbol{\alpha}_{i_r}.$$

注　(1) 此法不仅简化了 § 5.2 “释疑解难”之 4 中求 F^n 的向量组的极大无关组的方法，而且还可得出其余向量与极大无关组的关系式；

(2) 利用此法可同时求出 § 5.4 “释疑解难”之 3 与 § 6.3 “释疑解难”之 2 中的 F^n 的两个子空间 $W_1 = \mathscr{L}(\boldsymbol{\alpha}_1, \boldsymbol{\alpha}_2, \cdots, \boldsymbol{\alpha}_s)$ 与 $W_2 = \mathscr{L}(\boldsymbol{\beta}_1, \boldsymbol{\beta}_2, \cdots, \boldsymbol{\beta}_t)$ 的和与交的一个基和维数. 具体步骤如下：

首先，以 $\boldsymbol{\alpha}_1, \cdots, \boldsymbol{\alpha}_s, \boldsymbol{\beta}_1, \cdots, \boldsymbol{\beta}_t$ 为列构造 $n\times(s+t)$ 矩阵 $\boldsymbol{A}$，并将 $\boldsymbol{A}$ 经行初等变换化为行最简矩阵 $\boldsymbol{C}$，则与 $\boldsymbol{C}$ 的每行第一个非零元 1 所在列号相同的 $\boldsymbol{A}$ 的列向量就是 $W_1 + W_2$ 的一个基；其次，由 $\boldsymbol{C}$ 的前 s 列和后 t 列分别确定出 W_1 和 W_2 的一个基，且由维数公式求出 $\dim(W_1\cap W_2)$；最后，把 $\boldsymbol{\beta}_1, \cdots, \boldsymbol{\beta}_t$ 中不属于 $W_1 + W_2$ 基的向量表示成 $W_1 + W_2$ 基的线性组合，并进行整理，使得属于 W_1 与属于 W_2 的向量分别位于等式的两端，于是这些等式中的 $\dim(W_1\cap W_2)$ 个线性无关的向量就是 $W_1\cap W_2$ 的一个基.

三、范例解析

例 1　求矩阵

$$\boldsymbol{A} = \begin{pmatrix} 3 & 2 & 5 & 0 \\ 3 & -2 & 6 & -1 \\ 2 & 0 & 5 & -3 \\ 1 & 6 & -1 & 4 \end{pmatrix}$$

的列空间的一个基和行空间的维数.

解　因为

$$\boldsymbol{A} = \begin{pmatrix} 3 & 2 & 5 & 0 \\ 3 & -2 & 6 & -1 \\ 2 & 0 & 5 & -3 \\ 1 & 6 & -1 & 4 \end{pmatrix} \xrightarrow{\text{行初等变换}} \begin{pmatrix} 1 & 6 & -1 & 4 \\ 0 & -4 & 1 & -1 \\ 0 & 0 & 4 & -8 \\ 0 & 0 & 0 & 0 \end{pmatrix},$$

所以 $\{(3, 3, 2, 1)^{\mathrm{T}}, (2, -2, 0, 6)^{\mathrm{T}}, (5, 6, 5, -1)^{\mathrm{T}}\}$ 是 $\boldsymbol{A}$ 的列空间的一个基，$\boldsymbol{A}$ 的行空间的维数等于 3.

例 2　求向量组

$\boldsymbol{\alpha}_1 = (2, 1, 4, 3)^{\mathrm{T}}$, $\boldsymbol{\alpha}_2 = (-1, 1, -6, 6)^{\mathrm{T}}$, $\boldsymbol{\alpha}_3 = (1, -2, 2, -9)^{\mathrm{T}}$,

$\boldsymbol{\alpha}_4 = (1, 1, -2, 7)^{\mathrm{T}}$, $\boldsymbol{\alpha}_5 = (2, 4, 4, 9)^{\mathrm{T}}$

的秩及其一个极大无关组，并把其余向量用该极大无关组线性表示.

解　以 $\boldsymbol{\alpha}_1, \boldsymbol{\alpha}_2, \boldsymbol{\alpha}_3, \boldsymbol{\alpha}_4, \boldsymbol{\alpha}_5$ 为列构造矩阵 $\boldsymbol{A} = (\boldsymbol{\alpha}_1, \boldsymbol{\alpha}_2, \boldsymbol{\alpha}_3, \boldsymbol{\alpha}_4, \boldsymbol{\alpha}_5)$. 因为

$$A=\begin{pmatrix}2&-1&-1&1&2\\1&1&-2&1&4\\4&-6&2&-2&4\\3&6&-9&7&9\end{pmatrix}\xrightarrow{\text{行初等变换}}\begin{pmatrix}1&0&-1&0&4\\0&1&-1&0&3\\0&0&0&1&-3\\0&0&0&0&0\end{pmatrix}=C,$$

所以秩 $(\alpha_1, \alpha_2, \alpha_3, \alpha_4, \alpha_5) = 3$，$\{\alpha_1, \alpha_2, \alpha_4\}$ 是 $\{\alpha_1, \alpha_2, \alpha_3, \alpha_4, \alpha_5\}$ 的一个极大无关组，且 $\alpha_3 = -\alpha_1 - \alpha_2$，$\alpha_5 = 4\alpha_1 + 3\alpha_2 - 3\alpha_4$.

例 3 已知两个向量组

$\alpha_1 = (1, 1, 0, 2)^{\mathrm{T}}$，$\alpha_2 = (1, 1, -1, 3)^{\mathrm{T}}$，$\alpha_3 = (1, 2, 1, -2)^{\mathrm{T}}$；

$\beta_1 = (1, 2, 0, -6)^{\mathrm{T}}$，$\beta_2 = (1, -2, 2, 4)^{\mathrm{T}}$，$\beta_3 = (2, 3, 1, -5)^{\mathrm{T}}$.

设 $W_1 = \mathscr{L}(\alpha_1, \alpha_2, \alpha_3)$，$W_2 = \mathscr{L}(\beta_1, \beta_2, \beta_3)$. 求 $W_1 + W_2$ 与 $W_1 \cap W_2$ 的一个基和维数.

解 以 $\alpha_1, \alpha_2, \alpha_3, \beta_1, \beta_2, \beta_3$ 为列得矩阵 $A = (\alpha_1, \alpha_2, \alpha_3, \beta_1, \beta_2, \beta_3)$. 因为

$$A=\begin{pmatrix}1&1&1&1&1&2\\1&1&2&2&-2&3\\0&-1&1&0&2&1\\2&3&-2&-6&4&-5\end{pmatrix}\xrightarrow{\text{行初等变换}}\begin{pmatrix}1&0&0&0&10&2\\0&1&0&0&-6&-1\\0&0&1&0&-4&0\\0&0&0&1&1&1\end{pmatrix}=C,$$

所以由 $W_1 + W_2 = \mathscr{L}(\alpha_1, \alpha_2, \alpha_3, \beta_1, \beta_2, \beta_3)$ 知，$\{\alpha_1, \alpha_2, \alpha_3, \beta_1\}$ 是 $W_1 + W_2$ 的一个基，由 C 的前三列可知，$\{\alpha_1, \alpha_2, \alpha_3\}$ 是 W_1 的一个基，由 C 后三列可知，$\{\beta_1, \beta_2, \beta_3\}$ 是 W_2 的一个基. 从而 $\dim(W_1 + W_2) = 4$，$\dim W_1 = \dim W_2 = 3$. 于是 $\dim(W_1 \cap W_2) = 3 + 3 - 4 = 2$. 由于

$$\beta_2 = 10\alpha_1 - 6\alpha_2 - 4\alpha_3 + \beta_1,\ \beta_3 = 2\alpha_1 - \alpha_2 + \beta_1,$$

因此

$$10\alpha_1 - 6\alpha_2 - 4\alpha_3 = -\beta_1 + \beta_2,\ 2\alpha_1 - \alpha_2 = -\beta_1 + \beta_3 \in W_1 \cap W_2.$$

因为 $-\beta_1 + \beta_2 = (0, -4, 2, 10)^{\mathrm{T}}$，$-\beta_1 + \beta_3 = (1, 1, 1, 1)^{\mathrm{T}}$ 线性无关，所以这两个向量是 $W_1 \cap W_2$ 的一个基.

例 4 设 A，B 分别是数域 F 上的 $s \times n$，$s \times m$ 矩阵. 证明：秩 A = 秩 (A, B) 当且仅当 B 的列向量组可以由 A 的列向量组线性表示.

证明 设 A 的列向量为 $\alpha_1, \alpha_2, \cdots, \alpha_n$，$B$ 的列向量为 $\beta_1, \beta_2, \cdots, \beta_m$，则矩阵 (A, B) 的列向量为 $\alpha_1, \alpha_2, \cdots, \alpha_n, \beta_1, \beta_2, \cdots, \beta_m$. 显然

$$\mathscr{L}(\alpha_1, \alpha_2, \cdots, \alpha_n) \subseteq \mathscr{L}(\alpha_1, \alpha_2, \cdots, \alpha_n, \beta_1, \beta_2, \cdots, \beta_m).$$

于是秩 A = 秩 (A, B) 当且仅当

$$\mathscr{L}(\alpha_1, \alpha_2, \cdots, \alpha_n) = \mathscr{L}(\alpha_1, \alpha_2, \cdots, \alpha_n, \beta_1, \beta_2, \cdots, \beta_m),$$

当且仅当 $\beta_1, \beta_2, \cdots, \beta_m \in \mathscr{L}(\alpha_1, \alpha_2, \cdots, \alpha_n)$，当且仅当 B 的列向量组可以由 A 的列向量组线性表示.

例 5 设 A，B 分别为 $m \times n$ 与 $m \times s$ 矩阵，X 为 $n \times s$ 未知矩阵. 证明：矩阵方

程 $AX=B$ 有解当且仅当秩 A = 秩 (A, B)，且当秩 A = 秩 $(A, B)=n$ 时，$AX=B$ 有唯一解；当秩 A = 秩 $(A, B)<n$ 时，$AX=B$ 有无穷多解.

证明 将 A, X, B 按列分块为

$A=(\alpha_1, \alpha_2, \cdots, \alpha_n)$，$X=(X_1, X_2, \cdots, X_s)$，$B=(\beta_1, \beta_2, \cdots, \beta_s)$.

必要性 若 $AX=B$ 有解 $X=(k_{ij})$，则

$$\beta_1=k_{11}\alpha_1+k_{21}\alpha_2+\cdots+k_{n1}\alpha_n,\ \cdots,\ \beta_s=k_{1s}\alpha_1+k_{2s}\alpha_2+\cdots+k_{ns}\alpha_n.$$

于是 B 的列向量组可由 A 的列向量组线性表示. 因此秩 A = 秩 (A, B).

充分性 若秩 A = 秩 (A, B)，则 B 的列向量组必是 A 的列向量组的线性组合，且以组合系数为列向量所构成的 $n\times s$ 矩阵便是 $AX=B$ 的解.

由秩 $A\leqslant$ 秩 $(A, \beta_j)\leqslant$ 秩 (A, B) 知，当秩 A = 秩 $(A, B)=n$ 时，秩 A = 秩 $(A, \beta_j)=n$，每个 n 元线性方程组 $AX_j=\beta_j$ 有唯一解，从而矩阵方程 $AX=B$ 有唯一解；当秩 A = 秩 $(A, B)<n$ 时，秩 A = 秩 $(A, \beta_j)<n$，每个 n 元线性方程组 $AX_j=\beta_j$ 有无穷多解，因此矩阵方程 $AX=B$ 有无穷多解.

注 (1) 本题是线性方程组有解的判定定理的推广；

(2) 矩阵方程 $XA=B$ 有解当且仅当秩 A = 秩 $\begin{pmatrix}A\\B\end{pmatrix}$，且当秩 A = 秩 $\begin{pmatrix}A\\B\end{pmatrix}=n$ (n 为矩阵 A 的行数) 时，$XA=B$ 有唯一解；当秩 A = 秩 $\begin{pmatrix}A\\B\end{pmatrix}<n$ 时，$XA=B$ 有无穷多解.

§6.6 特征向量与矩阵的对角化

本节讨论特征向量的求解方法以及数域 F 上 n 阶矩阵什么时候能与一个对角形矩阵相似的问题.

一、主要内容

1. 特征向量、特征子空间

定理 6.13 设 A 是数域 F 上的 n 阶方阵，λ 是 A 的特征根. 如果复数域上的 n 维列向量 α 是 A 的属于特征根 λ 的特征向量，那么 α 是线性方程组 $(\lambda I-A)X=0$ 的非零解向量. 反过来，方程组 $(\lambda I-A)X=0$ 在复数域上的非零解向量都是 A 的属于 λ 的特征向量.

设 $\lambda\in F$，$A\in M_n(F)$，λ 是 A 的特征根. 令 $V_\lambda=\{\alpha\in F^n\mid A\alpha=\lambda\alpha\}$，即 $V_\lambda=\{\alpha\in F^n\mid(\lambda I_n-A)\alpha=0\}$，则 V_λ 是 F 上齐次线性方程组 $(\lambda I_n-A)X=0$ 的解空间，它是由 A 的属于 λ 的在 F^n 中的全体特征向量连同零向量一起构成的 F^n 的子空间.

定义 6.3 设 $\lambda \in F$，$A \in M_n(F)$，λ 是 A 的特征根. 称 V_λ 为 A 的属于特征根 λ 的特征子空间.

定理 6.14 设 $\lambda \in F$，$A \in M_n(F)$. 若 λ 是 A 的特征根，则

$$\dim V_\lambda + \text{秩}\,(\lambda I - A) = n.$$

定义 6.4 设 $\lambda \in F$，$A \in M_n(F)$. 如果 λ 是 A 的特征根，那么 λ 作为 A 的特征多项式的根时的重数称为 λ 的代数重数，A 的属于特征根 λ 的特征子空间 V_λ 的维数称为 λ 的几何重数.

定理 6.15 设 $\lambda \in F$，$A \in M_n(F)$，λ 是 A 的特征根，则 λ 的几何重数不超过 λ 的代数重数.

2. 可对角化的矩阵

定义 6.5 设 A 是数域 F 上的 n 阶方阵. 称 A 在 F 上可对角化，如果在数域 F 上 A 和一个对角阵相似，即存在数域 F 上的 n 阶可逆矩阵 P，使得

$$P^{-1}AP = \begin{pmatrix} \lambda_1 & & & \\ & \lambda_2 & & \\ & & \ddots & \\ & & & \lambda_n \end{pmatrix}.$$

定理 6.16 数域 F 上的 n 阶方阵 A 在 F 上可对角化的充要条件是 A 有 n 个在 F^n 中的特征向量构成一个线性无关的向量组.

定理 6.17 设 λ_1，λ_2，$\cdots$，$\lambda_m \in F$，$A \in M_n(F)$. 若 λ_1，λ_2，$\cdots$，λ_m 是 A 的互不相同的特征根，且 A 的属于 λ_i 的在 F^n 中的特征向量 α_{i1}，α_{i2}，$\cdots$，α_{it_i} 线性无关，$i = 1$，2，$\cdots$，m，则

$$\{\alpha_{11}, \alpha_{12}, \cdots, \alpha_{1t_1}, \alpha_{21}, \alpha_{22}, \cdots, \alpha_{2t_2}, \cdots, \alpha_{m1}, \alpha_{m2}, \cdots, \alpha_{mt_m}\}$$

线性无关.

定理 6.18 设 $A \in M_n(F)$，则 A 在数域 F 上可对角化的充要条件是 A 的特征根都在 F 内，且对于 A 的每一个特征根 λ 来讲，λ 的几何重数等于 λ 的代数重数.

推论 若数域 F 上的 n 阶方阵 A 有 n 个互不相同的在 F 中的特征根，则 A 在 F 上可以对角化.

二、释疑解难

1. 求数域 F 上 n 阶方阵 A 的特征向量的方法

第一步 求出 A 的所有特征根，即求出 A 的特征多项式 $f_A(x) = \det(xI_n - A)$ 在复数域中的所有根；

第二步 对于 A 的每个特征根 λ_i，求出齐次线性方程组 $(\lambda_i I_n - A)X = 0$ 的一个基础解系

$$\boldsymbol{\alpha}_{i1},\ \boldsymbol{\alpha}_{i2},\ \cdots,\ \boldsymbol{\alpha}_{is_i},$$

则 $\boldsymbol{A}$ 的属于特征根 λ_i 的全部特征向量为

$$k_{i1}\boldsymbol{\alpha}_{i1}+k_{i2}\boldsymbol{\alpha}_{i2}+\cdots+k_{is_i}\boldsymbol{\alpha}_{is_i},$$

其中 k_{i1}，k_{i2}，$\cdots$，k_{is_i} 是不全为零的任意复数.

2. 判断数域 F 上 n 阶方阵 $\boldsymbol{A}$ 在 F 上是否可对角化的方法

第一步　求出 $\boldsymbol{A}$ 的所有互不相同的特征根 λ_1，λ_2，$\cdots$，λ_m，以及每个特征根 $\lambda_i\ (i=1,2,\cdots,m)$ 的代数重数 t_i；

第二步　如果 $\boldsymbol{A}$ 的每个特征根 $\lambda_i\ (i=1,2,\cdots,m)$ 都属于数域 F，那么对每个特征根 λ_i，在数域 F 上解齐次线性方程组 $(\lambda_i\boldsymbol{I}_n-\boldsymbol{A})\boldsymbol{X}=\boldsymbol{0}$ 得一个基础解系

$$\boldsymbol{\alpha}_{i1},\ \boldsymbol{\alpha}_{i2},\ \cdots,\ \boldsymbol{\alpha}_{is_i};$$

第三步　对于每个特征根 $\lambda_i\ (i=1,2,\cdots,m)$ 来说，如果 $s_i=t_i$，那么 $\boldsymbol{A}$ 在数域 F 上可以对角化. 令

$$\boldsymbol{P}=(\boldsymbol{\alpha}_{11},\boldsymbol{\alpha}_{12},\cdots,\boldsymbol{\alpha}_{1t_1},\boldsymbol{\alpha}_{21},\boldsymbol{\alpha}_{22},\cdots,\boldsymbol{\alpha}_{2t_2},\cdots,\boldsymbol{\alpha}_{m1},\boldsymbol{\alpha}_{m2},\cdots,\boldsymbol{\alpha}_{mt_m}),$$

则 $\boldsymbol{P}$ 是数域 F 上的可逆矩阵，并且

$$\boldsymbol{P}^{-1}\boldsymbol{A}\boldsymbol{P}=\begin{pmatrix}\lambda_1 & & & & & & \\ & \ddots & & & & & \\ & & \lambda_1 & & & & \\ & & & \ddots & & & \\ & & & & \lambda_m & & \\ & & & & & \ddots & \\ & & & & & & \lambda_m\end{pmatrix},$$

其中主对角线上元素 λ_i 有 t_i 个 $(i=1,2,\cdots,m)$.

如果 $\boldsymbol{A}$ 的某个特征根不属于 F，或虽然 $\boldsymbol{A}$ 的全体特征根都属于 F，但是某个特征根的代数重数与几何重数不相等，那么 $\boldsymbol{A}$ 在 F 上不能对角化.

3. 求可对角化矩阵 $\boldsymbol{A}$ 的幂的方法

第一步　将 $\boldsymbol{A}$ 对角化，即求可逆矩阵 $\boldsymbol{P}$，使 $\boldsymbol{P}^{-1}\boldsymbol{A}\boldsymbol{P}=\boldsymbol{\Lambda}$，其中 $\boldsymbol{\Lambda}$ 是对角阵；

第二步　解得 $\boldsymbol{A}=\boldsymbol{P}\boldsymbol{\Lambda}\boldsymbol{P}^{-1}$，于是对任意正整数 k，$\boldsymbol{A}^k=\boldsymbol{P}\boldsymbol{\Lambda}^k\boldsymbol{P}^{-1}$.

三、范例解析

例 1　设矩阵

$$\boldsymbol{A}=\begin{pmatrix}0&0&1\\a&1&b\\1&0&0\end{pmatrix}$$

在有理数域 $\mathbf{Q}$ 上可对角化. 求 a，b 应满足的条件.

解 因为

$$f_{\boldsymbol{A}}(x)=\det(x\boldsymbol{I}_3-\boldsymbol{A})=\begin{vmatrix} x & 0 & -1 \\ -a & x-1 & -b \\ -1 & 0 & x \end{vmatrix}=(x+1)(x-1)^2,$$

所以 $\boldsymbol{A}$ 的特征根为 $\lambda_1=-1$，$\lambda_2=\lambda_3=1$. 又因为 $\boldsymbol{A}$ 在 $\mathbf{Q}$ 上可对角化，所以齐次线性方程组 $(\boldsymbol{I}_3-\boldsymbol{A})\boldsymbol{X}=\boldsymbol{0}$ 的基础解系含有两个向量. 从而秩 $(\boldsymbol{I}_3-\boldsymbol{A})=1$. 由于

$$\boldsymbol{I}_3-\boldsymbol{A}=\begin{pmatrix} 1 & 0 & -1 \\ -a & 0 & -b \\ -1 & 0 & 1 \end{pmatrix}\xrightarrow[r_3+r_1]{r_2+ar_1}\begin{pmatrix} 1 & 0 & -1 \\ 0 & 0 & -a-b \\ 0 & 0 & 0 \end{pmatrix},$$

因此当 $a+b=0$ 时，秩 $(\boldsymbol{I}_3-\boldsymbol{A})=1$. 故 a，b 应满足的条件是 $a+b=0$.

例 2 设矩阵 $\boldsymbol{A}=\begin{pmatrix} 2 & 0 & 0 \\ 1 & 2 & -1 \\ 1 & 0 & 1 \end{pmatrix}$，$k$ 为正整数. 求 $\boldsymbol{A}^k$.

解 因为

$$f_{\boldsymbol{A}}(x)=\det(x\boldsymbol{I}_3-\boldsymbol{A})=\begin{vmatrix} x-2 & 0 & 0 \\ -1 & x-2 & 1 \\ -1 & 0 & x-1 \end{vmatrix}=(x-2)^2(x-1),$$

所以 $\boldsymbol{A}$ 的所有特征根为 $\lambda_1=\lambda_2=2$，$\lambda_3=1$.

对特征根 $\lambda_1=\lambda_2=2$，求出齐次线性方程组 $(2\boldsymbol{I}_3-\boldsymbol{A})\boldsymbol{X}=\boldsymbol{0}$ 的一个基础解系

$$\boldsymbol{\alpha}_1=\begin{pmatrix} 0 \\ 1 \\ 0 \end{pmatrix},\ \boldsymbol{\alpha}_2=\begin{pmatrix} 1 \\ 0 \\ 1 \end{pmatrix}.$$

对特征根 $\lambda_3=1$，求出齐次线性方程组 $(\boldsymbol{I}-\boldsymbol{A})\boldsymbol{X}=\boldsymbol{0}$ 的一个基础解系

$$\boldsymbol{\alpha}_3=\begin{pmatrix} 0 \\ 1 \\ 1 \end{pmatrix}.$$

因为 $\boldsymbol{A}$ 的特征根都是有理数，并且每个特征根的代数重数等于它的几何重数，所以 $\boldsymbol{A}$ 在 $\mathbf{Q}$ 上可以对角化. 令

$$\boldsymbol{P}=\begin{pmatrix} 0 & 1 & 0 \\ 1 & 0 & 1 \\ 0 & 1 & 1 \end{pmatrix},$$

则

$$\boldsymbol{P}^{-1}\boldsymbol{A}\boldsymbol{P}=\begin{pmatrix} 2 & & \\ & 2 & \\ & & 1 \end{pmatrix}.$$

于是

$$\boldsymbol{A}^k=\boldsymbol{P}\begin{pmatrix} 2 & & \\ & 2 & \\ & & 1 \end{pmatrix}^k\boldsymbol{P}^{-1}=\begin{pmatrix} 2^k & 0 & 0 \\ 2^k-1 & 2^k & -2^k+1 \\ 2^k-1 & 0 & 1 \end{pmatrix}.$$

例 3 证明：

(1) 幂零矩阵的特征根只有 0；

(2) 非零的幂零矩阵不能对角化.

证明 (1) 设 $\boldsymbol{A} \in M_n(F)$ 是一个幂零矩阵，则存在正整数 k，使得 $\boldsymbol{A}^k = \boldsymbol{0}$. 若 λ 是 $\boldsymbol{A}$ 的一个特征根，则存在非零向量 $\boldsymbol{\alpha} \in \mathbf{C}^n$，使得 $\boldsymbol{A\alpha} = \lambda\boldsymbol{\alpha}$. 于是 $\boldsymbol{A}^k\boldsymbol{\alpha} = \lambda^k\boldsymbol{\alpha}$. 由于 $\boldsymbol{A}^k = \boldsymbol{0}$，$\boldsymbol{\alpha} \neq \boldsymbol{0}$，因此 $\lambda = 0$.

(2) 设 $\boldsymbol{A} \in M_n(F)$ 是非零的幂零矩阵，并且秩 $\boldsymbol{A} = r$. 显然 $r > 0$. 由 (1) 知，特征根 0 的代数重数为 n. 而特征根 0 的几何重数

$$\dim V_0 = n - \text{秩}\,(0\boldsymbol{I}_n - \boldsymbol{A}) = n - \text{秩}\boldsymbol{A} = n - r < n,$$

因此特征根 0 的代数重数与几何重数不相等. 于是即使在复数域上非零的幂零矩阵 $\boldsymbol{A}$ 也不能对角化.

例 4 证明：

(1) 幂等矩阵的特征根只有 1 和 0；

(2) 幂等矩阵可对角化，且 n 阶幂等矩阵 $\boldsymbol{A}$ 与其等价标准形 $\begin{pmatrix} \boldsymbol{I}_r & \boldsymbol{0} \\ \boldsymbol{0} & \boldsymbol{0} \end{pmatrix}$ 相似.

证明 (1) 设 $\boldsymbol{A} \in M_n(F)$ 是幂等矩阵. 如果 λ 是 $\boldsymbol{A}$ 的一个特征根，那么存在复数域上的 n 维非零向量 $\boldsymbol{\alpha}$，使得 $\boldsymbol{A\alpha} = \lambda\boldsymbol{\alpha}$. 由 $\boldsymbol{A}^2 = \boldsymbol{A}$ 知，$\boldsymbol{A\alpha} = \lambda^2\boldsymbol{\alpha}$. 因此 $(\lambda - \lambda^2)\boldsymbol{\alpha} = \boldsymbol{0}$. 从而 $\lambda - \lambda^2 = 0$，即 $\lambda = 0$ 或 1.

(2) 设秩 $\boldsymbol{A} = r$.

若 $r = 0$，则 $\boldsymbol{A} = \boldsymbol{0}$. 因此 $\boldsymbol{A}$ 的特征根只有 0，结论成立.

若 $r = n$，则 $\boldsymbol{A} = \boldsymbol{I}_n$. 从而 $\boldsymbol{A}$ 的特征根只有 1，结论成立.

若 $0 < r < n$，则 $\det\,(0\boldsymbol{I}_n - \boldsymbol{A}) = 0$，即 0 是 $\boldsymbol{A}$ 的一个特征根. 由 $\boldsymbol{A}^2 = \boldsymbol{A}$ 知，秩 $(\boldsymbol{I}_n - \boldsymbol{A}) = n - r < n$. 从而 $\det\,(\boldsymbol{I}_n - \boldsymbol{A}) = 0$，即 1 也是 $\boldsymbol{A}$ 的一个特征根.

对特征根 0，设齐次线性方程组 $(0\boldsymbol{I}_n - \boldsymbol{A})\boldsymbol{X} = \boldsymbol{0}$ 的解空间为 W_1，则

$$\dim W_1 = n - \text{秩}\,\boldsymbol{A} = n - r.$$

对特征根 1，设齐次线性方程组 $(\boldsymbol{I}_n - \boldsymbol{A})\boldsymbol{X} = \boldsymbol{0}$ 的解空间为 W_2，则

$$\dim W_2 = n - \text{秩}\,(\boldsymbol{I}_n - \boldsymbol{A}) = n - (n - r) = r.$$

因此 $\dim W_1 + \dim W_2 = n$. 于是在 F^n 中 $\boldsymbol{A}$ 有 n 个线性无关的特征向量. 从而 $\boldsymbol{A}$ 在 F 上可对角化，并且与 $\boldsymbol{A}$ 相似的对角阵的主对角线上有 r 个 1 和 $n - r$ 个 0，即 $\boldsymbol{A}$ 与它的等价标准形 $\begin{pmatrix} \boldsymbol{I}_r & \boldsymbol{0} \\ \boldsymbol{0} & \boldsymbol{0} \end{pmatrix}$ 相似.

例 5 证明：

(1) 对合矩阵的特征根只有 ± 1；

(2) 对合矩阵可对角化，并且 n 阶对合矩阵 $\boldsymbol{A}$ 与 $\begin{pmatrix} \boldsymbol{I}_r & \boldsymbol{0} \\ \boldsymbol{0} & -\boldsymbol{I}_{n-r} \end{pmatrix}$ 相似.

证明 (1) 设 $\boldsymbol{A} \in M_n(F)$ 是对合矩阵. 如果 λ 是 $\boldsymbol{A}$ 的一个特征根，那么存在

复数域上的 n 维非零向量 $\boldsymbol{\alpha}$，使得 $\boldsymbol{A\alpha}=\lambda\boldsymbol{\alpha}$. 由于 $\boldsymbol{A}^2=\boldsymbol{I}$，因此 $(\lambda^2-1)\boldsymbol{\alpha}=\boldsymbol{0}$. 从而 $\lambda^2-1=0$，即 $\lambda=\pm1$.

(2) 设 $\boldsymbol{A}\in M_n(F)$ 是 n 阶对合矩阵，则由 (1) 知，$\boldsymbol{A}$ 的特征根只有 1 和 -1.

对特征根 1，设齐次线性方程组 $(\boldsymbol{I}_n-\boldsymbol{A})\boldsymbol{X}=\boldsymbol{0}$ 的解空间为 W_1，则

$$\dim W_1=n-秩\,(\boldsymbol{I}_n-\boldsymbol{A}).$$

对特征根 -1，设齐次线性方程组 $(-\boldsymbol{I}_n-\boldsymbol{A})\boldsymbol{X}=\boldsymbol{0}$ 的解空间为 W_2，则

$$\dim W_2=n-秩\,(\boldsymbol{I}_n+\boldsymbol{A}).$$

由于 $\boldsymbol{A}^2=\boldsymbol{I}$，因此秩 $(\boldsymbol{I}_n-\boldsymbol{A})$ + 秩 $(\boldsymbol{I}_n+\boldsymbol{A})=n$. 于是 $\dim W_1+\dim W_2=n$. 故在 F^n 中 $\boldsymbol{A}$ 有 n 个线性无关的特征向量. 从而 $\boldsymbol{A}$ 在 F 上可对角化，并且与 $\boldsymbol{A}$ 相似的对角阵的主对角线上有 $\dim W_1$ 个 1 和 $\dim W_2$ 个 -1. 设 $\dim W_1=r$，则 $\boldsymbol{A}$ 与 $\begin{pmatrix}\boldsymbol{I}_r & \boldsymbol{0}\\ \boldsymbol{0} & -\boldsymbol{I}_{n-r}\end{pmatrix}$ 相似.

例 6 设 $\boldsymbol{A}$ 是数域 F 上的 n 阶方阵，且满足 $\boldsymbol{A}^2-3\boldsymbol{A}+2\boldsymbol{I}=\boldsymbol{0}$. 求 F 上的 n 阶可逆矩阵 $\boldsymbol{P}$，使得 $\boldsymbol{P}^{-1}\boldsymbol{AP}$ 为对角形.

解 因为 $\boldsymbol{A}^2-3\boldsymbol{A}+2\boldsymbol{I}=\boldsymbol{0}$，所以 $(\boldsymbol{I}-\boldsymbol{A})(2\boldsymbol{I}-\boldsymbol{A})=(2\boldsymbol{I}-\boldsymbol{A})(\boldsymbol{I}-\boldsymbol{A})=\boldsymbol{0}$. 于是

$$n=秩\,[(\boldsymbol{I}-\boldsymbol{A})-(2\boldsymbol{I}-\boldsymbol{A})]\leqslant 秩\,(\boldsymbol{I}-\boldsymbol{A})+秩\,(2\boldsymbol{I}-\boldsymbol{A})\leqslant n.$$

因此秩 $(\boldsymbol{I}-\boldsymbol{A})$ + 秩 $(2\boldsymbol{I}-\boldsymbol{A})=n$. 设秩 $(\boldsymbol{I}-\boldsymbol{A})=r$，秩 $(2\boldsymbol{I}-\boldsymbol{A})=s$，则 $r+s=n$.

若 $rs=0$，则 $\boldsymbol{A}=\boldsymbol{I}$ 或 $\boldsymbol{A}=2\boldsymbol{I}$，此时取 $\boldsymbol{P}=\boldsymbol{I}$ 即可.

若 $rs\neq0$，设 $\boldsymbol{\alpha}_1$，$\boldsymbol{\alpha}_2$，$\cdots$，$\boldsymbol{\alpha}_r$ 是 $\boldsymbol{I}-\boldsymbol{A}$ 的列极大无关组，$\boldsymbol{\beta}_1$，$\boldsymbol{\beta}_2$，$\cdots$，$\boldsymbol{\beta}_s$ 是 $2\boldsymbol{I}-\boldsymbol{A}$ 的列极大无关组，则由 $(\boldsymbol{I}-\boldsymbol{A})(2\boldsymbol{I}-\boldsymbol{A})=\boldsymbol{0}$ 知，$\boldsymbol{\beta}_1$，$\boldsymbol{\beta}_2$，$\cdots$，$\boldsymbol{\beta}_s$ 是 $\boldsymbol{A}$ 的属于特征根 1 的线性无关的特征向量，由 $(2\boldsymbol{I}-\boldsymbol{A})(\boldsymbol{I}-\boldsymbol{A})=\boldsymbol{0}$ 知，$\boldsymbol{\alpha}_1$，$\boldsymbol{\alpha}_2$，$\cdots$，$\boldsymbol{\alpha}_r$ 是 $\boldsymbol{A}$ 的属于特征根 2 的线性无关的特征向量. 从而 $\boldsymbol{\alpha}_1$，$\cdots$，$\boldsymbol{\alpha}_r$，$\boldsymbol{\beta}_1$，$\cdots$，$\boldsymbol{\beta}_s$ 线性无关. 令 $\boldsymbol{P}=(\boldsymbol{\alpha}_1,\ \cdots,\ \boldsymbol{\alpha}_r,\ \boldsymbol{\beta}_1,\ \cdots,\ \boldsymbol{\beta}_s)$，则 $\boldsymbol{P}$ 是 F 上的 n 阶可逆矩阵，并且

$$\boldsymbol{P}^{-1}\boldsymbol{AP}=\begin{pmatrix}2 &&&&&\\ &\ddots&&&&\\ &&2&&&\\ &&&1&&\\ &&&&\ddots&\\ &&&&&1\end{pmatrix}.$$

§6.7 线性方程组的迭代解法

本节介绍迭代法解线性方程组的主要思想.

一、主要内容

1. 迭代公式、迭代法

给定线性方程组

$$\begin{cases} c_{11}x_1 + c_{12}x_2 + \cdots + c_{1n}x_n = d_1, \\ c_{21}x_1 + c_{22}x_2 + \cdots + c_{2n}x_n = d_2, \\ \cdots \\ c_{n1}x_1 + c_{n2}x_2 + \cdots + c_{nn}x_n = d_n. \end{cases} \tag{6.16}$$

将其改写为

$$\begin{cases} x_1 = a_{11}x_1 + a_{12}x_2 + \cdots + a_{1n}x_n + b_1, \\ x_2 = a_{21}x_1 + a_{22}x_2 + \cdots + a_{2n}x_n + b_2, \\ \cdots \\ x_n = a_{n1}x_1 + a_{n2}x_2 + \cdots + a_{nn}x_n + b_n. \end{cases} \tag{6.17}$$

记

$$\boldsymbol{C} = \begin{pmatrix} c_{11} & c_{12} & \cdots & c_{1n} \\ c_{21} & c_{22} & \cdots & c_{2n} \\ \vdots & \vdots & & \vdots \\ c_{n1} & c_{n2} & \cdots & c_{nn} \end{pmatrix}, \quad \boldsymbol{A} = \begin{pmatrix} a_{11} & a_{12} & \cdots & a_{1n} \\ a_{21} & a_{22} & \cdots & a_{2n} \\ \vdots & \vdots & & \vdots \\ a_{n1} & a_{n2} & \cdots & a_{nn} \end{pmatrix},$$

$$\boldsymbol{X} = \begin{pmatrix} x_1 \\ x_2 \\ \vdots \\ x_n \end{pmatrix}, \quad \boldsymbol{D} = \begin{pmatrix} d_1 \\ d_2 \\ \vdots \\ d_n \end{pmatrix}, \quad \boldsymbol{B} = \begin{pmatrix} b_1 \\ b_2 \\ \vdots \\ b_n \end{pmatrix},$$

则方程组 (6.16) 的矩阵形式为 $\boldsymbol{CX} = \boldsymbol{D}$，方程组 (6.17) 的矩阵形式为

$$\boldsymbol{X} = \boldsymbol{AX} + \boldsymbol{B}. \tag{6.18}$$

给向量 $\boldsymbol{X}$ 以任意的初始值

$$\boldsymbol{X}^{(0)} = \begin{pmatrix} x_1^{(0)} \\ x_2^{(0)} \\ \vdots \\ x_n^{(0)} \end{pmatrix},$$

代入方程组 (6.18) 的右端，则计算结果为

$$\boldsymbol{X}^{(1)} = \begin{pmatrix} x_1^{(1)} \\ x_2^{(1)} \\ \vdots \\ x_n^{(1)} \end{pmatrix},$$

即

$$\boldsymbol{X}^{(1)} = \boldsymbol{AX}^{(0)} + \boldsymbol{B}.$$

如果 $X^{(1)}=X^{(0)}$，那么 $X^{(0)}$ 是方程组 (6.18) 的解. 如果 $X^{(1)}\neq X^{(0)}$，那么以 $X^{(1)}$ 作为 X 的第一次近似值，再把它代入方程组 (6.18) 的右端，求出 $X^{(2)}$. 如此一步一步地进行下去，便得到 X 的一系列近似值 $X^{(0)}$，$X^{(1)}$，$\cdots$，$X^{(k)}$，$\cdots$，其中相邻两次近似值之间的关系是

$$X^{(k)}=AX^{(k-1)}+B,\ k=1,2,\cdots.$$

这个公式称为方程组的迭代公式. 用迭代公式逐步代入求方程组的近似解的方法称为迭代法.

2. 迭代法收敛

在用迭代法时，还需要考虑迭代法是否收敛，即迭代近似值是否越来越接近于方程组的精确解.

定理 6.19 对于方程组 $X=AX+B$，如果矩阵 A 的特征根的模均小于 1，那么迭代法收敛.

下面的定理 6.20 给出了直接由矩阵 A 的元素判定迭代法收敛的充分条件.

定理 6.20 如果 n 阶方阵 $A=(a_{ij})$ 满足条件

(i) $\sum\limits_{j=1}^{n}|a_{ij}|<1$，$i=1,2,\cdots,n$，

或

(ii) $\sum\limits_{i=1}^{n}|a_{ij}|<1$，$j=1,2,\cdots,n$，

那么矩阵 A 的特征根的模均小于 1.

二、释疑解难

1. 关于迭代解法

对于求解线性方程组，前面已有克莱姆法则和消元解法，这两种方法在理论上能通过有限次的算术运算求得方程组的精确解. 但是在实际应用中，有时所考虑问题的数据量比较大，要求出精确解往往需要进行大量的运算；此外，许多实际问题并不要求我们求出精确解，而只需求出满足一定要求的近似解即可，这时迭代法不失为一种有效方法. 与克莱姆法则和消元解法相比，迭代法具有求解速度快的特点，在计算机上执行尤为方便.

2. 用迭代法解线性方程组 $CX=D$ 的步骤

第一步 将方程组 $CX=D$ 变形得同解方程组 $X=AX+B$，并使矩阵 A 的各行（或各列）元素的绝对值之和都小于 1；

第二步 给向量 X 以任意的初始值 $X^{(0)}$ 并代入方程组 $X=AX+B$ 的右端，计算得 $X^{(1)}$. 若 $X^{(1)}=X^{(0)}$，则 $X^{(0)}$ 是该方程组的解. 若 $X^{(1)}\neq X^{(0)}$，则将 $X^{(1)}$ 代入方程组 $X=AX+B$ 的右端，计算得 $X^{(2)}$. 这样逐步地进行迭代计算，得到 X 的

一系列近似值，直至迭代到满足一定的精确度要求为止.

三、范例解析

例 1 用迭代法解线性方程组

$$\begin{cases} 5x_1 - x_2 - x_3 = 1, \\ -2x_1 + 8x_2 - x_3 = 2, \\ -x_1 - x_2 + 8x_3 = 3. \end{cases}$$

解 先将此方程组改写为

$$\begin{cases} x_1 = 0.5x_1 + 0.1x_2 + 0.1x_3 + 0.1, \\ x_2 = 0.2x_1 + 0.2x_2 + 0.1x_3 + 0.2, \\ x_3 = 0.1x_1 + 0.1x_2 + 0.2x_3 + 0.3. \end{cases}$$

令

$$\boldsymbol{A} = \begin{pmatrix} 0.5 & 0.1 & 0.1 \\ 0.2 & 0.2 & 0.1 \\ 0.1 & 0.1 & 0.2 \end{pmatrix}, \quad \boldsymbol{X} = \begin{pmatrix} x_1 \\ x_2 \\ x_3 \end{pmatrix}, \quad \boldsymbol{B} = \begin{pmatrix} 0.1 \\ 0.2 \\ 0.3 \end{pmatrix},$$

则方程组的矩阵形式为

$$\boldsymbol{X} = \boldsymbol{AX} + \boldsymbol{B}.$$

以 (0，0，0) 代入此方程组的右端，进行迭代计算，得

$$\begin{aligned}
X^{(1)} &= (0.1, & &0.2, & &0.3), \\
X^{(2)} &= (0.20, & &0.29, & &0.39), \\
X^{(3)} &= (0.268, & &0.337, & &0.427), \\
X^{(4)} &= (0.3104, & &0.3637, & &0.4459), \\
X^{(5)} &= (0.33616, & &0.37941, & &0.45659), \\
X^{(6)} &= (0.351680, & &0.388773, & &0.462875), \\
X^{(7)} &= (0.3610048, & &0.3943781, & &0.4666203), \\
X^{(8)} &= (0.36660224, & &0.39773861, & &0.46886235), \\
X^{(9)} &= (0.369961216, & &0.399754405, & &0.470206555), \\
X^{(10)} &= (0.371976704, & &0.4009637797, & &0.4710128731), \\
X^{(11)} &= (0.37318601728, & &0.40168938405, & &0.47149662299), \\
&\cdots.
\end{aligned}$$

这里把列向量写成了行向量. 可以看出，$X^{(k)}$ 的三个数值逐渐接近于 (0.375，0.402，0.472). 这些 $X^{(k)}$ 都是近似值，要求精度越高，迭代的次数就越多，直至迭代到满足一定的精确度要求为止.

习题六解答

1．用矩阵的行初等变换法解方程组

(1) $\begin{cases} 2x_1 - x_2 + 2x_3 = 3, \\ x_1 - x_2 - x_3 = -1, \\ 3x_1 + x_2 + x_3 = 5. \end{cases}$ (2) $\begin{cases} x_1 + 3x_2 + x_3 + 2x_4 = 4, \\ 3x_1 + 4x_2 + 2x_3 - 3x_4 = 6, \\ -x_1 - 5x_2 + 4x_3 + x_4 = 11, \\ 2x_1 + 7x_2 + x_3 - 6x_4 = -5. \end{cases}$

解 (1) $x_1 = 1$，$x_2 = 1$，$x_3 = 1$．(2) $x_1 = 3$，$x_2 = -1$，$x_3 = 2$，$x_4 = 1$．

2．a 取什么值时，下列线性方程组无解？有唯一解？有无穷多解？

$$\begin{cases} ax_1 + x_2 + x_3 = 1, \\ x_1 + ax_2 + x_3 = a, \\ x_1 + x_2 + ax_3 = a^2. \end{cases}$$

解 $a = -2$ 时，无解；$a \neq 1$ 且 $a \neq -2$ 时，有唯一解；$a = 1$ 时，有无穷解．

3．试证：线性方程组

$$\begin{cases} a_{11}x_1 + a_{12}x_2 + \cdots + a_{1n}x_n = b_1, \\ a_{21}x_1 + a_{22}x_2 + \cdots + a_{2n}x_n = b_2, \\ \cdots \\ a_{n1}x_1 + a_{n2}x_2 + \cdots + a_{nn}x_n = b_n \end{cases}$$

对任何 b_1，b_2，$\cdots$，b_n 都有解的充要条件是系数行列式 $D \neq 0$．

证明 必要性 设 $\boldsymbol{\alpha}_i = (a_{1i}, a_{2i}, \cdots, a_{ni})^{\mathrm{T}}$，$i = 1, 2, \cdots, n$，$\boldsymbol{\varepsilon}_i$ 是第 i 个分量为 1，其余分量都为 0 的 n 维列向量，$i = 1, 2, \cdots, n$．由题设知，$\{\boldsymbol{\varepsilon}_1, \boldsymbol{\varepsilon}_2, \cdots, \boldsymbol{\varepsilon}_n\}$ 可由 $\{\boldsymbol{\alpha}_1, \boldsymbol{\alpha}_2, \cdots, \boldsymbol{\alpha}_n\}$ 线性表示，因此 $\{\boldsymbol{\varepsilon}_1, \boldsymbol{\varepsilon}_2, \cdots, \boldsymbol{\varepsilon}_n\}$ 与 $\{\boldsymbol{\alpha}_1, \boldsymbol{\alpha}_2, \cdots, \boldsymbol{\alpha}_n\}$ 等价．故 $\{\boldsymbol{\alpha}_1, \boldsymbol{\alpha}_2, \cdots, \boldsymbol{\alpha}_n\}$ 的秩为 n，即 $D \neq 0$．

充分性 设 $D \neq 0$，则由克莱姆法则知，结论成立．

4．证明：线性方程组

$$\begin{cases} x_1 - x_2 = a_1, \\ x_2 - x_3 = a_2, \\ x_3 - x_4 = a_3, \\ x_4 - x_5 = a_4, \\ x_5 - x_1 = a_5 \end{cases}$$

有解的充要条件是 $a_1 + a_2 + a_3 + a_4 + a_5 = 0$．

证明 由于对线性方程组的增广矩阵施行行初等变换可化为

$$\begin{pmatrix} 1 & -1 & 0 & 0 & 0 & a_1 \\ 0 & 1 & -1 & 0 & 0 & a_2 \\ 0 & 0 & 1 & -1 & 0 & a_3 \\ 0 & 0 & 0 & 1 & -1 & a_4 \\ 0 & 0 & 0 & 0 & 0 & \sum\limits_{i=1}^{5} a_i \end{pmatrix},$$

因此方程组有解的充要条件是 $\sum_{i=1}^{5} a_i = 0$.

5. 求下列齐次线性方程组的一个基础解系.

(1) $\begin{cases} x_1 - 3x_2 + x_3 - 2x_4 = 0, \\ -5x_1 + x_2 - 2x_3 + 3x_4 = 0, \\ -x_1 - 11x_2 + 2x_3 - 5x_4 = 0, \\ 3x_1 + 5x_2 + x_4 = 0. \end{cases}$ (2) $\begin{cases} 2x_1 - 5x_2 + x_3 - 3x_4 = 0, \\ -3x_1 + 4x_2 - 2x_3 + x_4 = 0, \\ x_1 + 2x_2 - x_3 + 3x_4 = 0, \\ -2x_1 + 15x_2 - 6x_3 + 13x_4 = 0. \end{cases}$

解 (1) $\left(-\dfrac{5}{14}, \dfrac{3}{14}, 1, 0\right)^{\mathrm{T}}$, $\left(\dfrac{1}{2}, -\dfrac{1}{2}, 0, 1\right)^{\mathrm{T}}$. (2) $(-1, -1, 0, 1)^{\mathrm{T}}$.

6. 设 $\boldsymbol{A}$ 是 n 阶方阵. 证明：若秩 $\boldsymbol{A}$ =秩 $\boldsymbol{A}^2$，则齐次线性方程组 $\boldsymbol{AX}=\boldsymbol{0}$ 与 $\boldsymbol{A}^2\boldsymbol{X}=\boldsymbol{0}$ 有完全相同的解.

证明 设 $\boldsymbol{AX}=\boldsymbol{0}$ 的解空间为 W_1，$\boldsymbol{A}^2\boldsymbol{X}=\boldsymbol{0}$ 的解空间为 W_2. 显然 $\boldsymbol{AX}=\boldsymbol{0}$ 的解是 $\boldsymbol{A}^2\boldsymbol{X}=\boldsymbol{0}$ 的解，因此 $W_1 \subseteq W_2$. 因为

$$\dim W_1 = n - \text{秩}\,\boldsymbol{A} = n - \text{秩}\,\boldsymbol{A}^2 = \dim W_2,$$

所以 $W_1 = W_2$.

7. 设 n 阶方阵 $\boldsymbol{A}$ 的各行元素之和都为零，且秩 $\boldsymbol{A} = n-1$. 求方程组 $\boldsymbol{AX}=\boldsymbol{0}$ 的所有解.

解 $c(1, 1, \cdots, 1)^{\mathrm{T}}$，$c$ 为任意常数.

8. 已知 $\boldsymbol{A}=\begin{pmatrix} 1 & 2 & -2 \\ 2 & -1 & \lambda \\ 3 & 1 & -1 \end{pmatrix}$，三阶方阵 $\boldsymbol{B} \neq \boldsymbol{0}$，且满足 $\boldsymbol{AB}=\boldsymbol{0}$. 求 λ 的值.

解 由题设知，齐次线性方程组 $\boldsymbol{AX}=\boldsymbol{0}$ 有非零解，因此秩 $\boldsymbol{A} < 3$. 故 $\lambda = 1$.

9. 应用线性方程组的理论证明：若 $m\times n$ 矩阵 $\boldsymbol{A}$ 与 $n\times p$ 矩阵 $\boldsymbol{B}$ 的积 $\boldsymbol{AB}=\boldsymbol{0}$，则秩 $\boldsymbol{A}$ + 秩 $\boldsymbol{B} \leqslant n$.

证明 设秩 $\boldsymbol{A} = r$，则齐次线性方程组 $\boldsymbol{AX}=\boldsymbol{0}$ 的解空间的维数为 $n-r$. 由 $\boldsymbol{AB}=\boldsymbol{0}$ 知，$\boldsymbol{B}$ 的列向量是 $\boldsymbol{AX}=\boldsymbol{0}$ 的解向量，因此秩 $\boldsymbol{B} \leqslant n-r$. 故秩 $\boldsymbol{A}$+秩 $\boldsymbol{B} \leqslant n$.

10. 证明：F^n 的任意一个子空间都是某一个含 n 个未知量的齐次线性方程组的解空间.

证明 设 W 是 F^n 的任意一个子空间，$\dim W = r$.

若 $r=0$，则 W 是系数矩阵的秩为 n 的 n 元齐次线性方程组的解空间.

若 $r=n$，则 W 是系数矩阵为 $\boldsymbol{0}$ 的 n 元齐次线性方程组的解空间.

若 $0<r<n$，任取 W 的一个基 $\boldsymbol{\alpha}_i = (a_{i1}, a_{i2}, \cdots, a_{in})^{\mathrm{T}}$，$i = 1, 2, \cdots, r$，则齐次线性方程组

$$\begin{cases} a_{11}x_1 + a_{12}x_2 + \cdots + a_{1n}x_n = 0, \\ a_{21}x_1 + a_{22}x_2 + \cdots + a_{2n}x_n = 0, \\ \cdots \\ a_{r1}x_1 + a_{r2}x_2 + \cdots + a_{rn}x_n = 0 \end{cases} \tag{6.19}$$

的基础解系含 $n-r$ 个向量. 任取方程组 (6.19) 的一个基础解系

$$\boldsymbol{\beta}_i=(b_{i1},\ b_{i2},\ \cdots,\ b_{in})^{\mathrm{T}},\quad i=1,\ 2,\ \cdots,\ n-r,$$

则每个 $\boldsymbol{\alpha}_i\ (i=1,\ 2,\ \cdots,\ r)$ 都是齐次线性方程组

$$\begin{cases} b_{11}x_1+b_{12}x_2+\cdots+b_{1n}x_n=0, \\ b_{21}x_1+b_{22}x_2+\cdots+b_{2n}x_n=0, \\ \qquad\cdots \\ b_{n-r,1}x_1+b_{n-r,2}x_2+\cdots+b_{n-r,n}x_n=0 \end{cases} \tag{6.20}$$

的解向量. 因为方程组 (6.20) 的系数矩阵的秩为 $n-r$，所以 $\boldsymbol{\alpha}_1$，$\boldsymbol{\alpha}_2$，$\cdots$，$\boldsymbol{\alpha}_r$ 是方程组 (6.20) 的一个基础解系. 从而 W 是齐次线性方程组 (6.20) 的解空间.

11. 设

$$\boldsymbol{A}=\begin{pmatrix} 1 & 2 & 1 & 2 \\ 0 & 1 & c & c \\ 1 & c & 0 & 1 \end{pmatrix},$$

方程组 $\boldsymbol{AX}=\boldsymbol{0}$ 的解空间的维数为 2. 求方程组的基础解系.

解 由题设知，秩 $\boldsymbol{A}=2$，因此 $c=1$. 方程组 $\boldsymbol{AX}=\boldsymbol{0}$ 的一个基础解系为

$$(1,\ -1,\ 1,\ 0)^{\mathrm{T}},\quad (0,\ -1,\ 0,\ 1)^{\mathrm{T}}.$$

12. 求下列方程组的全部解.

$$\begin{cases} x_1-5x_2+2x_3-3x_4=11, \\ -3x_1+x_2-4x_3+2x_4=-5, \\ -x_1-9x_2-4x_4=17, \\ 5x_1+3x_2+6x_3-x_4=-1. \end{cases}$$

解 方程组的全部解为

$$\begin{pmatrix} 1 \\ -2 \\ 0 \\ 0 \end{pmatrix}+c_1\begin{pmatrix} -\dfrac{9}{7} \\ \dfrac{1}{7} \\ 1 \\ 0 \end{pmatrix}+c_2\begin{pmatrix} \dfrac{1}{2} \\ -\dfrac{1}{2} \\ 0 \\ 1 \end{pmatrix},$$

其中 c_1，c_2 为任意常数.

13. 如果 u_1，u_2，$\cdots$，u_t 都是方程组 $\boldsymbol{AX}=\boldsymbol{B}$ 的解，证明：$c_1u_1+c_2u_2+\cdots+c_tu_t$ 也是 $\boldsymbol{AX}=\boldsymbol{B}$ 的解，其中 $c_1+c_2+\cdots+c_t=1$.

证明 由题设知，

$$\boldsymbol{A}(c_1u_1+c_2u_2+\cdots+c_tu_t)=(c_1+c_2+\cdots+c_t)\boldsymbol{B}=\boldsymbol{B},$$

故 $c_1u_1+c_2u_2+\cdots+c_tu_t$ 是 $\boldsymbol{AX}=\boldsymbol{B}$ 的解.

14. 设 $\boldsymbol{A}$ 为 $n\times n$ 矩阵. 证明：如果 $\boldsymbol{A}^2=\boldsymbol{I}$，那么

$$秩\,(\boldsymbol{A}+\boldsymbol{I})+秩\,(\boldsymbol{A}-\boldsymbol{I})=n.$$

证明 因 $\boldsymbol{A}^2=\boldsymbol{I}$，故 $n=秩\,(\boldsymbol{A}^2)\leqslant 秩\,\boldsymbol{A}$，且 $(\boldsymbol{A}+\boldsymbol{I})(\boldsymbol{A}-\boldsymbol{I})=\boldsymbol{0}$. 由“习题六解答”第 9 题知，秩 $(\boldsymbol{A}+\boldsymbol{I})+$ 秩 $(\boldsymbol{A}-\boldsymbol{I})\leqslant n$. 由定理 6.8 知，秩 $(\boldsymbol{A}+\boldsymbol{I})+$ 秩 $(\boldsymbol{A}-\boldsymbol{I})\geqslant n$.

故

$$秩(\boldsymbol{A}+\boldsymbol{I})+秩(\boldsymbol{A}-\boldsymbol{I})=n.$$

15. 设 $\boldsymbol{A}$ 为 n 阶方阵，且 $\boldsymbol{A}^2=\boldsymbol{A}$. 证明：秩 $\boldsymbol{A}$ + 秩 $(\boldsymbol{A}-\boldsymbol{I})=n$.

证明 因 $\boldsymbol{A}(\boldsymbol{A}-\boldsymbol{I})=\boldsymbol{A}^2-\boldsymbol{A}=\boldsymbol{0}$，故由“习题六解答”第 9 题及定理 6.8，得

$$秩\,\boldsymbol{I}=秩(\boldsymbol{I}-\boldsymbol{A}+\boldsymbol{A})\leqslant 秩(\boldsymbol{I}-\boldsymbol{A})+秩\,\boldsymbol{A}=秩(\boldsymbol{A}-\boldsymbol{I})+秩\,\boldsymbol{A}\leqslant n.$$

故

$$秩\,\boldsymbol{A}+秩(\boldsymbol{A}-\boldsymbol{I})=n.$$

16. 设 $\boldsymbol{\alpha}_i=(a_{i1},a_{i2},\cdots,a_{in})\in F^n\ (i=1,2,\cdots,n)$. 证明：$\boldsymbol{\alpha}_1,\boldsymbol{\alpha}_2,\cdots,\boldsymbol{\alpha}_n$ 线性相关的充要条件是行列式

$$\begin{vmatrix} a_{11} & a_{12} & \cdots & a_{1n} \\ a_{21} & a_{22} & \cdots & a_{2n} \\ \vdots & \vdots & & \vdots \\ a_{n1} & a_{n2} & \cdots & a_{nn} \end{vmatrix}=0.$$

证明 设 $x_1\boldsymbol{\alpha}_1+x_2\boldsymbol{\alpha}_2+\cdots+x_n\boldsymbol{\alpha}_n=\boldsymbol{0}$，则 $\boldsymbol{\alpha}_1,\boldsymbol{\alpha}_2,\cdots,\boldsymbol{\alpha}_n$ 线性相关当且仅当齐次线性方程组

$$\begin{cases} x_1a_{11}+x_2a_{21}+\cdots+x_na_{n1}=0, \\ x_1a_{12}+x_2a_{22}+\cdots+x_na_{n2}=0, \\ \cdots \\ x_1a_{1n}+x_2a_{2n}+\cdots+x_na_{nn}=0 \end{cases}$$

有非零解，当且仅当行列式

$$\begin{vmatrix} a_{11} & a_{12} & \cdots & a_{1n} \\ a_{21} & a_{22} & \cdots & a_{2n} \\ \vdots & \vdots & & \vdots \\ a_{n1} & a_{n2} & \cdots & a_{nn} \end{vmatrix}=0.$$

17. 设 $\boldsymbol{\alpha}_i=(a_{i1},a_{i2},\cdots,a_{in})\in F^n\ (i=1,2,\cdots,m)$ 线性无关，对每一个 $\boldsymbol{\alpha}_i$ 任意添上 p 个数，得到 F^{n+p} 的 m 个向量

$$\boldsymbol{\beta}_i=(a_{i1},a_{i2},\cdots,a_{in},b_{i1},\cdots,b_{ip}),\ i=1,2,\cdots,m.$$

证明：$\boldsymbol{\beta}_1,\boldsymbol{\beta}_2,\cdots,\boldsymbol{\beta}_m$ 也线性无关.

证明 方法一 设存在一组数 $k_1,k_2,\cdots,k_m\in F$，使得

$$k_1\boldsymbol{\beta}_1+k_2\boldsymbol{\beta}_2+\cdots+k_m\boldsymbol{\beta}_m=\boldsymbol{0}.$$

从而得齐次线性方程组

$$\begin{cases} k_1a_{11}+k_2a_{21}+\cdots+k_ma_{m1}=0, \\ \cdots \\ k_1a_{1n}+k_2a_{2n}+\cdots+k_ma_{mn}=0, \\ k_1b_{11}+k_2b_{21}+\cdots+k_mb_{m1}=0, \\ \cdots \\ k_1b_{1p}+k_2b_{2p}+\cdots+k_mb_{mp}=0. \end{cases} \tag{6.21}$$

因为 $\boldsymbol{\alpha}_1$，$\boldsymbol{\alpha}_2$，$\cdots$，$\boldsymbol{\alpha}_m$ 线性无关，所以齐次线性方程组

$$\begin{cases} k_1a_{11}+k_2a_{12}+\cdots+k_ma_{m1}=0, \\ \cdots \\ k_1a_{1n}+k_2a_{2n}+\cdots+k_ma_{mn}=0 \end{cases}$$

只有零解. 于是齐次线性方程组 (6.21) 也只有零解：$k_1=k_2=\cdots=k_m=0$. 故 $\boldsymbol{\beta}_1$，$\boldsymbol{\beta}_2$，$\cdots$，$\boldsymbol{\beta}_m$ 也线性无关.

方法二 令 $\boldsymbol{A}=(\boldsymbol{\alpha}_1^{\mathrm{T}},\ \boldsymbol{\alpha}_2^{\mathrm{T}},\ \cdots,\ \boldsymbol{\alpha}_m^{\mathrm{T}})$，$\boldsymbol{B}=(\boldsymbol{\beta}_1^{\mathrm{T}},\ \boldsymbol{\beta}_2^{\mathrm{T}},\ \cdots,\ \boldsymbol{\beta}_m^{\mathrm{T}})$，则

$$m=\text{秩}\,\boldsymbol{A}\leqslant\text{秩}\,\boldsymbol{B}\leqslant m.$$

因此秩 $\boldsymbol{B}=m$. 故 $\boldsymbol{\beta}_1$，$\boldsymbol{\beta}_2$，$\cdots$，$\boldsymbol{\beta}_m$ 也线性无关.

18. 求向量组 $\boldsymbol{\alpha}_1=(1,\ 1,\ 2,\ 3)$，$\boldsymbol{\alpha}_2=(1,\ -1,\ 1,\ 1)$，$\boldsymbol{\alpha}_3=(1,\ 3,\ 3,\ 5)$，$\boldsymbol{\alpha}_4=(4,\ 2,\ 5,\ 6)$ 的一个极大无关组，并把其余向量用该极大无关组线性表示.

解 $\{\boldsymbol{\alpha}_1,\ \boldsymbol{\alpha}_2,\ \boldsymbol{\alpha}_4\}$ 是 $\{\boldsymbol{\alpha}_1,\ \boldsymbol{\alpha}_2,\ \boldsymbol{\alpha}_3,\ \boldsymbol{\alpha}_4\}$ 的一个极大无关组，$\boldsymbol{\alpha}_3=2\boldsymbol{\alpha}_1-\boldsymbol{\alpha}_2$.

19. 利用齐次线性方程组的理论判断下列向量组是否线性相关?

(1) $\boldsymbol{\alpha}_1=(6,\ 4,\ 1,\ -1,\ 2)$，$\boldsymbol{\alpha}_2=(1,\ 0,\ 2,\ 3,\ -4)$，
$\boldsymbol{\alpha}_3=(1,\ 4,\ -9,\ -16,\ 22)$，$\boldsymbol{\alpha}_4=(7,\ 1,\ 0,\ -1,\ 3)$；

(2) $\boldsymbol{\alpha}_1=(-1,\ 2,\ 0,\ 0,\ \cdots,\ 0,\ 0,\ 0)$，
$\boldsymbol{\alpha}_2=(0,\ -1,\ 3,\ 0,\ \cdots,\ 0,\ 0,\ 0)$，
$\boldsymbol{\alpha}_3=(0,\ 0,\ -1,\ 4,\ \cdots,\ 0,\ 0,\ 0)$，
$\cdots$
$\boldsymbol{\alpha}_{n-2}=(0,\ 0,\ 0,\ 0,\ \cdots,\ -1,\ n-1,\ 0)$，
$\boldsymbol{\alpha}_{n-1}=(0,\ 0,\ 0,\ 0,\ \cdots,\ 0,\ -1,\ n)$.

解 (1) 线性相关. (2) 线性无关.

20. 设 $\boldsymbol{\alpha}_1$，$\boldsymbol{\alpha}_2$，$\cdots$，$\boldsymbol{\alpha}_t$，$\boldsymbol{\beta}_1$，$\boldsymbol{\beta}_2$，$\cdots$，$\boldsymbol{\beta}_s$ 都是数域 F 上向量空间 V 的向量，$\boldsymbol{A}$ 是 F 上 $t\times s$ 矩阵，且 $(\boldsymbol{\beta}_1,\ \boldsymbol{\beta}_2,\ \cdots,\ \boldsymbol{\beta}_s)=(\boldsymbol{\alpha}_1,\ \boldsymbol{\alpha}_2,\ \cdots,\ \boldsymbol{\alpha}_t)\boldsymbol{A}$. 证明：

(1) 秩 $(\boldsymbol{\beta}_1,\ \boldsymbol{\beta}_2,\ \cdots,\ \boldsymbol{\beta}_s)\leqslant$ 秩 $\boldsymbol{A}$；

(2) 若 $\{\boldsymbol{\alpha}_1,\ \boldsymbol{\alpha}_2,\ \cdots,\ \boldsymbol{\alpha}_t\}$ 线性无关，则秩 $(\boldsymbol{\beta}_1,\ \boldsymbol{\beta}_2,\ \cdots,\ \boldsymbol{\beta}_s)=$ 秩 $\boldsymbol{A}$.

（不要利用定理 5.7 及其证明过程）

证明 (1) 设 $\boldsymbol{A}=(a_{ij})_{t\times s}=(\boldsymbol{A}_1,\ \boldsymbol{A}_2,\ \cdots,\ \boldsymbol{A}_s)$，且秩 $\boldsymbol{A}=r\ (r\leqslant s)$. 不妨设 $\boldsymbol{A}$ 的前 r 个列向量 $\boldsymbol{A}_1$，$\boldsymbol{A}_2$，$\cdots$，$\boldsymbol{A}_r$ 线性无关. 由题设知，

$$\boldsymbol{\beta}_i=(\boldsymbol{\alpha}_1,\ \boldsymbol{\alpha}_2,\ \cdots,\ \boldsymbol{\alpha}_t)\boldsymbol{A}_i,\ i=1,\ 2,\ \cdots,\ s.$$

因为秩 $\boldsymbol{A}=r$，所以 $\boldsymbol{A}_j\ (j=r+1,\ \cdots,\ s)$ 可由 $\boldsymbol{A}_1$，$\boldsymbol{A}_2$，$\cdots$，$\boldsymbol{A}_r$ 线性表示. 于是 $\boldsymbol{\beta}_j\ (j=r+1,\ \cdots,\ s)$ 可由 $\boldsymbol{\beta}_1$，$\boldsymbol{\beta}_2$，$\cdots$，$\boldsymbol{\beta}_r$ 线性表示. 因而

$$\text{秩}\,(\boldsymbol{\beta}_1,\ \boldsymbol{\beta}_2,\ \cdots,\ \boldsymbol{\beta}_s)\leqslant r=\text{秩}\,\boldsymbol{A}.$$

(2) 由 (1) 知，只需证 $\boldsymbol{\beta}_1$，$\boldsymbol{\beta}_2$，$\cdots$，$\boldsymbol{\beta}_r$ 线性无关. 设

$$k_1\boldsymbol{\beta}_1+k_2\boldsymbol{\beta}_2+\cdots+k_r\boldsymbol{\beta}_r=\boldsymbol{0},$$

则 $\sum_{i=1}^{t}(a_{i1}k_1 + a_{i2}k_2 + \cdots + a_{ir}k_r)\boldsymbol{\alpha}_i = \boldsymbol{0}$. 因为 $\boldsymbol{\alpha}_1$, $\boldsymbol{\alpha}_2$, $\cdots$, $\boldsymbol{\alpha}_t$ 线性无关，所以

$$\begin{cases} a_{11}k_1 + a_{12}k_2 + \cdots + a_{1r}k_r = 0, \\ a_{21}k_1 + a_{22}k_2 + \cdots + a_{2r}k_r = 0, \\ \qquad\cdots \\ a_{t1}k_1 + a_{t2}k_2 + \cdots + a_{tr}k_r = 0. \end{cases}$$

即 $k_1\boldsymbol{A}_1 + k_2\boldsymbol{A}_2 + \cdots + k_r\boldsymbol{A}_r = \boldsymbol{0}$. 因此 $k_1 = k_2 = \cdots = k_r = 0$. 从而 $\boldsymbol{\beta}_1$, $\boldsymbol{\beta}_2$, $\cdots$, $\boldsymbol{\beta}_r$ 线性无关.

21. 证明：线性方程组

$$\begin{cases} a_{11}x_1 + a_{12}x_2 + \cdots + a_{1n}x_n = 0, \\ \qquad\cdots \\ a_{m1}x_1 + a_{m2}x_2 + \cdots + a_{mn}x_n = 0 \end{cases} \tag{6.22}$$

的解都是

$$b_1x_1 + b_2x_2 + \cdots + b_nx_n = 0 \tag{6.23}$$

的解的充要条件是 $\boldsymbol{\beta}$ 为 $\boldsymbol{\alpha}_1$, $\boldsymbol{\alpha}_2$, $\cdots$, $\boldsymbol{\alpha}_m$ 的线性组合，其中

$$\boldsymbol{\beta} = (b_1, b_2, \cdots, b_n), \ \boldsymbol{\alpha}_i = (a_{i1}, a_{i2}, \cdots, a_{in}), \ i = 1, 2, \cdots, m.$$

证明 必要性 设线性方程组 (6.22) 的解都是 (6.23) 的解，则方程组 (6.22) 与方程组

$$\begin{cases} a_{11}x_1 + a_{12}x_2 + \cdots + a_{1n}x_n = 0, \\ \qquad\cdots \\ a_{m1}x_1 + a_{m2}x_2 + \cdots + a_{mn}x_n = 0, \\ b_1x_1 + b_2x_2 + \cdots + b_nx_n = 0 \end{cases} \tag{6.24}$$

同解. 于是方程组 (6.22) 与 (6.24) 的系数矩阵的秩相同. 故它们的系数矩阵的行向量组

$$\{\boldsymbol{\alpha}_1, \boldsymbol{\alpha}_2, \cdots, \boldsymbol{\alpha}_m\}, \{\boldsymbol{\alpha}_1, \boldsymbol{\alpha}_2, \cdots, \boldsymbol{\alpha}_m, \boldsymbol{\beta}\}$$

的秩相同. 因此 $\boldsymbol{\beta}$ 可由 $\boldsymbol{\alpha}_1$, $\boldsymbol{\alpha}_2$, $\cdots$, $\boldsymbol{\alpha}_m$ 线性表示.

充分性 设 $\boldsymbol{\beta} = k_1\boldsymbol{\alpha}_1 + k_2\boldsymbol{\alpha}_2 + \cdots + k_m\boldsymbol{\alpha}_m$，且 $x_1 = l_1, x_2 = l_2$, $\cdots$, $x_n = l_n$ 是方程组 (6.22) 的任意一个解，则

$$\sum_{i=1}^{n} b_il_i = \sum_{i=1}^{n}\sum_{j=1}^{m} k_ja_{ji}l_i = 0,$$

即 $x_1 = l_1$, $x_2 = l_2$, $\cdots$, $x_n = l_n$ 也是方程组 (6.23) 的解.

22. 求下列矩阵的特征根及相应的特征向量

(1) $\boldsymbol{A} = \begin{pmatrix} 1 & -2 & 2 \\ -2 & -2 & 4 \\ 2 & 4 & -2 \end{pmatrix}$； (2) $\boldsymbol{A} = \begin{pmatrix} 3 & 1 & 0 \\ -4 & -1 & 0 \\ 4 & -8 & -2 \end{pmatrix}$.

解 (1) $\boldsymbol{A}$ 的特征根为 $\lambda_1 = \lambda_2 = 2$, $\lambda_3 = -7$.

$\boldsymbol{A}$ 的属于特征根 $\lambda_1=\lambda_2=2$ 的特征向量为

$$k_1(-2,1,0)^{\mathrm{T}}+k_2(2,0,1)^{\mathrm{T}},\ k_1,k_2\text{ 是不全为零的复数}.$$

$\boldsymbol{A}$ 的属于特征根 $\lambda_3=-7$ 的特征向量为

$$k_3\left(-\frac{1}{2},-1,1\right)^{\mathrm{T}},\ k_3\text{ 是非零复数}.$$

(2) $\boldsymbol{A}$ 的特征根为 $\lambda_1=\lambda_2=1$，$\lambda_3=-2$.

$\boldsymbol{A}$ 的属于特征根 $\lambda_1=\lambda_2=1$ 的特征向量为

$$k_1\left(\frac{3}{20},-\frac{3}{10},1\right)^{\mathrm{T}},\ k_1\text{ 是非零复数}.$$

$\boldsymbol{A}$ 的属于特征根 $\lambda_3=-2$ 的特征向量为

$$k_2(0,0,1)^{\mathrm{T}},\ k_2\text{ 是非零复数}.$$

23. 第 22 题中哪些矩阵在有理数域上能与对角形矩阵相似，并求使 $\boldsymbol{P}^{-1}\boldsymbol{AP}$ 为对角形矩阵的可逆矩阵 $\boldsymbol{P}$.

解 第 22 题的第 (1) 题的矩阵 $\boldsymbol{A}$ 在有理数域上能与对角形矩阵相似.

$$\boldsymbol{P}=\begin{pmatrix}-2&2&-\frac{1}{2}\\1&0&-1\\0&1&1\end{pmatrix},\quad \boldsymbol{P}^{-1}\boldsymbol{AP}=\begin{pmatrix}2&&\\&2&\\&&-7\end{pmatrix}.$$

24. 已知 $\boldsymbol{\alpha}=\begin{pmatrix}1\\k\\1\end{pmatrix}$ 是 $\boldsymbol{A}=\begin{pmatrix}2&1&1\\1&2&1\\1&1&2\end{pmatrix}$ 的逆矩阵的特征向量. 试求 k 的值.

解 $k=1$，或 $k=-2$.

25. 已知 $\boldsymbol{A}=\begin{pmatrix}1&-1&1\\2&4&-2\\-3&-3&5\end{pmatrix}$. 求 $\boldsymbol{A}^k$（k 是自然数）.

解 先将 $\boldsymbol{A}$ 对角化，再求 k 次幂，得

$$\boldsymbol{A}^k=\begin{pmatrix}-1&1&1\\1&0&-2\\0&1&3\end{pmatrix}\begin{pmatrix}2^k&&\\&2^k&\\&&6^k\end{pmatrix}\begin{pmatrix}-1&1&1\\1&0&-2\\0&1&3\end{pmatrix}^{-1}$$

$$=2^{k-2}\begin{pmatrix}5-3^k&1-3^k&-1+3^k\\2(-1+3^k)&2(1+3^k)&2(1-3^k)\\3-3^{k+1}&3-3^{k+1}&1+3^{k+1}\end{pmatrix}.$$

26. 已知 3 阶方阵 $\boldsymbol{A}$ 的 3 个特征根分别为 1，1，2，相应的特征向量为 $\boldsymbol{\alpha}_1=(1,2,1)^{\mathrm{T}}$，$\boldsymbol{\alpha}_2=(1,1,0)^{\mathrm{T}}$，$\boldsymbol{\alpha}_3=(2,0,-1)^{\mathrm{T}}$. 求矩阵 $\boldsymbol{A}$.

解 $$\boldsymbol{A}=\begin{pmatrix}1&1&2\\2&1&0\\1&0&-1\end{pmatrix}\begin{pmatrix}1&0&0\\0&1&0\\0&0&2\end{pmatrix}\begin{pmatrix}1&1&2\\2&1&0\\1&0&-1\end{pmatrix}^{-1}=\begin{pmatrix}3&-2&2\\0&1&0\\-1&1&0\end{pmatrix}.$$

27. 设 $\boldsymbol{A}$ 是数域 F 上的 n 阶可逆矩阵. 证明：$\boldsymbol{A}$ 在 F 上可以对角化的充要条件是 $\boldsymbol{A}^{-1}$ 在 F 上可以对角化.

证明 因为 $\boldsymbol{A}$ 在 F 上可以对角化，所以存在 F 上的 n 阶可逆矩阵 $\boldsymbol{P}$，使得 $\boldsymbol{P}^{-1}\boldsymbol{A}\boldsymbol{P}=\boldsymbol{\Lambda}$，其中 $\boldsymbol{\Lambda}$ 是对角矩阵. 故 $\boldsymbol{P}^{-1}\boldsymbol{A}^{-1}\boldsymbol{P}=\boldsymbol{\Lambda}^{-1}$，即 $\boldsymbol{A}^{-1}$ 在 F 上可以对角化.

反之亦然.

补充题解答

1. 设 $\boldsymbol{A}$ 为 $n\,(n\geqslant 2)$ 阶方阵，$\boldsymbol{A}^*$ 是 $\boldsymbol{A}$ 的伴随矩阵. 证明：

(1) $秩\,\boldsymbol{A}^*=\begin{cases} n, & 秩\,\boldsymbol{A}=n, \\ 1, & 秩\,\boldsymbol{A}=n-1, \\ 0, & 秩\,\boldsymbol{A}<n-1. \end{cases}$

(2) $(\boldsymbol{A}^*)^*=\begin{cases} \boldsymbol{A}, & n=2, \\ (\det \boldsymbol{A}^{n-2})\,\boldsymbol{A}, & n\geqslant 3. \end{cases}$

证明 (1) 当秩 $\boldsymbol{A}=n$ 时，$\det \boldsymbol{A}^*=(\det \boldsymbol{A})^{n-1}\neq 0$，故秩 $\boldsymbol{A}^*=n$.

当秩 $\boldsymbol{A}=n-1$ 时，$\boldsymbol{A}^*$ 至少有一个非零元，且 $\boldsymbol{A}\boldsymbol{A}^*=\boldsymbol{0}$，故秩 $\boldsymbol{A}^*\geqslant 1$，且 $\boldsymbol{A}^*$ 的每一列均是齐次线性方程组 $\boldsymbol{A}\boldsymbol{X}=\boldsymbol{0}$ 的解向量. 从而由 $\boldsymbol{A}\boldsymbol{X}=\boldsymbol{0}$ 的解空间 $W_{\boldsymbol{A}}$ 是 1 维的知，秩 $\boldsymbol{A}^*\leqslant 1$. 因此秩 $\boldsymbol{A}^*=1$.

当秩 $\boldsymbol{A}\leqslant n-2$ 时，$\boldsymbol{A}^*=\boldsymbol{0}$，故秩 $\boldsymbol{A}^*=\boldsymbol{0}$.

(2) 当 $n=2$ 时，令 $\boldsymbol{A}=\begin{pmatrix} a & b \\ c & d \end{pmatrix}$，则 $\boldsymbol{A}^*=\begin{pmatrix} d & -b \\ -c & a \end{pmatrix}$，$(\boldsymbol{A}^*)^*=\begin{pmatrix} a & b \\ c & d \end{pmatrix}=\boldsymbol{A}$.

当 $n\geqslant 3$ 时，若秩 $\boldsymbol{A}=n$，则由 (1) 知，秩 $\boldsymbol{A}^*=n$，从而

$$\begin{aligned}(\boldsymbol{A}^*)^* &= (\det \boldsymbol{A}^*)(\boldsymbol{A}^*)^{-1}=(\det \boldsymbol{A})^{n-1}(\det \boldsymbol{A}\cdot \boldsymbol{A}^{-1})^{-1} \\ &= (\det \boldsymbol{A})^{n-2}\boldsymbol{A}=(\det \boldsymbol{A}^{n-2})\,\boldsymbol{A}.\end{aligned}$$

若秩 $\boldsymbol{A}<n$，则由 (1) 知，秩 $\boldsymbol{A}^*\leqslant 1\leqslant n-2$，因此 $(\boldsymbol{A}^*)^*=\boldsymbol{0}=(\det \boldsymbol{A}^{n-2})\,\boldsymbol{A}$.

2. 设线性方程组

$$\begin{cases} a_{11}x_1+a_{12}x_2+\cdots+a_{1n}x_n=b_1, \\ \qquad\cdots \\ a_{m1}x_1+a_{m2}x_2+\cdots+a_{mn}x_n=b_m \end{cases} \tag{6.25}$$

有解，添加方程

$$a_1x_1+a_2x_2+\cdots+a_nx_n=b$$

于方程组 (6.25) 所得的方程组 (6.26) 与 (6.25) 同解. 证明：添加的方程是方程组 (6.25) 中 m 个方程的结果.

证明 设方程组 (6.25) 的系数矩阵与增广矩阵分别为 $\boldsymbol{A}$ 与 $\overline{\boldsymbol{A}}$，方程组 (6.26) 的系数矩阵与增广矩阵分别为 $\boldsymbol{B}$ 与 $\overline{\boldsymbol{B}}$. 由题设知，方程组 (6.25) 与 (6.26) 的解空间相同，从而秩 $\overline{\boldsymbol{A}}$ = 秩 $\boldsymbol{A}$ = 秩 $\boldsymbol{B}$ = 秩 $\overline{\boldsymbol{B}}$. 于是 $\overline{\boldsymbol{B}}$ 的最后一行可由 $\overline{\boldsymbol{A}}$ 的行向量线性表示，即添加的方程是方程组 (6.25) 中 m 个方程的结果.

3. 设 $\boldsymbol{\beta}$ 为数域 F 上非齐次线性方程组 $\boldsymbol{AX}=\boldsymbol{B}$ 的一个解，$\boldsymbol{\alpha}_1$，$\boldsymbol{\alpha}_2$，$\cdots$，$\boldsymbol{\alpha}_{n-r}$ 是对应的齐次线性方程组的一个基础解系. 证明：

(1) $\boldsymbol{\alpha}_1$，$\boldsymbol{\alpha}_2$，$\cdots$，$\boldsymbol{\alpha}_{n-r}$，$\boldsymbol{\beta}$ 线性无关；

(2) $\boldsymbol{\beta}+\boldsymbol{\alpha}_1$，$\boldsymbol{\beta}+\boldsymbol{\alpha}_2$，$\cdots$，$\boldsymbol{\beta}+\boldsymbol{\alpha}_{n-r}$，$\boldsymbol{\beta}$ 线性无关；

(3) 对于 $\boldsymbol{AX}=\boldsymbol{B}$ 的任一解向量 $\boldsymbol{\gamma}$，都存在 k_1，k_2，$\cdots$，k_{n-r}，$k\in F$，使得 $\boldsymbol{\gamma}=\sum\limits_{i=1}^{n-r}k_i(\boldsymbol{\beta}+\boldsymbol{\alpha}_i)+k\boldsymbol{\beta}$，其中 $\sum\limits_{i=1}^{n-r}k_i+k=1$.

证明 (1) 设存在一组数 k_1，k_2，$\cdots$，k_{n-r}，$k\in F$，使得

$$k_1\boldsymbol{\alpha}_1+k_2\boldsymbol{\alpha}_2+\cdots+k_{n-r}\boldsymbol{\alpha}_{n-r}+k\boldsymbol{\beta}=\boldsymbol{0}.$$

因为 $\boldsymbol{A\alpha}_i=\boldsymbol{0}\ (i=1，2，\cdots，n-r)$，所以用 $\boldsymbol{A}$ 左乘上式两端，得 $k\boldsymbol{A\beta}=\boldsymbol{0}$. 由于 $\boldsymbol{A\beta}\neq\boldsymbol{0}$，因此 $k=0$. 于是 $k_1\boldsymbol{\alpha}_1+k_2\boldsymbol{\alpha}_2+\cdots+k_{n-r}\boldsymbol{\alpha}_{n-r}=\boldsymbol{0}$. 由 $\boldsymbol{\alpha}_1$，$\boldsymbol{\alpha}_2$，$\cdots$，$\boldsymbol{\alpha}_{n-r}$ 线性无关知，$k_1=k_2=\cdots=k_{n-r}=0$. 从而 $\boldsymbol{\alpha}_1$，$\boldsymbol{\alpha}_2$，$\cdots$，$\boldsymbol{\alpha}_{n-r}$，$\boldsymbol{\beta}$ 线性无关.

(2) 设存在一组数 k_1，k_2，$\cdots$，k_{n-r}，$k\in F$，使得

$$k_1(\boldsymbol{\beta}+\boldsymbol{\alpha}_1)+k_2(\boldsymbol{\beta}+\boldsymbol{\alpha}_2)+\cdots+k_{n-r}(\boldsymbol{\beta}+\boldsymbol{\alpha}_{n-r})+k\boldsymbol{\beta}=\boldsymbol{0},$$

则

$$(k_1+k_2+\cdots+k_{n-r}+k)\boldsymbol{\beta}+k_1\boldsymbol{\alpha}_1+k_2\boldsymbol{\alpha}_2+\cdots+k_{n-r}\boldsymbol{\alpha}_{n-r}=\boldsymbol{0}.$$

由 (1) 知，$k_1+k_2+\cdots+k_{n-r}+k=0$，$k_i=0$，$i=1，2，\cdots，n-r$，从而 $k=0$. 故 $\boldsymbol{\beta}+\boldsymbol{\alpha}_1$，$\boldsymbol{\beta}+\boldsymbol{\alpha}_2$，$\cdots$，$\boldsymbol{\beta}+\boldsymbol{\alpha}_{n-r}$，$\boldsymbol{\beta}$ 线性无关.

(3) 设 $\boldsymbol{\gamma}$ 是 $\boldsymbol{AX}=\boldsymbol{B}$ 的任一解向量，则存在 k_1，k_2，$\cdots$，$k_{n-r}\in F$，使得

$$\boldsymbol{\gamma}=k_1\boldsymbol{\alpha}_1+k_2\boldsymbol{\alpha}_2+\cdots+k_{n-r}\boldsymbol{\alpha}_{n-r}+\boldsymbol{\beta}.$$

因此

$$\boldsymbol{\gamma}=k_1(\boldsymbol{\beta}+\boldsymbol{\alpha}_1)+k_2(\boldsymbol{\beta}+\boldsymbol{\alpha}_2)+\cdots+k_{n-r}(\boldsymbol{\beta}+\boldsymbol{\alpha}_{n-r})+(1-k_1-k_2-\cdots-k_{n-r})\boldsymbol{\beta}.$$

于是取 $k=1-\sum\limits_{i=1}^{n-r}k_i$，即得结论.

4. 设 $\boldsymbol{A}$，$\boldsymbol{B}$ 都是 n 阶方阵. 试证：秩 $\boldsymbol{AB}$ = 秩 $\boldsymbol{B}$ 的充要条件是线性方程组 $\boldsymbol{ABX}=\boldsymbol{0}$ 的解必为线性方程组 $\boldsymbol{BX}=\boldsymbol{0}$ 的解.

证明 若秩 $\boldsymbol{AB}$ = 秩 $\boldsymbol{B}$，则线性方程组 $\boldsymbol{BX}=\boldsymbol{0}$ 与 $\boldsymbol{ABX}=\boldsymbol{0}$ 同解. 故 $\boldsymbol{ABX}=\boldsymbol{0}$ 的解必为 $\boldsymbol{BX}=\boldsymbol{0}$ 的解.

反之，若线性方程组 $\boldsymbol{ABX}=\boldsymbol{0}$ 的解是 $\boldsymbol{BX}=\boldsymbol{0}$ 的解，则由 $\boldsymbol{BX}=\boldsymbol{0}$ 的解显然是 $\boldsymbol{ABX}=\boldsymbol{0}$ 的解知，$\boldsymbol{BX}=\boldsymbol{0}$ 与 $\boldsymbol{ABX}=\boldsymbol{0}$ 同解. 因而秩 $\boldsymbol{AB}$ = 秩 $\boldsymbol{B}$.

5. 设 $\boldsymbol{A}$ 为 n 阶方阵. 若有正整数 $k\geqslant n$，使得秩 $\boldsymbol{A}^k$ = 秩 $\boldsymbol{A}^{k+1}$. 证明：对于任意的正整数 s，均有秩 $\boldsymbol{A}^{k+s}$ = 秩 $\boldsymbol{A}^k$.

证明 对 s 用数学归纳法.

当 $s=1$ 时，结论成立.

假设 $s>1$，结论对小于或等于 $s-1$ 的正整数都成立，即

$$\text{秩}\,\boldsymbol{A}^{k+s-1}=\text{秩}\,\boldsymbol{A}^{k+s-2}=\cdots=\text{秩}\,\boldsymbol{A}^{k}.$$

当取 s 时，考虑方程组 $\boldsymbol{A}^{k+s}\boldsymbol{X}=\boldsymbol{0}$ 的解．设 $\boldsymbol{X}_0$ 是 $\boldsymbol{A}^{k+s}\boldsymbol{X}=\boldsymbol{0}$ 的解，则 $\boldsymbol{A}^{k+s}\boldsymbol{X}_0=\boldsymbol{A}^{k+s-1}(\boldsymbol{A}\boldsymbol{X}_0)=\boldsymbol{0}$．从而 $\boldsymbol{A}\boldsymbol{X}_0$ 是方程组 $\boldsymbol{A}^{k+s-1}\boldsymbol{X}=\boldsymbol{0}$ 的解．由归纳假设，$\boldsymbol{A}\boldsymbol{X}_0$ 是方程组 $\boldsymbol{A}^{k}\boldsymbol{X}=\boldsymbol{0}$ 的解，于是 $\boldsymbol{X}_0$ 是 $\boldsymbol{A}^{k}\boldsymbol{X}=\boldsymbol{0}$ 的解．因此方程组 $\boldsymbol{A}^{k+s}\boldsymbol{X}=\boldsymbol{0}$ 与 $\boldsymbol{A}^{k}\boldsymbol{X}=\boldsymbol{0}$ 同解．故秩 $\boldsymbol{A}^{k+s}=$ 秩 $\boldsymbol{A}^{k}$．

于是对任意正整数 s，均有秩 $\boldsymbol{A}^{k+s}=$ 秩 $\boldsymbol{A}^{k}$．

6. 设 $\boldsymbol{A}$，$\boldsymbol{B}$ 为 F 上两个 n 阶矩阵，且 $\boldsymbol{A}$ 的 n 个特征根两两互异．试证：$\boldsymbol{A}$ 的特征向量恒为 $\boldsymbol{B}$ 的特征向量的充要条件是 $\boldsymbol{AB}=\boldsymbol{BA}$．

证明 设 $\boldsymbol{\alpha}_1$，$\boldsymbol{\alpha}_2$，$\cdots$，$\boldsymbol{\alpha}_n$ 是 $\boldsymbol{A}$ 的分别属于特征根 λ_1，λ_2，$\cdots$，λ_n 的特征向量，则 $\boldsymbol{\alpha}_1$，$\boldsymbol{\alpha}_2$，$\cdots$，$\boldsymbol{\alpha}_n$ 线性无关．令 $\boldsymbol{P}=(\boldsymbol{\alpha}_1,\ \boldsymbol{\alpha}_2,\ \cdots,\ \boldsymbol{\alpha}_n)$，则 $\boldsymbol{P}$ 可逆．

必要性　因为 $\boldsymbol{A}$ 的特征向量也是 $\boldsymbol{B}$ 的特征向量，所以 $\boldsymbol{A}$，$\boldsymbol{B}$ 有 n 个线性无关的特征向量．故 $\boldsymbol{A}$，$\boldsymbol{B}$ 可以对角化．于是

$$\boldsymbol{PAP}^{-1}=\begin{pmatrix}\lambda_1&0&\cdots&0\\0&\lambda_2&\cdots&0\\\vdots&\vdots&&\vdots\\0&0&\cdots&\lambda_n\end{pmatrix}=\boldsymbol{\Lambda},\quad \boldsymbol{PBP}^{-1}=\begin{pmatrix}\mu_1&0&\cdots&0\\0&\mu_2&\cdots&0\\\vdots&\vdots&&\vdots\\0&0&\cdots&\mu_n\end{pmatrix}=\boldsymbol{M},$$

这里 μ_1，μ_2，$\cdots$，μ_n 是 $\boldsymbol{B}$ 的 n 个特征根．因此

$$\boldsymbol{P}^{-1}\boldsymbol{ABP}=\boldsymbol{P}^{-1}\boldsymbol{AP}\cdot\boldsymbol{P}^{-1}\boldsymbol{BP}=\boldsymbol{\Lambda M}=\boldsymbol{M\Lambda}=\boldsymbol{P}^{-1}\boldsymbol{BP}\cdot\boldsymbol{P}^{-1}\boldsymbol{AP}=\boldsymbol{P}^{-1}\boldsymbol{BAP}.$$

从而 $\boldsymbol{AB}=\boldsymbol{BA}$．

充分性　令 V_{λ_i} 是 $\boldsymbol{A}$ 的属于特征根 λ_i 的特征子空间 ($i=1,\ 2,\ \cdots,\ n$)，则由 λ_1，λ_2，$\cdots$，λ_n 两两互异知，$\dim V_{\lambda_i}=1$．由于 $\boldsymbol{AB}=\boldsymbol{BA}$，因此

$$\boldsymbol{AB\alpha}_i=\boldsymbol{BA\alpha}_i=\lambda_i\boldsymbol{B\alpha}_i,$$

即 $\boldsymbol{B\alpha}_i\in V_{\lambda_i}$．故 $\boldsymbol{B\alpha}_i$ 可由 V_{λ_i} 的基 $\boldsymbol{\alpha}_i$ 线性表示，即

$$\boldsymbol{B\alpha}_i=a_i\boldsymbol{\alpha}_i,\quad i=1,\ 2,\ \cdots,\ n.$$

于是 $\boldsymbol{A}$ 的特征向量 $\boldsymbol{\alpha}_i$ 也是 $\boldsymbol{B}$ 的（属于特征根 a_i 的）特征向量，$i=1,\ 2,\ \cdots,\ n$．

7. 若 F 上 n 阶方阵 $\boldsymbol{A}$ 满足 $\boldsymbol{A}^2=\boldsymbol{I}$，则 $\boldsymbol{A}$ 必相似于形如

$$\begin{pmatrix}1&&&&&\\&\ddots&&&&\\&&1&&&\\&&&-1&&\\&&&&\ddots&\\&&&&&-1\end{pmatrix}$$

的矩阵．这里 1 的个数为 $n-$ 秩 $(\boldsymbol{I}-\boldsymbol{A})$，而 -1 的个数为秩 $(\boldsymbol{I}-\boldsymbol{A})$．

证明　见 § 6.6“范例解析”之例 5．

8. 设 $\boldsymbol{B}$ 是 $m\times n$ 实矩阵，且 $\boldsymbol{X}=(x_1, x_2, \cdots, x_n)^{\mathrm{T}}$. 证明：线性方程组 $\boldsymbol{BX}=\boldsymbol{0}$ 只有零解的充要条件是 $\boldsymbol{B}^{\mathrm{T}}\boldsymbol{B}$ 正定.

证明 必要性 因为 $\boldsymbol{BX}=\boldsymbol{0}$ 只有零解，所以秩 $\boldsymbol{B}=n$. 于是对任意的 n 维实向量 $\boldsymbol{X}\neq\boldsymbol{0}$，都有 $\boldsymbol{BX}\neq\boldsymbol{0}$. 令 $\boldsymbol{BX}=(c_1, c_2, \cdots, c_m)^{\mathrm{T}}$，则

$$\boldsymbol{X}^{\mathrm{T}}\boldsymbol{B}^{\mathrm{T}}\boldsymbol{BX}=(\boldsymbol{BX})^{\mathrm{T}}(\boldsymbol{BX})=c_1^2+c_2^2+\cdots+c_m^2>0.$$

又因 $(\boldsymbol{B}^{\mathrm{T}}\boldsymbol{B})^{\mathrm{T}}=\boldsymbol{B}^{\mathrm{T}}\boldsymbol{B}$，故 $\boldsymbol{B}^{\mathrm{T}}\boldsymbol{B}$ 正定.

充分性 若 $\boldsymbol{B}^{\mathrm{T}}\boldsymbol{B}$ 正定，则秩 $(\boldsymbol{B}^{\mathrm{T}}\boldsymbol{B})=n$. 从而秩 $\boldsymbol{B}=n$. 于是线性方程组 $\boldsymbol{BX}=\boldsymbol{0}$ 只有零解.

9. 设 $\boldsymbol{Y}\in M_n(F)$，$f(x)$，$g(x)\in F[x]$，且 $(f(x), g(x))=1$，$\boldsymbol{A}=f(\boldsymbol{Y})$，$\boldsymbol{B}=g(\boldsymbol{Y})$，而 W，W_1，W_2 分别是线性方程组 $\boldsymbol{ABX}=\boldsymbol{0}$，$\boldsymbol{AX}=\boldsymbol{0}$，$\boldsymbol{BX}=\boldsymbol{0}$ 的解空间. 证明：$W=W_1\oplus W_2$.

证明 因为 $\boldsymbol{A}$，$\boldsymbol{B}$ 都是 $\boldsymbol{Y}$ 的多项式，所以 $\boldsymbol{AB}=\boldsymbol{BA}$. 由于 $(f(x), g(x))=1$，因此存在 $u(x)$，$v(x)\in F[x]$，使得 $u(x)f(x)+v(x)g(x)=1$. 于是 $u(\boldsymbol{Y})\boldsymbol{A}+v(\boldsymbol{Y})\boldsymbol{B}=\boldsymbol{I}$. 任取 $\boldsymbol{X}\in W$，则 $\boldsymbol{ABX}=\boldsymbol{0}$. 从而

$$\boldsymbol{X}=u(\boldsymbol{Y})\boldsymbol{AX}+v(\boldsymbol{Y})\boldsymbol{BX}.$$

因 $\boldsymbol{B}[u(\boldsymbol{Y})\boldsymbol{AX}]=u(\boldsymbol{Y})\boldsymbol{BAX}=u(\boldsymbol{Y})\boldsymbol{ABX}=\boldsymbol{0}$，故 $u(\boldsymbol{Y})\boldsymbol{AX}\in W_2$. 同理可得 $v(\boldsymbol{Y})\boldsymbol{BX}\in W_1$. 于是 $W=W_1+W_2$. 由于对任意 $\boldsymbol{X}\in W_1\cap W_2$，$\boldsymbol{AX}=\boldsymbol{0}$，$\boldsymbol{BX}=\boldsymbol{0}$，因此 $\boldsymbol{X}=\boldsymbol{0}$. 从而 $W_1\cap W_2=\{\boldsymbol{0}\}$. 故 $W=W_1\oplus W_2$.

10. 设 $\boldsymbol{A}$，$\boldsymbol{B}$ 是 n 阶方阵. 证明：若 λ 是 $\boldsymbol{AB}$ 和 $\boldsymbol{BA}$ 共同的非零特征根，则 $\boldsymbol{AB}$ 和 $\boldsymbol{BA}$ 的属于 λ 的两个特征子空间的维数相等.

证明 设 $\boldsymbol{AB}$ 和 $\boldsymbol{BA}$ 的属于 λ 的两个特征子空间分别为 V_λ 和 V'_λ.

设 $\boldsymbol{\eta}_1$，$\boldsymbol{\eta}_2$，$\cdots$，$\boldsymbol{\eta}_r$ 是 V_λ 的一个基，则 $(\boldsymbol{BA})\boldsymbol{B\eta}_i=\lambda\boldsymbol{B\eta}_i$，即 $\boldsymbol{B\eta}_i\in V'_\lambda$，$i=1, 2, \cdots, r$. 若 $k_1\boldsymbol{B\eta}_1+k_2\boldsymbol{B\eta}_2+\cdots+k_r\boldsymbol{B\eta}_r=\boldsymbol{0}$，则

$$\boldsymbol{A}(k_1\boldsymbol{B\eta}_1+k_2\boldsymbol{B\eta}_2+\cdots+k_r\boldsymbol{B\eta}_r)=\lambda(k_1\boldsymbol{\eta}_1+k_2\boldsymbol{\eta}_2+\cdots+k_r\boldsymbol{\eta}_r)=\boldsymbol{0}.$$

由 $\lambda\neq 0$ 知，$k_1\boldsymbol{\eta}_1+k_2\boldsymbol{\eta}_2+\cdots+k_r\boldsymbol{\eta}_r=\boldsymbol{0}$. 从而 $k_1=k_2=\cdots=k_r=0$. 因此 $\boldsymbol{B\eta}_1$，$\boldsymbol{B\eta}_2$，$\cdots$，$\boldsymbol{B\eta}_r$ 线性无关. 故 $\dim V_\lambda\leqslant\dim V'_\lambda$.

同理可证 $\dim V'_\lambda\leqslant\dim V_\lambda$. 于是 $\dim V_\lambda=\dim V'_\lambda$.

11. 证明：$\mathbf{R}^n=W_1\oplus W_2$，其中 W_1 是方程组 $x_1+x_2+\cdots+x_n=0$ 的解空间，W_2 是方程组 $x_1=x_2=\cdots=x_n$ 的解空间.

证明 因为 $x_1+x_2+\cdots+x_n=0$ 的一个基础解系为 $\boldsymbol{\alpha}_1=(-1, 1, 0, \cdots, 0)^{\mathrm{T}}$，$\boldsymbol{\alpha}_2=(-1, 0, 1, \cdots, 0)^{\mathrm{T}}$，$\cdots$，$\boldsymbol{\alpha}_{n-1}=(-1, 0, 0, \cdots, 1)^{\mathrm{T}}$，且 $x_1=x_2=\cdots=x_n$ 的一个基础解系为 $\boldsymbol{\alpha}_n=(1, 1, \cdots, 1, 1)^{\mathrm{T}}$，所以

$$W_1=\mathscr{L}(\boldsymbol{\alpha}_1, \boldsymbol{\alpha}_2, \cdots, \boldsymbol{\alpha}_{n-1}),\ W_2=\mathscr{L}(\boldsymbol{\alpha}_n).$$

由于 $\boldsymbol{\alpha}_1$，$\cdots$，$\boldsymbol{\alpha}_{n-1}$，$\boldsymbol{\alpha}_n$ 线性无关，因此 $\boldsymbol{\alpha}_1$，$\cdots$，$\boldsymbol{\alpha}_{n-1}$，$\boldsymbol{\alpha}_n$ 是 $\mathbf{R}^n$ 的一个基. 于是 $\mathbf{R}^n=W_1+W_2$. 又因为 $\dim\mathbf{R}^n=\dim W_1+\dim W_2$，所以 $\mathbf{R}^n=W_1\oplus W_2$.

第七章　线性变换

本章介绍线性变换的概念和运算，讨论有限维向量空间的线性变换的矩阵表示、线性变换和矩阵的对应关系及线性变换的对角化问题，进一步体会矩阵的重要作用.

§7.1　线性变换的定义及性质

本节介绍线性变换的概念及性质.

一、主要内容

1. 向量空间的变换和线性变换

定义 7.1　设 V 是数域 F 上的一个向量空间. V 到自身的映射称为 V 的一个变换.

定义 7.2　设 σ 是数域 F 上向量空间 V 的一个变换. 若对于 V 中任意向量 $\boldsymbol{\alpha}$，$\boldsymbol{\beta}$ 及 F 中任意数 k，都有

$$\sigma(\boldsymbol{\alpha}+\boldsymbol{\beta})=\sigma(\boldsymbol{\alpha})+\sigma(\boldsymbol{\beta});$$
$$\sigma(k\boldsymbol{\alpha})=k\sigma(\boldsymbol{\alpha}),$$

则称 σ 是 V 的一个线性变换.

线性变换所满足的条件有时也说成保持向量的加法和数量乘法运算.

设 V 是数域 F 上的向量空间，$k\in F$. 称 V 的线性变换 σ: $\boldsymbol{\alpha}\mapsto k\boldsymbol{\alpha}$ $(\forall\boldsymbol{\alpha}\in V)$ 为由 k 决定的数量变换（或位似变换）. 当 $k=1$ 时，称为恒等变换（或单位变换），记为 ι_V. 当 $k=0$ 时，称为零变换，记为 θ_V. 如果不产生混淆的话，那么 ι_V 与 θ_V 分别简记为 ι 与 θ.

2. 线性变换的性质

定理 7.1　设 V 是数域 F 上的一个向量空间，σ 是 V 的一个线性变换，那么

(i) $\sigma(\boldsymbol{0})=\boldsymbol{0}$，其中 $\boldsymbol{0}$ 是 V 的零向量;

(ii) 设 $\boldsymbol{\alpha}_1$，$\boldsymbol{\alpha}_2$，$\cdots$，$\boldsymbol{\alpha}_s$ 是 V 的向量，则

$$\sigma(\boldsymbol{\alpha}_1+\boldsymbol{\alpha}_2+\cdots+\boldsymbol{\alpha}_s)=\sigma(\boldsymbol{\alpha}_1)+\sigma(\boldsymbol{\alpha}_2)+\cdots+\sigma(\boldsymbol{\alpha}_s);$$

(iii) 设 $\boldsymbol{\alpha}_1$，$\boldsymbol{\alpha}_2$，$\cdots$，$\boldsymbol{\alpha}_s$ 是 V 的向量. 若

$$\boldsymbol{\alpha}=k_1\boldsymbol{\alpha}_1+k_2\boldsymbol{\alpha}_2+\cdots+k_s\boldsymbol{\alpha}_s,$$

则

$$\sigma(\boldsymbol{\alpha}) = k_1\sigma(\boldsymbol{\alpha}_1) + k_2\sigma(\boldsymbol{\alpha}_2) + \cdots + k_s\sigma(\boldsymbol{\alpha}_s);$$

(iv) 若 $\{\boldsymbol{\alpha}_1, \boldsymbol{\alpha}_2, \cdots, \boldsymbol{\alpha}_s\}$ 是 V 的线性相关的向量组，则 $\{\sigma(\boldsymbol{\alpha}_1), \sigma(\boldsymbol{\alpha}_2), \cdots, \sigma(\boldsymbol{\alpha}_s)\}$ 也是 V 的线性相关的向量组.

定理 7.2 设 $\{\boldsymbol{\alpha}_1, \boldsymbol{\alpha}_2, \cdots, \boldsymbol{\alpha}_n\}$ 是 F 上向量空间 V 的一个基，$\boldsymbol{\beta}_1, \boldsymbol{\beta}_2, \cdots, \boldsymbol{\beta}_n$ 是 V 的任意 n 个向量，则存在 V 的唯一的一个线性变换 σ，使得

$$\sigma(\boldsymbol{\alpha}_i) = \boldsymbol{\beta}_i,\ i = 1, 2, \cdots, n.$$

推论 设 $\{\boldsymbol{\alpha}_1, \boldsymbol{\alpha}_2, \cdots, \boldsymbol{\alpha}_n\}$ 是 F 上向量空间 V 的一个基. 若 V 的线性变换 σ，τ 满足

$$\sigma(\boldsymbol{\alpha}_i) = \tau(\boldsymbol{\alpha}_i),\ i = 1, 2, \cdots, n,$$

则必有 $\sigma = \tau$.

二、释疑解难

1. 关于线性映射

(1) 线性映射的定义和基本性质.

定义 7.3 设 V 与 V' 是数域 F 上的两个向量空间，σ 是 V 到 V' 的一个映射. 若 σ 保持加法和数量乘法，即对于 V 中任意向量 $\boldsymbol{\alpha}$，$\boldsymbol{\beta}$ 及 F 中任意数 k，都有

$$\sigma(\boldsymbol{\alpha} + \boldsymbol{\beta}) = \sigma(\boldsymbol{\alpha}) + \sigma(\boldsymbol{\beta});$$

$$\sigma(k\boldsymbol{\alpha}) = k\sigma(\boldsymbol{\alpha}),$$

则称 σ 是 V 到 V' 的一个线性映射.

线性变换是 $V' = V$ 时的一种特殊的线性映射.

因为数域 F 可看成 F 上的 1 维向量空间，所以当 $V' = F$ 时可得一种特殊的线性映射，称这种 V 到 F 上的线性映射为 V 的线性函数. 例如，函数的定积分是 $C[a, b]$ 的一个线性函数.

定理 7.3 设 σ 是数域 F 上向量空间 V 到 V' 的一个线性映射，那么

(i) $\sigma(\boldsymbol{0}) = \boldsymbol{0}$;

(ii) 对任意 $\boldsymbol{\alpha}_i \in V$，$k_i \in F$，$i = 1, 2, \cdots, s$，有

$$\sigma(k_1\boldsymbol{\alpha}_1 + k_2\boldsymbol{\alpha}_2 + \cdots + k_s\boldsymbol{\alpha}_s) = k_1\sigma(\boldsymbol{\alpha}_1) + k_2\sigma(\boldsymbol{\alpha}_2) + \cdots + k_s\sigma(\boldsymbol{\alpha}_s);$$

(iii) 若 $\{\boldsymbol{\alpha}_1, \boldsymbol{\alpha}_2, \cdots, \boldsymbol{\alpha}_s\}$ 是 V 的线性相关的向量组，则 $\{\sigma(\boldsymbol{\alpha}_1), \sigma(\boldsymbol{\alpha}_2), \cdots, \sigma(\boldsymbol{\alpha}_s)\}$ 是 V' 的线性相关的向量组;

(iv) 若 W 是向量空间 V 的子空间，则 W 在 σ 之下的像 $\sigma(W) = \{\sigma(\xi) \mid \xi \in W\}$ 是 V' 的子空间；若 W' 是向量空间 V' 的子空间，则 W' 在 σ 之下的原像 $\{\xi \in V \mid \sigma(\xi) \in W'\}$ 是 V 的子空间;

(v) 设 V'' 是数域 F 上的向量空间. 若 τ 是 V' 到 V'' 的线性映射，则合成映

射 $\tau\sigma$ 是 V 到 V'' 的一个线性映射；

(vi) 若 σ 有逆映射 σ^{-1}，则 σ^{-1} 是 V' 到 V 的一个线性映射.

(2) 线性映射的相等.

设 V 与 V' 是数域 F 上的两个向量空间，σ，τ 是 V 到 V' 的两个线性映射. 若对任意 $\boldsymbol{\alpha}\in V$，都有 $\sigma(\boldsymbol{\alpha})=\tau(\boldsymbol{\alpha})$，则称 σ 与 τ 相等，记为 $\sigma=\tau$.

(3) 线性映射的像与核.

设 σ 是数域 F 上向量空间 V 到 V' 的一个线性映射. 称 $\{\sigma(\boldsymbol{\alpha})\mid\boldsymbol{\alpha}\in V\}$ 为 σ 的像 (或 σ 的值域)，记为 $\operatorname{Im}\sigma$ (或 $\sigma(V)$). 称 $\{\boldsymbol{\alpha}\in V\mid\sigma(\boldsymbol{\alpha})=\boldsymbol{0}\}$ 为 σ 的核，记为 $\operatorname{Ker}\sigma$.

显然，$\operatorname{Im}\sigma$ 是向量空间 V' 的子空间，$\operatorname{Ker}\sigma$ 是向量空间 V 的子空间. σ 是满射当且仅当 $\operatorname{Im}\sigma=V'$. σ 是单射当且仅当 $\operatorname{Ker}\sigma=\{\boldsymbol{0}\}$.

2. 线性映射与同构映射的关系

同构映射一定是线性映射，但线性映射不一定是同构映射.

3. 关于向量组及向量组在线性变换之下的像的线性相关性

定理 7.1 中的 (iv) 表明，线性变换 σ 将线性相关向量组 $\{\boldsymbol{\alpha}_1,\boldsymbol{\alpha}_2,\cdots,\boldsymbol{\alpha}_s\}$ 变为线性相关向量组 $\{\sigma(\boldsymbol{\alpha}_1),\sigma(\boldsymbol{\alpha}_2),\cdots,\sigma(\boldsymbol{\alpha}_s)\}$. 但是其逆未必成立.

例如，当 $\sigma=\theta$ 时，σ 就把线性无关的向量组 $\{\boldsymbol{\alpha}_1,\boldsymbol{\alpha}_2,\cdots,\boldsymbol{\alpha}_s\}$ 变成线性相关的向量组 $\{\sigma(\boldsymbol{\alpha}_1),\sigma(\boldsymbol{\alpha}_2),\cdots,\sigma(\boldsymbol{\alpha}_s)\}$.

一个自然的问题是：σ 满足什么条件时，定理 7.1 中的 (iv) 的逆命题成立?

事实上，若 $\{\sigma(\boldsymbol{\alpha}_1),\sigma(\boldsymbol{\alpha}_2),\cdots,\sigma(\boldsymbol{\alpha}_s)\}$ 线性相关，则存在一组不全为零的数 $k_1,k_2,\cdots,k_s$，使得

$$k_1\sigma(\boldsymbol{\alpha}_1)+k_2\sigma(\boldsymbol{\alpha}_2)+\cdots+k_s\sigma(\boldsymbol{\alpha}_s)=\boldsymbol{0}.$$

于是

$$\sigma(k_1\boldsymbol{\alpha}_1+k_2\boldsymbol{\alpha}_2+\cdots+k_s\boldsymbol{\alpha}_s)=\boldsymbol{0}.$$

如果 σ 是单射，那么 $k_1\boldsymbol{\alpha}_1+k_2\boldsymbol{\alpha}_2+\cdots+k_s\boldsymbol{\alpha}_s=\boldsymbol{0}$. 这样便得 $\{\boldsymbol{\alpha}_1,\boldsymbol{\alpha}_2,\cdots,\boldsymbol{\alpha}_s\}$ 线性相关. 因此当 σ 是单射时，定理 7.1 中的 (iv) 的逆命题成立.

4. 关于线性变换的相等

定理 7.2 的推论表明，线性变换 σ 与 τ 相等当且仅当对 V 的每个基向量 $\boldsymbol{\alpha}_i$ ($i=1,2,\cdots,n$)，都有 $\sigma(\boldsymbol{\alpha}_i)=\tau(\boldsymbol{\alpha}_i)$. 这里 σ，τ 必须是 V 的线性变换. 如果 σ 或 τ 仅是 V 的变换，那么结论不一定成立.

例如，在向量空间 $\mathbf{R}^3$ 中，对任意 $\boldsymbol{\alpha}=(x_1,x_2,x_3)\in\mathbf{R}^3$，令

$$\sigma(\boldsymbol{\alpha})=(0,0,x_3),\ \tau(\boldsymbol{\alpha})=(0,0,x_3^2),$$

则 σ 是 $\mathbf{R}^3$ 的线性变换，而 τ 仅是 $\mathbf{R}^3$ 的变换. 对于 $\mathbf{R}^3$ 的标准基

$$\boldsymbol{\varepsilon}_1=(1,0,0),\ \boldsymbol{\varepsilon}_2=(0,1,0),\ \boldsymbol{\varepsilon}_3=(0,0,1),$$

虽然

$\sigma(\boldsymbol{\varepsilon}_1)=\tau(\boldsymbol{\varepsilon}_1)=(0,0,0)$，$\sigma(\boldsymbol{\varepsilon}_2)=\tau(\boldsymbol{\varepsilon}_2)=(0,0,0)$，$\sigma(\boldsymbol{\varepsilon}_3)=\tau(\boldsymbol{\varepsilon}_3)=(0,0,1)$. 但是 $\sigma\neq\tau$. 这是因为，当 $x_3\neq 0$，且 $x_3\neq 1$ 时，$\sigma(\boldsymbol{\alpha})\neq\tau(\boldsymbol{\alpha})$.

三、范例解析

例 1 设 $\boldsymbol{A}$ 是数域 F 上的一个 $m\times n$ 矩阵. 令

$$\sigma:\ F^n\to F^m,\ \boldsymbol{\alpha}\mapsto\boldsymbol{A\alpha},$$

则 σ 是 F^n 到 F^m 的一个线性映射.

证明 易证 σ 是 F^n 到 F^m 的一个映射，且对于 F^n 中任意向量 $\boldsymbol{\alpha}$，$\boldsymbol{\beta}$ 及 F 中任意数 k，都有

$$\sigma(\boldsymbol{\alpha}+\boldsymbol{\beta})=\boldsymbol{A}(\boldsymbol{\alpha}+\boldsymbol{\beta})=\boldsymbol{A\alpha}+\boldsymbol{A\beta}=\sigma(\boldsymbol{\alpha})+\sigma(\boldsymbol{\beta});$$
$$\sigma(k\boldsymbol{\alpha})=\boldsymbol{A}(k\boldsymbol{\alpha})=k(\boldsymbol{A\alpha})=k\sigma(\boldsymbol{\alpha}),$$

因此 σ 是 F^n 到 F^m 的一个线性映射.

例 2 已知向量空间 $F[x]$，$c\in F$. 定义

$$\sigma:\ F[x]\to F,\ f(x)\mapsto f(c),$$

则 σ 是 $F[x]$ 的一个线性函数.

证明 易证 σ 是 $F[x]$ 到 F 的一个映射，且对任意 $f(x)$，$g(x)\in F[x]$，$k\in F$，都有

$$\sigma(f(x)+g(x))=f(c)+g(c)=\sigma(f(x))+\sigma(g(x));$$
$$\sigma(kf(x))=kf(c)=k\sigma(f(x)),$$

故 σ 是 $F[x]$ 的一个线性函数.

例 3 对于向量空间 $\mathbf{R}^2$ 和 $\mathbf{R}^3$，令

$$\sigma:\ \mathbf{R}^2\to\mathbf{R}^3,\ (a,b)\mapsto(a^2,a-b,b^2).$$

判断映射 σ 是不是 $\mathbf{R}^2$ 到 $\mathbf{R}^3$ 的线性映射.

解 由于对任意 $\boldsymbol{\alpha}=(a,b)\in\mathbf{R}^2$，$k\in\mathbf{R}$，有

$$\sigma(k\boldsymbol{\alpha})=(k^2a^2,k(a-b),k^2b^2)=k(ka^2,a-b,kb^2),$$

因此当 $k\neq 0$，且 $k\neq 1$ 时，$\sigma(k\boldsymbol{\alpha})\neq k\sigma(\boldsymbol{\alpha})$. 从而 σ 不是 $\mathbf{R}^2$ 到 $\mathbf{R}^3$ 的线性映射.

注 验证 σ 是线性映射时，要注意定义中两个条件的向量 $\boldsymbol{\alpha}$，$\boldsymbol{\beta}$ 及数 k 的任意性.

例 4 设 V 是数域 F 上的一个向量空间，W_1，W_2 是 V 的两个子空间，且 $V=W_1\oplus W_2$. 任取 $\boldsymbol{\alpha}\in V$，设 $\boldsymbol{\alpha}=\boldsymbol{\alpha}_1+\boldsymbol{\alpha}_2$，其中 $\boldsymbol{\alpha}_1\in W_1$，$\boldsymbol{\alpha}_2\in W_2$. 令

$$\sigma_{W_1}:\ V\longrightarrow V,\ \boldsymbol{\alpha}=\boldsymbol{\alpha}_1+\boldsymbol{\alpha}_2\mapsto\boldsymbol{\alpha}_1,$$

则 σ_{W_1} 是 V 的一个线性变换（称 σ_{W_1} 是平行于 W_2 在 W_1 上的投影），它满足

$$\sigma_{W_1}(\boldsymbol{\alpha})=\begin{cases}\boldsymbol{\alpha},\ \boldsymbol{\alpha}\in W_1,\\ \boldsymbol{0},\ \boldsymbol{\alpha}\in W_2,\end{cases}$$

并且这样的线性变换 σ_{W_1} 是唯一的.

证明 因为 $V=W_1\oplus W_2$，所以 $\boldsymbol{\alpha}$ 表示成 W_1 的一个向量与 W_2 的一个向量之和的形式唯一. 于是 σ_{W_1} 是 V 的一个变换. 任取 $\boldsymbol{\alpha},\boldsymbol{\beta}\in V$，$k\in F$，设 $\boldsymbol{\alpha}=\boldsymbol{\alpha}_1+\boldsymbol{\alpha}_2$，$\boldsymbol{\beta}=\boldsymbol{\beta}_1+\boldsymbol{\beta}_2$，其中 $\boldsymbol{\alpha}_1$，$\boldsymbol{\beta}_1\in W_1$，$\boldsymbol{\alpha}_2$，$\boldsymbol{\beta}_2\in W_2$，则

$$\sigma_{W_1}(\boldsymbol{\alpha}+\boldsymbol{\beta})=\boldsymbol{\alpha}_1+\boldsymbol{\beta}_1=\sigma_{W_1}(\boldsymbol{\alpha})+\sigma_{W_1}(\boldsymbol{\beta});$$

$$\sigma_{W_1}(k\boldsymbol{\alpha})=k\boldsymbol{\alpha}_1=k\sigma_{W_1}(\boldsymbol{\alpha}).$$

因此 σ_{W_1} 是 V 的线性变换.

如果 $\boldsymbol{\alpha}\in W_1$，那么 $\boldsymbol{\alpha}=\boldsymbol{\alpha}+\boldsymbol{0}$. 从而 $\sigma_{W_1}(\boldsymbol{\alpha})=\boldsymbol{\alpha}$. 如果 $\boldsymbol{\alpha}\in W_2$，那么 $\boldsymbol{\alpha}=\boldsymbol{0}+\boldsymbol{\alpha}$. 于是 $\sigma_{W_1}(\boldsymbol{\alpha})=\boldsymbol{0}$.

设 τ 是 V 的线性变换，且 τ 也满足

$$\tau(\boldsymbol{\alpha})=\begin{cases}\boldsymbol{\alpha}，\ \boldsymbol{\alpha}\in W_1,\\ \boldsymbol{0}，\ \boldsymbol{\alpha}\in W_2,\end{cases}$$

则对任意 $\boldsymbol{\alpha}=\boldsymbol{\alpha}_1+\boldsymbol{\alpha}_2\in V$，其中 $\boldsymbol{\alpha}_1\in W_1$，$\boldsymbol{\alpha}_2\in W_2$，有

$$\tau(\boldsymbol{\alpha})=\tau(\boldsymbol{\alpha}_1+\boldsymbol{\alpha}_2)=\tau(\boldsymbol{\alpha}_1)+\tau(\boldsymbol{\alpha}_2)=\boldsymbol{\alpha}_1+\boldsymbol{0}=\boldsymbol{\alpha}_1=\sigma_{W_1}(\boldsymbol{\alpha}).$$

因此 $\tau=\sigma_{W_1}$.

注 类似地，对任意 $\boldsymbol{\alpha}=\boldsymbol{\alpha}_1+\boldsymbol{\alpha}_2\in V$ ($\boldsymbol{\alpha}_1\in W_1$，$\boldsymbol{\alpha}_2\in W_2$)，定义 $\sigma_{W_2}(\boldsymbol{\alpha})=\boldsymbol{\alpha}_2$. 则 σ_{W_2} 也是 V 上的一个线性变换（称 σ_{W_2} 是平行于 W_1 在 W_2 上的投影）.

§7.2 线性变换的运算

本节主要讨论线性变换的加法、数乘线性变换和线性变换的乘法等运算.

一、主要内容

设 V 是数域 F 上的向量空间. 用 $L(V)$ 表示 V 的一切线性变换构成的集合.

1. 线性变换的加法

定义 7.4 设 σ，$\tau\in L(V)$. σ 与 τ 的和 $\sigma+\tau$ 定义为

$$(\sigma+\tau)(\boldsymbol{\alpha})=\sigma(\boldsymbol{\alpha})+\tau(\boldsymbol{\alpha}),\ \forall\boldsymbol{\alpha}\in V.$$

易证 $\sigma+\tau\in L(V)$.

定义 7.5 设 $\sigma\in L(V)$. σ 的负变换 $-\sigma$ 定义为

$$(-\sigma)(\boldsymbol{\alpha})=-\sigma(\boldsymbol{\alpha}),\ \forall\boldsymbol{\alpha}\in V.$$

易知 $-\sigma\in L(V)$.

定义 7.6 设 σ，$\tau\in L(V)$. σ 与 τ 的差 $\sigma-\tau$ 定义为

$$\sigma-\tau=\sigma+(-\tau),$$

即对任意 $\boldsymbol{\alpha}\in V$，$(\sigma-\tau)(\boldsymbol{\alpha})=\sigma(\boldsymbol{\alpha})-\tau(\boldsymbol{\alpha})$.

显然，$\sigma - \tau \in L(V)$.

线性变换的加法满足以下运算律：

(1) $\sigma + \tau = \tau + \sigma$;

(2) $(\sigma + \tau) + \rho = \sigma + (\tau + \rho)$;

(3) $\sigma + \theta = \sigma$;

(4) $\sigma + (-\sigma) = \theta$.

这里 σ，τ，$\rho \in L(V)$.

2. 数乘线性变换（或纯量乘法）

定义 7.7 设 $\sigma \in L(V)$，$k \in F$. k 与 σ 的积 $k\sigma$ 定义为

$$(k\sigma)(\boldsymbol{\alpha}) = k(\sigma(\boldsymbol{\alpha}))，\forall \boldsymbol{\alpha} \in V.$$

易证 $k\sigma \in L(V)$.

数乘线性变换满足以下运算律：

(1) $k(\sigma + \tau) = k\sigma + k\tau$;

(2) $(k + l)\sigma = k\sigma + l\sigma$;

(3) $(kl)\sigma = k(l\sigma)$;

(4) $1\sigma = \sigma$.

这里 σ，$\tau \in L(V)$，k，$l \in F$.

定理 7.4 $L(V)$ 对于线性变换的加法和数与线性变换的乘法运算构成数域 F 上的一个向量空间.

3. 线性变换的乘法、线性变换的幂

定义 7.8 设 σ，$\tau \in L(V)$. σ 与 τ 的积 $\sigma\tau$ 定义为

$$(\sigma\tau)(\boldsymbol{\alpha}) = \sigma(\tau(\boldsymbol{\alpha}))，\forall \boldsymbol{\alpha} \in V.$$

易证 $\sigma\tau \in L(V)$.

线性变换的乘法满足以下运算律：

(1) $\rho(\sigma + \tau) = \rho\sigma + \rho\tau$;

(2) $(\sigma + \tau)\rho = \sigma\rho + \tau\rho$;

(3) $(k\sigma)\tau = \sigma(k\tau) = k(\sigma\tau)$;

(4) $(\sigma\tau)\rho = \sigma(\tau\rho)$.

这里 ρ，σ，$\tau \in L(V)$，$k \in F$.

设 $\sigma \in L(V)$. 定义 σ 的 n 次幂为

$$\sigma^n = \overbrace{\sigma\sigma\cdots\sigma}^{n\text{ 个}},$$

这里 n 为正整数.

规定

$$\sigma^0 = \iota.$$

这样一来，一个线性变换的任意非负整数幂都有意义.

4. 线性变换的多项式

设 σ 是 F 上向量空间 V 的一个线性变换，$f(x) = a_0 + a_1 x + \cdots + a_n x^n \in F[x]$. 称 $a_0\iota + a_1\sigma + \cdots + a_n\sigma^n$ 为当 $x = \sigma$ 时 $f(x)$ 的值，记为 $f(\sigma)$. 则 $f(\sigma) \in L(V)$. 称 $f(\sigma)$ 为线性变换 σ 的一个多项式.

显然，对于数域 F 上的多项式 $f(x)$，$g(x)$，若

$$u(x) = f(x) + g(x)，v(x) = f(x)g(x),$$

则

$$u(\sigma) = f(\sigma) + g(\sigma)，v(\sigma) = f(\sigma)g(\sigma).$$

5. 可逆线性变换及其逆变换

定义 7.9 设 $\sigma \in L(V)$. 若存在 V 的变换 τ，使得

$$\sigma\tau = \tau\sigma = \iota,$$

则称线性变换 σ 是可逆的，τ 称为 σ 的逆变换.

易证可逆线性变换 σ 的逆变换也是线性变换且唯一. σ 的逆变换记为 σ^{-1}.

当线性变换 σ 可逆时，定义 σ 的负整数幂为

$$\sigma^{-n} = (\sigma^{-1})^n,$$

其中 n 为正整数. 于是一个可逆线性变换的任意整数幂都有意义.

定理 7.5 设 $\sigma \in L(V)$，$\{\boldsymbol{\alpha}_1，\boldsymbol{\alpha}_2，\cdots，\boldsymbol{\alpha}_n\}$ 是 V 的一个基，则 σ 可逆的充要条件是 $\sigma(\boldsymbol{\alpha}_1)$，$\sigma(\boldsymbol{\alpha}_2)$，$\cdots$，$\sigma(\boldsymbol{\alpha}_n)$ 线性无关.

二、释疑解难

1. 关于线性变换的乘法

(1) 线性变换的乘法不满足交换律.

例如，在 F^3 中，对任意 $\boldsymbol{\alpha} = (x_1，x_2，x_3) \in F^3$，令

$$\sigma(\boldsymbol{\alpha}) = (x_2 + x_3，x_2，x_3),$$
$$\tau(\boldsymbol{\alpha}) = (x_1 - x_2 - x_3，0，x_2 + x_3 - x_1),$$

则 σ，$\tau \in L(V)$，并且

$$(\sigma\tau)(\boldsymbol{\alpha}) = (x_2 + x_3 - x_1，0，x_2 + x_3 - x_1),$$
$$(\tau\sigma)(\boldsymbol{\alpha}) = (0，0，0).$$

显然，$\sigma\tau \neq \tau\sigma$.

(2) 两个非零线性变换的乘积可以是零变换.

如上例中，$\tau \neq \theta$，$\sigma \neq \theta$，但是 $\tau\sigma = \theta$.

(3) 线性变换的乘法不满足左（右）消去律.

如在上例中，再令

$$\rho(\boldsymbol{\alpha}) = (2x_2 + 2x_3,\ 2x_2,\ 2x_3),$$

则 $\theta \neq \rho \in L(V)$，并且 $\tau\rho = \theta$. 因此 $\tau\sigma = \tau\rho$. 但是 $\sigma \neq \rho$.

2. 线性变换可逆的判定

定理 7.6 设 V 是数域 F 上的有限维向量空间，$\sigma \in L(V)$，则以下三个条件等价：

(i) σ 是满射；(ii) σ 是单射；(iii) σ 可逆.

证明见本节“范例解析”之例 1.

三、范例解析

例 1 证明定理 7.6.

证明 (i) $\Rightarrow$ (ii). 设 σ 是满射，$\{\boldsymbol{\alpha}_1,\ \boldsymbol{\alpha}_2,\ \cdots,\ \boldsymbol{\alpha}_n\}$ 是 V 的一个基，则

$$V = \sigma(V) = \mathscr{L}(\sigma(\boldsymbol{\alpha}_1),\ \sigma(\boldsymbol{\alpha}_2),\ \cdots,\ \sigma(\boldsymbol{\alpha}_n)).$$

于是 $\{\sigma(\boldsymbol{\alpha}_1),\ \sigma(\boldsymbol{\alpha}_2),\ \cdots,\ \sigma(\boldsymbol{\alpha}_n)\}$ 也是 V 的一个基. 令 $\boldsymbol{\alpha} = \sum\limits_{i=1}^{n} a_i\boldsymbol{\alpha}_i$，$\boldsymbol{\beta} = \sum\limits_{i=1}^{n} b_i\boldsymbol{\alpha}_i$，且 $\sigma(\boldsymbol{\alpha}) = \sigma(\boldsymbol{\beta})$，则 $\sum\limits_{i=1}^{n}(a_i - b_i)\sigma(\boldsymbol{\alpha}_i) = \boldsymbol{0}$. 从而 $a_i - b_i = 0$，$i = 1,\ 2,\ \cdots,\ n$. 故 $\boldsymbol{\alpha} = \boldsymbol{\beta}$. 因此 σ 是单射.

(ii) $\Rightarrow$ (i). 设 σ 是单射，$\{\boldsymbol{\alpha}_1,\ \boldsymbol{\alpha}_2,\ \cdots,\ \boldsymbol{\alpha}_n\}$ 是 V 的一个基. 若存在 F 中的一组数 $k_1,\ k_2,\ \cdots,\ k_n$，使得

$$k_1\sigma(\boldsymbol{\alpha}_1) + k_2\sigma(\boldsymbol{\alpha}_2) + \cdots + k_n\sigma(\boldsymbol{\alpha}_n) = \boldsymbol{0},$$

则

$$\sigma(k_1\boldsymbol{\alpha}_1 + k_2\boldsymbol{\alpha}_2 + \cdots + k_n\boldsymbol{\alpha}_n) = \boldsymbol{0} = \sigma(\boldsymbol{0}).$$

由 σ 是单射，得

$$k_1\boldsymbol{\alpha}_1 + k_2\boldsymbol{\alpha}_2 + \cdots + k_n\boldsymbol{\alpha}_n = \boldsymbol{0}.$$

因此 $k_1 = k_2 = \cdots = k_n = 0$. 从而 $\sigma(\boldsymbol{\alpha}_1),\ \sigma(\boldsymbol{\alpha}_2),\ \cdots,\ \sigma(\boldsymbol{\alpha}_n)$ 线性无关. 于是 $\{\sigma(\boldsymbol{\alpha}_1),\ \sigma(\boldsymbol{\alpha}_2),\ \cdots,\ \sigma(\boldsymbol{\alpha}_n)\}$ 是 V 的一个基. 故 $\sigma(V) = V$，即 σ 是满射.

(i) $\Leftrightarrow$ (iii). 设 $\{\boldsymbol{\alpha}_1,\ \boldsymbol{\alpha}_2,\ \cdots,\ \boldsymbol{\alpha}_n\}$ 是 V 的一个基，则 σ 是满射当且仅当 $\sigma(\boldsymbol{\alpha}_1),\ \sigma(\boldsymbol{\alpha}_2),\ \cdots,\ \sigma(\boldsymbol{\alpha}_n)$ 线性无关，当且仅当 σ 可逆.

注 当 V 是数域 F 上的无限维向量空间时，(i) 与 (ii) 不一定等价.

例如，在 $F[x]$ 中，对任意的 $f(x) \in F[x]$，定义

$$\sigma(f(x)) = f'(x),\ \tau(f(x)) = xf(x).$$

这里 $f'(x)$ 表示 $f(x)$ 的导数. 易证 $\sigma,\ \tau \in L(F[x])$.

因为对任意 $f(x) = a_0 + a_1x + \cdots + a_nx^n \in F[x]$，有

$$\sigma\left(a_0x+\frac{1}{2}a_1x^2+\cdots+\frac{1}{n+1}a_nx^{n+1}\right)=f(x),$$

所以 σ 是满射. 但 σ 不是单射.

由于对 $F[x]$ 中的任意非零数 k，不存在 $f(x)\in F[x]$ 使得 $xf(x)=k$，因此非零数 k 在 τ 之下没有原像，即 τ 不是满射. 但 τ 是单射.

例 2 数域 F 上向量空间 V 的一个线性变换 σ 称为幂等变换，如果 $\sigma^2=\sigma$. 设 σ，τ 是 V 的两个幂等变换. 证明：

(1) $\sigma+\tau$ 是幂等变换当且仅当 $\sigma\tau=\tau\sigma=\theta$;

(2) 若 $\sigma\tau=\tau\sigma$，则 $\sigma+\tau-\sigma\tau$ 是幂等变换.

证明 (1) 必要性 设 $\sigma+\tau$ 是幂等变换，则 $(\sigma+\tau)^2=\sigma+\tau$. 于是

$$\sigma^2+\sigma\tau+\tau\sigma+\tau^2=\sigma+\sigma\tau+\tau\sigma+\tau=\sigma+\tau.$$

从而 $\sigma\tau+\tau\sigma=\theta$，即 $\sigma\tau=-\tau\sigma$. 因此

$$\sigma\tau=\sigma\tau^2=(\sigma\tau)\tau=(-\tau\sigma)\tau=-\tau(\sigma\tau)=-\tau(-\tau\sigma)=\tau\sigma=-\sigma\tau.$$

于是 $\sigma\tau=\tau\sigma=\theta$.

充分性 设 $\sigma\tau=\tau\sigma=\theta$，则 $(\sigma+\tau)^2=\sigma^2+\sigma\tau+\tau\sigma+\tau^2=\sigma+\tau$.

(2) 因为 $\sigma\tau=\tau\sigma$，所以

$$\begin{aligned}(\sigma+\tau-\sigma\tau)^2&=\sigma^2+\sigma\tau-\sigma^2\tau+\tau\sigma+\tau^2-\sigma\tau^2-\sigma^2\tau-\sigma\tau^2+\sigma^2\tau^2\\&=\sigma+\tau-\sigma\tau,\end{aligned}$$

即 $\sigma+\tau-\sigma\tau$ 是幂等变换.

例 3 设 V 是数域 F 上的一个向量空间. 若 V 的两个线性变换 σ，τ 满足 $\sigma\tau=\tau\sigma=\theta$，则称 σ 与 τ 正交. 证明：如果 $V=W_1\oplus W_2$，那么投影变换 σ_{W_1} 和 σ_{W_2} 是正交的幂等变换，并且 $\sigma_{W_1}+\sigma_{W_2}=\iota$.

证明 任取 $\boldsymbol{\alpha}\in V$，设 $\boldsymbol{\alpha}=\boldsymbol{\alpha}_1+\boldsymbol{\alpha}_2$，其中 $\boldsymbol{\alpha}_1\in W_1$，$\boldsymbol{\alpha}_2\in W_2$，则

$$(\sigma_{W_1}+\sigma_{W_2})(\boldsymbol{\alpha})=\sigma_{W_1}(\boldsymbol{\alpha})+\sigma_{W_2}(\boldsymbol{\alpha})=\boldsymbol{\alpha}_1+\boldsymbol{\alpha}_2=\boldsymbol{\alpha}=\iota(\boldsymbol{\alpha}),$$

$$\sigma_{W_1}^2(\boldsymbol{\alpha})=\sigma_{W_1}(\sigma_{W_1}(\boldsymbol{\alpha}))=\sigma_{W_1}(\boldsymbol{\alpha}_1)=\boldsymbol{\alpha}_1=\sigma_{W_1}(\boldsymbol{\alpha}),$$

$$\sigma_{W_1}\sigma_{W_2}(\boldsymbol{\alpha})=\sigma_{W_1}(\sigma_{W_2}(\boldsymbol{\alpha}))=\sigma_{W_1}(\boldsymbol{\alpha}_2)=\boldsymbol{0}.$$

于是 $\sigma_{W_1}+\sigma_{W_2}=\iota$，$\sigma_{W_1}^2=\sigma_{W_1}$，$\sigma_{W_1}\sigma_{W_2}=\theta$. 同理可证 $\sigma_{W_2}^2=\sigma_{W_2}$，$\sigma_{W_2}\sigma_{W_1}=\theta$. 因此 σ_{W_1} 和 σ_{W_2} 是正交的幂等变换.

§7.3 线性变换的矩阵

本节讨论有限维向量空间的线性变换的矩阵表示以及线性变换与矩阵的对应关系，从而将线性变换的问题转变成矩阵问题.

一、主要内容

1. 线性变换的矩阵表示

(1) 线性变换的矩阵.

定义 7.10 设 V 是数域 F 上的 n 维向量空间，$\{\boldsymbol{\alpha}_1, \boldsymbol{\alpha}_2, \cdots, \boldsymbol{\alpha}_n\}$ 是 V 的一个基，$\sigma \in L(V)$，则 $\sigma(\boldsymbol{\alpha}_i) \in V$，$i = 1, 2, \cdots, n$. 设

$$\sigma(\boldsymbol{\alpha}_i) = a_{1i}\boldsymbol{\alpha}_1 + a_{2i}\boldsymbol{\alpha}_2 + \cdots + a_{ni}\boldsymbol{\alpha}_n,\ i = 1, 2, \cdots, n.$$

令

$$\boldsymbol{A} = \begin{pmatrix} a_{11} & a_{12} & \cdots & a_{1n} \\ a_{21} & a_{22} & \cdots & a_{2n} \\ \vdots & \vdots & & \vdots \\ a_{n1} & a_{n2} & \cdots & a_{nn} \end{pmatrix},$$

则

$$(\sigma(\boldsymbol{\alpha}_1), \sigma(\boldsymbol{\alpha}_2), \cdots, \sigma(\boldsymbol{\alpha}_n)) = (\boldsymbol{\alpha}_1, \boldsymbol{\alpha}_2, \cdots, \boldsymbol{\alpha}_n)\boldsymbol{A}.$$

称 $\boldsymbol{A}$ 为线性变换 σ 关于基 $\{\boldsymbol{\alpha}_1, \boldsymbol{\alpha}_2, \cdots, \boldsymbol{\alpha}_n\}$ 的矩阵，或称 $\boldsymbol{A}$ 为线性变换 σ 在基 $\{\boldsymbol{\alpha}_1, \boldsymbol{\alpha}_2, \cdots, \boldsymbol{\alpha}_n\}$ 下的矩阵.

规定 $\sigma(\boldsymbol{\alpha}_1, \boldsymbol{\alpha}_2, \cdots, \boldsymbol{\alpha}_n) = (\sigma(\boldsymbol{\alpha}_1), \sigma(\boldsymbol{\alpha}_2), \cdots, \sigma(\boldsymbol{\alpha}_n))$，则

$$\sigma(\boldsymbol{\alpha}_1, \boldsymbol{\alpha}_2, \cdots, \boldsymbol{\alpha}_n) = (\boldsymbol{\alpha}_1, \boldsymbol{\alpha}_2, \cdots, \boldsymbol{\alpha}_n)\boldsymbol{A}.$$

显然，矩阵 $\boldsymbol{A}$ 的第 i 列就是基向量 $\boldsymbol{\alpha}_i$ 的像 $\sigma(\boldsymbol{\alpha}_i)$ 关于基 $\{\boldsymbol{\alpha}_1, \boldsymbol{\alpha}_2, \cdots, \boldsymbol{\alpha}_n\}$ 的坐标，$i = 1, 2, \cdots, n$. 这样，取定 n 维向量空间 V 的一个基之后，V 的每个线性变换 σ 在该基下的矩阵就由 σ 所唯一确定.

(2) 向量 $\boldsymbol{\xi}$ 和 $\sigma(\boldsymbol{\xi})$ 在同一个基下的坐标之间的关系.

定理 7.7 设 σ 是 n 维向量空间 V 的一个线性变换，σ 关于 V 的一个基 $\{\boldsymbol{\alpha}_1, \boldsymbol{\alpha}_2, \cdots, \boldsymbol{\alpha}_n\}$ 的矩阵是 $\boldsymbol{A}$. 若向量 $\boldsymbol{\xi}$ 关于这个基的坐标是 $(x_1, x_2, \cdots, x_n)$，$\sigma(\boldsymbol{\xi})$ 关于这个基的坐标是 $(y_1, y_2, \cdots, y_n)$，则

$$\begin{pmatrix} y_1 \\ y_2 \\ \vdots \\ y_n \end{pmatrix} = \boldsymbol{A}\begin{pmatrix} x_1 \\ x_2 \\ \vdots \\ x_n \end{pmatrix}.$$

(3) 线性变换与矩阵的对应关系.

定理 7.8 设 $\{\boldsymbol{\alpha}_1, \boldsymbol{\alpha}_2, \cdots, \boldsymbol{\alpha}_n\}$ 是向量空间 V 的一个给定的基. 做映射 f: $L(V) \to M_n(F)$，使对 V 的任一线性变换 σ，σ 在 f 之下的像是 σ 关于基 $\{\boldsymbol{\alpha}_1, \boldsymbol{\alpha}_2, \cdots, \boldsymbol{\alpha}_n\}$ 的矩阵 $\boldsymbol{A}$，即 $f(\sigma) = \boldsymbol{A}$. 那么 f 是 $L(V)$ 到 $M_n(F)$ 的双射，并且若 $\sigma, \tau \in L(V)$，$f(\sigma) = \boldsymbol{A}$，$f(\tau) = \boldsymbol{B}$，$k \in F$，则

(i) $f(\sigma + \tau) = \boldsymbol{A} + \boldsymbol{B}$;

(ii) $f(k\sigma) = k\boldsymbol{A}$;

(iii) $f(\sigma\tau) = \boldsymbol{A}\boldsymbol{B}$.

定理 7.9 设 $\{\boldsymbol{\alpha}_1, \boldsymbol{\alpha}_2, \cdots, \boldsymbol{\alpha}_n\}$ 是向量空间 V 的基，$\sigma \in L(V)$，σ 关于基 $\{\boldsymbol{\alpha}_1, \boldsymbol{\alpha}_2, \cdots, \boldsymbol{\alpha}_n\}$ 的矩阵是 $\boldsymbol{A}$，则 σ 可逆的充要条件是 $\boldsymbol{A}$ 可逆. 并且当 σ 可逆时，σ^{-1} 关于基 $\{\boldsymbol{\alpha}_1, \boldsymbol{\alpha}_2, \cdots, \boldsymbol{\alpha}_n\}$ 的矩阵是 $\boldsymbol{A}^{-1}$.

2. 线性变换关于不同基的矩阵

定理 7.10 一个线性变换关于两个基的矩阵是相似的. 反之，相似的矩阵可以看作同一线性变换关于两个基的矩阵.

推论 设 σ 是数域 F 上 $n\ (n>0)$ 维向量空间 V 的线性变换，σ 关于基 $\{\boldsymbol{\alpha}_1, \boldsymbol{\alpha}_2, \cdots, \boldsymbol{\alpha}_n\}$，$\{\boldsymbol{\beta}_1, \boldsymbol{\beta}_2, \cdots, \boldsymbol{\beta}_n\}$ 的矩阵分别是 $\boldsymbol{A}$，$\boldsymbol{B}$，且由 $\{\boldsymbol{\alpha}_1, \boldsymbol{\alpha}_2, \cdots, \boldsymbol{\alpha}_n\}$ 到 $\{\boldsymbol{\beta}_1, \boldsymbol{\beta}_2, \cdots, \boldsymbol{\beta}_n\}$ 的过渡矩阵是 $\boldsymbol{T}$，则

$$\boldsymbol{T}^{-1}\boldsymbol{A}\boldsymbol{T} = \boldsymbol{B}.$$

二、释疑解难

1. 关于线性变换的矩阵

(1) 线性变换的矩阵表示的意义.

设 V 是数域 F 上的 n 维向量空间，$\{\boldsymbol{\alpha}_1, \boldsymbol{\alpha}_2, \cdots, \boldsymbol{\alpha}_n\}$ 是 V 的一个基. 由定理 7.8 知，$L(V) \cong M_n(F)$. 因此 $L(V)$ 与 $M_n(F)$ 本质上是一样的. 这样就把线性变换的问题转化成矩阵问题，从而讨论起来既简单又具体.

(2) 线性变换 σ 在基 $\{\boldsymbol{\alpha}_1, \boldsymbol{\alpha}_2, \cdots, \boldsymbol{\alpha}_n\}$ 下的矩阵 $\boldsymbol{A}$ 的求法.

方法一　利用定义.

先求出基向量的像 $\sigma(\boldsymbol{\alpha}_1), \sigma(\boldsymbol{\alpha}_2), \cdots, \sigma(\boldsymbol{\alpha}_n)$ 关于基 $\{\boldsymbol{\alpha}_1, \boldsymbol{\alpha}_2, \cdots, \boldsymbol{\alpha}_n\}$ 的坐标，再依次以这些坐标为列即得矩阵 $\boldsymbol{A}$.

方法二　利用另一个基及过渡矩阵.

当 $V = F^n$ 时，取 F^n 的标准基 $\{\boldsymbol{\varepsilon}_1, \boldsymbol{\varepsilon}_2, \cdots, \boldsymbol{\varepsilon}_n\}$. 由题设条件求出矩阵 $\boldsymbol{C}$ 和过渡矩阵 $\boldsymbol{T}$，使得

$$(\sigma(\boldsymbol{\alpha}_1), \sigma(\boldsymbol{\alpha}_2), \cdots, \sigma(\boldsymbol{\alpha}_n)) = (\boldsymbol{\varepsilon}_1, \boldsymbol{\varepsilon}_2, \cdots, \boldsymbol{\varepsilon}_n)\boldsymbol{C},$$
$$(\boldsymbol{\alpha}_1, \boldsymbol{\alpha}_2, \cdots, \boldsymbol{\alpha}_n) = (\boldsymbol{\varepsilon}_1, \boldsymbol{\varepsilon}_2, \cdots, \boldsymbol{\varepsilon}_n)\boldsymbol{T}.$$

于是

$$(\sigma(\boldsymbol{\alpha}_1), \sigma(\boldsymbol{\alpha}_2), \cdots, \sigma(\boldsymbol{\alpha}_n)) = (\boldsymbol{\alpha}_1, \boldsymbol{\alpha}_2, \cdots, \boldsymbol{\alpha}_n)\boldsymbol{T}^{-1}\boldsymbol{C}.$$

从而 $\boldsymbol{A} = \boldsymbol{T}^{-1}\boldsymbol{C}$.

当 $V \neq F^n$ 时，可根据题设条件选取 V 的另一个基 $\{\boldsymbol{\beta}_1, \boldsymbol{\beta}_2, \cdots, \boldsymbol{\beta}_n\}$，同理可得 $\boldsymbol{A}$.

2. $L(V)$ 的基及维数

设 $\{\boldsymbol{\alpha}_1, \boldsymbol{\alpha}_2, \cdots, \boldsymbol{\alpha}_n\}$ 是向量空间 V 的一个给定的基. 根据定理 7.8，

$$\dim L(V) = \dim M_n(F) = n^2,$$

且 $M_n(F)$ 的基 $\{\boldsymbol{E}_{ij}\,|\,i,\ j=1,\ 2,\ \cdots,\ n\}$ 在同构映射 f 之下的原像 $\{f^{-1}(\boldsymbol{E}_{ij})\,|\,i,\ j=1,\ 2,\ \cdots,\ n\}$ 为 $L(V)$ 的一个基.

记 $\sigma_{ij}=f^{-1}(\boldsymbol{E}_{ij})$.

下面讨论 V 的基向量 $\boldsymbol{\alpha}_k$ ($1\leqslant k\leqslant n$) 在 $L(V)$ 的基向量 σ_{ij} ($1\leqslant i,\ j\leqslant n$) 作用之下的像 $\sigma_{ij}(\boldsymbol{\alpha}_k)$. 由于

$$\sigma_{11}(\boldsymbol{\alpha}_1,\ \boldsymbol{\alpha}_2,\ \cdots,\ \boldsymbol{\alpha}_n)=(\boldsymbol{\alpha}_1,\ \boldsymbol{\alpha}_2,\ \cdots,\ \boldsymbol{\alpha}_n)\boldsymbol{E}_{11}=(\boldsymbol{\alpha}_1,\ \boldsymbol{0},\ \cdots,\ \boldsymbol{0}),$$
$$\cdots$$
$$\sigma_{1n}(\boldsymbol{\alpha}_1,\ \boldsymbol{\alpha}_2,\ \cdots,\ \boldsymbol{\alpha}_n)=(\boldsymbol{\alpha}_1,\ \boldsymbol{\alpha}_2,\ \cdots,\ \boldsymbol{\alpha}_n)\boldsymbol{E}_{1n}=(\boldsymbol{0},\ \boldsymbol{0},\ \cdots,\ \boldsymbol{\alpha}_1),$$
$$\sigma_{21}(\boldsymbol{\alpha}_1,\ \boldsymbol{\alpha}_2,\ \cdots,\ \boldsymbol{\alpha}_n)=(\boldsymbol{\alpha}_1,\ \boldsymbol{\alpha}_2,\ \cdots,\ \boldsymbol{\alpha}_n)\boldsymbol{E}_{21}=(\boldsymbol{\alpha}_2,\ \boldsymbol{0},\ \cdots,\ \boldsymbol{0}),$$
$$\cdots$$
$$\sigma_{2n}(\boldsymbol{\alpha}_1,\ \boldsymbol{\alpha}_2,\ \cdots,\ \boldsymbol{\alpha}_n)=(\boldsymbol{\alpha}_1,\ \boldsymbol{\alpha}_2,\ \cdots,\ \boldsymbol{\alpha}_n)\boldsymbol{E}_{2n}=(\boldsymbol{0},\ \boldsymbol{0},\ \cdots,\ \boldsymbol{\alpha}_2),$$
$$\cdots$$
$$\sigma_{n1}(\boldsymbol{\alpha}_1,\ \boldsymbol{\alpha}_2,\ \cdots,\ \boldsymbol{\alpha}_n)=(\boldsymbol{\alpha}_1,\ \boldsymbol{\alpha}_2,\ \cdots,\ \boldsymbol{\alpha}_n)\boldsymbol{E}_{n1}=(\boldsymbol{\alpha}_n,\ \boldsymbol{0},\ \cdots,\ \boldsymbol{0}),$$
$$\cdots$$
$$\sigma_{nn}(\boldsymbol{\alpha}_1,\ \boldsymbol{\alpha}_2,\ \cdots,\ \boldsymbol{\alpha}_n)=(\boldsymbol{\alpha}_1,\ \boldsymbol{\alpha}_2,\ \cdots,\ \boldsymbol{\alpha}_n)\boldsymbol{E}_{nn}=(\boldsymbol{0},\ \boldsymbol{0},\ \cdots,\ \boldsymbol{\alpha}_n),$$

因此对任意的 k ($1\leqslant k\leqslant n$)，任意的 $i,\ j$ ($1\leqslant i,\ j\leqslant n$)，有

$$\sigma_{ij}(\boldsymbol{\alpha}_k)=\begin{cases}\boldsymbol{\alpha}_i,\ k=j,\\ \boldsymbol{0},\ k\neq j.\end{cases}$$

3．关于两个坐标之间的关系式

坐标之间的关系式除了本节定理 7.7 中的向量 $\boldsymbol{\xi}$ 和 $\sigma(\boldsymbol{\xi})$ 关于同一个基 $\{\boldsymbol{\alpha}_1,\ \boldsymbol{\alpha}_2,\ \cdots,\ \boldsymbol{\alpha}_n\}$ 的坐标 $(x_1,\ x_2,\ \cdots,\ x_n)$ 和 $(y_1,\ y_2,\ \cdots,\ y_n)$ 的关系之外，还有 § 5.3 定理 5.12 中的向量 $\boldsymbol{\alpha}$ 关于基 $\{\boldsymbol{\alpha}_1,\ \boldsymbol{\alpha}_2,\ \cdots,\ \boldsymbol{\alpha}_n\}$ 的坐标 $(x_1,\ x_2,\ \cdots,\ x_n)$ 与关于基 $\{\boldsymbol{\beta}_1,\ \boldsymbol{\beta}_2,\ \cdots,\ \boldsymbol{\beta}_n\}$ 的坐标 $(y_1,\ y_2,\ \cdots,\ y_n)$ 的关系

$$\begin{pmatrix}y_1\\ y_2\\ \vdots\\ y_n\end{pmatrix}=\boldsymbol{T}\begin{pmatrix}x_1\\ x_2\\ \vdots\\ x_n\end{pmatrix},$$

其中 $\boldsymbol{T}$ 是由基 $\{\boldsymbol{\beta}_1,\ \boldsymbol{\beta}_2,\ \cdots,\ \boldsymbol{\beta}_n\}$ 到基 $\{\boldsymbol{\alpha}_1,\ \boldsymbol{\alpha}_2,\ \cdots,\ \boldsymbol{\alpha}_n\}$ 的过渡矩阵.

这两个关系式的形式相似，在实际应用中注意不要混淆. 实际上，没有必要死记硬背这两个公式，只需按题设条件进行简单的推导即可得之.

4．线性变换的零化多项式

设 V 是数域 F 上的向量空间，$\sigma\in L(V)$. 如果 $F[x]$ 中的非零多项式 $f(x)$，使得 $f(\sigma)=\theta$，那么称 $f(x)$ 为 σ 的一个零化多项式. 在 σ 的所有零化多项式中，次数最低的首项系数是 1 的多项式称为 σ 的最小多项式，记作 $p_{\sigma}(x)$. 数域 F 上 n 维

向量空间 V 的任意一个线性变换 σ 都有零化多项式（证明见本节“范例解析”之例 4）. 显然，$f(\sigma)=\theta$ 当且仅当 $f(\boldsymbol{A})=\boldsymbol{0}$，即 $f(x)$ 是 σ 的零化多项式当且仅当 $f(x)$ 是 $\boldsymbol{A}$ 的零化多项式，因此 $p(x)$ 是 σ 的最小多项式当且仅当 $p(x)$ 是 $\boldsymbol{A}$ 的最小多项式，这里 $\boldsymbol{A}$ 是 σ 在 V 的一个基 $\{\boldsymbol{\alpha}_1, \boldsymbol{\alpha}_2, \cdots, \boldsymbol{\alpha}_n\}$ 下的矩阵.

三、范例解析

例 1 设 $\boldsymbol{\alpha}_1=(0, 1, 1)$，$\boldsymbol{\alpha}_2=(1, 0, 0)$，$\boldsymbol{\alpha}_3=(1, 1, 0)$ 是向量空间 F^3 的一个基，$\sigma\in L(F^3)$，$\sigma(\boldsymbol{\alpha}_1)=(2, 1, 0)$，$\sigma(\boldsymbol{\alpha}_2)=(2, 3, 1)$，$\sigma(\boldsymbol{\alpha}_3)=(-1, 1, 1)$.

(1) 求 σ 关于基 $\{\boldsymbol{\alpha}_1, \boldsymbol{\alpha}_2, \boldsymbol{\alpha}_3\}$ 和标准基 $\{\boldsymbol{\varepsilon}_1, \boldsymbol{\varepsilon}_2, \boldsymbol{\varepsilon}_3\}$ 的矩阵；

(2) 求向量 $\boldsymbol{\xi}=(3, 2, 1)$ 的像 $\sigma(\boldsymbol{\xi})$ 在这两个基下的坐标.

解 方法一 利用定义.

(1) 因为

$$\sigma(\boldsymbol{\alpha}_1)=(2, 1, 0)=\boldsymbol{\alpha}_2+\boldsymbol{\alpha}_3,$$
$$\sigma(\boldsymbol{\alpha}_2)=(2, 3, 1)=\boldsymbol{\alpha}_1+2\boldsymbol{\alpha}_3,$$
$$\sigma(\boldsymbol{\alpha}_3)=(-1, 1, 1)=\boldsymbol{\alpha}_1-\boldsymbol{\alpha}_2,$$

所以 σ 关于基 $\{\boldsymbol{\alpha}_1, \boldsymbol{\alpha}_2, \boldsymbol{\alpha}_3\}$ 的矩阵为

$$\boldsymbol{A}=\begin{pmatrix}0 & 1 & 1\\ 1 & 0 & -1\\ 1 & 2 & 0\end{pmatrix}.$$

由于

$$\sigma(\boldsymbol{\varepsilon}_1)=\sigma(\boldsymbol{\alpha}_2)=(2, 3, 1)=2\boldsymbol{\varepsilon}_1+3\boldsymbol{\varepsilon}_2+\boldsymbol{\varepsilon}_3,$$
$$\sigma(\boldsymbol{\varepsilon}_2)=\sigma(-\boldsymbol{\alpha}_2+\boldsymbol{\alpha}_3)=-\sigma(\boldsymbol{\alpha}_2)+\sigma(\boldsymbol{\alpha}_3)=(-3, -2, 0)=-3\boldsymbol{\varepsilon}_1-2\boldsymbol{\varepsilon}_2,$$
$$\sigma(\boldsymbol{\varepsilon}_3)=\sigma(\boldsymbol{\alpha}_1+\boldsymbol{\alpha}_2-\boldsymbol{\alpha}_3)=\sigma(\boldsymbol{\alpha}_1)+\sigma(\boldsymbol{\alpha}_2)-\sigma(\boldsymbol{\alpha}_3)=(5, 3, 0)=5\boldsymbol{\varepsilon}_1+3\boldsymbol{\varepsilon}_2,$$

因此 σ 关于标准基 $\{\boldsymbol{\varepsilon}_1, \boldsymbol{\varepsilon}_2, \boldsymbol{\varepsilon}_3\}$ 的矩阵为

$$\boldsymbol{B}=\begin{pmatrix}2 & -3 & 5\\ 3 & -2 & 3\\ 1 & 0 & 0\end{pmatrix}.$$

(2) 因为

$$\sigma(\boldsymbol{\xi})=\sigma(3\boldsymbol{\varepsilon}_1+2\boldsymbol{\varepsilon}_2+\boldsymbol{\varepsilon}_3)=3\sigma(\boldsymbol{\varepsilon}_1)+2\sigma(\boldsymbol{\varepsilon}_2)+\sigma(\boldsymbol{\varepsilon}_3)=(5, 8, 3)=3\boldsymbol{\alpha}_1+5\boldsymbol{\alpha}_3,$$

所以 $\sigma(\boldsymbol{\xi})$ 关于基 $\{\boldsymbol{\alpha}_1, \boldsymbol{\alpha}_2, \boldsymbol{\alpha}_3\}$ 和标准基 $\{\boldsymbol{\varepsilon}_1, \boldsymbol{\varepsilon}_2, \boldsymbol{\varepsilon}_3\}$ 的坐标分别为

$$\begin{pmatrix}3\\ 0\\ 5\end{pmatrix}, \quad \begin{pmatrix}5\\ 8\\ 3\end{pmatrix}.$$

方法二 利用 F^3 的标准基 $\{\boldsymbol{\varepsilon}_1, \boldsymbol{\varepsilon}_2, \boldsymbol{\varepsilon}_3\}$.

(1) 由于

$$(\boldsymbol{\alpha}_1, \boldsymbol{\alpha}_2, \boldsymbol{\alpha}_3)=(\boldsymbol{\varepsilon}_1, \boldsymbol{\varepsilon}_2, \boldsymbol{\varepsilon}_3)\boldsymbol{T},\ \sigma(\boldsymbol{\alpha}_1, \boldsymbol{\alpha}_2, \boldsymbol{\alpha}_3)=(\boldsymbol{\varepsilon}_1, \boldsymbol{\varepsilon}_2, \boldsymbol{\varepsilon}_3)\boldsymbol{C},$$

其中

$$T=\begin{pmatrix}0&1&1\\1&0&1\\1&0&0\end{pmatrix},\ C=\begin{pmatrix}2&2&-1\\1&3&1\\0&1&1\end{pmatrix},$$

因此

$$\sigma(\boldsymbol{\alpha}_1,\ \boldsymbol{\alpha}_2,\ \boldsymbol{\alpha}_3)=(\boldsymbol{\alpha}_1,\ \boldsymbol{\alpha}_2,\ \boldsymbol{\alpha}_3)\,\boldsymbol{T}^{-1}\boldsymbol{C},$$

$$\sigma(\boldsymbol{\varepsilon}_1,\ \boldsymbol{\varepsilon}_2,\ \boldsymbol{\varepsilon}_3)=(\sigma(\boldsymbol{\alpha}_1,\ \boldsymbol{\alpha}_2,\ \boldsymbol{\alpha}_3))\,\boldsymbol{T}^{-1}=(\boldsymbol{\varepsilon}_1,\ \boldsymbol{\varepsilon}_2,\ \boldsymbol{\varepsilon}_3)\,\boldsymbol{C}\boldsymbol{T}^{-1}.$$

于是 σ 关于基 $\{\boldsymbol{\alpha}_1,\ \boldsymbol{\alpha}_2,\ \boldsymbol{\alpha}_3\}$ 和标准基 $\{\boldsymbol{\varepsilon}_1,\ \boldsymbol{\varepsilon}_2,\ \boldsymbol{\varepsilon}_3\}$ 的矩阵 $\boldsymbol{A}$ 和 $\boldsymbol{B}$ 分别为

$$\boldsymbol{A}=\boldsymbol{T}^{-1}\boldsymbol{C}=\begin{pmatrix}0&1&1\\1&0&-1\\1&2&0\end{pmatrix},\ \boldsymbol{B}=\boldsymbol{C}\boldsymbol{T}^{-1}=\begin{pmatrix}2&-3&5\\3&-2&3\\1&0&0\end{pmatrix}.$$

(2) 因为

$$\sigma(\boldsymbol{\xi})=(\sigma(\boldsymbol{\varepsilon}_1,\ \boldsymbol{\varepsilon}_2,\ \boldsymbol{\varepsilon}_3))\begin{pmatrix}3\\2\\1\end{pmatrix}=(\boldsymbol{\varepsilon}_1,\ \boldsymbol{\varepsilon}_2,\ \boldsymbol{\varepsilon}_3)\boldsymbol{B}\begin{pmatrix}3\\2\\1\end{pmatrix}$$

$$=(\boldsymbol{\alpha}_1,\ \boldsymbol{\alpha}_2,\ \boldsymbol{\alpha}_3)\,\boldsymbol{T}^{-1}\boldsymbol{B}\begin{pmatrix}3\\2\\1\end{pmatrix},$$

所以 $\sigma(\boldsymbol{\xi})$ 关于标准基 $\{\boldsymbol{\varepsilon}_1,\ \boldsymbol{\varepsilon}_2,\ \boldsymbol{\varepsilon}_3\}$ 和基 $\{\boldsymbol{\alpha}_1,\ \boldsymbol{\alpha}_2,\ \boldsymbol{\alpha}_3\}$ 的坐标分别为

$$\boldsymbol{B}\begin{pmatrix}3\\2\\1\end{pmatrix}=\begin{pmatrix}5\\8\\3\end{pmatrix},\ \boldsymbol{T}^{-1}\boldsymbol{B}\begin{pmatrix}3\\2\\1\end{pmatrix}=\begin{pmatrix}3\\0\\5\end{pmatrix}.$$

例 2 设四维向量空间 V 的线性变换 σ 关于基 $\{\boldsymbol{\alpha}_1,\ \boldsymbol{\alpha}_2,\ \boldsymbol{\alpha}_3,\ \boldsymbol{\alpha}_4\}$ 的矩阵为

$$\boldsymbol{A}=\begin{pmatrix}1&2&0&1\\3&0&-1&2\\2&5&3&1\\1&2&1&3\end{pmatrix}.$$

求 σ 关于下列基的矩阵.

(1) $\{\boldsymbol{\alpha}_2,\ \boldsymbol{\alpha}_1,\ \boldsymbol{\alpha}_4,\ \boldsymbol{\alpha}_3\}$;

(2) $\{\boldsymbol{\alpha}_1,\ \boldsymbol{\alpha}_1+\boldsymbol{\alpha}_2,\ \boldsymbol{\alpha}_1+\boldsymbol{\alpha}_2+\boldsymbol{\alpha}_3,\ \boldsymbol{\alpha}_1+\boldsymbol{\alpha}_2+\boldsymbol{\alpha}_3+\boldsymbol{\alpha}_4\}$.

解 (1) 由于

$$\sigma(\boldsymbol{\alpha}_1,\ \boldsymbol{\alpha}_2,\ \boldsymbol{\alpha}_3,\ \boldsymbol{\alpha}_4)=(\boldsymbol{\alpha}_1,\ \boldsymbol{\alpha}_2,\ \boldsymbol{\alpha}_3,\ \boldsymbol{\alpha}_4)\,\boldsymbol{A},$$

因此

$$\sigma(\boldsymbol{\alpha}_2)=2\boldsymbol{\alpha}_1+5\boldsymbol{\alpha}_3+2\boldsymbol{\alpha}_4=(\boldsymbol{\alpha}_2,\ \boldsymbol{\alpha}_1,\ \boldsymbol{\alpha}_4,\ \boldsymbol{\alpha}_3)(0,\ 2,\ 2,\ 5)^{\mathrm{T}},$$

$$\sigma(\boldsymbol{\alpha}_1)=\boldsymbol{\alpha}_1+3\boldsymbol{\alpha}_2+2\boldsymbol{\alpha}_3+\boldsymbol{\alpha}_4=(\boldsymbol{\alpha}_2,\ \boldsymbol{\alpha}_1,\ \boldsymbol{\alpha}_4,\ \boldsymbol{\alpha}_3)(3,\ 1,\ 1,\ 2)^{\mathrm{T}},$$

$$\sigma(\boldsymbol{\alpha}_4)=\boldsymbol{\alpha}_1+2\boldsymbol{\alpha}_2+\boldsymbol{\alpha}_3+3\boldsymbol{\alpha}_4=(\boldsymbol{\alpha}_2,\ \boldsymbol{\alpha}_1,\ \boldsymbol{\alpha}_4,\ \boldsymbol{\alpha}_3)(2,\ 1,\ 3,\ 1)^{\mathrm{T}},$$

$$\sigma(\boldsymbol{\alpha}_3) = -\boldsymbol{\alpha}_2 + 3\boldsymbol{\alpha}_3 + \boldsymbol{\alpha}_4 = (\boldsymbol{\alpha}_2,\ \boldsymbol{\alpha}_1,\ \boldsymbol{\alpha}_4,\ \boldsymbol{\alpha}_3)(-1,\ 0,\ 1,\ 3)^{\mathrm{T}}.$$

从而 σ 关于基 $\{\boldsymbol{\alpha}_2,\ \boldsymbol{\alpha}_1,\ \boldsymbol{\alpha}_4,\ \boldsymbol{\alpha}_3\}$ 的矩阵为

$$\boldsymbol{B} = \begin{pmatrix} 0 & 3 & 2 & -1 \\ 2 & 1 & 1 & 0 \\ 2 & 1 & 3 & 1 \\ 5 & 2 & 1 & 3 \end{pmatrix}.$$

(2) 因为

$$(\boldsymbol{\alpha}_1,\ \boldsymbol{\alpha}_1 + \boldsymbol{\alpha}_2,\ \boldsymbol{\alpha}_1 + \boldsymbol{\alpha}_2 + \boldsymbol{\alpha}_3,\ \boldsymbol{\alpha}_1 + \boldsymbol{\alpha}_2 + \boldsymbol{\alpha}_3 + \boldsymbol{\alpha}_4) = (\boldsymbol{\alpha}_1,\ \boldsymbol{\alpha}_2,\ \boldsymbol{\alpha}_3,\ \boldsymbol{\alpha}_4)\,\boldsymbol{T},$$

其中

$$\boldsymbol{T} = \begin{pmatrix} 1 & 1 & 1 & 1 \\ 0 & 1 & 1 & 1 \\ 0 & 0 & 1 & 1 \\ 0 & 0 & 0 & 1 \end{pmatrix},$$

所以 σ 关于基 $\{\boldsymbol{\alpha}_1,\ \boldsymbol{\alpha}_1 + \boldsymbol{\alpha}_2,\ \boldsymbol{\alpha}_1 + \boldsymbol{\alpha}_2 + \boldsymbol{\alpha}_3,\ \boldsymbol{\alpha}_1 + \boldsymbol{\alpha}_2 + \boldsymbol{\alpha}_3 + \boldsymbol{\alpha}_4\}$ 的矩阵为

$$\boldsymbol{C} = \boldsymbol{T}^{-1}\boldsymbol{A}\boldsymbol{T} = \begin{pmatrix} -2 & 0 & 1 & 0 \\ 1 & -4 & -8 & -7 \\ 1 & 4 & 6 & 4 \\ 1 & 3 & 4 & 7 \end{pmatrix}.$$

例 3 设 V 是数域 F 上的 n 维向量空间，$\sigma \in L(V)$. 证明下列条件等价：

(1) σ 是位似变换；

(2) σ 与 V 的全体线性变换可交换；

(3) σ 关于 V 的任意基的矩阵都相等.

证明 (1) ⇒ (2). 显然.

(2) ⇒ (1). 设 $\{\boldsymbol{\alpha}_1,\ \boldsymbol{\alpha}_2,\ \cdots,\ \boldsymbol{\alpha}_n\}$ 为 V 的一个基，且 σ 关于这个基的矩阵为 $\boldsymbol{A}$. 任取 $\boldsymbol{B} \in M_n(F)$，令 $\tau(\boldsymbol{\alpha}_1,\ \boldsymbol{\alpha}_2,\ \cdots,\ \boldsymbol{\alpha}_n) = (\boldsymbol{\alpha}_1,\ \boldsymbol{\alpha}_2,\ \cdots,\ \boldsymbol{\alpha}_n)\boldsymbol{B}$. 因为 $\sigma\tau = \tau\sigma$，所以 $\boldsymbol{AB} = \boldsymbol{BA}$. 由于 $\boldsymbol{B}$ 是任意的，因此 $\boldsymbol{A}$ 是数量矩阵. 于是 σ 是位似变换.

(1) ⇒ (3). 显然.

(3) ⇒ (1). 设 σ 关于 V 的基 $\{\boldsymbol{\alpha}_1,\ \boldsymbol{\alpha}_2,\ \cdots,\ \boldsymbol{\alpha}_n\}$ 的矩阵为 $\boldsymbol{A}$，则

$$\sigma(\boldsymbol{\alpha}_1,\ \boldsymbol{\alpha}_2,\ \cdots,\ \boldsymbol{\alpha}_n) = (\boldsymbol{\alpha}_1,\ \boldsymbol{\alpha}_2,\ \cdots,\ \boldsymbol{\alpha}_n)\,\boldsymbol{A}.$$

设 $\boldsymbol{T}$ 是 F 上的任意一个可逆矩阵. 令

$$(\boldsymbol{\beta}_1,\ \boldsymbol{\beta}_2,\ \cdots,\ \boldsymbol{\beta}_n) = (\boldsymbol{\alpha}_1,\ \boldsymbol{\alpha}_2,\ \cdots,\ \boldsymbol{\alpha}_n)\,\boldsymbol{T},$$

则 $\{\boldsymbol{\beta}_1,\ \boldsymbol{\beta}_2,\ \cdots,\ \boldsymbol{\beta}_n\}$ 也是 V 的一个基，并且

$$\sigma(\boldsymbol{\beta}_1,\ \boldsymbol{\beta}_2,\ \cdots,\ \boldsymbol{\beta}_n) = (\boldsymbol{\alpha}_1,\ \boldsymbol{\alpha}_2,\ \cdots,\ \boldsymbol{\alpha}_n)\,\boldsymbol{AT} = (\boldsymbol{\beta}_1,\ \boldsymbol{\beta}_2,\ \cdots,\ \boldsymbol{\beta}_n)\,\boldsymbol{T}^{-1}\boldsymbol{AT}.$$

于是 σ 关于基 $\{\boldsymbol{\beta}_1,\ \boldsymbol{\beta}_2,\ \cdots,\ \boldsymbol{\beta}_n\}$ 的矩阵为 $\boldsymbol{T}^{-1}\boldsymbol{AT}$. 由题设条件知，$\boldsymbol{T}^{-1}\boldsymbol{AT} = \boldsymbol{A}$，即 $\boldsymbol{AT} = \boldsymbol{TA}$，这表明 $\boldsymbol{A}$ 与一切 n 阶可逆矩阵相乘可交换. 由于 $\boldsymbol{I} + \boldsymbol{E}_{ij}$ $(i,\ j = 1,\ 2,\ \cdots,\ n)$ 是可逆矩阵，因此 $\boldsymbol{A}$ 与 $\boldsymbol{I} + \boldsymbol{E}_{ij}$ 的乘积可交换. 从而 $\boldsymbol{AE}_{ij} = \boldsymbol{E}_{ij}\boldsymbol{A}$. 因

为任何一个 n 阶矩阵都可由 $\boldsymbol{E}_{ij}$ (i，$j = 1, 2, \cdots, n$) 线性表示，所以 $\boldsymbol{A}$ 与一切 n 阶矩阵相乘可交换. 于是 $\boldsymbol{A}$ 是数量矩阵. 因此 σ 是位似变换.

例 4 设 V 是数域 F 上的一个 n 维向量空间，$\sigma \in L(V)$. 证明：

(1) 在 $F[x]$ 中至少存在一个次数不超过 n^2 的多项式 $f(x)$，使得 $f(\sigma) = \theta$；

(2) 若 $f(\sigma) = g(\sigma) = \theta$，则 $d(\sigma) = \theta$，这里 $d(x)$ 是 $F[x]$ 中的多项式 $f(x)$ 与 $g(x)$ 的一个最大公因式；

(3) σ 可逆的充要条件是存在一个常数项非零的多项式 $f(x)$，使得 $f(\sigma) = \theta$.

证明 (1) 因为 $\dim L(V) = n^2$，所以 $\iota, \sigma, \sigma^2, \cdots, \sigma^{n^2}$ 线性相关. 因此存在 F 中一组不全为零的数 $a_0, a_1, a_2, \cdots, a_{n^2}$，使得 $\sum_{i=0}^{n^2} a_i\sigma^i = \theta$. 令 $f(x) = \sum_{i=0}^{n^2} a_i x^i$，则 $f(x)$ 的次数不超过 n^2，并且 $f(\sigma) = \theta$.

(2) 因为 $d(x)$ 是 $f(x)$ 与 $g(x)$ 的最大公因式，所以存在 $u(x)$，$v(x) \in F[x]$，使得 $f(x)u(x)+g(x)v(x) = d(x)$. 于是 $f(\sigma)u(\sigma)+g(\sigma)v(\sigma) = d(\sigma)$. 由于 $f(\sigma) = g(\sigma) = \theta$，因此 $d(\sigma) = \theta$.

(3) 充分性　设存在 $f(x) = a_m x^m + a_{m-1}x^{m-1} + \cdots + a_1 x + a_0$ ($a_0 \neq 0$)，使得 $f(\sigma) = \theta$，即 $a_m\sigma^m + a_{m-1}\sigma^{m-1} + \cdots + a_1\sigma + a_0\iota = \theta$. 因此

$$\sigma(-a_0^{-1}(a_m\sigma^{m-1} + a_{m-1}\sigma^{m-2} + \cdots + a_1\iota)) = \iota.$$

于是 σ 可逆.

必要性

方法一　设 σ 可逆. 由 (1) 知，在 $F[x]$ 中存在次数不超过 n^2 的多项式 $g(x) = a_m x^m + a_{m-1}x^{m-1} + \cdots + a_1 x + a_0$，使得 $g(\sigma) = \theta$. 设 $g(x)$ 的最低幂次为 k，则

$$a_m\sigma^m + a_{m-1}\sigma^{m-1} + \cdots + a_k\sigma^k = \theta.$$

两端左乘 $(\sigma^{-1})^k$，得

$$a_m\sigma^{m-k} + a_{m-1}\sigma^{m-k-1} + \cdots + a_k\iota = \theta.$$

令 $f(x) = a_m x^{m-k} + a_{m-1}x^{m-k-1} + \cdots + a_k$，则 $f(x)$ 的常数项非零，且 $f(\sigma) = \theta$.

方法二　设 σ 可逆，$\{\boldsymbol{\alpha}_1, \boldsymbol{\alpha}_2, \cdots, \boldsymbol{\alpha}_n\}$ 为 V 的一个基，σ 在这个基下的矩阵为 $\boldsymbol{A}$. 因为 $\boldsymbol{A}$ 的特征多项式为

$$f_{\boldsymbol{A}}(x) = \det(x\boldsymbol{I} - \boldsymbol{A}) = x^n + a_{n-1}x^{n-1} + \cdots + a_1 x + a_0,$$

其中 $a_0 = (-1)^n \det \boldsymbol{A}$，所以由 σ 可逆知，$a_0 \neq 0$. 从而由 $f_{\boldsymbol{A}}(\boldsymbol{A}) = \boldsymbol{O}$ 知，$f_{\boldsymbol{A}}(\sigma) = \theta$.

§7.4　不变子空间

数域 F 上 n 维向量空间 V 的线性变换 σ 关于 V 的不同基的矩阵是相似的. 能否选取 V 的一个基，使得 σ 关于这个基的矩阵具有最简单的形式，这就是线性变换的对角化问题. 要解决这个问题就要用到不变子空间的概念.

一、主要内容

1. 不变子空间

(1) 不变子空间的定义及判定.

定义 7.11 设 σ 是数域 F 上向量空间 V 的一个线性变换，W 是 V 的一个子空间. 若 W 中向量在 σ 下的像仍在 W 中，即对于 W 中任一向量 $\boldsymbol{\xi}$，都有 $\sigma(\boldsymbol{\xi})\in W$，则称 W 是 σ 的一个不变子空间，或称 W 在 σ 之下不变.

显然，向量空间 V 的两个平凡子空间 V 和零子空间 $\{\boldsymbol{0}\}$ 是 V 的任意一个线性变换 σ 的不变子空间. 称 V 和 $\{\boldsymbol{0}\}$ 为 σ 的平凡不变子空间，σ 的其他不变子空间称为 σ 的非平凡不变子空间.

定理 7.11 设 σ 是向量空间 V 的一个线性变换，W 是 V 的一个子空间，$\{\boldsymbol{\alpha}_1, \boldsymbol{\alpha}_2, \cdots, \boldsymbol{\alpha}_r\}$ 是 W 的基，则 W 是 σ 的不变子空间当且仅当 $\sigma(\boldsymbol{\alpha}_1)$，$\sigma(\boldsymbol{\alpha}_2)$，$\cdots$，$\sigma(\boldsymbol{\alpha}_r)$ 在 W 中.

(2) 线性变换在不变子空间上的限制.

定义 7.12 设 σ 是 F 上向量空间 V 的线性变换，W 是 σ 的不变子空间. 若只考虑 σ 在 W 上的作用，就得到 W 的一个线性变换，记为 $\sigma|_W$，即对任意 $\boldsymbol{\xi}\in W$，

$$\sigma|_W(\boldsymbol{\xi})=\sigma(\boldsymbol{\xi}).$$

若 $\boldsymbol{\xi}\notin W$，则 $\sigma|_W(\boldsymbol{\xi})$ 就没有意义. $\sigma|_W$ 称为 σ 在 W 上的限制.

2. 不变子空间与简化线性变换的矩阵的关系

设 σ 是 n 维向量空间 V 的一个线性变换.

(1) 若 W 是 σ 的一个非平凡不变子空间，则在 W 中取一个基 $\{\boldsymbol{\alpha}_1, \boldsymbol{\alpha}_2, \cdots, \boldsymbol{\alpha}_r\}$，将它扩充为 V 的一个基 $\{\boldsymbol{\alpha}_1, \cdots, \boldsymbol{\alpha}_r, \boldsymbol{\alpha}_{r+1}, \cdots, \boldsymbol{\alpha}_n\}$，$\sigma$ 关于这个基的矩阵为

$$\begin{pmatrix}\boldsymbol{A}_1 & \boldsymbol{A}_3\\ \boldsymbol{0} & \boldsymbol{A}_2\end{pmatrix},$$

其中 $\boldsymbol{A}_1$ 是 $\sigma|_W$ 关于 W 的基 $\{\boldsymbol{\alpha}_1, \boldsymbol{\alpha}_2, \cdots, \boldsymbol{\alpha}_r\}$ 的矩阵.

(2) 若 V 可分解成 σ 的两个非平凡不变子空间 W_1 与 W_2 的直和，即 $V=W_1\oplus W_2$，则选取 W_1 的一个基 $\{\boldsymbol{\alpha}_1, \cdots, \boldsymbol{\alpha}_r\}$ 和 W_2 的一个基 $\{\boldsymbol{\alpha}_{r+1}, \cdots, \boldsymbol{\alpha}_n\}$，凑成 V 的一个基 $\{\boldsymbol{\alpha}_1, \cdots, \boldsymbol{\alpha}_r, \boldsymbol{\alpha}_{r+1}, \cdots, \boldsymbol{\alpha}_n\}$，$\sigma$ 关于这个基的矩阵为

$$\begin{pmatrix}\boldsymbol{A}_1 & \boldsymbol{0}\\ \boldsymbol{0} & \boldsymbol{A}_2\end{pmatrix},$$

其中 $\boldsymbol{A}_1$ 是 $\sigma|_{W_1}$ 关于 W_1 的基 $\{\boldsymbol{\alpha}_1, \boldsymbol{\alpha}_2, \cdots, \boldsymbol{\alpha}_r\}$ 的矩阵，$\boldsymbol{A}_2$ 是 $\sigma|_{W_2}$ 关于 W_2 的基 $\{\boldsymbol{\alpha}_{r+1}, \boldsymbol{\alpha}_{r+2}, \cdots, \boldsymbol{\alpha}_n\}$ 的矩阵.

(3) 若 V 可分解成 σ 的 s 个非平凡不变子空间 W_1，W_2，$\cdots$，W_s 的直和，即 $V=W_1\oplus W_2\oplus\cdots\oplus W_s$，则在每个不变子空间中取一个基，凑成 V 的一个基，σ

关于这个基的矩阵为

$$\begin{pmatrix} \boldsymbol{A}_1 & & & \\ & \boldsymbol{A}_2 & & \\ & & \ddots & \\ & & & \boldsymbol{A}_s \end{pmatrix},$$

其中 $\boldsymbol{A}_i$ 是 $\sigma|_{W_i}$ 关于 W_i 的基的矩阵，$i = 1, 2, \cdots, s$.

(4) 若 V 可分解成 σ 的 n 个一维不变子空间 $W_1, W_2, \cdots, W_n$ 的直和，即 $W = W_1 \oplus W_2 \oplus \cdots \oplus W_n$，则在每个 W_i 中任取一个非零的向量 $\boldsymbol{\alpha}_i\ (i = 1, 2, \cdots, n)$，凑成 V 的一个基 $\{\boldsymbol{\alpha}_1, \boldsymbol{\alpha}_2, \cdots, \boldsymbol{\alpha}_n\}$，$\sigma$ 在这个基下的矩阵就是对角形矩阵

$$\begin{pmatrix} \lambda_1 & & & \\ & \lambda_2 & & \\ & & \ddots & \\ & & & \lambda_n \end{pmatrix}.$$

由此可知，若 n 维向量空间 V 可分解成 σ 的 n 个一维不变子空间的直和，则可选取 V 的一个基，使 σ 在这个基下的矩阵是对角形矩阵. 那么 n 维向量空间 V 能否分解成 σ 的 n 个一维不变子空间的直和？这个问题我们将在下一节讨论.

3. 两个重要的不变子空间

(1) 线性变换的像与核.

定义 7.13 设 σ 是向量空间 V 的一个线性变换. 由 V 中全体向量在 σ 之下的像构成的集合称为 σ 的像 (或 σ 的值域)，记作 $\mathrm{Im}\,\sigma$ (或 $\sigma(V)$)；由零向量在 σ 之下的全体原像构成的集合称为 σ 的核，记作 $\mathrm{Ker}\,\sigma$，即

$$\mathrm{Im}\,\sigma = \{\sigma(\boldsymbol{\xi}) \mid \boldsymbol{\xi} \in V\};$$
$$\mathrm{Ker}\,\sigma = \{\boldsymbol{\xi} \in V \mid \sigma(\boldsymbol{\xi}) = \boldsymbol{0}\}.$$

定理 7.12 设 σ 是向量空间 V 的一个线性变换，则 $\mathrm{Im}\,\sigma$ 和 $\mathrm{Ker}\,\sigma$ 是 V 的子空间，并且在 σ 之下不变.

(2) 线性变换的秩与零度.

定义 7.14 称 $\mathrm{Im}\,\sigma$ 的维数为线性变换 σ 的秩，记作秩 σ. 称 $\mathrm{Ker}\,\sigma$ 的维数为线性变换 σ 的零度.

定理 7.13 设 σ 是 n 维向量空间 V 的一个线性变换，$\{\boldsymbol{\alpha}_1, \boldsymbol{\alpha}_2, \cdots, \boldsymbol{\alpha}_n\}$ 是 V 的一个基，σ 关于这个基的矩阵是 $\boldsymbol{A}$，则

(i) $\mathrm{Im}\,\sigma = \mathscr{L}(\sigma(\boldsymbol{\alpha}_1), \sigma(\boldsymbol{\alpha}_2), \cdots, \sigma(\boldsymbol{\alpha}_n))$；

(ii) 秩 σ = 秩 $\boldsymbol{A}$.

定理 7.14 设 σ 是 n 维向量空间 V 的一个线性变换，则

$$\text{秩}\,\sigma + \sigma\ \text{的零度} = n.$$

二、释疑解难

1. 关于不变子空间

因为不变子空间是对某个线性变换来说的，一个子空间在某一个线性变换之下不变，不一定在另一个线性变换之下也不变，所以说 W 是 V 的不变子空间时，一定要指明是在哪个线性变换之下不变.

例如，设 $\mathbf{R}^3$ 的两个线性变换 σ，τ 的定义如下：

$$\sigma(x_1, x_2, x_3) = (x_1 + x_2, x_2 + x_3, x_3), \forall (x_1, x_2, x_3) \in \mathbf{R}^3;$$

$$\tau(x_1, x_2, x_3) = (x_1, x_1 + x_2, x_2 + x_3), \forall (x_1, x_2, x_3) \in \mathbf{R}^3.$$

易证 $W = \{(a, 0, 0) \mid a \in \mathbf{R}\}$ 是 σ 的不变子空间，但 W 不是 τ 的不变子空间.

2. 线性变换的核与齐次线性方程组的解空间

设 σ 是数域 F 上 n 维向量空间 V 的一个线性变换，$\{\boldsymbol{\alpha}_1, \boldsymbol{\alpha}_2, \cdots, \boldsymbol{\alpha}_n\}$ 是 V 的一个基，σ 关于这个基的矩阵是 $\boldsymbol{A}$，$W_{\boldsymbol{A}}$ 是齐次线性方程组 $\boldsymbol{AX} = \boldsymbol{0}$ 的解空间. 由定理 7.14 的证明（见本书配套教材）知，

$$f\colon \operatorname{Ker}\sigma \longrightarrow W_{\boldsymbol{A}}, \boldsymbol{\xi} = \sum_{i=1}^{n} a_i\boldsymbol{\alpha}_i \mapsto (a_1, a_2, \cdots, a_n)^{\mathrm{T}}$$

是同构映射. 因此 $\operatorname{Ker}\sigma \cong W_{\boldsymbol{A}}$.

由这个同构关系可得一种求线性变换 σ 的核 $\operatorname{Ker}\sigma$ 的方法.

3. 线性变换 σ 的核 $\operatorname{Ker}\sigma$ 及像 $\operatorname{Im}\sigma$ 的求法

设 V 是数域 F 上的一个 n 维向量空间，$\sigma \in L(V)$.

(1) $\operatorname{Ker}\sigma$ 的求法.

第一步　选取 V 的一个基 $\{\boldsymbol{\alpha}_1, \boldsymbol{\alpha}_2, \cdots, \boldsymbol{\alpha}_n\}$，求出 σ 关于这个基的矩阵 $\boldsymbol{A}$；

第二步　在数域 F 上解齐次线性方程组 $\boldsymbol{AX} = \boldsymbol{0}$ 得一基础解系

$$\boldsymbol{\eta}_1, \boldsymbol{\eta}_2, \cdots, \boldsymbol{\eta}_{n-r},$$

其中 r 为矩阵 $\boldsymbol{A}$ 的秩；

第三步　求出在基 $\{\boldsymbol{\alpha}_1, \boldsymbol{\alpha}_2, \cdots, \boldsymbol{\alpha}_n\}$ 下，以基础解系 $\boldsymbol{\eta}_1, \boldsymbol{\eta}_2, \cdots, \boldsymbol{\eta}_{n-r}$ 为坐标的向量 $\boldsymbol{\beta}_1, \boldsymbol{\beta}_2, \cdots, \boldsymbol{\beta}_{n-r}$，即

$$\boldsymbol{\beta}_i = (\boldsymbol{\alpha}_1, \boldsymbol{\alpha}_2, \cdots, \boldsymbol{\alpha}_n)\boldsymbol{\eta}_i, i = 1, 2, \cdots, n-r.$$

则 $\boldsymbol{\beta}_1, \boldsymbol{\beta}_2, \cdots, \boldsymbol{\beta}_{n-r}$ 是 $\operatorname{Ker}\sigma$ 的基. 因此

$$\operatorname{Ker}\sigma = \mathscr{L}(\boldsymbol{\beta}_1, \boldsymbol{\beta}_2, \cdots, \boldsymbol{\beta}_{n-r}).$$

(2) $\operatorname{Im}\sigma$ 的求法.

求出向量组 $\{\sigma(\boldsymbol{\alpha}_1), \sigma(\boldsymbol{\alpha}_2), \cdots, \sigma(\boldsymbol{\alpha}_n)\}$ 的一个极大线性无关组 $\{\sigma(\boldsymbol{\alpha}_{i_1}), \sigma(\boldsymbol{\alpha}_{i_2}), \cdots, \sigma(\boldsymbol{\alpha}_{i_r})\}$，即得 $\operatorname{Im}\sigma$ 的一个基. 因此

$$\operatorname{Im}\sigma = \mathscr{L}(\sigma(\boldsymbol{\alpha}_{i_1}), \sigma(\boldsymbol{\alpha}_{i_2}), \cdots, \sigma(\boldsymbol{\alpha}_{i_r})).$$

求线性变换的核与像的题目见本书配套教材 § 7.4 的例 5 及“习题七解答”第 21 题、第 24 题和第 26 题等，可按上述方法计算，在此不再举例说明.

三、范例解析

例 1 设 σ 是数域 F 上向量空间 V 的一个线性变换，$\boldsymbol{0} \neq \boldsymbol{\alpha} \in V$. 若 $\boldsymbol{\alpha}$，$\sigma(\boldsymbol{\alpha})$，$\cdots$，$\sigma^{m-1}(\boldsymbol{\alpha})$ 线性无关，而 $\boldsymbol{\alpha}$，$\sigma(\boldsymbol{\alpha})$，$\cdots$，$\sigma^{m-1}(\boldsymbol{\alpha})$，$\sigma^{m}(\boldsymbol{\alpha})$ 线性相关，证明 $W = \mathscr{L}(\boldsymbol{\alpha}, \sigma(\boldsymbol{\alpha}), \cdots, \sigma^{m-1}(\boldsymbol{\alpha}))$ 是 σ 的不变子空间，并求 σ 在 W 上的限制 $\sigma|_W$ 关于 W 的基 $\{\boldsymbol{\alpha}, \sigma(\boldsymbol{\alpha}), \cdots, \sigma^{m-1}(\boldsymbol{\alpha})\}$ 的矩阵.

证明 由题设条件知，$\sigma^{m}(\boldsymbol{\alpha})$ 可由 $\boldsymbol{\alpha}$，$\sigma(\boldsymbol{\alpha})$，$\cdots$，$\sigma^{m-1}(\boldsymbol{\alpha})$ 线性表示. 因此 $\sigma^{m}(\boldsymbol{\alpha}) \in W$. 从而对任意 $\boldsymbol{\beta} = a_0\boldsymbol{\alpha} + a_1\sigma(\boldsymbol{\alpha}) + \cdots + a_{m-1}\sigma^{m-1}(\boldsymbol{\alpha}) \in W$，都有

$$\sigma(\boldsymbol{\beta}) = a_0\sigma(\boldsymbol{\alpha}) + a_1\sigma^2(\boldsymbol{\alpha}) + \cdots + a_{m-1}\sigma^{m}(\boldsymbol{\alpha}) \in W,$$

即 W 是 σ 的不变子空间.

由于

$$\begin{gathered}\sigma|_W(\boldsymbol{\alpha}) = \sigma(\boldsymbol{\alpha}),\\ \sigma|_W(\sigma(\boldsymbol{\alpha})) = \sigma^2(\boldsymbol{\alpha}),\\ \cdots\\ \sigma|_W(\sigma^{m-1}(\boldsymbol{\alpha})) = \sigma^{m}(\boldsymbol{\alpha}) = b_0\boldsymbol{\alpha} + b_1\sigma(\boldsymbol{\alpha}) + b_2\sigma^2(\boldsymbol{\alpha}) + \cdots + b_{m-1}\sigma^{m-1}(\boldsymbol{\alpha}),\end{gathered}$$

因此 $\sigma|_W$ 关于 W 的基 $\{\boldsymbol{\alpha}, \sigma(\boldsymbol{\alpha}), \sigma^2(\boldsymbol{\alpha}), \cdots, \sigma^{m-1}(\boldsymbol{\alpha})\}$ 的矩阵为

$$\begin{pmatrix} 0 & 0 & 0 & \cdots & 0 & b_0 \\ 1 & 0 & 0 & \cdots & 0 & b_1 \\ 0 & 1 & 0 & \cdots & 0 & b_2 \\ \vdots & \vdots & \vdots & & \vdots & \vdots \\ 0 & 0 & 0 & \cdots & 0 & b_{m-2} \\ 0 & 0 & 0 & \cdots & 1 & b_{m-1} \end{pmatrix}.$$

例 2 向量空间 $F_n[x]$ 的线性变换 σ 的定义如下：

$$\sigma(f(x)) = f'(x)，f(x) \in F_n[x].$$

求 σ 的所有不变子空间.

解 假设 W 是 σ 的任一非零的不变子空间. 令

$$f(x) = a_kx^k + a_{k-1}x^{k-1} + \cdots + a_1x + a_0$$

是 W 中的一个次数最高的多项式，其中 $a_k \neq 0$，$0 \leqslant k \leqslant n$，则

$$\begin{gathered}\sigma(f(x)) = ka_kx^{k-1} + (k-1)a_{k-1}x^{k-2} + \cdots + a_1 \in W,\\ \sigma^2(f(x)) = k(k-1)a_kx^{k-2} + (k-1)(k-2)a_{k-1}x^{k-3} + \cdots + 2a_2 \in W,\\ \cdots\\ \sigma^{k-1}(f(x)) = k!a_kx + (k-1)!a_{k-1} \in W,\\ \sigma^{k}(f(x)) = k!a_k \in W.\end{gathered}$$

由倒数第一个式子，得 $1 \in W$. 再由倒数第二个式子，得 $x \in W$. 依次上推，得 x^2，x^3，$\cdots$，$x^k \in W$. 因为 $f(x)$ 是 W 中的一个次数最高的多项式，所以 $W =$

$F_k[x]$. 于是 σ 的所有不变子空间共 $n+2$ 个，它们分别为：

$$\{0\}, F, F_1[x], F_2[x], \cdots, F_n[x].$$

例 3 设 V 是数域 F 上的 n 维向量空间，$\sigma \in L(V)$，σ 关于 V 的一个基 $\{\boldsymbol{\alpha}_1, \boldsymbol{\alpha}_2, \cdots, \boldsymbol{\alpha}_n\}$ 的矩阵为

$$\boldsymbol{A} = \begin{pmatrix} \lambda & 0 & 0 & \cdots & 0 & 0 \\ 1 & \lambda & 0 & \cdots & 0 & 0 \\ 0 & 1 & \lambda & \cdots & 0 & 0 \\ \vdots & \vdots & \vdots & & \vdots & \vdots \\ 0 & 0 & 0 & \cdots & 1 & \lambda \end{pmatrix}.$$

证明：

(1) V 中含向量 $\boldsymbol{\alpha}_1$ 的 σ 的不变子空间只有 V 自身；

(2) V 中 σ 的任一非零不变子空间必含 $\boldsymbol{\alpha}_n$；

(3) V 不能分解成 σ 的两个非平凡不变子空间的直和.

并求 σ 的所有不变子空间.

证明 (1) 因为 $\sigma(\boldsymbol{\alpha}_1, \boldsymbol{\alpha}_2, \cdots, \boldsymbol{\alpha}_n) = (\boldsymbol{\alpha}_1, \boldsymbol{\alpha}_2, \cdots, \boldsymbol{\alpha}_n)\boldsymbol{A}$，所以

$$\sigma(\boldsymbol{\alpha}_1) = \lambda\boldsymbol{\alpha}_1 + \boldsymbol{\alpha}_2,$$

$$\sigma(\boldsymbol{\alpha}_2) = \lambda\boldsymbol{\alpha}_2 + \boldsymbol{\alpha}_3,$$

$$\cdots$$

$$\sigma(\boldsymbol{\alpha}_{n-1}) = \lambda\boldsymbol{\alpha}_{n-1} + \boldsymbol{\alpha}_n,$$

$$\sigma(\boldsymbol{\alpha}_n) = \lambda\boldsymbol{\alpha}_n.$$

设 W 是任意一个含 $\boldsymbol{\alpha}_1$ 的 σ 的不变子空间，则 $\sigma(\boldsymbol{\alpha}_1), \lambda\boldsymbol{\alpha}_1 \in W$. 于是

$$\boldsymbol{\alpha}_2 = \sigma(\boldsymbol{\alpha}_1) - \lambda\boldsymbol{\alpha}_1 \in W, \ \boldsymbol{\alpha}_3 = \sigma(\boldsymbol{\alpha}_2) - \lambda\boldsymbol{\alpha}_2 \in W, \ \cdots, \ \boldsymbol{\alpha}_n = \sigma(\boldsymbol{\alpha}_{n-1}) - \lambda\boldsymbol{\alpha}_{n-1} \in W.$$

因此 $W = V$.

(2) 设 W 是 σ 的任一非零不变子空间. 取非零向量 $\boldsymbol{\alpha} \in W$，令 $\boldsymbol{\alpha} = a_1\boldsymbol{\alpha}_1 + a_2\boldsymbol{\alpha}_2 + \cdots + a_n\boldsymbol{\alpha}_n$. 不失一般性，可设 $a_1 \neq 0$. 于是

$$\begin{aligned}\sigma(\boldsymbol{\alpha}) &= a_1\sigma(\boldsymbol{\alpha}_1) + a_2\sigma(\boldsymbol{\alpha}_2) + \cdots + a_n\sigma(\boldsymbol{\alpha}_n) \\ &= a_1(\lambda\boldsymbol{\alpha}_1 + \boldsymbol{\alpha}_2) + a_2(\lambda\boldsymbol{\alpha}_2 + \boldsymbol{\alpha}_3) + \cdots + a_{n-1}(\lambda\boldsymbol{\alpha}_{n-1} + \boldsymbol{\alpha}_n) + a_n\lambda\boldsymbol{\alpha}_n \\ &= \lambda\boldsymbol{\alpha} + a_1\boldsymbol{\alpha}_2 + a_2\boldsymbol{\alpha}_3 + \cdots + a_{n-1}\boldsymbol{\alpha}_n.\end{aligned}$$

令 $\boldsymbol{\beta} = a_1\boldsymbol{\alpha}_2 + a_2\boldsymbol{\alpha}_3 + \cdots + a_{n-1}\boldsymbol{\alpha}_n$. 由于 $\sigma(\boldsymbol{\alpha}), \lambda\boldsymbol{\alpha} \in W$，因此 $\boldsymbol{\beta} \in W$. 然后求 $\sigma(\boldsymbol{\beta})$，同理可得 $\gamma = a_1\boldsymbol{\alpha}_3 + a_2\boldsymbol{\alpha}_4 + \cdots + a_{n-2}\boldsymbol{\alpha}_n \in W$. 如此继续做下去，最后可得 $a_1\boldsymbol{\alpha}_n \in W$. 从而 $\boldsymbol{\alpha}_n \in W$.

(3) 设 W_1 和 W_2 是 σ 的任意两个非平凡不变子空间，则由 (2) 知，$\boldsymbol{\alpha}_n \in W_1 \cap W_2$. 故由基向量 $\boldsymbol{\alpha}_n \neq \boldsymbol{0}$ 知，$W_1 + W_2$ 不可能是直和. 于是 V 不能分解成 σ 的两个非平凡不变子空间的直和.

下面求 σ 的所有不变子空间.

设 W 是 σ 的任一非零不变子空间，则 $\boldsymbol{\alpha}_n \in W$. 设 $\dim W = m$. 取 W 的一个基 $\{\boldsymbol{\alpha}_n, \boldsymbol{\beta}_2, \boldsymbol{\beta}_3, \cdots, \boldsymbol{\beta}_m\}$. 令

$$\boldsymbol{\beta}_2 = k_{21}\boldsymbol{\alpha}_n + k_{22}\boldsymbol{\alpha}_{n-1} + \cdots + k_{2s}\boldsymbol{\alpha}_{n-s+1},$$
$$\boldsymbol{\beta}_3 = k_{31}\boldsymbol{\alpha}_n + k_{32}\boldsymbol{\alpha}_{n-1} + \cdots + k_{3s}\boldsymbol{\alpha}_{n-s+1},$$
$$\cdots$$
$$\boldsymbol{\beta}_m = k_{m1}\boldsymbol{\alpha}_n + k_{m2}\boldsymbol{\alpha}_{n-1} + \cdots + k_{ms}\boldsymbol{\alpha}_{n-s+1},$$

其中 $k_{2s}, k_{3s}, \cdots, k_{ms}$ 不全为零. 不妨设 $k_{2s} \neq 0$. 因为 $\{\boldsymbol{\alpha}_n, \boldsymbol{\beta}_2, \cdots, \boldsymbol{\beta}_m\}$ 可由 $\{\boldsymbol{\alpha}_n, \boldsymbol{\alpha}_{n-1}, \cdots, \boldsymbol{\alpha}_{n-s+1}\}$ 线性表示，所以 $m \leqslant s$. 由于

$$\sigma(\boldsymbol{\beta}_2) = k_{21}\lambda\boldsymbol{\alpha}_n + k_{22}(\lambda\boldsymbol{\alpha}_{n-1} + \boldsymbol{\alpha}_n) + \cdots + k_{2s}(\lambda\boldsymbol{\alpha}_{n-s+1} + \boldsymbol{\alpha}_{n-s+2}) \in W,$$

因此

$$k_{22}\boldsymbol{\alpha}_n + k_{23}\boldsymbol{\alpha}_{n-1} + \cdots + k_{2s}\boldsymbol{\alpha}_{n-s+2} \in W.$$

如此继续用 σ 作用下去，得 $k_{2,s-1}\boldsymbol{\alpha}_n + k_{2s}\boldsymbol{\alpha}_{n-1} \in W$，于是 $\boldsymbol{\alpha}_{n-1} \in W$. 从而 $\boldsymbol{\alpha}_{n-2} \in W, \cdots, \boldsymbol{\alpha}_{n-s+1} \in W$. 因此 $\{\boldsymbol{\alpha}_n, \boldsymbol{\alpha}_{n-1}, \cdots, \boldsymbol{\alpha}_{n-s+1}\}$ 可由 $\{\boldsymbol{\alpha}_n, \boldsymbol{\beta}_2, \cdots, \boldsymbol{\beta}_m\}$ 线性表示. 于是 $s \leqslant m$. 从而 $s = m$. 因此 $\{\boldsymbol{\alpha}_n, \boldsymbol{\alpha}_{n-1}, \cdots, \boldsymbol{\alpha}_{n-m+1}\}$ 为 W 的一个基，即 $W = \mathscr{L}(\boldsymbol{\alpha}_n, \boldsymbol{\alpha}_{n-1}, \cdots, \boldsymbol{\alpha}_{n-m+1})$. 故 σ 的所有不变子空间共 $n+1$ 个，它们分别为:

$$\{\boldsymbol{0}\}, \mathscr{L}(\boldsymbol{\alpha}_n), \mathscr{L}(\boldsymbol{\alpha}_n, \boldsymbol{\alpha}_{n-1}), \cdots, \mathscr{L}(\boldsymbol{\alpha}_n, \boldsymbol{\alpha}_{n-1}, \cdots, \boldsymbol{\alpha}_1).$$

例 4 设 V 是数域 F 上的 $n\,(n > 0)$ 维向量空间，W 是 V 的任一子空间. 证明:

(1) W 是某一线性变换 σ 的核;

(2) W 是某一线性变换 τ 的像.

证明 (1) 若 $W = \{\boldsymbol{0}\}$，则 W 是 V 的任一可逆线性变换的核. 若 $W \neq \{\boldsymbol{0}\}$，则在 W 中取基 $\{\boldsymbol{\alpha}_1, \cdots, \boldsymbol{\alpha}_r\}$，并将它扩充为 V 的一个基 $\{\boldsymbol{\alpha}_1, \cdots, \boldsymbol{\alpha}_r, \boldsymbol{\alpha}_{r+1}, \cdots, \boldsymbol{\alpha}_n\}$. 令

$$\sigma(\boldsymbol{\alpha}_i) = \boldsymbol{0},\ i = 1, 2, \cdots, r,$$
$$\sigma(\boldsymbol{\alpha}_j) = \boldsymbol{\alpha}_j,\ j = r+1, r+2, \cdots, n,$$

则 σ 是 V 的线性变换，且对任意 $\boldsymbol{\alpha} = \sum\limits_{i=1}^{n} a_i\boldsymbol{\alpha}_i \in V$，都有

$$\sigma(\boldsymbol{\alpha}) = \sum_{i=1}^{n} a_i\sigma(\boldsymbol{\alpha}_i) = \sum_{i=r+1}^{n} a_i\boldsymbol{\alpha}_i.$$

因为 $\boldsymbol{\alpha}_{r+1}, \cdots, \boldsymbol{\alpha}_n$ 线性无关，所以

$$\sigma(\boldsymbol{\alpha}) = \boldsymbol{0} \Leftrightarrow a_{r+1} = \cdots = a_n = 0 \Leftrightarrow \boldsymbol{\alpha} = \sum_{i=1}^{r} a_i\boldsymbol{\alpha}_i \in W,$$

即 $\operatorname{Ker}\sigma = W$.

(2) 若 $W=\{\boldsymbol{0}\}$，则 W 是零变换的像．若 $W\neq\{\boldsymbol{0}\}$，则在 W 中取基 $\{\boldsymbol{\alpha}_1, \boldsymbol{\alpha}_2, \cdots, \boldsymbol{\alpha}_r\}$，并将它扩充为 V 的一个基 $\{\boldsymbol{\alpha}_1, \cdots, \boldsymbol{\alpha}_r, \boldsymbol{\alpha}_{r+1}, \cdots, \boldsymbol{\alpha}_n\}$．令

$$\tau(\boldsymbol{\alpha}_i)=\boldsymbol{\alpha}_i,\ i=1,\ 2,\ \cdots,\ r,$$
$$\tau(\boldsymbol{\alpha}_j)=\boldsymbol{0},\ j=r+1,\ r+2,\ \cdots,\ n,$$

则 τ 是 V 的线性变换，且

$$\operatorname{Im}\tau=\mathscr{L}(\tau(\boldsymbol{\alpha}_1),\ \tau(\boldsymbol{\alpha}_2),\ \cdots,\ \tau(\boldsymbol{\alpha}_n))=\mathscr{L}(\boldsymbol{\alpha}_1,\ \boldsymbol{\alpha}_2,\ \cdots,\ \boldsymbol{\alpha}_r)=W.$$

例 5 设 V 是数域 F 的 n 维向量空间，σ 是 V 的一个可逆线性变换，W 是 σ 的一个不变子空间．证明：W 也是 σ^{-1} 的不变子空间．

证明 方法一 设 $\{\boldsymbol{\alpha}_1, \boldsymbol{\alpha}_2, \cdots, \boldsymbol{\alpha}_r\}$ 是 W 的一个基，则由 W 是 σ 的不变子空间及 σ 可逆知，$\sigma(\boldsymbol{\alpha}_1), \sigma(\boldsymbol{\alpha}_2), \cdots, \sigma(\boldsymbol{\alpha}_r)$ 也是 W 的基．由于 $\sigma^{-1}(\sigma(\boldsymbol{\alpha}_i))=\boldsymbol{\alpha}_i\in W$，$i=1, 2, \cdots, r$，因此 W 是 σ^{-1} 的不变子空间．

方法二 在 W 中取基 $\{\boldsymbol{\alpha}_1, \boldsymbol{\alpha}_2, \cdots, \boldsymbol{\alpha}_r\}$，并将其扩充为 V 的基 $\{\boldsymbol{\alpha}_1, \cdots, \boldsymbol{\alpha}_r, \boldsymbol{\alpha}_{r+1}, \cdots, \boldsymbol{\alpha}_n\}$，则由 W 在 σ 之下不变及 σ 可逆知，σ 关于这个基的矩阵为 $\begin{pmatrix}\boldsymbol{A}_1 & \boldsymbol{A}_3\\ \boldsymbol{0} & \boldsymbol{A}_2\end{pmatrix}$，其中 $\boldsymbol{A}_1$ 是 r 阶可逆矩阵，$\boldsymbol{A}_2$ 是 $n-r$ 阶可逆矩阵．从而 σ^{-1} 关于这个基的矩阵为 $\begin{pmatrix}\boldsymbol{A}_1^{-1} & -\boldsymbol{A}_1^{-1}\boldsymbol{A}_3\boldsymbol{A}_2^{-1}\\ \boldsymbol{0} & \boldsymbol{A}_2^{-1}\end{pmatrix}$．因此 W 是 σ^{-1} 的不变子空间．

方法三 因为 σ 可逆，所以 $\sigma\mid_W$ 可逆．因此 $\sigma\mid_W(W)=W$．两边用 σ^{-1} 作用，得 $\sigma^{-1}(W)=\sigma^{-1}(\sigma\mid_W(W))=W$．于是 W 是 σ^{-1} 的不变子空间．

注 可逆线性变换 σ 的无限维不变子空间 W 不一定是 σ^{-1} 的不变子空间（此时 V 一定是无限维的）．

例如，设 $V=\mathscr{L}(1, x, x^2, x^3, \cdots)$，$W=\mathscr{L}(x^2, x^4, x^6, \cdots)$．令

$$\sigma(1)=1,\ \sigma(x)=x^2,\ \sigma(x^i)=\begin{cases}x^{i+2}, & i=2n,\\ x^{i-2}, & i=2n+1,\end{cases}$$

其中 n 为正整数，则 σ 是 V 的可逆线性变换．显然 $\sigma(W)\subseteq W$．但是 $\sigma^{-1}(W)\nsubseteq W$，这是因为 $\sigma^{-1}(x^2)=x\notin W$．

§7.5 线性变换的本征值和本征向量

本节讨论 n 维向量空间 V 能否分解成 n 个关于某个线性变换 σ 的一维不变子空间的直和的问题．一维不变子空间与线性变换的本征值和本征向量有着密切的联系．本征值和本征向量无论是在理论上还是在应用上都是非常重要的．

一、主要内容

1. 本征值、本征向量

定义 7.15 设 V 是数域 F 上的向量空间，σ 是 V 的线性变换. 若对 F 中的数 λ，存在 V 的一个非零向量 $\boldsymbol{\xi}$，使得

$$\sigma(\boldsymbol{\xi}) = \lambda\boldsymbol{\xi},$$

则称 λ 是线性变换 σ 的本征值，$\boldsymbol{\xi}$ 称为 σ 的属于本征值 λ 的本征向量.

定理 7.15 设 V 是数域 F 上的 $n\,(n > 0)$ 维向量空间，$\sigma \in L(V)$，σ 在 V 的基 $\{\boldsymbol{\alpha}_1, \boldsymbol{\alpha}_2, \cdots, \boldsymbol{\alpha}_n\}$ 下的矩阵为 $\boldsymbol{A}$. 那么

(i) λ 是 σ 的本征值当且仅当 λ 是 $\boldsymbol{A}$ 在 F 中的特征根；

(ii) 设 λ 是 σ 的本征值. 则 $\boldsymbol{\xi}$ 是 σ 的属于本征值 λ 的本征向量当且仅当 $\boldsymbol{\xi}$ 在基 $\{\boldsymbol{\alpha}_1, \boldsymbol{\alpha}_2, \cdots, \boldsymbol{\alpha}_n\}$ 下的坐标是齐次线性方程组 $(\lambda\boldsymbol{I} - \boldsymbol{A})\boldsymbol{X} = \boldsymbol{0}$ 在 F^n 中的非零解向量.

2. 线性变换的对角化

定义 7.16 设 σ 是数域 F 上 $n\,(n > 0)$ 维向量空间 V 的一个线性变换. 如果存在 V 的一个基，使得 σ 关于这个基的矩阵是对角形矩阵

$$\begin{pmatrix} \lambda_1 & 0 & \cdots & 0 \\ 0 & \lambda_2 & \cdots & 0 \\ \vdots & \vdots & & \vdots \\ 0 & 0 & \cdots & \lambda_n \end{pmatrix},$$

那么就说 σ 可以对角化.

定理 7.16 设 V 是数域 F 上 $n\,(n > 0)$ 维向量空间，$\sigma \in L(V)$，σ 关于 V 的基 $\{\boldsymbol{\alpha}_1, \boldsymbol{\alpha}_2, \cdots, \boldsymbol{\alpha}_n\}$ 的矩阵为 $\boldsymbol{A}$，则 σ 可对角化当且仅当 $\boldsymbol{A}$ 在 F 上可对角化.

二、释疑解难

1. 关于线性变换的本征值和本征向量

设 V 是数域 F 上的向量空间，σ 是 V 的线性变换.

(1) σ 的本征向量一定是 V 中的非零向量.

(2) σ 的属于同一个本征值 λ 的本征向量不唯一.

事实上，若 $\boldsymbol{\xi}$ 是 σ 的属于本征值 λ 的本征向量，则对数域 F 中的任意非零数 k，都有

$$\sigma(k\boldsymbol{\xi}) = k\sigma(\boldsymbol{\xi}) = k\lambda\boldsymbol{\xi} = \lambda(k\boldsymbol{\xi}).$$

因此非零向量 $k\boldsymbol{\xi}$ 都是 σ 的属于本征值 λ 的本征向量.

(3) σ 的任意一组本征向量生成的向量空间必是 σ 的不变子空间.

事实上，设 $W=\mathscr{L}(\boldsymbol{\xi}_1, \boldsymbol{\xi}_2, \cdots, \boldsymbol{\xi}_r)$，其中 $\boldsymbol{\xi}_i\ (i=1, 2, \cdots, r)$ 是 σ 的属于本征值 λ_i 的本征向量. 对任意 $\boldsymbol{\alpha}\in W$，设 $\boldsymbol{\alpha}=\sum_{i=1}^{r}a_i\boldsymbol{\xi}_i$，则

$$\sigma(\boldsymbol{\alpha})=\sum_{i=1}^{r}a_i\sigma(\boldsymbol{\xi}_i)=\sum_{i=1}^{r}a_i\lambda_i\boldsymbol{\xi}_i\in W.$$

于是 W 是 σ 的不变子空间.

特别地，由 σ 的一个本征向量 $\boldsymbol{\xi}$ 所生成的子空间 $W=\mathscr{L}(\boldsymbol{\xi})$ 是 σ 的一维不变子空间. 反过来，如果 V 的一个一维子空间 W 在 σ 之下不变，那么 W 中每一个非零向量都是 σ 的属于同一个本征值的本征向量.

(4) σ 的一个本征向量只能属于 σ 的一个本征值.

这是因为，若 $\boldsymbol{\xi}$ 是 σ 的属于本征值 λ_1 的本征向量，又是 σ 的属于本征值 λ_2 的本征向量，则 $\sigma(\boldsymbol{\xi})=\lambda_1\boldsymbol{\xi}$，$\sigma(\boldsymbol{\xi})=\lambda_2\boldsymbol{\xi}$. 于是 $(\lambda_1-\lambda_2)\boldsymbol{\xi}=\boldsymbol{0}$. 由 $\boldsymbol{\xi}\neq\boldsymbol{0}$ 知，$\lambda_1=\lambda_2$.

2. 关于线性变换的本征值和本征向量与矩阵的特征根和特征向量

设 σ 是数域 F 上 n 维向量空间 V 的一个线性变换，$\{\boldsymbol{\alpha}_1, \boldsymbol{\alpha}_2, \cdots, \boldsymbol{\alpha}_n\}$ 为 V 的一个基，σ 关于这个基的矩阵是 $\boldsymbol{A}$.

(1) 矩阵 $\boldsymbol{A}$ 的特征根是 $\boldsymbol{A}$ 的特征多项式 $f_{\boldsymbol{A}}(x)$ 在复数域 $\mathbf{C}$ 中的根，而 σ 的本征值是 $f_{\boldsymbol{A}}(x)$ 在数域 F 中的根.

如本书配套教材 § 7.5 的例 5，$\boldsymbol{A}$ 的特征根为 4，$\pm 2\mathrm{i}$，而 σ 的本征值为 4.

(2) 矩阵 $\boldsymbol{A}$ 的属于特征根 λ 的特征向量是齐次线性方程组 $(\lambda\boldsymbol{I}-\boldsymbol{A})\boldsymbol{X}=\boldsymbol{0}$ 在 $\mathbf{C}^n$ 中的非零解向量，而 σ 的属于本征值 λ 的本征向量是在基 $\{\boldsymbol{\alpha}_1, \boldsymbol{\alpha}_2, \cdots, \boldsymbol{\alpha}_n\}$ 下以 $\boldsymbol{A}$ 的属于 λ 的在 F^n 中的特征向量为坐标的向量.

如本节“范例解析”之例 5，$\boldsymbol{A}$ 的属于特征根 $\lambda_1=-4$ 的特征向量为 $(k_1, -2k_1, 3k_1)$，其中 k_1 是任意非零复数，而 σ 的属于本征值 $\lambda_1=-4$ 的本征向量为 $k_1\boldsymbol{\alpha}_1-2k_1\boldsymbol{\alpha}_2+3k_1\boldsymbol{\alpha}_3$，其中 k_1 是任意非零有理数.

3. 求线性变换的本征值和本征向量的方法

设 σ 是数域 F 上 $n\ (n>0)$ 维向量空间 V 的一个线性变换.

第一步　取 V 的一个基 $\{\boldsymbol{\alpha}_1, \boldsymbol{\alpha}_2, \cdots, \boldsymbol{\alpha}_n\}$，求出 σ 关于该基的矩阵 $\boldsymbol{A}$ 及 $\boldsymbol{A}$ 在 F 中的所有不同的特征根 $\lambda_1, \lambda_2, \cdots, \lambda_s$，即为 σ 的所有不同的本征值;

第二步　对每个本征值 $\lambda_i\ (i=1, 2, \cdots, s)$，在数域 F 上解齐次线性方程组 $(\lambda_i\boldsymbol{I}-\boldsymbol{A})\boldsymbol{X}=\boldsymbol{0}$ 得一基础解系

$$\boldsymbol{\eta}_{i1}, \boldsymbol{\eta}_{i2}, \cdots, \boldsymbol{\eta}_{it_i},$$

并求出在基 $\{\boldsymbol{\alpha}_1, \boldsymbol{\alpha}_2, \cdots, \boldsymbol{\alpha}_n\}$ 下以 $\boldsymbol{\eta}_{ij}\ (j=1, 2, \cdots, t_i)$ 为坐标的向量 $\boldsymbol{\xi}_{ij}$，即

$$\boldsymbol{\xi}_{ij}=(\boldsymbol{\alpha}_1, \boldsymbol{\alpha}_2, \cdots, \boldsymbol{\alpha}_n)\boldsymbol{\eta}_{ij}.$$

则 σ 的属于本征值 λ_i 的所有本征向量为

$$k_{i1}\boldsymbol{\xi}_{i1}+k_{i2}\boldsymbol{\xi}_{i2}+\cdots+k_{it_i}\boldsymbol{\xi}_{it_i},$$

其中 k_{i1}，k_{i2}，$\cdots$，k_{it_i} 是数域 F 中不同时为零的任意数.

4. 线性变换对角化的方法

作为定理 7.16 的一个直接结论，有：

定理 7.17 设 V 是数域 F 上的一个 $n\,(n>0)$ 维向量空间，$\sigma\in L(V)$，则 σ 可对角化当且仅当 V 中有一个由 σ 的本征向量构成的基.

这样，σ 能否对角化的问题也就归结为在 V 中能否找到一个由 σ 的本征向量构成的基的问题. 那么当 σ 能对角化时，在 V 中如何选取一个由 σ 的本征向量构成的基，使得 σ 关于这个基的矩阵是对角形矩阵？具体方法如下：

第一步 将 σ 关于 V 的一个基 $\{\boldsymbol{\alpha}_1,\boldsymbol{\alpha}_2,\cdots,\boldsymbol{\alpha}_n\}$ 的矩阵 $\boldsymbol{A}$ 在 F 上对角化，得 F 上的可逆矩阵 $\boldsymbol{T}$，使得 $\boldsymbol{T}^{-1}\boldsymbol{A}\boldsymbol{T}=\boldsymbol{\Lambda}$，其中 $\boldsymbol{\Lambda}$ 为对角形矩阵；

第二步 令

$$(\boldsymbol{\xi}_1,\boldsymbol{\xi}_2,\cdots,\boldsymbol{\xi}_n)=(\boldsymbol{\alpha}_1,\boldsymbol{\alpha}_2,\cdots,\boldsymbol{\alpha}_n)\boldsymbol{T},$$

则 $\{\boldsymbol{\xi}_1,\boldsymbol{\xi}_2,\cdots,\boldsymbol{\xi}_n\}$ 就是 V 中由 σ 的本征向量构成的一个基，且 σ 在这个基下的矩阵是对角形矩阵 $\boldsymbol{\Lambda}$，即

$$\sigma(\boldsymbol{\xi}_1,\boldsymbol{\xi}_2,\cdots,\boldsymbol{\xi}_n)=(\boldsymbol{\xi}_1,\boldsymbol{\xi}_2,\cdots,\boldsymbol{\xi}_n)\boldsymbol{\Lambda}.$$

三、范例解析

例 1 设 σ 是数域 F 上向量空间 V 的一个线性变换.

(1) 若 $\sigma^2=\iota$，则称 σ 为对合变换；

(2) 若 $\sigma^2=\sigma$，则称 σ 为幂等变换；

(3) 若 $\sigma^m=\theta$，m 是一个正整数，则称 σ 为幂零变换.

求这几类特殊的线性变换的本征值.

解 设 λ 是 σ 的本征值，$\boldsymbol{\xi}$ 是 σ 的属于本征值 λ 的本征向量，则 $\sigma(\boldsymbol{\xi})=\lambda\boldsymbol{\xi}$.

(1) 若 σ 为对合变换，则

$$\boldsymbol{\xi}=\iota(\boldsymbol{\xi})=\sigma^2(\boldsymbol{\xi})=\sigma(\sigma(\boldsymbol{\xi}))=\lambda^2\boldsymbol{\xi}.$$

因此 $(\lambda^2-1)\boldsymbol{\xi}=\boldsymbol{0}$. 因 $\boldsymbol{\xi}\neq\boldsymbol{0}$，故 $\lambda=1$，或 $\lambda=-1$，即对合变换的本征值为 ±1.

(2) 若 σ 为幂等变换，则

$$\lambda\boldsymbol{\xi}=\sigma(\boldsymbol{\xi})=\sigma^2(\boldsymbol{\xi})=\lambda^2\boldsymbol{\xi}.$$

于是 $(\lambda^2-\lambda)\boldsymbol{\xi}=\boldsymbol{0}$. 因 $\boldsymbol{\xi}\neq\boldsymbol{0}$，故 $\lambda=0$，或 $\lambda=1$，即幂等变换的本征值为 0，1.

(3) 若 σ 为幂零变换，则

$$\boldsymbol{0}=\theta(\boldsymbol{\xi})=\sigma^m(\boldsymbol{\xi})=\sigma^{m-1}(\lambda\boldsymbol{\xi})=\cdots=\lambda^m\boldsymbol{\xi}.$$

因为 $\boldsymbol{\xi}\neq\boldsymbol{0}$，所以 $\lambda=0$，即幂零变换的本征值只有 0.

例 2 设 σ 是数域 F 上 $n\,(n>0)$ 维向量空间 V 的一个线性变换. 若 V 中每个非零向量都是 σ 的本征向量，则 σ 是位似变换.

证明 方法一 设 $\{\boldsymbol{\alpha}_1, \boldsymbol{\alpha}_2, \cdots, \boldsymbol{\alpha}_n\}$ 为 V 的一个基，则 $\boldsymbol{\alpha}_1+\boldsymbol{\alpha}_2+\cdots+\boldsymbol{\alpha}_n \neq \boldsymbol{0}$. 因此 $\boldsymbol{\alpha}_i$，$i=1, 2, \cdots, n$，$\boldsymbol{\alpha}_1+\boldsymbol{\alpha}_2+\cdots+\boldsymbol{\alpha}_n$ 都是 σ 的本征向量. 假设

$$\sigma(\boldsymbol{\alpha}_i)=\lambda_i\boldsymbol{\alpha}_i,\ i=1, 2, \cdots, n,$$
$$\sigma(\boldsymbol{\alpha}_1+\boldsymbol{\alpha}_2+\cdots+\boldsymbol{\alpha}_n)=\lambda(\boldsymbol{\alpha}_1+\boldsymbol{\alpha}_2+\cdots+\boldsymbol{\alpha}_n),$$

那么由 $\sigma(\boldsymbol{\alpha}_1+\boldsymbol{\alpha}_2+\cdots+\boldsymbol{\alpha}_n)=\lambda_1\boldsymbol{\alpha}_1+\lambda_2\boldsymbol{\alpha}_2+\cdots+\lambda_n\boldsymbol{\alpha}_n$ 知，$\lambda_i=\lambda$，$i=1, 2, \cdots, n$. 故对 V 中任意非零向量 $\boldsymbol{\alpha}$，都有 $\sigma(\boldsymbol{\alpha})=\lambda\boldsymbol{\alpha}$，即 σ 是位似变换.

方法二 任取 σ 的两个本征值 λ_1，λ_2. 设 $\boldsymbol{\xi}_1$，$\boldsymbol{\xi}_2$ 分别是 σ 的属于本征值 λ_1，λ_2 的本征向量，且 $\boldsymbol{\xi}_1+\boldsymbol{\xi}_2\neq\boldsymbol{0}$，则 $\boldsymbol{\xi}_1+\boldsymbol{\xi}_2$ 也是 σ 的本征向量. 令

$$\sigma(\boldsymbol{\xi}_1+\boldsymbol{\xi}_2)=\lambda(\boldsymbol{\xi}_1+\boldsymbol{\xi}_2),$$

则由 $\sigma(\boldsymbol{\xi}_1+\boldsymbol{\xi}_2)=\lambda_1\boldsymbol{\xi}_1+\lambda_2\boldsymbol{\xi}_2$，得

$$(\lambda_1-\lambda)\boldsymbol{\xi}_1+(\lambda_2-\lambda)\boldsymbol{\xi}_2=\boldsymbol{0}.$$

若 $\lambda_1-\lambda=0$，则 $\lambda_2-\lambda=0$. 从而 $\lambda_1=\lambda_2$.

若 $\lambda_1-\lambda\neq0$，则 $\lambda_2-\lambda\neq0$. 于是 $\boldsymbol{\xi}_1=k\boldsymbol{\xi}_2$，其中 $k=\dfrac{\lambda-\lambda_2}{\lambda_1-\lambda}\neq0$. 从而

$$k\lambda_1\boldsymbol{\xi}_2=\lambda_1\boldsymbol{\xi}_1=\sigma(\boldsymbol{\xi}_1)=\sigma(k\boldsymbol{\xi}_2)=k\lambda_2\boldsymbol{\xi}_2.$$

因此 $k(\lambda_1-\lambda_2)\boldsymbol{\xi}_2=\boldsymbol{0}$. 故 $\lambda_1=\lambda_2$.

这表明 σ 只有一个本征值 λ. 于是对 V 中任意非零向量 $\boldsymbol{\alpha}$，都有 $\sigma(\boldsymbol{\alpha})=\lambda\boldsymbol{\alpha}$，即 σ 是位似变换.

例 3 设 $\boldsymbol{A}$ 是复数域 $\mathbf{C}$ 上的 n 阶方阵. 证明：

(1) 存在 $\mathbf{C}$ 上的 n 阶可逆矩阵 $\boldsymbol{P}$，使得

$$\boldsymbol{P}^{-1}\boldsymbol{A}\boldsymbol{P}=\begin{pmatrix}\lambda_1 & b_{12} & \cdots & b_{1n}\\ 0 & b_{22} & \cdots & b_{2n}\\ \vdots & \vdots & & \vdots\\ 0 & b_{n2} & \cdots & b_{nn}\end{pmatrix};$$

(2) $\boldsymbol{A}$ 相似于复数域上的一个 n 阶上三角矩阵；

(3) $f_{\boldsymbol{A}}(\boldsymbol{A})=\boldsymbol{0}$（不用哈密顿-凯莱定理），其中 $f_{\boldsymbol{A}}(x)$ 是 $\boldsymbol{A}$ 的特征多项式.

证明 (1) 方法一 设 V 是 $\mathbf{C}$ 上的 n 维向量空间，$\{\boldsymbol{\alpha}_1, \boldsymbol{\alpha}_2, \cdots, \boldsymbol{\alpha}_n\}$ 为 V 的一个基. 由 $L(V)\cong M_n(\mathbf{C})$ 知，存在 $\sigma\in L(V)$，使得 σ 在基 $\{\boldsymbol{\alpha}_1, \boldsymbol{\alpha}_2, \cdots, \boldsymbol{\alpha}_n\}$ 下的矩阵是 $\boldsymbol{A}$. 假设 λ_1 是 $\boldsymbol{A}$ 的一个特征根，$\boldsymbol{\eta}_1$ 是 $\boldsymbol{A}$ 的属于特征根 λ_1 的一个特征向量，$\boldsymbol{\xi}_1$ 是在基 $\{\boldsymbol{\alpha}_1, \boldsymbol{\alpha}_2, \cdots, \boldsymbol{\alpha}_n\}$ 下以 $\boldsymbol{\eta}_1$ 为坐标的向量，那么 $\boldsymbol{\xi}_1$ 是 σ 的属于本征值 λ_1 的本征向量. 于是 $\sigma(\boldsymbol{\xi}_1)=\lambda_1\boldsymbol{\xi}_1$. 将 $\boldsymbol{\xi}_1$ 扩充为 V 的一个基 $\{\boldsymbol{\xi}_1, \boldsymbol{\xi}_2, \cdots, \boldsymbol{\xi}_n\}$，则 σ 在基 $\{\boldsymbol{\xi}_1, \boldsymbol{\xi}_2, \cdots, \boldsymbol{\xi}_n\}$ 下的矩阵为

$$\boldsymbol{B}=\begin{pmatrix}\lambda_1 & b_{12} & \cdots & b_{1n}\\ 0 & b_{22} & \cdots & b_{2n}\\ \vdots & \vdots & & \vdots\\ 0 & b_{n2} & \cdots & b_{nn}\end{pmatrix}.$$

因为 σ 关于不同基的矩阵是相似的，所以存在 $\mathbf{C}$ 上的 n 阶可逆矩阵 $\boldsymbol{P}$，使得

$$\boldsymbol{P}^{-1}\boldsymbol{A}\boldsymbol{P}=\begin{pmatrix}\lambda_1 & b_{12} & \cdots & b_{1n}\\ 0 & b_{22} & \cdots & b_{2n}\\ \vdots & \vdots & & \vdots\\ 0 & b_{n2} & \cdots & b_{nn}\end{pmatrix}.$$

方法二 见“习题三解答”第 18 题.

(2) 见“习题三解答”第 18 题.

(3) 由 (2) 知，存在 $\mathbf{C}$ 上的 n 阶可逆矩阵 $\boldsymbol{P}$，使得

$$\boldsymbol{P}^{-1}\boldsymbol{A}\boldsymbol{P}=\begin{pmatrix}\lambda_1 & & & *\\ & \lambda_2 & & \\ & & \ddots & \\ & & & \lambda_n\end{pmatrix}.$$

于是 $\boldsymbol{A}$ 的特征多项式 $f_{\boldsymbol{A}}(x)=(x-\lambda_1)(x-\lambda_2)\cdots(x-\lambda_n)$. 因此

$$\begin{aligned}f_{\boldsymbol{A}}(\boldsymbol{P}^{-1}\boldsymbol{A}\boldsymbol{P})&=(\boldsymbol{P}^{-1}\boldsymbol{A}\boldsymbol{P}-\lambda_1\boldsymbol{I})(\boldsymbol{P}^{-1}\boldsymbol{A}\boldsymbol{P}-\lambda_2\boldsymbol{I})\cdots(\boldsymbol{P}^{-1}\boldsymbol{A}\boldsymbol{P}-\lambda_n\boldsymbol{I})\\&=\begin{pmatrix}0 & & & *\\ & \lambda_2-\lambda_1 & & \\ & & \ddots & \\ & & & \lambda_n-\lambda_1\end{pmatrix}\begin{pmatrix}\lambda_1-\lambda_2 & & & *\\ & 0 & & \\ & & \ddots & \\ & & & \lambda_n-\lambda_2\end{pmatrix}\cdots\\&\quad\begin{pmatrix}\lambda_1-\lambda_n & & & *\\ & \ddots & & \\ & & \lambda_{n-1}-\lambda_n & \\ & & & 0\end{pmatrix}\\&=\boldsymbol{0}.\end{aligned}$$

因为 $f_{\boldsymbol{A}}(\boldsymbol{P}^{-1}\boldsymbol{A}\boldsymbol{P})=\boldsymbol{P}^{-1}f_{\boldsymbol{A}}(\boldsymbol{A})\boldsymbol{P}$，所以 $f_{\boldsymbol{A}}(\boldsymbol{A})=\boldsymbol{0}$.

例 4 向量空间 $F_n[x]$ 的线性变换 σ 的定义如下：

$$\sigma(f(x))=f'(x),\ f(x)\in F_n[x].$$

求 σ 的本征值和相应的本征向量，并证明 σ 不能对角化.

解 取 $F_n[x]$ 的一个基 $\{1, x, x^2, \cdots, x^n\}$，则 σ 在这个基下的矩阵为

$$\boldsymbol{A}=\begin{pmatrix}0 & 1 & 0 & \cdots & 0\\ 0 & 0 & 2 & \cdots & 0\\ \vdots & \vdots & \vdots & & \vdots\\ 0 & 0 & 0 & \cdots & n\\ 0 & 0 & 0 & \cdots & 0\end{pmatrix}.$$

于是 $\boldsymbol{A}$ 的特征多项式 $f_{\boldsymbol{A}}(x)=x^{n+1}$. 因此 $\boldsymbol{A}$ 的特征根只有 0 ($n+1$ 重). 从而 σ 的本

征值只有 0 ($n+1$ 重). 解方程组 $(0\boldsymbol{I}-\boldsymbol{A})\boldsymbol{X}=\boldsymbol{0}$ 得一基础解系 $\boldsymbol{\eta}=(1, 0, \cdots, 0)^{\mathrm{T}}$. 令 $s(x)=(1, x, x^2, \cdots, x^n)\boldsymbol{\eta}$, 则 $s(x)=1$. 于是 σ 的属于本征值 0 的所有的本征向量为 $ks(x)=k$, 其中 k 为数域 F 中任意非零数.

因为 σ 的线性无关的本征向量只有 1 个，所以 σ 不能对角化.

例 5 设有理数域 $\mathbf{Q}$ 上向量空间 V 的线性变换 σ 在基 $\{\boldsymbol{\alpha}_1, \boldsymbol{\alpha}_2, \boldsymbol{\alpha}_3\}$ 下的矩阵为

$$\boldsymbol{A}=\begin{pmatrix} 3 & 2 & -1 \\ -2 & -2 & 2 \\ 3 & 6 & -1 \end{pmatrix}.$$

(1) 求 σ 的本征值和相应的本征向量;

(2) σ 能否对角化? 若能对角化，试求 V 的一个基使得 σ 关于这个基的矩阵是对角矩阵.

解 (1) 因为 $\boldsymbol{A}$ 的特征多项式为

$$f_{\boldsymbol{A}}(x)=\begin{vmatrix} x-3 & -2 & 1 \\ 2 & x+2 & -2 \\ -3 & -6 & x+1 \end{vmatrix}=(x+4)(x-2)^2,$$

所以 $\boldsymbol{A}$ 的特征根为 $\lambda_1=-4$, $\lambda_2=\lambda_3=2$. 故 σ 的本征值为 $\lambda_1=-4$, $\lambda_2=\lambda_3=2$.

对于 $\lambda_1=-4$, 解齐次线性方程组

$$(-4\boldsymbol{I}-\boldsymbol{A})\boldsymbol{X}=\boldsymbol{0}$$

得一基础解系 $\boldsymbol{\eta}_1=(1, -2, 3)^{\mathrm{T}}$. 令 $\boldsymbol{\xi}_1=\boldsymbol{\alpha}_1-2\boldsymbol{\alpha}_2+3\boldsymbol{\alpha}_3$, 则 σ 的属于本征值 $\lambda_1=-4$ 的所有本征向量为 $k_1\boldsymbol{\xi}_1$, 其中 k_1 为任意非零有理数.

对于 $\lambda_2=\lambda_3=2$, 解齐次线性方程组

$$(2\boldsymbol{I}-\boldsymbol{A})\boldsymbol{X}=\boldsymbol{0}$$

得一基础解系 $\boldsymbol{\eta}_2=(-2, 1, 0)^{\mathrm{T}}$, $\boldsymbol{\eta}_3=(1, 0, 1)^{\mathrm{T}}$. 令 $\boldsymbol{\xi}_2=-2\boldsymbol{\alpha}_1+\boldsymbol{\alpha}_2$, $\boldsymbol{\xi}_3=\boldsymbol{\alpha}_1+\boldsymbol{\alpha}_3$, 则 σ 的属于本征值 $\lambda_2=\lambda_3=2$ 的所有本征向量为 $k_2\boldsymbol{\xi}_2+k_3\boldsymbol{\xi}_3$, 其中 k_2 , k_3 为任意不同时为零的有理数.

(2) 由 (1) 知, $\{\boldsymbol{\xi}_1, \boldsymbol{\xi}_2, \boldsymbol{\xi}_3\}$ 是由 σ 的本征向量构成的 V 的一个基，所以 σ 能对角化，并且

$$\sigma(\boldsymbol{\xi}_1, \boldsymbol{\xi}_2, \boldsymbol{\xi}_3)=(\boldsymbol{\xi}_1, \boldsymbol{\xi}_2, \boldsymbol{\xi}_3)\begin{pmatrix} -4 & & \\ & 2 & \\ & & 2 \end{pmatrix}.$$

例 6 设 σ 是数域 F 上 n 维向量空间 V 的一个线性变换. 证明: 若 σ 有 n 个互异的本征值，则 σ 可对角化. 反之结论成立吗?

证明 因为 σ 的属于不同本征值的本征向量线性无关，所以由题设知，V 中有一个由 σ 的本征向量构成的基. 因此 σ 可对角化.

反之结论不一定成立. 例如，恒等变换 ι 在 V 的任一基下的矩阵都是 n 阶单

位矩阵 $\boldsymbol{I}$，但 ι 的本征值只有 1 (n 重).

习题七解答

1. 判断下面所定义的变换，哪些是线性的，哪些不是.

(1) 在向量空间 V 中，$\sigma(\boldsymbol{\xi})=\boldsymbol{\xi}+\boldsymbol{\alpha}$，$\boldsymbol{\alpha}$ 是 V 中一固定的向量;

(2) 在向量空间 $\mathbf{R}^3$ 中，$\sigma(x_1, x_2, x_3)=(x_1^2, x_2+x_3, x_3^2)$;

(3) 在向量空间 $\mathbf{R}^3$ 中，$\sigma(x_1, x_2, x_3)=(2x_1-x_2, x_2+x_3, x_1)$;

(4) 把复数域看作复数域上的向量空间，$\sigma(\boldsymbol{\xi})=\overline{\boldsymbol{\xi}}$.

解 (1) 当 $\boldsymbol{\alpha}=\boldsymbol{0}$ 时，σ 是线性变换. 当 $\boldsymbol{\alpha}\neq\boldsymbol{0}$ 时，σ 不是线性变换.

(2) σ 不是线性变换.

(3) σ 是线性变换.

(4) σ 不是线性变换.

2. 设 V 是数域 F 上的一维向量空间. 证明: σ 是 V 的一个线性变换的充要条件是存在 F 中的一个数 a，使得对任意 $\boldsymbol{\xi}\in V$，都有 $\sigma(\boldsymbol{\xi})=a\boldsymbol{\xi}$.

证明 充分性 显然.

必要性 设 σ 是 V 的一个线性变换. 令 $\boldsymbol{\alpha}$ 是 V 的一个基，则存在 F 中的一个数 a，使得 $\sigma(\boldsymbol{\alpha})=a\boldsymbol{\alpha}$. 因为对任意 $\boldsymbol{\xi}\in V$，存在 $k\in F$，使得 $\boldsymbol{\xi}=k\boldsymbol{\alpha}$，所以

$$\sigma(\boldsymbol{\xi})=\sigma(k\boldsymbol{\alpha})=k\sigma(\boldsymbol{\alpha})=k(a\boldsymbol{\alpha})=a\boldsymbol{\xi}.$$

3. 设 σ 是向量空间 V 的线性变换. 如果 $\sigma^{k-1}(\boldsymbol{\xi})\neq\boldsymbol{0}$，但 $\sigma^k(\boldsymbol{\xi})=\boldsymbol{0}$，证明: $\boldsymbol{\xi}, \sigma(\boldsymbol{\xi}), \cdots, \sigma^{k-1}(\boldsymbol{\xi})$ ($k>0$) 线性无关.

证明 假设存在一组数 $a_0, a_1, \cdots, a_{k-1}$，使得

$$a_0\boldsymbol{\xi}+a_1\sigma(\boldsymbol{\xi})+\cdots+a_{k-1}\sigma^{k-1}(\boldsymbol{\xi})=\boldsymbol{0}.$$

两端用 σ^{k-1} 作用，得

$$a_0\sigma^{k-1}(\boldsymbol{\xi})+a_1\sigma^k(\boldsymbol{\xi})+\cdots+a_{k-1}\sigma^{2k-2}(\boldsymbol{\xi})=\boldsymbol{0}.$$

于是由 $\sigma^k(\boldsymbol{\xi})=\cdots=\sigma^{2k-2}(\boldsymbol{\xi})=\boldsymbol{0}$，$\sigma^{k-1}(\boldsymbol{\xi})\neq\boldsymbol{0}$，得 $a_0=0$. 从而

$$a_1\sigma(\boldsymbol{\xi})+\cdots+a_{k-1}\sigma^{k-1}(\boldsymbol{\xi})=\boldsymbol{0}.$$

两端用 σ^{k-2} 作用，得

$$a_1\sigma^{k-1}(\boldsymbol{\xi})+a_2\sigma^k(\boldsymbol{\xi})+\cdots+a_{k-1}\sigma^{2k-3}(\boldsymbol{\xi})=\boldsymbol{0}.$$

同理 $a_1=0$. 重复上述过程，得 $a_2=a_3=\cdots=a_{k-1}=0$. 于是 $\boldsymbol{\xi}, \sigma(\boldsymbol{\xi}), \cdots, \sigma^{k-1}(\boldsymbol{\xi})$ ($k>0$) 线性无关.

4. 在向量空间 $\mathbf{R}[x]$ 中，$\sigma(f(x))=f'(x)$，$\tau(f(x))=xf(x)$. 证明: $\sigma\tau-\tau\sigma=\iota$.

证明 因为对任意 $f(x)\in\mathbf{R}[x]$，都有

$$(\sigma\tau-\tau\sigma)(f(x))=\sigma(xf(x))-\tau(f'(x))=f(x)+xf'(x)-xf'(x)=f(x),$$

所以 $\sigma\tau-\tau\sigma=\iota$.

5. 在 $\mathbf{R}^3$ 中定义线性变换 σ，τ 如下：

$$\sigma(x_1,\ x_2,\ x_3)=(x_1,\ x_2,\ x_1+x_2),$$
$$\tau(x_1,\ x_2,\ x_3)=(x_1+x_2-x_3,\ 0,\ x_3-x_1-x_2).$$

(1) 求 $\sigma\tau$，$\tau\sigma$，σ^2；

(2) 求 $\sigma+\tau$，$\sigma-\tau$，2σ.

解 (1) 对任意 $(x_1,\ x_2,\ x_3)\in\mathbf{R}^3$，有

$$\sigma\tau(x_1,\ x_2,\ x_3)=(x_1+x_2-x_3,\ 0,\ x_1+x_2-x_3),$$
$$\tau\sigma(x_1,\ x_2,\ x_3)=\tau(x_1,\ x_2,\ x_1+x_2)=(0,\ 0,\ 0),$$
$$\sigma^2(x_1,\ x_2,\ x_3)=(x_1,\ x_2,\ x_1+x_2).$$

因此 $\tau\sigma=\theta$，$\sigma^2=\sigma$.

(2) 对任意 $(x_1,\ x_2,\ x_3)\in\mathbf{R}^3$，有

$$(\sigma+\tau)(x_1,\ x_2,\ x_3)=(2x_1+x_2-x_3,\ x_2,\ x_3),$$
$$(\sigma-\tau)(x_1,\ x_2,\ x_3)=(-x_2+x_3,\ x_2,\ 2x_1+2x_2-x_3),$$
$$2\sigma(x_1,\ x_2,\ x_3)=(2x_1,\ 2x_2,\ 2x_1+2x_2).$$

6. 已知向量空间 $\mathbf{R}^3$ 的线性变换 σ 为

$$\sigma(x_1,\ x_2,\ x_3)=(x_1+x_2+x_3,\ x_2+x_3,\ -x_3).$$

证明：σ 是可逆变换，并求 σ^{-1}.

证明 取 $\mathbf{R}^3$ 的标准基 $\{\boldsymbol{\varepsilon}_1,\ \boldsymbol{\varepsilon}_2,\ \boldsymbol{\varepsilon}_3\}$. 因为

$$\sigma(\boldsymbol{\varepsilon}_1)=(1,\ 0,\ 0),\ \sigma(\boldsymbol{\varepsilon}_2)=(1,\ 1,\ 0),\ \sigma(\boldsymbol{\varepsilon}_3)=(1,\ 1,\ -1),$$

所以 σ 关于 $\mathbf{R}^3$ 的标准基 $\{\boldsymbol{\varepsilon}_1,\ \boldsymbol{\varepsilon}_2,\ \boldsymbol{\varepsilon}_3\}$ 的矩阵为

$$\boldsymbol{A}=\begin{pmatrix}1&1&1\\0&1&1\\0&0&-1\end{pmatrix}.$$

由于 $\boldsymbol{A}$ 可逆，因此 σ 是可逆变换，且 σ^{-1} 关于标准基 $\{\boldsymbol{\varepsilon}_1,\ \boldsymbol{\varepsilon}_2,\ \boldsymbol{\varepsilon}_3\}$ 的矩阵为

$$\boldsymbol{A}^{-1}=\begin{pmatrix}1&-1&0\\0&1&1\\0&0&-1\end{pmatrix}.$$

从而对任意 $\boldsymbol{\alpha}=(x_1,\ x_2,\ x_3)\in\mathbf{R}^3$，$\sigma^{-1}(\boldsymbol{\alpha})$ 的坐标为

$$\boldsymbol{A}^{-1}\begin{pmatrix}x_1\\x_2\\x_3\end{pmatrix}=\begin{pmatrix}x_1-x_2\\x_2+x_3\\-x_3\end{pmatrix},$$

即 $\sigma^{-1}(x_1,\ x_2,\ x_3)=(x_1-x_2,\ x_2+x_3,\ -x_3)$.

7. 设 σ，τ，ρ 都是向量空间 V 的线性变换. 试证：

(1) 若 σ，τ 都与 ρ 可交换，则 $\sigma\tau$，σ^2 也都与 ρ 可交换；

(2) 若 $\sigma+\tau$，$\sigma-\tau$ 都与 ρ 可交换，则 σ，τ 也都与 ρ 可交换.

证明 (1) 因为 $\sigma\rho = \rho\sigma$，$\tau\rho = \rho\tau$，所以

$$(\sigma\tau)\rho = \sigma(\tau\rho) = \sigma(\rho\tau) = (\sigma\rho)\tau = \rho(\sigma\tau),$$
$$\sigma^2\rho = \sigma(\sigma\rho) = \sigma(\rho\sigma) = (\sigma\rho)\sigma = \rho\sigma^2.$$

故 $\sigma\tau$，σ^2 都与 ρ 可交换.

(2) 同理可证.

8. 证明：数域 F 上的有限维向量空间 V 的线性变换 σ 是可逆变换的充要条件是 σ 把非零向量变为非零向量.

证明 方法一 设 $\dim V = n$，$\{\boldsymbol{\alpha}_1, \boldsymbol{\alpha}_2, \cdots, \boldsymbol{\alpha}_n\}$ 是 V 的一个基，σ 关于这个基的矩阵为 $\boldsymbol{A}$. 因秩 σ + σ 的零度 $= n$，故 σ 可逆当且仅当 $\dim(\operatorname{Ker}\sigma) = 0$，当且仅当 σ 把非零向量变为非零向量.

方法二 必要性 设 σ 是可逆变换. 对任意非零向量 $\boldsymbol{\alpha} \in V$，如果 $\sigma(\boldsymbol{\alpha}) = \boldsymbol{0}$，那么 $\boldsymbol{\alpha} = \sigma^{-1}(\sigma(\boldsymbol{\alpha})) = \boldsymbol{0}$，矛盾. 因此 $\sigma(\boldsymbol{\alpha}) \neq \boldsymbol{0}$.

充分性 设 $\dim V = n$，$\{\boldsymbol{\alpha}_1, \boldsymbol{\alpha}_2, \cdots, \boldsymbol{\alpha}_n\}$ 是 V 的一个基. 假设存在数域 F 中的一组数 $k_1, k_2, \cdots, k_n$，使得

$$k_1\sigma(\boldsymbol{\alpha}_1) + k_2\sigma(\boldsymbol{\alpha}_2) + \cdots + k_n\sigma(\boldsymbol{\alpha}_n) = \boldsymbol{0},$$

则 $\sigma(k_1\boldsymbol{\alpha}_1 + k_2\boldsymbol{\alpha}_2 + \cdots + k_n\boldsymbol{\alpha}_n) = \boldsymbol{0}$. 因为 σ 把非零向量变为非零向量，所以

$$k_1\boldsymbol{\alpha}_1 + k_2\boldsymbol{\alpha}_2 + \cdots + k_n\boldsymbol{\alpha}_n = \boldsymbol{0}.$$

由 $\{\boldsymbol{\alpha}_1, \boldsymbol{\alpha}_2, \cdots, \boldsymbol{\alpha}_n\}$ 是 V 的基知，$k_1 = k_2 = \cdots = k_n = 0$. 故 $\sigma(\boldsymbol{\alpha}_1), \sigma(\boldsymbol{\alpha}_2), \cdots, \sigma(\boldsymbol{\alpha}_n)$ 线性无关. 从而 σ 是可逆变换.

9. 证明：可逆线性变换把线性无关的向量组变为线性无关的向量组.

证明 设 σ 是向量空间 V 的可逆线性变换，$\boldsymbol{\alpha}_1, \boldsymbol{\alpha}_2, \cdots, \boldsymbol{\alpha}_m$ 是 V 的一组线性无关的向量. 令

$$k_1\sigma(\boldsymbol{\alpha}_1) + k_2\sigma(\boldsymbol{\alpha}_2) + \cdots + k_m\sigma(\boldsymbol{\alpha}_m) = \boldsymbol{0}.$$

两端用 σ^{-1} 作用，得

$$k_1\boldsymbol{\alpha}_1 + k_2\boldsymbol{\alpha}_2 + \cdots + k_m\boldsymbol{\alpha}_m = \boldsymbol{0}.$$

因为 $\boldsymbol{\alpha}_1, \boldsymbol{\alpha}_2, \cdots, \boldsymbol{\alpha}_m$ 线性无关，所以 $k_1 = k_2 = \cdots = k_m = 0$. 因此向量组 $\sigma(\boldsymbol{\alpha}_1), \sigma(\boldsymbol{\alpha}_2), \cdots, \sigma(\boldsymbol{\alpha}_m)$ 线性无关.

10. 设 $\{\boldsymbol{\varepsilon}_1, \boldsymbol{\varepsilon}_2, \boldsymbol{\varepsilon}_3\}$ 是 F 上向量空间 V 的一个基. 已知 V 的线性变换 σ 在 $\{\boldsymbol{\varepsilon}_1, \boldsymbol{\varepsilon}_2, \boldsymbol{\varepsilon}_3\}$ 下的矩阵为

$$\boldsymbol{A} = \begin{pmatrix} a_{11} & a_{12} & a_{13} \\ a_{21} & a_{22} & a_{23} \\ a_{31} & a_{32} & a_{33} \end{pmatrix}.$$

(1) 求 σ 在 $\{\boldsymbol{\varepsilon}_1, \boldsymbol{\varepsilon}_3, \boldsymbol{\varepsilon}_2\}$ 下的矩阵；

(2) 求 σ 在 $\{\boldsymbol{\varepsilon}_1, k\boldsymbol{\varepsilon}_2, \boldsymbol{\varepsilon}_3\}$ 下的矩阵 ($k \neq 0$，$k \in F$)；

(3) 求 σ 在 $\{\boldsymbol{\varepsilon}_1, \boldsymbol{\varepsilon}_1 + \boldsymbol{\varepsilon}_2, \boldsymbol{\varepsilon}_3\}$ 下的矩阵.

解 (1) $\sigma(\boldsymbol{\varepsilon}_1,\ \boldsymbol{\varepsilon}_3,\ \boldsymbol{\varepsilon}_2)=(\boldsymbol{\varepsilon}_1,\ \boldsymbol{\varepsilon}_3,\ \boldsymbol{\varepsilon}_2)\begin{pmatrix} a_{11} & a_{13} & a_{12} \\ a_{31} & a_{33} & a_{32} \\ a_{21} & a_{23} & a_{22} \end{pmatrix}$.

(2) $\sigma(\boldsymbol{\varepsilon}_1,\ k\boldsymbol{\varepsilon}_2,\ \boldsymbol{\varepsilon}_3)=(\boldsymbol{\varepsilon}_1,\ k\boldsymbol{\varepsilon}_2,\ \boldsymbol{\varepsilon}_3)\begin{pmatrix} a_{11} & ka_{12} & a_{13} \\ \frac{1}{k}a_{21} & a_{22} & \frac{1}{k}a_{23} \\ a_{31} & ka_{32} & a_{33} \end{pmatrix}$.

(3) $\sigma(\boldsymbol{\varepsilon}_1,\ \boldsymbol{\varepsilon}_1+\boldsymbol{\varepsilon}_2,\ \boldsymbol{\varepsilon}_3)$

$$=(\boldsymbol{\varepsilon}_1,\ \boldsymbol{\varepsilon}_1+\boldsymbol{\varepsilon}_2,\ \boldsymbol{\varepsilon}_3)\begin{pmatrix} a_{11}-a_{21} & a_{11}+a_{12}-a_{21}-a_{22} & a_{13}-a_{23} \\ a_{21} & a_{21}+a_{22} & a_{23} \\ a_{31} & a_{31}+a_{32} & a_{33} \end{pmatrix}.$$

11. 在 $\mathbf{R}^3$ 中定义线性变换 σ 如下:

$$\sigma(x_1,\ x_2,\ x_3)=(2x_2+x_3,\ x_1-4x_2,\ 3x_1),\ \forall(x_1,\ x_2,\ x_3)\in\mathbf{R}^3.$$

(1) 求 σ 在标准基 $\boldsymbol{\varepsilon}_1=(1,\ 0,\ 0)$, $\boldsymbol{\varepsilon}_2=(0,\ 1,\ 0)$, $\boldsymbol{\varepsilon}_3=(0,\ 0,\ 1)$ 下的矩阵;

(2) 利用 (1) 中结论, 求 σ 在基 $\boldsymbol{\alpha}_1=(1,\ 1,\ 1)$, $\boldsymbol{\alpha}_2=(1,\ 1,\ 0)$, $\boldsymbol{\alpha}_3=(1,\ 0,\ 0)$ 下的矩阵.

解 (1) 因为

$$\sigma(\boldsymbol{\varepsilon}_1)=(0,\ 1,\ 3),\ \sigma(\boldsymbol{\varepsilon}_2)=(2,\ -4,\ 0),\ \sigma(\boldsymbol{\varepsilon}_3)=(1,\ 0,\ 0),$$

所以 σ 在标准基 $\{\boldsymbol{\varepsilon}_1,\ \boldsymbol{\varepsilon}_2,\ \boldsymbol{\varepsilon}_3\}$ 下的矩阵为

$$\boldsymbol{A}=\begin{pmatrix} 0 & 2 & 1 \\ 1 & -4 & 0 \\ 3 & 0 & 0 \end{pmatrix}.$$

(2) 因为由标准基 $\{\boldsymbol{\varepsilon}_1,\ \boldsymbol{\varepsilon}_2,\ \boldsymbol{\varepsilon}_3\}$ 到基 $\{\boldsymbol{\alpha}_1,\ \boldsymbol{\alpha}_2,\ \boldsymbol{\alpha}_3\}$ 的过渡矩阵为

$$\boldsymbol{T}=\begin{pmatrix} 1 & 1 & 1 \\ 1 & 1 & 0 \\ 1 & 0 & 0 \end{pmatrix},$$

所以 σ 在基 $\{\boldsymbol{\alpha}_1,\ \boldsymbol{\alpha}_2,\ \boldsymbol{\alpha}_3\}$ 下的矩阵为

$$\boldsymbol{T}^{-1}\boldsymbol{A}\boldsymbol{T}=\begin{pmatrix} 0 & 0 & 1 \\ 0 & 1 & -1 \\ 1 & -1 & 0 \end{pmatrix}\begin{pmatrix} 0 & 2 & 1 \\ 1 & -4 & 0 \\ 3 & 0 & 0 \end{pmatrix}\begin{pmatrix} 1 & 1 & 1 \\ 1 & 1 & 0 \\ 1 & 0 & 0 \end{pmatrix}=\begin{pmatrix} 3 & 3 & 3 \\ -6 & -6 & -2 \\ 6 & 5 & -1 \end{pmatrix}.$$

12. 已知 $M_2(F)$ 的两个线性变换 σ, τ 如下:

$$\sigma(\boldsymbol{X})=\boldsymbol{X}\begin{pmatrix} 1 & 1 \\ 1 & -1 \end{pmatrix},\ \tau(\boldsymbol{X})=\begin{pmatrix} 1 & 0 \\ -2 & 0 \end{pmatrix}\boldsymbol{X},\ \forall\boldsymbol{X}\in M_2(F).$$

试求 $\sigma+\tau$, $\sigma\tau$ 在基 $\{\boldsymbol{E}_{11},\ \boldsymbol{E}_{12},\ \boldsymbol{E}_{21},\ \boldsymbol{E}_{22}\}$ 下的矩阵. 又问 σ 和 τ 是否可逆? 若可逆, 求其逆变换在同一基下的矩阵.

解 因为

$$
\begin{aligned}
(\sigma+\tau)\boldsymbol{E}_{11} &= \boldsymbol{E}_{11}\begin{pmatrix} 1 & 1 \\ 1 & -1 \end{pmatrix} + \begin{pmatrix} 1 & 0 \\ -2 & 0 \end{pmatrix}\boldsymbol{E}_{11} = \begin{pmatrix} 2 & 1 \\ -2 & 0 \end{pmatrix} \\
&= 2\boldsymbol{E}_{11} + \boldsymbol{E}_{12} - 2\boldsymbol{E}_{21} + 0\boldsymbol{E}_{22}, \\
(\sigma+\tau)\boldsymbol{E}_{12} &= \boldsymbol{E}_{12}\begin{pmatrix} 1 & 1 \\ 1 & -1 \end{pmatrix} + \begin{pmatrix} 1 & 0 \\ -2 & 0 \end{pmatrix}\boldsymbol{E}_{12} = \begin{pmatrix} 1 & 0 \\ 0 & -2 \end{pmatrix} \\
&= \boldsymbol{E}_{11} + 0\boldsymbol{E}_{12} + 0\boldsymbol{E}_{21} - 2\boldsymbol{E}_{22}, \\
(\sigma+\tau)\boldsymbol{E}_{21} &= \boldsymbol{E}_{21}\begin{pmatrix} 1 & 1 \\ 1 & -1 \end{pmatrix} + \begin{pmatrix} 1 & 0 \\ -2 & 0 \end{pmatrix}\boldsymbol{E}_{21} = \begin{pmatrix} 0 & 0 \\ 1 & 1 \end{pmatrix} \\
&= 0\boldsymbol{E}_{11} + 0\boldsymbol{E}_{12} + \boldsymbol{E}_{21} + \boldsymbol{E}_{22}, \\
(\sigma+\tau)\boldsymbol{E}_{22} &= \boldsymbol{E}_{22}\begin{pmatrix} 1 & 1 \\ 1 & -1 \end{pmatrix} + \begin{pmatrix} 1 & 0 \\ -2 & 0 \end{pmatrix}\boldsymbol{E}_{22} = \begin{pmatrix} 0 & 0 \\ 1 & -1 \end{pmatrix} \\
&= 0\boldsymbol{E}_{11} + 0\boldsymbol{E}_{12} + \boldsymbol{E}_{21} - \boldsymbol{E}_{22},
\end{aligned}
$$

所以 $\sigma+\tau$ 在基 $\{\boldsymbol{E}_{11}, \boldsymbol{E}_{12}, \boldsymbol{E}_{21}, \boldsymbol{E}_{22}\}$ 下的矩阵为

$$
\boldsymbol{A} = \begin{pmatrix} 2 & 1 & 0 & 0 \\ 1 & 0 & 0 & 0 \\ -2 & 0 & 1 & 1 \\ 0 & -2 & 1 & -1 \end{pmatrix}.
$$

同理可得，$\sigma\tau$ 在基 $\{\boldsymbol{E}_{11}, \boldsymbol{E}_{12}, \boldsymbol{E}_{21}, \boldsymbol{E}_{22}\}$ 下的矩阵为

$$
\boldsymbol{B} = \begin{pmatrix} 1 & 1 & 0 & 0 \\ 1 & -1 & 0 & 0 \\ -2 & -2 & 0 & 0 \\ -2 & 2 & 0 & 0 \end{pmatrix}.
$$

由于

$$
\sigma(\boldsymbol{E}_{11}) = \boldsymbol{E}_{11} + \boldsymbol{E}_{12} + 0\boldsymbol{E}_{21} + 0\boldsymbol{E}_{22}, \quad \sigma(\boldsymbol{E}_{12}) = \boldsymbol{E}_{11} - \boldsymbol{E}_{12} + 0\boldsymbol{E}_{21} + 0\boldsymbol{E}_{22},
$$
$$
\sigma(\boldsymbol{E}_{21}) = 0\boldsymbol{E}_{11} + 0\boldsymbol{E}_{12} + \boldsymbol{E}_{21} + \boldsymbol{E}_{22}, \quad \sigma(\boldsymbol{E}_{22}) = 0\boldsymbol{E}_{11} + 0\boldsymbol{E}_{12} + \boldsymbol{E}_{21} - \boldsymbol{E}_{22},
$$

因此 σ 在基 $\{\boldsymbol{E}_{11}, \boldsymbol{E}_{12}, \boldsymbol{E}_{21}, \boldsymbol{E}_{22}\}$ 下的矩阵为

$$
\boldsymbol{C} = \begin{pmatrix} 1 & 1 & 0 & 0 \\ 1 & -1 & 0 & 0 \\ 0 & 0 & 1 & 1 \\ 0 & 0 & 1 & -1 \end{pmatrix}.
$$

因为 $\boldsymbol{C}$ 可逆，所以 σ 可逆，且 σ^{-1} 在基 $\{\boldsymbol{E}_{11}, \boldsymbol{E}_{12}, \boldsymbol{E}_{21}, \boldsymbol{E}_{22}\}$ 下的矩阵为

$$
\boldsymbol{C}^{-1} = \begin{pmatrix} \frac{1}{2} & \frac{1}{2} & 0 & 0 \\ \frac{1}{2} & -\frac{1}{2} & 0 & 0 \\ 0 & 0 & \frac{1}{2} & \frac{1}{2} \\ 0 & 0 & \frac{1}{2} & -\frac{1}{2} \end{pmatrix}.
$$

同理可得，τ 在基 $\{\boldsymbol{E}_{11}, \boldsymbol{E}_{12}, \boldsymbol{E}_{21}, \boldsymbol{E}_{22}\}$ 下的矩阵为

$$\boldsymbol{D} = \begin{pmatrix} 1 & 0 & 0 & 0 \\ 0 & 1 & 0 & 0 \\ -2 & 0 & 0 & 0 \\ 0 & -2 & 0 & 0 \end{pmatrix}.$$

因为 $\boldsymbol{D}$ 不可逆，所以 τ 不可逆.

13. 设 σ 是数域 F 上 n 维向量空间 V 的一个线性变换，W_1，W_2 是 V 的子空间，并且 $V = W_1 \oplus W_2$. 证明：σ 是可逆变换的充要条件是 $V = \sigma(W_1) \oplus \sigma(W_2)$.

证明 若 W_1 和 W_2 有一个是零子空间，结论显然成立.

若 W_1 和 W_2 都不是零子空间，令 $\{\boldsymbol{\alpha}_1, \boldsymbol{\alpha}_2, \cdots, \boldsymbol{\alpha}_r\}$ 是 W_1 的一个基，$\{\boldsymbol{\alpha}_{r+1}, \boldsymbol{\alpha}_{r+2}, \cdots, \boldsymbol{\alpha}_n\}$ 是 W_2 的一个基，则 $\{\boldsymbol{\alpha}_1, \cdots, \boldsymbol{\alpha}_r, \boldsymbol{\alpha}_{r+1}, \cdots, \boldsymbol{\alpha}_n\}$ 是 V 的基.

必要性 设 σ 可逆，则 $\{\sigma(\boldsymbol{\alpha}_1), \cdots, \sigma(\boldsymbol{\alpha}_r), \sigma(\boldsymbol{\alpha}_{r+1}), \cdots, \sigma(\boldsymbol{\alpha}_n)\}$ 是 V 的基. 因为

$$\sigma(W_1) = \mathscr{L}(\sigma(\boldsymbol{\alpha}_1), \cdots, \sigma(\boldsymbol{\alpha}_r)), \sigma(W_2) = \mathscr{L}(\sigma(\boldsymbol{\alpha}_{r+1}), \cdots, \sigma(\boldsymbol{\alpha}_n)),$$

所以 $V = \sigma(W_1) + \sigma(W_2)$，$\sigma(W_1) \cap \sigma(W_2) = \{\boldsymbol{0}\}$. 因此 $V = \sigma(W_1) \oplus \sigma(W_2)$.

充分性 设 $V = \sigma(W_1) \oplus \sigma(W_2)$，则 $V = \sigma(W_1) + \sigma(W_2)$，$\sigma(W_1) \cap \sigma(W_2) = \{\boldsymbol{0}\}$. 于是 $\{\sigma(\boldsymbol{\alpha}_1), \cdots, \sigma(\boldsymbol{\alpha}_r), \sigma(\boldsymbol{\alpha}_{r+1}), \cdots, \sigma(\boldsymbol{\alpha}_n)\}$ 是 V 的基. 从而 σ 可逆.

14. 设 $\mathbf{R}^3$ 的线性变换 σ 定义如下：

$$\sigma(x_1, x_2, x_3) = (2x_1 - x_2, x_2 - x_3, x_2 + x_3).$$

求 σ 在标准基

$$\boldsymbol{\varepsilon}_1 = (1, 0, 0), \boldsymbol{\varepsilon}_2 = (0, 1, 0), \boldsymbol{\varepsilon}_3 = (0, 0, 1)$$

及基

$$\boldsymbol{\eta}_1 = (1, 1, 0), \boldsymbol{\eta}_2 = (0, 1, 1), \boldsymbol{\eta}_3 = (0, 0, 1)$$

下的矩阵.

解 由 σ 的定义知，σ 在标准基 $\{\boldsymbol{\varepsilon}_1, \boldsymbol{\varepsilon}_2, \boldsymbol{\varepsilon}_3\}$ 下的矩阵为

$$\boldsymbol{A} = \begin{pmatrix} 2 & -1 & 0 \\ 0 & 1 & -1 \\ 0 & 1 & 1 \end{pmatrix}.$$

因为

$$(\boldsymbol{\eta}_1, \boldsymbol{\eta}_2, \boldsymbol{\eta}_3) = (\boldsymbol{\varepsilon}_1, \boldsymbol{\varepsilon}_2, \boldsymbol{\varepsilon}_3)\begin{pmatrix} 1 & 0 & 0 \\ 1 & 1 & 0 \\ 0 & 1 & 1 \end{pmatrix},$$

所以 σ 在基 $\{\boldsymbol{\eta}_1, \boldsymbol{\eta}_2, \boldsymbol{\eta}_3\}$ 下的矩阵为

$$\boldsymbol{B} = \begin{pmatrix} 1 & 0 & 0 \\ 1 & 1 & 0 \\ 0 & 1 & 1 \end{pmatrix}^{-1} \begin{pmatrix} 2 & -1 & 0 \\ 0 & 1 & -1 \\ 0 & 1 & 1 \end{pmatrix} \begin{pmatrix} 1 & 0 & 0 \\ 1 & 1 & 0 \\ 0 & 1 & 1 \end{pmatrix} = \begin{pmatrix} 1 & -1 & 0 \\ 0 & 1 & -1 \\ 1 & 1 & 2 \end{pmatrix}.$$

15. 在 $M_2(F)$ 中定义线性变换 σ 为

$$\sigma(X)=\begin{pmatrix}0&1\\2&-3\end{pmatrix}X，\forall X\in M_2(F).$$

求 σ 在基 $\{E_{11}，E_{12}，E_{21}，E_{22}\}$ 下的矩阵.

解 σ 在基 $\{E_{11}，E_{12}，E_{21}，E_{22}\}$ 下的矩阵为

$$A=\begin{pmatrix}0&0&1&0\\0&0&0&1\\2&0&-3&0\\0&2&0&-3\end{pmatrix}.$$

16. 证明：与 n 维向量空间 V 的全体线性变换可交换的线性变换是数量变换.

证明 见 § 7.3 “范例解析”之例 3.

17. 给定 $\mathbf{R}^3$ 的两个基

$$\alpha_1=(1，0，1)，\alpha_2=(2，1，0)，\alpha_3=(1，1，1);$$

和

$$\beta_1=(1，2，-1)，\beta_2=(2，2，-1)，\beta_3=(2，-1，-1).$$

σ 是 $\mathbf{R}^3$ 的线性变换，且 $\sigma(\alpha_i)=\beta_i$，$i=1，2，3$. 求

(1) 由基 $\{\alpha_1，\alpha_2，\alpha_3\}$ 到基 $\{\beta_1，\beta_2，\beta_3\}$ 的过渡矩阵;

(2) σ 关于基 $\{\alpha_1，\alpha_2，\alpha_3\}$ 的矩阵;

(3) σ 关于基 $\{\beta_1，\beta_2，\beta_3\}$ 的矩阵.

解 (1) 取 $\mathbf{R}^3$ 的标准基 $\varepsilon_1=(1，0，0)，\varepsilon_2=(0，1，0)，\varepsilon_3=(0，0，1)$. 因为

$$(\alpha_1，\alpha_2，\alpha_3)=(\varepsilon_1，\varepsilon_2，\varepsilon_3)T_1，(\beta_1，\beta_2，\beta_3)=(\varepsilon_1，\varepsilon_2，\varepsilon_3)T_2，$$

其中

$$T_1=\begin{pmatrix}1&2&1\\0&1&1\\1&0&1\end{pmatrix}，\quad T_2=\begin{pmatrix}1&2&2\\2&2&-1\\-1&-1&-1\end{pmatrix}，$$

所以由基 $\{\alpha_1，\alpha_2，\alpha_3\}$ 到基 $\{\beta_1，\beta_2，\beta_3\}$ 的过渡矩阵为

$$T=T_1^{-1}T_2=\begin{pmatrix}-2&-\frac{3}{2}&\frac{3}{2}\\1&\frac{3}{2}&\frac{3}{2}\\1&\frac{1}{2}&-\frac{5}{2}\end{pmatrix}.$$

(2) 因为

$$\sigma(\alpha_1，\alpha_2，\alpha_3)=(\beta_1，\beta_2，\beta_3)=(\alpha_1，\alpha_2，\alpha_3)T，$$

所以 σ 关于基 $\{\alpha_1，\alpha_2，\alpha_3\}$ 的矩阵为 T.

(3) 由于

$$\sigma(\boldsymbol{\beta}_1,\ \boldsymbol{\beta}_2,\ \boldsymbol{\beta}_3) = \sigma((\boldsymbol{\alpha}_1,\ \boldsymbol{\alpha}_2,\ \boldsymbol{\alpha}_3)\boldsymbol{T}) = (\boldsymbol{\beta}_1,\ \boldsymbol{\beta}_2,\ \boldsymbol{\beta}_3)\boldsymbol{T},$$

因此 σ 关于基 $\{\boldsymbol{\beta}_1,\ \boldsymbol{\beta}_2,\ \boldsymbol{\beta}_3\}$ 的矩阵为 $\boldsymbol{T}$.

18. 设 $\boldsymbol{\alpha}_1 = (-1,\ 0,\ -2)$，$\boldsymbol{\alpha}_2 = (0,\ 1,\ 2)$，$\boldsymbol{\alpha}_3 = (1,\ 2,\ 5)$，$\boldsymbol{\beta}_1 = (-1,\ 1,\ 0)$，$\boldsymbol{\beta}_2 = (1,\ 0,\ 1)$，$\boldsymbol{\beta}_3 = (0,\ 1,\ 2)$，$\boldsymbol{\xi} = (0,\ 3,\ 5)$ 是 $\mathbf{R}^3$ 中的向量，σ 是 $\mathbf{R}^3$ 的线性变换，并且 $\sigma(\boldsymbol{\alpha}_1) = (2,\ 0,\ -1)$，$\sigma(\boldsymbol{\alpha}_2) = (0,\ 0,\ 1)$，$\sigma(\boldsymbol{\alpha}_3) = (0,\ 1,\ 2)$. 求

(1) σ 关于基 $\{\boldsymbol{\beta}_1,\ \boldsymbol{\beta}_2,\ \boldsymbol{\beta}_3\}$ 的矩阵；

(2) $\sigma(\boldsymbol{\xi})$ 关于基 $\{\boldsymbol{\alpha}_1,\ \boldsymbol{\alpha}_2,\ \boldsymbol{\alpha}_3\}$ 的坐标；

(3) $\sigma(\boldsymbol{\xi})$ 关于基 $\{\boldsymbol{\beta}_1,\ \boldsymbol{\beta}_2,\ \boldsymbol{\beta}_3\}$ 的坐标.

解 (1) 令

$$\boldsymbol{T}_1 = \begin{pmatrix} -1 & 0 & 1 \\ 0 & 1 & 2 \\ -2 & 2 & 5 \end{pmatrix},\ \boldsymbol{T}_2 = \begin{pmatrix} -1 & 1 & 0 \\ 1 & 0 & 1 \\ 0 & 1 & 2 \end{pmatrix},\ \boldsymbol{T}_3 = \begin{pmatrix} 2 & 0 & 0 \\ 0 & 0 & 1 \\ -1 & 1 & 2 \end{pmatrix},$$

则由基 $\{\boldsymbol{\alpha}_1,\ \boldsymbol{\alpha}_2,\ \boldsymbol{\alpha}_3\}$ 到基 $\{\boldsymbol{\beta}_1,\ \boldsymbol{\beta}_2,\ \boldsymbol{\beta}_3\}$ 的过渡矩阵为

$$\boldsymbol{T} = \boldsymbol{T}_1^{-1}\boldsymbol{T}_2 = \begin{pmatrix} 1 & 2 & -1 \\ -4 & -3 & 2 \\ 2 & 2 & -1 \end{pmatrix}\begin{pmatrix} -1 & 1 & 0 \\ 1 & 0 & 1 \\ 0 & 1 & 2 \end{pmatrix} = \begin{pmatrix} 1 & 0 & 0 \\ 1 & -2 & 1 \\ 0 & 1 & 0 \end{pmatrix},$$

σ 关于基 $\{\boldsymbol{\alpha}_1,\ \boldsymbol{\alpha}_2,\ \boldsymbol{\alpha}_3\}$ 的矩阵为

$$\boldsymbol{A} = \boldsymbol{T}_1^{-1}\boldsymbol{T}_3 = \begin{pmatrix} 3 & -1 & 0 \\ -10 & 2 & 1 \\ 5 & -1 & 0 \end{pmatrix}.$$

从而 σ 关于基 $\{\boldsymbol{\beta}_1,\ \boldsymbol{\beta}_2,\ \boldsymbol{\beta}_3\}$ 的矩阵为

$$\boldsymbol{B} = \boldsymbol{T}^{-1}\boldsymbol{A}\boldsymbol{T} = \begin{pmatrix} 1 & 0 & 0 \\ 0 & 0 & 1 \\ -1 & 1 & 2 \end{pmatrix}\begin{pmatrix} 3 & -1 & 0 \\ -10 & 2 & 1 \\ 5 & -1 & 0 \end{pmatrix}\begin{pmatrix} 1 & 0 & 0 \\ 1 & -2 & 1 \\ 0 & 1 & 0 \end{pmatrix} = \begin{pmatrix} 2 & 2 & -1 \\ 4 & 2 & -1 \\ -2 & -1 & 1 \end{pmatrix}.$$

(2) 因为 $\boldsymbol{\xi} = \boldsymbol{\alpha}_1 + \boldsymbol{\alpha}_2 + \boldsymbol{\alpha}_3$，所以 $\sigma(\boldsymbol{\xi})$ 关于基 $\{\boldsymbol{\alpha}_1,\ \boldsymbol{\alpha}_2,\ \boldsymbol{\alpha}_3\}$ 的坐标为

$$\boldsymbol{A}\begin{pmatrix} 1 \\ 1 \\ 1 \end{pmatrix} = \begin{pmatrix} 2 \\ -7 \\ 4 \end{pmatrix}.$$

(3) 由于

$$\sigma(\boldsymbol{\xi}) = (\boldsymbol{\alpha}_1,\ \boldsymbol{\alpha}_2,\ \boldsymbol{\alpha}_3)\begin{pmatrix} 2 \\ -7 \\ 4 \end{pmatrix} = (\boldsymbol{\beta}_1,\ \boldsymbol{\beta}_2,\ \boldsymbol{\beta}_3)\boldsymbol{T}^{-1}\begin{pmatrix} 2 \\ -7 \\ 4 \end{pmatrix},$$

因此 $\sigma(\boldsymbol{\xi})$ 关于基 $\{\boldsymbol{\beta}_1,\ \boldsymbol{\beta}_2,\ \boldsymbol{\beta}_3\}$ 的坐标为

$$\boldsymbol{T}^{-1}\begin{pmatrix} 2 \\ -7 \\ 4 \end{pmatrix} = \begin{pmatrix} 2 \\ 4 \\ -1 \end{pmatrix}.$$

19. 设 $\mathbf{R}^3$ 的一个线性变换 σ 的定义如下：

$$\sigma(x_1, x_2, x_3) = (x_1 + x_2, x_2 + x_3, x_3), \forall (x_1, x_2, x_3) \in \mathbf{R}^3.$$

下列 $\mathbf{R}^3$ 的子空间哪些在 σ 之下不变?

(1) $\{(0, 0, c) \mid c \in \mathbf{R}\}$;　　(2) $\{(0, b, c) \mid b, c \in \mathbf{R}\}$;

(3) $\{(a, 0, 0) \mid a \in \mathbf{R}\}$;　　(4) $\{(a, b, 0) \mid a, b \in \mathbf{R}\}$;

(5) $\{(a, 0, c) \mid a, c \in \mathbf{R}\}$;　　(6) $\{(a, -a, 0) \mid a \in \mathbf{R}\}$.

解　(3) 与 (4) 在 σ 之下不变.

20. 设 σ 是 n 维向量空间 V 的一个线性变换. 证明下列条件等价：

(1) $\sigma(V) = V$;　　(2) $\ker\sigma = \{\boldsymbol{0}\}$.

证明　因为秩 σ + σ 的零度 $= n$，所以秩 $\sigma = n$ 当且仅当 σ 的零度是 0，即 $\dim\sigma(V) = n$ 当且仅当 $\dim(\ker\sigma) = 0$. 因此 $\sigma(V) = V$ 当且仅当 $\ker\sigma = \{\boldsymbol{0}\}$.

21. 已知 $\mathbf{R}^3$ 的线性变换 σ 的定义如下：

$$\sigma(x_1, x_2, x_3) = (x_1 + 2x_2 - x_3, x_2 + x_3, x_1 + x_2 - 2x_3), \forall (x_1, x_2, x_3) \in \mathbf{R}^3.$$

求 σ 的值域 $\sigma(V)$ 与核 $\operatorname{Ker}\sigma$ 的维数和基.

解　取 $\mathbf{R}^3$ 的标准基 $\{\boldsymbol{\varepsilon}_1, \boldsymbol{\varepsilon}_2, \boldsymbol{\varepsilon}_3\}$，则 σ 关于该基的矩阵为

$$\boldsymbol{A} = \begin{pmatrix} 1 & 2 & -1 \\ 0 & 1 & 1 \\ 1 & 1 & -2 \end{pmatrix}.$$

解齐次线性方程组 $\boldsymbol{AX} = \boldsymbol{0}$ 得一基础解系

$$\boldsymbol{\eta} = (3, -1, 1)^{\mathrm{T}}.$$

令 $\boldsymbol{\beta} = 3\boldsymbol{\varepsilon}_1 - \boldsymbol{\varepsilon}_2 + \boldsymbol{\varepsilon}_3$，则 $\operatorname{Ker}\sigma = \mathscr{L}(\boldsymbol{\beta})$，$\dim\operatorname{Ker}\sigma = 1$.

因为秩 $\boldsymbol{A} = 2$，所以 $\dim\sigma(V) = 2$. 由于 $\sigma(\boldsymbol{\varepsilon}_1) = (1, 0, 1)$，$\sigma(\boldsymbol{\varepsilon}_2) = (2, 1, 1)$ 线性无关，因此 $\sigma(V) = \mathscr{L}(\sigma(\boldsymbol{\varepsilon}_1), \sigma(\boldsymbol{\varepsilon}_2))$.

22. 设 σ 是向量空间 V 的一个线性变换，W 是 σ 的一个不变子空间. 证明：W 是 σ^2 的不变子空间.

证明　由于 $\sigma(W) \subseteq W$，因此 $\sigma^2(W) = \sigma(\sigma(W)) \subseteq \sigma(W) \subseteq W$. 故结论成立.

23. 设 σ 是 F 上 $n\,(n > 0)$ 维向量空间 V 的一个线性变换，$\{\boldsymbol{\alpha}_1, \boldsymbol{\alpha}_2, \cdots, \boldsymbol{\alpha}_r, \boldsymbol{\alpha}_{r+1}, \cdots, \boldsymbol{\alpha}_n\}$ 是 V 的基. 证明：如果 $\{\boldsymbol{\alpha}_1, \boldsymbol{\alpha}_2, \cdots, \boldsymbol{\alpha}_r\}$ 是 $\ker\sigma$ 的基，那么 $\{\sigma(\boldsymbol{\alpha}_{r+1}), \cdots, \sigma(\boldsymbol{\alpha}_n)\}$ 是 $\operatorname{Im}\sigma$ 的基.

证明　因为 $\{\boldsymbol{\alpha}_1, \cdots, \boldsymbol{\alpha}_r\}$ 是 $\operatorname{Ker}\sigma$ 的基，所以 $\sigma(\boldsymbol{\alpha}_i) = \boldsymbol{0}$，$i = 1, \cdots, r$. 故

$$\operatorname{Im}\sigma = \mathscr{L}(\sigma(\boldsymbol{\alpha}_1), \sigma(\boldsymbol{\alpha}_2), \cdots, \sigma(\boldsymbol{\alpha}_n)) = \mathscr{L}(\sigma(\boldsymbol{\alpha}_{r+1}), \sigma(\boldsymbol{\alpha}_{r+2}), \cdots, \sigma(\boldsymbol{\alpha}_n)).$$

设存在 F 中的一组数 $k_{r+1}, k_{r+2}, \cdots, k_n$，使得

$$k_{r+1}\sigma(\boldsymbol{\alpha}_{r+1}) + k_{r+2}\sigma(\boldsymbol{\alpha}_{r+2}) + \cdots + k_n\sigma(\boldsymbol{\alpha}_n) = \boldsymbol{0},$$

则

$$\sigma(k_{r+1}\boldsymbol{\alpha}_{r+1} + k_{r+2}\boldsymbol{\alpha}_{r+2} + \cdots + k_n\boldsymbol{\alpha}_n) = \boldsymbol{0}.$$

于是 $k_{r+1}\boldsymbol{\alpha}_{r+1}+k_{r+2}\boldsymbol{\alpha}_{r+2}+\cdots+k_n\boldsymbol{\alpha}_n\in\operatorname{Ker}\sigma$. 从而

$$k_{r+1}\boldsymbol{\alpha}_{r+1}+k_{r+2}\boldsymbol{\alpha}_{r+2}+\cdots+k_n\boldsymbol{\alpha}_n=k_1\boldsymbol{\alpha}_1+k_2\boldsymbol{\alpha}_2+\cdots+k_r\boldsymbol{\alpha}_r.$$

由于 $\{\boldsymbol{\alpha}_1, \cdots, \boldsymbol{\alpha}_r, \boldsymbol{\alpha}_{r+1}, \cdots, \boldsymbol{\alpha}_n\}$ 是 V 的基，因此 $k_{r+1}=\cdots=k_n=0$. 于是 $\sigma(\boldsymbol{\alpha}_{r+1}), \cdots, \sigma(\boldsymbol{\alpha}_n)$ 线性无关. 故 $\{\sigma(\boldsymbol{\alpha}_{r+1}), \cdots, \sigma(\boldsymbol{\alpha}_n)\}$ 是 $\operatorname{Im}\sigma$ 的基.

24. 对任意 $\boldsymbol{\alpha}\in\mathbf{R}^4$，令 $\sigma(\boldsymbol{\alpha})=\boldsymbol{A}\boldsymbol{\alpha}$，其中

$$\boldsymbol{A}=\begin{pmatrix}1&0&2&1\\-1&2&1&3\\1&2&5&5\\2&-2&1&-2\end{pmatrix}.$$

求线性变换 σ 的核与像.

解 先求 $\operatorname{Ker}\sigma$.

方法一 取 $\mathbf{R}^4$ 的标准基 $\{\boldsymbol{\varepsilon}_1, \boldsymbol{\varepsilon}_2, \boldsymbol{\varepsilon}_3, \boldsymbol{\varepsilon}_4\}$，则

$$\sigma(\boldsymbol{\varepsilon}_1, \boldsymbol{\varepsilon}_2, \boldsymbol{\varepsilon}_3, \boldsymbol{\varepsilon}_4)=(\boldsymbol{\varepsilon}_1, \boldsymbol{\varepsilon}_2, \boldsymbol{\varepsilon}_3, \boldsymbol{\varepsilon}_4)\boldsymbol{A}.$$

解齐次线性方程组 $\boldsymbol{AX}=\boldsymbol{0}$ 得一基础解系

$$\boldsymbol{\eta}_1=\left(-2, -\frac{3}{2}, 1, 0\right)^{\mathrm{T}}, \boldsymbol{\eta}_2=(-1, -2, 0, 1)^{\mathrm{T}}.$$

因在标准基 $\{\boldsymbol{\varepsilon}_1, \boldsymbol{\varepsilon}_2, \boldsymbol{\varepsilon}_3, \boldsymbol{\varepsilon}_4\}$ 下以 $\boldsymbol{\eta}_1, \boldsymbol{\eta}_2$ 为坐标的向量仍然是 $\boldsymbol{\eta}_1, \boldsymbol{\eta}_2$，故 $\operatorname{Ker}\sigma=\mathscr{L}(\boldsymbol{\eta}_1, \boldsymbol{\eta}_2)$.

方法二 对任意 $\boldsymbol{\alpha}\in\operatorname{Ker}\sigma$，有 $\boldsymbol{0}=\sigma(\boldsymbol{\alpha})=\boldsymbol{A}\boldsymbol{\alpha}$. 故 $\boldsymbol{\alpha}$ 是方程组 $\boldsymbol{AX}=\boldsymbol{0}$ 的解. 解 $\boldsymbol{AX}=\boldsymbol{0}$ 得一基础解系 $\boldsymbol{\eta}_1, \boldsymbol{\eta}_2$（见方法一）. 因此 $\operatorname{Ker}\sigma=\mathscr{L}(\boldsymbol{\eta}_1, \boldsymbol{\eta}_2)$.

再求 $\operatorname{Im}\sigma$.

由于 $\dim\operatorname{Im}\sigma=2$，且

$$\sigma(\boldsymbol{\varepsilon}_1)=(1, -1, 1, 2)^{\mathrm{T}}, \sigma(\boldsymbol{\varepsilon}_2)=(0, 2, 2, -2)^{\mathrm{T}}$$

线性无关，因此 $\operatorname{Im}\sigma=\mathscr{L}(\sigma(\boldsymbol{\varepsilon}_1), \sigma(\boldsymbol{\varepsilon}_2))$.

25. 设 σ, τ 是向量空间 V 的线性变换，且 $\sigma+\tau=\iota$，$\sigma\tau=\tau\sigma=\theta$，这里 ι 是 V 的恒等变换，θ 是 V 的零变换. 证明：

(1) $V=\sigma(V)\oplus\tau(V)$;

(2) $\sigma(V)=\operatorname{Ker}\tau$.

证明 (1) 因为对任意 $\boldsymbol{\xi}\in V$，都有

$$\boldsymbol{\xi}=\iota(\boldsymbol{\xi})=(\sigma+\tau)(\boldsymbol{\xi})=\sigma(\boldsymbol{\xi})+\tau(\boldsymbol{\xi}),$$

所以 $V=\sigma(V)+\tau(V)$. 又因对任意 $\boldsymbol{\xi}\in\sigma(V)\cap\tau(V)$，有 $\boldsymbol{\xi}=\sigma(\boldsymbol{\xi}_1)=\tau(\boldsymbol{\xi}_2)$，故

$$\boldsymbol{\xi}=\iota(\sigma(\boldsymbol{\xi}_1))=(\sigma+\tau)(\sigma(\boldsymbol{\xi}_1))=\sigma(\sigma(\boldsymbol{\xi}_1))=\sigma(\tau(\boldsymbol{\xi}_2))=\boldsymbol{0}.$$

因此 $\sigma(V)\cap\tau(V)=\{\boldsymbol{0}\}$. 于是 $V=\sigma(V)\oplus\tau(V)$.

(2) 因对任意 $\sigma(\boldsymbol{\xi})\in\sigma(V)$，有 $\tau(\sigma(\boldsymbol{\xi}))=\boldsymbol{0}$，故 $\sigma(\boldsymbol{\xi})\in\operatorname{Ker}\tau$. 于是 $\sigma(V)\subseteq\operatorname{Ker}\tau$. 反之，对任意 $\boldsymbol{\xi}\in\operatorname{Ker}\tau$，由 $\tau(\boldsymbol{\xi})=\boldsymbol{0}$ 知，

$$\boldsymbol{\xi}=(\sigma+\tau)(\boldsymbol{\xi})=\sigma(\boldsymbol{\xi})+\tau(\boldsymbol{\xi})=\sigma(\boldsymbol{\xi}),$$

因此 $\boldsymbol{\xi} \in \sigma(V)$. 从而 $\operatorname{Ker}\tau \subseteq \sigma(V)$. 故 $\sigma(V) = \operatorname{Ker}\tau$.

26. 在向量空间 $F_n[x]$ 中，定义线性变换 τ 为：对任意 $f(x) \in F_n[x]$，$\tau(f(x)) = xf'(x) - f(x)$，这里 $f'(x)$ 表示 $f(x)$ 的导数.

(1) 求 $\operatorname{Ker}\tau$ 及 $\operatorname{Im}\tau$；

(2) 证明：$V = \operatorname{Ker}\tau \oplus \operatorname{Im}\tau$.

解 (1) 方法一 取 $F_n[x]$ 的基 $\{1, x, x^2, \cdots, x^n\}$，则

$$\tau(1, x, x^2, \cdots, x^n) = (1, x, x^2, \cdots, x^n)\boldsymbol{A},$$

其中

$$\boldsymbol{A} = \begin{pmatrix} -1 & 0 & 0 & 0 & \cdots & 0 & 0 \\ 0 & 0 & 0 & 0 & \cdots & 0 & 0 \\ 0 & 0 & 1 & 0 & \cdots & 0 & 0 \\ 0 & 0 & 0 & 2 & \cdots & 0 & 0 \\ \vdots & \vdots & \vdots & \vdots & & \vdots & \vdots \\ 0 & 0 & 0 & 0 & \cdots & n-2 & 0 \\ 0 & 0 & 0 & 0 & \cdots & 0 & n-1 \end{pmatrix}.$$

解齐次线性方程组 $\boldsymbol{AX} = \boldsymbol{0}$ 得一基础解系

$$\boldsymbol{\eta} = (0, 1, 0, \cdots, 0)^{\mathrm{T}}.$$

令 $g(x) = (1, x, x^2, \cdots, x^n)\boldsymbol{\eta}$，则 $g(x) = x$. 所以

$$\operatorname{Ker}\tau = \mathscr{L}(x),\ \operatorname{Im}\tau = \mathscr{L}(1, x^2, \cdots, x^n).$$

方法二 设 $f(x) = a_0 + a_1x + \cdots + a_nx^n \in \operatorname{Ker}\tau$，则 $\tau(f(x)) = 0$. 于是

$$-a_0 + (a_1 - a_1)x + (2a_2 - a_2)x^2 + \cdots + (na_n - a_n)x^n = 0.$$

因此 $a_0 = a_2 = \cdots = a_n = 0$. 从而 $f(x) = a_1x$. 故

$$\operatorname{Ker}\tau = \mathscr{L}(x),\ \operatorname{Im}\tau = \mathscr{L}(1, x^2, \cdots, x^n).$$

(2) 由 (1) 即得.

27. 已知数域 F 上向量空间 V 的线性变换 σ 在基 $\{\boldsymbol{\alpha}_1, \boldsymbol{\alpha}_2, \boldsymbol{\alpha}_3\}$ 下的矩阵为

$$\boldsymbol{A} = \begin{pmatrix} 5 & 6 & -3 \\ -1 & 0 & 1 \\ 1 & 2 & 1 \end{pmatrix}.$$

求 σ 的本征值及相应的本征向量. 问是否存在 V 的一个基使得 σ 关于这个基的矩阵是对角矩阵?

解 因为

$$f_{\boldsymbol{A}}(x) = \det(x\boldsymbol{I} - \boldsymbol{A}) = \begin{vmatrix} x-5 & -6 & 3 \\ 1 & x & -1 \\ -1 & -2 & x-1 \end{vmatrix} = (x-2)^3,$$

所以 $\boldsymbol{A}$ 的特征根为 $\lambda = 2$（三重）. 因此 σ 的本征值为 $\lambda = 2$（三重）.

对于 $\lambda = 2$，解齐次线性方程组 $(2\boldsymbol{I} - \boldsymbol{A})\boldsymbol{X} = \boldsymbol{0}$ 得一基础解系

$$\boldsymbol{\eta}_1 = (-2,\ 1,\ 0)^{\mathrm{T}},\ \boldsymbol{\eta}_2 = (1,\ 0,\ 1)^{\mathrm{T}}.$$

令 $\boldsymbol{\xi}_1 = -2\boldsymbol{\alpha}_1 + \boldsymbol{\alpha}_2$，$\boldsymbol{\xi}_2 = \boldsymbol{\alpha}_1 + \boldsymbol{\alpha}_3$，则 σ 的属于本征值 $\lambda = 2$ 的所有的本征向量为

$$k_1\boldsymbol{\xi}_1 + k_2\boldsymbol{\xi}_2,$$

其中 k_1，k_2 是 F 中不同时为零的任意数.

因为 $\boldsymbol{A}$ 在 F 上不能对角化，所以 σ 不能对角化.

28. 设 σ 是数域 F 上向量空间 V 的可逆线性变换. 证明：

(1) σ 的本征值一定不为 0；

(2) 如果 λ 是 σ 的本征值，那么 $\dfrac{1}{\lambda}$ 是 σ^{-1} 的本征值.

证明 (1) 假设 0 是 σ 的本征值，则存在 $\boldsymbol{0} \neq \boldsymbol{\xi} \in V$，使得 $\sigma(\boldsymbol{\xi}) = 0\boldsymbol{\xi} = \boldsymbol{0}$. 因此 $\sigma^{-1}(\sigma(\boldsymbol{\xi})) = \boldsymbol{0}$，即 $\boldsymbol{\xi} = \boldsymbol{0}$，矛盾. 故 σ 的本征值一定不为 0.

(2) 若 λ 是 σ 的本征值，则存在 $\boldsymbol{0} \neq \boldsymbol{\xi} \in V$，使得 $\sigma(\boldsymbol{\xi}) = \lambda\boldsymbol{\xi}$. 于是 $\sigma^{-1}(\sigma(\boldsymbol{\xi})) = \lambda\sigma^{-1}(\boldsymbol{\xi})$. 由 (1) 知，$\lambda \neq 0$. 故 $\sigma^{-1}(\boldsymbol{\xi}) = \dfrac{1}{\lambda}\boldsymbol{\xi}$，即 $\dfrac{1}{\lambda}$ 是 σ^{-1} 的本征值.

补充题解答

1. 设 σ 是数域 F 上 n 维向量空间 V 的一个线性变换. 证明：

(1) $\operatorname{Ker}\sigma \subseteq \operatorname{Ker}\sigma^2 \subseteq \operatorname{Ker}\sigma^3 \subseteq \cdots$；

(2) $\operatorname{Im}\sigma \supseteq \operatorname{Im}\sigma^2 \supseteq \operatorname{Im}\sigma^3 \cdots$.

证明 (1) 对任意正整数 n，下证 $\operatorname{Ker}\sigma^n \subseteq \operatorname{Ker}\sigma^{n+1}$.

对任意 $\boldsymbol{\xi} \in \operatorname{Ker}\sigma^n$，$\sigma^n(\boldsymbol{\xi}) = \boldsymbol{0}$. 故 $\sigma^{n+1}(\boldsymbol{\xi}) = \sigma(\sigma^n(\boldsymbol{\xi})) = \boldsymbol{0}$. 因此 $\boldsymbol{\xi} \in \operatorname{Ker}\sigma^{n+1}$.

(2) 对任意正整数 n，下证 $\operatorname{Im}\sigma^n \supseteq \operatorname{Im}\sigma^{n+1}$.

对任意 $\boldsymbol{\xi} \in \operatorname{Im}\sigma^{n+1}$，存在 $\boldsymbol{\eta} \in V$，使得 $\boldsymbol{\xi} = \sigma^{n+1}(\boldsymbol{\eta}) = \sigma^n(\sigma(\boldsymbol{\eta})) \in \operatorname{Im}\sigma^n$.

2. 设 $\boldsymbol{A}$ 是数域 F 上的 n 阶矩阵. 证明：存在 F 上的一个非零多项式 $f(x)$，使得 $f(\boldsymbol{A}) = \boldsymbol{0}$.

（不用哈密顿-凯莱定理证）

证明 因为 $\dim M_n(F) = n^2$，所以 $\boldsymbol{I}$，$\boldsymbol{A}$，$\boldsymbol{A}^2$，$\cdots$，$\boldsymbol{A}^{n^2}$ 线性相关. 因此存在 F 中的一组不全为零的数 a_0，a_1，$\cdots$，a_{n^2}，使得

$$a_0\boldsymbol{I} + a_1\boldsymbol{A} + a_2\boldsymbol{A}^2 + \cdots + a_{n^2}\boldsymbol{A}^{n^2} = \boldsymbol{0}.$$

取 $f(x) = a_0 + a_1x + a_2x^2 + \cdots + a_{n^2}x^{n^2}$，则 $f(\boldsymbol{A}) = \boldsymbol{0}$.

3. 设 V 是数域 F 上的 n 维向量空间，σ 是 V 的一个可逆线性变换，W 是 σ 的一个不变子空间. 证明：W 也是 σ^{-1} 的不变子空间.

证明 见 § 7.4 “范例解析”之例 5.

4. 设 σ 是数域 F 上向量空间 V 的一个线性变换，$\sigma^2 = \sigma$. 证明：

(1) $\operatorname{Ker}\sigma = \{\boldsymbol{\xi} - \sigma(\boldsymbol{\xi}) \mid \boldsymbol{\xi} \in V\}$；

(2) $V = \operatorname{Ker}\sigma \oplus \operatorname{Im}\sigma$;

(3) 若 τ 是 V 的一个线性变换，则 $\operatorname{Ker}\sigma$ 和 $\operatorname{Im}\sigma$ 都在 τ 之下不变的充要条件是 $\sigma\tau = \tau\sigma$.

证明 (1) 因为对任意 $\boldsymbol{\xi} \in \operatorname{Ker}\sigma$，有 $\sigma(\boldsymbol{\xi}) = \boldsymbol{0}$，所以

$$\boldsymbol{\xi} = \boldsymbol{\xi} - \boldsymbol{0} = \boldsymbol{\xi} - \sigma(\boldsymbol{\xi}) \in \{\boldsymbol{\xi} - \sigma(\boldsymbol{\xi}) \mid \boldsymbol{\xi} \in V\}.$$

反之，对任意 $\boldsymbol{\xi} - \sigma(\boldsymbol{\xi}) \in \{\boldsymbol{\xi} - \sigma(\boldsymbol{\xi}) \mid \boldsymbol{\xi} \in V\}$，有

$$\sigma(\boldsymbol{\xi} - \sigma(\boldsymbol{\xi})) = \sigma(\boldsymbol{\xi}) - \sigma^2(\boldsymbol{\xi}) = \sigma(\boldsymbol{\xi}) - \sigma(\boldsymbol{\xi}) = \boldsymbol{0},$$

从而 $\boldsymbol{\xi} - \sigma(\boldsymbol{\xi}) \in \operatorname{Ker}\sigma$. 因此 $\operatorname{Ker}\sigma = \{\boldsymbol{\xi} - \sigma(\boldsymbol{\xi}) \mid \boldsymbol{\xi} \in V\}$.

(2) 因为对任意 $\boldsymbol{\xi} \in V$，有 $\boldsymbol{\xi} = (\boldsymbol{\xi} - \sigma(\boldsymbol{\xi})) + \sigma(\boldsymbol{\xi})$，所以由 (1) 知，

$$V = \operatorname{Ker}\sigma + \operatorname{Im}\sigma.$$

设 $\boldsymbol{\xi} \in \operatorname{Ker}\sigma \cap \operatorname{Im}\sigma$，则 $\sigma(\boldsymbol{\xi}) = \boldsymbol{0}$，且存在 $\boldsymbol{\eta} \in V$，使得 $\boldsymbol{\xi} = \sigma(\boldsymbol{\eta})$. 因此

$$\sigma(\boldsymbol{\xi}) = \sigma^2(\boldsymbol{\eta}) = \sigma(\boldsymbol{\eta}) = \boldsymbol{\xi}.$$

从而 $\boldsymbol{\xi} = \boldsymbol{0}$. 故 $V = \operatorname{Ker}\sigma \oplus \operatorname{Im}\sigma$.

(3) 充分性　易证（略）.

必要性　设 $\operatorname{Ker}\sigma$ 和 $\operatorname{Im}\sigma$ 都在 τ 之下不变. 由 (2) 知，对任意 $\boldsymbol{\xi} \in V$，

$$\boldsymbol{\xi} = \boldsymbol{\xi}_1 + \sigma(\boldsymbol{\xi}_2),$$

其中 $\boldsymbol{\xi}_1 \in \operatorname{Ker}\sigma$. 于是

$$(\sigma\tau - \tau\sigma)(\boldsymbol{\xi}) = \sigma(\tau(\boldsymbol{\xi}_1)) - \tau(\sigma(\boldsymbol{\xi}_1)) + \sigma(\tau(\sigma(\boldsymbol{\xi}_2))) - \tau\sigma^2(\boldsymbol{\xi}_2).$$

因为 $\operatorname{Ker}\sigma$ 和 $\operatorname{Im}\sigma$ 都在 τ 之下不变，所以 $\tau(\boldsymbol{\xi}_1) \in \operatorname{Ker}\sigma$，$\tau(\sigma(\boldsymbol{\xi}_2)) \in \operatorname{Im}\sigma$. 假设 $\tau(\sigma(\boldsymbol{\xi}_2)) = \sigma(\boldsymbol{\xi}_3)$，那么

$$(\sigma\tau - \tau\sigma)(\boldsymbol{\xi}) = \sigma(\sigma(\boldsymbol{\xi}_3)) - \tau(\sigma(\boldsymbol{\xi}_2)) = \sigma(\boldsymbol{\xi}_3) - \tau(\sigma(\boldsymbol{\xi}_2)) = \boldsymbol{0}.$$

因此 $\sigma\tau = \tau\sigma$.

5. 设 σ 是数域 F 上 n 维向量空间 V 的一个线性变换，$\sigma^2 = \iota$. 证明：$V = W_1 \oplus W_2$，这里 $W_1 = \{\boldsymbol{\xi} \in V \mid \sigma(\boldsymbol{\xi}) = \boldsymbol{\xi}\}$，$W_2 = \{\boldsymbol{\eta} \in V \mid \sigma(\boldsymbol{\eta}) = -\boldsymbol{\eta}\}$.

证明　显然，对任意 $\boldsymbol{\alpha} \in V$，都有 $\boldsymbol{\alpha} = \dfrac{1}{2}(\boldsymbol{\alpha} + \sigma(\boldsymbol{\alpha})) + \dfrac{1}{2}(\boldsymbol{\alpha} - \sigma(\boldsymbol{\alpha}))$. 因为

$$\sigma\left(\frac{1}{2}(\boldsymbol{\alpha} + \sigma(\boldsymbol{\alpha}))\right) = \frac{1}{2}(\boldsymbol{\alpha} + \sigma(\boldsymbol{\alpha}))，\sigma\left(\frac{1}{2}(\boldsymbol{\alpha} - \sigma(\boldsymbol{\alpha}))\right) = -\frac{1}{2}(\boldsymbol{\alpha} - \sigma(\boldsymbol{\alpha})),$$

所以 $\dfrac{1}{2}(\boldsymbol{\alpha} + \sigma(\boldsymbol{\alpha})) \in W_1$，$\dfrac{1}{2}(\boldsymbol{\alpha} - \sigma(\boldsymbol{\alpha})) \in W_2$. 因此 $V = W_1 + W_2$. 又因为对任意 $\boldsymbol{\alpha} \in W_1 \cap W_2$，有 $\sigma(\boldsymbol{\alpha}) = \boldsymbol{\alpha}$，$\sigma(\boldsymbol{\alpha}) = -\boldsymbol{\alpha}$，所以 $\boldsymbol{\alpha} = \boldsymbol{0}$. 因此 $V = W_1 \oplus W_2$.

6. 设 V 是复数域 $\mathbf{C}$ 上一个 n 维向量空间，σ，$\tau \in L(V)$，且 $\sigma\tau = \tau\sigma$. 证明：

(1) 对 σ 的每一本征值 λ 来说，$V_\lambda = \{\boldsymbol{\xi} \in V \mid \sigma(\boldsymbol{\xi}) = \lambda\boldsymbol{\xi}\}$ 是 τ 的不变子空间；

(2) σ 与 τ 有一公共本征向量.

证明 (1) 因为对任意 $\boldsymbol{\xi} \in V_\lambda$，都有

$$\sigma(\tau(\boldsymbol{\xi})) = (\sigma\tau)(\boldsymbol{\xi}) = (\tau\sigma)(\boldsymbol{\xi}) = \tau(\sigma(\boldsymbol{\xi})) = \lambda\tau(\boldsymbol{\xi}),$$

所以 $\tau(\boldsymbol{\xi}) \in V_\lambda$. 因此 V_λ 是 τ 的不变子空间.

(2) 由于 V_λ 是 τ 的不变子空间，因此 $\tau|_{V_\lambda}$ 是 V_λ 的一个线性变换. 于是在复数域 $\mathbf{C}$ 中，$\tau|_{V_\lambda}$ 一定有本征值，不妨设为 μ，则存在 $\boldsymbol{0} \neq \boldsymbol{\alpha} \in V_\lambda$，使得 $\tau|_{V_\lambda}(\boldsymbol{\alpha}) = \mu\boldsymbol{\alpha}$. 因为 $\tau|_{V_\lambda}(\boldsymbol{\alpha}) = \tau(\boldsymbol{\alpha})$，所以 $\boldsymbol{\alpha}$ 是 τ 的属于 μ 的一个本征向量. 又因 $\sigma(\boldsymbol{\alpha}) = \lambda\boldsymbol{\alpha}$，故 $\boldsymbol{\alpha}$ 也是 σ 的属于 λ 的一个本征向量.

7. 设 $\boldsymbol{A}$ 是秩为 r 的 n 阶半正定矩阵. 证明：$W = \{\boldsymbol{\xi} \in \mathbf{R}^n \mid \boldsymbol{\xi}^T\boldsymbol{A}\boldsymbol{\xi} = \boldsymbol{0}\}$ 是 $\mathbf{R}^n$ 的 $n-r$ 维子空间.

证明 由“习题三解答”第 33 题知，存在秩为 r 的 $r \times n$ 的实矩阵 $\boldsymbol{B}$，使得 $\boldsymbol{A} = \boldsymbol{B}^{\mathrm{T}}\boldsymbol{B}$. 于是对任意 $\boldsymbol{\xi} \in \mathbf{R}^n$，有

$$\boldsymbol{\xi}^{\mathrm{T}}\boldsymbol{A}\boldsymbol{\xi} = \boldsymbol{\xi}^T\boldsymbol{B}^{\mathrm{T}}\boldsymbol{B}\boldsymbol{\xi} = (\boldsymbol{B}\boldsymbol{\xi})^{\mathrm{T}}(\boldsymbol{B}\boldsymbol{\xi}).$$

从而 $\boldsymbol{\xi}^{\mathrm{T}}\boldsymbol{A}\boldsymbol{\xi} = \boldsymbol{0}$ 当且仅当 $\boldsymbol{B}\boldsymbol{\xi} = \boldsymbol{0}$. 因此 $W = \{\boldsymbol{\xi} \in \mathbf{R}^n \mid \boldsymbol{B}\boldsymbol{\xi} = \boldsymbol{0}\}$. 因为秩 $\boldsymbol{B} = r$，所以齐次线性方程组 $\boldsymbol{B}\boldsymbol{X} = \boldsymbol{0}$ 的解空间的维数是 $n-r$. 故 $\dim W = n-r$.

8. 设 σ，τ 是数域 F 上向量空间 V 的线性变换，且 $\sigma^2 = \sigma$，$\tau^2 = \tau$. 证明：

(1) $\operatorname{Im}\sigma = \operatorname{Im}\tau$ 当且仅当 $\sigma\tau = \tau$，$\tau\sigma = \sigma$；

(2) $\operatorname{Ker}\sigma = \operatorname{Ker}\tau$ 当且仅当 $\sigma\tau = \sigma$，$\tau\sigma = \tau$.

证明 (1) 必要性 设 $\operatorname{Im}\sigma = \operatorname{Im}\tau$，则对任意 $\boldsymbol{\xi} \in V$，有 $\tau(\boldsymbol{\xi}) \in \operatorname{Im}\sigma$. 令 $\tau(\boldsymbol{\xi}) = \sigma(\boldsymbol{\xi}_1)$，则 $\sigma(\tau(\boldsymbol{\xi})) = \sigma(\sigma(\boldsymbol{\xi}_1)) = \sigma(\boldsymbol{\xi}_1) = \tau(\boldsymbol{\xi})$. 因此 $\sigma\tau = \tau$.

同理可证 $\tau\sigma = \sigma$.

充分性 设 $\sigma\tau = \tau$，$\tau\sigma = \sigma$，则对任意 $\sigma(\boldsymbol{\xi}) \in \operatorname{Im}\sigma$，有

$$\sigma(\boldsymbol{\xi}) = (\tau\sigma)(\boldsymbol{\xi}) = \tau(\sigma(\boldsymbol{\xi})) \in \operatorname{Im}\tau.$$

因此 $\operatorname{Im}\sigma \subseteq \operatorname{Im}\tau$.

同理可证 $\operatorname{Im}\tau \subseteq \operatorname{Im}\sigma$.

(2) 必要性 设 $\operatorname{Ker}\sigma = \operatorname{Ker}\tau$. 因为对任意 $\boldsymbol{\xi} \in V$，有

$$\tau(\tau(\boldsymbol{\xi}) - \boldsymbol{\xi}) = \tau^2(\boldsymbol{\xi}) - \tau(\boldsymbol{\xi}) = \boldsymbol{0},$$

所以 $\tau(\boldsymbol{\xi}) - \boldsymbol{\xi} \in \operatorname{Ker}\tau$. 因此 $\sigma(\tau(\boldsymbol{\xi}) - \boldsymbol{\xi}) = \boldsymbol{0}$，即 $\sigma(\tau(\boldsymbol{\xi})) = \sigma(\boldsymbol{\xi})$. 故 $\sigma\tau = \sigma$.

同理可证 $\tau\sigma = \tau$.

充分性 设 $\sigma\tau = \sigma$，$\tau\sigma = \tau$，则对任意 $\boldsymbol{\xi} \in \operatorname{Ker}\sigma$，

$$\tau(\boldsymbol{\xi}) = (\tau\sigma)(\boldsymbol{\xi}) = \tau(\sigma(\boldsymbol{\xi})) = \tau(\boldsymbol{0}) = \boldsymbol{0}.$$

从而 $\boldsymbol{\xi} \in \operatorname{Ker}\tau$. 于是 $\operatorname{Ker}\sigma \subseteq \operatorname{Ker}\tau$.

同理可证 $\operatorname{Ker}\tau \subseteq \operatorname{Ker}\sigma$.

第八章　欧氏空间

在向量空间中，只定义了向量的加法和数量乘法，与几何空间相比较，就会发现向量的长度、夹角等度量性质在向量空间中并没有得到反映，而这些度量性质在数学的其他分支中都有很重要的应用. 欧氏空间是在实数域上的向量空间中引入内积，从而合理地定义向量的长度、夹角和距离，它是通常几何空间的进一步推广.

本章主要介绍欧氏空间的基本概念和性质，讨论欧氏空间的正交变换、对称变换和实对称矩阵的标准形.

§8.1　欧氏空间的定义及基本性质

本节给出欧氏空间的定义，引入向量的长度、夹角和距离等概念.

一、主要内容

1. 内积与欧氏空间

定义 8.1　设 V 是实数域 $\mathbf{R}$ 上的向量空间. 如果有一个映射 f: $V\times V\to\mathbf{R}$, $(\boldsymbol{\alpha},\boldsymbol{\beta})\mapsto f(\boldsymbol{\alpha},\boldsymbol{\beta})$，为方便，将 $f(\boldsymbol{\alpha},\boldsymbol{\beta})$ 记作 $\langle\boldsymbol{\alpha},\boldsymbol{\beta}\rangle$，它具有以下三条性质，那么 $\langle\boldsymbol{\alpha},\boldsymbol{\beta}\rangle$ 称为向量 $\boldsymbol{\alpha}$ 与 $\boldsymbol{\beta}$ 的内积，V 叫作对这个内积来说的一个欧几里得 (Euclid) 空间，简称欧氏空间.

(i) 对称性：$\langle\boldsymbol{\alpha},\boldsymbol{\beta}\rangle=\langle\boldsymbol{\beta},\boldsymbol{\alpha}\rangle$，$\forall\boldsymbol{\alpha},\boldsymbol{\beta}\in V$；

(ii) 线性性：$\langle k_1\boldsymbol{\alpha}_1+k_2\boldsymbol{\alpha}_2,\boldsymbol{\beta}\rangle=k_1\langle\boldsymbol{\alpha}_1,\boldsymbol{\beta}\rangle+k_2\langle\boldsymbol{\alpha}_2,\boldsymbol{\beta}\rangle$，$\forall k_1, k_2\in\mathbf{R}$，$\boldsymbol{\alpha}_1, \boldsymbol{\alpha}_2, \boldsymbol{\beta}\in V$；

(iii) 非负性：对任意 $\boldsymbol{\alpha}\in V$，有 $\langle\boldsymbol{\alpha},\boldsymbol{\alpha}\rangle\geqslant 0$，当且仅当 $\boldsymbol{\alpha}=\boldsymbol{0}$ 时，$\langle\boldsymbol{\alpha},\boldsymbol{\alpha}\rangle=0$.

定义 8.1 中的线性性 (ii) 与以下两条等价：

(iv) $\langle k\boldsymbol{\alpha},\boldsymbol{\beta}\rangle=k\langle\boldsymbol{\alpha},\boldsymbol{\beta}\rangle$，$\forall k\in\mathbf{R}$，$\boldsymbol{\alpha},\boldsymbol{\beta}\in V$；

(v) $\langle\boldsymbol{\alpha}_1+\boldsymbol{\alpha}_2,\boldsymbol{\beta}\rangle=\langle\boldsymbol{\alpha}_1,\boldsymbol{\beta}\rangle+\langle\boldsymbol{\alpha}_2,\boldsymbol{\beta}\rangle$，$\forall\boldsymbol{\alpha}_1,\boldsymbol{\alpha}_2,\boldsymbol{\beta}\in V$.

由定义 8.1 易得下面简单性质：

(1) $\langle\boldsymbol{\alpha},\boldsymbol{0}\rangle=\langle\boldsymbol{0},\boldsymbol{\alpha}\rangle=0$；

(2) $\langle\boldsymbol{\alpha},k\boldsymbol{\beta}\rangle=k\langle\boldsymbol{\alpha},\boldsymbol{\beta}\rangle$；

(3) $\left\langle \sum_{i=1}^{s} a_i\boldsymbol{\alpha}_i,\ \sum_{j=1}^{t} b_j\boldsymbol{\beta}_j \right\rangle = \sum_{i=1}^{s}\sum_{j=1}^{t} a_ib_j\langle \boldsymbol{\alpha}_i,\ \boldsymbol{\beta}_j\rangle.$

这里 $\boldsymbol{\alpha}$，$\boldsymbol{\beta}$，$\boldsymbol{\alpha}_i$，$\boldsymbol{\beta}_j$ 都是欧氏空间中的向量，k，a_i，$b_j \in \mathbf{R}$，$i = 1, 2, \cdots, s$，$j = 1, 2, \cdots, t$.

2. 向量的长度、夹角、正交和距离

(1) 长度、单位向量、单位化.

定义 8.2 设 $\boldsymbol{\alpha}$ 是欧氏空间 V 的一个向量，非负实数 $\langle\boldsymbol{\alpha}, \boldsymbol{\alpha}\rangle$ 的算术平方根 $\sqrt{\langle\boldsymbol{\alpha}, \boldsymbol{\alpha}\rangle}$ 叫作 $\boldsymbol{\alpha}$ 的长度，用符号 $|\boldsymbol{\alpha}|$ 表示，即

$$|\boldsymbol{\alpha}| = \sqrt{\langle\boldsymbol{\alpha}, \boldsymbol{\alpha}\rangle}.$$

长度为 1 的向量称为单位向量. 如果 $\boldsymbol{\alpha} \neq \boldsymbol{0}$，那么 $\dfrac{1}{|\boldsymbol{\alpha}|}\boldsymbol{\alpha}$ 是一个单位向量. 由非零向量 $\boldsymbol{\alpha}$ 可得出单位向量 $\dfrac{1}{|\boldsymbol{\alpha}|}\boldsymbol{\alpha}$，此过程称为把 $\boldsymbol{\alpha}$ 单位化.

(2) 夹角.

定理 8.1 在一个欧氏空间 V 中，对于任意两个向量 $\boldsymbol{\alpha}$，$\boldsymbol{\beta}$，有不等式

$$\langle\boldsymbol{\alpha}, \boldsymbol{\beta}\rangle^2 \leqslant \langle\boldsymbol{\alpha}, \boldsymbol{\alpha}\rangle\langle\boldsymbol{\beta}, \boldsymbol{\beta}\rangle,$$

当且仅当 $\boldsymbol{\alpha}$ 与 $\boldsymbol{\beta}$ 线性相关时，等号成立.

上述不等式称为柯西-施瓦茨（Cauchy-Schwarz）不等式，在较早的部分教科书中也称为柯西-布涅柯夫斯基（Cauchy-Буняковский）不等式.

定义 8.3 设 $\boldsymbol{\alpha}$ 和 $\boldsymbol{\beta}$ 是欧氏空间 V 的两个非零向量，$\boldsymbol{\alpha}$ 与 $\boldsymbol{\beta}$ 的夹角 θ 由以下公式定义：

$$\cos\theta = \frac{\langle\boldsymbol{\alpha}, \boldsymbol{\beta}\rangle}{|\boldsymbol{\alpha}||\boldsymbol{\beta}|}.$$

这样，欧氏空间中任意两个非零向量有唯一的夹角 θ ($0 \leqslant \theta \leqslant \pi$).

(3) 正交.

定义 8.4 如果向量 $\boldsymbol{\alpha}$ 与 $\boldsymbol{\beta}$ 的内积为零，即 $\langle\boldsymbol{\alpha}, \boldsymbol{\beta}\rangle = 0$，那么称 $\boldsymbol{\alpha}$ 与 $\boldsymbol{\beta}$ 是正交的，记为 $\boldsymbol{\alpha}\perp\boldsymbol{\beta}$.

由定义 8.4 可以看出，零向量与任一向量都正交.

显然，欧氏空间中向量的长度、夹角和正交是解析几何中向量的长度、夹角和正交概念的自然推广.

定理 8.2 设 V 是欧氏空间，$\boldsymbol{\alpha}$，$\boldsymbol{\beta} \in V$，$k \in \mathbf{R}$，则

(i) $|k\boldsymbol{\alpha}| = |k||\boldsymbol{\alpha}|$（齐次性）；

(ii) $|\boldsymbol{\alpha}+\boldsymbol{\beta}| \leqslant |\boldsymbol{\alpha}| + |\boldsymbol{\beta}|$（三角不等式）；

(iii) 当且仅当 $\boldsymbol{\alpha}$ 与 $\boldsymbol{\beta}$ 正交时，$|\boldsymbol{\alpha}+\boldsymbol{\beta}|^2 = |\boldsymbol{\alpha}|^2 + |\boldsymbol{\beta}|^2$（勾股定理）.

结论 (ii) 和 (iii) 可推广到多个向量的情形：

对于欧氏空间 V 的任意 $s\,(s\geqslant 2)$ 个向量 $\boldsymbol{\alpha}_1,\ \boldsymbol{\alpha}_2,\ \cdots,\ \boldsymbol{\alpha}_s$，有

(iv) $|\boldsymbol{\alpha}_1+\boldsymbol{\alpha}_2+\cdots+\boldsymbol{\alpha}_s|\leqslant|\boldsymbol{\alpha}_1|+|\boldsymbol{\alpha}_2|+\cdots+|\boldsymbol{\alpha}_s|$;

(v) 若 $\boldsymbol{\alpha}_1,\ \boldsymbol{\alpha}_2,\ \cdots,\ \boldsymbol{\alpha}_s$ 两两正交，则

$$|\boldsymbol{\alpha}_1+\boldsymbol{\alpha}_2+\cdots+\boldsymbol{\alpha}_s|^2=|\boldsymbol{\alpha}_1|^2+|\boldsymbol{\alpha}_2|^2+\cdots+|\boldsymbol{\alpha}_s|^2.$$

(4) 距离.

定义 8.5 设 V 是欧氏空间，$\boldsymbol{\alpha},\ \boldsymbol{\beta}\in V$，$\boldsymbol{\alpha}$ 与 $\boldsymbol{\beta}$ 的距离 $d\,(\boldsymbol{\alpha},\ \boldsymbol{\beta})$ 定义为

$$d\,(\boldsymbol{\alpha},\ \boldsymbol{\beta})=|\boldsymbol{\alpha}-\boldsymbol{\beta}|.$$

定理 8.3 设 V 是欧氏空间，$\boldsymbol{\alpha},\ \boldsymbol{\beta},\ \boldsymbol{\gamma}\in V$，则

(i) $d\,(\boldsymbol{\alpha},\ \boldsymbol{\beta})=d\,(\boldsymbol{\beta},\ \boldsymbol{\alpha})$;

(ii) $d\,(\boldsymbol{\alpha},\ \boldsymbol{\beta})\geqslant 0$，当且仅当 $\boldsymbol{\alpha}=\boldsymbol{\beta}$ 时等号成立;

(iii) $d\,(\boldsymbol{\alpha},\ \boldsymbol{\gamma})\leqslant d\,(\boldsymbol{\alpha},\ \boldsymbol{\beta})+d\,(\boldsymbol{\beta},\ \boldsymbol{\gamma})$.

二、释疑解难

1. 关于内积

(1) 由定义 8.1 知，内积实质上是具有对称性、线性性和非负性的实数域 **R** 上向量空间 V 上的二元实函数，将 V 中任意两个向量 $\boldsymbol{\alpha},\ \boldsymbol{\beta}$ 对应到 **R** 中唯一确定的一个实数 $\langle\boldsymbol{\alpha},\ \boldsymbol{\beta}\rangle$.

(2) 由于定义 8.1 中的条件 (i) 是内积的对称性，因此也称欧氏空间的内积为对称内积. 另外，内积的非负性 (iii) 也可以叙述为：对任意非零向量 $\boldsymbol{\alpha}\in V$，有 $\langle\boldsymbol{\alpha},\ \boldsymbol{\alpha}\rangle>0$，称为内积的正定性（或恒正性）.

2. 关于向量空间与欧氏空间

(1) 欧氏空间是带有内积的实数域 **R** 上的向量空间，它不仅具有向量空间的基本性质，而且还有一些与内积有关的其他性质.

(2) 在实数域 **R** 上的 n 维向量空间 V 中，一定能够定义内积，使得 V 关于这个内积作成一个欧氏空间.

事实上，当 $n=0$ 时，结论显然. 当 $n\neq 0$ 时，设 $\{\boldsymbol{\alpha}_1,\ \boldsymbol{\alpha}_2,\ \cdots,\ \boldsymbol{\alpha}_n\}$ 为 V 的一个基，对 V 的任意两个向量

$$\boldsymbol{\alpha}=x_1\boldsymbol{\alpha}_1+x_2\boldsymbol{\alpha}_2+\cdots+x_n\boldsymbol{\alpha}_n,\ \boldsymbol{\beta}=y_1\boldsymbol{\alpha}_1+y_2\boldsymbol{\alpha}_2+\cdots+y_n\boldsymbol{\alpha}_n,$$

定义

$$\langle\boldsymbol{\alpha},\ \boldsymbol{\beta}\rangle=x_1y_1+x_2y_2+\cdots+x_ny_n.$$

容易验证，V 对于这个内积来说作成一个欧氏空间.

(3) 实数域 **R** 上的同一个向量空间 V 对于不同的内积作成不同的欧氏空间，这表明度量 V 中的向量可以用不同的标准，因此除约定的内积外，凡是提到欧氏空间都要指出具体的内积.

例如，向量空间 $\mathbf{R}^n$ 关于标准内积 $\langle\boldsymbol{\alpha},\boldsymbol{\beta}\rangle = a_1b_1 + a_2b_2 + \cdots + a_nb_n$ 和内积 $\langle\boldsymbol{\alpha},\boldsymbol{\beta}\rangle = a_1b_1 + 2a_2b_2 + \cdots + na_nb_n$ 来说作成不同的欧氏空间，其中 $\boldsymbol{\alpha} = (a_1, a_2, \cdots, a_n)$，$\boldsymbol{\beta} = (b_1, b_2, \cdots, b_n)$. 此后凡是提到欧氏空间 $\mathbf{R}^n$ 而没有另外定义它的内积时，都约定为标准内积.

3. 关于勾股定理的推广

定理 8.2 的 (iii) 推广到多个向量所得结论 (v) 的逆命题未必成立.

例如，在欧氏空间 $\mathbf{R}^3$ 里，取 $\boldsymbol{\alpha}_1 = (1, 1, 1)$，$\boldsymbol{\alpha}_2 = (0, -1, 0)$，$\boldsymbol{\alpha}_3 = (0, 0, 1)$. 尽管有

$$|\boldsymbol{\alpha}_1 + \boldsymbol{\alpha}_2 + \boldsymbol{\alpha}_3|^2 = |\boldsymbol{\alpha}_1|^2 + |\boldsymbol{\alpha}_2|^2 + |\boldsymbol{\alpha}_3|^2,$$

但是 $\boldsymbol{\alpha}_1$ 与 $\boldsymbol{\alpha}_2$ 和 $\boldsymbol{\alpha}_3$ 都不正交.

三、范例解析

例 1 (1) 设 $\boldsymbol{A}$ 是一个 n 阶正定矩阵. 在向量空间 $\mathbf{R}^n$ 中，对任意向量 $\boldsymbol{\alpha}$，$\boldsymbol{\beta}$，规定：

$$\langle\boldsymbol{\alpha},\boldsymbol{\beta}\rangle = \boldsymbol{\alpha}^{\mathrm{T}}\boldsymbol{A}\boldsymbol{\beta}.$$

证明：$\mathbf{R}^n$ 对二元实函数 $\langle\boldsymbol{\alpha},\boldsymbol{\beta}\rangle$ 作成欧氏空间；

(2) 在向量空间 $M_n(\mathbf{R})$ 中，对任意向量 $\boldsymbol{A} = (a_{ij})$，$\boldsymbol{B} = (b_{ij})$，规定：

$$\langle\boldsymbol{A},\boldsymbol{B}\rangle = \sum_{i=1}^{n}\sum_{j=1}^{n} a_{ij}b_{ij},$$

即 $\langle\boldsymbol{A},\boldsymbol{B}\rangle = \mathrm{Tr}\,(\boldsymbol{A}\boldsymbol{B}^{\mathrm{T}})$. 证明：$M_n(\mathbf{R})$ 对二元实函数 $\langle\boldsymbol{A},\boldsymbol{B}\rangle$ 作成欧氏空间.

证明 (1) 由于 $\langle\boldsymbol{\alpha},\boldsymbol{\beta}\rangle = \boldsymbol{\alpha}^{\mathrm{T}}\boldsymbol{A}\boldsymbol{\beta}$ 是 $\mathbf{R}^n$ 上的二元实函数，并且对任意 $\boldsymbol{\alpha}_1$，$\boldsymbol{\alpha}_2$，$\boldsymbol{\beta} \in \mathbf{R}^n$，$k_1$，$k_2 \in \mathbf{R}$，有

(i) $\langle\boldsymbol{\alpha},\boldsymbol{\beta}\rangle = \boldsymbol{\alpha}^{\mathrm{T}}\boldsymbol{A}\boldsymbol{\beta} = (\boldsymbol{\alpha}^{\mathrm{T}}\boldsymbol{A}\boldsymbol{\beta})^{\mathrm{T}} = \boldsymbol{\beta}^{\mathrm{T}}\boldsymbol{A}\boldsymbol{\alpha} = \langle\boldsymbol{\beta},\boldsymbol{\alpha}\rangle$；

(ii) $\langle k_1\boldsymbol{\alpha}_1 + k_2\boldsymbol{\alpha}_2,\boldsymbol{\beta}\rangle = (k_1\boldsymbol{\alpha}_1 + k_2\boldsymbol{\alpha}_2)^{\mathrm{T}}\boldsymbol{A}\boldsymbol{\beta} = k_1\langle\boldsymbol{\alpha}_1,\boldsymbol{\beta}\rangle + k_2\langle\boldsymbol{\alpha}_2,\boldsymbol{\beta}\rangle$；

(iii) $\langle\boldsymbol{\alpha},\boldsymbol{\alpha}\rangle = \boldsymbol{\alpha}^{\mathrm{T}}\boldsymbol{A}\boldsymbol{\alpha} \geqslant 0$，当且仅当 $\boldsymbol{\alpha} = \boldsymbol{0}$ 时，$\langle\boldsymbol{\alpha},\boldsymbol{\alpha}\rangle = 0$，

因此 $\mathbf{R}^n$ 对二元实函数 $\langle\boldsymbol{\alpha},\boldsymbol{\beta}\rangle$ 作成欧氏空间.

(2) 因为 $\langle\boldsymbol{A},\boldsymbol{B}\rangle = \mathrm{Tr}\,(\boldsymbol{A}\boldsymbol{B}^{\mathrm{T}})$ 是 $M_n(\mathbf{R})$ 上的二元实函数，并且对任意 $\boldsymbol{A}$，$\boldsymbol{B}$，$\boldsymbol{C} \in M_n(\mathbf{R})$，$k \in \mathbf{R}$，有

(i) $\langle\boldsymbol{A},\boldsymbol{B}\rangle = \mathrm{Tr}\,(\boldsymbol{A}\boldsymbol{B}^{\mathrm{T}}) = \mathrm{Tr}\,(\boldsymbol{A}\boldsymbol{B}^{\mathrm{T}})^{\mathrm{T}} = \mathrm{Tr}\,(\boldsymbol{B}\boldsymbol{A}^{\mathrm{T}}) = \langle\boldsymbol{B},\boldsymbol{A}\rangle$；

(iii) $\langle\boldsymbol{A},\boldsymbol{A}\rangle = \mathrm{Tr}\,(\boldsymbol{A}\boldsymbol{A}^{\mathrm{T}}) = \sum\limits_{i=1}^{n}\sum\limits_{j=1}^{n} a_{ij}^2 \geqslant 0$，当且仅当 $\boldsymbol{A} = 0$ 时，$\langle\boldsymbol{A},\boldsymbol{A}\rangle = 0$；

(iv) $\langle k\boldsymbol{A},\boldsymbol{B}\rangle = \mathrm{Tr}\,(k\boldsymbol{A}\boldsymbol{B}^{\mathrm{T}}) = k\mathrm{Tr}\,(\boldsymbol{A}\boldsymbol{B}^{\mathrm{T}}) = k\langle\boldsymbol{A},\boldsymbol{B}\rangle$；

(v) $\langle\boldsymbol{A}+\boldsymbol{B},\boldsymbol{C}\rangle = \mathrm{Tr}\,((\boldsymbol{A}+\boldsymbol{B})\boldsymbol{C}^{\mathrm{T}}) = \mathrm{Tr}\,(\boldsymbol{A}\boldsymbol{C}^{\mathrm{T}}) + \mathrm{Tr}\,(\boldsymbol{B}\boldsymbol{C}^{\mathrm{T}}) = \langle\boldsymbol{A},\boldsymbol{C}\rangle + \langle\boldsymbol{B},\boldsymbol{C}\rangle$，

所以 $M_n(\mathbf{R})$ 对这个二元实函数 $\langle\boldsymbol{A},\boldsymbol{B}\rangle$ 作成欧氏空间.

例 2 求欧氏空间 $\mathbf{R}^3$ 的向量 $\boldsymbol{\alpha}=(1, 0, 1)$ 与 $\boldsymbol{\beta}=(1, 1, 0)$ 的长度、夹角和距离.

解 因为

$$\langle\boldsymbol{\alpha}, \boldsymbol{\beta}\rangle=1, \langle\boldsymbol{\alpha}, \boldsymbol{\alpha}\rangle=2, \langle\boldsymbol{\beta}, \boldsymbol{\beta}\rangle=2, \langle\boldsymbol{\alpha}-\boldsymbol{\beta}, \boldsymbol{\alpha}-\boldsymbol{\beta}\rangle=2,$$

所以 $\boldsymbol{\alpha}$, $\boldsymbol{\beta}$ 的长度及$\boldsymbol{\alpha}$ 与 $\boldsymbol{\beta}$ 的距离分别为

$$|\boldsymbol{\alpha}|=\sqrt{\langle\boldsymbol{\alpha}, \boldsymbol{\alpha}\rangle}=\sqrt{2}, |\boldsymbol{\beta}|=\sqrt{\langle\boldsymbol{\beta}, \boldsymbol{\beta}\rangle}=\sqrt{2}, d(\boldsymbol{\alpha}, \boldsymbol{\beta})=|\boldsymbol{\alpha}-\boldsymbol{\beta}|=\sqrt{2}.$$

于是

$$\cos\theta=\frac{\langle\boldsymbol{\alpha}, \boldsymbol{\beta}\rangle}{|\boldsymbol{\alpha}||\boldsymbol{\beta}|}=\frac{1}{2}.$$

因此 $\boldsymbol{\alpha}$ 与 $\boldsymbol{\beta}$ 的夹角为 60°.

例 3 设 $\{\boldsymbol{\alpha}_1, \boldsymbol{\alpha}_2, \cdots, \boldsymbol{\alpha}_n\}$ 为 n 维欧氏空间 V 的一个基. 证明:

(1) 若 $\boldsymbol{\beta}\in V$ 使得 $\langle\boldsymbol{\beta}, \boldsymbol{\alpha}_i\rangle=0$, $i=1, 2, \cdots, n$, 则 $\boldsymbol{\beta}=\boldsymbol{0}$;

(2) 若 $\boldsymbol{\xi}$, $\boldsymbol{\eta}\in V$ 使得对任意 $\boldsymbol{\alpha}\in V$, 都有 $\langle\boldsymbol{\xi}, \boldsymbol{\alpha}\rangle=\langle\boldsymbol{\eta}, \boldsymbol{\alpha}\rangle$, 则 $\boldsymbol{\xi}=\boldsymbol{\eta}$.

证明 (1) 设 $\boldsymbol{\beta}=a_1\boldsymbol{\alpha}_1+a_2\boldsymbol{\alpha}_2+\cdots+a_n\boldsymbol{\alpha}_n$, 则

$$\langle\boldsymbol{\beta}, \boldsymbol{\beta}\rangle=\langle\boldsymbol{\beta}, a_1\boldsymbol{\alpha}_1+a_2\boldsymbol{\alpha}_2+\cdots+a_n\boldsymbol{\alpha}_n\rangle=\sum_{i=1}^{n}a_i\langle\boldsymbol{\beta}, \boldsymbol{\alpha}_i\rangle=0.$$

于是 $\boldsymbol{\beta}=\boldsymbol{0}$.

(2) 由题设知, 对任意 $\boldsymbol{\alpha}\in V$, 有 $\langle\boldsymbol{\xi}-\boldsymbol{\eta}, \boldsymbol{\alpha}\rangle=0$. 特别地, 取 $\boldsymbol{\alpha}=\boldsymbol{\xi}-\boldsymbol{\eta}$, 有 $\langle\boldsymbol{\xi}-\boldsymbol{\eta}, \boldsymbol{\xi}-\boldsymbol{\eta}\rangle=0$. 因此 $\boldsymbol{\xi}=\boldsymbol{\eta}$.

例 4 设 V 是一个欧氏空间, $\boldsymbol{0}\neq\boldsymbol{\alpha}\in V$, $\boldsymbol{\alpha}_1, \boldsymbol{\alpha}_2, \cdots, \boldsymbol{\alpha}_m\in V$ 满足条件

$$\langle\boldsymbol{\alpha}_i, \boldsymbol{\alpha}\rangle>0\ (i=1, 2, \cdots, m), \quad \langle\boldsymbol{\alpha}_i, \boldsymbol{\alpha}_j\rangle\leqslant 0\ (i, j=1, 2, \cdots, m, i\neq j).$$

证明: $\boldsymbol{\alpha}_1, \boldsymbol{\alpha}_2, \cdots, \boldsymbol{\alpha}_m$ 线性无关.

证明 设存在一组数 $k_1, k_2, \cdots, k_m\in\mathbf{R}$, 使得

$$k_1\boldsymbol{\alpha}_1+k_2\boldsymbol{\alpha}_2+\cdots+k_m\boldsymbol{\alpha}_m=\boldsymbol{0},$$

且不妨设 $k_1, \cdots, k_r\geqslant 0$, $k_{r+1}, \cdots, k_m\leqslant 0\ (1\leqslant r\leqslant m)$ (否则重新编号使之成立). 令 $\boldsymbol{\beta}=k_1\boldsymbol{\alpha}_1+\cdots+k_r\boldsymbol{\alpha}_r=-k_{r+1}\boldsymbol{\alpha}_{r+1}-\cdots-k_m\boldsymbol{\alpha}_m$, 则

$$\begin{aligned}\langle\boldsymbol{\beta}, \boldsymbol{\beta}\rangle&=\langle k_1\boldsymbol{\alpha}_1+\cdots+k_r\boldsymbol{\alpha}_r, -k_{r+1}\boldsymbol{\alpha}_{r+1}-\cdots-k_m\boldsymbol{\alpha}_m\rangle\\&=\sum_{i=1}^{r}\sum_{j=r+1}^{m}k_i(-k_j)\langle\boldsymbol{\alpha}_i, \boldsymbol{\alpha}_j\rangle.\end{aligned}$$

由已知和假设, 得 $\langle\boldsymbol{\beta}, \boldsymbol{\beta}\rangle\leqslant 0$. 而由内积的定义知, $\langle\boldsymbol{\beta}, \boldsymbol{\beta}\rangle\geqslant 0$. 因此 $\boldsymbol{\beta}=\boldsymbol{0}$, 即

$$k_1\boldsymbol{\alpha}_1+\cdots+k_r\boldsymbol{\alpha}_r=\boldsymbol{0}, \quad k_{r+1}\boldsymbol{\alpha}_{r+1}+\cdots+k_m\boldsymbol{\alpha}_m=\boldsymbol{0}.$$

从而

$$0=\langle k_1\boldsymbol{\alpha}_1+k_2\boldsymbol{\alpha}_2+\cdots+k_r\boldsymbol{\alpha}_r, \boldsymbol{\alpha}\rangle=k_1\langle\boldsymbol{\alpha}_1, \boldsymbol{\alpha}\rangle+\cdots+k_r\langle\boldsymbol{\alpha}_r, \boldsymbol{\alpha}\rangle,$$

$$0=\langle k_{r+1}\boldsymbol{\alpha}_{r+1}+\cdots+k_m\boldsymbol{\alpha}_m, \boldsymbol{\alpha}\rangle=k_{r+1}\langle\boldsymbol{\alpha}_{r+1}, \boldsymbol{\alpha}\rangle+\cdots+k_m\langle\boldsymbol{\alpha}_m, \boldsymbol{\alpha}\rangle.$$

因为 $k_i\langle\boldsymbol{\alpha}_i, \boldsymbol{\alpha}\rangle\geqslant 0\ (1\leqslant i\leqslant r)$, $k_j\langle\boldsymbol{\alpha}_j, \boldsymbol{\alpha}\rangle\leqslant 0\ (r+1\leqslant j\leqslant m)$, 所以由上面

两个式子，得 $k_i\langle\boldsymbol{\alpha}_i, \boldsymbol{\alpha}\rangle = 0\ (1 \leqslant i \leqslant r)$，$k_j\langle\boldsymbol{\alpha}_j, \boldsymbol{\alpha}\rangle = 0\ (r+1 \leqslant j \leqslant m)$. 于是 $k_l = 0\ (l = 1, 2, \cdots, m)$. 故 $\boldsymbol{\alpha}_1, \boldsymbol{\alpha}_2, \cdots, \boldsymbol{\alpha}_m$ 线性无关.

§8.2 度量矩阵与正交基

本节主要讨论度量矩阵与规范正交基及其性质.

一、主要内容

1. 度量矩阵

定义 8.6 设 V 是 n 维欧氏空间，$\{\boldsymbol{\alpha}_1, \boldsymbol{\alpha}_2, \cdots, \boldsymbol{\alpha}_n\}$ 是 V 的一个基. 对 V 中任意两个向量 $\boldsymbol{\alpha} = x_1\boldsymbol{\alpha}_1 + x_2\boldsymbol{\alpha}_2 + \cdots + x_n\boldsymbol{\alpha}_n$，$\boldsymbol{\beta} = y_1\boldsymbol{\alpha}_1 + y_2\boldsymbol{\alpha}_2 + \cdots + y_n\boldsymbol{\alpha}_n$，有

$$\langle\boldsymbol{\alpha}, \boldsymbol{\beta}\rangle = \sum_{i=1}^{n}\sum_{j=1}^{n}\langle\boldsymbol{\alpha}_i, \boldsymbol{\alpha}_j\rangle x_i y_j = \boldsymbol{X}^{\mathrm{T}}\boldsymbol{A}\boldsymbol{Y},$$

其中

$$\boldsymbol{X} = \begin{pmatrix} x_1 \\ x_2 \\ \vdots \\ x_n \end{pmatrix}, \ \boldsymbol{Y} = \begin{pmatrix} y_1 \\ y_2 \\ \vdots \\ y_n \end{pmatrix}, \ \boldsymbol{A} = \begin{pmatrix} \langle\boldsymbol{\alpha}_1, \boldsymbol{\alpha}_1\rangle & \langle\boldsymbol{\alpha}_1, \boldsymbol{\alpha}_2\rangle & \cdots & \langle\boldsymbol{\alpha}_1, \boldsymbol{\alpha}_n\rangle \\ \langle\boldsymbol{\alpha}_2, \boldsymbol{\alpha}_1\rangle & \langle\boldsymbol{\alpha}_2, \boldsymbol{\alpha}_2\rangle & \cdots & \langle\boldsymbol{\alpha}_2, \boldsymbol{\alpha}_n\rangle \\ \vdots & \vdots & & \vdots \\ \langle\boldsymbol{\alpha}_n, \boldsymbol{\alpha}_1\rangle & \langle\boldsymbol{\alpha}_n, \boldsymbol{\alpha}_2\rangle & \cdots & \langle\boldsymbol{\alpha}_n, \boldsymbol{\alpha}_n\rangle \end{pmatrix}.$$

称实对称矩阵 $\boldsymbol{A}$ 为基 $\{\boldsymbol{\alpha}_1, \boldsymbol{\alpha}_2, \cdots, \boldsymbol{\alpha}_n\}$ 的度量矩阵.

定理 8.4 n 维欧氏空间 V 的两个基的度量矩阵是合同的，且度量矩阵是正定的.

2. 正交基、规范正交基

(1) 正交向量组.

定义 8.7 欧氏空间 V 中一组非零的向量，如果它们两两正交，就称为一个正交向量组.

定理 8.5 正交向量组 $\{\boldsymbol{\alpha}_1, \boldsymbol{\alpha}_2, \cdots, \boldsymbol{\alpha}_m\}$ 是线性无关的.

(2) 正交基、规范正交基.

定义 8.8 在 n 维欧氏空间 V 中，由 n 个向量组成的正交向量组称为正交基，由单位向量组成的正交基称为规范正交基（或标准正交基）.

显然，n 维欧氏空间 V 的一个基 $\{\boldsymbol{\varepsilon}_1, \boldsymbol{\varepsilon}_2, \cdots, \boldsymbol{\varepsilon}_n\}$ 是规范正交基的充要条件是该基的度量矩阵是单位矩阵 $\boldsymbol{I}_n$.

(3) 规范正交基的性质.

设 $\{\boldsymbol{\varepsilon}_1, \boldsymbol{\varepsilon}_2, \cdots, \boldsymbol{\varepsilon}_n\}$ 是 n 维欧氏空间 V 的一个规范正交基. 对任意 $\boldsymbol{\alpha}, \boldsymbol{\beta} \in V$，令 $\boldsymbol{\alpha} = x_1\boldsymbol{\varepsilon}_1 + x_2\boldsymbol{\varepsilon}_2 + \cdots + x_n\boldsymbol{\varepsilon}_n$，$\boldsymbol{\beta} = y_1\boldsymbol{\varepsilon}_1 + y_2\boldsymbol{\varepsilon}_2 + \cdots + y_n\boldsymbol{\varepsilon}_n$，则

① $\alpha=\langle\alpha,\ \varepsilon_1\rangle\varepsilon_1+\langle\alpha,\ \varepsilon_2\rangle\varepsilon_2+\cdots+\langle\alpha,\ \varepsilon_n\rangle\varepsilon_n$；

② $\langle\alpha,\ \beta\rangle=x_1y_1+x_2y_2+\cdots+x_ny_n$；

③ $\langle\alpha,\ \alpha\rangle=x_1^2+x_2^2+\cdots+x_n^2$；

④ $|\alpha|=\sqrt{x_1^2+x_2^2+\cdots+x_n^2}$；

⑤ $d(\alpha,\ \beta)=\sqrt{(x_1-y_1)^2+(x_2-y_2)^2+\cdots+(x_n-y_n)^2}$.

注 称性质 ① 为 α 的傅里叶 (Fourier) 展开，其中每个系数 $\langle\alpha,\ \varepsilon_i\rangle$ 称为 α 的傅里叶系数.

欧氏空间的规范正交基是解析几何空间直角坐标系的推广，这些公式都是解析几何里我们熟悉公式的推广. 由此可以看出，在欧氏空间里引入规范正交基的好处.

一个自然的问题是: 在一个 n 维欧氏空间 V 中是不是存在规范正交基? 下面的定理给予了肯定的回答.

定理 8.6 n 维欧氏空间 V 中任一正交向量组都能扩充成一正交基.

3. 规范正交基之间的过渡矩阵

定义 8.9 n 阶实矩阵 $\boldsymbol{A}$ 称为正交矩阵，如果 $\boldsymbol{A}^{\mathrm{T}}\boldsymbol{A}=\boldsymbol{I}$.

定理 8.7 由一个规范正交基到另一个规范正交基的过渡矩阵是正交矩阵.

二、释疑解难

1. n 维欧氏空间 V 的内积集合和 n 阶正定矩阵集合之间的对应关系

取定 n 维欧氏空间 V 的一个基 $\{\alpha_1,\ \alpha_2,\ \cdots,\ \alpha_n\}$. 对于 V 的每一个内积都有唯一确定的 n 阶正定矩阵 $\boldsymbol{A}=(\langle\alpha_i,\ \alpha_j\rangle)$ 与之对应.

反过来，任意给定一个 n 阶正定矩阵 $\boldsymbol{A}=(a_{ij})$，由 $\boldsymbol{A}$ 可以唯一地确定 V 的一个内积，并且此内积关于给定的基 $\{\alpha_1,\ \alpha_2,\ \cdots,\ \alpha_n\}$ 的度量矩阵恰好是 $\boldsymbol{A}$.

事实上，对任意 $\alpha=\sum\limits_{i=1}^{n}x_i\alpha_i$，$\beta=\sum\limits_{j=1}^{n}y_j\alpha_j\in V$，规定

$$\langle\alpha,\ \beta\rangle=(x_1,\ x_2,\ \cdots,\ x_n)\boldsymbol{A}(y_1,\ y_2,\ \cdots,\ y_n)^{\mathrm{T}}=\sum_{i=1}^{n}\sum_{j=1}^{n}a_{ij}x_iy_j.$$

易证 V 关于这个内积作成欧氏空间，且 $\{\alpha_1,\ \alpha_2,\ \cdots,\ \alpha_n\}$ 的度量矩阵是 $\boldsymbol{A}$.

因此 n 维欧氏空间 V 的内积集合和 n 阶正定矩阵集合的元素是一一对应的，它类似于 $L(V)$ 与 $M_n(F)$ 之间的一一对应关系.

2. 正交向量组与线性无关向量组的关系

定理 8.5 表明，正交向量组是线性无关的. 但是其逆不一定成立，即线性无关向量组不一定是正交向量组.

例如，在 $\mathbf{R}^3$ 中，向量组

$$\boldsymbol{\alpha}_1=(1,\ 0,\ 1),\ \boldsymbol{\alpha}_2=(0,\ 2,\ 0),\ \boldsymbol{\alpha}_3=(1,\ 1,\ 2)$$

是线性无关的. 但是 $\boldsymbol{\alpha}_1$，$\boldsymbol{\alpha}_2$，$\boldsymbol{\alpha}_3$ 不是正交向量组.

3. 规范正交基的求法

方法一　施密特 (Schmidt) 正交化法.

因为 $n\,(n>0)$ 维欧氏空间 V 首先是一个 n 维向量空间，而 n 维向量空间 V 的任意 n 个线性无关的向量都可作为 V 的基，所以在求 n 维欧氏空间 V 的规范正交基时，往往是从 V 的任意一个基 $\{\boldsymbol{\alpha}_1,\ \boldsymbol{\alpha}_2,\ \cdots,\ \boldsymbol{\alpha}_n\}$ 出发，利用施密特正交化法，得出 V 的一个规范正交基. 具体步骤如下：

第一步　将基 $\boldsymbol{\alpha}_1$，$\boldsymbol{\alpha}_2$，$\cdots$，$\boldsymbol{\alpha}_n$ 正交化，得

$$\boldsymbol{\beta}_1=\boldsymbol{\alpha}_1,$$

$$\boldsymbol{\beta}_i=\boldsymbol{\alpha}_i-\sum_{j=1}^{i-1}\frac{\langle\boldsymbol{\alpha}_i,\ \boldsymbol{\beta}_j\rangle}{\langle\boldsymbol{\beta}_j,\ \boldsymbol{\beta}_j\rangle}\boldsymbol{\beta}_j,\ i=2,\ 3,\ \cdots,\ n;$$

第二步　将 $\boldsymbol{\beta}_1$，$\boldsymbol{\beta}_2$，$\cdots$，$\boldsymbol{\beta}_n$ 单位化，得

$$\boldsymbol{\gamma}_i=\frac{1}{|\boldsymbol{\beta}_i|}\boldsymbol{\beta}_i,\ i=1,\ 2,\ \cdots,\ n.$$

那么 $\{\boldsymbol{\gamma}_1,\ \boldsymbol{\gamma}_2,\ \cdots,\ \boldsymbol{\gamma}_n\}$ 就是 V 的一个规范正交基.

由此可得，$n\,(n>0)$ 维欧氏空间 V 的规范正交基一定存在，并且不唯一.

注　(1) 也可在正交化过程的每一步将所得向量 $\boldsymbol{\beta}_i$ 单位化得 $\boldsymbol{\gamma}_i$，从而得 V 的一个规范正交基 $\{\boldsymbol{\gamma}_1,\ \boldsymbol{\gamma}_2,\ \cdots,\ \boldsymbol{\gamma}_n\}$；

(2) 若先将某个基单位化，然后再正交化，则所得的向量组不一定是规范正交基（见本节“范例解析”之例 4)；

(3) 由正交化的过程知，$\mathscr{L}(\boldsymbol{\beta}_1,\ \boldsymbol{\beta}_2,\ \cdots,\ \boldsymbol{\beta}_k)=\mathscr{L}(\boldsymbol{\alpha}_1,\ \boldsymbol{\alpha}_2,\ \cdots,\ \boldsymbol{\alpha}_k)\ (k=1,\ 2,\ \cdots,\ n)$，且由基 $\{\boldsymbol{\alpha}_1,\ \boldsymbol{\alpha}_2,\ \cdots,\ \boldsymbol{\alpha}_n\}$ 到正交基 $\{\boldsymbol{\beta}_1,\ \boldsymbol{\beta}_2,\ \cdots,\ \boldsymbol{\beta}_n\}$ 的过渡矩阵为

$$\boldsymbol{P}=\begin{pmatrix}1 & * & \cdots & * \\ 0 & 1 & \cdots & * \\ \vdots & \vdots & & \vdots \\ 0 & 0 & \cdots & 1\end{pmatrix},$$

即 $\boldsymbol{P}$ 是一个主对角线上元素全为 1 的上三角矩阵.

方法二　合同变换法.

任取 n 维欧氏空间 V 的一个基 $\{\boldsymbol{\alpha}_1,\ \boldsymbol{\alpha}_2,\ \cdots,\ \boldsymbol{\alpha}_n\}$. 先求出这个基的度量矩阵 $\boldsymbol{A}$，再利用合同变换求出 n 阶可逆实矩阵 $\boldsymbol{P}$，使得 $\boldsymbol{P}^{\mathrm{T}}\boldsymbol{A}\boldsymbol{P}=\boldsymbol{I}_n$. 令

$$(\boldsymbol{\gamma}_1,\ \boldsymbol{\gamma}_2,\ \cdots,\ \boldsymbol{\gamma}_n)=(\boldsymbol{\alpha}_1,\ \boldsymbol{\alpha}_2,\ \cdots,\ \boldsymbol{\alpha}_n)\boldsymbol{P},$$

则 $\{\boldsymbol{\gamma}_1,\ \boldsymbol{\gamma}_2,\ \cdots,\ \boldsymbol{\gamma}_n\}$ 的度量矩阵是 $\boldsymbol{P}^{\mathrm{T}}\boldsymbol{A}\boldsymbol{P}=\boldsymbol{I}_n$. 因此 $\{\boldsymbol{\gamma}_1,\ \boldsymbol{\gamma}_2,\ \cdots,\ \boldsymbol{\gamma}_n\}$ 就是 V 的一个规范正交基.

三、范例解析

例 1 已知 $C[a,b]$ 是定义在闭区间 $[a,b]$ 上的一切连续实函数关于内积

$$\langle f(x),\ g(x)\rangle = \int_a^b f(x)g(x)\mathrm{d}x$$

所作成的欧氏空间. 证明：函数组

$$\{1,\ \cos x,\ \sin x,\ \cdots,\ \cos nx,\ \sin nx,\ \cdots\}$$

是 $C[0,2\pi]$ 的一个正交组.

证明 因为

$$\int_0^{2\pi} 1\mathrm{d}x = 2\pi,\ \int_0^{2\pi}\cos nx\mathrm{d}x = \int_0^{2\pi}\sin nx\mathrm{d}x = \int_0^{2\pi}\cos mx\sin nx\mathrm{d}x = 0,$$

$$\int_0^{2\pi}\cos mx\cos nx\mathrm{d}x = \int_0^{2\pi}\sin mx\sin nx\mathrm{d}x = \begin{cases}\pi,\ m=n,\\ 0,\ m\neq n,\end{cases}$$

所以

$$\langle 1,\ 1\rangle = 2\pi,\ \langle 1,\ \cos nx\rangle = \langle 1,\ \sin nx\rangle = \langle \cos mx,\ \sin nx\rangle = 0,$$

$$\langle \cos nx,\ \cos nx\rangle = \langle \sin nx,\ \sin nx\rangle = \pi,$$

$$\langle \cos mx,\ \cos nx\rangle = \langle \sin mx,\ \sin nx\rangle = 0\ (m\neq n).$$

故函数组 $\{1,\ \cos x,\ \sin x,\ \cdots,\ \cos nx,\ \sin nx,\ \cdots\}$ 是 $C[0,2\pi]$ 的一个正交组.

例 2 设 $\{\boldsymbol{\alpha}_1,\ \boldsymbol{\alpha}_2,\ \cdots,\ \boldsymbol{\alpha}_n\}$ 是实数域 $\mathbf{R}$ 上 n 维向量空间 V 的一个基. 问如何定义 V 的一个内积使得 V 对于这个内积作成欧氏空间，且使 $\{\boldsymbol{\alpha}_1,\ \boldsymbol{\alpha}_2,\ \cdots,\ \boldsymbol{\alpha}_n\}$ 为 V 的一个规范正交基？

解 由 § 8.1 “释疑解难”之 2 知，对任意 $\boldsymbol{\alpha} = \sum\limits_{i=1}^n x_i\boldsymbol{\alpha}_i,\ \boldsymbol{\beta} = \sum\limits_{j=1}^n y_j\boldsymbol{\alpha}_j \in V$，规定

$$\langle \boldsymbol{\alpha},\ \boldsymbol{\beta}\rangle = x_1y_1 + x_2y_2 + \cdots + x_ny_n,$$

则 V 关于这个内积作成欧氏空间. 由于

$$\langle \boldsymbol{\alpha}_i,\ \boldsymbol{\alpha}_j\rangle = \begin{cases}1,\ i=j,\\ 0,\ i\neq j,\end{cases}$$

因此 $\{\boldsymbol{\alpha}_1,\ \boldsymbol{\alpha}_2,\ \cdots,\ \boldsymbol{\alpha}_n\}$ 为 V 的关于这个内积的一个规范正交基.

例 3 设 V 是 n 维欧氏空间. 证明：对任意一个 n 阶正定矩阵 $\boldsymbol{A}$，恒有 V 的一个基 $\{\boldsymbol{\alpha}_1,\ \boldsymbol{\alpha}_2,\ \cdots,\ \boldsymbol{\alpha}_n\}$，使得 $\boldsymbol{A}$ 为这个基的度量矩阵.

证明 设 $\{\boldsymbol{\varepsilon}_1,\ \boldsymbol{\varepsilon}_2,\ \cdots,\ \boldsymbol{\varepsilon}_n\}$ 是 V 的一个规范正交基，则基 $\{\boldsymbol{\varepsilon}_1,\ \boldsymbol{\varepsilon}_2,\ \cdots,\ \boldsymbol{\varepsilon}_n\}$ 的度量矩阵是 $\boldsymbol{I}_n$. 因为 $\boldsymbol{A}$ 是正定矩阵，所以存在 n 阶可逆实矩阵 $\boldsymbol{P}$，使得 $\boldsymbol{A} = \boldsymbol{P}^{\mathrm{T}}\boldsymbol{I}_n\boldsymbol{P}$. 令

$$(\boldsymbol{\alpha}_1,\ \boldsymbol{\alpha}_2,\ \cdots,\ \boldsymbol{\alpha}_n) = (\boldsymbol{\varepsilon}_1,\ \boldsymbol{\varepsilon}_2,\ \cdots,\ \boldsymbol{\varepsilon}_n)\boldsymbol{P},$$

则 $\{\boldsymbol{\alpha}_1,\ \boldsymbol{\alpha}_2,\ \cdots,\ \boldsymbol{\alpha}_n\}$ 是 V 的一个基，且基 $\{\boldsymbol{\alpha}_1,\ \boldsymbol{\alpha}_2,\ \cdots,\ \boldsymbol{\alpha}_n\}$ 的度量矩阵为 $\boldsymbol{A}$.

注 这样的基 $\{\boldsymbol{\alpha}_1,\ \boldsymbol{\alpha}_2,\ \cdots,\ \boldsymbol{\alpha}_n\}$ 并不是唯一的. 事实上，规范正交基 $\{\boldsymbol{\varepsilon}_1,$

$\boldsymbol{\varepsilon}_2$，$\cdots$，$\boldsymbol{\varepsilon}_n\}$ 的选取不同，由 $(\boldsymbol{\alpha}_1, \boldsymbol{\alpha}_2, \cdots, \boldsymbol{\alpha}_n) = (\boldsymbol{\varepsilon}_1, \boldsymbol{\varepsilon}_2, \cdots, \boldsymbol{\varepsilon}_n)\boldsymbol{P}$ 得到的基 $\{\boldsymbol{\alpha}_1, \boldsymbol{\alpha}_2, \cdots, \boldsymbol{\alpha}_n\}$ 也不同，但它们的度量矩阵都是 $\boldsymbol{P}^{\mathrm{T}}\boldsymbol{I}_n\boldsymbol{P} = \boldsymbol{A}$.

例 4 在 $\mathbf{R}_2[x]$ 中定义的内积为

$$\langle f(x), g(x)\rangle = \int_{-1}^{1} f(x)g(x)\mathrm{d}x.$$

求 $\mathbf{R}_2[x]$ 的一个规范正交基.

解 方法一 施密特正交化法.

取 $\mathbf{R}_2[x]$ 的一个基 $\boldsymbol{\alpha}_1 = 1$，$\boldsymbol{\alpha}_2 = x$，$\boldsymbol{\alpha}_3 = x^2$.

先将 $\boldsymbol{\alpha}_1$，$\boldsymbol{\alpha}_2$，$\boldsymbol{\alpha}_3$ 正交化，得

$$\boldsymbol{\beta}_1 = \boldsymbol{\alpha}_1 = 1,$$

$$\boldsymbol{\beta}_2 = \boldsymbol{\alpha}_2 - \frac{\langle \boldsymbol{\alpha}_2, \boldsymbol{\beta}_1\rangle}{\langle \boldsymbol{\beta}_1, \boldsymbol{\beta}_1\rangle}\boldsymbol{\beta}_1 = x,$$

$$\boldsymbol{\beta}_3 = \boldsymbol{\alpha}_3 - \frac{\langle \boldsymbol{\alpha}_3, \boldsymbol{\beta}_1\rangle}{\langle \boldsymbol{\beta}_1, \boldsymbol{\beta}_1\rangle}\boldsymbol{\beta}_1 - \frac{\langle \boldsymbol{\alpha}_3, \boldsymbol{\beta}_2\rangle}{\langle \boldsymbol{\beta}_2, \boldsymbol{\beta}_2\rangle}\boldsymbol{\beta}_2 = x^2 - \frac{1}{3}.$$

再将 $\boldsymbol{\beta}_1$，$\boldsymbol{\beta}_2$，$\boldsymbol{\beta}_3$ 单位化，得

$$\boldsymbol{\gamma}_1 = \frac{\boldsymbol{\beta}_1}{|\boldsymbol{\beta}_1|} = \frac{\sqrt{2}}{2},$$

$$\boldsymbol{\gamma}_2 = \frac{\boldsymbol{\beta}_2}{|\boldsymbol{\beta}_2|} = \frac{\sqrt{6}}{2}x,$$

$$\boldsymbol{\gamma}_3 = \frac{\boldsymbol{\beta}_3}{|\boldsymbol{\beta}_3|} = \frac{\sqrt{10}}{4}(3x^2 - 1).$$

于是 $\{\boldsymbol{\gamma}_1, \boldsymbol{\gamma}_2, \boldsymbol{\gamma}_3\}$ 就是 $\mathbf{R}_2[x]$ 的一个规范正交基.

或在正交化过程的每一步将所得向量 $\boldsymbol{\beta}_i$ 单位化，得 $\boldsymbol{\gamma}_i$，即

先取 $\boldsymbol{\beta}_1 = \boldsymbol{\alpha}_1 = 1$，将 $\boldsymbol{\beta}_1$ 单位化，得 $\boldsymbol{\gamma}_1 = \dfrac{\boldsymbol{\beta}_1}{|\boldsymbol{\beta}_1|} = \dfrac{\sqrt{2}}{2}$.

再取 $\boldsymbol{\beta}_2 = \boldsymbol{\alpha}_2 - \dfrac{\langle \boldsymbol{\alpha}_2, \boldsymbol{\gamma}_1\rangle}{\langle \boldsymbol{\gamma}_1, \boldsymbol{\gamma}_1\rangle}\boldsymbol{\gamma}_1 = x$，将 $\boldsymbol{\beta}_2$ 单位化，得 $\boldsymbol{\gamma}_2 = \dfrac{\boldsymbol{\beta}_2}{|\boldsymbol{\beta}_2|} = \dfrac{\sqrt{6}}{2}x$.

最后取 $\boldsymbol{\beta}_3 = \boldsymbol{\alpha}_3 - \dfrac{\langle \boldsymbol{\alpha}_3, \boldsymbol{\gamma}_1\rangle}{\langle \boldsymbol{\gamma}_1, \boldsymbol{\gamma}_1\rangle}\boldsymbol{\gamma}_1 - \dfrac{\langle \boldsymbol{\alpha}_3, \boldsymbol{\gamma}_2\rangle}{\langle \boldsymbol{\gamma}_2, \boldsymbol{\gamma}_2\rangle}\boldsymbol{\gamma}_2 = x^2 - \dfrac{1}{3}$，将 $\boldsymbol{\beta}_3$ 单位化，得 $\boldsymbol{\gamma}_3 = \dfrac{\boldsymbol{\beta}_3}{|\boldsymbol{\beta}_3|} = \dfrac{\sqrt{10}}{4}(3x^2 - 1)$.

注 若先将基 $\boldsymbol{\alpha}_1 = 1$，$\boldsymbol{\alpha}_2 = x$，$\boldsymbol{\alpha}_3 = x^2$ 单位化，得

$$\boldsymbol{\beta}_1 = \frac{\boldsymbol{\alpha}_1}{|\boldsymbol{\alpha}_1|} = \frac{\sqrt{2}}{2},\quad \boldsymbol{\beta}_2 = \frac{\boldsymbol{\alpha}_2}{|\boldsymbol{\alpha}_2|} = \frac{\sqrt{6}}{2}x,\quad \boldsymbol{\beta}_3 = \frac{\boldsymbol{\alpha}_3}{|\boldsymbol{\alpha}_3|} = \frac{\sqrt{10}}{2}x^2.$$

然后再正交化，得

$$\boldsymbol{\gamma}_1 = \frac{\sqrt{2}}{2},\quad \boldsymbol{\gamma}_2 = \boldsymbol{\beta}_2 - \langle \boldsymbol{\beta}_2, \boldsymbol{\gamma}_1\rangle\boldsymbol{\gamma}_1 = \frac{\sqrt{6}}{2}x,$$

$$\gamma_3=\beta_3-\langle\beta_3,\gamma_1\rangle\gamma_1-\langle\beta_3,\gamma_2\rangle\gamma_2=\frac{\sqrt{10}}{2}x^2-\frac{\sqrt{10}}{6}.$$

则由 $|\gamma_3|\neq 1$ 知，$\{\gamma_1,\gamma_2,\gamma_3\}$ 不是 $\mathbf{R}_2[x]$ 的规范正交基.

方法二　合同变换法.

取 $\mathbf{R}_2[x]$ 的一个基 $\alpha_1=1$，$\alpha_2=x$，$\alpha_3=x^2$，则该基的度量矩阵为

$$A=\big(\langle\alpha_i,\alpha_j\rangle\big)=\begin{pmatrix}2&0&\frac{2}{3}\\0&\frac{2}{3}&0\\\frac{2}{3}&0&\frac{2}{5}\end{pmatrix}.$$

因为

$$\begin{pmatrix}A\\I_3\end{pmatrix}=\begin{pmatrix}2&0&\frac{2}{3}\\0&\frac{2}{3}&0\\\frac{2}{3}&0&\frac{2}{5}\\1&0&0\\0&1&0\\0&0&1\end{pmatrix}\longrightarrow\begin{pmatrix}2&0&0\\0&\frac{2}{3}&0\\0&0&\frac{8}{45}\\1&0&-\frac{1}{3}\\0&1&0\\0&0&1\end{pmatrix}\longrightarrow\begin{pmatrix}1&0&0\\0&1&0\\0&0&1\\\frac{\sqrt{2}}{2}&0&-\frac{\sqrt{10}}{4}\\0&\frac{\sqrt{6}}{2}&0\\0&0&\frac{3\sqrt{10}}{4}\end{pmatrix},$$

所以

$$P=\begin{pmatrix}\frac{\sqrt{2}}{2}&0&-\frac{\sqrt{10}}{4}\\0&\frac{\sqrt{6}}{2}&0\\0&0&\frac{3\sqrt{10}}{4}\end{pmatrix}.$$

令 $(\gamma_1,\gamma_2,\gamma_3)=(\alpha_1,\alpha_2,\alpha_3)P$，则

$$\gamma_1=\frac{\sqrt{2}}{2},\ \gamma_2=\frac{\sqrt{6}}{2}x,\ \gamma_3=-\frac{\sqrt{10}}{4}+\frac{3\sqrt{10}}{4}x^2$$

就是 $\mathbf{R}_2[x]$ 的一个规范正交基.

例 5　如果 A 是 n 阶正交矩阵，那么

(1) A 的列（行）向量组是 $\mathbf{R}^n$ 的规范正交基；

(2) A 可逆，A^{-1} 也是正交矩阵，且 $A^{-1}=A^{\mathrm{T}}$；

(3) A^* 也是正交矩阵；

(4) 若 B 是 n 阶正交矩阵，则 AB 也是正交矩阵；

(5) $\det A=\pm1$；

(6) 若 $\det A=-1$，则 -1 为 A 的一个特征根；若 $\det A=1$，且 n 为奇数，则

1 为 $\boldsymbol{A}$ 的一个特征根；

(7) $\boldsymbol{A}$ 的特征根的模等于 1；

(8) 若 λ 是 $\boldsymbol{A}$ 的特征根，则 λ^{-1} 也是 $\boldsymbol{A}$ 的特征根.

证明 (1) ~ (5) 可根据定义直接验证.

(6) 若 $\det\boldsymbol{A}=-1$，则

$$\det(-\boldsymbol{I}-\boldsymbol{A})=\det(-\boldsymbol{A}\boldsymbol{A}^{\mathrm{T}}-\boldsymbol{A})=\det\boldsymbol{A}\cdot\det(-\boldsymbol{A}^{\mathrm{T}}-\boldsymbol{I})=-\det(-\boldsymbol{I}-\boldsymbol{A}).$$

从而 $\det(-\boldsymbol{I}-\boldsymbol{A})=0$，即 -1 是 $\boldsymbol{A}$ 的一个特征根.

若 $\det\boldsymbol{A}=1$，且 n 为奇数，则

$$\begin{aligned}\det(\boldsymbol{I}-\boldsymbol{A})&=\det(\boldsymbol{A}\boldsymbol{A}^{\mathrm{T}}-\boldsymbol{A})=\det\boldsymbol{A}\cdot\det(\boldsymbol{A}^{\mathrm{T}}-\boldsymbol{I})\\&=(-1)^n\det(\boldsymbol{I}-\boldsymbol{A})=-\det(\boldsymbol{I}-\boldsymbol{A}),\end{aligned}$$

因此 $\det(\boldsymbol{I}-\boldsymbol{A})=0$，即 1 是 $\boldsymbol{A}$ 的一个特征根.

(7) 设 λ 是 $\boldsymbol{A}$ 的一个特征根，则存在 $\boldsymbol{0}\neq\boldsymbol{\alpha}\in\mathbf{C}^n$，使得

$$\boldsymbol{A}\boldsymbol{\alpha}=\lambda\boldsymbol{\alpha}.$$

两端取共轭再转置，得

$$\overline{\boldsymbol{\alpha}}^{\mathrm{T}}\boldsymbol{A}^{\mathrm{T}}=\overline{\lambda}\,\overline{\boldsymbol{\alpha}}^{\mathrm{T}}.$$

将上面两式的两端分别相乘，得

$$\overline{\boldsymbol{\alpha}}^{\mathrm{T}}\boldsymbol{A}^{\mathrm{T}}\boldsymbol{A}\boldsymbol{\alpha}=\overline{\lambda}\,\overline{\boldsymbol{\alpha}}^{\mathrm{T}}\lambda\boldsymbol{\alpha}.$$

因为 $\boldsymbol{A}^{\mathrm{T}}\boldsymbol{A}=\boldsymbol{I}$，所以 $\overline{\boldsymbol{\alpha}}^{\mathrm{T}}\boldsymbol{\alpha}=\overline{\lambda}\lambda\overline{\boldsymbol{\alpha}}^{\mathrm{T}}\boldsymbol{\alpha}$. 由 $\overline{\boldsymbol{\alpha}}^{\mathrm{T}}\boldsymbol{\alpha}>0$ 知，$\overline{\lambda}\lambda=1$. 故 λ 的模等于 1.

(8) 若 λ 是 $\boldsymbol{A}$ 的特征根，则存在 $\boldsymbol{0}\neq\boldsymbol{\alpha}\in\mathbf{C}^n$，使得

$$\boldsymbol{A}\boldsymbol{\alpha}=\lambda\boldsymbol{\alpha}.$$

由于 $\lambda\neq0$，因此两端左乘 $\boldsymbol{A}^{\mathrm{T}}$，得 $\boldsymbol{A}^{\mathrm{T}}\boldsymbol{\alpha}=\lambda^{-1}\boldsymbol{\alpha}$. 于是 λ^{-1} 也是 $\boldsymbol{A}$ 的特征根.

§8.3 正交变换与对称变换

本节讨论欧氏空间中与内积有关的两类重要的线性变换——正交变换和对称变换.

一、主要内容

1. 正交变换

定义 8.10 欧氏空间 V 的线性变换 σ 称为正交变换，如果它保持任意两个向量的内积不变，即对任意 $\boldsymbol{\alpha}$，$\boldsymbol{\beta}\in V$，都有

$$\langle\sigma(\boldsymbol{\alpha}),\ \sigma(\boldsymbol{\beta})\rangle=\langle\boldsymbol{\alpha},\ \boldsymbol{\beta}\rangle.$$

定理 8.8 设 σ 是 $n\,(\,n>0\,)$ 维欧氏空间 V 的一个线性变换，则以下四个命题等价.

(i) σ 是正交变换；

(ii) 如果 $\{\boldsymbol{\varepsilon}_1, \boldsymbol{\varepsilon}_2, \cdots, \boldsymbol{\varepsilon}_n\}$ 是 V 的规范正交基，那么 $\{\sigma(\boldsymbol{\varepsilon}_1), \sigma(\boldsymbol{\varepsilon}_2), \cdots, \sigma(\boldsymbol{\varepsilon}_n)\}$ 也是 V 的规范正交基；

(iii) σ 在任意一个规范正交基下的矩阵是正交矩阵；

(iv) 任意的 $\boldsymbol{\alpha} \in V$，$|\sigma(\boldsymbol{\alpha})| = |\boldsymbol{\alpha}|$.

2. 对称变换

定义 8.11 欧氏空间 V 的线性变换 σ 称为对称变换，如果对任意 $\boldsymbol{\alpha}, \boldsymbol{\beta} \in V$，都有

$$\langle \sigma(\boldsymbol{\alpha}), \boldsymbol{\beta} \rangle = \langle \boldsymbol{\alpha}, \sigma(\boldsymbol{\beta}) \rangle.$$

定理 8.9 n 维欧氏空间 V 的线性变换 σ 是对称变换的充要条件是 σ 在任意一个规范正交基下的矩阵是对称矩阵.

二、释疑解难

1. 关于正交变换

(1) 正交变换在规范正交基下的矩阵是正交矩阵，但在非规范正交基下的矩阵不一定是正交矩阵.

例如，在欧氏空间 $\mathbf{R}^3$ 中，令

$$\sigma(\boldsymbol{\alpha}) = (x_1, -x_2, -x_3), \ \forall \boldsymbol{\alpha} = (x_1, x_2, x_3) \in \mathbf{R}^3,$$

则 σ 是 $\mathbf{R}^3$ 的正交变换. 但 σ 在非规范正交基 $\{\boldsymbol{\alpha}_1 = (1, 1, 0), \boldsymbol{\alpha}_2 = (0, 1, 1), \boldsymbol{\alpha}_3 = (0, 0, 1)\}$ 下的矩阵

$$\boldsymbol{A} = \begin{pmatrix} 1 & 0 & 0 \\ -2 & -1 & 0 \\ 2 & 0 & -1 \end{pmatrix}$$

不是正交矩阵.

(2) 在规范正交基下的矩阵是正交矩阵的线性变换是正交变换，但在非规范正交基下的矩阵是正交矩阵的线性变换不一定是正交变换.

例如，在欧氏空间 $\mathbf{R}^2$ 中，令

$$\sigma(\boldsymbol{\alpha}) = \frac{1}{\sqrt{2}}(2x_1 - x_2, 2x_1), \ \forall \boldsymbol{\alpha} = (x_1, x_2) \in \mathbf{R}^2,$$

则 $\sigma \in L(\mathbf{R}^2)$，并且 σ 在非规范正交基 $\{\boldsymbol{\alpha}_1 = (1, 1), \boldsymbol{\alpha}_2 = (0, 1)\}$ 下的矩阵

$$\boldsymbol{A} = \begin{pmatrix} \frac{1}{\sqrt{2}} & -\frac{1}{\sqrt{2}} \\ \frac{1}{\sqrt{2}} & \frac{1}{\sqrt{2}} \end{pmatrix}$$

是正交矩阵. 但 σ 不是正交变换.

(3) 正交变换保持向量的夹角不变，但是保持向量夹角不变的线性变换不一

定是正交变换.

例如，在 V_2 中，对任意向量 $\boldsymbol{\alpha}$，令 $\sigma(\boldsymbol{\alpha}) = 2\boldsymbol{\alpha}$，则 σ 是保持向量夹角不变的线性变换. 但 σ 不是正交变换.

(4) 有限维欧氏空间的正交变换一定可逆，但无限维欧氏空间的正交变换不一定可逆.

例如，在向量空间 $\mathbf{R}[x]$ 中，对于任意两个向量

$$f(x) = \sum_{i=0}^{n} a_i x^i,\ g(x) = \sum_{j=0}^{m} b_j x^j\ (\,m \leqslant n\,),$$

规定内积

$$\langle f(x),\ g(x)\rangle = \sum_{i=0}^{n} a_i b_i,$$

那么 $\mathbf{R}[x]$ 关于这个内积作成欧氏空间. 对任意 $f(x) \in \mathbf{R}[x]$，令 $\sigma(f(x)) = xf(x)$，则 σ 是 $\mathbf{R}[x]$ 的一个正交变换. 但是 σ 不可逆.

(5) 保持内积不变的变换是线性变换，从而是正交变换.

事实上，若 σ 是欧氏空间 V 的保持内积不变的变换，则对 $\forall \boldsymbol{\alpha}, \boldsymbol{\beta} \in V, k, l \in \mathbf{R}$，都有

$$\begin{aligned}
&\langle \sigma(k\boldsymbol{\alpha} + l\boldsymbol{\beta}) - (k\sigma(\boldsymbol{\alpha}) + l\sigma(\boldsymbol{\beta})),\ \sigma(k\boldsymbol{\alpha} + l\boldsymbol{\beta}) - (k\sigma(\boldsymbol{\alpha}) + l\sigma(\boldsymbol{\beta}))\rangle \\
=\ & \langle \sigma(k\boldsymbol{\alpha} + l\boldsymbol{\beta}),\ \sigma(k\boldsymbol{\alpha} + l\boldsymbol{\beta})\rangle - 2k\langle \sigma(k\boldsymbol{\alpha} + l\boldsymbol{\beta}),\ \sigma(\boldsymbol{\alpha})\rangle - 2l\langle \sigma(k\boldsymbol{\alpha} + l\boldsymbol{\beta}),\ \sigma(\boldsymbol{\beta})\rangle + \\
& k^2\langle \sigma(\boldsymbol{\alpha}),\ \sigma(\boldsymbol{\alpha})\rangle + 2kl\langle \sigma(\boldsymbol{\alpha}),\ \sigma(\boldsymbol{\beta})\rangle + l^2\langle \sigma(\boldsymbol{\beta}),\ \sigma(\boldsymbol{\beta})\rangle \\
=\ & \langle k\boldsymbol{\alpha} + l\boldsymbol{\beta},\ k\boldsymbol{\alpha} + l\boldsymbol{\beta}\rangle - 2k\langle k\boldsymbol{\alpha} + l\boldsymbol{\beta},\ \boldsymbol{\alpha}\rangle - 2l\langle k\boldsymbol{\alpha} + l\boldsymbol{\beta},\ \boldsymbol{\beta}\rangle + k^2\langle \boldsymbol{\alpha},\ \boldsymbol{\alpha}\rangle + \\
& 2kl\langle \boldsymbol{\alpha},\ \boldsymbol{\beta}\rangle + l^2\langle \boldsymbol{\beta},\ \boldsymbol{\beta}\rangle \\
=\ & k^2\langle \boldsymbol{\alpha},\ \boldsymbol{\alpha}\rangle + 2kl\langle \boldsymbol{\alpha},\ \boldsymbol{\beta}\rangle + l^2\langle \boldsymbol{\beta},\ \boldsymbol{\beta}\rangle - 2k^2\langle \boldsymbol{\alpha},\ \boldsymbol{\alpha}\rangle - 2kl\langle \boldsymbol{\alpha},\ \boldsymbol{\beta}\rangle - 2kl\langle \boldsymbol{\alpha},\ \boldsymbol{\beta}\rangle - \\
& 2l^2\langle \boldsymbol{\beta},\ \boldsymbol{\beta}\rangle + k^2\langle \boldsymbol{\alpha},\ \boldsymbol{\alpha}\rangle + 2kl\langle \boldsymbol{\alpha},\ \boldsymbol{\beta}\rangle + l^2\langle \boldsymbol{\beta},\ \boldsymbol{\beta}\rangle \\
=\ & 0.
\end{aligned}$$

于是 $\sigma(k\boldsymbol{\alpha} + l\boldsymbol{\beta}) - (k\sigma(\boldsymbol{\alpha}) + l\sigma(\boldsymbol{\beta})) = \boldsymbol{0}$，即 $\sigma(k\boldsymbol{\alpha} + l\boldsymbol{\beta}) = k\sigma(\boldsymbol{\alpha}) + l\sigma(\boldsymbol{\beta})$. 因此 σ 是线性变换. 从而 σ 是正交变换.

2. 关于对称变换

(1) 对称变换在规范正交基下的矩阵是对称矩阵，但在非规范正交基下的矩阵不一定是对称矩阵.

例如，在欧氏空间 $\mathbf{R}^2$ 中，令

$$\sigma(\boldsymbol{\alpha}) = (x_1 + 2x_2,\ 2x_1 + x_2),\ \forall \boldsymbol{\alpha} = (x_1,\ x_2) \in \mathbf{R}^2,$$

则 σ 是 $\mathbf{R}^2$的对称变换. 但 σ 在非规范正交基 $\{\boldsymbol{\alpha}_1 = (1,\ 0),\ \boldsymbol{\alpha}_2 = (1,\ 1)\}$下的矩阵

$$\boldsymbol{A} = \begin{pmatrix} -1 & 0 \\ 2 & 3 \end{pmatrix}$$

不是对称矩阵.

(2) 在规范正交基下的矩阵是对称矩阵的线性变换是对称变换，但在非规范正交基下的矩阵是对称矩阵的线性变换不一定是对称变换.

例如，在欧氏空间 $\mathbf{R}^3$ 中，令

$$\sigma(\boldsymbol{\alpha}) = (x_2 - x_3,\ -x_1 + 3x_2 - 2x_3,\ x_3),\ \forall \boldsymbol{\alpha} = (x_1,\ x_2,\ x_3) \in \mathbf{R}^3,$$

则 σ 是 $\mathbf{R}^3$ 线性变换，并且 σ 在非规范正交基 $\{\boldsymbol{\alpha}_1 = (1,\ 0,\ 0),\ \boldsymbol{\alpha}_2 = (1,\ 1,\ 0),\ \boldsymbol{\alpha}_3 = (0,\ 1,\ 1)\}$ 下的矩阵

$$\boldsymbol{A} = \begin{pmatrix} 1 & -1 & 0 \\ -1 & 2 & 0 \\ 0 & 0 & 1 \end{pmatrix}$$

是对称矩阵. 但 σ 不是对称变换.

三、范例解析

例 1 (1) 在 V_2 中，把每个向量旋转一个角 θ 的线性变换是 V_2 的一个正交变换；

(2) 设 H 是空间 V_3 中过原点的一个平面. 对任意 $\boldsymbol{\alpha} \in V_3$，令 $\boldsymbol{\alpha}$ 对于 H 的镜面反射 $\boldsymbol{\alpha}'$ 与它对应（见下图），则 σ：$\boldsymbol{\alpha} \mapsto \boldsymbol{\alpha}'$ 是 V_3 的一个正交变换.

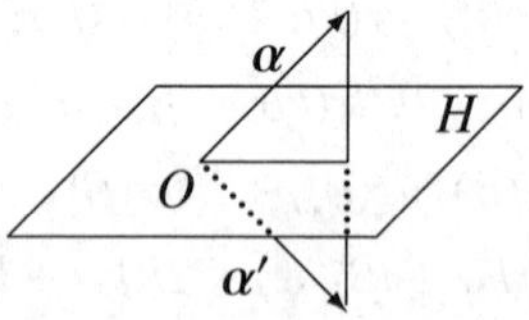

（例 1）

例 2 设 σ 是欧氏空间 V 的变换，$\sigma(\boldsymbol{0}) = \boldsymbol{0}$，并对任意 $\boldsymbol{\alpha}$，$\boldsymbol{\beta} \in V$，都有

$$|\sigma(\boldsymbol{\alpha}) - \sigma(\boldsymbol{\beta})| = |\boldsymbol{\alpha} - \boldsymbol{\beta}|.$$

证明：σ 是正交变换.

证明 根据本节“释疑解难”之 1 (5)，只需证 σ 保持内积不变即可.

因为 $\sigma(\boldsymbol{0}) = \boldsymbol{0}$，所以对任意 $\boldsymbol{\alpha} \in V$，都有

$$|\sigma(\boldsymbol{\alpha})| = |\sigma(\boldsymbol{\alpha}) - \sigma(\boldsymbol{0})| = |\boldsymbol{\alpha} - \boldsymbol{0}| = |\boldsymbol{\alpha}|.$$

于是 $\langle\sigma(\boldsymbol{\alpha}),\ \sigma(\boldsymbol{\alpha})\rangle = \langle\boldsymbol{\alpha},\ \boldsymbol{\alpha}\rangle$. 对任意 $\boldsymbol{\alpha}$，$\boldsymbol{\beta} \in V$，由题设条件知，

$$\langle\sigma(\boldsymbol{\alpha}) - \sigma(\boldsymbol{\beta}),\ \sigma(\boldsymbol{\alpha}) - \sigma(\boldsymbol{\beta})\rangle = \langle\boldsymbol{\alpha} - \boldsymbol{\beta},\ \boldsymbol{\alpha} - \boldsymbol{\beta}\rangle.$$

而

$$\begin{aligned}\langle\sigma(\boldsymbol{\alpha}) - \sigma(\boldsymbol{\beta}),\ \sigma(\boldsymbol{\alpha}) - \sigma(\boldsymbol{\beta})\rangle &= \langle\sigma(\boldsymbol{\alpha}),\ \sigma(\boldsymbol{\alpha})\rangle - 2\langle\sigma(\boldsymbol{\alpha}),\ \sigma(\boldsymbol{\beta})\rangle + \langle\sigma(\boldsymbol{\beta}),\ \sigma(\boldsymbol{\beta})\rangle \\ &= \langle\boldsymbol{\alpha},\ \boldsymbol{\alpha}\rangle - 2\langle\sigma(\boldsymbol{\alpha}),\ \sigma(\boldsymbol{\beta})\rangle + \langle\boldsymbol{\beta},\ \boldsymbol{\beta}\rangle,\end{aligned}$$

$$\langle\boldsymbol{\alpha} - \boldsymbol{\beta},\ \boldsymbol{\alpha} - \boldsymbol{\beta}\rangle = \langle\boldsymbol{\alpha},\ \boldsymbol{\alpha}\rangle - 2\langle\boldsymbol{\alpha},\ \boldsymbol{\beta}\rangle + \langle\boldsymbol{\beta},\ \boldsymbol{\beta}\rangle,$$

因此 $\langle\sigma(\boldsymbol{\alpha}),\ \sigma(\boldsymbol{\beta})\rangle = \langle\boldsymbol{\alpha},\ \boldsymbol{\beta}\rangle$，即 σ 是保持内积不变的变换.

例 3 证明：

(1) 若 λ 是正交变换 σ 的本征值，则 $\lambda=\pm1$；

(2) 将一个规范正交基变为另一个规范正交基的正交变换一定存在.

证明 (1) 因为 λ 是正交变换 σ 的本征值，所以存在非零向量 $\boldsymbol{\alpha}\in V$，使得 $\sigma(\boldsymbol{\alpha})=\lambda\boldsymbol{\alpha}$. 于是

$$\langle\boldsymbol{\alpha},\boldsymbol{\alpha}\rangle=\langle\sigma(\boldsymbol{\alpha}),\sigma(\boldsymbol{\alpha})\rangle=\langle\lambda\boldsymbol{\alpha},\lambda\boldsymbol{\alpha}\rangle=\lambda^2\langle\boldsymbol{\alpha},\boldsymbol{\alpha}\rangle.$$

由于 $\langle\boldsymbol{\alpha},\boldsymbol{\alpha}\rangle\neq0$，因此 $\lambda^2=1$，即 $\lambda=\pm1$.

(2) 设 $\{\boldsymbol{\varepsilon}_1,\boldsymbol{\varepsilon}_2,\cdots,\boldsymbol{\varepsilon}_n\}$ 与 $\{\boldsymbol{\eta}_1,\boldsymbol{\eta}_2,\cdots,\boldsymbol{\eta}_n\}$ 是 n 维欧氏空间 V 的任意两个规范正交基. 对于任意向量 $\boldsymbol{\alpha}=x_1\boldsymbol{\varepsilon}_1+x_2\boldsymbol{\varepsilon}_2+\cdots+x_n\boldsymbol{\varepsilon}_n\in V$，令

$$\sigma(\boldsymbol{\alpha})=x_1\boldsymbol{\eta}_1+x_2\boldsymbol{\eta}_2+\cdots+x_n\boldsymbol{\eta}_n,$$

则由定理 7.2 知，$\sigma\in L(V)$，使得 $\sigma(\boldsymbol{\varepsilon}_i)=\boldsymbol{\eta}_i$，$i=1,2,\cdots,n$. 因为

$$|\sigma(\boldsymbol{\alpha})|=\sqrt{x_1^2+x_2^2+\cdots+x_n^2}=|\boldsymbol{\alpha}|.$$

所以 σ 是 V 的正交变换.

例 4 设 n 维欧氏空间 V 的基 $\{\boldsymbol{\alpha}_1,\boldsymbol{\alpha}_2,\cdots,\boldsymbol{\alpha}_n\}$ 的度量矩阵为 $\boldsymbol{G}$，V 的线性变换 σ 在该基下的矩阵为 $\boldsymbol{A}$. 证明：

(1) 若 σ 是正交变换，则 $\boldsymbol{A}^{\mathrm{T}}\boldsymbol{G}\boldsymbol{A}=\boldsymbol{G}$；

(2) 若 σ 是对称变换，则 $\boldsymbol{A}^{\mathrm{T}}\boldsymbol{G}=\boldsymbol{G}\boldsymbol{A}$；

证明 (1) 因为 σ 是正交变换，所以 σ 可逆. 于是向量组 $\{\sigma(\boldsymbol{\alpha}_1),\sigma(\boldsymbol{\alpha}_2),\cdots,\sigma(\boldsymbol{\alpha}_n)\}$ 也是 V 的一个基. 因 $\langle\sigma(\boldsymbol{\alpha}_i),\sigma(\boldsymbol{\alpha}_j)\rangle=\langle\boldsymbol{\alpha}_i,\boldsymbol{\alpha}_j\rangle$，故基 $\{\sigma(\boldsymbol{\alpha}_1),\sigma(\boldsymbol{\alpha}_2),\cdots,\sigma(\boldsymbol{\alpha}_n)\}$ 的度量矩阵也是 $\boldsymbol{G}$. 由 σ 在基 $\{\boldsymbol{\alpha}_1,\boldsymbol{\alpha}_2,\cdots,\boldsymbol{\alpha}_n\}$ 下的矩阵为 $\boldsymbol{A}$ 知，由基 $\{\boldsymbol{\alpha}_1,\boldsymbol{\alpha}_2,\cdots,\boldsymbol{\alpha}_n\}$ 到基 $\{\sigma(\boldsymbol{\alpha}_1),\sigma(\boldsymbol{\alpha}_2),\cdots,\sigma(\boldsymbol{\alpha}_n)\}$ 的过渡矩阵为 $\boldsymbol{A}$. 从而 $\boldsymbol{A}^{\mathrm{T}}\boldsymbol{G}\boldsymbol{A}=\boldsymbol{G}$.

(2) 设 $\boldsymbol{A}=(a_{ij})$，$\boldsymbol{G}=(g_{ij})$，其中 $g_{ij}=\langle\boldsymbol{\alpha}_i,\boldsymbol{\alpha}_j\rangle$. 因为 σ 是对称变换，所以 $\langle\sigma(\boldsymbol{\alpha}_i),\boldsymbol{\alpha}_j\rangle=\langle\boldsymbol{\alpha}_i,\sigma(\boldsymbol{\alpha}_j)\rangle$. 因此有 $\left\langle\sum\limits_{k=1}^{n}a_{ki}\boldsymbol{\alpha}_k,\boldsymbol{\alpha}_j\right\rangle=\left\langle\boldsymbol{\alpha}_i,\sum\limits_{k=1}^{n}a_{kj}\boldsymbol{\alpha}_k\right\rangle$. 于是 $\sum\limits_{k=1}^{n}a_{ki}\langle\boldsymbol{\alpha}_k,\boldsymbol{\alpha}_j\rangle=\sum\limits_{k=1}^{n}\langle\boldsymbol{\alpha}_i,\boldsymbol{\alpha}_k\rangle a_{kj}$，即 $\sum\limits_{k=1}^{n}a_{ki}g_{kj}=\sum\limits_{k=1}^{n}g_{ik}a_{kj}$. 从而

$$(a_{1i},a_{2i},\cdots,a_{ni})(g_{1j},g_{2j},\cdots,g_{nj})^{\mathrm{T}}=(g_{i1},g_{i2},\cdots,g_{in})(a_{1j},a_{2j},\cdots,a_{nj})^{\mathrm{T}}.$$

因此 $\boldsymbol{A}^{\mathrm{T}}\boldsymbol{G}=\boldsymbol{G}\boldsymbol{A}$.

例 5 设 V 是一个欧氏空间，$\boldsymbol{0}\neq\boldsymbol{\alpha}\in V$. 对于 $\boldsymbol{\xi}\in V$，规定

$$\sigma(\boldsymbol{\xi})=\boldsymbol{\xi}-\frac{2\langle\boldsymbol{\xi},\boldsymbol{\alpha}\rangle}{\langle\boldsymbol{\alpha},\boldsymbol{\alpha}\rangle}\boldsymbol{\alpha}.$$

证明：

(1) σ 是 V 的正交变换（称 σ 是由向量 $\boldsymbol{\alpha}$ 所决定的一个镜面反射），也是 V 的对称变换，且 $\sigma^2=\iota$，ι 是恒等变换；

(2) 当 V 是 n 维欧氏空间时，存在 V 的一个规范正交基，使得 σ 关于这个基的矩阵是

$$\begin{pmatrix} -1 & 0 & 0 & \cdots & 0 \\ 0 & 1 & 0 & \cdots & 0 \\ 0 & 0 & 1 & \cdots & 0 \\ \vdots & \vdots & \vdots & & \vdots \\ 0 & 0 & 0 & \cdots & 1 \end{pmatrix},$$

并在三维欧氏空间中说明线性变换 σ 的几何意义.

证明 将 $\boldsymbol{\alpha}$ 单位化得 $\boldsymbol{\varepsilon}=\dfrac{\boldsymbol{\alpha}}{|\boldsymbol{\alpha}|}$. 因此对于 $\boldsymbol{\xi}\in V$，有

$$\sigma(\boldsymbol{\xi})=\boldsymbol{\xi}-\frac{2\langle\boldsymbol{\xi},\ \boldsymbol{\alpha}\rangle}{\langle\boldsymbol{\alpha},\ \boldsymbol{\alpha}\rangle}\boldsymbol{\alpha}=\boldsymbol{\xi}-2\langle\boldsymbol{\xi},\ \boldsymbol{\varepsilon}\rangle\boldsymbol{\varepsilon}.$$

(1) 显然 σ 是 V 的变换. 因为对任意 $\boldsymbol{\xi},\boldsymbol{\eta}\in V$，都有

$$\begin{aligned}\langle\sigma(\boldsymbol{\xi}),\ \sigma(\boldsymbol{\eta})\rangle&=\langle\boldsymbol{\xi}-2\langle\boldsymbol{\xi},\ \boldsymbol{\varepsilon}\rangle\boldsymbol{\varepsilon},\ \boldsymbol{\eta}-2\langle\boldsymbol{\eta},\ \boldsymbol{\varepsilon}\rangle\boldsymbol{\varepsilon}\rangle\\&=\langle\boldsymbol{\xi},\ \boldsymbol{\eta}\rangle-2\langle\boldsymbol{\eta},\ \boldsymbol{\varepsilon}\rangle\langle\boldsymbol{\xi},\ \boldsymbol{\varepsilon}\rangle-2\langle\boldsymbol{\xi},\ \boldsymbol{\varepsilon}\rangle\langle\boldsymbol{\varepsilon},\ \boldsymbol{\eta}\rangle+4\langle\boldsymbol{\xi},\ \boldsymbol{\varepsilon}\rangle\langle\boldsymbol{\eta},\ \boldsymbol{\varepsilon}\rangle\\&=\langle\boldsymbol{\xi},\ \boldsymbol{\eta}\rangle,\end{aligned}$$

所以由本节“释疑解难”之 1 (5) 知，σ 是正交变换. 又因为

$$\langle\sigma(\boldsymbol{\xi}),\ \boldsymbol{\eta}\rangle=\langle\boldsymbol{\xi}-2\langle\boldsymbol{\xi},\ \boldsymbol{\varepsilon}\rangle\boldsymbol{\varepsilon},\ \boldsymbol{\eta}\rangle=\langle\boldsymbol{\xi},\ \boldsymbol{\eta}\rangle-2\langle\boldsymbol{\xi},\ \boldsymbol{\varepsilon}\rangle\langle\boldsymbol{\varepsilon},\ \boldsymbol{\eta}\rangle,$$

$$\langle\boldsymbol{\xi},\ \sigma(\boldsymbol{\eta})\rangle=\langle\boldsymbol{\xi},\ \boldsymbol{\eta}-2\langle\boldsymbol{\eta},\ \boldsymbol{\varepsilon}\rangle\boldsymbol{\varepsilon}\rangle=\langle\boldsymbol{\xi},\ \boldsymbol{\eta}\rangle-2\langle\boldsymbol{\eta},\ \boldsymbol{\varepsilon}\rangle\langle\boldsymbol{\xi},\ \boldsymbol{\varepsilon}\rangle,$$

所以 $\langle\sigma(\boldsymbol{\xi}),\ \boldsymbol{\eta}\rangle=\langle\boldsymbol{\xi},\ \sigma(\boldsymbol{\eta})\rangle$，即 σ 是对称变换. 由于

$$\begin{aligned}\sigma^2(\boldsymbol{\xi})&=\sigma(\sigma(\boldsymbol{\xi}))=\sigma(\boldsymbol{\xi}-2\langle\boldsymbol{\xi},\ \boldsymbol{\varepsilon}\rangle\boldsymbol{\varepsilon})\\&=\boldsymbol{\xi}-2\langle\boldsymbol{\xi},\ \boldsymbol{\varepsilon}\rangle\boldsymbol{\varepsilon}-2\langle\boldsymbol{\xi}-2\langle\boldsymbol{\xi},\ \boldsymbol{\varepsilon}\rangle\boldsymbol{\varepsilon},\ \boldsymbol{\varepsilon}\rangle\boldsymbol{\varepsilon}\\&=\boldsymbol{\xi},\end{aligned}$$

因此 $\sigma^2=\iota$.

(2) 将单位向量 $\boldsymbol{\varepsilon}$ 扩充为 V 的一个规范正交基 $\{\boldsymbol{\varepsilon},\ \boldsymbol{\varepsilon}_2,\ \cdots,\ \boldsymbol{\varepsilon}_n\}$，则

$$\sigma(\boldsymbol{\varepsilon})=\boldsymbol{\varepsilon}-2\langle\boldsymbol{\varepsilon},\ \boldsymbol{\varepsilon}\rangle\boldsymbol{\varepsilon}=-\boldsymbol{\varepsilon},$$

$$\sigma(\boldsymbol{\varepsilon}_i)=\boldsymbol{\varepsilon}_i-2\langle\boldsymbol{\varepsilon}_i,\ \boldsymbol{\varepsilon}\rangle\boldsymbol{\varepsilon}=\boldsymbol{\varepsilon}_i,\ i=2,\ 3,\ \cdots,\ n.$$

从而 σ 关于规范正交基 $\{\boldsymbol{\varepsilon},\ \boldsymbol{\varepsilon}_2,\ \cdots,\ \boldsymbol{\varepsilon}_n\}$ 的矩阵是

$$\begin{pmatrix} -1 & 0 & 0 & \cdots & 0 \\ 0 & 1 & 0 & \cdots & 0 \\ 0 & 0 & 1 & \cdots & 0 \\ \vdots & \vdots & \vdots & & \vdots \\ 0 & 0 & 0 & \cdots & 1 \end{pmatrix}.$$

在三维几何空间中，σ 是关于 YOZ 面的镜面反射.

§8.4 子空间与正交性

本节主要讨论欧氏子空间的正交及欧氏空间的同构.

一、主要内容

1. 子空间的正交

设 V 是欧氏空间，当然 V 是向量空间. 若 W 是向量空间 V 的子空间，则 W 对 V 的内积运算显然也作成一个欧氏子空间，简称子空间.

定义 8.12 设 W_1，W_2 是欧氏空间 V 的两个子空间. 若对任意 $\boldsymbol{\alpha} \in W_1$，$\boldsymbol{\beta} \in W_2$，恒有 $\langle\boldsymbol{\alpha}, \boldsymbol{\beta}\rangle = 0$，则称 W_1 与W_2 正交，记为 $W_1 \perp W_2$.

设 $\boldsymbol{\alpha} \in V$. 若对任意 $\boldsymbol{\beta} \in W_1$，恒有 $\langle\boldsymbol{\alpha}, \boldsymbol{\beta}\rangle = 0$，则称 $\boldsymbol{\alpha}$ 与子空间 W_1 正交，记为 $\boldsymbol{\alpha} \perp W_1$.

定理 8.10 若子空间 W_1，W_2，$\cdots$，W_s 两两正交，则和 $W_1 + W_2 + \cdots + W_s$ 是直和.

定义 8.13 子空间 W_2 称为子空间 W_1 的正交补，如果 $W_1 \perp W_2$，并且 $W_1 + W_2 = V$.

显然，如果 W_2 是 W_1 的正交补，那么 W_1 也是 W_2 的正交补.

定理 8.11 n 维欧氏空间 V 的每一个子空间 W 都有唯一的正交补.

W 的唯一正交补记为 $W^\perp$. 对 n 维欧氏空间 V，由定义知，

$$\dim W + \dim W^\perp = n.$$

定理 8.12 设 W 是欧氏空间 V 的子空间，则 $W^\perp$ 恰由 V 中与 W 正交的所有向量组成，即 $W^\perp = \{\boldsymbol{\beta} \in V \mid \boldsymbol{\beta} \perp W\}$.

由定理 8.12 可知，当 $V = W + W^\perp$ 时，V 中任一向量 $\boldsymbol{\alpha}$ 都有唯一的分解式

$$\boldsymbol{\alpha} = \boldsymbol{\alpha}_1 + \boldsymbol{\alpha}_2，\boldsymbol{\alpha}_1 \in W，\boldsymbol{\alpha}_2 \in W^\perp.$$

称 $\boldsymbol{\alpha}_1$ 为向量 $\boldsymbol{\alpha}$ 在子空间 W 上的内射影（或正射影）.

显然，$\boldsymbol{\alpha}_1$ 是 $\boldsymbol{\alpha}$ 在 W 上的内射影当且仅当 $\boldsymbol{\alpha} - \boldsymbol{\alpha}_1 \in W^\perp$.

2. 欧氏空间的同构

定义 8.14 欧氏空间 V 与 V' 称为同构的，如果有 V 到 V' 的一个双射 σ，且适合

(i) $\sigma(\boldsymbol{\alpha} + \boldsymbol{\beta}) = \sigma(\boldsymbol{\alpha}) + \sigma(\boldsymbol{\beta})$;

(ii) $\sigma(k\boldsymbol{\alpha}) = k\sigma(\boldsymbol{\alpha})$;

(iii) $\langle\sigma(\boldsymbol{\alpha}), \sigma(\boldsymbol{\beta})\rangle = \langle\boldsymbol{\alpha}, \boldsymbol{\beta}\rangle$.

这里 $\boldsymbol{\alpha}$，$\boldsymbol{\beta} \in V$，$k \in \mathbf{R}$. 这样的映射 σ 称为 V 到 V' 的同构映射.

定理 8.13 两个有限维欧氏空间同构的充要条件是它们有相同的维数.

二、释疑解难

1. 关于正交补

(1) 正交补与余子空间.

n 维欧氏空间 V 的任意一个子空间 W 都有正交补，且正交补是唯一的. n 维向量空间 V 的任意一个子空间 W 都有余子空间，但是余子空间不唯一.

n 维欧氏空间 V 的子空间 W 的正交补是 W 的一个余子空间，但是 W 的余子空间不一定是 W 的正交补.

(2) 正交补的求法.

设 W 是 n 维欧氏空间 V 的子空间，$\{\boldsymbol{\alpha}_1, \boldsymbol{\alpha}_2, \cdots, \boldsymbol{\alpha}_r\}$ ($0 < r < n$) 是 W 的基. W 的正交补 $W^{\perp}$ 的求法有两种.

方法一　将 $\{\boldsymbol{\alpha}_1, \boldsymbol{\alpha}_2, \cdots, \boldsymbol{\alpha}_r\}$ 扩充成 V 的基 $\{\boldsymbol{\alpha}_1, \cdots, \boldsymbol{\alpha}_r, \boldsymbol{\alpha}_{r+1}, \cdots, \boldsymbol{\alpha}_n\}$，再利用施密特正交化法得 V 的正交基 $\{\boldsymbol{\beta}_1, \cdots, \boldsymbol{\beta}_r, \boldsymbol{\beta}_{r+1}, \cdots, \boldsymbol{\beta}_n\}$，则

$$W^{\perp} = \mathscr{L}(\boldsymbol{\beta}_{r+1}, \cdots, \boldsymbol{\beta}_n).$$

方法二　已知 $\boldsymbol{\alpha}_i = \sum_{j=1}^{n} a_{ij}\boldsymbol{\varepsilon}_j$ ($i = 1, 2, \cdots, r$)，其中 $\{\boldsymbol{\varepsilon}_1, \boldsymbol{\varepsilon}_2, \cdots, \boldsymbol{\varepsilon}_n\}$ 是 V 的规范正交基. 令 $\boldsymbol{\alpha} = x_1\boldsymbol{\varepsilon}_1 + x_2\boldsymbol{\varepsilon}_2 + \cdots + x_n\boldsymbol{\varepsilon}_n \in W^{\perp}$，则由 $\langle \boldsymbol{\alpha}_i, \boldsymbol{\alpha} \rangle = 0$ ($i = 1, 2, \cdots, r$)，得

$$\begin{cases} a_{11}x_1 + a_{12}x_2 + \cdots + a_{1n}x_n = 0, \\ a_{21}x_1 + a_{22}x_2 + \cdots + a_{2n}x_n = 0, \\ \cdots \\ a_{r1}x_1 + a_{r2}x_2 + \cdots + a_{rn}x_n = 0. \end{cases}$$

解该方程组得一基础解系 $\boldsymbol{\xi}_1, \boldsymbol{\xi}_2, \cdots, \boldsymbol{\xi}_{n-r}$.

设在基 $\{\boldsymbol{\varepsilon}_1, \boldsymbol{\varepsilon}_2, \cdots, \boldsymbol{\varepsilon}_n\}$ 下以 $\boldsymbol{\xi}_1, \boldsymbol{\xi}_2, \cdots, \boldsymbol{\xi}_{n-r}$ 为坐标的向量分别是 $\boldsymbol{\alpha}_{r+1}, \boldsymbol{\alpha}_{r+2}, \cdots, \boldsymbol{\alpha}_n$，即 $\boldsymbol{\alpha}_{r+j} = (\boldsymbol{\varepsilon}_1, \boldsymbol{\varepsilon}_2, \cdots, \boldsymbol{\varepsilon}_n)\boldsymbol{\xi}_j$ ($j = 1, 2, \cdots, n-r$)，则

$$W^{\perp} = \mathscr{L}(\boldsymbol{\alpha}_{r+1}, \boldsymbol{\alpha}_{r+2}, \cdots, \boldsymbol{\alpha}_n).$$

特别地，若 $V = \mathbf{R}^n$，W 的基 $\boldsymbol{\alpha}_1, \boldsymbol{\alpha}_2, \cdots, \boldsymbol{\alpha}_r$ 是 $\mathbf{R}^n$ 的列向量，则 $W^{\perp}$ 就是齐次线性方程组 $\boldsymbol{AX} = \boldsymbol{0}$ 的解空间，这里的系数矩阵 $\boldsymbol{A}$ 是以 $\boldsymbol{\alpha}_1^{\mathrm{T}}, \boldsymbol{\alpha}_2^{\mathrm{T}}, \cdots, \boldsymbol{\alpha}_r^{\mathrm{T}}$ 为行的矩阵.

2. 关于内射影

(1) 内射影的应用.

欧氏空间 V 的向量 $\boldsymbol{\alpha}$ 在子空间 W 上的内射影也称为 W 到 $\boldsymbol{\alpha}$ 的最佳逼近. 利用内射影可以解决一些实际问题，其中的一个应用就是解决最小二乘法问题（见 § 8.6）.

(2) 内射影的求法.

设 W 是 n 维欧氏空间 V 的子空间，$\{\boldsymbol{\alpha}_1, \boldsymbol{\alpha}_2, \cdots, \boldsymbol{\alpha}_r\}$ ($0 < r < n$) 是 W 的

基. V 的向量 $\boldsymbol{\alpha}$ 在 W 上的内射影的求法有两种.

方法一　先求出 W 的正交补 $W^{\perp}=\mathscr{L}(\boldsymbol{\alpha}_{r+1},\cdots,\boldsymbol{\alpha}_n)$，从而得 V 的一个基 $\{\boldsymbol{\alpha}_1,\cdots,\boldsymbol{\alpha}_r,\boldsymbol{\alpha}_{r+1},\cdots,\boldsymbol{\alpha}_n\}$，再求出向量 $\boldsymbol{\alpha}$ 在基 $\{\boldsymbol{\alpha}_1,\cdots,\boldsymbol{\alpha}_r,\boldsymbol{\alpha}_{r+1},\cdots,\boldsymbol{\alpha}_n\}$ 下的坐标 $(a_1,\cdots,a_r,a_{r+1},\cdots,a_n)$，则 $\boldsymbol{\alpha}$ 在 W 上的内射影为

$$a_1\boldsymbol{\alpha}_1+a_2\boldsymbol{\alpha}_2+\cdots+a_r\boldsymbol{\alpha}_r.$$

方法二　利用施密特正交化法，由 W 的基 $\{\boldsymbol{\alpha}_1,\boldsymbol{\alpha}_2,\cdots,\boldsymbol{\alpha}_r\}$ 得 W 的规范正交基 $\{\boldsymbol{\gamma}_1,\boldsymbol{\gamma}_2,\cdots,\boldsymbol{\gamma}_r\}$，则 $\boldsymbol{\alpha}$ 在 W 上的内射影为

$$\langle\boldsymbol{\alpha},\boldsymbol{\gamma}_1\rangle\boldsymbol{\gamma}_1+\langle\boldsymbol{\alpha},\boldsymbol{\gamma}_2\rangle\boldsymbol{\gamma}_2+\cdots+\langle\boldsymbol{\alpha},\boldsymbol{\gamma}_r\rangle\boldsymbol{\gamma}_r.$$

3. 关于欧氏空间 V 到 V' 的同构映射

欧氏空间 V 到 V' 的同构映射 σ 首先是实数域上向量空间 V 到 V' 的同构映射，其次 σ 还保持向量的内积不变，因此 σ 既具有向量空间的同构映射的性质，又具有与内积有关的性质. 例如，σ 把 V 的一个规范正交基 $\{\boldsymbol{\varepsilon}_1,\boldsymbol{\varepsilon}_2,\cdots,\boldsymbol{\varepsilon}_n\}$ 映成 V' 的一个规范正交基 $\{\sigma(\boldsymbol{\varepsilon}_1),\sigma(\boldsymbol{\varepsilon}_2),\cdots,\sigma(\boldsymbol{\varepsilon}_n)\}$.

三、范例解析

例 1　设 $\{\boldsymbol{\alpha}_1,\boldsymbol{\alpha}_2,\cdots,\boldsymbol{\alpha}_r\}$ 与 $\{\boldsymbol{\beta}_1,\boldsymbol{\beta}_2,\cdots,\boldsymbol{\beta}_r\}$ 是 n 维欧氏空间 V 的两个向量组. 证明：存在正交变换 σ，使 $\sigma(\boldsymbol{\alpha}_i)=\boldsymbol{\beta}_i\ (i=1,2,\cdots,r)$ 的充要条件是

$$\langle\boldsymbol{\alpha}_i,\boldsymbol{\alpha}_j\rangle=\langle\boldsymbol{\beta}_i,\boldsymbol{\beta}_j\rangle\ (i,j=1,2,\cdots,r).$$

证明　必要性　设存在正交变换 σ，使得 $\sigma(\boldsymbol{\alpha}_i)=\boldsymbol{\beta}_i\ (i=1,2,\cdots,r)$，则

$$\langle\boldsymbol{\beta}_i,\boldsymbol{\beta}_j\rangle=\langle\sigma(\boldsymbol{\alpha}_i),\sigma(\boldsymbol{\alpha}_j)\rangle=\langle\boldsymbol{\alpha}_i,\boldsymbol{\alpha}_j\rangle\ (i,j=1,2,\cdots,r).$$

充分性　设 $\langle\boldsymbol{\alpha}_i,\boldsymbol{\alpha}_j\rangle=\langle\boldsymbol{\beta}_i,\boldsymbol{\beta}_j\rangle\ (i,j=1,2,\cdots,r)$. 令

$$W_1=\mathscr{L}(\boldsymbol{\alpha}_1,\boldsymbol{\alpha}_2,\cdots,\boldsymbol{\alpha}_r),\ W_2=\mathscr{L}(\boldsymbol{\beta}_1,\boldsymbol{\beta}_2,\cdots,\boldsymbol{\beta}_r),$$

则 $V=W_1\oplus W_1^{\perp}=W_2\oplus W_2^{\perp}$. 定义

$$f_1:\ W_1\to W_2,\ k_1\boldsymbol{\alpha}_1+\cdots+k_r\boldsymbol{\alpha}_r\mapsto k_1\boldsymbol{\beta}_1+\cdots+k_r\boldsymbol{\beta}_r.$$

易证 f_1 是映射. 对任意 $\boldsymbol{\alpha}=\sum\limits_{i=1}^{r}k_i\boldsymbol{\alpha}_i\in\operatorname{Ker}f_1\ (\subseteq W_1)$，由 $\boldsymbol{0}=f_1(\boldsymbol{\alpha})=\sum\limits_{i=1}^{r}k_i\boldsymbol{\beta}_i$ 知，

$$\begin{aligned}0&=\left\langle\sum_{i=1}^{r}k_i\boldsymbol{\beta}_i,\ \sum_{j=1}^{r}k_j\boldsymbol{\beta}_j\right\rangle=\sum_{i=1}^{r}\sum_{j=1}^{r}k_ik_j\langle\boldsymbol{\beta}_i,\boldsymbol{\beta}_j\rangle\\&=\sum_{i=1}^{r}\sum_{j=1}^{r}k_ik_j\langle\boldsymbol{\alpha}_i,\boldsymbol{\alpha}_j\rangle=\langle\boldsymbol{\alpha},\boldsymbol{\alpha}\rangle,\end{aligned}$$

于是 $\boldsymbol{\alpha}=\boldsymbol{0}$. 因此 f_1 是单射. 显然 f_1 是满射. 又因为 f_1 保持加法和数乘运算，并且保持向量内积不变，所以 f_1 是 W_1 到 W_2 的一个同构映射. 故 $\dim W_1=\dim W_2$. 从而 $\dim W_1^{\perp}=\dim W_2^{\perp}$. 因此 $W_1^{\perp}$ 与 $W_2^{\perp}$ 同构. 假设 f_2 是 $W_1^{\perp}$ 到 $W_2^{\perp}$ 的一个同构映射. 对任意 $\boldsymbol{\alpha}\in V$，存在 $\boldsymbol{\alpha}_1\in W_1$，$\boldsymbol{\alpha}_1'\in W_1^{\perp}$，使得 $\boldsymbol{\alpha}=\boldsymbol{\alpha}_1+\boldsymbol{\alpha}_1'$，令 $\sigma(\boldsymbol{\alpha})=f_1(\boldsymbol{\alpha}_1)+f_2(\boldsymbol{\alpha}_1')$. 易证 σ 是 V 的一个线性变换，且保持向量内积不变. 因此

σ 是 V 的正交变换，并且 $\sigma(\boldsymbol{\alpha}_i)=\sigma(\boldsymbol{\alpha}_i+\boldsymbol{0})=f_1(\boldsymbol{\alpha}_i)+f_2(\boldsymbol{0})=\boldsymbol{\beta}_i$，$i=1, 2, \cdots, r$.

例 2 已知欧氏空间 $M_2(\mathbf{R})$ (见 § 8.1 “范例解析”之例 1) 的子空间 $W=\mathscr{L}(\boldsymbol{A}_1, \boldsymbol{A}_2)$，其中

$$\boldsymbol{A}_1=\begin{pmatrix}1&1\\0&0\end{pmatrix}, \boldsymbol{A}_2=\begin{pmatrix}0&0\\1&1\end{pmatrix}.$$

(1) 求 W 和 $W^{\perp}$ 的一个规范正交基；

(2) 求 $\boldsymbol{A}=\begin{pmatrix}1&1\\0&1\end{pmatrix}$ 在 W 上的内射影.

解 (1) 方法一 令 $\boldsymbol{A}_3=\begin{pmatrix}0&1\\0&0\end{pmatrix}$，$\boldsymbol{A}_4=\begin{pmatrix}0&0\\0&1\end{pmatrix}$，则 $\{\boldsymbol{A}_1, \boldsymbol{A}_2, \boldsymbol{A}_3, \boldsymbol{A}_4\}$ 是 $M_2(\mathbf{R})$ 的一个基. 利用施密特正交化法，先将该基正交化，得

$$\boldsymbol{B}_1=\boldsymbol{A}_1, \boldsymbol{B}_2=\boldsymbol{A}_2, \boldsymbol{B}_3=\frac{1}{2}\begin{pmatrix}-1&1\\0&0\end{pmatrix}, \boldsymbol{B}_4=\frac{1}{2}\begin{pmatrix}0&0\\-1&1\end{pmatrix}.$$

再单位化，得

$$\boldsymbol{C}_1=\frac{1}{\sqrt{2}}\begin{pmatrix}1&1\\0&0\end{pmatrix}, \boldsymbol{C}_2=\frac{1}{\sqrt{2}}\begin{pmatrix}0&0\\1&1\end{pmatrix}, \boldsymbol{C}_3=\frac{1}{\sqrt{2}}\begin{pmatrix}-1&1\\0&0\end{pmatrix}, \boldsymbol{C}_4=\frac{1}{\sqrt{2}}\begin{pmatrix}0&0\\-1&1\end{pmatrix}.$$

于是 $\{\boldsymbol{C}_1, \boldsymbol{C}_2\}$ 是 W 的一个规范正交基，$\{\boldsymbol{C}_3, \boldsymbol{C}_4\}$ 是 $W^{\perp}$ 的一个规范正交基.

方法二 设 $\boldsymbol{A}=\begin{pmatrix}x_1&x_2\\x_3&x_4\end{pmatrix}\in W^{\perp}$，则由 $\langle\boldsymbol{A}_i, \boldsymbol{A}\rangle=0\ (i=1, 2)$，得

$$\begin{cases}x_1+x_2=0,\\x_3+x_4=0.\end{cases}$$

解该方程组得一基础解系

$$\boldsymbol{\xi}_1=(-1, 1, 0, 0)^{\mathrm{T}}, \boldsymbol{\xi}_2=(0, 0, -1, 1)^{\mathrm{T}}.$$

因此

$$\boldsymbol{D}_3=\begin{pmatrix}-1&1\\0&0\end{pmatrix}, \boldsymbol{D}_4=\begin{pmatrix}0&0\\-1&1\end{pmatrix}$$

是 $W^{\perp}$ 的一个基. 利用施密特正交化法，分别将 W 的基 $\{\boldsymbol{A}_1, \boldsymbol{A}_2\}$ 与 $W^{\perp}$ 的基 $\{\boldsymbol{D}_3, \boldsymbol{D}_4\}$ 正交化，然后再单位化，得

$$\boldsymbol{C}_1=\frac{1}{\sqrt{2}}\begin{pmatrix}1&1\\0&0\end{pmatrix}, \boldsymbol{C}_2=\frac{1}{\sqrt{2}}\begin{pmatrix}0&0\\1&1\end{pmatrix}, \boldsymbol{C}_3=\frac{1}{\sqrt{2}}\begin{pmatrix}-1&1\\0&0\end{pmatrix}, \boldsymbol{C}_4=\frac{1}{\sqrt{2}}\begin{pmatrix}0&0\\-1&1\end{pmatrix}.$$

于是 $\{\boldsymbol{C}_1, \boldsymbol{C}_2\}$ 是 W 的一个规范正交基，$\{\boldsymbol{C}_3, \boldsymbol{C}_4\}$ 是 $W^{\perp}$ 的一个规范正交基.

(2) 方法一 令 $\boldsymbol{A}=x_1\boldsymbol{A}_1+x_2\boldsymbol{A}_2+x_3\boldsymbol{D}_3+x_4\boldsymbol{D}_4$，则 $x_1=1$，$x_2=\frac{1}{2}$，$x_3=0$，$x_4=\frac{1}{2}$. 所以 $\boldsymbol{A}$ 在 W 上的内射影为

$$x_1\boldsymbol{A}_1+x_2\boldsymbol{A}_2=\boldsymbol{A}_1+\frac{1}{2}\boldsymbol{A}_2=\frac{1}{2}\begin{pmatrix}2&2\\1&1\end{pmatrix}.$$

方法二 $\boldsymbol{A}$ 在 W 上的内射影为

$$\langle \boldsymbol{A}, \boldsymbol{C}_1\rangle \boldsymbol{C}_1 + \langle \boldsymbol{A}, \boldsymbol{C}_2\rangle \boldsymbol{C}_2 = \frac{1}{2}\begin{pmatrix} 2 & 2 \\ 1 & 1 \end{pmatrix}.$$

例 3 设 $\{\boldsymbol{\varepsilon}_1, \boldsymbol{\varepsilon}_2, \cdots, \boldsymbol{\varepsilon}_n\}$ 是有限维欧氏空间 V 的一个规范正交组. 若对任意 $\boldsymbol{\alpha} \in V$, 都有 $\sum\limits_{i=1}^{n}\langle \boldsymbol{\alpha}, \boldsymbol{\varepsilon}_i\rangle^2 = |\boldsymbol{\alpha}|^2$. 证明: $\dim V = n$.

证明 令 $W = \mathscr{L}(\boldsymbol{\varepsilon}_1, \boldsymbol{\varepsilon}_2, \cdots, \boldsymbol{\varepsilon}_n)$, 则 $V = W \oplus W^{\perp}$. 对任意 $\boldsymbol{\alpha} \in V$, 设

$$\boldsymbol{\alpha} = \sum_{i=1}^{n} k_i \boldsymbol{\varepsilon}_i + \boldsymbol{\beta},$$

其中 $\boldsymbol{\beta} \in W^{\perp}$. 因为

$$\sum_{i=1}^{n}\langle \boldsymbol{\alpha}, \boldsymbol{\varepsilon}_i\rangle^2 = \sum_{i=1}^{n}\left\langle \sum_{j=1}^{n} k_j \boldsymbol{\varepsilon}_j + \boldsymbol{\beta}, \boldsymbol{\varepsilon}_i\right\rangle^2 = \sum_{i=1}^{n} k_i^2,$$

$$|\boldsymbol{\alpha}|^2 = \langle \boldsymbol{\alpha}, \boldsymbol{\alpha}\rangle = \left\langle \sum_{i=1}^{n} k_i \boldsymbol{\varepsilon}_i + \boldsymbol{\beta}, \sum_{j=1}^{n} k_j \boldsymbol{\varepsilon}_j + \boldsymbol{\beta}\right\rangle = \sum_{i=1}^{n} k_i^2 + \langle \boldsymbol{\beta}, \boldsymbol{\beta}\rangle,$$

所以 $\langle \boldsymbol{\beta}, \boldsymbol{\beta}\rangle = 0$. 因此 $\boldsymbol{\beta} = \boldsymbol{0}$. 由此可得 $W^{\perp} = \{\boldsymbol{0}\}$. 故 $\dim V = n$.

例 4 设 V 和 V' 是两个 n 维欧氏空间, $\{\boldsymbol{\alpha}_1, \boldsymbol{\alpha}_2, \cdots, \boldsymbol{\alpha}_n\}$ 是 V 的一个基, f 是 V 到 V' 的一个线性映射. 证明: f 是欧氏空间 V 到 V' 的同构映射的充要条件是 $\langle f(\boldsymbol{\alpha}_i), f(\boldsymbol{\alpha}_j)\rangle = \langle \boldsymbol{\alpha}_i, \boldsymbol{\alpha}_j\rangle$, $i, j = 1, 2, \cdots, n$.

证明 必要性 设 f 是欧氏空间 V 到 V' 的同构映射, 则对任意 $\boldsymbol{\alpha}, \boldsymbol{\beta} \in V$, 都有 $\langle f(\boldsymbol{\alpha}), f(\boldsymbol{\beta})\rangle = \langle \boldsymbol{\alpha}, \boldsymbol{\beta}\rangle$. 因此 $\langle f(\boldsymbol{\alpha}_i), f(\boldsymbol{\alpha}_j)\rangle = \langle \boldsymbol{\alpha}_i, \boldsymbol{\alpha}_j\rangle$, $i, j = 1, 2, \cdots, n$.

充分性 设 $\langle f(\boldsymbol{\alpha}_i), f(\boldsymbol{\alpha}_j)\rangle = \langle \boldsymbol{\alpha}_i, \boldsymbol{\alpha}_j\rangle$, $i, j = 1, 2, \cdots, n$. 若 $\sum\limits_{i=1}^{n} a_i f(\boldsymbol{\alpha}_i) = \boldsymbol{0}$, 则

$$\begin{aligned} 0 &= \left\langle \sum_{i=1}^{n} a_i f(\boldsymbol{\alpha}_i), \sum_{j=1}^{n} a_j f(\boldsymbol{\alpha}_j)\right\rangle = \sum_{i=1}^{n}\sum_{j=1}^{n} a_i a_j \langle f(\boldsymbol{\alpha}_i), f(\boldsymbol{\alpha}_j)\rangle \\ &= \sum_{i=1}^{n}\sum_{j=1}^{n} a_i a_j \langle \boldsymbol{\alpha}_i, \boldsymbol{\alpha}_j\rangle = \left\langle \sum_{i=1}^{n} a_i \boldsymbol{\alpha}_i, \sum_{j=1}^{n} a_j \boldsymbol{\alpha}_j\right\rangle. \end{aligned}$$

因此 $\sum\limits_{i=1}^{n} a_i \boldsymbol{\alpha}_i = \boldsymbol{0}$. 由 $\{\boldsymbol{\alpha}_1, \boldsymbol{\alpha}_2, \cdots, \boldsymbol{\alpha}_n\}$ 是 V 的基知, $a_1 = a_2 = \cdots = a_n = 0$. 于是 $f(\boldsymbol{\alpha}_1), f(\boldsymbol{\alpha}_2), \cdots, f(\boldsymbol{\alpha}_n)$ 为 V' 的基. 从而进一步可证 f 是 V 到 V' 的双射, 且对任意 $\boldsymbol{\alpha} = \sum\limits_{i=1}^{n} a_i \boldsymbol{\alpha}_i$, $\boldsymbol{\beta} = \sum\limits_{j=1}^{n} b_j \boldsymbol{\alpha}_j \in V$, 都有 $\langle f(\boldsymbol{\alpha}), f(\boldsymbol{\beta})\rangle = \langle \boldsymbol{\alpha}, \boldsymbol{\beta}\rangle$. 故 f 是 V 到 V' 的同构映射.

注 上述证明表明, $\{f(\boldsymbol{\alpha}_1), f(\boldsymbol{\alpha}_2), \cdots, f(\boldsymbol{\alpha}_n)\}$ 为 V' 的基. 因此该结论也可以表述为"线性映射 f 是欧氏空间 V 到 V' 的同构映射的充要条件是 $\{\boldsymbol{\alpha}_1, \boldsymbol{\alpha}_2, \cdots, \boldsymbol{\alpha}_n\}$ 和 $\{f(\boldsymbol{\alpha}_1), f(\boldsymbol{\alpha}_2), \cdots, f(\boldsymbol{\alpha}_n)\}$ 的度量矩阵相同".

§8.5 对称矩阵的标准形

在第三章中，已经证明了任意一个实对称矩阵都合同于一个对角形矩阵. 事实上，利用欧氏空间的理论，任意一个实对称矩阵都正交合同于一个对角形矩阵.

一、主要内容

1. 对称变换和实对称矩阵的性质

引理 8.1 设 σ 是 n 维欧氏空间 V 的对称变换，则 σ 的本征值有 n 个（重根按重数算）.

引理 8.2 设 σ 是 n 维欧氏空间 V 的对称变换，W 是 σ 的不变子空间，则 $W^{\perp}$ 也是 σ 的不变子空间.

引理 8.3 设 $\boldsymbol{A}$ 是 n 阶实对称矩阵，则 $\mathbf{R}^n$ 中属于 $\boldsymbol{A}$ 的不同特征根的特征向量必正交.

2. 实对称矩阵的标准形

定理 8.14 设 σ 是 n 维欧氏空间 V 的对称变换，则存在 V 的一个规范正交基，使得 σ 在这个规范正交基下的矩阵为对角形矩阵.

推论 (实对称矩阵的正交相似标准形) 对于任意一个 n 阶实对称矩阵 $\boldsymbol{A}$，都存在一个 n 阶正交矩阵 $\boldsymbol{T}$，使得

$$\boldsymbol{T}^{\mathrm{T}}\boldsymbol{A}\boldsymbol{T}=\boldsymbol{T}^{-1}\boldsymbol{A}\boldsymbol{T}$$

成对角形矩阵.

注 实对称矩阵 $\boldsymbol{A}$ 的正交相似标准形也称为 $\boldsymbol{A}$ 的正交合同标准形.

二、释疑解难

1. 关于实对称矩阵

(1) 实对称矩阵 $\boldsymbol{A}$ 正定（半正定）的一个充要条件.

由定理 8.14 的推论知，实对称矩阵 $\boldsymbol{A}$ 的非零特征根的个数就是 $\boldsymbol{A}$ 的秩，正（负）特征根的个数就是 $\boldsymbol{A}$ 的正（负）惯性指数. 因此实对称矩阵 $\boldsymbol{A}$ 正定（半正定）当且仅当 $\boldsymbol{A}$ 的特征根都是正数（非负数）.

(2) 实对称矩阵 $\boldsymbol{A}$ 的正交相似标准形的求法.

第一步 求出 n 阶实对称矩阵 $\boldsymbol{A}$ 的所有互不相同的特征根 $\lambda_1, \lambda_2, \cdots, \lambda_r$，及 λ_i 的重数 $s_i\ (i=1, 2, \cdots, r)$，其中 $s_1+s_2+\cdots+s_r=n$.

第二步 对每个 $\lambda_i\ (i=1, 2, \cdots, r)$，在实数域 $\mathbf{R}$ 上解齐次线性方程组 $(\lambda_i\boldsymbol{I}-\boldsymbol{A})\boldsymbol{X}=\boldsymbol{0}$ 得一基础解系 $\boldsymbol{\alpha}_{i1}, \boldsymbol{\alpha}_{i2}, \cdots, \boldsymbol{\alpha}_{is_i}$，再用施密特正交化法，将其化为规范正交组 $\boldsymbol{\gamma}_{i1}, \boldsymbol{\gamma}_{i2}, \cdots, \boldsymbol{\gamma}_{is_i}$.

第三步 以 $\boldsymbol{\gamma}_{11}$, $\cdots$, $\boldsymbol{\gamma}_{1s_1}$, $\boldsymbol{\gamma}_{21}$, $\cdots$, $\boldsymbol{\gamma}_{2s_2}$, $\cdots$, $\boldsymbol{\gamma}_{r1}$, $\cdots$, $\boldsymbol{\gamma}_{rs_r}$ 为列做矩阵

$$\boldsymbol{T}=(\boldsymbol{\gamma}_{11},\ \cdots,\ \boldsymbol{\gamma}_{1s_1},\ \boldsymbol{\gamma}_{21},\ \cdots,\ \boldsymbol{\gamma}_{2s_2},\ \cdots,\ \boldsymbol{\gamma}_{r1},\ \cdots,\ \boldsymbol{\gamma}_{rs_r}),$$

则 $\boldsymbol{T}$ 是正交矩阵，并且

$$\boldsymbol{T}^{\mathrm{T}}\boldsymbol{A}\boldsymbol{T}=\boldsymbol{T}^{-1}\boldsymbol{A}\boldsymbol{T}=\begin{pmatrix}\lambda_1 & & & & & \\ & \ddots & & & & \\ & & \lambda_1 & & & \\ & & & \ddots & & \\ & & & & \lambda_r & & \\ & & & & & \ddots & \\ & & & & & & \lambda_r\end{pmatrix},$$

其中主对角线上元素 λ_i 有 s_i 个 ($i=1, 2, \cdots, r$).

2. 关于二次型的主轴问题

(1) 主轴问题.

将一个 n 元实二次型经过变量的正交变换化为标准形的问题称为二次型的主轴问题（这里所说的变量的正交变换指的是线性替换的矩阵是正交矩阵），它是解析几何中将有心二次曲线或二次曲面的方程化为标准形式的自然推广. 用二次型的语言，定理 8.14 的推论可叙述为：

任意一个实二次型

$$f(x_1,\ x_2,\ \cdots,\ x_n)=\sum_{i=1}^{n}\sum_{j=1}^{n}a_{ij}x_ix_j$$

都可经过变量的正交变换 $\boldsymbol{X}=\boldsymbol{T}\boldsymbol{Y}$ 化为标准形

$$\lambda_1y_1^2+\lambda_2y_2^2+\cdots+\lambda_ny_n^2,$$

这里 $\boldsymbol{T}$ 是正交矩阵，λ_1, λ_2, $\cdots$, λ_n 是二次型的矩阵 $\boldsymbol{A}=(a_{ij})$ 的全部特征根.

(2) 用变量的正交变换化实二次型 $f(x_1, x_2, \cdots, x_n)$ 为标准形的方法.

先求实二次型 $f(x_1, x_2, \cdots, x_n)$ 的矩阵 $\boldsymbol{A}$，再求 $\boldsymbol{A}$ 的正交相似标准形，得正交矩阵 $\boldsymbol{T}$，使得 $\boldsymbol{T}^{\mathrm{T}}\boldsymbol{A}\boldsymbol{T}=\mathrm{diag}\,(\lambda_1, \lambda_2, \cdots, \lambda_n)$，最后作变量的正交变换 $\boldsymbol{X}=\boldsymbol{T}\boldsymbol{Y}$，可将二次型 $f(x_1, x_2, \cdots, x_n)$ 化为标准形 $\lambda_1y_1^2+\lambda_2y_2^2+\cdots+\lambda_ny_n^2$.

3. 关于矩阵 $\boldsymbol{A}$ 在合同、相似和等价之下的标准形

对称矩阵 $\boldsymbol{A}$ 在合同之下的标准形是对角形矩阵，但主对角线上的元素未必就是 $\boldsymbol{A}$ 的特征根；矩阵 $\boldsymbol{A}$ 在相似之下的标准形如果是对角形矩阵，那么主对角线上的元素都是矩阵 $\boldsymbol{A}$ 的特征根；矩阵 $\boldsymbol{A}$ 在等价之下的标准形是对角形矩阵，但主对角线上的元素 1 或 0 与矩阵的 $\boldsymbol{A}$ 的特征根没有关系.

三、范例解析

例 1 设 σ 是 n 维欧氏空间 V 的正交变换. 若 W 是 σ 的不变子空间，则 $W^{\perp}$

也是 σ 的不变子空间.

证明 方法一 当 W 是 V 的平凡子空间时，结论显然. 当 W 是 V 的非平凡子空间时，分别取 W 和 $W^{\perp}$ 的规范正交基 $\{\boldsymbol{\varepsilon}_1, \boldsymbol{\varepsilon}_2, \cdots, \boldsymbol{\varepsilon}_r\}$ 和 $\{\boldsymbol{\varepsilon}_{r+1}, \boldsymbol{\varepsilon}_{r+2}, \cdots, \boldsymbol{\varepsilon}_n\}$，则 $\{\boldsymbol{\varepsilon}_1, \cdots, \boldsymbol{\varepsilon}_r, \boldsymbol{\varepsilon}_{r+1}, \cdots, \boldsymbol{\varepsilon}_n\}$ 是 V 的一个规范正交基. 因为 σ 是正交变换，所以 $\{\sigma(\boldsymbol{\varepsilon}_1), \cdots, \sigma(\boldsymbol{\varepsilon}_r), \sigma(\boldsymbol{\varepsilon}_{r+1}), \cdots, \sigma(\boldsymbol{\varepsilon}_n)\}$ 也是 V 的规范正交基. 由于 W 是 σ 的不变子空间，因此 $\sigma(\boldsymbol{\varepsilon}_1), \cdots, \sigma(\boldsymbol{\varepsilon}_r) \in W$，且 $\{\sigma(\boldsymbol{\varepsilon}_1), \cdots, \sigma(\boldsymbol{\varepsilon}_r)\}$ 也是 W 的基. 从而 $\sigma(\boldsymbol{\varepsilon}_{r+1}), \cdots, \sigma(\boldsymbol{\varepsilon}_n) \in W^{\perp}$. 故对任意 $\boldsymbol{\alpha} = k_{r+1}\boldsymbol{\varepsilon}_{r+1} + \cdots + k_n\boldsymbol{\varepsilon}_n \in W^{\perp}$，都有 $\sigma(\boldsymbol{\alpha}) = k_{r+1}\sigma(\boldsymbol{\varepsilon}_{r+1}) + \cdots + k_n\sigma(\boldsymbol{\varepsilon}_n) \in W^{\perp}$，即 $W^{\perp}$ 是 σ 的不变子空间.

方法二 因 V 是有限维的，故正交变换 σ 可逆. 于是由“习题七解答”第 13 题知，

$$V = \sigma(W) \oplus \sigma(W^{\perp}).$$

由于 $W \perp W^{\perp}$，因此 $\sigma(W) \perp \sigma(W^{\perp})$. 由 W 是 σ 的不变子空间知，$\sigma(W) \subseteq W$，从而 $\sigma(W) = W$. 故 $\sigma(W^{\perp}) \subseteq W^{\perp}$，即 $W^{\perp}$ 是 σ 的不变子空间.

方法三 因为 W 是正交变换 σ 的不变子空间，所以 $\sigma|_W$ 是 W 的正交变换. 由于 W 是有限维的，因此 $\sigma|_W$ 可逆. 从而对任意 $\boldsymbol{\alpha} \in W$，存在 $\boldsymbol{\beta} \in W$，使得 $\sigma(\boldsymbol{\beta}) = \boldsymbol{\alpha}$. 于是对任意 $\boldsymbol{\gamma} \in W^{\perp}$，都有

$$\langle \sigma(\boldsymbol{\gamma}), \boldsymbol{\alpha} \rangle = \langle \sigma(\boldsymbol{\gamma}), \sigma(\boldsymbol{\beta}) \rangle = \langle \boldsymbol{\gamma}, \boldsymbol{\beta} \rangle = 0,$$

即 $\sigma(\boldsymbol{\gamma}) \in W^{\perp}$. 故 $W^{\perp}$ 是 σ 的不变子空间.

注 该结论在无限维欧氏空间中不一定成立.

例如，向量空间 $\mathbf{R}[x]$ 对于内积 $\langle f(x), g(x) \rangle = \sum_{i=0}^{n} a_i b_i$ 来说作成欧氏空间，其中 $f(x) = \sum_{i=0}^{n} a_i x^i$, $g(x) = \sum_{j=0}^{m} b_j x^j$ ($m \leqslant n$)，$\sigma(f(x)) = xf(x)$ 是 $\mathbf{R}[x]$ 的一个正交变换 (见 § 8.3 “释疑解难”之 1 (4)). 显然，$\mathbf{R}[x]$ 的子空间

$$W = \{ a_1 x + a_2 x^2 + \cdots + a_n x^n \mid a_i \in \mathbf{R}, n \in \mathbf{N} \}$$

是 σ 的一个不变子空间，$W^{\perp} = \{ a \mid a \in \mathbf{R} \}$. 因为 $\sigma(W^{\perp}) \not\subseteq W^{\perp}$，所以 $W^{\perp}$ 不是 σ 的不变子空间.

例 2 设 σ 是 n 维欧氏空间 V 的一个线性变换. 证明：σ 是对称变换的充要条件是 σ 有 n 个两两正交的本征向量.

证明 必要性 设 σ 是对称变换，则存在 V 的规范正交基 $\{\boldsymbol{\varepsilon}_1, \boldsymbol{\varepsilon}_2, \cdots, \boldsymbol{\varepsilon}_n\}$，使得 σ 关于这个基的矩阵是对角形矩阵，即

$$\sigma(\boldsymbol{\varepsilon}_1, \boldsymbol{\varepsilon}_2, \cdots, \boldsymbol{\varepsilon}_n) = (\boldsymbol{\varepsilon}_1, \boldsymbol{\varepsilon}_2, \cdots, \boldsymbol{\varepsilon}_n)\begin{pmatrix} \lambda_1 & & & \\ & \lambda_2 & & \\ & & \ddots & \\ & & & \lambda_n \end{pmatrix}.$$

从而 $\sigma(\boldsymbol{\varepsilon}_i)=\lambda_i\boldsymbol{\varepsilon}_i$，$i=1, 2, \cdots, n$，即 $\boldsymbol{\varepsilon}_1, \boldsymbol{\varepsilon}_2, \cdots, \boldsymbol{\varepsilon}_n$ 都是 σ 的本征向量. 故 σ 有 n 个两两正交的本征向量.

充分性　设 $\boldsymbol{\alpha}_1, \boldsymbol{\alpha}_2, \cdots, \boldsymbol{\alpha}_n$ 是 σ 的 n 个两两正交的本征向量，且它们分别属于本征值 $\lambda_1, \lambda_2, \cdots, \lambda_n$，于是 $\sigma(\boldsymbol{\alpha}_i)=\lambda_i\boldsymbol{\alpha}_i$，$i=1, 2, \cdots, n$. 令

$$\boldsymbol{\varepsilon}_i=\frac{\boldsymbol{\alpha}_i}{|\boldsymbol{\alpha}_i|},\ i=1,\ 2,\ \cdots,\ n,$$

则 $\{\boldsymbol{\varepsilon}_1, \boldsymbol{\varepsilon}_2, \cdots, \boldsymbol{\varepsilon}_n\}$ 是 V 的一个规范正交基. 因为

$$\sigma(\boldsymbol{\varepsilon}_i)=\frac{1}{|\boldsymbol{\alpha}_i|}\sigma(\boldsymbol{\alpha}_i)=\frac{\lambda_i}{|\boldsymbol{\alpha}_i|}\boldsymbol{\alpha}_i=\lambda_i\boldsymbol{\varepsilon}_i,\ i=1,\ 2,\ \cdots,\ n,$$

所以 σ 关于规范正交基 $\{\boldsymbol{\varepsilon}_1, \boldsymbol{\varepsilon}_2, \cdots, \boldsymbol{\varepsilon}_n\}$ 的矩阵是实对角形矩阵. 因此 σ 是对称变换.

例 3　证明：n 阶实对称矩阵 $\boldsymbol{A}$ 是正定矩阵的充要条件是存在一个正定矩阵 $\boldsymbol{S}$，使得 $\boldsymbol{A}=\boldsymbol{S}^2$.

证明　充分性　设 $\boldsymbol{S}$ 是一个正定矩阵，并且 $\boldsymbol{A}=\boldsymbol{S}^2$，则 $\boldsymbol{A}=\boldsymbol{S}^{\mathrm{T}}\boldsymbol{I}\boldsymbol{S}$，即 $\boldsymbol{A}$ 与单位矩阵 $\boldsymbol{I}$ 合同. 因此 $\boldsymbol{A}$ 是正定矩阵.

必要性　设 $\boldsymbol{A}$ 是正定矩阵，则存在正交矩阵 $\boldsymbol{T}$，使得

$$\boldsymbol{T}^{\mathrm{T}}\boldsymbol{A}\boldsymbol{T}=\boldsymbol{T}^{-1}\boldsymbol{A}\boldsymbol{T}=\begin{pmatrix}\lambda_1 & & & \\ & \lambda_2 & & \\ & & \ddots & \\ & & & \lambda_n\end{pmatrix},$$

其中 $\lambda_i>0\,(i=1, 2, \cdots, n)$. 令

$$\boldsymbol{S}=\boldsymbol{T}\begin{pmatrix}\sqrt{\lambda_1} & & & \\ & \sqrt{\lambda_2} & & \\ & & \ddots & \\ & & & \sqrt{\lambda_n}\end{pmatrix}\boldsymbol{T}^{\mathrm{T}},$$

则 $\boldsymbol{S}$ 是正定矩阵，并且

$$\boldsymbol{A}=\boldsymbol{T}\begin{pmatrix}\lambda_1 & & & \\ & \lambda_2 & & \\ & & \ddots & \\ & & & \lambda_n\end{pmatrix}\boldsymbol{T}^{\mathrm{T}}=\boldsymbol{S}^2.$$

例 4　用变量的正交变换将二次型

$$f(x_1,\ x_2,\ x_3)=2x_1^2+5x_2^2+5x_3^2+4x_1x_2-4x_1x_3-8x_2x_3$$

化为标准形.

解　该二次型 $f(x_1, x_2, x_3)$ 的矩阵为

$$\boldsymbol{A}=\begin{pmatrix}2 & 2 & -2\\ 2 & 5 & -4\\ -2 & -4 & 5\end{pmatrix}.$$

重复本书配套教材 § 8.5 例 1 的过程，得正交矩阵

$$T=\begin{pmatrix}-\frac{2}{\sqrt{5}} & \frac{2}{3\sqrt{5}} & \frac{1}{3}\\ \frac{1}{\sqrt{5}} & \frac{4}{3\sqrt{5}} & \frac{2}{3}\\ 0 & \frac{5}{3\sqrt{5}} & -\frac{2}{3}\end{pmatrix}.$$

于是经过变量的正交变换 $X=TY$ 可将二次型 $f(x_1, x_2, x_3)$ 化为标准形

$$y_1^2+y_2^2+10y_3^2.$$

§8.6 最小二乘法

本节讨论最小二乘法问题，给出最小二乘解所满足的代数条件.

一、主要内容

1. 最小二乘解、最小二乘法问题

定义 8.15 设实系数线性方程组

$$\begin{cases}a_{11}x_1+a_{12}x_2+\cdots+a_{1s}x_s=b_1,\\ a_{21}x_1+a_{22}x_2+\cdots+a_{2s}x_s=b_2,\\ \cdots\\ a_{n1}x_1+a_{n2}x_2+\cdots+a_{ns}x_s=b_n\end{cases}\tag{8.1}$$

无解，即不论 $x_1, x_2, \cdots, x_s$ 取哪一组实数值，s 元实函数

$$\sum_{i=1}^{n}(a_{i1}x_1+a_{i2}x_2+\cdots+a_{is}x_s-b_i)^2\tag{8.2}$$

的值都大于零. 设法找 $c_1, c_2, \cdots, c_s$，使当 $x_1=c_1, x_2=c_2, \cdots, x_s=c_s$ 时，(8.2) 式的值最小，这样的 $c_1, c_2, \cdots, c_s$ 称为方程组 (8.1) 的最小二乘解，这种问题就叫作最小二乘法问题.

令 $A=(a_{ij})_{n\times s}$，$X=(x_1, x_2, \cdots, x_s)^{\mathrm{T}}$，$B=(b_1, b_2, \cdots, b_n)^{\mathrm{T}}$，则线性方程组 (8.1) 可写成

$$AX=B.$$

2. 最小二乘解满足的条件

定理 8.15 设 W 是（有限维）欧氏空间 V 的一个子空间，α 是 V 中一个向量，β 是 W 中一个向量，使 $\alpha-\beta$ 正交于 W，则对 W 中任一向量 γ，都有

$$|\alpha-\beta|\leqslant|\alpha-\gamma|.$$

定理 8.16 设 $\boldsymbol{A}\in M_{n\times s}(\mathbf{R})$，$\boldsymbol{B}\in\mathbf{R}^n$. 如果 $\boldsymbol{AX}=\boldsymbol{B}$ 无解，那么 $\boldsymbol{AX}=\boldsymbol{B}$ 的最小二乘解存在，并且最小二乘解的集合等于 $\boldsymbol{A}^{\mathrm{T}}\boldsymbol{AX}=\boldsymbol{A}^{\mathrm{T}}\boldsymbol{B}$ 的解集合.

二、释疑解难

1. 向量 $\boldsymbol{\beta}$ 是向量 $\boldsymbol{\alpha}$ 的内射影的充要条件

定理 8.17 设 W 是欧氏空间 V 的一个子空间，$\boldsymbol{\alpha}$ 是 V 中的向量，则向量 $\boldsymbol{\beta}\in W$ 是 $\boldsymbol{\alpha}$ 在 W 上的内射影当且仅当对任意 $\boldsymbol{\gamma}\in W$，都有

$$d(\boldsymbol{\alpha},\boldsymbol{\beta})\leqslant d(\boldsymbol{\alpha},\boldsymbol{\gamma}).$$

事实上，设向量 $\boldsymbol{\beta}\in W$ 是 $\boldsymbol{\alpha}$ 在 W 上的内射影，则由定理 8.15 知，必要性成立.

反过来，设对任意 $\boldsymbol{\gamma}\in W$，都有 $d(\boldsymbol{\alpha},\boldsymbol{\beta})\leqslant d(\boldsymbol{\alpha},\boldsymbol{\gamma})$. 假设向量 $\boldsymbol{\delta}$ 是 $\boldsymbol{\alpha}$ 在 W 上的内射影，则一方面，取 $\boldsymbol{\gamma}=\boldsymbol{\delta}$，有 $d(\boldsymbol{\alpha},\boldsymbol{\beta})\leqslant d(\boldsymbol{\alpha},\boldsymbol{\delta})$，另一方面，由必要性，得 $d(\boldsymbol{\alpha},\boldsymbol{\delta})\leqslant d(\boldsymbol{\alpha},\boldsymbol{\beta})$. 于是 $d(\boldsymbol{\alpha},\boldsymbol{\beta})=d(\boldsymbol{\alpha},\boldsymbol{\delta})$. 因为 $(\boldsymbol{\alpha}-\boldsymbol{\delta})\in W^{\perp}$，$(\boldsymbol{\delta}-\boldsymbol{\beta})\in W$，所以

$$|\boldsymbol{\alpha}-\boldsymbol{\beta}|^2=|(\boldsymbol{\alpha}-\boldsymbol{\delta})+(\boldsymbol{\delta}-\boldsymbol{\beta})|^2=|\boldsymbol{\alpha}-\boldsymbol{\delta}|^2+|\boldsymbol{\delta}-\boldsymbol{\beta}|^2.$$

从而 $|\boldsymbol{\delta}-\boldsymbol{\beta}|^2=0$. 因此 $\boldsymbol{\delta}=\boldsymbol{\beta}$.

注 该结论表明，向量 $\boldsymbol{\alpha}$ 到子空间 W 中各向量间的距离以垂线最短. 这就是把向量 $\boldsymbol{\alpha}$ 在子空间 W 上的内射影也称为 W 到 $\boldsymbol{\alpha}$ 的最佳逼近的原因.

2. $\boldsymbol{AX}=\boldsymbol{B}$ 的最小二乘解的求法

先计算 $\boldsymbol{A}^{\mathrm{T}}\boldsymbol{A}$ 与 $\boldsymbol{A}^{\mathrm{T}}\boldsymbol{B}$，再求出线性方程组 $\boldsymbol{A}^{\mathrm{T}}\boldsymbol{AX}=\boldsymbol{A}^{\mathrm{T}}\boldsymbol{B}$ 的解，即为 $\boldsymbol{AX}=\boldsymbol{B}$ 的最小二乘解.

三、范例解析

例 1 求下列方程组的最小二乘解.

$$\begin{cases}0.81x_1+0.24x_2=0.50,\\0.65x_1+0.33x_2=0.29,\\0.71x_1+0.57x_2=0.45,\\0.17x_1+0.76x_2=0.14.\end{cases}$$

解 令

$$\boldsymbol{A}=\begin{pmatrix}0.81&0.24\\0.65&0.33\\0.71&0.57\\0.17&0.76\end{pmatrix},\ \boldsymbol{B}=\begin{pmatrix}0.50\\0.29\\0.45\\0.14\end{pmatrix},\ \boldsymbol{X}=\begin{pmatrix}x_1\\x_2\end{pmatrix},$$

则原方程组可表示为

$$\boldsymbol{AX}=\boldsymbol{B}.$$

因为

$$A^{\mathrm{T}}A=\begin{pmatrix}1.61 & 0.94\\ 0.94 & 1.07\end{pmatrix},\ A^{\mathrm{T}}B=\begin{pmatrix}0.94\\ 0.58\end{pmatrix},$$

解线性方程组 $A^{\mathrm{T}}AX=A^{\mathrm{T}}B$，即

$$\begin{cases}1.61x_1+0.94x_2=0.94,\\ 0.94x_1+1.07x_2=0.58\end{cases}$$

得 $x_1=0.55$，$x_2=0.06$，所以原方程组的最小二乘解为 $x_1=0.55$，$x_2=0.06$.

习题八解答

1. 证明：在一个欧氏空间里，对任意的向量 α，β，以下等式成立.

(1) $|\alpha+\beta|^2+|\alpha-\beta|^2=2|\alpha|^2+2|\beta|^2$；

(2) $\langle\alpha,\beta\rangle=\frac{1}{4}|\alpha+\beta|^2-\frac{1}{4}|\alpha-\beta|^2$.

证明 根据长度的定义可直接验证（详证略）.

2. 在欧氏空间 $\mathbf{R}^4$ 中，求一个单位向量与

$$\alpha_1=(1,1,0,0),\ \alpha_2=(1,1,-1,-1),\ \alpha_3=(1,-1,1,-1)$$

都正交.

解 设 $\alpha=(x_1,x_2,x_3,x_4)$ 与 α_i 都正交，则 $\langle\alpha,\alpha_i\rangle=0\ (i=1,2,3)$. 解该方程组得一基础解系 $\xi=(1,-1,-1,1)^{\mathrm{T}}$. 于是取 $\alpha=(1,-1,-1,1)$，将其单位化得与 $\alpha_i\ (i=1,2,3)$ 都正交的单位向量为

$$\varepsilon=\left(\frac{1}{2},\ -\frac{1}{2},\ -\frac{1}{2},\ \frac{1}{2}\right).$$

3. 设 $\alpha_1,\alpha_2,\cdots,\alpha_n$ 是欧氏空间 V 的 n 个向量. 令

$$G(\alpha_1,\alpha_2,\cdots,\alpha_n)=\begin{vmatrix}\langle\alpha_1,\alpha_1\rangle & \langle\alpha_1,\alpha_2\rangle & \cdots & \langle\alpha_1,\alpha_n\rangle\\ \langle\alpha_2,\alpha_1\rangle & \langle\alpha_2,\alpha_2\rangle & \cdots & \langle\alpha_2,\alpha_n\rangle\\ \vdots & \vdots & & \vdots\\ \langle\alpha_n,\alpha_1\rangle & \langle\alpha_n,\alpha_2\rangle & \cdots & \langle\alpha_n,\alpha_n\rangle\end{vmatrix}.$$

证明：n 阶行列式 $G(\alpha_1,\alpha_2,\cdots,\alpha_n)=0$ 的充要条件是 $\alpha_1,\alpha_2,\cdots,\alpha_n$ 线性相关.

证明 必要性 设 $G(\alpha_1,\alpha_2,\cdots,\alpha_n)=0$. 令

$$A=\begin{pmatrix}\langle\alpha_1,\alpha_1\rangle & \langle\alpha_1,\alpha_2\rangle & \cdots & \langle\alpha_1,\alpha_n\rangle\\ \langle\alpha_2,\alpha_1\rangle & \langle\alpha_2,\alpha_2\rangle & \cdots & \langle\alpha_2,\alpha_n\rangle\\ \vdots & \vdots & & \vdots\\ \langle\alpha_n,\alpha_1\rangle & \langle\alpha_n,\alpha_2\rangle & \cdots & \langle\alpha_n,\alpha_n\rangle\end{pmatrix},$$

则齐次线性方程组 $AX=0$ 有非零解. 设 $\xi=(k_1,k_2,\cdots,k_n)^{\mathrm{T}}$ 是 $AX=0$ 的一个非零解，则

$$\left\langle \sum_{i=1}^{n} k_i\boldsymbol{\alpha}_i,\ \sum_{i=1}^{n} k_i\boldsymbol{\alpha}_i \right\rangle = \boldsymbol{\xi}^{\mathrm{T}}\boldsymbol{A}\boldsymbol{\xi} = 0.$$

于是 $k_1\boldsymbol{\alpha}_1 + k_2\boldsymbol{\alpha}_2 + \cdots + k_n\boldsymbol{\alpha}_n = \boldsymbol{0}$. 因此 $\boldsymbol{\alpha}_1, \boldsymbol{\alpha}_2, \cdots, \boldsymbol{\alpha}_n$ 线性相关.

充分性　设 $\boldsymbol{\alpha}_1, \boldsymbol{\alpha}_2, \cdots, \boldsymbol{\alpha}_n$ 线性相关，则存在一组不全为零的实数 k_1, k_2, $\cdots$, k_n，使得

$$k_1\boldsymbol{\alpha}_1 + k_2\boldsymbol{\alpha}_2 + \cdots + k_n\boldsymbol{\alpha}_n = \boldsymbol{0}.$$

从而

$$k_1\langle\boldsymbol{\alpha}_i, \boldsymbol{\alpha}_1\rangle + k_2\langle\boldsymbol{\alpha}_i, \boldsymbol{\alpha}_2\rangle + \cdots + k_n\langle\boldsymbol{\alpha}_i, \boldsymbol{\alpha}_n\rangle = 0,\ i = 1, 2, \cdots, n.$$

因此 $(k_1, k_2, \cdots, k_n)^{\mathrm{T}}$ 是齐次线性方程组 $\boldsymbol{AX} = \boldsymbol{0}$ 的一个非零解. 故 $\det\boldsymbol{A} = 0$，即 $G(\boldsymbol{\alpha}_1, \boldsymbol{\alpha}_2, \cdots, \boldsymbol{\alpha}_n) = 0$.

4. 设 $a_1, a_2, \cdots, a_n$ 是 n 个实数. 证明：$\sum\limits_{i=1}^{n} |a_i| \leqslant \sqrt{n(a_1^2 + a_2^2 + \cdots + a_n^2)}$.

证明　在欧氏空间 $\mathbf{R}^n$ 中，令

$$\boldsymbol{\alpha} = (1, 1, \cdots, 1),\ \boldsymbol{\beta} = (|a_1|, |a_2|, \cdots, |a_n|),$$

则

$$\sum_{i=1}^{n} |a_i| = \langle\boldsymbol{\alpha}, \boldsymbol{\beta}\rangle \leqslant |\boldsymbol{\alpha}||\boldsymbol{\beta}| = \sqrt{n(a_1^2 + a_2^2 + \cdots + a_n^2)}.$$

5. 证明：欧氏空间 V 中两个向量 $\boldsymbol{\alpha}, \boldsymbol{\beta}$ 正交的充要条件是对任意的实数 t，都有 $|\boldsymbol{\alpha} + t\boldsymbol{\beta}| \geqslant |\boldsymbol{\alpha}|$.

证明　必要性　设 $\boldsymbol{\alpha}$ 与 $\boldsymbol{\beta}$ 正交，则对任意实数 t，都有

$$\langle\boldsymbol{\alpha} + t\boldsymbol{\beta}, \boldsymbol{\alpha} + t\boldsymbol{\beta}\rangle = \langle\boldsymbol{\alpha}, \boldsymbol{\alpha}\rangle + t^2\langle\boldsymbol{\beta}, \boldsymbol{\beta}\rangle \geqslant \langle\boldsymbol{\alpha}, \boldsymbol{\alpha}\rangle.$$

于是 $|\boldsymbol{\alpha} + t\boldsymbol{\beta}| \geqslant |\boldsymbol{\alpha}|$.

充分性　设对任意实数 t，都有 $|\boldsymbol{\alpha} + t\boldsymbol{\beta}| \geqslant |\boldsymbol{\alpha}|$，则

$$\langle\boldsymbol{\alpha}, \boldsymbol{\alpha}\rangle \leqslant \langle\boldsymbol{\alpha} + t\boldsymbol{\beta}, \boldsymbol{\alpha} + t\boldsymbol{\beta}\rangle = \langle\boldsymbol{\alpha}, \boldsymbol{\alpha}\rangle + 2t\langle\boldsymbol{\alpha}, \boldsymbol{\beta}\rangle + t^2\langle\boldsymbol{\beta}, \boldsymbol{\beta}\rangle.$$

从而对任意实数 t，都有

$$\langle\boldsymbol{\beta}, \boldsymbol{\beta}\rangle t^2 + 2\langle\boldsymbol{\alpha}, \boldsymbol{\beta}\rangle t \geqslant 0.$$

因此 $\Delta = 4\langle\boldsymbol{\alpha}, \boldsymbol{\beta}\rangle^2 \leqslant 0$. 故 $\langle\boldsymbol{\alpha}, \boldsymbol{\beta}\rangle = 0$，即 $\boldsymbol{\alpha}, \boldsymbol{\beta}$ 正交.

6. 在欧氏空间 $\mathbf{R}^4$ 中，求基 $\{\boldsymbol{\alpha}_1, \boldsymbol{\alpha}_2, \boldsymbol{\alpha}_3, \boldsymbol{\alpha}_4\}$ 的度量矩阵，其中 $\boldsymbol{\alpha}_1 = (1, 1, 1, 1)$, $\boldsymbol{\alpha}_2 = (1, 1, 1, 0)$, $\boldsymbol{\alpha}_3 = (1, 1, 0, 0)$, $\boldsymbol{\alpha}_4 = (1, 0, 0, 0)$.

解　基 $\{\boldsymbol{\alpha}_1, \boldsymbol{\alpha}_2, \boldsymbol{\alpha}_3, \boldsymbol{\alpha}_4\}$ 的度量矩阵为

$$\begin{pmatrix} 4 & 3 & 2 & 1 \\ 3 & 3 & 2 & 1 \\ 2 & 2 & 2 & 1 \\ 1 & 1 & 1 & 1 \end{pmatrix}.$$

7. 在欧氏空间 $\mathbf{R}^3$ 中，已知基 $\boldsymbol{\alpha}_1 = (1, 1, 1)$, $\boldsymbol{\alpha}_2 = (1, 1, 0)$, $\boldsymbol{\alpha}_3 = (1, 0, 0)$ 的度量矩阵为

$$B=\begin{pmatrix}2&0&1\\0&1&-2\\1&-2&5\end{pmatrix}.$$

求基 $\boldsymbol{\varepsilon}_1=(1,0,0)$，$\boldsymbol{\varepsilon}_2=(0,1,0)$，$\boldsymbol{\varepsilon}_3=(0,0,1)$ 的度量矩阵.

解 方法一 因为 $\boldsymbol{\varepsilon}_1=\boldsymbol{\alpha}_3$，$\boldsymbol{\varepsilon}_2=\boldsymbol{\alpha}_2-\boldsymbol{\alpha}_3$，$\boldsymbol{\varepsilon}_3=\boldsymbol{\alpha}_1-\boldsymbol{\alpha}_2$，所以

$$\langle\boldsymbol{\varepsilon}_1,\boldsymbol{\varepsilon}_1\rangle=\langle\boldsymbol{\alpha}_3,\boldsymbol{\alpha}_3\rangle=5,$$

$$\langle\boldsymbol{\varepsilon}_1,\boldsymbol{\varepsilon}_2\rangle=\langle\boldsymbol{\alpha}_3,\boldsymbol{\alpha}_2\rangle-\langle\boldsymbol{\alpha}_3,\boldsymbol{\alpha}_3\rangle=-7,$$

$$\langle\boldsymbol{\varepsilon}_1,\boldsymbol{\varepsilon}_3\rangle=\langle\boldsymbol{\alpha}_3,\boldsymbol{\alpha}_1\rangle-\langle\boldsymbol{\alpha}_3,\boldsymbol{\alpha}_2\rangle=3,$$

$$\langle\boldsymbol{\varepsilon}_2,\boldsymbol{\varepsilon}_2\rangle=\langle\boldsymbol{\alpha}_2,\boldsymbol{\alpha}_2\rangle-2\langle\boldsymbol{\alpha}_2,\boldsymbol{\alpha}_3\rangle+\langle\boldsymbol{\alpha}_3,\boldsymbol{\alpha}_3\rangle=10,$$

$$\langle\boldsymbol{\varepsilon}_2,\boldsymbol{\varepsilon}_3\rangle=\langle\boldsymbol{\alpha}_2,\boldsymbol{\alpha}_1\rangle-\langle\boldsymbol{\alpha}_2,\boldsymbol{\alpha}_2\rangle-\langle\boldsymbol{\alpha}_3,\boldsymbol{\alpha}_1\rangle+\langle\boldsymbol{\alpha}_3,\boldsymbol{\alpha}_2\rangle=-4,$$

$$\langle\boldsymbol{\varepsilon}_3,\boldsymbol{\varepsilon}_3\rangle=\langle\boldsymbol{\alpha}_1,\boldsymbol{\alpha}_1\rangle-2\langle\boldsymbol{\alpha}_1,\boldsymbol{\alpha}_2\rangle+\langle\boldsymbol{\alpha}_2,\boldsymbol{\alpha}_2\rangle=3.$$

因此基 $\{\boldsymbol{\varepsilon}_1,\boldsymbol{\varepsilon}_2,\boldsymbol{\varepsilon}_3\}$ 的度量矩阵为

$$\begin{pmatrix}5&-7&3\\-7&10&-4\\3&-4&3\end{pmatrix}.$$

方法二 设基 $\{\boldsymbol{\varepsilon}_1,\boldsymbol{\varepsilon}_2,\boldsymbol{\varepsilon}_3\}$ 的度量矩阵为 $\boldsymbol{A}$，由 $\{\boldsymbol{\varepsilon}_1,\boldsymbol{\varepsilon}_2,\boldsymbol{\varepsilon}_3\}$ 到 $\{\boldsymbol{\alpha}_1,\boldsymbol{\alpha}_2,\boldsymbol{\alpha}_3\}$ 的过渡矩阵为 $\boldsymbol{C}$，则 $\boldsymbol{B}=\boldsymbol{C}^{\mathrm{T}}\boldsymbol{A}\boldsymbol{C}$，其中

$$\boldsymbol{C}=\begin{pmatrix}1&1&1\\1&1&0\\1&0&0\end{pmatrix}.$$

于是

$$\boldsymbol{A}=(\boldsymbol{C}^{-1})^{\mathrm{T}}\boldsymbol{B}\boldsymbol{C}^{-1}=\begin{pmatrix}5&-7&3\\-7&10&-4\\3&-4&3\end{pmatrix}.$$

8. 证明：

$$\boldsymbol{\alpha}_1=\left(\frac{1}{2},\frac{1}{2},\frac{1}{2},\frac{1}{2}\right),\ \boldsymbol{\alpha}_2=\left(\frac{1}{2},-\frac{1}{2},-\frac{1}{2},\frac{1}{2}\right),$$

$$\boldsymbol{\alpha}_3=\left(\frac{1}{2},-\frac{1}{2},\frac{1}{2},-\frac{1}{2}\right),\ \boldsymbol{\alpha}_4=\left(\frac{1}{2},\frac{1}{2},-\frac{1}{2},-\frac{1}{2}\right)$$

是欧氏空间 $\mathbf{R}^4$ 的一个规范正交基.

证明 因为

$$\langle\boldsymbol{\alpha}_i,\boldsymbol{\alpha}_j\rangle=\begin{cases}1, & i=j,\\0, & i\neq j,\end{cases}$$

所以 $\{\boldsymbol{\alpha}_1,\boldsymbol{\alpha}_2,\boldsymbol{\alpha}_3,\boldsymbol{\alpha}_4\}$ 是 $\mathbf{R}^4$ 的一个规范正交基.

9. 设 $\{\boldsymbol{\varepsilon}_1,\boldsymbol{\varepsilon}_2,\boldsymbol{\varepsilon}_3\}$ 是欧氏空间 V 的一个基，$\boldsymbol{\alpha}_1=\boldsymbol{\varepsilon}_1+\boldsymbol{\varepsilon}_2$，且基 $\{\boldsymbol{\varepsilon}_1,\boldsymbol{\varepsilon}_2,\boldsymbol{\varepsilon}_3\}$ 的度量矩阵是

$$A = \begin{pmatrix} 1 & -1 & 2 \\ -1 & 2 & -1 \\ 2 & -1 & 6 \end{pmatrix}.$$

(1) 证明：$\boldsymbol{\alpha}_1$ 是一个单位向量；

(2) 求 k 使 $\boldsymbol{\alpha}_1$ 与 $\boldsymbol{\beta}_1 = \boldsymbol{\varepsilon}_1 + \boldsymbol{\varepsilon}_2 + k\boldsymbol{\varepsilon}_3$ 正交.

证明 (1) 因为

$$\langle \boldsymbol{\alpha}_1, \boldsymbol{\alpha}_1 \rangle = \langle \boldsymbol{\varepsilon}_1, \boldsymbol{\varepsilon}_1 \rangle + 2\langle \boldsymbol{\varepsilon}_1, \boldsymbol{\varepsilon}_2 \rangle + \langle \boldsymbol{\varepsilon}_2, \boldsymbol{\varepsilon}_2 \rangle = 1,$$

所以 $\boldsymbol{\alpha}_1$ 是一个单位向量.

(2) $k = -1$.

10. 设 $\{\boldsymbol{\varepsilon}_1, \boldsymbol{\varepsilon}_2, \cdots, \boldsymbol{\varepsilon}_n\}$ 是欧氏空间 V 的一个规范正交基，n 阶实方阵 $\boldsymbol{A} = (a_{ij})$ 是正交矩阵. 令

$$(\boldsymbol{\eta}_1, \boldsymbol{\eta}_2, \cdots, \boldsymbol{\eta}_n) = (\boldsymbol{\varepsilon}_1, \boldsymbol{\varepsilon}_2, \cdots, \boldsymbol{\varepsilon}_n)\boldsymbol{A}.$$

证明：$\{\boldsymbol{\eta}_1, \boldsymbol{\eta}_2, \cdots, \boldsymbol{\eta}_n\}$ 是 V 的规范正交基.

证明 方法一 因为

$$\begin{aligned}\langle \boldsymbol{\eta}_i, \boldsymbol{\eta}_j \rangle &= \left\langle \sum_{k=1}^{n} a_{ki}\boldsymbol{\varepsilon}_k, \sum_{l=1}^{n} a_{lj}\boldsymbol{\varepsilon}_l \right\rangle = \sum_{k=1}^{n}\sum_{l=1}^{n} a_{ki}a_{lj}\langle \boldsymbol{\varepsilon}_k, \boldsymbol{\varepsilon}_l \rangle \\ &= \sum_{k=1}^{n} a_{ki}a_{kj} = \begin{cases} 1, & i = j, \\ 0, & i \neq j, \end{cases}\end{aligned}$$

所以 $\{\boldsymbol{\eta}_1, \boldsymbol{\eta}_2, \cdots, \boldsymbol{\eta}_n\}$ 是 V 的规范正交基.

方法二 由于 $\boldsymbol{A}$ 可逆，因此 $\{\boldsymbol{\eta}_1, \boldsymbol{\eta}_2, \cdots, \boldsymbol{\eta}_n\}$ 是 V 的基. 设基 $\{\boldsymbol{\eta}_1, \boldsymbol{\eta}_2, \cdots, \boldsymbol{\eta}_n\}$ 的度量矩阵为 $\boldsymbol{B}$，则由规范正交基 $\{\boldsymbol{\varepsilon}_1, \boldsymbol{\varepsilon}_2, \cdots, \boldsymbol{\varepsilon}_n\}$ 的度量矩阵为 $\boldsymbol{I}$，得 $\boldsymbol{B} = \boldsymbol{A}^{\mathrm{T}}\boldsymbol{I}\boldsymbol{A} = \boldsymbol{A}^{\mathrm{T}}\boldsymbol{A} = \boldsymbol{I}$. 于是 $\{\boldsymbol{\eta}_1, \boldsymbol{\eta}_2, \cdots, \boldsymbol{\eta}_n\}$ 是 V 的规范正交基.

11. 设 $\boldsymbol{A}$ 是 n 阶正交矩阵. 证明：

(1) 若 $\det \boldsymbol{A} = -1$，则 -1 是 $\boldsymbol{A}$ 的一个特征根；

(2) 若 n 是奇数，且 $\det \boldsymbol{A} = 1$，则 1 是 $\boldsymbol{A}$ 的一个特征根.

证明 见 § 8.2 “范例解析”之例 5.

12. 设 $\boldsymbol{A}$ 是一个斜对称实方阵. 证明：$\boldsymbol{I}+\boldsymbol{A}$ 可逆，并且 $(\boldsymbol{I}-\boldsymbol{A})(\boldsymbol{I}+\boldsymbol{A})^{-1}$ 是正交矩阵.

证明 由“习题三解答”第 22 题知，1 不是 $\boldsymbol{A}$ 的特征根. 于是

$$\det(\boldsymbol{I}+\boldsymbol{A}) = \det(\boldsymbol{I}+\boldsymbol{A})^{\mathrm{T}} = \det(\boldsymbol{I}-\boldsymbol{A}) \neq 0.$$

故 $\boldsymbol{I}+\boldsymbol{A}$ 可逆. 由于

$$[(\boldsymbol{I}-\boldsymbol{A})(\boldsymbol{I}+\boldsymbol{A})^{-1}]^{\mathrm{T}}[(\boldsymbol{I}-\boldsymbol{A})(\boldsymbol{I}+\boldsymbol{A})^{-1}] = (\boldsymbol{I}-\boldsymbol{A})^{-1}(\boldsymbol{I}+\boldsymbol{A})(\boldsymbol{I}-\boldsymbol{A})(\boldsymbol{I}+\boldsymbol{A})^{-1} = \boldsymbol{I},$$

因此 $(\boldsymbol{I}-\boldsymbol{A})(\boldsymbol{I}+\boldsymbol{A})^{-1}$ 是正交矩阵.

13. 证明：n 维欧氏空间 V 的两个正交变换的乘积是正交变换；一个正交变换的逆变换还是正交变换.

证明 方法一 利用定义.

设 σ，τ 是欧氏空间 V 的两个正交变换，则对任意 $\boldsymbol{\alpha}$，$\boldsymbol{\beta}\in V$，都有

$$\langle\sigma\tau(\boldsymbol{\alpha}),\ \sigma\tau(\boldsymbol{\beta})\rangle=\langle\sigma(\tau(\boldsymbol{\alpha})),\ \sigma(\tau(\boldsymbol{\beta}))\rangle=\langle\tau(\boldsymbol{\alpha}),\ \tau(\boldsymbol{\beta})\rangle=\langle\boldsymbol{\alpha},\ \boldsymbol{\beta}\rangle,$$

$$\langle\sigma^{-1}(\boldsymbol{\alpha}),\ \sigma^{-1}(\boldsymbol{\beta})\rangle=\langle\sigma(\sigma^{-1}(\boldsymbol{\alpha})),\ \sigma(\sigma^{-1}(\boldsymbol{\beta}))\rangle=\langle\boldsymbol{\alpha},\ \boldsymbol{\beta}\rangle.$$

因此 $\sigma\tau$，σ^{-1} 是正交变换.

方法二 利用正交矩阵的乘积是正交矩阵，正交矩阵的逆矩阵是正交矩阵及在规范正交基下的矩阵是正交矩阵的线性变换是正交变换可证（详证略）.

14. 证明：两个对称变换的和还是对称变换. 两个对称变换的乘积是不是对称变换? 找出两个对称变换的乘积是对称变换的一个充要条件.

证明 设 σ，τ 是欧氏空间 V 的两个对称变换，则对任意 $\boldsymbol{\alpha}$，$\boldsymbol{\beta}\in V$，都有

$$\begin{aligned}\langle(\sigma+\tau)(\boldsymbol{\alpha}),\ \boldsymbol{\beta}\rangle&=\langle\sigma(\boldsymbol{\alpha}),\ \boldsymbol{\beta}\rangle+\langle\tau(\boldsymbol{\alpha}),\ \boldsymbol{\beta}\rangle=\langle\boldsymbol{\alpha},\ \sigma(\boldsymbol{\beta})\rangle+\langle\boldsymbol{\alpha},\ \tau(\boldsymbol{\beta})\rangle\\&=\langle\boldsymbol{\alpha},\ (\sigma+\tau)(\boldsymbol{\beta})\rangle.\end{aligned}$$

于是 $\sigma+\tau$ 是对称变换.

两个对称变换的乘积不一定是对称变换.

例如，设 $\{\boldsymbol{\varepsilon}_1,\ \boldsymbol{\varepsilon}_2\}$ 是 $\mathbf{R}^2$ 的一个规范正交基，σ，$\tau\in L(\mathbf{R}^2)$，并且

$$\sigma(\boldsymbol{\varepsilon}_1,\ \boldsymbol{\varepsilon}_2)=(\boldsymbol{\varepsilon}_1,\ \boldsymbol{\varepsilon}_2)\begin{pmatrix}1&0\\0&0\end{pmatrix},\quad \tau(\boldsymbol{\varepsilon}_1,\ \boldsymbol{\varepsilon}_2)=(\boldsymbol{\varepsilon}_1,\ \boldsymbol{\varepsilon}_2)\begin{pmatrix}0&1\\1&0\end{pmatrix},$$

则 σ，τ 是对称变换. 因为

$$\sigma\tau(\boldsymbol{\varepsilon}_1,\ \boldsymbol{\varepsilon}_2)=(\boldsymbol{\varepsilon}_1,\ \boldsymbol{\varepsilon}_2)\begin{pmatrix}0&1\\0&0\end{pmatrix},$$

所以 $\sigma\tau$ 不是对称变换.

设 σ，τ 是 V 的两个对称变换. 若 $\sigma\tau=\tau\sigma$，则对任意 $\boldsymbol{\alpha}$，$\boldsymbol{\beta}\in V$，都有

$$\langle\sigma\tau(\boldsymbol{\alpha}),\ \boldsymbol{\beta}\rangle=\langle\tau(\boldsymbol{\alpha}),\ \sigma(\boldsymbol{\beta})\rangle=\langle\boldsymbol{\alpha},\ \tau\sigma(\boldsymbol{\beta})\rangle=\langle\boldsymbol{\alpha},\ \sigma\tau(\boldsymbol{\beta})\rangle.$$

因此 $\sigma\tau$ 是对称变换.

反过来，若 $\sigma\tau$ 是对称变换，则对任意 $\boldsymbol{\alpha}$，$\boldsymbol{\beta}\in V$，都有

$$\langle\sigma\tau(\boldsymbol{\alpha}),\ \boldsymbol{\beta}\rangle=\langle\boldsymbol{\alpha},\ \sigma\tau(\boldsymbol{\beta})\rangle.$$

又因 $\langle\sigma\tau(\boldsymbol{\alpha}),\ \boldsymbol{\beta}\rangle=\langle\boldsymbol{\alpha},\ \tau\sigma(\boldsymbol{\beta})\rangle$，故 $\langle\boldsymbol{\alpha},\ \sigma\tau(\boldsymbol{\beta})-\tau\sigma(\boldsymbol{\beta})\rangle=0$. 由 $\boldsymbol{\alpha}$ 的任意性，得

$$\sigma\tau(\boldsymbol{\beta})-\tau\sigma(\boldsymbol{\beta})=(\sigma\tau-\tau\sigma)(\boldsymbol{\beta})=\boldsymbol{0}.$$

再由 $\boldsymbol{\beta}$ 的任意性，得 $\sigma\tau=\tau\sigma$.

综上所述，两个对称变换 σ 与 τ 的乘积是对称变换的充要条件是 $\sigma\tau=\tau\sigma$.

15. 设 σ 是 n 维欧氏空间 V 的一个线性变换. 证明：如果 σ 满足下列三个条件中的任意两个，那么它必然满足第三个.

(1) σ 是正交变换；(2) σ 是对称变换；(3) $\sigma^2=\iota$（ι 是恒等变换）.

证 方法一 利用定义.

(1)，(2) $\Rightarrow$ (3). 因为对任意 $\boldsymbol{\alpha}\in V$，有

$$\langle\sigma^2(\boldsymbol{\alpha})-\boldsymbol{\alpha},\ \sigma^2(\boldsymbol{\alpha})-\boldsymbol{\alpha}\rangle=\langle\sigma^2(\boldsymbol{\alpha}),\ \sigma^2(\boldsymbol{\alpha})\rangle-2\langle\sigma^2(\boldsymbol{\alpha}),\ \boldsymbol{\alpha}\rangle+\langle\boldsymbol{\alpha},\ \boldsymbol{\alpha}\rangle=0,$$

所以 $\sigma^2=\iota$.

(1)，(3) ⇒ (2). 由于对任意 $\boldsymbol{\alpha}$，$\boldsymbol{\beta}\in V$，有

$$\langle\sigma(\boldsymbol{\alpha}),\ \boldsymbol{\beta}\rangle=\langle\sigma(\boldsymbol{\alpha}),\ \sigma^2(\boldsymbol{\beta})\rangle=\langle\boldsymbol{\alpha},\ \sigma(\boldsymbol{\beta})\rangle,$$

因此 σ 是对称变换.

(2)，(3) ⇒ (1). 因为对任意 $\boldsymbol{\alpha}$，$\boldsymbol{\beta}\in V$，有

$$\langle\sigma(\boldsymbol{\alpha}),\ \sigma(\boldsymbol{\beta})\rangle=\langle\boldsymbol{\alpha},\ \sigma^2(\boldsymbol{\beta})\rangle=\langle\boldsymbol{\alpha},\ \boldsymbol{\beta}\rangle,$$

所以 σ 是正交变换.

方法二　利用 σ 是正交变换（对称变换）当且仅当 σ 在规范正交基下的矩阵是正交矩阵（对称矩阵）可证（详证略）.

16. 设 σ 是 n 维欧氏空间 V 的线性变换. 若对任意 $\boldsymbol{\alpha}$，$\boldsymbol{\beta}\in V$，有 $\langle\sigma(\boldsymbol{\alpha}),\ \boldsymbol{\beta}\rangle=-\langle\boldsymbol{\alpha},\ \sigma(\boldsymbol{\beta})\rangle$，则说 σ 是斜对称的. 证明：

(1) 斜对称变换关于 V 的任意规范正交基的矩阵都是斜对称实矩阵；

(2) 若线性变换 σ 关于 V 的某一规范正交基的矩阵是斜对称的，则 σ 是斜对称线性变换.

证明　类似定理 8.9 的证明（详证略）.

17. 设 σ 是欧氏空间 V 到 V' 的一个同构映射. 证明：若 $\{\boldsymbol{\varepsilon}_1,\ \boldsymbol{\varepsilon}_2,\ \cdots,\ \boldsymbol{\varepsilon}_n\}$ 是 V 的一个规范正交基，则 $\{\sigma(\boldsymbol{\varepsilon}_1),\ \sigma(\boldsymbol{\varepsilon}_2),\ \cdots,\ \sigma(\boldsymbol{\varepsilon}_n)\}$ 是 V' 的一个规范正交基.

证明　因 σ 是同构映射，故 $\{\sigma(\boldsymbol{\varepsilon}_1),\ \sigma(\boldsymbol{\varepsilon}_2),\ \cdots,\ \sigma(\boldsymbol{\varepsilon}_n)\}$ 是 V' 的一个基，且

$$\langle\sigma(\boldsymbol{\varepsilon}_i),\ \sigma(\boldsymbol{\varepsilon}_j)\rangle=\langle\boldsymbol{\varepsilon}_i,\ \boldsymbol{\varepsilon}_j\rangle=\begin{cases}1,\ i=j,\\0,\ i\neq j.\end{cases}$$

于是 $\{\sigma(\boldsymbol{\varepsilon}_1),\ \sigma(\boldsymbol{\varepsilon}_2),\ \cdots,\ \sigma(\boldsymbol{\varepsilon}_n)\}$ 是 V' 的一个规范正交基.

18. 设 σ 是 n 维欧氏空间 V 的一个正交变换. 证明：如果 V 的一个子空间 W 在 σ 之下不变，那么 W 的正交补 $W^{\perp}$ 也在 σ 之下不变.

证明　见 § 8.5 “范例解析”之例 1.

19. 设 V 是一个 n 维欧氏空间. 证明：

(1) 如果 W 是 V 的一个子空间，那么 $(W^{\perp})^{\perp}=W$；

(2) 如果 W_1，W_2 都是 V 的子空间，且 $W_1\subseteq W_2$，那么 $W_2^{\perp}\subseteq W_1^{\perp}$；

(3) 如果 W_1，W_2 都是 V 的子空间，那么 $(W_1+W_2)^{\perp}=W_1^{\perp}\cap W_2^{\perp}$.

证明　(1) 方法一　任取 $\boldsymbol{\alpha}\in W$，则 $\boldsymbol{\alpha}\perp W^{\perp}$. 于是 $\boldsymbol{\alpha}\in(W^{\perp})^{\perp}$. 故 $W\subseteq(W^{\perp})^{\perp}$. 同理可证 $(W^{\perp})^{\perp}\subseteq W$. 因此 $(W^{\perp})^{\perp}=W$.

方法二　因为 $V=W\oplus W^{\perp}$，$V=(W^{\perp})^{\perp}\oplus W^{\perp}$，所以由 $W^{\perp}$ 的正交补是唯一的知，$(W^{\perp})^{\perp}=W$.

(2) 方法一　任取 $\boldsymbol{\alpha}\in W_2^{\perp}$，则 $\boldsymbol{\alpha}\perp W_2$. 由 $W_1\subseteq W_2$ 知，$\boldsymbol{\alpha}\perp W_1$. 因此 $\boldsymbol{\alpha}\in W_1^{\perp}$. 故 $W_2^{\perp}\subseteq W_1^{\perp}$.

方法二 令 $\{\boldsymbol{\alpha}_1, \cdots, \boldsymbol{\alpha}_r\}$ 是 W_1 的一个正交基. 将其扩充为 W_2 的一个正交基 $\{\boldsymbol{\alpha}_1, \cdots, \boldsymbol{\alpha}_r, \boldsymbol{\alpha}_{r+1}, \cdots, \boldsymbol{\alpha}_s\}$，再将其扩充为 V 的一个正交基 $\{\boldsymbol{\alpha}_1, \cdots, \boldsymbol{\alpha}_r, \boldsymbol{\alpha}_{r+1}, \cdots, \boldsymbol{\alpha}_s, \boldsymbol{\alpha}_{s+1}, \cdots, \boldsymbol{\alpha}_n\}$，则

$$W_1^{\perp} = \mathscr{L}(\boldsymbol{\alpha}_{r+1}, \cdots, \boldsymbol{\alpha}_s, \boldsymbol{\alpha}_{s+1}, \cdots, \boldsymbol{\alpha}_n),\ W_2^{\perp} = \mathscr{L}(\boldsymbol{\alpha}_{s+1}, \cdots, \boldsymbol{\alpha}_n).$$

故 $W_2^{\perp} \subseteq W_1^{\perp}$.

(3) 类似于 (2) 的证法（详证略）.

20. 设 $\{\boldsymbol{\varepsilon}_1, \boldsymbol{\varepsilon}_2, \boldsymbol{\varepsilon}_3, \boldsymbol{\varepsilon}_4\}$ 是欧氏空间 V 的一个规范正交基，$W = \mathscr{L}(\boldsymbol{\alpha}_1, \boldsymbol{\alpha}_2)$，其中

$$\boldsymbol{\alpha}_1 = \boldsymbol{\varepsilon}_1 + \boldsymbol{\varepsilon}_3,\ \boldsymbol{\alpha}_2 = 2\boldsymbol{\varepsilon}_1 - \boldsymbol{\varepsilon}_2 + \boldsymbol{\varepsilon}_4.$$

(1) 求 W 的一个规范正交基；

(2) 求 $W^{\perp}$ 的一个规范正交基.

解 方法一 取 $\boldsymbol{\alpha}_3 = \boldsymbol{\varepsilon}_3, \boldsymbol{\alpha}_4 = \boldsymbol{\varepsilon}_4$，则 $\{\boldsymbol{\alpha}_1, \boldsymbol{\alpha}_2, \boldsymbol{\alpha}_3, \boldsymbol{\alpha}_4\}$ 是 V 的一个基.

先将 $\boldsymbol{\alpha}_1, \boldsymbol{\alpha}_2, \boldsymbol{\alpha}_3, \boldsymbol{\alpha}_4$ 正交化，得

$$\begin{aligned}
\boldsymbol{\beta}_1 &= \boldsymbol{\varepsilon}_1 + \boldsymbol{\varepsilon}_3,\\
\boldsymbol{\beta}_2 &= \boldsymbol{\varepsilon}_1 - \boldsymbol{\varepsilon}_2 - \boldsymbol{\varepsilon}_3 + \boldsymbol{\varepsilon}_4,\\
\boldsymbol{\beta}_3 &= -\frac{1}{4}\boldsymbol{\varepsilon}_1 - \frac{1}{4}\boldsymbol{\varepsilon}_2 + \frac{1}{4}\boldsymbol{\varepsilon}_3 + \frac{1}{4}\boldsymbol{\varepsilon}_4,\\
\boldsymbol{\beta}_4 &= \frac{1}{2}\boldsymbol{\varepsilon}_2 + \frac{1}{2}\boldsymbol{\varepsilon}_4.
\end{aligned}$$

再将 $\boldsymbol{\beta}_1, \boldsymbol{\beta}_2, \boldsymbol{\beta}_3, \boldsymbol{\beta}_4$ 单位化，得

$$\begin{aligned}
\boldsymbol{\gamma}_1 &= \frac{1}{\sqrt{2}}\boldsymbol{\varepsilon}_1 + \frac{1}{\sqrt{2}}\boldsymbol{\varepsilon}_3,\\
\boldsymbol{\gamma}_2 &= \frac{1}{2}\boldsymbol{\varepsilon}_1 - \frac{1}{2}\boldsymbol{\varepsilon}_2 - \frac{1}{2}\boldsymbol{\varepsilon}_3 + \frac{1}{2}\boldsymbol{\varepsilon}_4,\\
\boldsymbol{\gamma}_3 &= -\frac{1}{2}\boldsymbol{\varepsilon}_1 - \frac{1}{2}\boldsymbol{\varepsilon}_2 + \frac{1}{2}\boldsymbol{\varepsilon}_3 + \frac{1}{2}\boldsymbol{\varepsilon}_4,\\
\boldsymbol{\gamma}_4 &= \frac{1}{\sqrt{2}}\boldsymbol{\varepsilon}_2 + \frac{1}{\sqrt{2}}\boldsymbol{\varepsilon}_4.
\end{aligned}$$

因此

(1) $\{\boldsymbol{\gamma}_1, \boldsymbol{\gamma}_2\}$ 是 W 的一个规范正交基.

(2) $\{\boldsymbol{\gamma}_3, \boldsymbol{\gamma}_4\}$ 是 $W^{\perp}$ 的一个规范正交基.

方法二 设 $\boldsymbol{\alpha} = x_1\boldsymbol{\varepsilon}_1 + x_2\boldsymbol{\varepsilon}_2 + x_3\boldsymbol{\varepsilon}_3 + x_4\boldsymbol{\varepsilon}_4 \in W^{\perp}$，则由 $\boldsymbol{\alpha}_i \perp \boldsymbol{\alpha}\ (i = 1, 2)$，得

$$\begin{cases} x_1 + x_3 = 0,\\ 2x_1 - x_2 + x_4 = 0. \end{cases}$$

解该方程组得一基础解系 $\boldsymbol{\xi}_1 = (-1, -2, 1, 0)^{\mathrm{T}}$，$\boldsymbol{\xi}_2 = (0, 1, 0, 1)^{\mathrm{T}}$. 令

$$\boldsymbol{\alpha}_3' = -\boldsymbol{\varepsilon}_1 - 2\boldsymbol{\varepsilon}_2 + \boldsymbol{\varepsilon}_3,\ \boldsymbol{\alpha}_4' = \boldsymbol{\varepsilon}_2 + \boldsymbol{\varepsilon}_4,$$

则 $\{\alpha_3', \alpha_4'\}$ 是 $W^{\perp}$ 的一个基.

(1) 将 α_1, α_2 正交化，再单位化得 W 的一个规范正交基 $\{\gamma_1, \gamma_2\}$（同方法一）.

(2) 将 α_3', α_4' 正交化，再单位化得 $W^{\perp}$ 的一个规范正交基

$$\gamma_3' = -\frac{1}{\sqrt{6}}\varepsilon_1 - \frac{2}{\sqrt{6}}\varepsilon_2 + \frac{1}{\sqrt{6}}\varepsilon_3,$$

$$\gamma_4' = -\frac{1}{2\sqrt{3}}\varepsilon_1 + \frac{1}{2\sqrt{3}}\varepsilon_2 + \frac{1}{2\sqrt{3}}\varepsilon_3 + \frac{3}{2\sqrt{3}}\varepsilon_4.$$

21. 求齐次线性方程组

$$\begin{cases} 2x_1 + x_2 - x_3 + x_4 = 0, \\ x_1 + x_2 - x_3 = 0 \end{cases}$$

的解空间 W 的一个规范正交基，并求 $W^{\perp}$.

解 解方程组得 W 的一个基 $\alpha_1 = (0, 1, 1, 0)^{\mathrm{T}}$, $\alpha_2 = (-1, 1, 0, 1)^{\mathrm{T}}$. 令 $\alpha_3 = (0, 0, 1, 0)^{\mathrm{T}}$, $\alpha_4 = (0, 0, 0, 1)^{\mathrm{T}}$, 则 $\{\alpha_1, \alpha_2, \alpha_3, \alpha_4\}$ 为 $\mathbf{R}^4$ 的一个基.

先将 α_1, α_2, α_3, α_4 正交化，得

$$\beta_1 = (0, 1, 1, 0)^{\mathrm{T}},$$

$$\beta_2 = \left(-1, \frac{1}{2}, -\frac{1}{2}, 1\right)^{\mathrm{T}},$$

$$\beta_3 = \left(-\frac{1}{5}, -\frac{2}{5}, \frac{2}{5}, \frac{1}{5}\right)^{\mathrm{T}},$$

$$\beta_4 = \left(\frac{1}{2}, 0, 0, \frac{1}{2}\right)^{\mathrm{T}}.$$

再将 β_1, β_2, β_3, β_4 单位化，得

$$\gamma_1 = \left(0, \frac{1}{\sqrt{2}}, \frac{1}{\sqrt{2}}, 0\right)^{\mathrm{T}},$$

$$\gamma_2 = \left(-\frac{2}{\sqrt{10}}, \frac{1}{\sqrt{10}}, -\frac{1}{\sqrt{10}}, \frac{2}{\sqrt{10}}\right)^{\mathrm{T}},$$

$$\gamma_3 = \left(-\frac{1}{\sqrt{10}}, -\frac{2}{\sqrt{10}}, \frac{2}{\sqrt{10}}, \frac{1}{\sqrt{10}}\right)^{\mathrm{T}},$$

$$\gamma_4 = \left(\frac{1}{\sqrt{2}}, 0, 0, \frac{1}{\sqrt{2}}\right)^{\mathrm{T}}.$$

故 $\{\gamma_1, \gamma_2\}$ 和 $\{\gamma_3, \gamma_4\}$ 分别是 W 和 $W^{\perp}$ 的规范正交基，$W^{\perp} = \mathscr{L}(\gamma_3, \gamma_4)$.

22. 已知 $\mathbf{R}^4$ 的子空间 W 的一个基

$$\alpha_1 = (1, -1, 1, -1), \alpha_2 = (0, 1, 1, 0).$$

求向量 $\alpha = (1, -3, 1, -3)$ 在 W 上的内射影.

解 方法一 设 $\beta = (x_1, x_2, x_3, x_4) \in W^{\perp}$, 则 $\langle \beta, \alpha_i \rangle = 0$, $i = 1, 2$. 于是

$$\begin{cases} x_1 - x_2 + x_3 - x_4 = 0, \\ x_2 + x_3 = 0. \end{cases}$$

解该方程组得 $W^{\perp}$ 的一个基

$$\boldsymbol{\alpha}_3 = (-2,\ -1,\ 1,\ 0),\ \boldsymbol{\alpha}_4 = (1,\ 0,\ 0,\ 1).$$

故 $\{\boldsymbol{\alpha}_1, \boldsymbol{\alpha}_2, \boldsymbol{\alpha}_3, \boldsymbol{\alpha}_4\}$ 是 $\mathbf{R}^4$ 的一个基. 因为

$$\boldsymbol{\alpha} = (2\boldsymbol{\alpha}_1 - \boldsymbol{\alpha}_2) + (0\boldsymbol{\alpha}_3 - \boldsymbol{\alpha}_4),$$

所以 $\boldsymbol{\alpha}$ 在 W 上的内射影为

$$2\boldsymbol{\alpha}_1 - \boldsymbol{\alpha}_2 = (2,\ -3,\ 1,\ -2).$$

方法二　先将 $\boldsymbol{\alpha}_1$, $\boldsymbol{\alpha}_2$ 正交化，得

$$\boldsymbol{\beta}_1 = \boldsymbol{\alpha}_1,\ \boldsymbol{\beta}_2 = \boldsymbol{\alpha}_2.$$

再将 $\boldsymbol{\beta}_1$, $\boldsymbol{\beta}_2$ 单位化，得

$$\boldsymbol{\gamma}_1 = \left(\frac{1}{2},\ -\frac{1}{2},\ \frac{1}{2},\ -\frac{1}{2}\right),\ \boldsymbol{\gamma}_2 = \left(0,\ \frac{1}{\sqrt{2}},\ \frac{1}{\sqrt{2}},\ 0\right).$$

于是 $\boldsymbol{\alpha} = (1,\ -3,\ 1,\ -3)$ 在 W 上的内射影为

$$\langle \boldsymbol{\alpha}, \boldsymbol{\gamma}_1 \rangle \boldsymbol{\gamma}_1 + \langle \boldsymbol{\alpha}, \boldsymbol{\gamma}_2 \rangle \boldsymbol{\gamma}_2 = (2,\ -3,\ 1,\ -2).$$

23. 证明：$\mathbf{R}^3$ 中向量 (x_0, y_0, z_0) 到平面

$$W = \{(x, y, z) \in \mathbf{R}^3 \mid ax + by + cz = 0\}$$

的最短距离等于

$$\frac{|ax_0 + by_0 + cz_0|}{\sqrt{a^2 + b^2 + c^2}}.$$

证明　令 $\boldsymbol{\alpha}_0 = (x_0, y_0, z_0)$，$\boldsymbol{\varepsilon} = (a, b, c)$，则

$$W = \{\boldsymbol{\alpha} = (x, y, z) \in \mathbf{R}^3 \mid \langle \boldsymbol{\alpha}, \boldsymbol{\varepsilon} \rangle = 0\},\quad W^{\perp} = \mathscr{L}(\boldsymbol{\varepsilon}).$$

于是 $\mathbf{R}^3 = W \oplus W^{\perp}$. 设 $\boldsymbol{\alpha}_0 = \boldsymbol{\beta}_0 + \boldsymbol{\gamma}_0$，这里 $\boldsymbol{\beta}_0 \in W$，$\boldsymbol{\gamma}_0 \in W^{\perp}$，则 $\boldsymbol{\gamma}_0 = k\boldsymbol{\varepsilon}$，其中 $k \in \mathbf{R}$. 由

$$\langle \boldsymbol{\alpha}_0, \boldsymbol{\varepsilon} \rangle = \langle \boldsymbol{\beta}_0, \boldsymbol{\varepsilon} \rangle + \langle \boldsymbol{\gamma}_0, \boldsymbol{\varepsilon} \rangle = k\langle \boldsymbol{\varepsilon}, \boldsymbol{\varepsilon} \rangle$$

得 $k = \dfrac{\langle \boldsymbol{\alpha}_0, \boldsymbol{\varepsilon} \rangle}{\langle \boldsymbol{\varepsilon}, \boldsymbol{\varepsilon} \rangle}$. 故 $\boldsymbol{\alpha}_0$ 到 W 的最短距离为

$$|\boldsymbol{\gamma}_0| = |k||\boldsymbol{\varepsilon}| = \frac{|\langle \boldsymbol{\alpha}_0, \boldsymbol{\varepsilon} \rangle|}{\langle \boldsymbol{\varepsilon}, \boldsymbol{\varepsilon} \rangle} |\boldsymbol{\varepsilon}| = \frac{|ax_0 + by_0 + cz_0|}{\sqrt{a^2 + b^2 + c^2}}.$$

24. 设 $\boldsymbol{A}=(a_{ij})$ 是 n 阶实方阵，$\boldsymbol{B} = (b_1, b_2, \cdots, b_n)^{\mathrm{T}} \in \mathbf{R}^n$. 证明：线性方程组 $\boldsymbol{AX} = \boldsymbol{B}$ 有解的充要条件是 $\boldsymbol{B}$ 与齐次线性方程组 $\boldsymbol{A}^{\mathrm{T}}\boldsymbol{X} = \boldsymbol{0}$ 的解空间正交.

证明　令 $\boldsymbol{A} = (\boldsymbol{\alpha}_1, \boldsymbol{\alpha}_2, \cdots, \boldsymbol{\alpha}_n)$，$W = \mathscr{L}(\boldsymbol{\alpha}_1, \boldsymbol{\alpha}_2, \cdots, \boldsymbol{\alpha}_n)$. 因为

$\boldsymbol{\alpha}$ 是 $\boldsymbol{A}^{\mathrm{T}}\boldsymbol{X} = \boldsymbol{0}$ 的解 $\Leftrightarrow \boldsymbol{A}^{\mathrm{T}}\boldsymbol{\alpha} = 0 \Leftrightarrow \langle \boldsymbol{\alpha}_i, \boldsymbol{\alpha} \rangle = 0\ (i = 1, \cdots, n) \Leftrightarrow \boldsymbol{\alpha} \perp W$，

所以 $\boldsymbol{A}^{\mathrm{T}}\boldsymbol{X} = \boldsymbol{0}$ 的解空间为 $W^{\perp}$. 因此 $\boldsymbol{AX} = \boldsymbol{B}$ 有解 $\Leftrightarrow \boldsymbol{B} \in W \Leftrightarrow \boldsymbol{B} \perp W^{\perp}$.

25. 设 $m\times n$ 实矩阵 $\boldsymbol{A}$ 的行向量依次是 $\boldsymbol{\alpha}_1$，$\boldsymbol{\alpha}_2$，$\cdots$，$\boldsymbol{\alpha}_m$，W 是齐次线性方程组 $\boldsymbol{AX}=\boldsymbol{0}$ 的解空间. 证明：$W^{\perp}=\mathscr{L}(\boldsymbol{\alpha}_1^{\mathrm{T}},\ \boldsymbol{\alpha}_2^{\mathrm{T}},\ \cdots,\ \boldsymbol{\alpha}_m^{\mathrm{T}})$.

证明 由上一题的证明过程可知，$\boldsymbol{AX}=\boldsymbol{0}$ 的解空间为

$$W=\left(\mathscr{L}(\boldsymbol{\alpha}_1^{\mathrm{T}},\ \boldsymbol{\alpha}_2^{\mathrm{T}},\ \cdots,\ \boldsymbol{\alpha}_m^{\mathrm{T}})\right)^{\perp}.$$

因此 $W^{\perp}=\mathscr{L}(\boldsymbol{\alpha}_1^{\mathrm{T}},\ \boldsymbol{\alpha}_2^{\mathrm{T}},\ \cdots,\ \boldsymbol{\alpha}_m^{\mathrm{T}})$.

26. 对于下列对称矩阵 $\boldsymbol{A}$，各求出一个正交矩阵 $\boldsymbol{U}$，使得 $\boldsymbol{U}^{\mathrm{T}}\boldsymbol{AU}$ 是对角形式.

$$(1)\ \boldsymbol{A}=\begin{pmatrix}11&2&-8\\2&2&10\\-8&10&5\end{pmatrix};\quad (2)\ \boldsymbol{A}=\begin{pmatrix}17&-8&4\\-8&17&-4\\4&-4&11\end{pmatrix}.$$

解 (1) 因为

$$f_{\boldsymbol{A}}(x)=\det(x\boldsymbol{I}-\boldsymbol{A})=\begin{vmatrix}x-11&-2&8\\-2&x-2&-10\\8&-10&x-5\end{vmatrix}=(x+9)(x-9)(x-18),$$

所以 $\boldsymbol{A}$ 的特征根为 $\lambda_1=-9$，$\lambda_2=9$，$\lambda_3=18$.

对于 $\lambda_1=-9$，解方程组 $(-9\boldsymbol{I}-\boldsymbol{A})\boldsymbol{X}=\boldsymbol{0}$ 得一基础解系 $\boldsymbol{\alpha}_1=(1,\ -2,\ 2)^{\mathrm{T}}$.

对于 $\lambda_2=9$，解方程组 $(9\boldsymbol{I}-\boldsymbol{A})\boldsymbol{X}=\boldsymbol{0}$ 得一基础解系 $\boldsymbol{\alpha}_2=(2,\ 2,\ 1)^{\mathrm{T}}$.

对于 $\lambda_3=18$，解方程组 $(18\boldsymbol{I}-\boldsymbol{A})\boldsymbol{X}=\boldsymbol{0}$ 得一基础解系 $\boldsymbol{\alpha}_3=(-2,\ 1,\ 2)^{\mathrm{T}}$.

将 $\boldsymbol{\alpha}_1$，$\boldsymbol{\alpha}_2$，$\boldsymbol{\alpha}_3$ 单位化，得

$$\boldsymbol{\gamma}_1=\left(\frac{1}{3},\ -\frac{2}{3},\ \frac{2}{3}\right)^{\mathrm{T}},\ \boldsymbol{\gamma}_2=\left(\frac{2}{3},\ \frac{2}{3},\ \frac{1}{3}\right)^{\mathrm{T}},\ \boldsymbol{\gamma}_3=\left(-\frac{2}{3},\ \frac{1}{3},\ \frac{2}{3}\right)^{\mathrm{T}}.$$

因此

$$\boldsymbol{U}=\begin{pmatrix}\frac{1}{3}&\frac{2}{3}&-\frac{2}{3}\\-\frac{2}{3}&\frac{2}{3}&\frac{1}{3}\\\frac{2}{3}&\frac{1}{3}&\frac{2}{3}\end{pmatrix},\quad \boldsymbol{U}^{\mathrm{T}}\boldsymbol{AU}=\begin{pmatrix}-9&&\\&9&\\&&18\end{pmatrix}.$$

(2)

$$\boldsymbol{U}=\begin{pmatrix}\frac{1}{\sqrt{2}}&-\frac{1}{\sqrt{18}}&\frac{2}{3}\\\frac{1}{\sqrt{2}}&\frac{1}{\sqrt{18}}&-\frac{2}{3}\\0&\frac{4}{\sqrt{18}}&\frac{1}{3}\end{pmatrix},\quad \boldsymbol{U}^{\mathrm{T}}\boldsymbol{AU}=\begin{pmatrix}9&&\\&9&\\&&27\end{pmatrix}.$$

27. 求下列方程组的最小二乘解.

$$\begin{cases} 0.84x_1 + 0.56x_2 = 0.37, \\ 0.51x_1 + 0.36x_2 = 0.28, \\ 0.71x_1 + 0.53x_2 = 0.43, \\ 0.23x_1 + 0.75x_2 = 0.24. \end{cases}$$

解 原方程组可表为

$$\boldsymbol{AX} = \boldsymbol{B}.$$

解线性方程组 $\boldsymbol{A}^{\mathrm{T}}\boldsymbol{AX} = \boldsymbol{A}^{\mathrm{T}}\boldsymbol{B}$，即

$$\begin{cases} 1.5227x_1 + 1.2028x_2 = 0.8141, \\ 1.2028x_1 + 1.2866x_2 = 0.7159 \end{cases}$$

得 $x_1 = 0.3637$，$x_2 = 0.2164$. 因此方程组的最小二乘解为

$$\begin{cases} x_1 = 0.3637, \\ x_2 = 0.2164. \end{cases}$$

补充题解答

1. 正交矩阵的特征根的模等于 1.

证明 见 § 8.2 “范例解析” 之例 5.

2. 任意 n 阶非奇异实方阵 $\boldsymbol{A}$ 都可分解为: $\boldsymbol{A} = \boldsymbol{QR}$，这里 $\boldsymbol{Q}$ 是 n 阶正交矩阵，$\boldsymbol{R}$ 是主对角线上元素全是正数的上三角矩阵.

证明 令 $\boldsymbol{A} = (\boldsymbol{\alpha}_1, \boldsymbol{\alpha}_2, \cdots, \boldsymbol{\alpha}_n)$，则 $\{\boldsymbol{\alpha}_1, \boldsymbol{\alpha}_2, \cdots, \boldsymbol{\alpha}_n\}$ 为 $\mathbf{R}^n$ 的一个基. 用施密特正交化法，将基 $\{\boldsymbol{\alpha}_1, \boldsymbol{\alpha}_2, \cdots, \boldsymbol{\alpha}_n\}$ 正交化，再单位化，得

$$\begin{aligned} \boldsymbol{\gamma}_1 &= t_{11}\boldsymbol{\alpha}_1, \\ \boldsymbol{\gamma}_2 &= t_{12}\boldsymbol{\alpha}_1 + t_{22}\boldsymbol{\alpha}_2, \\ &\cdots \\ \boldsymbol{\gamma}_n &= t_{1n}\boldsymbol{\alpha}_1 + t_{2n}\boldsymbol{\alpha}_2 + \cdots + t_{nn}\boldsymbol{\alpha}_n, \end{aligned}$$

其中 $t_{ii} > 0$，$i = 1, 2, \cdots, n$，则 $\{\boldsymbol{\gamma}_1, \boldsymbol{\gamma}_2, \cdots, \boldsymbol{\gamma}_n\}$ 为 $\mathbf{R}^n$ 的一个规范正交基，且

$$(\boldsymbol{\gamma}_1, \boldsymbol{\gamma}_2, \cdots, \boldsymbol{\gamma}_n) = (\boldsymbol{\alpha}_1, \boldsymbol{\alpha}_2, \cdots, \boldsymbol{\alpha}_n)\boldsymbol{P}.$$

这里

$$\boldsymbol{P} = \begin{pmatrix} t_{11} & t_{12} & \cdots & t_{1n} \\ 0 & t_{22} & \cdots & t_{2n} \\ \vdots & \vdots & & \vdots \\ 0 & 0 & \cdots & t_{nn} \end{pmatrix}.$$

令 $\boldsymbol{Q} = (\boldsymbol{\gamma}_1, \boldsymbol{\gamma}_2, \cdots, \boldsymbol{\gamma}_n)$，$\boldsymbol{R} = \boldsymbol{P}^{-1}$，则 $\boldsymbol{A} = \boldsymbol{QR}$，其中 $\boldsymbol{Q}$ 是正交矩阵，$\boldsymbol{R}$ 是主对角线上元素全是正数的上三角矩阵.

3. 设 $\boldsymbol{A}$ 为 n 阶实对称矩阵，则 $\boldsymbol{A}$ 正定的充要条件是 $\boldsymbol{A}=\boldsymbol{R}^{\mathrm{T}}\boldsymbol{R}$，这里 $\boldsymbol{R}$ 是主对角线上元素全大于零的上三角矩阵.

证明 充分性 显然.

必要性 设 $\boldsymbol{A}$ 正定，则存在 n 阶实可逆方阵 $\boldsymbol{C}$，使 $\boldsymbol{A}=\boldsymbol{C}^{\mathrm{T}}\boldsymbol{C}$. 由上一题知，存在 n 阶正交矩阵 $\boldsymbol{Q}$ 及主对角线上元素全大于零的上三角矩阵 $\boldsymbol{R}$，使 $\boldsymbol{C}=\boldsymbol{Q}\boldsymbol{R}$. 故

$$\boldsymbol{A}=\boldsymbol{C}^{\mathrm{T}}\boldsymbol{C}=(\boldsymbol{Q}\boldsymbol{R})^{\mathrm{T}}\boldsymbol{Q}\boldsymbol{R}=\boldsymbol{R}^{\mathrm{T}}\boldsymbol{R}.$$

4. 设 $\boldsymbol{A}$ 为 n 阶实对称矩阵，则 $\boldsymbol{A}$ 正定的充要条件是 $\boldsymbol{A}$ 的特征根全大于零.

证明 见 § 8.5 "释疑解难" 之 1.

5. 设 $\boldsymbol{A}$，$\boldsymbol{B}$ 是两个 n 阶实对称矩阵，且 $\boldsymbol{B}$ 是正定矩阵. 证明：存在 n 阶实可逆矩阵 $\boldsymbol{T}$，使 $\boldsymbol{T}^{\mathrm{T}}\boldsymbol{A}\boldsymbol{T}$ 和 $\boldsymbol{T}^{\mathrm{T}}\boldsymbol{B}\boldsymbol{T}$ 都为对角形矩阵.

证明 因为 $\boldsymbol{B}$ 是正定矩阵，所以存在 n 阶实可逆矩阵 $\boldsymbol{P}$，使得 $\boldsymbol{P}^{\mathrm{T}}\boldsymbol{B}\boldsymbol{P}=\boldsymbol{I}_n$. 由于 $\boldsymbol{P}^{\mathrm{T}}\boldsymbol{A}\boldsymbol{P}$ 是实对称矩阵，因此存在 n 阶正交矩阵 $\boldsymbol{U}$，使得

$$\boldsymbol{U}^{\mathrm{T}}(\boldsymbol{P}^{\mathrm{T}}\boldsymbol{A}\boldsymbol{P})\boldsymbol{U}=\begin{pmatrix}\lambda_1 & & & \\ & \lambda_2 & & \\ & & \ddots & \\ & & & \lambda_n\end{pmatrix}.$$

从而 $\boldsymbol{U}^{\mathrm{T}}(\boldsymbol{P}^{\mathrm{T}}\boldsymbol{B}\boldsymbol{P})\boldsymbol{U}=\boldsymbol{I}_n$. 令 $\boldsymbol{T}=\boldsymbol{P}\boldsymbol{U}$，则 $\boldsymbol{T}$ 是 n 阶实可逆矩阵，使得 $\boldsymbol{T}^{\mathrm{T}}\boldsymbol{A}\boldsymbol{T}$ 和 $\boldsymbol{T}^{\mathrm{T}}\boldsymbol{B}\boldsymbol{T}$ 都为对角形矩阵.

6. 设 $\boldsymbol{A}$，$\boldsymbol{B}$ 是两个 n 阶实对称矩阵，且 $\boldsymbol{A}$ 是正定矩阵. 证明：存在 n 阶实可逆矩阵 $\boldsymbol{P}$，使得

$$\boldsymbol{P}^{\mathrm{T}}\boldsymbol{A}\boldsymbol{P}=\boldsymbol{I}_n,\ \boldsymbol{P}^{\mathrm{T}}\boldsymbol{B}\boldsymbol{P}=\begin{pmatrix}\mu_1 & & & \\ & \mu_2 & & \\ & & \ddots & \\ & & & \mu_n\end{pmatrix},$$

其中 μ_1，μ_2，$\cdots$，μ_n 是 $\det(x\boldsymbol{A}-\boldsymbol{B})=0$ 的 n 个实根.

证明 由上一题可知，存在 n 阶实可逆矩阵 $\boldsymbol{P}$，使得

$$\boldsymbol{P}^{\mathrm{T}}\boldsymbol{A}\boldsymbol{P}=\boldsymbol{I}_n,\ \boldsymbol{P}^{\mathrm{T}}\boldsymbol{B}\boldsymbol{P}=\begin{pmatrix}\mu_1 & & & \\ & \mu_2 & & \\ & & \ddots & \\ & & & \mu_n\end{pmatrix}.$$

于是

$$\boldsymbol{P}^{\mathrm{T}}(x\boldsymbol{A}-\boldsymbol{B})\boldsymbol{P}=\begin{pmatrix}x-\mu_1 & & & \\ & x-\mu_2 & & \\ & & \ddots & \\ & & & x-\mu_n\end{pmatrix}.$$

因此

$$\det(x\boldsymbol{A}-\boldsymbol{B})=\frac{1}{(\det\boldsymbol{P})^2}(x-\mu_1)(x-\mu_2)\cdots(x-\mu_n).$$

从而 $\mu_1, \mu_2, \cdots, \mu_n$ 是 $\det(x\boldsymbol{A}-\boldsymbol{B})=0$ 的 n 个实根.

7. 设 $\boldsymbol{A}$ 是 n 阶正定矩阵，$\boldsymbol{B}$ 是 n 阶矩阵，且 $\boldsymbol{AB}$ 是 n 阶实对称矩阵. 证明: $\boldsymbol{AB}$ 正定的充要条件是 $\boldsymbol{B}$ 特征根全大于零.

证明 由题设知，存在 n 阶实可逆矩阵 $\boldsymbol{P}$，使得

$$\boldsymbol{P}^{\mathrm{T}}\boldsymbol{AP}=\boldsymbol{I}_n,\ (\boldsymbol{P}^{\mathrm{T}}\boldsymbol{AP})(\boldsymbol{P}^{-1}\boldsymbol{BP})=\boldsymbol{P}^{\mathrm{T}}\boldsymbol{ABP}=\begin{pmatrix}\mu_1&&&\\&\mu_2&&\\&&\ddots&\\&&&\mu_n\end{pmatrix}.$$

从而

$$\boldsymbol{P}^{-1}\boldsymbol{BP}=\begin{pmatrix}\mu_1&&&\\&\mu_2&&\\&&\ddots&\\&&&\mu_n\end{pmatrix}.$$

因此 $\mu_1, \mu_2, \cdots, \mu_n$ 是 $\boldsymbol{B}$ 的全部特征值.

故 $\boldsymbol{AB}$ 正定的充要条件是 $\boldsymbol{B}$ 的特征根全大于零.

8. 设 $\boldsymbol{A}$ 是 n 阶实对称矩阵. 证明: 存在一正实数 c，使对于任意的 n 维实列向量 $\boldsymbol{X}$，有 $|\boldsymbol{X}^{\mathrm{T}}\boldsymbol{AX}|\leqslant c\boldsymbol{X}^{\mathrm{T}}\boldsymbol{X}$.

证明 因为 $\boldsymbol{A}$ 是 n 阶实对称矩阵，所以存在 n 阶正交矩阵 $\boldsymbol{U}$，使得

$$\boldsymbol{U}^{\mathrm{T}}\boldsymbol{AU}=\begin{pmatrix}\lambda_1&&&\\&\lambda_2&&\\&&\ddots&\\&&&\lambda_n\end{pmatrix}.$$

取 $c=\max(|\lambda_1|, |\lambda_2|, \cdots, |\lambda_n|)$. 对于任意的 n 维实列向量 $\boldsymbol{X}$，令 $\boldsymbol{Y}=\boldsymbol{U}^{-1}\boldsymbol{X}$，则

$$|\boldsymbol{X}^{\mathrm{T}}\boldsymbol{AX}|=|\boldsymbol{Y}^{\mathrm{T}}\boldsymbol{U}^{\mathrm{T}}\boldsymbol{AUY}|=|\lambda_1y_1^2+\cdots+\lambda_ny_n^2|\leqslant c\boldsymbol{Y}^{\mathrm{T}}\boldsymbol{Y}=c\boldsymbol{X}^{\mathrm{T}}\boldsymbol{UU}^{\mathrm{T}}\boldsymbol{X}=c\boldsymbol{X}^{\mathrm{T}}\boldsymbol{X}.$$

9. 设 $\boldsymbol{A}$ 是 n 阶实对称矩阵，$\lambda_1, \lambda_2, \cdots, \lambda_n$ 是 $\boldsymbol{A}$ 的特征多项式的根，且 $\lambda_1\leqslant\lambda_2\leqslant\cdots\leqslant\lambda_n$. 证明: 对任意的 $\boldsymbol{X}\in\mathbf{R}^n$，有

$$\lambda_1\boldsymbol{X}^{\mathrm{T}}\boldsymbol{X}\leqslant\boldsymbol{X}^{\mathrm{T}}\boldsymbol{AX}\leqslant\lambda_n\boldsymbol{X}^{\mathrm{T}}\boldsymbol{X}.$$

证明 由题设知，存在正交矩阵 $\boldsymbol{U}$，使得

$$\boldsymbol{U}^{\mathrm{T}}\boldsymbol{AU}=\begin{pmatrix}\lambda_1&&&\\&\lambda_2&&\\&&\ddots&\\&&&\lambda_n\end{pmatrix}.$$

对任意的 $\boldsymbol{X}\in\mathbf{R}^n$，令 $\boldsymbol{Y}=\boldsymbol{U}^{-1}\boldsymbol{X}$，则 $\boldsymbol{X}^{\mathrm{T}}\boldsymbol{X}=\boldsymbol{Y}^{\mathrm{T}}\boldsymbol{Y}$，并且

$$X^{\mathrm{T}}AX = Y^{\mathrm{T}}U^{\mathrm{T}}AUY = \lambda_1 y_1^2 + \lambda_2 y_2^2 + \cdots + \lambda_n y_n^2.$$

于是

$$\lambda_1 X^{\mathrm{T}}X = \lambda_1 Y^{\mathrm{T}}Y \leqslant X^{\mathrm{T}}AX \leqslant \lambda_n Y^{\mathrm{T}}Y = \lambda_n X^{\mathrm{T}}X.$$

10. 设 A 为 n 阶实可逆矩阵. 证明:

(1) $A = SQ$, 其中 S 是正定矩阵, Q 是正交矩阵;

(2) 存在正交矩阵 P_1, P_2, 使

$$P_1^{-1}AP_2 = \begin{pmatrix} \lambda_1 & & & \\ & \lambda_2 & & \\ & & \ddots & \\ & & & \lambda_n \end{pmatrix},$$

其中 $\lambda_i > 0$, $i = 1, 2, \cdots, n$.

证明 (1) 因为 $AA^{\mathrm{T}} = (A^{\mathrm{T}})^{\mathrm{T}}IA^{\mathrm{T}}$, 所以 AA^{T} 正定. 因此存在正交矩阵 U, 使得

$$U^{\mathrm{T}}AA^{\mathrm{T}}U = \begin{pmatrix} \mu_1 & & & \\ & \mu_2 & & \\ & & \ddots & \\ & & & \mu_n \end{pmatrix},$$

其中 $\mu_i > 0$, $i = 1, 2, \cdots, n$. 令

$$B = \begin{pmatrix} \sqrt{\mu_1} & & & \\ & \sqrt{\mu_2} & & \\ & & \ddots & \\ & & & \sqrt{\mu_n} \end{pmatrix},$$

则 B 是正定矩阵, 且 $U^{\mathrm{T}}AA^{\mathrm{T}}U = B^2$. 于是

$$AA^{\mathrm{T}} = UB^2U^{\mathrm{T}} = (UBU^{\mathrm{T}})^2.$$

令 $S = UBU^{\mathrm{T}}$, 则 S 正定, 且 $AA^{\mathrm{T}} = S^2$. 故 $A = SS(A^{\mathrm{T}})^{-1}$. 令 $Q = S(A^{\mathrm{T}})^{-1}$, 则

$$Q^{\mathrm{T}}Q = A^{-1}S^2(A^{\mathrm{T}})^{-1} = I.$$

因此 Q 是正交矩阵, 并且 $A = SQ$.

(2) 由 (1) 知, $A = SQ$. 因为 S 是正定矩阵, 所以存在正交矩阵 P_1, 使得

$$P_1^{-1}SP_1 = \begin{pmatrix} \lambda_1 & & & \\ & \lambda_2 & & \\ & & \ddots & \\ & & & \lambda_n \end{pmatrix},$$

这里 $\lambda_i > 0$, $i = 1, 2, \cdots, n$. 令 $P_2 = Q^{-1}P_1$, 则 P_2 是正交矩阵, 且

$$\boldsymbol{P}_1^{-1}\boldsymbol{A}\boldsymbol{P}_2 = \boldsymbol{P}_1^{-1}\boldsymbol{S}\boldsymbol{Q}\boldsymbol{Q}^{-1}\boldsymbol{P}_1 = \boldsymbol{P}_1^{-1}\boldsymbol{S}\boldsymbol{P}_1 = \begin{pmatrix} \lambda_1 & & & \\ & \lambda_2 & & \\ & & \ddots & \\ & & & \lambda_n \end{pmatrix}.$$

11. 证明：上三角形的正交矩阵必为对角矩阵，并且主对角线上的元素为 1 或 −1.

证明 设 $\boldsymbol{A}$ 是一个上三角形的正交矩阵，则 $\boldsymbol{A}^{-1}$ 也是一个上三角形矩阵. 由于 $\boldsymbol{A}^{\mathrm{T}} = \boldsymbol{A}^{-1}$，而 $\boldsymbol{A}^{\mathrm{T}}$ 是一个下三角形矩阵，因此 $\boldsymbol{A}^{\mathrm{T}}$ 既是一个上三角形矩阵，又是一个下三角形矩阵. 故 $\boldsymbol{A}$ 是对角形矩阵. 设

$$\boldsymbol{A} = \begin{pmatrix} a_1 & & & \\ & a_2 & & \\ & & \ddots & \\ & & & a_n \end{pmatrix},$$

则由 $\boldsymbol{A}^{\mathrm{T}}\boldsymbol{A} = \boldsymbol{I}$ 知，$a_i^2 = 1$，$i = 1, 2, \cdots, n$. 故 $\boldsymbol{A}$ 的主对角线上的元素为 1 或 −1.

参考文献

[1] 刘仲奎，杨永保，程辉，等. 高等代数[M]. 北京：高等教育出版社，2003.

[2] 北京大学数学系几何与代数教研室代数小组. 高等代数[M]. 第2版. 北京：高等教育出版社，1998.

[3] 张禾瑞，郝鈵新. 高等代数[M]. 第5版. 北京：高等教育出版社，2007.

[4] 陈祥恩，程辉，乔虎生，等. 高等代数专题选讲[M]. 北京：中国科学技术出版社，2013.

[5] 刘云英，张益敏，曹锡皞，等. 高等代数习作课讲义[M]. 北京：北京师范大学出版社，1987.

[6] 李师正，张玉芬，李桂荣，等. 高等代数解题方法与技巧[M]. 北京：高等教育出版社，2004.

[7] 邱维声. 高等代数[M]. 第2版. 北京：高等教育出版社，2002.

[8] 张均本，李师正，邵品琮. 高等代数习题课参考书[M]. 北京：高等教育出版社，1991.

[9] 李尚志. 线性代数[M]. 北京：高等教育出版社，2006.

[10] 许甫华，张贤科. 高等代数解题方法[M]. 第2版. 北京：清华大学出版社，2009.

[11] 张贤科，许甫华. 高等代数学[M]. 北京：清华大学出版社，1998.

[12] 张秦龄，王凤瑞，王廷桢，等. 高等代数思考与训练[M]. 成都：成都科技大学出版社，1993.

[13] 杨子胥，贾启恒，陈蒙恩. 高等代数习题解[M]. 山东：山东科学技术出版社，1987.

[14] 张远达，熊全淹. 线性代数[M]. 北京：人民教育出版社，1962.

[15] 黄光谷，黄东，李杨，等. 高等代数辅导与习题解答[M]. 武汉：华中科技大学出版社，2005.

[16] 朱永松，杨策平. 线性代数应用与提高[M]. 北京：科学出版社，2003.

[17] 徐仲，陆全，张凯院，等. 高等代数（北大·第3版）考研教案[M]. 第2版. 西安：西北工业大学出版社，2009.

[18] 徐仲，陆全，张凯院，等. 高等代数（北大·第3版）导教·导学·导考[M]. 西安：西北工业大学出版社，2004.

[19] 李志慧，李永明. 高等代数中的典型问题与方法[M]. 北京：科学出版社，2008.

[20] 王萼芳，石生明. 高等代数辅导与习题解答[M]. 第3版. 北京：高等教育出版社，2003.